2013—2014

ZHONG GUO JIAN ZHU YI SHU NIAN JIAN

中国建筑藝術年鑑

中国艺术研究院建筑艺术研究所　编

GUANGXI NORMAL UNIVERSITY PRESS

广西师范大学出版社

·桂林·

项目策划：孙江宁　黄　续　张　欣
责任编辑：刘　要　廖佳平
书籍设计：北京三恒书屋
责任技编：王增元

图书在版编目（CIP）数据

2013～2014 中国建筑艺术年鉴／中国艺术研究院建筑
艺术研究所编. 一桂林：广西师范大学出版社，2015.12
　ISBN 978-7-5495-7291-5

　Ⅰ . ①2… Ⅱ . ①中… Ⅲ . ①建筑艺术—中国—
2013～2014—年鉴 Ⅳ . ①TU-862

　中国版本图书馆 CIP 数据核字（2015）第 243991 号

广西师范大学出版社出版发行

（ 广西桂林市中华路22号　邮政编码：541001 ）
　网址：http://www.bbtpress.com
出版人：何林夏
全国新华书店经销
北京科信印刷有限公司印刷
（北京市昌平区东小口镇七北路马连店村甲6号　邮政编码：102208）
开本：889 mm ×1 194 mm　1/16
印张：29　　字数：400 千字
2015 年12 月第1 版　　2015 年12 月第1 次印刷
定价：468.00 元

如发现印装质量问题，影响阅读，请与印刷厂联系调换。

《中国建筑艺术年鉴》顾问 / 编辑委员会

目　录

特　载

城市与建筑的发展　一定要符合大自然法则

张祖刚

当前，有些青年建筑师仍感觉建筑创作方向不明确，很苦恼；一些建筑师提出建筑节能的重点应在哪些方面，是否要追求建筑零排放；有些建筑师认为现代建筑就是要用现代建筑材料，忽视地方建筑材料的应用；不少建筑师存在着如何认识城市与建筑的艺术、美观问题，有些地方的业主追求庸俗的建筑外包装形式；还有，如何考虑城市、建筑、园林三者的关系问题，节能减排、可持续发展从何做起，为什么不能忽视城市园林绿地的建设，什么是先进的建筑等问题。现根据当前存在的这些问题和模糊认识，谈一个"自然"理念及其体现在城市与建筑中3个方面的看法。这里所指的"自然"，就是2500多年前老子提出的"道法自然"的自然哲学宇宙观，它是老子《道德经》中的基本观点，即一切都需要走向自然、遵循大自然的法则。通过实践，它确是我们中华文化的核心观念。人类及其生活所在的城市与建筑是大自然中的一部分，自然也要符合大自然的法则，但反映在城市与建筑方面的大自然法则是人们通过不断的实践逐步认识的。下面分述这3个方面。

1 建筑"适用高效、经济低耗、艺术美观"的设计创作原则，是建筑的本质特征，符合大自然的法则

我们许多前辈建筑师对此有较深的理解，其中莫伯治先生从20世纪50年代至本世纪初所设计的几十项建筑作品体现得最为完整。他创作的这些建筑，根据不同类型、不同地段地形，因地制宜进行合理布局，采用不同体量的建筑群体组合，有庭园、水庭、庭院，自然采光、自然通风，重点突出各自的性格特性，与自然环境协调，适用高效；加上结构合理，所用材料大都是当地建筑材料、当地花木品种，只是依建筑需要重点采用一些高档建筑材料，节地、节能、节水、节材，经济低耗；这些建筑与庭园结合的序列群体，空间流畅，品质高雅，富有意境，艺术美观；所以我认为莫伯治先生的建筑作品是按照建筑本质特点进行创作的典范，完全符合大自然的法则。2014年6月，中国建筑工业出版社出版了《莫伯治大师建筑创作实践与理念》一书，我在此书的序言中，着重概括了莫伯治大师的这一理念。其实，反映建筑本质特征的"适用高效、经济低耗、艺术美观"，就是建筑设计的方向，它亦符合党和政府提出的"适用、经济、美观"的建筑方针。

对此方面再谈3点看法。

1.1 建筑节能要以遮阳、自然通风、自然采光、围护外墙保温隔热为主，即"被动式节能技术"

前面所提的"高效、低耗"是地球上所有生物能够存在、进化的自然规律，建筑亦然，这种被动式节能技术是使建筑"高效、低耗"的重要内容，不仅能大量节省能源，还让人身心舒适健康。它的具体做法：（1）建筑遮阳。屋面大挑檐，层层出檐、柱廊、遮阳板、百叶卷帘等；（2）自然通风。利用风压、热压、通风塔、可控制的百叶窗，按主导风向布局等；（3）自然采光。墙面开窗、中庭顶窗、屋面采光带，由于进深大利用结构单元体系中间开天窗、高侧面窗等；（4）围护外墙保温隔热。院落外墙多为实墙，北墙与西墙做成较厚墙体，并少开窗等。

例如，由中国中南建筑设计院股份有限公司设计的太原南站站房工程，于2013年建成投入使用，采用依结构单元悬挑布局方式，形成自然的建筑自遮阳，夏季炎热时遮阳，冬季时阳光可照进室内；设计自然采光，还在屋顶结合结构单元布局，设置半透明采光天窗，使柔和光线射入室内；在候车大厅结构单元上部设置可控制的"通风塔"，通过开启门窗与屋顶窗，利用风压和热压，形成自然通风体系；并在外墙局部设置集热蓄热的双层幕墙，冬季将热能传导至室内。又如2012年6月建成的昆明长水国际机场航站楼，是北京市建筑设计研究院有限公司设计的，同样采用以自然通风、自然采光为主的建筑节能技术，在航站楼中心区及东西两翼集中设置自然通风体系，这里是航站楼最重要的人流集散区域，经过景观区净化的空气通过幕墙下侧通风口进入室内，

在热压作用下循环，通过屋顶天窗排出到室外；航站楼的自然采光，是通过建筑幕墙和天窗形成的，部分地区避免太阳直射，采用遮阳板等设施，其效果不仅节能、舒适，还将室外自然景观引入室内，使旅客感到贴近自然，心情愉悦。由英国福斯特及合伙人事务所设计、2013年建成的约旦安曼阿利娅皇后机场，采用网格状的屋顶，由一系列混凝土浅穹顶构成，一直延伸到建筑立面之外，创造出周边通透的空间，于屋内各个单元穹顶间布置天窗，形成良好的自然通风与自然采光，并适合当地伊斯兰传统的家庭团聚、迎送的需要和建筑的未来发展，以及伊斯兰传统的建筑风格特点。要想更多地了解以上3项工程，可查阅2014年第2期《城市建筑》杂志。第4个实例是纽约联合国办公大厦，在20世纪40年代讨论该大厦建筑方案时，梁思成先生提出要自然通风、自然采光，当时在美国建筑采用空调已很普遍，他强调这样做，不仅能节能，更重要的是有益于人们的健康，这项建议材料鲜为人知，但它已存放在联合国大厦的档案室。关于围护外墙保温隔热做得好的实例，还有北京西苑饭店主楼，该楼北面墙体为大片实体墙面，开窗扭转方向朝东，以抵御北京冬季寒冷的西北风，节能效果好；但在此楼南边东西向的大道上，如首体南路的中国船舶大厦、西二环车公庄以东的一些大楼，直至东二环东四十条大桥前后的许多大厦，其四面都是玻璃幕墙，冬季耗能量之大，可想而知。

目前国内外提出一些绿色建筑标准，还推出建筑零排放，以太阳能光电板来平衡达到零排放的标准，这些标准使人思想模糊，我认为我们不要追求零排放，也不可能普遍选用太阳能光电板，因它的成本高、价格贵，我们要切实执行好我国现行的节能标准。据调查，我国现有400多亿平方米建筑，如果全部建筑达到节能标准，每年可节约3.35亿吨标准煤，相当于减少电力投资1万亿元，但现有建筑中80%达不到节能标准。国家的建筑节能标准公布后实施的时间不短，但效果不如人意，我们应建立与完善统一的全国与地方建筑节能检测实施与管理机构。

1.2 要重视选用地方建筑材料

地方建筑材料品种很多，包括土、木材、竹材、石、片石、红砂岩以及海草等，这些材料是天然的，木、竹、海草等是可再生的，采用这些地方建筑材料，既经济、方便，又利于人体卫生安全，还可具有地方的传统建筑风格，完全符合大自然的法则。本世纪以来，建筑物理专业的刘加平院士在陕西、甘肃、宁夏、新疆、云南、西藏的乡村都有他的建筑设计作品和方案，大都主要利用地方建筑材料，根据现代生活的需求，使新建筑设计既现代化又富有地域特点。如2001年云南楚雄州永红县的彝族人从山上搬下来，以利保护长江上游的生态环境，新建筑设计中使用百叶窗通风、遮阳，以适应当地气候条件，在这几十万平方米的建筑中80%～90%是用土坯做的，个别富裕者采用红砖，也有的用红砖加生土，多数是木构架加生土建造而成；在乡村建设中难处理的是污水问题，他用沼气池回收污水，选用鹅卵石做水过滤池，解决了水的问题，符合建设部规定的"节能、节地、节水、节材"的要求。又如四川德阳孝泉镇小学建筑，由TAO迹·建筑事务所设计，为了使学生熟悉原有生活环境，设计考虑尽量应用当地建筑材料和建筑风格，使用了竹、柚木和地震后回收的砖，其布局由一条竹制顶棚的长廊将各个教学空间连接起来，此长廊既能避雨遮阳，又似当地的街巷空间，使学生们感到十分亲切。海草房建筑形式采用的是山东胶东地区特有的海草建筑材料，传统的海草房屋顶，冬暖夏凉、百年不腐，早在20世纪戴复东院士就利用当地海草设计建成了一批优秀的海草房，受到人们称赞；现海草材料人工养殖生产已成熟，主要是大叶藻的海草，此材料的发展，还促进农民就业，并具有环保价值。获2014年普利兹克建筑奖的日本建筑师坂茂，他的设计尽量使用当地生产的建筑材料和可再生材料，如竹子、木材、纸筒、纸板、纸箱、织物等，在土耳其、印度、中国、意大利、海地、日本等地灾后重建活动中，都有他的实践作品，对于当地材料和建筑结构方面他都有创新。有些建筑师认为现代建筑的特征，就是要用现代新材料，传统的地方建筑材料已过时，不愿使用。我感到这种看法是片面的，新材料要用，地方建筑材料也要用，但传统的地方材料要有发展，提高其性能和质量。

1.3 城市与建筑的艺术美观是客观存在的

关于城市与建筑的艺术美观问题，梁思成先生在1954年《建筑学报》发刊辞中明确提出"社会主义工业化的城市与建设不只是经济建设，同时也是祖国文化建设的一部分"，所说文化建设，就包含着艺术的内容；此发刊辞中还提出"《建筑学报》是一个关于城市建设、建筑艺术和技术的学术性刊物"，这更直接指出建筑存在艺术问题。这个观点是正确的，不容置疑，城市与建筑客观存在着艺术美观内容，它符合大自然的法则。在建筑美观里我为什么加个"艺术"，这是因为有些建筑，其空间氛围可让人有不同的思想感受，有些反应不是愉悦而是神秘尊重，或忧伤、愤慨，如中国传统的一些寺庙，或南京大屠杀纪念馆、沈阳918纪念馆等，这些建筑不是给人美的感觉，而是具有很高的思想艺术性。还有些中外古今建筑，很讲究体现意境，具有较高的艺术性和给人以美的印象。做到建筑艺术美观，需要建筑师有较成熟的艺术素质、修养；我国第一、二代建筑师之所以艺术修养高，是因为他们有较深的文化底蕴；因而，我希望中国青年建筑师们，不要急于求成，多读一些有关文化的古今中外书籍和多参观一些经典的城市与建筑案例。我的中心观点是，城市与建筑的艺术美观，不是可有可无的内容，是客观存在的，它符合大自然的法则，我们应灵活掌握和运用这一法则。当前，在建筑艺术美观方面存在有片面强调建筑外包装的不正确做法，业主喜欢多赚钱，就让设计人将建筑外包装成发财的形象，其装饰繁琐，浪费资源，品位低俗，这种脱离建筑自然本质特征、强调外包装的片面做法要制止。

2 建筑、城市、园林三位一体

城市中的建筑与园林和城市是一个相互联系的整体，你中有我、我中有你，三者不可缺一，这一综合性的认识在中国建筑学会成立之时就明确提出了。当时各国建立的都是建筑师学会，其国际联合组织亦称为"国际建筑师协会"（即UIA），我国领导人有自己的看法，建筑事业要靠多个专业共同合作完成，故给我会起名为"中国建筑学会"，类似名称在世界上只有日本创建的"日本建筑学会"。中国建筑学会，包括有城市规划和风景园林专业，其理事成员就反映了这一特点，如1957年第二届理事会理事、1980年第五届理事会副理事长任震英是城市规划专家，1961年第三届理事会、1966年第四届理事会理事程世抚是城市规划与风景园林专家，1966年第四届理事会理事余森文是风景园林专家，1980年第五届理事会理事李嘉乐是风景园林专家，还有王文克、郑孝燮、易锋、朱畅中、王作锟、程绪珂等城市规划或风景园林专家都担任过中国建筑学会的理事。这些专家在《建筑学报》上都发表过各自专业的学术文章，如1957年第12期刊登了任震英先生题为《区域规划和城市规划工作》的文章，同期上还有程世抚先生写的《关于绿地系统的三个问题》文章，1986年第12期刊载了郑孝燮先生撰写的《论首都规划建设的文化风貌问题》的论文，还刊登过余森文先生提供的题为《园林植物配置艺术的探讨》稿件，等等。从学会组织方面来看，风景园林学会较早地成为一级学会加入中国科协；城市规划专业委员会于1994年12月1日在北京召开的建筑学会第八届第四次常务理事会上，通过脱离中国建筑学会自己独立成为一级城市规划学会，同时建筑学会成立"城市设计专业委员会"。从学会《建筑学报》报导内容来看，几十年来都刊登有城市规划、乡村规划和风景园林区以及历史文化名城保护与旧城改造的专题文章，每年多则几十篇，少则十几篇，以体现建筑科学综合性的特点。

从高等建筑教育发展来看，各院校大都增设了城市规划系，明确提出在建筑系范围内增加城市规划系的第一人是上海同济大学的冯纪忠教授，他于50年代被批准在同济大学开办了全国第一个城市规划系；我们认为，现建筑系的学生一定要学习城市规划的课程和园林绿化的知识，以适应建筑科学综合性的需要，使学生建立起"建筑科学"新概念。建筑科学包括城市、建筑、园林三个学科，而且三者三位一体，是一个大学科，1996年6月大专家钱学森老前辈提出了"建筑科学"新概念，其内容即"城市、建筑、园林三位一体"，钱老将其列为11个大学科门类之一，这11个大学科门类是：自然科学、社会科学、数学科学、系统科学、军事科学、人类科学、思维科学、行为科学、地理科学、建筑科学、文艺理论；这个新概念是科学理论的发展，符合其本身的特点，符合大自然的法则，特别是符合城市、建筑、园林三位一体综合发展的需要，这门大学科建筑科学理论将对世界人类建设事业的发展起着指导作用，我们应重视这一理论成果，尽早宣传并落实到实践中。

2.1 节能减排、可持续发展要从城市做起

城市耗能量最大、排放碳和其他有害气体最多的是第二产业工业企业，其次是交通和建筑，所以节能减排，要从这三方面考虑，首先要考虑的是工业企业。从世界三个特大城市伦敦、东京、纽约来看，这三座城市的服务业经济所占比例已近90%，已进入到知识社会阶段，在伦敦工业产生的温室气体排放量占总排放量的7%，东京最少占总排放量的2.5%，纽约占总排放量的9%，其温室气体排放量较低。我们同这些发达国家相比，差距较大。目前我国工业企业正在转型，特大城市、大城市把一些工业迁出、改造或取消，其他城市同样改造现有工业企业，减少能耗和碳的排放量；减少碳排放量只是达到可持续发展目标的一部分；故工业减排还要包括其他有害气体和污水，以及垃圾废料的排放，在排放前都要经过处理，达到国家规定的标准才能排放，当前这方面存在着很多问题。在交通方面，要积极发展轨道交通，恢复原有的自行车交通系统，并控制小汽车进入城市中心地区的数量。伦敦中心区居民出行依靠轨道交通的占70%，东京占60%，纽约中心区居民使用轨道交通所占比例更高，这是因为此3座城市轨道交通与其他公共交通已形成通畅的系统。我国北京、上海、广州的轨道交通发展快、数量多，但并未与其他公共交通组成完善的系统；其他城市轨道交通很

少，需要重视对它的发展，因为轨道交通最有利于节能减排和可持续发展。现在我国城市还存在着道路交通面积小的问题，特别是汽车停车场严重缺少，自行车道路和社区内道路停满了汽车，有的连消防通道都被汽车占有，亟待改善。在建筑方面，于前面已做阐述，就是要以采用被动式节能技术为主，重视遮阳、自然通风、自然采光、围护外墙保温隔热，辅以使用机电设备的主动式降能技术，并降低冬季采暖、夏季空调的能耗。其他方面，城市供水系统需要改造、完善，排水系统需要扩大、完善，垃圾需要分类、落实无害化处理等，这些城市基础设施的完善需要花大量的资金和时间，是发展中国家的薄弱面，我们只有大力解决这一方面的难题，才能真正保护环境，使城市可持续发展，符合大自然的法则。

2.2 发展城市园林绿地是节能减排、可持续发展的重要内容

发展城市园林绿地，就是要在城市的外围广植林地及农田，在城市中按区建立大大小小的公园绿地，在街道、河道旁建成绿化带，这些带状绿地把大小公园绿地连接成一个绿地系统，从目前至2020年，每个城市人均绿地面积应该做到10～15 m^2，有条件的还可多些。除此之外，城市居住区要有绿地，公共建筑要有绿地，道路广场也要有绿地，使绿地遍布城市各处。这些绿地的功能是多方面的，除为城市居民提供休闲游览和提高文化素质的场所以及美化城市外，它对改善城市生态环境起着重要作用，它能改变温室效应、净化空气、卫生防护、防灾隔离，其中净化空气就是可吸收二氧化碳和许多有害气体与尘埃，并可产出新鲜氧气，它是耗能排放的负值，用它来平衡和提高城市的环境质量。因此，它是城市节能减排、可持续发展绝对不能缺少的重点内容。现在的问题是，许多城市园林绿地面积少，发展绿化林地不够（林地比草地净化空气强），不够重视发展湿地绿化，有1/3的湿地尚未开发，这些不足都有待改善，以促进城市可持续发展，更加符合大自然的法则。

3 符合建筑本质特征、向公民开放、为广大公民服务的建筑是先进的建筑

这里所提符合建筑本质特征是指要有建筑技术与艺术的先进水平；向公民开放、为广大公民服务是从社会层面讲，体现着建筑先进的水平。建筑的范围，除住宅与军事用房外，城市公共建筑皆要向公民开放，并为广大公民服务。本世纪初，建在阿姆斯特丹的荷兰Ing集团总部大楼，环境优美，交通方便，除办公用房外，内有可供广大市民使用的大礼堂、餐厅、阅览室，还有8个室内花园，此私人团体的建筑，可供城市居民、观光者、路人使用，体现着向公民开放并为其服务的社会职责。前时，在征集中国革命博物馆和中国历史博物馆扩建方案中，有的方案就考虑到向公民开放、为公民服务的内容，其做法是，你可购票参观两个博物馆的珍贵展品，如你不是到此参观，也可免费进入，登上顶部公共活动的空间，俯览壮观的天安门广场，另外可通过此建筑的遮阳通廊去前门外大街游玩；这种设计构思是先进的。90年代，我们参观了芝加哥伊利诺伊州政府大厦，大厦中心部分是一个宽敞高大的中庭，政府办公用房设在上部四周，中庭下部设有餐厅和商店等，市民随便出入，可向州政府提出建议或解决问题的方法，也可在此活动、用餐、购物，此大厦现已成为旅游者必到之处；在参观波士顿市政府大楼时，我们看到一群儿童正在里边活动，市长办公室突出在大楼的二层，人人皆知，市民同样可自由进出；费城市政府大楼是一座老的古典式大楼，市民可随时到访。我认为，我国的政府机构一定会发展到这一步。2010年8月，温家宝总理在深圳庆祝中国经济特区成立30周年之际讲话中，重提邓小平提出的"我们所有的改革最终能不能成功，还是决定于政治体制的改革"，深圳作为试点之地，实行政治民主，让人民选出社会责任感强、大家信任的干部。我想，此时我国各地的政府机构建筑如按此种方式建造，就会更加开放，更加贴近市民，成为先进的为广大公民服务的场所。我认为，这就是所谓的"公民建筑"，它体现着社会的进步，为广大公民服务，符合社会发展的大自然法则，因而是先进的建筑，我们应格外重视这种新的发展趋势。

作者简介：

张祖刚，教授，中国建筑学会顾问。

希望·挑战·策略——当代中国建筑现状与发展

程泰宁

摘要：面对飞速发展的城镇化进程、复杂多变的文化背景和"美丽中国"的愿景所构成的研究当代中国建筑设计发展的现实语境，指出在当代中国建筑设计领域存在的诸多问题中：价值判断失衡、跨文化对话失语、体制和制度建设失范是3个亟需解决的重要方面。要解决这些问题最根本的策略有两条：一是理论建构，二是制度建设；在这样的前提下，中国建筑师一定会以自己创造性的工作，为中国也为世界建筑的发展做出自己的贡献。

关键词：当代中国建筑设计 价值判断 跨文化 理论建构 制度建设

1 世界走向与中国语境

改革开放30多年来，中国以比人们想象更快的速度融入世界。建筑设计领域的表现尤为明显。西方的建筑理论早已通过各种渠道进入中国，特别是一大批西方建筑师进入中国市场，他们设计的遍布中国大中城市的大量作品，以及这些作品所蕴含的设计理念，对中国建筑设计产生了很大的影响。在某种程度上可以说，国际上形形色色的建筑思潮，在当代中国有比其他任何国家更为丰富、更为全面的实体呈现，以至于目前谈世界建筑的走向，不可能不谈中国，而探讨当代中国设计的发展，也很难脱离世界。因此，以此次国际高端论坛为平台，邀请国内外同行以国际化的视野，从世界建筑文化发展的高度，来研讨当代中国建筑设计的未来发展策略是很有意义的。

当然，既然是研讨中国问题，就必须联系中国实际，研究寓于世界建筑普遍性问题中的中国特殊问题。这里，有3个因素是我们必须关注的。

其一，是快速城镇化的社会进程。它带来了每年27亿平方米（2012）、即将近世界一半的建筑规模。

当其他国家在讨论建筑设计问题还是以一个工程单体，或一个片区为对象的时候，我们所面对的却是一座座日夜疯长的城市，两者所面临的问题和影响是完全不同的。

其二，是复杂多变的文化背景。当前，尽管西方文明已"从高峰滑落"[1]，但它经历二三百年发展所形成的比较完整的价值体系，仍具有颇大的影响力。中国虽然拥有五千年文明，但长期以来却面临传统价值体系已"被解构"，而新的价值体系尚未能建立的尴尬状况。中西文化比较的陈旧话题、"路在何方"的文化困惑，在建筑设计领域中表现得尤为突出，这也是我们在研讨中国建筑设计发展战略时，不得不面对的文化现实。

其三，是"美丽中国"的愿景。党的十八大提出的"五位一体"之一的生态文明建设和"美丽中国"的愿景，给中国建筑的发展指出了虽不具体，但却十分明确的方向。"中国梦"而不是"欧陆梦"、"美国梦"，我相信这不仅是很多中国建筑师"心有戚戚焉"的梦想和追求，它也将成为社会大众观察和评价中国建筑现状与发展的标尺。

以上3点——快速城镇化的社会进程、复杂多变的文化背景和"美丽中国"的愿景梦想，构成了研究当代中国建筑设计发展战略所必须面对的现实语境，在这一语境中，理想与困惑并存，挑战与希望同在，明确的目标与严重滞后的理论和制度建设，以及与错综复杂的现实矛盾相交织，突出了我们探讨这一问题的复杂性、重要性和紧迫性。

2 希望与挑战

我们首先关注"希望"。谈到希望，我们会想到2011年吴良镛先生获得"中国最高科学技术奖"和2012年王澍先生获得普利兹克建筑奖。他们的获奖说明了中国社会以及国际建筑界对中国现代建筑的关注和认同，这是中国建筑发展进程中的一个重要标志，值得我们高兴和珍视。同时我们也应该看到，在这些获奖个案的背后，是中国建筑师群体的成长，而这往往是容易被人们忽视的。

快速城镇化给中国建筑师提供了广阔的用武之地。经过30多年的磨练，我们的建筑创作水平有了明显提高，涌现了一批优秀的建筑师和作品。尤其值得高兴的是，通过全方位的对外交流，中国建筑师逐步打破了"一元化"观念的束缚，开始展现出建筑创作多方向探索的可喜局面。

这其中，很多中国建筑师关注"中国性"的思考。他们或主张"地域建筑现代化"，承接传统、转换创新；或主张现代建筑地域化，直面当代、根系本土；或主张对中国文化的"抽象继承"，注重"内化"追求境界；或强调建筑师个人对传统和文化的理解，突出个性化、人文化的表达。

也有很多建筑师不囿于对"中国性"的解释，或强调对建筑基本原理的诠释；或提倡城市、建筑一体化的理念；或关注现代科学技术和绿色生态技术运用，力求展示建筑本身的内在价值和魅力。

当然，也有不少建筑师继续现代主义的当代探索和发展；更有一些建筑师直接移植西方当代建筑理念，进行先锋实验探索……等等。

以上分析，不是对"多元"的准确概括（事实上不同方向会有交集），而是说明，改革开放30多年来，在创作环境并不理想的情况下，不少建筑师一直在坚持多方向探索，并已取得明显成果。与过去相比，我国的建筑创作开始呈现出更为丰富多彩的整体风貌，产生了一批各具特色的优秀作品。这是中国现代建筑进一步发展的基础和希望。对此我想说，我们，不仅是建筑师，也包括公众、媒体、领导都不应妄自菲薄，对于我们的进步和成果应该充分肯定并加以珍惜。

但是，现实是复杂的。我们谈到希望，却不能掩盖建筑设计领域存在的诸多问题。现实是，飞速发展的城镇建设与现代文明的发展进程不相匹配，以致我们的建筑创作在发展中矛盾重重、积弊甚深。我认为，"价值判断失衡""跨文化对话失语""体制和制度建设失范"已成为制约我们建筑设计进一步健康发展的重要问题。这里需要特别强调的是，我这里所谈到的三"失"所针对的并不仅仅是建筑设计领域的学术问题，更与当前中国的社会现实密切相关。因此问题变得很复杂，也更具有挑战性。

2.1 价值判断失衡

建筑的基本属性——物质属性和文化属性受到严重挑战。强调建筑的物质属性，是要求建筑设计能够满足适用、安全、生态节能以及技术经济合理等基本要求，也就是国际建协在《北京宣言》中所说的"回归基本原理"。但是在当下的社会环境中，我们的建筑违背基本原理的情况十分突出。

最近的一个例子是长沙拟建一幢838米超高层建筑，为什么要在长沙这样的城市建世界第一高楼，令不少人感到费解，这是城市环境的要求？是实用功能的需要，还是当前建筑工业化发展的急需？都不是。尤其是计划仅用8个月的时间建成这座105万平方米的超大型建筑，届时将会有怎样的建筑完成度，实在令人怀疑。这种违背理性的"炫技表演"，使这座大厦已经失去了本该具有的建筑价值，而成了一个巨型商业广告。至于一些国家投资的"标志性"建筑在设计上存在的问题也很突出。CCTV大楼为了造型需要，不仅挑战力学原理和消防安全底线，还带来了超高的工程造价。一座55万平方米的办公、演播大楼原定造价为50亿元人民币，竣工后造价大幅度超出，高达100亿元人民币。在某种程度上可以说，这样的建筑已很难用通常的价值标准来评价，因为它已经被异化为一个满足功利需要的超尺度装置艺术，成为欲望指针与身份标志。这种违反建筑本原的非理性倾向值得我们关注。

上述两个例子也可以说是特殊情况下催生的特殊案例，但是这些具有风向标作用的重要公共建筑，对城市中的大量建设项目有着重要的引领作用。在这样一些"标志性"建筑的影响下，当前在建筑设计中有悖于建筑基本原理的求高、求大、求洋、求怪、求奢华气派已成为一种风气。一些城市的行政建筑的超标准建设和部分高铁站房追求高大空间以致建筑耗能严重，就是一些比较突出，同时也比较普遍的例子。这类俯拾即是的很多例子说明，回归基本原理是当前建筑设计有待解决的问题。

至于建筑文化价值被歪曲和被否定的现状，更可说是乱象丛生。类似天子大酒店、方圆大厦等恶俗建筑时有所见，盲目仿古之风也在很多城市蔓延，特别是形形色色的山寨建筑几乎遍及全国城镇。最近美国出版的《原创性翻版——

中国当代建筑中的模仿术》(*Original Copies：Architectural Mimicry in Contemporay China*)一书中列举了上海、广州、杭州、石家庄、济南、无锡等地一大批山寨建筑的实例，有学者读后称"出乎想象""令人震惊"。事实上，对这类恶俗建筑、山寨建筑的制造者而言，建筑的文化价值已经消解，建筑已经沦落为某些领导和开发商炫富的宣传工具，一种被消费、被娱乐的商品。

我经常在想，对于当下影视、音乐、绘画等领域中流行的穿越、拼贴，以至恶搞的"后现代"艺术现象，我们需要宽容，但是对于将存在几十年，甚至上百年的建筑中存在的这些"后现代"现象，是否也应该任其自由生长？如果这样，那么，我们未来城市的文化形象将真是不堪设想了。

当建筑异化为装置布景，沦落为商品广告，建筑的本原和基本属性已被消解，建筑设计也就失去了相对统一的评价标准。价值判断的混乱和失衡，成了当前影响建筑创作健康发展的一大挑战。

2.2 跨文化对话"失语"

历史已经告诉我们，跨文化对话是世界文化，也是中国现代建筑文化发展的必由之路。对此，我们不应有任何怀疑。而问题正如我们前面提到的，"五四"以降，中国文化出现断裂，在一定程度上存在的"价值真空"，使人们往往自觉不自觉地接受强势的西方文化的影响，以西方的价值取向和评价标准作为我们的取向和标准。与此相对应的则是对中国文化缺乏自觉自信，在跨文化交流碰撞中"失语"是文化领域中颇为普遍的现象，而在建筑设计领域表现得尤为突出。

一个最具体、也最能说明问题的事实是：20年来，中国的高端建筑设计市场基本上为西方建筑师所"占领"。我们曾经对北京、上海、广州的城市核心区以谷歌进行图片搜索，发现上海这个区域内的36幢建筑中有29幢为国外建筑师设计；广州的17幢建筑中仅有4幢为国内建筑师设计，而北京这个区域内的10幢建筑中有6幢为国外建筑师设计。也即是说，在北京、上海、广州这3个中国主要城市的核心区，只有1/4的建筑是国内建筑师设计

的，这情景可算是世界罕见。尤其值得关注的是，目前请西方建筑师做设计之风，已由一、二线城市蔓延至三、四线城市，不少县级市也在举办"国际招标"招揽国外建筑师。随着大批国外建筑师的引入，西方建筑的价值观和文化理念也如水银泄地般渗入中国大地的各个角落。甚至那些西方最前卫的建筑思想，在中国也可以被无条件接受，以致一位美国前卫建筑师坦言："如果在美国，我不可能让我的设计真的建起来，而在中国，人们开始感觉一切都是可能的"[2]，这种现象，不可思议，耐人寻味。

跨文化对话的"失语"，导致人们热衷于抄袭模仿，盲目跟风，大家已经看到，当前在中国，西方建筑师的作品以及大量跟风而上的仿制品充斥大江南北，千城一面和建筑文化特色缺失已受到国内外舆论的质疑和垢病，他们把这类设计称之为"奴性模仿"。一位建筑师曾尖锐地指出，在中国，"建筑的符号作用正在消失"，"中国建筑师亟需考虑环境，否则建筑就会是毫无意义的复制品，甚至是垃圾"。我不欣赏这种语气，但重视这一提醒，因为我想得更多的是，如果这种文化"失语"、建筑失根的现状不能尽快得到改变，再过三五十年，中国的城镇化进程基本结束，到那时，我们将以什么样的建筑和城市形象来圆"美丽中国"之梦？建筑作为"石头书写的史书"又怎样向我们的后代展示21世纪"中国崛起"的这段历史？这一问题应该引起建筑师，同时也应该引起全社会的严肃思考。

2.3 体制与制度建设失范

我们在探讨以上问题时，追根求源往往会归因于体制与制度建设的失范。在某种程度上可以说，违反科学决策、民主决策精神的权力决策是造成当前建设领域中种种乱象的根源。

例如，每个城市重要公共建筑的立项常常是有法不依，项目前期的可行性研究实际成了迎合领导的可"批"性研究。人们会问，一城九镇、山寨建筑、方圆大厦以及那些贪大、求洋、超高标准的建筑怎么会出笼？舆论特别关注的"鬼城"现象以及破坏城市历史文脉的大拆大建的恶劣案例又为什么会不断发生？其实所有这些最初的"创意"和最后

的决策往往都出自各级领导，特别是主要领导。一旦主要领导"调防"，人走政息；新领导上任，另起炉灶，规划设计意图的改变，以至项目的存废，全都在主要领导的一念之间；这也使包括建筑师在内的很多人感到头痛。这种权力高度集中、既不科学也不民主的决策机制不仅压制了中国建筑师自主创新的积极性，更造成了城市建设的混乱无序和资源的严重浪费。在现实中这类例子往往十分典型，影响很坏。

除了决策机制失范外，有关建筑设计的各种制度在执行中也存在严重的有法不依和监管不力的情况。例如大家关心的招投标制度，执行已有多年，这一招投标法实际上多处不符合建筑设计规律，虽然民众反应很大，但至今不改。即使是这样，一部《招投标法》，在现实中也早已变味，围标、串标、领导内定、暗箱操作等已是公开的秘密。它不仅破坏了公平竞争的环境，也成为滋生腐败的温床。至于有关建筑设计的市场准入和设计管理等制度，漏洞甚多，监管更是乏力。例如科学合理的设计周期是提高建筑设计质量的基本保证，但在要求大干快上的今天，原有的规定早已成一纸空文。一个星期出三四个大型公建方案，8天出一个二三十万平方米小区住宅的施工图，8个月设计并建成一个两三万平方米的展览馆建筑……在现实中这样的例子极为常见，在这种情况下，我们常说的保证设计质量也就只能成为空话了。

这里要特别谈谈建筑的完成度问题。与国外相比，我并不在意设计水平的差距，但是却深感在建筑完成度上的差距极其明显。这是一个包括设计在内的工程全过程管理的问题。目前这方面实在是问题多多：施工招标中存在的弊端比设计招标更为突出，很多地方执行的最低价中标，不仅造成工程粗制滥造，也加剧了施工过程中的矛盾；代建制很不完善；工程监理常常形同虚设；绝大部分建筑师在工程建设过程中没有话语权；政绩观和商业利益造成的"抢工"，使建筑完成度受到很大影响；而工程评奖，则常常成为掩盖工程质量低下的遮羞布……从这些问题中可以看出：体制和制度建设是一个有待破题的系统性工程，如不下大力气尽快扭

转，它所产生的负面影响将是长期性的、不可逆的。

"价值判断失衡""跨文化对话'失语'""体制和制度建设失范"这3个方面的问题，已经成为制约中国当代建筑进一步发展的重大障碍。要解决这些问题既需要建筑师的努力，更需要领导层、媒体、公众的共同关注。说到底，这都是现代文明建设中有待解决的问题。重视并解决这些问题，既是中国现代建筑健康良性发展的关键，也是能否提高我国城镇化质量、实现"美丽中国"之梦的一个重要因素。

3 路径、策略

针对中国现代建筑发展中存在的问题，提出的应对策略是多方面的，而我认为其中最根本的是理论建构与制度建设两条。

3.1 理论建构

在价值取向多元、世界文化重构的大背景下，重视并逐步建构既符合建筑学基本原理，同时又具有中国特色的建筑理论体系，既是建筑学学科建设的需要，更是支撑中国现代建筑健康发展的需要。所以讲发展战略，我们首先提出了理论建构的问题。

现在不少建筑师回避甚至反对谈理论，更不愿意谈中国的建筑设计理论。但是，从我们前面分析的问题，以及西方现代建筑的发展经验来看，如果没有自己的价值判断，不重视自己的理论体系建构，中国建筑师要摆脱当前的价值观乱象，走出文化"失语"状态，找回自己并闯出新路，将会十分困难。而且还应该看到，中国现代建筑的理论建构，不仅关乎建筑师，也关乎整个社会。如果我们的社会，能在一些有关建筑的价值判断和评价标准上取得某种共识，就有可能形成一个比较好的社会舆论环境，这对我们的建筑创作无疑是非常重要的。

那么，如何来建构这样一个既符合建筑基本原理又具有中国特色的理论体系呢？可能不少建筑师都有自己的思考，

就我而言，我很赞同一些学者提出的观点，在当下，"中国文化更新的希望就在于深入理解西方思想的来龙去脉，并在此基础上重新理解自己"[3]，也即是我们经常说的，通过跨文化对话，做到深入了解他人，而后通过比较反思，剖析自己、认识自己、提升自己。这是建构中国现代建筑理论的一条具有可操作性的有效路径。

我一直认为，对于西方现代建筑，应该作历史的、全面的观察，而不应为一个时期、一种流派所局限。两百年来，"以分析为基础，以人为本"的西方现代文明，支撑了西方现代建筑的发展；强调理性精神，重视基本原理的建筑原则不仅造就了西方现代建筑近百年的风骚独领，而且，这些具有普适价值的理念也推动了世界建筑的发展。但是，近半个多世纪以来，随着西方由工业社会进入后工业社会，人们对文化多样性的向往和追求，凸显出现代主义在哲学和美学上的僵化和人文关怀的缺失，由此催生了后现代主义。应该看到，"后现代"确实开创了文化，包括建筑文化多样化的新局面。但是，在"后现代"的冲击下，原有相对统一的建筑原则变成了一堆碎片。"建筑的矛盾性与复杂性"[4]在揭示建筑文化发展某种趋势的同时，也带来了价值取向的模糊性和不确定性。当前，五光十色、光怪陆离的西方建筑，事实上也反映了价值判断和文化取向的紊乱。一方面，现代主义虽早已"被死亡"，但包豪斯思想、现代主义所蕴含的一部分具有普适价值的建筑理念至今仍有颇大影响；而另一方面，当前西方那些新的复杂性、非线性思维，既触发了人们对建筑的更深层次的感悟，拓展了一片新的美学领域，同时人们也看到了以"消费文化"为实质的、强调视觉刺激的图像化的建筑倾向。正如法国学者居伊·德波所说，西方开始进入"奇观的社会"，一个"外观"优于"存在"、"看起来"优于"是什么"的社会。在这种背景下反理性思潮盛行，一些人认为"艺术的本质在于新奇，只有作品的形式能唤起人们的惊奇感，艺术才有生命力"，甚至认为"破坏性即创造性、现代性"。对于此类哲学和美学观点对当代西方建筑所产生的影响我们应该有充分的了解和认识。由此，我们也可以看到，自20世纪初至今，西方建筑也在不断演变，既有片面狂悖，也有不断调整的自我补偿。有益的经验往往存在于那些观点完全相反的流派之中。因此，我们不仅要研究形形色色的西方建筑思潮的兴衰得失，还要关注它的发展走向，这对于建构我们自己的理论体系十分重要，需要深入研究借鉴。

分析西方现代建筑发展历程，通过对比和思考，使我们对多元复合动态发展的中国文化中所包含的一些闪光的积极因素有了新的理解，并由此引发了新的思考："以分析为基础"是否还应该强调综合；"以人为本"走过了头，必然产生人与自然、个体与社会的矛盾，如何协调发展；理性精神与反理性思潮之间的冲突能否化解转换；审美上的视觉享受与心灵体验相结合能否使建筑具有更强烈的艺术感染力……

反思西方现代建筑三百年的发展，思考五千年中国文化精神，我在考虑是否能够以"相反相成""互补共生"的思维模式建构一种有中国特色的，同时又具有普世价值的建筑理论体系。

例如，能否把建筑视作万事万物中不可分割的一个元素的中国哲学认知，作为我们的建筑观，从而建构一种既强调分析，又强调综合的有机整体、自然和谐的认识论；建构一种在理性和非理性之间进行转换复合的方法论；建构一种既注重形式之美，更重视情感、意境、心境之美的美学理想。我们的思考能否超越形式、符号、元素的层面，对"道""自然""境界"等哲学认知以及对直觉、通感、体悟等具有中国特色的思维模式进行研究？这些都是我们建构自己的建筑理论所需要的。当然，这些纯属个人思考，但从这里使我确切地感到，如果有更多的人能通过自己的创作从不同的角度进行思考，经过长期的努力和积累，逐步建构一个有自己特色的多元包容、动态发展的建筑理论体系是完全可能的。这不仅将帮助我们走出文化"失语"的怪圈，为建筑创新提供理论支持，而且这一具有普世价值的理论体系也能为世人所理解、所共享，从而真正地实现中国建筑的世界走向。

3.2 制度建设

制度建设是现代文明建设和价值体系建构的一个重要组成部分。我们前面提到的诸如决策机制等问题，无一不和党的十八大提出的核心价值体系有关，与科学决策、民主决策、依法决策的决策机制有关。建筑设计领域的制度建设，涉及到我国政治、经济改革全局，涉及顶层设计。从这个角度讲，解决问题困难很多，难度极大。但换一个角度看，如果有关部门本着先局部后整体的原则，在各个领域，包括建筑设计领域，就一些具体问题花大力气抓起，是否也能解决一些具体问题，并为全局性改革打下基础呢？我认为这是有可能的。

根据上面所说的体制与制度建设失范的问题，我认为制定科学合理、切实可行的游戏规则，提高政策执行的透明度，并加强监管力度，是制度建设的关键。

例如，大家关注的招投标问题，完全可以对原有的建筑《招投标法》加以细化改进，明确规定哪些项目必须招标（事实上，并不是每一个项目都需要或适合招标），对于必须招标的项目制定办法，做到招标全过程透明：信息发布透明、方案评选透明、领导决策透明。对每个过程的具体操作情况（包括每一个评委的具体意见、领导决策的程序及其选择方案的具体理由等）全部在网上公布，这样做，可以在很大程度杜绝暗箱操作和一把手决策的积弊，这样，招标的公正性就能够得到维护，也就真正能起到设计招标的作用。

又如大家关注的国外建筑师"抢滩"中国高端设计市场的问题，虽然某些人的崇洋积习难改，但如果采取适当的办法也是可以加以控制的。有同行建议，应该参照影视等文化领域有关市场准入的规定，凡是政府（包括国企）出资的项目，不得直接委托国外建筑师设计，而且应根据具体情况规定是否需要邀请国外建筑师参加投标，同时不得以任何形式（如规定中外联合体方可参加投标等）排斥中国建筑师。

对于这个建议我完全赞成，我想补充的是：还是要坚持设计市场开放，但这必须与营造一个公平公正的竞争环境互为表里，否则必然会造成混乱无序。以国际招标为例，它的全过程，必须做到公正透明，避免行政干预，改变对国外建筑师的"超国民待遇"。应该看到，这是当前设计市场管理中的一个突出问题，一个不仅涉及"天价"设计费的流失，涉及需要给中国建筑师，特别是中青年建筑师留出发展空间的问题，尤其是建筑设计市场的开放毕竟与一般商品市场不同，它关系到建筑设计的文化导向，不能不引起领导部门的充分重视，并下决心加以解决。

由此，也可看出加强领导部门，特别是国务院有关部门对建筑设计工作的领导，重视研究并解决建筑设计领域中存在的种种问题是十分重要的。人们还记得在1958年，当时的建工部部长刘秀峰同志曾经就建筑设计问题做过一个报告，题目是《创造社会主义建筑新风格》。尽管对这个报告的观点一直有不同意见，建筑师也不希望对创作进行行政干预，但是，当时的高层领导对建筑创作的重视和关注还是给人留下了很深的印象。事实上，就中国的国情而言，探讨有关建筑设计的制度改革，研究当代中国建筑设计发展战略，离开有关领导部门的支持和主导是不可能办好的。

当下，建筑设计领域中问题多多，如何规范已很混乱的设计市场？如何制定和健全已经不适用的规程规范？如何采取措施加大执法过程中的监管力度？如何加强前期的可行性研究和工程建设的后评估机制？以及如何完整地贯彻《中华人民共和国注册建筑师条例》中规定的建筑师的职责和权利，等等，都须有关部门花大力气去研究解决。与过去比较，现在建筑设计领域存在的问题更为复杂多变，但现在有关部门的管理职能却反而被大大削弱了，20世纪六七十年代的设计总局撤销了，八九十年代的设计管理司（局）精简了。机构可以撤销精简，但制定规则、强化监管的基本职能不能改变。在探讨制度建设的时候，希望引起国务院有关部门对这一问题的充分重视，否则，问题日积月累，将更加积重难返。

但是，不管现状存在多少问题和困难，我相信，只要我们面对现实、冷静思考，有针对性地提出发展战略，这些问题一定会逐步得到解决。中国是有希望的，中国的建筑设计事业也是有希望的。中国建筑师一定会以自己创造性的工作，为中国，也为世界建筑的发展作出自己的贡献。

（原文引自程泰宁院士在中国工程院主办的"2013中国当代建筑设计发展战略国际高端论坛"的主题报告）

注释：

[1] 萨缪尔·亨廷顿.文明的冲突与世界秩序的重建[M].周琪，张立平，等，译.新华出版社，2010.
[2] 尹国均.城市大跃进[M].华中科技大学出版社，2010.
[3] 乐黛云、李比雄.跨文化对话4[M].上海文化出版社，2000.
[4] 罗伯特·文丘里.建筑的矛盾性与复杂性[M].周卜颐，译.中国水利出版社，2006.

作者简介：

程泰宁，东南大学建筑设计与理论研究中心教授，中国工程院院士。

当代中国建筑艺术发展研究报告

刘托　王明贤　黄续

中国目前是全球年建筑量排名第一的国家，作为当今"世界上最大的工地"，庞大的中国建筑市场为中外建筑师提供了舞台和机遇。20世纪90年代中期以来，城市化进程的骤然提速和艺术创作领域的相对开放与宽松，也为各种建筑思潮和实验建筑提供了实践空间，中国的建筑艺术和建筑设计以令人眼花缭乱的面貌闪亮登场。除了技术上的持续进步，例如新材料、新工艺在建筑上的应用，以及数字化与电脑软件对建筑设计的影响等，建筑作为一个与社会文化与生活紧密关联的领域，充分展示或隐喻了时代精神与风貌。本文选取2014年中国建筑界具有代表性的主要成就与事件，总括年度建筑艺术创作的发展脉络与趋向。

1 年度综述

2014年2月，习近平总书记视察北京城市规划展览馆时提出了城市规划的重要原则，"城市规划在城市发展中起着重要引领作用，考察一个城市首先看规划，规划科学是最大的效益，规划失误是最大的浪费，规划折腾是最大的忌讳。"10月15日，习近平在文艺工作座谈会上提出"不要搞奇奇怪怪的建筑"，12月12日在中央城镇化工作会议上进一步提出："城镇建设，要实事求是确定城市定位，科学规划和务实行动，避免走弯路；要体现尊重自然、顺应自然、天人合一的理念，依托现有山水脉络等独特风光，让城市融入大自然，让居民望得见山、看得见水、记得住乡愁。"习主席的讲话为新时期中国城市建设与建筑创作指明了方向。3月16日，我国首部城镇化规划《国家新型城镇化规划（2014—2020年）》正式出台，城镇化再次成为国家发展战略层面的焦点和热点，人文城市及"乡愁"观念成为城市建设的共识。随着新型城镇化的不断推进，房地产和建筑业将持续迎来市场机遇，并有望在绿色建筑、建筑工业化方面获得更大的发展空间和支持。城镇化的发展将催生包括文化设施在内的大量公共建筑，也将极大地拓展新增住宅建设市场。2013年，我国常住人口城镇化率为53.7%，而至2020年

前我国将有约1亿左右农业转移人口和其他常住人口在城镇落户，这将带来大量新增城市住宅建设需求。此外，大量的旧有城市住宅需要更新，这也将带来较大的住宅建设需求，国务院总理李克强在3月5日的"两会"政府工作报告中，提出要改造约1亿人居住的城镇棚户区和城中村，城镇化的持续推进必将带来系统性的城市基础设施、商业设施的建设需求，对未来城市的格局与发展将产生显著影响。

2014年，学术界围绕"新型城镇化""中国建筑的本土化""建筑历史与遗产保护""中国建筑史及其学术史"等主题，对当前城市化背景下中国建筑和城市出现的问题和发展策略进行了讨论。比较有代表性的学术出版物有《中国特色新型城镇化发展战略研究》[1]《中国近代建筑史料汇编（第一辑）》[2]《中国传统民居类型全集（上、中、下册）》[3]等。在2014年建筑设计领域，建筑创作呈现出回归建筑本体的倾向，材料、建造及空间等重新成为设计与研究的主要对象，这一倾向也成为威尼斯建筑双年展上中国馆策展时被关注的焦点。2014年威尼斯建筑双年展中国馆以"山外山"为主题，呈现了100多年来中国建筑是如何以东方格局吸收和化解现代化冲击的。与此相类似，第25届世界建筑师大会中国馆从建筑师的角度也对当代建筑的发展轨迹进行了梳理。这些会议和展览着力于中国建筑现代化的回溯与历史研究，探索在过去的一个世纪里中国建筑的演变过程，反思中国建筑文化的特质，探索当代建筑的价值及未来发展方向。

数字化是2014年中国建筑设计的热点之一。近几年，三维数字设计和工程软件所构建的"可视化"数字建筑模型技术（BIM技术）得到了国内建筑领域及业界各阶层的广泛关注和支持，它所提供的全新建筑设计过程概念（参数化变更技术）帮助建筑设计师更有效地缩短设计时间，提高设计质量和对客户及合作者的响应能力，并可以在任何时刻、任何位置进行任何想要的修改，设计和图纸始终保持协调一致和完整。从9月1日正式实施的北京市《民用建筑信息模型设

计标准》到9月12日发布的《中国建筑施工行业信息化发展报告（2014）BIM应用与发展》，以及10月29日上海市发布的《关于本市推进建筑信息模型技术应用的指导意见》，在2014年的中国建筑业掀起了一轮BIM技术的应用热潮，BIM技术得到不断普及和深度推广，无论是行业主管部门的引导，还是地方政府、行业协会、设计及相关企业自身的推动，正逐渐形成一股BIM的"中国推力"。

2014年，中国继续推进绿色建筑的发展，住房城乡建设部发了多项绿色建筑的相关规定，全国自2014年1月1日起将全面执行《绿色保障性住房技术导则》。4月15日批准的《绿色建筑评价标准》要求大型公共建筑全面执行绿色建筑标准。按照要求，绿色建筑设计自2015年1月1日起须达成节能、节水、节地、环保、健康等一系列目标，这对建筑设计及艺术创作构成了新的机遇和挑战，但各种科学技术的应用和集成也成为绿色建筑研究和发展的重要支柱。

2014年，城市与建筑文化遗产保护领域也取得引人瞩目的成就。4月14日，中国启动改革开放以来最大规模的《文物保护法》修订工作。中国文物学会于4月29日成立了20世纪建筑遗产委员会，单霁翔、马国馨出任会长。6月14日是我国的第九个"文化遗产日"，活动主题确定为"非遗保护与城镇化同行"，主题口号为"非遗传承，人人参与"。6月22日，第38届世界遗产大会宣布大运河和丝绸之路两个项目成功入选世界文化遗产名录，历史与文脉作为城市存续与发展的重要指标被纳入到城市设计的考量中。汲取在城镇化进程中古城、古街区频遭破坏的经验教训，全国范围内掀起了保护传统村落及其文化的热潮，由住建部等七部局发起的中国传统村落认定及保护工作全面展开，截至2014年，已经审核3批共2555个国家级的传统村落，并公布了两批次国家财政资助的传统村落保护项目名单。在传统村落保护形成社会共识的背景下，大量的建筑师、设计师、艺术家、文化学者、社会工作者"上山下乡"，重忆"乡愁"，渐成燎原之势，同时在保护过程中也形成了传统村落、中国古村落、中国历史文化名村、中国景观村落、美丽乡村、美丽村寨、社会主义新农村等众多模式与品牌，有待学界和社会加以引导与整合。

2014年8月，两院院士吴良镛教授在中国美术馆举办了他的"人居艺境绘画书法建筑艺术展"，他的专著《中国人居史》[4]首发式暨"人居历史与文化学术研讨会"及《匠人营国——吴良镛清华大学人居科学研究展》也均于同年举办，以上展览与活动集中展示了吴院士"让人居环境思想真正利民"的理想，彰显了他作为一个身先士卒、回报社会的公共知识分子的良知；2014年9月下旬，中国文物学会会长、故宫博物院院长单霁翔被授予国际文物修护学会最高学术荣誉"福布斯奖"，以表彰其在文物保护管理工作上的创新贡献；2014中国建筑学会学术年会会议颁发了第七届梁思成建筑奖，获奖者孟建民大师结合多年创作实践提出了"本原设计"理论，倡导以全方位人文关怀为核心理念，实现建筑服务于人的设计思想。2014年，正值中国营造学社创始人、中国传统建筑文化启蒙者朱启钤（1872—1964）辞世50周年，也是中国建筑设计界的前辈莫伯治（1914—2003）、洪青（1913—1979）百年诞辰，国内建筑界举办了不同规模的学术纪念及缅述活动，影响广泛。

2 城市建设

2.1 新型城镇化

2014年出台的《国家新型城镇化规划（2014—2020年）》提出，到2020年我国常住人口城镇化率要达到60%左右，户籍人口城镇化率要达到45%左右；要实现在中西部资源环境承载能力较强的地区培育发展若干新的城市群；推进绿色城市、智慧城市的建设，推动形成绿色低碳的生产生活方式和城市建设运营管理模式等目标。新型城镇化对我国当前的城市建设理论和实践都提出了新的目标和要求，譬如新型城镇化更加注重对"人"的关注，包括城市中人的基本生存需求，适宜的居住空间与公共空间，对环境的尊重以及城乡联动等内容。为适应我国社会经济结构的变化，城市规划作为城市营造的公共政策和技术工具，其体系的变革和完善势是必行。当下，充实与创新适应我国国情的非法定城市规划体系应是有效举措。

许多学者从城镇化空间发展角度研究中国新型城镇化策略和方法，认为城镇化空间发展应多层级、多种方式的开展，走差异化、特色化的道路。其中主要包括两个方面的内容，一方面是大城市以及核心城市群的空间布局和发展问题，强调优化城镇化布局和形态，控制大城市和特大城市的规模，防止其无序蔓延，走区域协调的发展道路。这里面包含的内涵比较丰富，主要有旧城改造、城市更新、智慧城市、新城规划、交通规划、生态城市、城市边缘区（城乡结合部）规划等多项内容。比如2014年国家组织开展了全国城镇体系规划、跨区域的京津冀、长三角、珠三角、成渝和长江中游城镇群的规划编制，以及省域城镇体系规划的制定和实施工作。《城市规划学刊》《城市规划》《国际城市规划》《上海城市规划》等杂志都策划了相关专题的研究，其中比较有代表性的论文如《长江三角洲城市群发展演变及其总体发展思路》[5]，把上海置于长三角地区的整体发展中，分析了长三角地区城市群的基本特征和总体演化规律，提出长三角地区城市群的总体发展目标和发展策略。《探索"新城"的中国化之路——上海市郊新城规划建设的回溯与展望》[6]以上海市为例，探讨了特大城市发展中新城建设的关键理念和重要举措。《从二元到三元：城乡统筹视角下的都市区空间重构》[7]在厘清都市边缘区内涵与价值的基础上，探索城乡统筹的治理策略和规划应对，颇有启发和创意。《市民化与土地脱钩——北京城乡结合部新型城镇化问题思考》[8]明确了城乡结合部的范围，以北京结合部50个重点村改造为实例，介绍了通过市民化过程与土地脱钩，改变城镇化增长模式，使本地农民成为拥有土地资产新市民的经验。《基于交通情景模拟的西宁市空间发展战略研究》[9]对西宁市空间发展模式的选择、空间边界的限定进行分析，从交通

与城市空间相协同的角度提出城市空间发展的策略建议。

另一方面则是新型城镇化视角下的县域发展，县域作为城镇化发展中承上启下、协调城乡发展的重要发展单元，在新型城镇化中被看作破解城乡二元结构、实现城乡一体化的重要突破口和未来城镇化增量的重要载体。然而，县域的发展仍面临严峻的挑战，如县域城镇化与乡村建设的良性互动问题、县域产业发展的融资问题、工业发展与农业现代化和环境保护的协调关系问题、县域城市建设用地供给问题以及农村土地制度改革问题等均是迫切需要解决的现实问题。新一轮的城镇化发展必须要创新体制机制和社会管理，加快消除城乡二元结构的体制机制障碍，并着力构建新的城乡发展和治理模式，才能破解这些复杂棘手的现实问题，推动县域真正成为中国城镇化和促进民生改善的根本支撑点。学术界就县域新型城镇化问题进行了多方面的研究，比如《上海市村庄规划实践——以奉贤区四团镇拾村村为例》[10]通过拾村村的规划案例，提出了面向村庄生产、生活、生态的规划主体思路，比较系统地探讨了新型城镇化的县域发展问题。《乡村复兴：生产主义和后生产主义下的中国乡村转型》[11]则提出了"乡村复兴"概念，从内外两方面界定了基本内涵，认为乡村的复兴应该在产业、资本、管治、文化等方面具备多元的形式，颇具新意。

2.2 旧城改造与城市更新

作为目前城市建设的热点问题，旧城改造和城市更新包含"建造新的建筑物，将旧建筑修复再利用或改作它用，邻里保护，历史性保护及改进基础设施"等，改造过程分为再开发、整治改善和保护三种方式。2011年我国的旧房拆迁量约为1.3亿平方米，占住宅存量的0.77%。到2013年，我国每年拆除的建筑面积上升至4亿平方米，约占新建建筑的1/5。城市更新已经成为我国大中城市房地产土地供应量的主要来源之一，老旧城区建设项目的工程重点和提升城镇化质量的核心领域。以深圳为例，截至2013年12月，深圳全市在建的城市更新项目已达72个，用地5.45平方千米，建筑面积约

1923万平方米。第二届中国（深圳）城市更新论坛上，专家指出，城市更新将长期成为深圳房地产土地、新房市场的主要供应渠道，同时也将成为深圳城市长足发展、产业升级的重要推动力。

中国城市面临着环境、交通、管理诸多方面的问题和挑战。如何提升城市形象、优化资源配置、改善人居环境、保护文化遗产，使城市朝可持续方向健康发展，成为城市更新的主要目的。建设低碳宜居城市是解决当前城市问题的主要策略之一，《国际城市规划》2014年02期以"基于低碳目标的旧城改造规划理论与实践"为主题发表了系列论文，提出空间规划应利用旧城更新的时机，从城市系统优化的角度出发，大力发展绿色节能建筑，建设绿色社区，协调土地与交通的相互关系，调整城市空间结构，促进绿色经济发展，减少城市建筑、交通和产业经济活动过程中的能源消耗。在采用新技术和新方法的过程中，应注重历史遗迹保护，促进社会与环境公平。同时要完善规划管理，增强规划效力，将能耗和碳排放量作为旧城更新规划的指导性指标，并注意将空间规划与行为教育、财税政策等其他管理方法相结合。

中国城市正在经历大规模的产业结构更新和调整，在此过程中大量工业本体的性质发生了转变，即从工业实体转变成工业遗产，成为中国工业发展的见证。2014年中国建筑界在工业遗产价值评估与再利用方面进行了更多的探讨和实践。以南京市压缩机厂地块更新改造项目为例，形成了"基于价值评估确定构思与策略、基于资源评估确定建筑保留抑或拆除、基于潜力评估确定遗产利用方式"等系列技术流程与方法，并在此系统化评估技术路线指导下实现工业历史地段的有机更新与工业建筑遗产的活化再生。华汇设计（北京）的建筑师王振飞在厦门沙坡尾艺术西区冷冻厂改造项目中探讨了一种旧城更新的模式，即在各种限制条件下，努力用低造价实现设计的社会价值，在功能置换的同时，赋予厂房新生命，为老城区注入活力。首钢博物馆设计是2014年度工业遗产再利用的重要实践项目，在整体迁至唐山曹妃甸

后，原石景山厂区成为北京西部最大的一块再开发用地。该区域保护和改建的首要项目是首钢博物馆，即希望改造三号高炉作为未来的博物馆展示空间，这一想法面临工业遗产保护和评估、改造技术、展陈设计和环境工程技术等难题。首钢博物馆不同于一般博物馆建筑设计项目，首先它是一个文化遗产保护项目，要完成对工业遗产的保护与展示；其次，它是一个旧有资源合理再利用的示范项目，需实现工业资源的可持续发展；同时，它还应当是一个文化容器，承载历史，开启未来，并成为新首钢及北京新的文化地标。

2014年的中国建筑学会建筑创作奖建筑保护与再利用类金奖被授予了金陵博物馆，该博物馆矗立在南京老城南的历史风貌街区"老门东"西侧，由原南京色织厂厂房改造而成。这座包裹着穿孔金属板的工业建筑群组与周边的灰砖青瓦之海共同构成了一种异质的都市文化景观，这种异质性引发了对记忆与真实、统一与混杂、文脉与痕迹等问题的讨论和思考。穿孔金属板这种当代工业材料的使用产生了新的建筑语言和建筑形式，极好地体现了考古建筑学的特征。建筑保护与再利用类银奖被授予了上海鞋钉厂改建项目，通过从老厂房到工作室功能的转化，建筑类型的变更有利于我们规避空间模式化的倾向，而异化的空间形成了对空间可能性的重新认知。功能不再成为界定区域的唯一标准，边界的模糊与弥散的体验促进了各种活动的产生。改造的过程也是校正的过程，这种过程状态带来了新的可能，不可预知的问题带来扭转性的启发，使改造过程成为一个允许校正和不断自我平衡的体系。材料不再以既有的模式存在，也不再局限于既有用途，它以更广泛的可能性成就了空间的自由度。

2014年，历史文化名城、历史街区保护研究和实践取得长足的进展。2013年，《苏州历史文化名城保护规划（2013—2030）》批准实施，新规划提出了新的名城保护观：保护、利用与发展三者相互协调、相辅相成，使保护和利用历史文化成为一种可持续的发展方式，创新地构建了"三分"（分层次、分年代、分系列）整体保护体系，分层

次对古城创新性地提出本体保护和系统保护，积极引导传统产业发展，合理优化古城人口，健全完善保障机制，系统建立历史文化信息档案，使保护和利用历史文化成为提升苏州可持续发展能力的方式，适应转型发展新形势[12]。山西太原在城市更新改造过程中则针对我国历史街区的现实状况，尝试通过"类肌理"的概念，来认识那些"非典型"民居建筑的价值和意义，并遵从内在的演化规律，以最小的干预方式将整治措施控制在肌理的单元内部，其研究结果将进一步转化为一种"微创型"的修复术，指导历史街区的保护性修复，把小规模、渐进式的有机更新理念落实到实施层面。[13]

2.3 大数据与智慧城市

随着信息技术的快速发展，互联网和智能手机、RFID（无线射频识别）标签、无线传感器等智能终端设备每分每秒都在产生并传播海量的信息数据。根据中国互联网络信息中心（CNNIC）发布的《第33次中国互联网络发展状况统计报告》统计，截至2013年12月，中国网民规模达6.18亿人，互联网普及率攀升为45.8%。其中手机网民已达5亿人，取代固定网络成为增长的主力军。可以看出，网络开始成为城市经济和社会发展不可或缺的平台，并全面影响着居民活动、企业经营以及政府管理，城市的"大数据时代"已经到来。大数据作为当前最热的话题之一，在城市规划及相关领域，一批城市规划、地理、计算机等学科的研究者开展了一系列基于大数据的城市研究，并迅速对城市规划产生了冲击，引起了规划行业的重视。智慧城市是城市发展的高级形态，其本质是利用大数据、云计算及物联网等新一代信息技术来解决城市出现的各类问题，从而提升城市发展质量。《国家新型城镇化规划(2014—2020年)》明确强调将智慧城市作为提高城市可持续发展能力的重要手段和途径，智慧城市将成为中国新型城镇化的重要战略方向。在政府部门的引导下，相关的规划与实践已在全国各地不断推进。与此同时，信息科学、地理信息科学、城市规划、地理学、经济学等不同学科的学者分别从不同视角出发，展开了大数据与智慧城市的

研究与探讨，有关研究成果正在不断丰富中。

顶层设计是2014年的跨界流行词汇，在智慧城市领域，顶层设计是指整体性、全面性、长远性以及重大性、全局性目标的设定，是智慧城市政策和制定发展战略的重要思维方式。作为智慧城市的战略性设计，业内专家普遍认为，智慧城市顶层设计覆盖的内涵不仅包括城市本身，还包括更好地关注城市发展和市民体验，后者更强调能够为百姓带来切实可感、可知福祉的信息化生存环境。智慧城市的核心价值是数据的共享共用，而当前由于受多种利益驱动等因素的影响，数据共享共用的瓶颈制约在很大程度上尚未真正突破。要解决这个问题，就要打破信息壁垒，消除信息孤岛，进行信息系统的整合，这只有通过智慧城市的顶层设计加以解决。

3 建筑创作

3.1 回归建筑本体

2014年，中国建筑设计呈现出回归建筑本体的倾向，尤其是对建筑材料、建造技术及空间的研究。基于建筑本体的思考是建筑创作的原发动力，建筑师张永和认为："世界建筑正在经历一个有趣的阶段：在建筑学热烈拥抱宏大问题——城市、社会、环境、政治、哲学等的同时，许许多多有才华的建筑师实际上将大部分精力投入形式。新形式的创造成为这些建筑师实践或显性或隐性的第一目的。"无论是对于建筑几何与数学的关系，还是对于建筑表现与建造的关系以及基于地方文化的营造方式的思考，都应当是真正推动建筑发展的动力。对材料的不断探索和研究就是其中的重要方面，材料不但呈现出自身的性能，还表现建筑师的意志、观念，表现出不同的空间塑造能力和空间表现力，有时也反映着人们日常的生活方式和文化观念，因此讨论设计及结构和构造的做法是无法脱离具体的材料的。2014年《时代建筑》杂志主办了多场以"材料与设计"为主题的论坛活动，研究了云南高黎贡手工造纸博物馆、福建武夷山竹筏育制场、利通大厦、天伦大厦、广州羽毛球中心、宁波美术馆等

近几年涉及材料运用和建筑表皮处理的具有代表性的建筑作品，讨论了材料的真实性、材料与建构、建筑实践中的材料问题、教学中的材料认知及其与设计实践中的差异等问题，当材料、建造或者结构成为一个建筑的理念资源时，有关建造与材料的讨论就变得更加富有积极意义，促使建筑师去思考材料的使用。材料及建造方式的选择是因地制宜解决设计问题最为有效的途径。当代建筑设计中对材料的研究比较具有创新意识的是本土材料的现代运用，如王澍、董豫赣等建筑师的设计实践。《时代建筑》在专题《本土材料的当代表述：中国住宅地域性实验的三个案例》[14]中通过分析都市实践、张雷、张永和设计的三个住宅设计实例，探讨本土材料运用的方法，针对塑造表面肌理、形成空间氛围、组织结构建造三个方面实践后，本土材料被认为可以成为现代技术与传统建构的结合媒介。

3.2 数字化设计

"建筑数字技术"在当今的建筑设计、建造、管理等方面已经有了具体而细致的应用，各种数字化思路与手段已成为设计界发展的趋势之一。建筑类期刊《建筑学报》《时代建筑》等分别以特集形式探讨、研究了数字建筑设计及建造的可实施性，引发了更多积极的讨论。其中清华大学教授徐卫国通过《有厚度的结构表皮》[15]一文，阐述了褶子构成物质的基本原理，指出数字技术正是形成褶子建筑的手段与工具，通过这种手段，使得建筑的形式更加符合环境与功能的性能要求。同济大学袁烽等人通过对建造实践思考，形象地诠释了性能化建构的内涵和外延，为"性能化的追随"做出了注脚。[16]东南大学李飚等人通过以南京青奥村服务中心为代表的实践，阐述"数字链"系统的设计方法与数控建造过程的连续性特征，指出"数字链"系统可以使设计刨除大量主观中的弊端，体现出相应的理性与客观。[17]东南大学的华好通过《数控建造驱动的构造设计趋势》[18]论述了在数控建造技术的支撑下，设计如何通过"数字链"的手段延伸到加工、建造等各个环节。建筑师于雷讨论了在数字建造的工作

环境下，建筑师如何通过积极、有效地利用机器人等数字加工和建造手段，拓展设计自身范畴，将多种学科的元素融入设计本体。

数字建筑的应用实践方面也收获颇丰，如余威等人针对扎哈最新设计的南京国际青年文化中心，探讨了基于数字技术的幕墙精细化设计。凤凰国际传媒中心的建成是数字建筑具有标志性质的实践成果，该中心是国内首次在真正意义上全面应用数字技术进行设计和建造的大型公建项目，其意义远不止是创造出一个造型新颖的建筑，而在于它给建筑设计领域带来了开创性的变革。设计团队耗费6年时间，经过艰苦的摸索，用一种与传统完全不同的全新方式完成了凤凰中心的设计，使建筑设计的过程和成果达到了更加科学和精确的水平。

3.3 跨界设计

2014年，"跨界"一词频繁出现在各行各业，它具有超越与融合的意味。在设计领域中，跨学科合作往往能超越行业的固有界限，从而突破传统思维模式的禁锢，激发新的设计灵感。因此跨界设计手法已然成为当下设计领域的新兴设计策略。建筑行业本身就具有一定的综合性，建筑设计发展的过程就是其相关概念的不断扩展和重新定义的过程。而建筑师的职业责任范围也在随着时代变迁而不断变化。如今建筑设计行业跨界程度日益增加，与产品设计、灯光设计、视觉传达等多方面界限已经越来越模糊，这些建筑的外延活动引发了建筑师某些带有批判性或创新性的思考，也为其他领域带来了新的思维。如当前"艺术改造新北京"的计划，即呈现了当下中国知识分子理想与现实的碰撞，其中前门东区改造和花家地的地下室改造项目尤为引人关注。

10月28日，"城南计划——2014前门东区改造"展览在北京天安时间当代艺术中心开幕。展览主办者向国内外多家知名建筑规划机构、各相关领域专家学者发出邀请，组成了阵容强大，涵盖广泛的跨专业、跨学科城市问题联盟，著名综合艺术策划人翁菱出任艺术总监，通过对全球化大背景下

城市问题演变趋势与应对城市问题新方法、新途径的探索，全新探寻城市的功能和空间演进、旧城改造与民生保障、历史文脉的保护与传承等几大综合性问题。花家地的地下室改造项目同样是艺术改造北京的一种尝试。设计师周子书使用了"技能交换"空间的改造方式，一方面保留了地下室残旧的肌理美感，一方面用一些简单材料附着在空间墙壁和地面上，如在走廊公共空间中将隔断墙的两面涂成黄蓝两色，居民晚上回家看到的是温馨的黄色，早上出门看到的则是象征希望的蓝色。为帮助地下室居民建立空间方位感，他还用不同楼层的编号把地下室变成了一个横向的摩天楼。

3.4 展览、论坛、评奖

2014年建筑展览、论坛数量众多，主要围绕着2014年建筑界的热点问题展开，比如"新型城镇化""城乡治理""规划改革""智慧城市""绿色建筑""中国建筑的现代性"等主题。其中影响比较大的论坛有2014中国城市规划年会和2014中国建筑学会学术年会论坛。中国城市规划年会是我国城市规划行业规模最大、学术水平最高、参与性最强的行业性盛会，2014中国城市规划年会的主题为"城乡治理与规划改革"，围绕主题共设38个平行会议，涉及对规划作用与规划改革、区域规划与城市经济、规划管理体制、市民化与老龄化、棚户区改造等内容进行讨论和研究。2014中国建筑学会学术年会论坛主题为"当代建筑的多学科融合与创新"，设置了"2014中国建筑学会年会主题报告会""创新发展论坛·深圳""'3+X'交流会：跨界与集成""当代文化视野下的建筑创作与建筑理论""数字·文化·建筑"等论坛，深入探讨了当代建筑创作的跨学科融合与创新问题。

2014年中国建筑展览主要包括两种类型，一种是建筑师或者事务所的个展，或者某特定主题展览之类，如"人居艺境绘画书法建筑艺术展""建筑之外展""城市：置入，再现——一本杂志的方法"展览（由《城市中国》杂志与哥伦比亚大学北京建筑中心共同主办）等。另一种则是参与人数众多、影响比较广泛的综合性展览，其中以2014年威尼斯建筑双年展和第25届世界建筑师大会展览为代表。威尼斯建筑双年展于6月7日正式开幕，由Rem Koolhaas担任总策展人，此次参展国家共65个，是历届双年展中规模最大、影响力最深远的一次。与往年历届双年展展望未来的基调截然相反，本届双年展的主题为Fundamentals（基本法则），各国家馆主题为"1914—2014：吸收现代性（1914—2014：Absorbing Modernity）"。中国馆将其破题为"根本——1914—2014：化解现代性"，由学者姜珺担任总策展人，以"山外山"为主题，呈现了100多年来中国建筑是如何以东方格局吸收和化解现代化冲击的。同时大量展现了过去百年间中国建筑在构件、结构、格局、造园和形意方面的案例，一方面突出现代性与外来冲击的关联性，以及中国建筑现代化过程中此起彼伏的矛盾，另一方面则暗示中华文明对外来冲击所一贯具有的化解甚至同化能力。第25届世界建筑师大会8月3日至7日在南非德班举行，主题为"别样的建筑"，以呈现不同地域、不同背景、不同社会结构中的建筑和建筑师的状态，探究建筑师就解决社会不平等问题所发挥的举足轻重的作用。与该主题相呼应，中国馆主题为"全球化进程中的当代中国建筑"，意在通过全球化的视角审视中国建筑行业关注的核心问题，展现中国快速发展过程中的最新状态，从多个角度呈现当代中国不同地域、不同类型建筑的特点和成就。相似的议题还有2014当代中国建筑创作论坛，会议主题为"1984–2014中国当代建筑创作30年"。

中国建筑学会建筑创作奖是国内建筑创作优秀成果的最高荣誉奖之一，2014中国建筑学会建筑创作奖共评出金奖16名、银奖46名、入围奖62名。居住建筑类金奖：东莞万科塘厦双城水岸住宅区建筑工程。公共建筑类金奖：广州市气象监测预警中心、侨福芳草地、汶川大地震震中纪念地、嘉那嘛呢游客服务中心、凤凰中心、玉树州地震遗址纪念馆、天津大学冯骥才文学艺术研究院、钟祥市博物馆、中央电视台新台址建设工程CCTV主楼、上海衡山路十二号豪华精选酒店、德阳市奥林匹克后备人才学校。建筑保护与再利用类金奖：同济科技园A2楼（巴士一汽改造项目－设计院新大楼）、上海当代艺术博物馆、金陵美术馆。景观设计类金奖：北川羌族自治县新县城抗震纪念园。该奖每两年举办一次，关注以创作为核心的建成后的整体建筑品质，强调创作贯穿于建筑设计的全过程，在建筑设计领域具有很高的声誉和广泛的影响力。2014年获奖作品基本涵盖了近两年主要的建筑设计实践，代表主流的价值评判标准。

相比之下，WAACA中国建筑奖则更加强调建筑设计作品的创新性和实验性。2014年12月15—16日，2014WAACA中国建筑奖评审会于北京召开，评选出2014WAACA中国建筑奖的6个奖项。"WA中国建筑奖"由世界建筑杂志社在2002年设立，分为建筑成就奖、WA设计实验奖、WA社会公平奖、WA技术进步奖、WA城市贡献奖、WA居住贡献奖6个奖项，每两年评审一次。香港大学建筑学院副教授林君翰和助理教授Olivier Ottevaere设计的THE PINCH图书馆兼社区中心项目获得WA设计实验奖优胜奖，作品最突出的特点是弯曲的木屋顶，孩子们可以在上面奔跑，在世界建筑节上该项目还夺得"2014年度最佳小型项目"奖。

4 理论研究

2014年城市建设方面的学术著作有不少是自然科学基金、社会科学基金等资助项目的科研成果。比如《中国特色新型城镇化发展战略研究》丛书，是中国工程院重大咨询项目"中国特色新型城镇化发展战略研究"的研究成果。该项目由徐匡迪院士担任项目组组长，中国工程院、清华大学及中国城市规划设计研究院等单位的20多位院士、100多位专家参与研究。该书内容比较全面，有助于全面了解新型城镇化的目标、战略等内容，丛书还收入了项目组向国务院提交的《关于中国特色新型城镇化发展战略的建议》和《对新型城镇化研究中几个问题的答复》等重要内容，颇具参考价

值。此外，吴良镛的《中国人居史》梳理了我国古代人居建设的历程，并从人居文化复兴的角度对我国未来人居建设提出建议，具有重要的学术价值。

建筑历史与理论著作颇丰，包括学术专著、文集、传记等多种类型。比较有影响力的如同济大学出版社策划出版的《中国近代建筑史料汇编（第一辑）》，完整收编和影印了1932～1937年间在上海出版的《建筑月刊》（共29期）和《中国建筑》（5卷共49期）两份刊物的全部内容，是中国近代建筑史研究的重要资料来源和珍贵史料，同时也是研究中国近代社会和城市的重要文献。中国建筑工业出版社出版的《中国传统民居类型全集（上、中、下册）》是我国目前第一部体系完整的传统民居分类全集，包含全国34个省、市、区（含港澳台）的民居类型约500个，分别从分布、形制、建造、装饰、代表建筑、成因、比较、演变几个方面概括了每个类型的基本特征，具有重要的史料价值。同济大学教授常青主编的《历史建筑保护工程学》[19]是国内第一部以城乡建筑遗产保存与再生领域的跨学科研究、实践和教育为主要内容的大型综合性专业著作，书中系统阐述了历史建筑保护工程学作为新兴学科方向的基本理论、研究方法和技术手段，对妥善解决城乡改造和城镇化中保护与发展关系问题具有较高的参考价值。

2014年出版的主要文集有台湾建筑家汉宝德《建筑·历史·文化：汉宝德论传统建筑》[20]，张祖刚《建筑科学文化广角论》[21]，吴宇江、莫旭《莫伯治大师建筑创作实践与理念》[22]等。主要人物传记有中国建筑工业出版社策划出版的建筑院士访谈录系列：《张锦秋》《郑时龄》等。由清华大学建筑学院组织编辑的系列文集《当代中国建筑史家十书》正在出版过程中，每一本除了集中各人主要发表的研究成果外，均有一些新作或未曾发表的学术成果，集中体现了当代建筑史家的思考和探索。[23]从所有这些文集和人物传记中，不仅可以了解各人的学术成就和生涯、学术观点和方法，而且可以从时代的变化、人物的性情等多角度多侧面，整体把

握建筑理论研究的发展脉络，了解当前学术研究的前沿和热点问题。

为纪念创刊60周年，《建筑学报》策划了"中国建筑史及其学术史"专题讨论，旨在以不同话题、不同立场、不同视角乃至不同的写作方式，于历史的重构与阐释中展现当下建筑历史研究者面貌纷呈的研究观念与方法手段。其中比较具有代表性的论文有陈薇《走向"合"——2004—2014年中国建筑历史研究动向》[24]，以2004—2014年中国建筑历史研究的相关成果、重要国家课题开展情况为分析对象，提出中国建筑史学自营造学社以来，经历"起""承""转"而进入"合"的阶段。论文概括的整合、拟合、契合和集合的研究动向，既是对近年中国建筑史学发展的洞察，也是对未来走向的探讨。有的学者对中国建筑文化历史的回顾和反思也带来了某些争议，如学者朱涛出版的《梁思成与他的时代》[25]一书中描写了一代建筑师乃至整个知识分子群体的悲剧性命运，认为梁思成和他的时代所经历的一切还远没有结束："重现他在西方建筑话语对中国建筑史的曲解和垄断中，在日本学者取得成就的激励下，为中国建立起一整套自主的建筑范式的求索过程，重现他的心路历程和学术选择，他与政治的复杂关系，对我们今天的存在，至关重要。"此书出版后引起了学术界的不少争论，王贵祥、王军、林洙等学者都撰文进行了质疑。

伴随着城市化进程的加剧，城镇建设与文化遗产保护间的矛盾逐渐尖锐，这也促使考古学、博物馆学、环境学、建筑学、规划学等不同学科的学者将研究方向调整到文化遗产保护方向，共同应对新的问题和新的挑战。"2014年中国建筑史学会年会暨学术研讨会"以"地域建筑与城乡特色"为主题，围绕"建筑历史研究与地域建筑创作""传统建筑的当代适用性研究""城乡地域建筑保护与传承""历史街区与保护"等论题，展开了学术讨论。学者们认为建筑遗产保护与建筑历史研究密不可分，随着"申遗"带动的认识和追索，实际上也推动了建筑历史在研究范围、认识角度、内

涵价值等方面的重新考量。比较典型的如2014年6月申请世界遗产获准的中国大运河和丝绸之路，范围跨地域甚至跨国界，研究方法则采用数字技术和大数据，而价值的发掘更是在全方位认识下进行的深度提炼。

关于传统建筑和村落保护的研究近年来也颇为深入，如《基于地域文化传承的古村落建筑风貌保护研究——以武汉市东西湖区马投潭历史文化名村保护规划为例》[26]对古村落、历史建筑和地域文化的联系进行了解析，对国内古村落历史建筑保护中出现的问题进行分析总结，并提出应对策略。吴志宏《乡土建筑研究范式的再定位：从特色导向到问题导向》[27]认为乡土建筑研究应该回归乡土，研究乡土中现实的条件和问题，即所谓"问题导向"的研究范式。寇怀云、周俭《文化空间视角的民族村寨保护规划思考》[28]归纳出民族村寨的文化空间价值特征，并提取出文化特征场所、建成空间形态、农林活动环境3个文化空间层面，从文化空间视角出发制定民族村寨价值保护的规划原则，对于多元文化背景下的民族村寨保护实践尤为必要。

建筑设计方面比较有创见的著作主要集中在数字化设计研究上，翻译出版的尼科斯·A·萨林加罗斯《新建筑理论十二讲——基于最新数学方法的建筑与城市设计理论》[29]利用先进的数学技术把建筑和城市规划构想成计算过程，通过许多几何构建理论如元胞自动机、递归增长、斐波那契序列、分形、普适标度等形成了一种有用的设计工具，作为国外城市设计和建筑领域学科交叉的前沿成果极具创新性。庄惟敏、祁斌、林波荣的《环境生态导向的建筑复合表皮设计策略》[30]汇集了作者10余年来针对以环境生态为导向的建筑复合表皮系统的创作方法、技术研究与工程实践成果，包括基于环境生态性能优化策略的建筑复合表皮建构理念及设计方法，以及在建筑不同层面的表皮设计中实现对不利环境的主动控制、对特殊性能需求的有效回应等内容。此外，内容详实、论据充分的《苏州民居营建技术》[31]等著作则代表了古建技术研究方面取得的进展。

5 热点与焦点

5.1 现代建筑的民族性、本土化

在中国建筑的现代化道路上，一直存在着民族性与本土化命题，当下则演绎为"中国建筑的现代性"与"现代建筑的中国性"，这两个命题关系到中国建筑现代化方向，并分别指向两条不同的道路。"中国建筑的现代性"命题是一个时间命题，而"现代建筑的中国性"则可被视为一个空间命题，两个命题的关系牵连到中国传统建筑风格和现代建筑如何融合的问题。

当前很多中国建筑师关注对现代建筑"中国性"的思考。学术界2014年对中国建筑的现代性的发展历程进行了回顾，探讨中国现代建筑传统的形成，譬如在《建筑学报》60年创刊专集上发表多篇相关研究成果[32]。胡恒《当他们谈论"现代建筑"时，他们在谈论什么？——1980—1992年的〈建筑学报〉与香山饭店》通过对香山饭店的研究整理，再现出一个现代主义观念向中国本土移植的艰难过程。赖德霖《经学、经世之学、新史学与营造学和建筑史学——现代中国建筑史学的形成再思》在20世纪中国传统学术现代转型的脉络中，重新审视中国建筑史学的形成，寻求现代建筑的中国特色，发现传统建筑史论述中可资借鉴的中国性。诸葛净在《断裂或延续：历史、设计、理论——1980年前后〈建筑学报〉中"民族形式"讨论的回顾与反思》一文中通过追溯1980年前后《建筑学报》等期刊中围绕"民族形式"讨论的话语与实践，揭示了历史知识、建筑实践与理论话语是如何相互影响的，力求塑造以"院落／庭园""空间序列"等为核心的符合现代主义建筑观念的中国建筑传统。

也有一些学者和设计师把目光投向了当代建筑创作领域，关注的焦点不仅包括形式创新，也包括模式创新。李安之在《当代艺术、建筑的山水实践》[33]一文中以建筑与自然的关系为切入点，从"与古为新""重新进入自然"以及"城市中的自然与诗意"三个角度，对当代中国建筑进行梳理。彭怒、谭奔《中央音乐学院华东分院琴房研究：黄毓麟现代建筑探索的另一条路径》[34]分析了黄毓麟在琴房设计里探索现代建筑的另一条路径：以场地关系为导向的形体、功能思考，以材料为起点的结构体系、结构逻辑、构造形式与建造性的表达，以及空间原型和形式对传统民居的借鉴和转译。周榕《从中国空间到文化结界——李晓东建筑思想与实践探微》[35]认为李晓东在对中国传统空间思想进行深入研析和系统学习的基础上，采用强化场域界面、渲染纯一意境、控制建筑尺度、弱化物质表现、淡化形式识别等手段，构建出一系列身份鲜明的具有现代中国性的文化特质，为中国当代建筑创作提供了省思性的样本。2014年1期的《建筑学报》对王澍新作"瓦山"的大篇幅探讨也展示了建筑文化价值取向的变化——一种从传统价值的宏大叙事到中国文化语境的建筑策略的演变。

王澍在《我们需要一种重新进入自然的哲学》[36]一文中指出，在中国文化里，建筑更像是一种人造的自然物，使人的生活回复到某种非常接近自然的状态。他提出"重建一种当代中国本土建筑学"的主张，宁波历史博物馆设计即是这种主张的探索和具体实践。传统中国关于"山""水"与建筑关系的美学在这里被有深度地重新转化了。建筑的外围表皮设计是用当地被遗弃的建筑砖石拼接的，内部空间通过匠心独到的营造达到了光与影的完美结合，诠释着文化与建筑的共生，也为他本人赢得了国际声誉。中国美术学院象山校园规划与设计则是王澍另一经典作品，整个学校呈现为一系列"面山而营"的差异性院落格局，在当代建筑美学叙事中重新发现中国传统的空间概念，并诠释出园林和书院的精神。对来自浙江省拆房现场的旧建筑材料砖头、瓦片、石头的使用，可视为中国建筑之"循环建造"，又是对当下城市大规模拆迁改造的回应。王澍的象山校园设计探索了如何在一个瓦解的郊区城镇重建有根源的场所；如何让中国传统与山水共存的建筑范式活用在今天的现实；如何以一种书院式的场域重塑今日大学的学院精神；如何坚持就地取材、因地制宜，以非常低廉的造价和快速建造体会中国本土的营造方式；如何为根源丢失的中国城市建造走出一条重建文化差异之路。[37]

北京大学教授董豫赣的清水会馆折射了中国古典园林的设计思想，他的设计没有因袭传统的痕迹，但营造的空间却反映了中国传统文化的特质，成功地转换了时空意境。作为院落的组成部分，各个建筑单体又具有西方建筑精准造型的特征，表达了建筑师对建筑背后文化意味的探寻和思索。在董豫赣的另一件代表作品红砖美术馆中，建筑与庭园的处理也得益于建筑师对中国园林的多年品鉴。作为本土建筑师的代表，四川的建筑师刘家琨希望寻找到一种方法，既在当地是现实可行、自然恰当的，又能够真实接近当代的建筑美学理想，他设计的鹿野苑石刻博物馆就是这种探索的实践，建筑师在构思过程中常常从一些字面或画面上的"意向"出发，不是将其转化为具体的建筑符号，而是找到其直接对应的建筑材料，从而保证自己的设计绝大部分是在材质、建造、体量、空间、气氛和意境等抽象层面上展开的。

为了呼应地方文脉，也有一些当代中国建筑师开始脱离单纯的依靠传统建筑材料和形式的方法，转而从规划的场所、建筑内部空间、构筑物、外表皮等方面提取符号，通过高新技术语言来加以重新诠释。李晓东设计的篱苑书屋就体现了这类建筑的特征，该作品在与自然相配合的前提下，通过人造的场所环境将大自然凝聚成为一个有灵性的气场，水边栈道、平展的卵石、篱笆围合的空间，以及光影的交织与变化体现人与自然的和谐共处。形体的简单不妨碍对话的丰富，步移景异透射出的是对传统的当代诠释。

5.2 山水城市

全球化在中国的最大表征莫过于高速化的城市化以及都市化进程，遗憾的是，伴随而来的是大量大杂烩式的城市建筑景观，老建筑被大量拆毁，取而代之的新建筑多无特色，集群化的高楼林立使城市失去了记忆，建筑的"失语"现象日益严重。一些建筑师开始以实验性作品对此作出回应，力图解决城市发展方面的焦点问题，为未来城市的建设提供新的思路。建筑师野城在《高密度大城市的山水实践》[38]一文中提出，应在高密度大城市中引入自然，修复城市和自然的关系，他认为高密度城市的

山水实践就是要重构一种新的城市体验，而这种体验应该是超越尺度的。建筑师马岩松在《山水城市》[39]文集中提到"山水城市"理念，将传统的"山水"引入城市之中，让城市大建筑具有山水的韵味，这是对巨构建筑的一种突破，也是一种山水化的超景观的尝试，他近年来致力于将建筑和景观相融合，试图打破这两个学科的藩篱，其作品从浮游之岛到梦露大厦，再到重庆森林、贵阳山水、南京山水综合体、北京·城市山水项目，可以看出他试图在现代城市之中注入一种新的山水意境，消解工业革命以来城市作为人口繁殖和物质生产机器的功能化趋势，找寻一种回归自然的山水精神。

越来越多的建筑师参与到推动城市变革的运动中，绿色生态的设计理念被一再提出，传统村落和传统建筑的原生生态营造技术也被重新发掘，从本土到国际，各种类型的绿色建筑不断涌现出来。然而，更多的建筑是在技术层面追逐生态，而缺乏技术背后的文化支撑。如果生态建筑仅仅以满足人的生理需要和身体舒适度为前提，那么这种纯功能化的绿色建筑还是不能修复城市和自然的割裂，反而可能加剧这种割裂。唯有重塑建筑的精神，找到支撑建筑自然性的文化渊源和情感归属，生态建筑才有可能超越生态机器的藩篱。由此可见，现代城市的困境根源于文化的困境，如何重释传统文化中的自然观应该是城市建设者和建筑师们应该反思的问题。对城市建设的引导最根本的还应该从文化上去引导，对传统文化的重新认识是恢复我们丧失已久的美学体系和文化判断力的前提。马岩松、张珂等青年建筑师的实验建筑设计体现出对自然的强烈关注，尝试用一种东方的自然观来指导建筑实践，让我们看到了以现代建筑为物质载体来重构传统意境的可能性。

山水城市的实践才刚刚开始，它试图在越来越缺乏人性的城市建设中渗透进一种诗意，让我们看到了弥合城市与自然断裂的希望。如果说建筑大师柯布西耶所呐喊的"建筑或者革命"[40]，是在战后恶劣的居住条件下为避免激化社会矛盾和动乱而不得不走向建筑工业化的生死抉择，那么在我们这个时代，"建筑或者人性"恰恰是摆脱建筑工业化乃至建

筑商品化而重构人性城市的精神出口。山水精神是辽阔而深邃的，山水精神是宏大而细微的，它或许是人类在后工业时代的觉醒，并将开启下一个时代的城市文明。

注释：

[1] 徐匡迪等.中国特色新型城镇化发展战略研究[M].中国建筑工业出版社，2013.
[2] 郑时龄.中国近代建筑史料汇编（第一辑）[M].同济大学出版社，2014.
[3] 中华人民共和国住房和城乡建设部.中国传统民居类型全集（上、中、下册）[M].中国建筑工业出版社，2014.
[4] 吴良镛.中国人居史[M].中国建筑工业出版社，2014.
[5] 彭震伟，唐伟成，张立，张璞玉.长江三角洲城市群发展演变及其总体发展思路[J].上海城市规划，2014（01）.
[6] 顾竹屹，赵民，张捷.探索"新城"的中国化之路——上海市郊新城规划建设的回溯与展望[J].城市规划学刊，2014（03）.
[7] 杨浩，罗震东，张京祥.从二元到三元：城乡统筹视角下的都市区空间重构[J].国际城市规划，2014（05）.
[8] 崔向华.市民化与土地脱钩——北京城乡结合部新型城镇化问题思考[J].国际城市规划，2014（05）.
[9] 黄建中，吴萌，张乔.基于交通情景模拟的西宁市空间发展战略研究[J].城市规划，2014（07）.
[10] 孙珊，周晓娟，苏志远.上海市村庄规划实践——以奉贤区四团镇拾村村为例[J].上海城市规划，2014（032）.
[11] 张京祥，申明锐，赵晨.乡村复兴：生产主义和后生产主义下的中国乡村转型[J].国际城市规划，2014（05）.
[12] 张泉，俞娟，庄建伟.历史文化名城保护规划编制创新探索——以苏州历史文化名城保护规划为例[J].城市规划，2014（05）.
[13] 何依，邓巍.太原市南华门历史街区肌理的原型、演化与类型识别[J].城市规划学刊，2014（03）.
[14] 李振宇，李垣.本土材料的当代表述：中国住宅地域性实验的三个案例[J].时代建筑，2014（03）.
[15] 徐卫国.有厚度的结构表皮[J].建筑学报，2014（08）.
[16] 袁烽，肖彤.性能化建构——基于数字设计研究中心(DDRC)的研究与实践[J].建筑学报，2014（08）.
[17] 李飚，郭梓峰，李荣."数字链"建筑生成的技术间隙填充[J].建筑学报，2014（08）.
[18] 华好.数控建造驱动的构造设计趋势[J].建筑学报，2014（08）.
[19] 常青.历史建筑保护工程学[M].同济大学出版社，2014年.
[20] 汉宝德.建筑·历史·文化：汉宝德论传统建筑[M].清华大学出版社，2014.
[21] 张祖刚.建筑科学文化广角论[M].中国建筑工业出版社，2014.
[22] 吴宇江，莫旭.莫伯治大师建筑创作实践与理念[M].中国建筑工业出版社，2014.
[23] 辽宁美术出版社于2014年出版的《当代中国建筑史家十书》有两本：《当代中国建筑史家十书：潘谷西中国建筑史论选集》，2014年3月出版；《当代中国建筑史家十书：王其亨中国建筑史论选集》，2014年9月出版。
[24] 陈薇.走向"合"——2004-2014年中国建筑历史研究动向[J].建筑学报，2014（Z1）.
[25] 朱涛.梁思成与他的时代[M].广西师范大学出版社，2014.
[26] 曾光，贺慧，程梦.基于地域文化传承的古村落建筑风貌保护研究——以武汉市东西湖区马投潭历史文化名村保护规划为例[M].见城乡治理与规划改革——2014中国城市规划年会论文集，2014.
[27] 吴志宏.乡土建筑研究范式的再定位：从特色导向到问题导向[J].西部人居环境学刊，2014（03）.
[28] 寇怀云，周俭.文化空间视角的民族村寨保护规划思考[J].上海城市规划，2014（03）.
[29] （美）萨林加罗斯.新建筑理论十二讲——基于最新数学方法的建筑与城市设计理论[M].中国建筑工业出版社，2014.
[30] 庄惟敏，祁斌，林波荣.环境生态导向的建筑复合表皮设计策略[M].中国建筑工业出版社，2014.
[31] 钱达，雍振华.苏州民居营建技术[M].中国建筑工业出版社，2014.
[32] 《建筑学报》2014年Z1期策划60年创刊专集，对《建筑学报》的历史、蕴含的议题在历史与理论的层面进行学术性的研究和探讨。
[33] 李安之.当代艺术、建筑的山水实践[M].见城市山水，文化艺术出版社，2013.
[34] 彭怒，谭奔.中央音乐学院华东分院琴房研究：黄毓麟现代建筑探索的另一条路径[J].时代建筑，2014（06）.
[35] 周榕.从中国空间到文化结界——李晓东建筑思想与实践探微[J].世界建筑，2014（09）.
[36] 王澍.我们需要一种重新进入自然的哲学[J].世界建筑，2012（05）.
[37] [38] 野城.高密度大城市的山水实践[M].城市山水，文化艺术出版社，2013.
[39] 马岩松.山水城市[M].广西师范大学出版社，2014.
[40] 柯布西耶.走向新建筑[M].陈志华，译.陕西师范大学出版社，2004，235页.

优秀建筑作品

优秀建筑作品目录

155
龙美术馆（西岸馆）

187
北京人文艺术中心

214
蚌埠博物馆及规划档案馆

244
王昀合集

160
诚盈中心

190
南京南站南广场

218
瑞安市普明禅寺

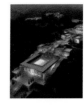
246
南海佛学院概念
设计方案

166
开心麻花办公总部

194
保利·珠宝展厅

221
玉树抗震救灾纪念馆

255
盐城美术馆

170
中央音乐学院附中校
园综合改造

199
长春龙嘉国际机场
T2航站楼

226
住宅扩建工程——"魔术
的盒子"

258
安徽（中国）桐城文
化博物馆建筑设计及
周边地块规划设计

173
苏州滨湖新城规划
展示馆

202
南方科技大学图书馆

229
都江堰·中国百年民俗
图像博物馆

263
六盘水美术馆

176
武汉华侨城运动生活
中心

209
南京万景园小教堂

232
龙门石窟研究保护实验
中心

180
北京服装学院媒体
实验室

236
中国国家画院东扩
整体设计

184
贵阳讯鸟云计算办公楼

239
普措达泽山下的藏式院子

《又见五台山》专属剧场

设计机构：北京市建筑设计研究院有限公司艺术中心+第七设
　　　　　计院+北京建院约翰马丁设计公司+灯光工作室

建设地点：山西省忻州市五台山第三区马圈沟片区

设计时间：2011年7月

竣工时间：2014年9月

项目委托：五台山管理局

建筑面积：13 949.72 m²

占地面积：152 909.03 m²

景观面积：72 289.80 m²

这是一个难言形状的建筑，这是一个正在消隐的建筑；这是一个可以聆听的建筑，这是一个可以对话的建筑；这是一个映照历史的建筑，这是一个展望未来的建筑。这不是一个建筑，而是一个启迪智慧的场所……

《又见五台山》剧场位于五台山景区南入口外，两座小山前的开阔场地上。由于大型情景演出的需要，剧场空间是一个长131 m、宽75 m、高21.5 m的大空间。然而，当你走近她，你却不能完整了解她的全部。她以730 m长、徐徐展开的"经折"置于剧场之前，由高至低排列形成渐开的序列，成为剧场表演的前奏。而剧场就成为了还没有或正在被打开的一本博大的经书。

"经折"和剧场均采用了不同材质的表皮，包括石材、玻璃和不锈钢等材料，通过这些材料的反光和映射的特点，将体量化解为

不同尺度的起伏的图案，不同程度地影照着周围的景象，蓝天、白云、山峦、树木，也包括身处其间的观众，一切尽在似有与似无之间，极大地消解着建筑物的轮廓线，破解建筑体量对周围环境的压力。

每一页被打开的"经折"空间都是独特的，通过当代装置艺术的表现方式，展现了一个个与宗教有关的场景和表演。这一多重演绎的"经折"借助于中国传统造园的方式，运用空间秩序建构内涵丰富的精神场所。让观众在一场场跌宕起伏的"经折"之间驻足凝思，展开自己与空间、与情景之间的对话，从而激发出观众的心理体验和精神感受。场地当中一石、一木的光影变幻，记录着时间的过往、生命的轮回，让人抛弃世间的杂念，开阔眼界和胸襟，感知佛陀的智慧。这不仅带来感官上的震撼，更多地将引发观者的思辨。

在"经折"被"掀起"的部分，形成游人穿越的通道，呈现出的是中国传统木构建筑的细部构建，隐喻着建筑所处的人文环境。出挑的杆件端头悬挂的铜铃，发出清脆、悠扬的声响，在很远的地方即可感知这座建筑的存在。在接近景区道路的一端，"经折"以高反光的不锈钢顶面直接插入碎石的地面，对日空和月夜的映照成为最先映入观众眼帘的形象。同时，又将著名的《华严经》镌刻在不同材质的表皮材料之上，附会了"经折"的创意，向游人传递着演出的主题和内容。

场地的铺装全部采用当地的石材，无论是在前往剧场的通道一侧的"经折"之内，28块"顽固不化"的巨石，包括通道外侧铺满各色鹅卵石的景观场地，还是离开剧场的通道一侧的"经折"之内，组成的28个刻着经文的、被"点化"而成的碎石，包括通道外侧的白色细石，都隐喻着佛法的智慧和观众的感悟。

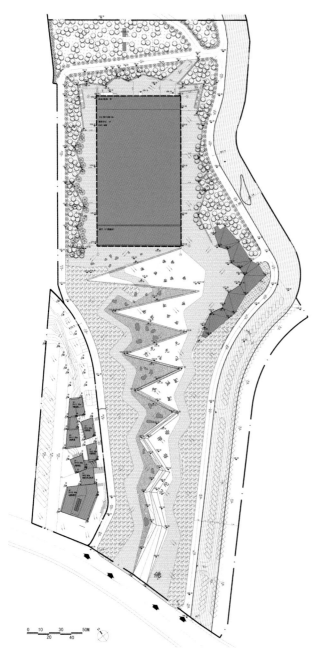

《又见五台山》专属剧场·风铃细节设计图

《又见五台山》专属剧场·总平面图

《又见五台山》专属剧场·不同材质呈现的"经折"细节图1

依山而建逶迤而上的《又见五台山》专属剧场，能容纳1600名观众，由北京市建筑设计研究院有限公司董事长、总建筑师朱小地和王潮歌导演共同设计完成。剧场由一个长131 m、宽75 m、高21.5 m的大空间构成。

置于剧场之前的"经折"，上面刻着"经中之王"的《华严经》经文，形成七个"经折"空间，由高到低排列形成渐开的序列。观众从进入"经折"空间之后，演出就开始了，所以说《又见五台山》专属剧场是一个从室外延伸至室内的剧场。

"经折"外沿悬挂风铃，在山谷之间，轻声回荡，犹如佛音传唱。

正如朱小地本人对于这个建筑的描述："这是一个难言形状的建筑，这是一个正在消隐的建筑；这是一个可以聆听的建筑，这是一个可以对话的建筑；这是一个回顾历史的建筑，这是一个展望未来的建筑。"

《又见五台山》专属剧场·不同材质呈现的"经折"细节图2

首演当天千名僧侣沿着"经折"祈福现场图

《又见五台山》专属剧场·剧场正面图

绩溪博物馆

设计团队：李兴钢、张音玄、张哲、刑迪、张一婷、易
　　　　　灵洁、钟曼琳、王立波（结构）、杨威（结
　　　　　构）、梁伟（结构）、李力（景观）、于超
　　　　　（景观）
设计机构：中国建筑设计院
建设地点：安徽省宣城市绩溪县
设计时间：2009年11月—2010年12月
竣工时间：2013年11月
项目委托：绩溪县文化局
建筑面积：10 003 m²
占地面积：9500 m²
摄影作者：夏至、李兴钢工作室

　　绩溪博物馆是一座包括展示空间、4D影院、观众服务、商铺、行政管理和库藏等功能的中小型地方历史文化综合博物馆。

　　整个建筑覆盖在一个连续的屋面下，起伏的屋面轮廓和肌理仿佛绩溪周边山形水系，又与整个城市形态自然地融为一体。

　　为尽可能保留用地内的现状树木，建筑设置多个庭院、天井和街巷——营造出舒适的室内外空间环境；内部沿街巷设置东西两条水圳，汇聚于主入口大庭院内的水面，南侧设内向型的前庭——明堂，符合徽派民居的布局特征；主入口正对方位设置一组被抽象化的假山。围绕明堂、大门、水面设有对市民开放的立体观赏流线，将游客缓缓引至建筑东南角的观景台，俯瞰建筑的屋面、庭院和远山。

　　规律性组合布置的三角屋架单元，适应连续起伏的屋面形态；在适当采用当地传统建筑技术的同时，灵活地使用砖、瓦等当地常见的建筑材料，并尝试使之呈现出当代感。

图1 透过玻璃可看到展厅内胡适先生的
手书对联(邱涧冰)

图2 中间院子的小树林

图3 前院的玉兰树

图4 古槐

因树为屋随遇而安，开门见山会心不远——记绩溪博物馆

李兴钢

后果前缘

癸巳年腊月（2014年1月），陪鲁安东兄在刚刚开馆的绩溪博物馆内随意参观，蓦然发现在展厅中有一幅胡适先生的亲笔手书对联："随遇而安因树为屋，会心不远开门见山"（联出清同治状元陆润庠）。这幅年代不详的胡适真迹，在设计绩溪博物馆的4年多时间内，从未有缘得见（图1）。

惊异于此联的意境恰与绩溪博物馆的设计理念不谋而合。树与屋、门与山——自然之物与人类居屋之间的因果关联；随遇而安、会心不远——由自然与人工之契合，而引出与人的身体、生命和精神的高度因应。在博古通今、中西兼通的精英人物胡适心中，行、望、居、游是自己理想的生活居所和人生境界。而这也正是绩溪博物馆设计所努力寻求的目标。

馆名"绩溪博物馆"，来自于胡适先生墨迹组合。而适之先生仿佛在近百年之前，即已为家乡土地未来将建造的博物馆，写下了意旨境界和设计导言。有趣的是，不断听到人说起绩溪的"真胡假胡"之典故：胡适之"胡"，乃为唐代时"李"姓迁入安徽后之改姓，故著名的胡先生是"假胡"，其实姓李。如此巧合，让人感觉如冥冥之中的绝妙安排。

那些古镇周边的山，想必胡适先生曾经开门得望，这棵700年树龄的古槐，不知胡适先生是否曾经触摸。100年人类历史风云际会，在山和树的眼中，不过是一个片刻。还是那座山，还是这棵树，它们让后来的这个被称作"建筑师"的晚辈后生，与古镇和先人有个诚恳的对话。

山水人文

四年多前，也是一个冬季，第一次来到绩溪，第一次踏上这片如今赋予新的建筑生命的基地现场考察。用地位于绩溪旧城北部，原县政府大院用地内。基本呈矩形，朝向偏东南。南北向长约136 m，东西长约71 m，这里很久以前一度曾为绩溪县衙，因而在博物馆施工过程中挖出县衙监狱部分的基础和排水沟等遗迹，设计也因地就势，借用实地遗迹保留为博物馆展览内容。当时用地内生长有繁茂的40余株树木，树种繁多，包括槐树、樟树、水杉、雪松、玉兰、桂花、枇杷等（图2、3），其中用地西北部有一株700年树龄的古槐（图4），这些树木是最初打动我们并推动设计发展的重要元素，成为绩溪博物馆古今延续与对话的最好见证。

绩溪位于安徽黄山东麓，隶属于徽州达千年之久，是古徽文化的核心地带。"徽"字可拆解为"山水人文"，正是对绩溪地理文化的恰切写照。绩溪古镇周边群山环抱，西北徽岭，东南梓潼山；水系纵横，一条扬之河在古镇东面山脚汇流而过，也因此得名"绩溪"——《元和郡县志》记载："县北有乳溪，与徽溪相去一里，并流离而复合，有如绩焉。因以为名。"当地数不清的徽州村落，各具特色，诸如棋盘、浒里、龙川……均"枕山、环水、面屏"，水系街巷，水口明堂，格局巧妙丰富，各具特色。而古往今来，绩溪以"邑小士多，代有闻人"著称于世，所谓徽州"三胡"——胡宗宪、胡雪岩、胡适，分别以文治武功、商道作为、道德文章著称于世。

古镇客厅

绩溪博物馆设置了一套公共开放空间系统，其室外空间除为博物馆观众服务外，同时对绩溪市民开放（图5）。这个开放空间源自徽村的启示。在这个犹如村落般"化整为零"的建筑群落之内，利用庭院和街巷组织景观水系。沿东西内街的两条水圳，有如绩溪地形的徽、乳两条水溪，贯穿联通各个庭院，汇流于主入口庭院内的水面，成为入口游园观景空间的核心（图6、7）。

观众可由博物馆南侧主入口进入明堂水院，与南侧茶室正对的是一座片石假山伫立水中，假山背后，是两大片连绵弯折的山墙，一片为瓦墙，一面是粉墙。两片墙之间是向上游园的阶梯和休憩平台。庭院中有浮桥、流水、游廊、瓦窗，步移景异的观景流线引导游客，经历迂回曲折，到达建筑南侧屋顶上方的观景台，可以俯瞰整个建筑群、庭院和秀美的远山（图8）。茶室背后另有供游人下来的阶梯。也可继续前行，顺着东西两路街巷，游览后面被依次串联起来的其他庭院。

这里的街巷和庭院，与建筑周边民居乃至整个古镇数不清的街巷、庭院同构而共存。

折顶拟山

源自"绩溪"之名与山形水势的触动，博物馆的设计基于一套"流离而复合，有如绩焉"的经纬控制系统，原本规则的

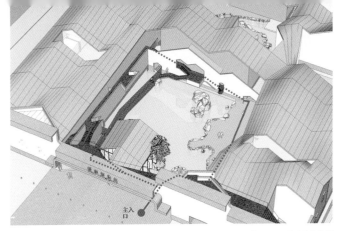

图5 明堂水院的游线

图7 内街（李兴钢）　　　　　　图8 屋顶观景台（夏至）

图6 内街与水圳（夏至）

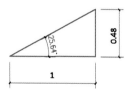

▌图9 三角屋架的剖面坡度源于当地民居

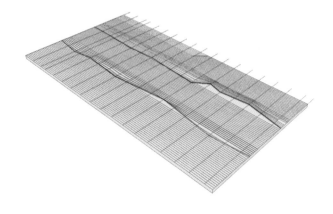

▌图11 局部被扰动的经纬控制线

▌图10 基本屋架单元

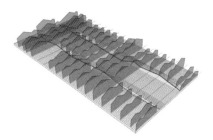

▌图12 叠加结构剖面，控制端墙高度

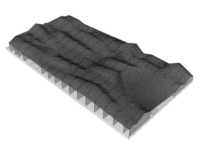

▌图13 生成屋顶连续曲面，控制屋脊走向

▌图14 在有保留树木的地方屋顶被挖空，形成不同的庭院

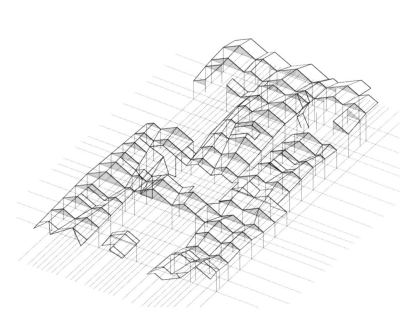

▌图15 屋顶结构图解

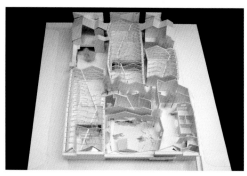

▌图16 屋顶结构模型（李兴钢）

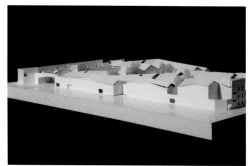

▌图17 模型−沿街立面（黄源）

图18 屋-树-山（李兴钢）

平面经纬，被东西两道因树木和街巷而引入的弯曲自然扰动，如水波扩散一般；整个建筑即覆盖在这个"屈曲并流，离而复合"的经线控制的连续屋面之下，并通过相同坡度（根据当地民居屋顶坡度而确定，图9）、不同跨度的三角轻钢屋架，沿平面经纬成对组合排列（图10），加之在剖面上高低变化，自然形成连续弯折起伏的屋面轮廓，仿似绩溪周边山形脉络（图11—17）。登及屋顶观景台放眼望去，层叠起伏的屋面仿佛是可以行望的"人工之山"，此时观景即观山，近景为"屋山"，远景借真山。因此，这个建筑不仅与周边民居乃至整个古镇自然地融为一体，也因其屋面形态而与周边山脉相互应和，并感动于观者的内心（图18）。

胡适先生的"开门见山"，在这里成了"随处见山"——只不过有假山、"屋山"和越过古镇片片屋顶而望得的真山，而其中重要和相同的，是让人与这层叠深远的人工造景及自然山景相感应，得以"会心不远"，达致生命的诗意寄托。

留树作庭

现场踏勘时的一个强烈念头是：在未来的设计中，一定要将原来用地中的多数大树悉数保留，它们虽不名贵或秀美，但却给这处经过很多历史变迁的古镇中心之地留下生命和生活的记忆。用地西北角院落中的700年古槐，被当地人视为"神树"，因为它实在是像一位饱经沧桑、阅历变迁却依然健在的老者。

"折顶拟山"所形成的覆盖整个用地的连续整体屋面，在遇到有树的地方，便被以不同的方式"挖空"，于是，庭院、天井和街巷出现了，它们因树而存在，而被经营布置，成为博物馆的生气活力、与自然沟通之所。也得益于这些"因树而作"的庭院，这座建筑成为一个真正完整的世界。胡适先生的"因树为屋"，其实应该并非是将树建成房屋或者以树支撑结构，而是将居屋依邻树木而造，使人造之屋与自然之树相存互成，树因屋而得居，屋因树而生气，在居住者的眼中和心里，这样的整体具有真正的诗意，随遇而安。

最前面的"水院"保留了两棵树：一棵是水杉，在东侧公共大厅的窗外；另一棵是玉兰，在假山一侧，由于靠近瓦墙前面的粉白山墙，与从上面休息平台下来的楼梯踏步几乎"咬合"在一起。这株秀美的玉兰与几何状的片石假山一起，组合为水院的对景画面（图19）。

水院后面的中间庭院"山院"，是保留树木最多的院落。松、杉、樟、槐，都在自己原来的位置，茂密荫蔽，它们是活的生命，在默默静观四周变迁。配合几何状的隆起地面、池岸和西端弯折披坡下来的"屋山"，别有一番亦古亦今的气息（图20）。庭院东侧还有两株水杉，因它们的位置，序言厅和连接公共大厅的过廊特意改变形状让出树的位置。最后的结果仿佛是树与建筑紧紧贴偎一起或缠绕扭结一体。

沿西路街巷再往后面，为700年古槐留出了一个独木庭院，这个颇具纪念性的古树庭院处理得较为开敞，古树后面会有议报告厅及上部茶楼，可由此进入，方便兼顾对外经营。如若经一侧的楼梯上至二层贵宾休息室外的屋顶平台，古树巨大苍劲的枝杈向四面八方的空中伸展，被平台两侧的界面裁切成壮美的景象（图21）。

施工过程中，所有保留的树都被精心保护，待最后土建完成，经过清洗修剪，它们跟新建的房屋一起，亭亭玉立，生机勃勃，房屋也因树木的先就存在而不显生涩，它们因位置不同而关系各异，都仿佛天生是匹配的，颇为感人，好一个"随遇而安"。

▍ 图19 "水院"保留树木（李兴钢）

▍ 图21 古树庭院夜景（夏至）

▍ 图20 "山院"保留树木（邱涧冰）

图22 "假山"细部（夏至）

图23 池岸细部（夏至）

图25 室内天井自然采光（夏至）

图24 蜿蜒深远的展厅室内（夏至）

图26 筒瓦用作脊瓦（邢迪）

图28 "瓦墙"细部构造（邢迪）

图27 屋檐收头处的"现代版"虎头滴水（邱涧冰）

假山池岸

主入口庭院的视觉焦点，是一座由片状墙体排列而成的假山，与位于南侧的茶室隔水相对，并有浮桥、游廊越水相连，山背后一道临水楼梯飞架而过。这座片石假山，与池岸、台地、绿池等均基于同一模数而生成其几何形式，相互延伸构成，表面配以水刷石材质，使得山池一体，相得益彰（图22、23）。假以时日，墙体池台生出绿苔，下面的植栽青藤生长爬蔓于层叠高低的片墙和台地，人工的建造才成为更加自然圆融的景物。假山之后有粉墙，状如中国山水画之宣纸裱托，再后为瓦墙，其形有如顶部"屋山"之延伸，层层叠叠，显近远不同之无尽深意。"片山"想法因画而成，那是一幅藏于台北故宫博物院的清版《清明上河图》，画中表现了中国山水画特殊的山石绘法，观画之后便酝酿出将此画中之山转化为庭园假山的几何做法。山体形态则源于明代《素园石谱》中的"永州石"，本意也是为博物馆外面"城市明堂"大假山而作的小规模实验，是有关"人工物之自然性"的尝试。

明架引光

室内空间采用开放式布局，既充分利用自然光线，又将按特定规则布置的三角形钢屋架结构单元直接露明于室内，成对排列、延伸，既暗示了连续起伏的屋面形态，又形成了特定建筑感的空间构成，在透视景深的作用下，呈现出蜿蜒深远的内部空间（图24）。

各展厅内部均布置内天井，由钢框架玻璃幕墙围合而成，有采纳自然光线与通风的功用，进而使参观者联想起徽州建筑中的"四水归堂"内天井空间（图25）。延续博物馆建筑的三角坡顶为母题，设计了室内主要家具和大空间展厅中"房中房"式的展廊、展亭及多媒体展室，利用模数对展板、展柜、展台、休息坐具等展陈设施的形式和空间尺度加以控制，并以建筑屋顶生成的平面控制线为基础进行布局。室内除白色涂料外，还使用了木材装修，增加内部空间的温暖感和舒适性。

作瓦粉墙

在古镇的特定环境中，徽州地区传统的"粉墙黛瓦"被自然沿用作为绩溪博物馆的主要材料及用色，但其使用方式、部位和做法又被以当代的方式进行了转化。

大量有别于传统瓦作的新做法用于建筑不同部位。其中，屋面屋脊和山墙收口一改传统小青瓦竖拼的做法，均采用较为简洁的筒瓦收脊与压边的做法（图26）；传统檐口收头处的"虎头与滴水"瓦被加以简化为"现代版"（图27）；应对曲折屋面而设置屋谷端部泛水等。瓦作铺地，以及不同形式的钢框"瓦窗"，亦有新意。值得一提的是面对水院的瓦墙，有屋顶瓦延伸而下之势，极易造成透视的错觉，像是中国画中的散点透视，屋面立面成为一体，仿佛"屋山"延伸倾泻而下。这片瓦墙，其构造原理延续了传统椽檩体系铺瓦做法，但由于其如峭壁般的形态，导致营造殊为不易。新的做法是采用将瓦打孔并用木钉固定高低间隔的轻钢龙骨，按序自下而上相互覆盖叠加并加以钢网水泥结合一体，才得以构造成型（图28）。

入口雨篷、檐部、天沟、墙裙、地面以及外门窗框等处采用当地青石材料，颜色实为暗灰色，而当建筑顶部区域的自然面青石板表面涂刷防腐封闭漆之后，石材表面如砚台沾水一般，立刻转为黑色，出乎意料地与"黛瓦"得以呼应。

古徽州传统的白石灰粉墙经由时间和雨水的浸渍，斑驳沧桑，形成一种特殊的墙面肌理效果，原想用白灰掺墨的方式做出如老墙一般沧桑的肌理形态，但因墙体的外保温层无法像传统的青砖一样与外层灰浆吸融贴合，经多次试验后无果，无奈最后用水波纹肌理的白色质感涂料替代，这一做法完成后也成为绩溪博物馆一大特色，被称作"水墙"（图29）。有山自有水，在中国的山水画作中，云雾水面乃至粉墙，起到的是将山景分层隔离，制造出景物和境界的深远之意。这一道道"水墙"，与池中的真水一起，映衬着"屋山"和片石假山，它们也是绩溪博物馆"胜景"营造中的重要构成（图30）。

博物馆的建造由当地的施工和监理公司完成。这些本地的施工者们虽未完全忘却但不再采用徽州传统的施工技术，虽又无法达到高超的现代施工技术水平，但他

们仍然表现出具有悠久传统的工匠智慧和热情，与建筑师一起研发出〝瓦墙〞〝瓦窗〞等传统材料的当代新做法，赋予建筑〝既古亦新〞的感受。

向文化致敬

人所在地域的特定气候、地理环境，经久形成和决定了那里人们的生活哲学，这应当就是大家日常认为的所谓的〝文化〞。建筑师要通过营造物质实体和空间的方式触碰敏感的生活记忆，抵达人的内心世界。

在这个全球化和快速城镇化的时代，建筑设计如何能够既适应当代的生活和技术条件，又能转化和传承特定地域悠远深厚的历史文化，是我们四年多来的工作中时刻思考和探索的问题。因此在绩溪博物馆这座完全当代的城市博物馆中，人们仍然可以感受它与以前的生活记忆和传统的紧密关联，那些久已存在的山水树木则是古今未来相通的见证和最好媒介。古已有之的营造材料和做法都仍可被选择沿用或者用现代的方式重新演绎和转化，使得绩溪博物馆成为一个可以适应国际语境和当代生活的现代建筑，同时又将传统和文化悄然留存传播。这座建筑本身可以成为绩溪博物馆最直观的一件展品；同时，绩溪博物馆作为公共空间，与绩溪人的日常生活紧密相关，成为绩溪的城市客厅。

绩溪博物馆尚未开馆，即已引起人们在网络热烈传播和讨论，一位素不相识的上海绩溪籍网友发微博说：〝小时候在它的前身里生活过，骑过石像生，捉过迷藏。如今这里是县城的博物馆，月底即将竣工开张。感谢李兴钢工作室，这才是徽州应有的现代建筑。〞这个微博被转发和评论很多，其中很多是与博主背景类似的绩溪网友。这说明绩溪博物馆得到了绩溪人特别是年轻一代发自内心的支持和认同。

在看到胡适先生的手书对联后，回顾绩溪博物馆设计的种种过往现今，心动不已、感慨交集之中，也在工作室微博上斗胆将此联略作改写，以致敬意：因树为屋，随遇而安；开门见山，会心不远。

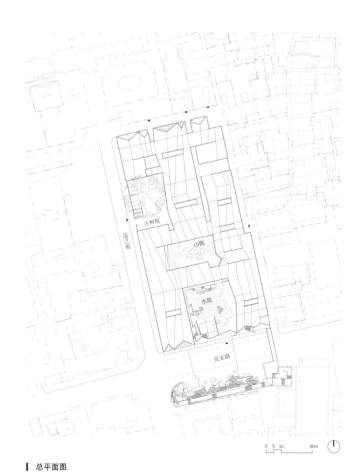

▌ 总平面图

▌ 一层平面图

1. 庭院\天井
2. 序言厅
3. 接待厅
4. 贵宾厅
5. 教室
6. 商店
7. 售票
8. 茶亭
9. 保留县衙遗址
10. 展厅
11. 4D影院
12. 临时展厅
13. 报告厅
14. 设备用房
15. 消防控制室
16. 技术和管理用房
17. 临时储藏
18. 藏品设施空间
19. 街巷
20. 库房
21. 平台
22. 图书资料室
23. 办公室
24. 研究中心
25. 准备间
26. 茶座
27. 卫生间

▌ A–A剖面图

▌ B–B剖面图

▌ 北立面图

▌ 南立面图

垂直玻璃宅项目

主持建筑师：张永和

设计团队：李相廷、蔡峰、刘小娣

设计机构：北京张永和非常建筑设计事务所

项目负责人：白璐

施工图合作：同济建筑设计院

项目类别：住宅／展览

建设地点：中国上海徐汇区龙腾路

项目委托：上海西岸

建筑面积：170 m²

摄影作者：吕恒中

垂直玻璃宅为张永和1991年获日本《新建筑》杂志举办的国际住宅设计竞赛佳作奖作品。21年后的2013年，上海西岸建筑与当代艺术双年展将此设计作为参展作品建成。

垂直玻璃宅，作为一个当代城市住宅原型，探讨建筑垂直相度上的透明性，同时批判了现代主义的水平透明概念。从密斯的玻璃宅（如Farnsworth）到约翰逊的玻璃宅都是田园式的，其外向性与城市所需的私密性存在着矛盾。垂直玻璃宅一方面是精神的：它的墙体是封闭的，楼板和屋顶是透明的，于是向天与地开放，将居住者置于其间，创造出个人的静思空间。另一方面它是物质的：视觉上，垂直透明性使现代住宅中所需的设备、管线和家具，包括楼梯，叠加成一个可见的家居系统；垂直玻璃宅成为对"建筑是居住的机器"理念的又一种阐释。

此2013年在上海建成的垂直玻璃宅完全以21年前张永和的设计为基础，并由非常建筑设计事务所深化发展。该建筑占地面积约为36 m²。这个四层居所采用现浇清水混凝土墙体，其室外表面使用质感强烈的粗木模板，同室内的胶合木模板产生的光滑效果形成对比。在混凝土外围墙体空间内，正中心的方钢柱与十字钢梁将每层分割成4个相同大小的方形空间，每个1/4方形空间对应一个特定居住功能。垂直玻璃宅的楼板为7 cm厚复合钢化玻璃，每块楼板一边穿过混凝土墙体的水平开洞出挑到建筑立面之外，其他三边从玻璃侧面提供照明，以此反射照亮楼板出挑的一边，给夜晚的路人以居住的提示。建筑内的家具是专门为这栋建筑设计的，使其与建筑的设计理念相统一，材料、色彩与结构和楼梯相协调。与此同时，增加了原设计中没有的空调系统。

西岸双年展将垂直玻璃宅作为招待所，提供给来访的艺术家／建筑师使用，同时也作为一件建筑展品。

垂直玻璃宅项目 · interior stair

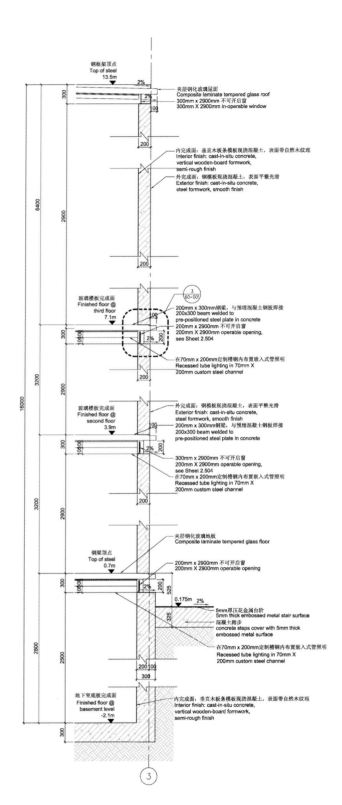

钢框架顶点
Top of steel
13.5m

2%
2%
100

夹层钢化玻璃屋面
Composite laminate tempered glass roof
300mm x 2900mm 不可开启窗
300mm X 2900mm in-operable window

200

内完成面：垂直木板条模板现浇混凝土，表面带自然木纹理
Interior finish: cast-in-situ concrete,
vertical wooden-board formwork,
semi-rough finish

外完成面：钢模板现浇混凝土，表面平整光滑
Exterior finish: cast-in-situ concrete,
steel formwork, smooth finish

6400

2900

玻璃楼板完成面
Finished floor @
third floor
7.1m

3
60-001

100
2%
200
200

200mm x 300mm钢梁，与预埋混凝土钢板焊接
200x300 beam welded to
pre-positioned steel plate in concrete
200mm x 2900mm 不可开启窗
200mm X 2900mm operable opening,
see Sheet 2.504
在70mm x 200mm定制槽钢内布置嵌入式管照明
Recessed tube lighting in 70mm X
200mm custom steel channel

16000

3200

2900

玻璃楼板完成面
Finished floor @
second floor
3.9m

100
2%
200

外完成面：钢模板现浇混凝土，表面平整光滑
Exterior finish: cast-in-situ concrete,
steel formwork, smooth finish
200mm x 300mm钢梁，与预埋混凝土钢板焊接
200x300 beam welded to
pre-positioned steel plate in concrete

300mm x 2900mm 不可开启窗
300mm X 2900mm operable opening,
see Sheet 2.504
在70mm x 200mm定制槽钢内布置嵌入式管照明
Recessed tube lighting in 70mm X
200mm custom steel channel

3200

2900

钢梁顶点
Top of steel
0.7m

夹层钢化玻璃地板
Composite laminate tempered glass floor

200mm x 2900mm 不可开启窗
200mm X 2900mm operable opening

100
2%
200
525

0.175m 2%

5mm厚压花金属台阶
5mm thick embossed metal stair surface
混凝土踏步
concrete steps cover with 5mm thick
embossed metal surface

325

在70mm x 200mm定制槽钢内布置嵌入式管照明
Recessed tube lighting in 70mm X
200mm custom steel channel

2800

2500

地下室底板完成面
Finished floor @
basement level
-2.1m

200 100
300

内完成面：垂直木板条模板现浇混凝土，表面带自然木纹理
Interior finish: cast-in-situ concrete,
vertical wooden-board formwork,
semi-rough finish

300

3

垂直玻璃宅项目 · Wall Section through glass canteliver

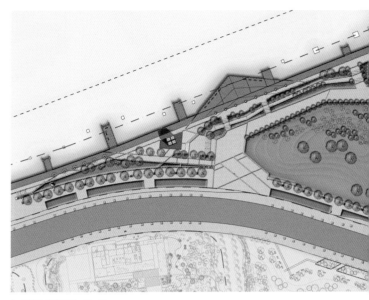

垂直玻璃宅项目 · Site Plan

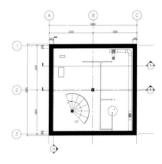

垂直玻璃宅项目 · Plan 1 Basement

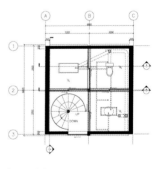

垂直玻璃宅项目 · Plan 2 Ground Level

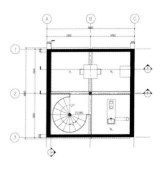

垂直玻璃宅项目 · Plan 3 Second Level

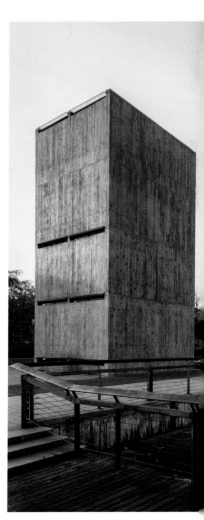

垂直玻璃宅项目 · from boardwalk

垂直玻璃宅项目 · interior wc

垂直玻璃宅项目 · interior living

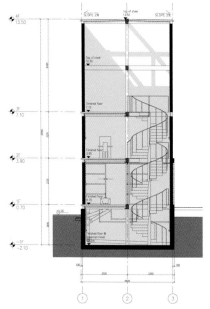

垂直玻璃宅项目 · Section A

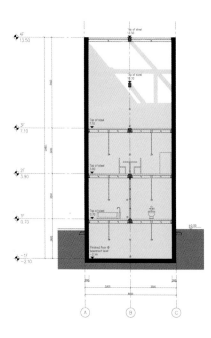

垂直玻璃宅项目 · Section C

▌垂直玻璃宅项目 · interior living

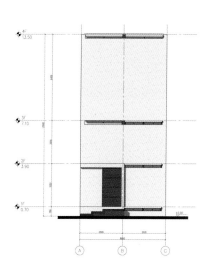

▌垂直玻璃宅项目 · interior kitchen

▌垂直玻璃宅项目 · interior bath

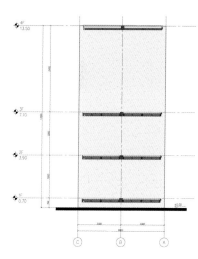

▌垂直玻璃宅项目 · Elevation 1 North

▌垂直玻璃宅项目 · Elevation 2 South

康巴艺术中心

主要设计人：崔愷、关飞、曾瑞、高凡

设计机构：中国建筑设计院有限公司

建设地点：青海省玉树藏族自治州

设计时间：2010年

竣工时间：2013年

建筑面积：20 610 m²

占地面积：24 563.3 m²

绿地面积：3566 m²

建筑密度：40%

容积率：0.74

摄影作者：张广源、关飞

玉树藏族自治州位于青海省南部，古为西羌之地，与海西蒙古族藏族自治州、果洛藏族自治州等地相通，东与四川省和西藏自治区毗邻，简称玉树州。2010年4月14日晨发生两次地震，造成巨大破坏。

康巴艺术中心项目属于玉树灾后重建十大重点项目之一，位于扎西科河以南、胜利路以西，占地面积为0.94公顷，总建筑面积约为2.04万平方米。主要由玉树州剧场、玉树县剧场、玉树州剧团、玉树州文化馆、玉树州图书馆组成。

康巴艺术中心的总体规划强调与原有城市环境的协调融合，总体布局自由松散但错落有致，强调与塔尔寺、唐蕃古道商业街、格萨尔广场等周边城市元素的对位呼应。从建筑的密度上与传统城市肌理相吻合，步行街道的尺度也尽力与唐蕃古道商业街相协调。

建筑设计要点

(1)平面布局

院落空间：平面布局的基本特征是院落空间的自由组合。外侧封闭、内侧开放的院落空间是藏式空间的基本特征，这个特征不仅

体现在寺庙建筑中，也体现在了传统民居中。康巴艺术中心力图通过再现院落空间的组合体现传统藏式建筑的空间精神。

错落台地：高低坐落的台地是藏式建筑的另一个典型特征，这个特点来自于藏式建筑依山而建的特点。康巴艺术中心尝试在建筑布局上体现台地特征，北侧州剧场的辅助用房被设计为一个基座，图书馆和文化馆在体量上也逐层递减，形成丰富的空间层次。

彩色元素：热情奔放的康巴人喜欢色彩。色彩也是康巴艺术中心的主题，这些丰富的色彩元素不仅表现在建筑外窗户的色调上，也体现在室内设计的元素上。

歌舞主题：在大剧院侧厅的设计中，本设计力图将彩色经藩与藏族舞蹈的流动彩带作为建筑构件，体现康巴舞蹈流动欢快的特征。

（2）内部空间特征

▌ 康巴艺术中心·标注屋顶环境

康巴艺术中心·标注01平面

康巴艺术中心·标注02平面

　　极其丰富的院落与中厅空间是康巴艺术中心内部空间的特点，每个院落或中厅空间各有其自身的特点，它们相互串联产生出丰富的空间关系。这些院落空间不仅具有采光通风的空间特性，在艺术特征上也与康巴中心外部空间厚重的墙体形成反差，丰富了康巴艺术中心的空间体验。

（3）建筑材料

　　建筑主体外墙装饰材料采用不同模数的混凝土空心砌块砖，通过钢筋拉结自由叠砌，表现出与用传统石材垒砌墙面在构造方面的契合。通过涂抹白色、红色等当地常见的外墙涂料，产生与藏式建筑传统外墙材料相协调的质感。

（4）技术措施

　　较厚的墙体与植草屋面有利于隔热节能，减少日常的维护费用。部分天井和天窗可以提供适当的天然采光通风。用生态木代替传统木材，提高耐久性，大大降低造价。

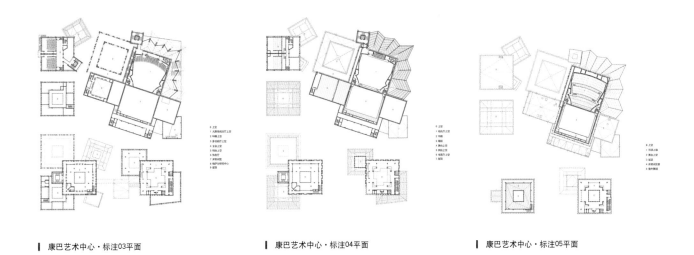

■ 康巴艺术中心·标注03平面　　　　　■ 康巴艺术中心·标注04平面　　　　　■ 康巴艺术中心·标注05平面

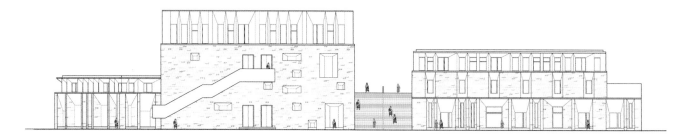

▌ 康巴艺术中心·剧团剧院部分剖面图

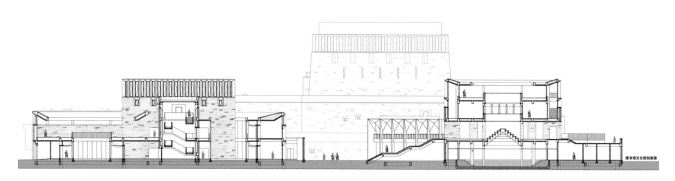

▌ 康巴艺术中心·图书馆文化馆剖面图

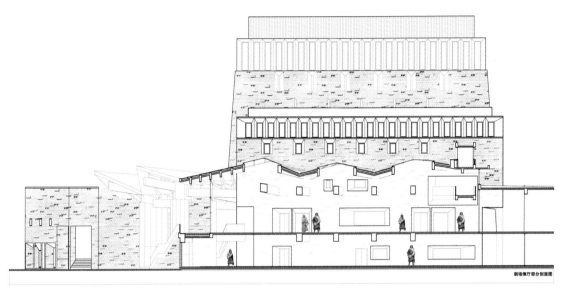

剧场侧厅剖面图

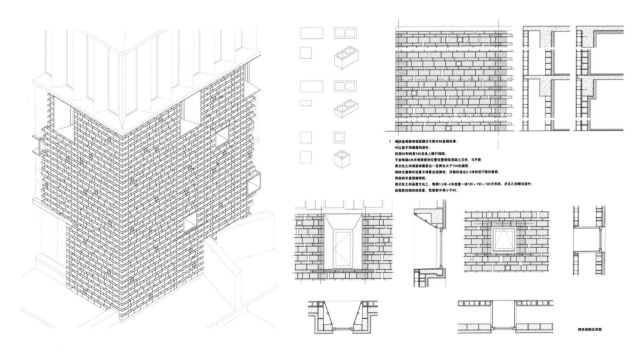

1 砌块叠砌装饰墙面模仿天然石材叠砌效果：
   外饰面不得暴露构造柱；
   转高90和修落190总体上顺行砌筑；
   平面每隔4米并根据窗洞位置设置钢筋混凝土芯柱、马牙槎；
   芯柱之间每隔砖留出一至两处大于100的缝隙；
   砌筑砖位置随机设置不得出现弹性，并随机选出3~5块砖进行随机裁剪；
   两砖转落错缝砌筑；
   两芯柱之间砌高度方向上，每隔1.2米~2米置置一块190×190方形块，并且孔洞朝向墙外；
   经裁剪的砌块砖高度、宽度都不得小于90。

砌块砖砌法详图

1 砌块金箔装饰物墙面模仿天然石材金箔效果；
　外立面不锈钢幕露构造挂；
　砖高90和砖高190总体上顺行砌筑；
　平面每隔4米并错缝窗洞位置设置钢筋混凝土芯柱、马牙槎；
　两芯柱之间相邻砖窗管道一至两处大于100的墙面；
　墙缝位置随机设置不得看出规律性，并随机选出3-5块砖进行随机裁剪；
　两层砖牢是错缝砌筑；
　两芯柱之间砌块砖方向上，每隔1.2米-2米放置一块190×190×190方形砖，并且孔洞朝向墙外；
　经裁剪的砌块砖高度、宽度都不得小于90。
2 金属雨水落水口
3 清水混凝土墙面
4 艾特板涂料墙面
5 金属幕墙
6 钢板网挂灰仿清水混凝土吊顶

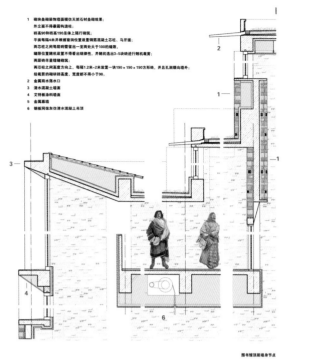

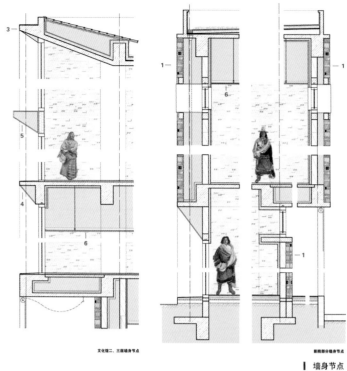

图书馆顶层墙身节点　　　　　　　文化馆二、三层墙身节点　　　　　　影院部分墙身节点

▌墙身节点

北京中信金陵酒店景观设计

从酒店远眺西峪水库的湖光山色（秋景）

从酒店远眺西峪水库的湖光山色（冬景）

主要设计人：谢晓英、张琦、瞿志、雷旭华、张婷、李萍、欧阳煜、
　　　　　　颜冬冬、杨灏

景观设计：中国城市建设研究院有限公司 无界景观工作室

建筑设计：中国建筑设计院有限公司 崔愷工作室

施工单位：上海园林（集团）有限公司北京分公司（宋歌、华玉亮、
　　　　　邢飞飞）

项目类别：酒店、会议中心景观设计

建设地点：北京平谷区

设计时间：2011年5月—2012年11月

竣工时间：2014年6月

占地面积：90 000 m²

摄影作者：耿毅军

　　项目于2014年完工，经委托方、建筑设计团队、施工方及无界景观设计团队等多方面的努力，整体的景观效果基本实现了最初的设计概念，景观与建筑浑然一体融于自然山水，正如建筑师的设想——"整个建筑群落能够如磐石般错落叠置在山坡上"，与周围的山景湖景融合成一幅天然图画。

■ 客房前坎墙冬景

■ 台地园冬景

■ 将建筑疏散楼梯结合景观形成登山步道及观景平台

■ 人工湖中的亲水平台

■ 下沉庭院

■ 酒店客房秋景

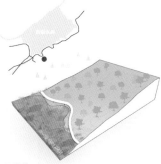

1.现状
设计场地临近西峪水库,背山面水,山水景观良好,植被丰茂

2.建筑解读
建筑群落错落叠置于山坡上,背山环抱一汪湖水,构成依山观水之势,并与周边山地景观相契合,与山地成为一个整体

3.问题
建筑体量巨大,且消防通道的台阶过于集中,与周围山体不能很好的融合,酒店施工对原有山体及植被造成一定破坏

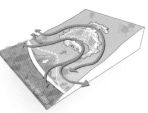

4.建立联系
建立建筑与西峪水库、山体之间的景观联系,将水库水引入,形成内湖。将原有道路调至景区外围。用步行系统将山景、水景串联形成一条登山—玩水—赏景的景观游线

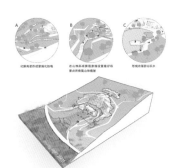

5.化解高差、设计景观游线
使楼梯融入山体的台地景观之中,高差较大地方利用石笼挡墙,化解高差,在视野开阔的地方设置观景平台

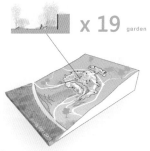

6.化解建筑体量
在大体量的建筑中插入下沉小庭院,利用庭院植物将大体量的建筑融入在绿色的山体景观之中

7.绿化使建筑融入山体景观之中
通过一系列的手法,将景观穿插、叠加、并置在自然与建筑之间,分解建筑体量,弥合人造与自然的界限,使其和谐共生,最终以"无我"的状态存在其中

向京+瞿广慈雕塑工作室

项目建筑师：彭乐乐、曾仁臻、杨光、凌琳

设计机构：百子甲壹建筑工作室

项目功能：包含雕塑工作室、展厅、主人居住、助手公寓、
仓库等主要功能

建设地点：北京通州宋庄

设计时间：2012年2月—2012年6月

竣工时间：2013年7月

基地面积：1721 m²

建筑面积：3406 m²

占地面积：1257 m²

我们让如山的建筑体积逐层
向西北方向退让，以减少建筑体量
对自身庭院的压迫感，并获得较好
的采光和通风格局。依附着"山"
形，我们设计了由地块东南角的地
面庭院开始，最后抵达屋顶大庭院
的立体分合路径。路径通过各种不
同标高的廊子、室内室外楼梯及水
石花木，借于和采光天窗、休息亭
等功能空间的连接，让通过路径的
人们感受到或虚或实，或转或折，
或藏或露，或疏或密，或参或差。
而所有的展厅、工作室等是这个特
殊路径上需要停足关注的空间，反
过来，这些空间也被纳入路径之
中。此时，我的眼前出现的是类似
"环秀山庄"中"山"和"洞"之
间互借互存的关系。

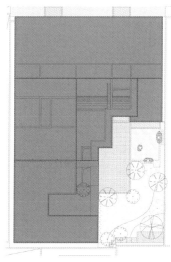

▌向京+瞿广慈雕塑工作室·总平面图

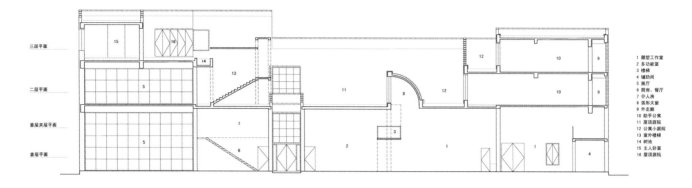

三层平面
二层平面
首层夹层平面
首层平面

15 16 14 13 5 5 7 6 11 8 12 2 3 1 12 10 10 9 9 4

1 雕塑工作室
2 多功能室
3 楼梯
4 辅助间
5 展厅
6 厨房、餐厅
7 仆人房
8 弧形天窗
9 外走廊
10 助手公寓
11 屋顶庭院
12 公寓小庭院
13 室外楼梯
14 树池
15 主人卧室
16 屋顶庭院

▌向京+瞿广慈雕塑工作室・剖面图

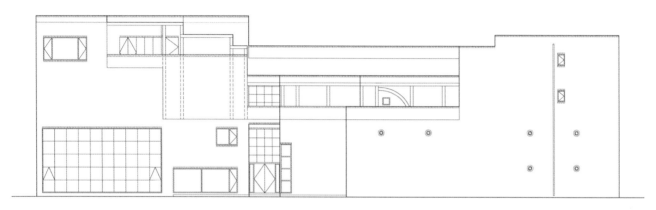

▌向京+瞿广慈雕塑工作室・东立面图

▌向京+瞿广慈雕塑
工作室・院内往上看

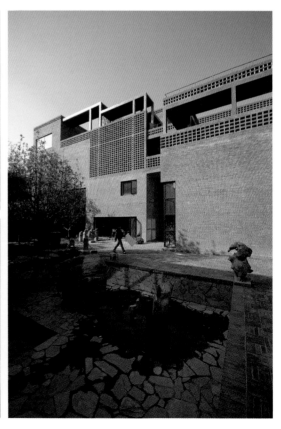

▌向京+瞿广慈雕塑
工作室・休息亭往东
南看

▍向京+瞿广慈雕塑工作室·二层屋面庭院看连廊　　▍二层屋面庭院往南看　　▍二层屋面庭院俯视

▍向京+瞿广慈雕塑工作室·二层屋面庭院

1 向京雕塑工作室
2 瞿广慈雕塑工作室
3 多功能室
4 主展厅
5 小展厅
6 翻制间
7 打磨间
8 仓库
9 卫生间
10 厨房兼餐厅
11 消防车道
12 地面庭院
13 水池
14 休闲平台

▍向京+瞿广慈雕塑工作室·首层平面图

▍向京+瞿广慈雕塑工作室·二层室外楼梯

5 小展厅
6 翻制间
7 打磨间
8 仓库
15 仆人房

▍向京+瞿广慈雕塑工作室·首层夹层平面图

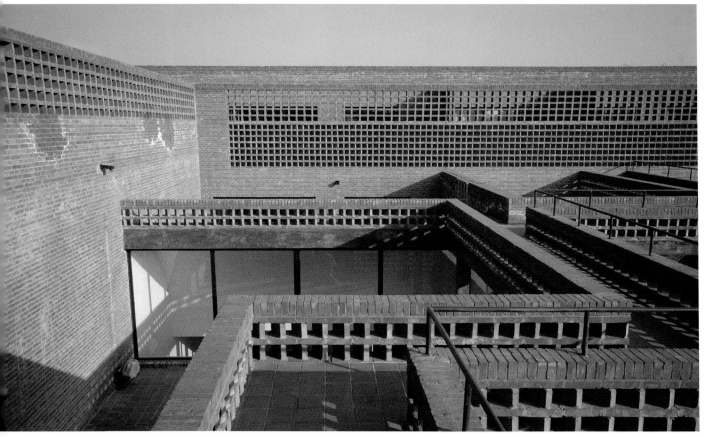

▎向京+瞿广慈雕塑工作室·三层屋面庭院看员工公寓

▎向京+瞿广慈雕塑工作室·三层员工公寓北侧内走廊

▎向京+瞿广慈雕塑工作室·三层屋顶大庭院

▎三层主人庭院看连廊

8 仓库
16 副展厅
17 廊子
18 屋顶庭院
19 瑜伽室
20 助手公寓
21 公寓小庭院

向京+瞿广慈雕塑工作室·二层平面图

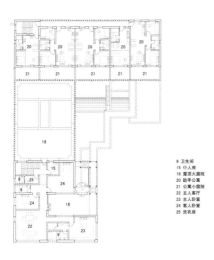

9 卫生间
15 仆人房
18 屋顶大庭院
20 助手公寓
21 公寓小庭院
22 主人客厅
23 主人卧室
24 客人卧室
25 洗衣房

向京+瞿广慈雕塑工作室·三层平面图

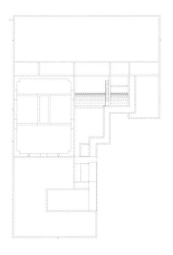

向京+瞿广慈雕塑工作室·屋顶平面图

瞿广慈工作室上屋面庭院

副展厅

向京工作室上屋面庭院

向京+瞿广慈雕塑工作室·主展厅和院子的关系

向京+瞿广慈雕塑工作室·主展厅

朝阳公园广场项目

设计主持人：马岩松、党群、早野洋介

设计团队：赵伟、李健、刘会英、林国敏、胡博纲、Julian Sattler、
　　　　　Nathan Kiatkulpiboone、李广崇、傅昌瑞、杨杰、朱璟
　　　　　璐、Younjin Park、Gustaaf Alfred Vanstaveren

设计机构：悉地国际设计顾问有限公司

幕墙设计和优化顾问：RFR

景观设计顾问：上海绿城爱境景观规划设计有限公司

灯光设计顾问：大观国际设计咨询有限公司

项目类别：办公、商业、住宅

建设地点：中国北京朝阳区

设计时间：2012年—2016年

项目委托：骏豪地产北京京发置业有限公司

建筑面积：地上128 177 m²；地下94 832 m²

基地面积：30 763 m²

Master Plan

作为MAD"山水城市"建筑理念的重要实践，朝阳公园广场项目目前全面破土动工。建筑通过人工与自然景致的和谐营造，探索现代都市的人居理想。

项目总建筑面积约为12万平方米，以办公、商业和住宅为主。位于北京CBD，毗邻朝阳公园，建筑向公园借景，建筑形态与公园内的自然景观相呼应、相观望，自然存在的湖、泉、林、溪、谷、石、峰这些中国山水的传统意境，被转换为建筑中的意象运用在建筑语言上，创造出一个高密度城市与自然景观和谐过渡的空间。

位于基地最北侧的主体高层建筑由不对称的双塔组成，如光滑挺拔的山岩立于水景之中。外立面纵向突出的脊线如自然风化的力量把塔楼分成数个片状体，流畅的竖向线条与公园水面相映成趣；脊线内部贯穿的通风过滤系统，将自然风引入空间，实现节能环保。

同时，自然元素作为景观始终贯穿在建筑之中：两座塔楼通过通高17 m的中庭空间连接，室内瀑布流动的水声让整个大堂如同山间谷地；在建筑顶部，结合建筑曲线的交错平台伸入多层通高的公共空间，让人们如同置身空中花园，既可以远眺整个公园与CBD，又可俯瞰多层建筑群的山谷景致。

位于建筑群南端的多层办公楼形如被流水长期冲刷的山石，圆润而各有特征，以疏密有致的布局，相互退让而又形成有机的整体。基地西南段的两栋多层住宅延续了"空中庭院"的概念，错层的设计让每户都拥有更多的日照和与自然亲近的机会。

整个建筑充分利用自然光，实现空气净化和楼宇智能控制，获得美国绿色建筑协会LEED金奖认证。"山水"的理念不仅体现在技术革新上，更体现在整体规划观念上——朝阳公园广场项目尝试改变传统CBD模式，将传统诗意带入城市，在高密度快节奏的区域重构建筑和环境的共生关系，创造一种给人以情感寄托和有归属感的未来山水意境。

朝阳公园广场项目预计将于2016年完工。

❚ overview with city context

❚ Masterplan with context

❚ rendering—view from the office building

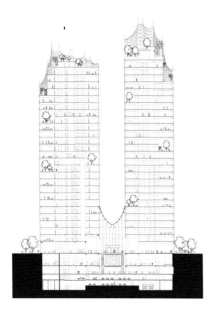
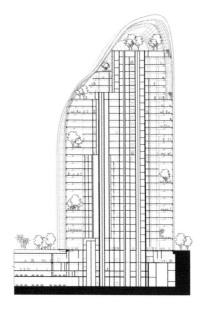

Sections

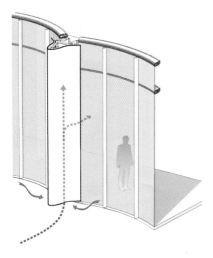

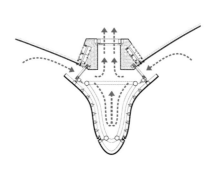

ventilation

rendering—view from the lake of Chaoyang park

rendering—indoor corridor

| entrance lobby of the highrise

| towards the highrise

| rendering—birdview

| rendering—birdview of the office buildings

CONRAD

Beijing Conrad Hotel exterior

康莱德酒店

设计主持人：马岩松、党群

设计团队：Flora Lee、刘亦昕、Yuteki Dozono、谢怡邦、Gabrielle Marcoux、Uli Queisser、唐柳、Art Terry、Rasmus Palmqvist、Diego Perez、Alan Kwan、Helen Li、Albert Schrurs、Simon Lee、Dustin Harris、Bryan Oknyansky、Andy Chang、Matthias Helmreich、黄伟、Howard Kim

酒店建筑师：美达麦斯国际建筑咨询（Metamax）
结构工程师：北京建筑设计研究院（BIAD）
电气工程师：北京建筑设计研究院（BIAD）
室内设计师：Lim.Teo + Wilkes Design Works Pte Ltd
景观设计师：泛亚国际
幕墙顾问：华纳工程咨询（北京）有限公司
项目类别：白金五星级酒店
建设地点：中国北京
设计时间：2008年—2013年（已建成）
建筑面积：56 994 m²
基地面积：7 779 m²
摄影作者：夏至

2013年底，北京康莱德酒店正式投入使用。由MAD完成的"生长"设计，是一次针对方格网城市的渗透与更新。

这座30层的超五星级酒店，位于北京最为现代化的城区——CBD东三环路的一个转角地块。整个建造立面如同神经元组织，对柱网结构作出传导反应，并在渐变之中赋予这座建筑以新的生命力，使之在向上的过程中出现动态的形体转折。MAD的设计把类似自然生长的力量引入我们熟悉的城市，消融着效率、技术的强势。酒店的南侧是这个高密度商务区难得的绿地——团结湖公园，自然因为这座新建筑的出现，公园不再与周围的环境形成反差，这层变异中的表皮在向自然的过渡中，为方格网式的城市肌理注入了未知的能量，让人们对这座千篇一律的城市产生新的期待。

连续变化的曲线窗洞形态各异，它们为室内空间塑造出一个个光明而柔软的洞穴，人们既体验到了建筑之初的庇护，又仿佛置身于银色的未来世界。从这里向外眺望城市，仿佛站在了未来的瞳孔中，窥视着被各种建筑风格所凝固的过去。

Beijing Conrad Hotel exterior

Beijing Conrad Hotel—exterior

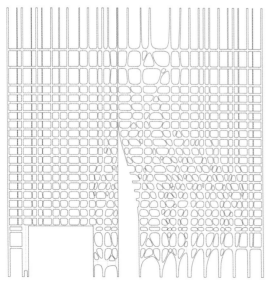
Beijing Conrad Hotel—renderings + alum

Beijing Conrad Hotel—interior

Beijing Conrad Hotel

Beijing Conrad Hotel—exterior

中国木雕博物馆

设计主持人：马岩松、党群

设计团队：于魁、Daniel Gillen、Bas van Wylick、Diego Perez、Jordan
　　　　　Kanter、黄伟、Julian Sattler、刘维炜、唐柳、毛蓓宏、Maria
　　　　　Alejandra Obregon、Nickolas Urano、Gus Chan、Shin Park、
　　　　　Alejandro Gonzalez

合作工程师：哈尔滨工业大学设计院

建筑表皮优化顾问：Gehry Technologies

钢结构施工单位：浙江精工钢结构有限公司

幕墙顾问：Inhabit Group

项目类别：博物馆

建设地点：中国哈尔滨

设计时间：2009年—2013年

建筑面积：12 959 m²

基地面积：9788 m²

MAD设计的哈尔滨中国木雕博物馆已于2013年2月建成。与之同时完工的，是一个典型中国式新城，一个充满着欧陆风情的高层住宅建筑群。

这座长约200 m的博物馆建筑犹如一股冰雪洪流，被冻结在位于城市中心的狭长基地上。受到北国特有的自然风貌的启发，总面积达13 000 ㎡的博物馆外形混沌而抽象，模糊了固态与液态之间的界限，寻找着"似是而非"的生命特征。

银色不锈钢板所覆盖的外表皮，戏剧性地在建筑上反映着周边的环境和变幻的光线。大量的实墙保证建筑很低的热损耗，三个裂开的天窗捕捉着北方的低纬度阳光，给室内的三个中庭空间带来充足的自然漫射光。

博物馆的藏品包括具有地方特色的木雕作品，以及北方冰雪画。而建筑也是对自然的再次阐释。在当今的大规模城市建设中，木雕博物馆与自然的对话反而显示出一种超现实的姿态。这样的超现实也许可以打破僵化的城市面具，重拾当地的自然文脉，并赋予这个社区以新的文化特征。

China Wood Sculpture Museum_wood

China Wood Sculpture Museum LOGO

Wood Sculpture Museum_dayview

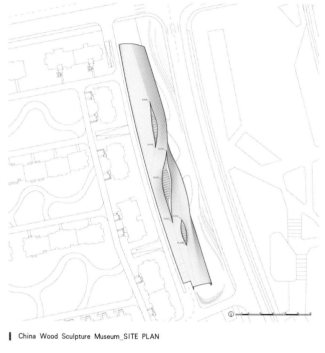

China Wood Sculpture Museum_SITE PLAN

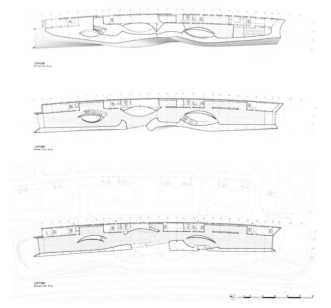

China Wood Sculpture Museum_Floor Plans Combined

China Wood Sculpture Museum_rendering

China Wood Sculpture Museum_rendering

China Wood Sculpture Museum_rendering

China Wood Sculpture Museum_dayview

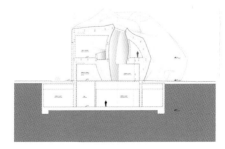

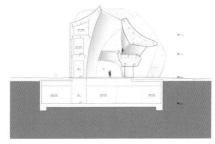

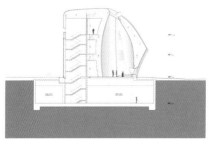

China Wood Sculpture Museum_sections

China Wood Sculpture Museum_rendering

China Wood Sculpture Museum_rendering

China Wood Sculpture Museum_rende

China Wood Sculpture Museum_dayview

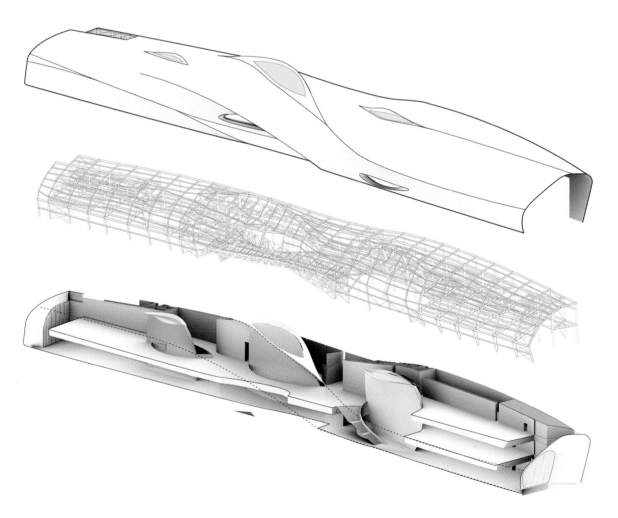

China Wood Sculpture Museum_analysis

　　哈尔滨文化中心坐落在松花江北岸的河滨湿地之中,整个项目占地面积1.8平方千米,建筑面积7.9万平方米,是这座北国之都著名的自然栖息地——太阳岛北面正在拓展的一部分。2010年2月,MAD通过竞赛赢得了该文化中心项目的设计权。整个建筑群在2014年建成,并在同年7月迎来这座城市著名的音乐盛事——哈尔滨之夏音乐会。

　　在中国本土文化和俄罗斯异域文化的双重滋养下,哈尔滨有着"北方音乐之都"的美誉。哈尔滨文化中心没有像其他大剧院一样,选址在城市的行政中心,作为一座孤立的城市地标而存在,而是以当地自然文脉为背景,在合理保护与利用生态湿地的基础上,让哈尔滨大剧院、职工文化艺术宫、万人广场和原生态湿地景观公园共同构成一个"文化岛",实现人文、艺术与自然的融合。

　　文化岛四面环水,以开阔的江岸为背景,犹如延绵的冰川彼此相连,在凝聚与流动之间浑然天成。主入口桥犹如玉带横跨湿地,将城市和文化中心连接起来。数座流态式的建筑向周围延伸,利用地形起伏将人流从不同方向引入大剧院和文化艺术宫的入口。作为文化岛的中心建筑——大剧院的外部坡道,如风划过雪山所留下的痕迹,引导着人们从室内到室外、从地面到空中的漫步。人们可以顺着景观环廊攀沿而上,在不同的高度观赏周围的自然人文景观,在建筑群的最高点,人们如同站在山顶,整个湿地风光尽收眼底。

　　大剧院的设计灵感来自北国的冰雪风貌,建筑形体作为环境的延续,以自然的韵律消解了这类大体量建筑的体积感。整个建筑群犹如雪山般延绵起伏,成为大地景观的一部分。

　　大剧院建筑的外表面为特制的纯白色铝板,部分墙面也采用了白色的石材和混凝土,给人以冰雪般纯净的感觉。观众厅顶部天窗的自然采光设计,在白天可以完全满足室内照明,既节能又可以营造出特殊的光影氛围。大剧院由大小两个剧场组成,大剧场可容纳1600人,由底层池座和两层楼座组成。内部空间运用了大量实木,一方面为大剧院观演厅提供最好的声学效果;另一方面,这些实木形体与白色墙面形成冷暖色调对比,透出雪山木屋特有的温暖氛围。剧院的舞台设计不但适合西方歌剧和现代戏剧的表演,也可以满足中国传统戏剧的观演要求。声学和灯光的设计提供了高水准的内部环境。由亚克力曲面灯体包裹的二层贵宾席通透闪烁,像巨大的星体漂浮于剧院穹窿之下。舞台部分为标准的"品"字形舞台,配合多功能升降设计的乐池,可满足歌剧舞剧等大型演出的需要。内部与大剧场贯通一体的400座小剧场以表演话剧、室内

哈尔滨文化中心

设计主持人：马岩松、党群、早野洋介
合作建筑师：北京市建筑设计研究院
设计团队：Jordan Kanter、Daniel Gillen、Bas van Wylick、刘会英、赵伟、Julian Sattler、Jackob Beer、J Travis Russett、Sohith Perera、Colby Thomas Suter、于魁、Philippe Brysse、黄伟、Flora Lee、王伟、谢怡邦、Lyo Hengliu、Alexander Cornelius、Alex Gornelius、毛蓓宏、Gianantonio Bongiorno、Jei Kim、陈元宇、于浩臣、覃立超、Pil—Sun Ham、Mingyu Seol、林国敏、张海峡、郑芳、李广崇、马宁、Davide Signorato、Nick Tran
景观设计：北京土人景观设计与建筑规划设计研究院、泛亚国际景观设计有限公司
室内设计：深圳中孚泰文化建筑建设股份有限公司
建筑声学顾问：上海现代设计集团章奎生声学研究所
剧院电声设计：上海中美亚科技有限公司
剧院照明设计：赛恩照明设计
建筑照明设计：栋梁国际照明设计
舞台照明设计：杭州亿达时灯光设备有限公司
舞台机械设计：解放军总装备部工程设计院
幕墙顾问：英海特幕墙顾问公司、中国京冶工程技术有限公司
标识设计：深圳市自由美标识有限公司
BIM：铿利科技有限公司
项目类别：剧院、文化中心
建设地点：中国哈尔滨
设计时间：2010年—2014年
项目委托：哈尔滨松北投资发展集团有限公司
占地面积：1 800 000 m²

| Harbin Culture Island_construction site photo

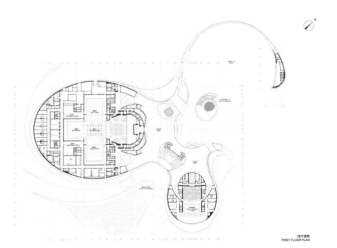

| Harbin Culture Island_Plan First Floor

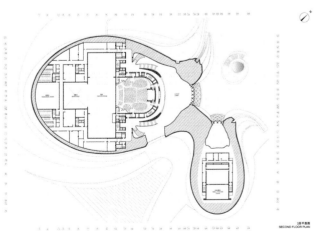

| Harbin Culture Island_Plan Second Floor

乐、戏曲为主。后台幕墙开启式设计让舞台背板可以像宽幅屏幕般展开，以自然为背景，让室内外景观融为一体。而室外的水面部分也更可以作为室外观众席，打开幕墙的舞台便成了无遮挡的全景舞台。独创性的设计赋予了大剧院空间宏大而细腻的戏剧性效果，以适应现代剧场艺术的创新与多变。

文化中心展现了城市尺度、自然尺度和人体尺度的丰富层次，充分实现文化建筑的公共性和参与性。整个文化中心的边缘与江岸、湿地绿原缠绕交错，模糊着自然与人工的边界。而坡道、桥、空中平台和广场这些开放性空间的交错组合，则拉近了人与自然的距离。人们可以根据距离的远近，得到不同的感官体验。大剧院与文化艺术宫之间巨大的人造湖面，与建筑形成虚实对比，一条景观长桥横跨其间，营造出一种"空无"的禅意之境。人们可以顺着景观桥从大剧院一直向东走到比邻万人广场的文化艺术宫，这座建筑面积达4.1万平方米的综合型建筑与大剧院在形体上遥相呼应，包括职工培训、会议、文化教育、展览、酒店和餐饮等空间。这些设施将最大限度地为参观者、观众和工作人员提供人性化的多样性空间。

从2010年项目设计启动到2013年8月以来，文化中心的总体结构已经封顶，整个项目初具形态。2014年，完成建筑立面幕墙、内部空间和环境营造几方面的工程。这座哈尔滨新兴的"文化岛"正逐渐浮出水面，以促成北国之都在人文、艺术和自然这三方面的交融，并将成为滋养这个城市灵魂的心源之地。

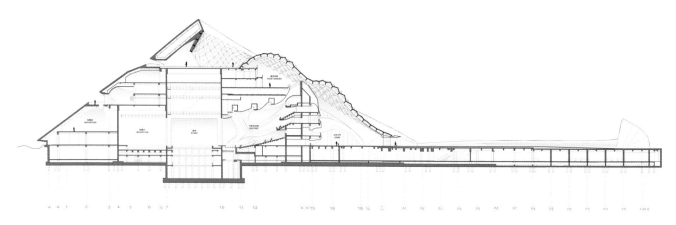

Harbin Culture Island_Section1

Harbin Culture Island_Rendering Interior Rehearsal room

Harbin Culture Island_construction site photo_Mock up of surface

Harbin Culture Island_construction site photo

Harbin Culture Island_construction site photo

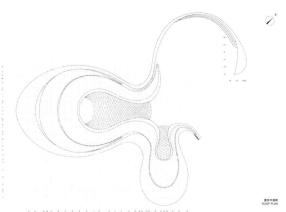

Harbin Culture Island_Plan Roof Top

Harbin Culture Island_Rendering_Interior_roof top

Harbin Culture Island_Site Plan

Harbin Culture Island_Rendering_Interior_Lobby

Harbin Culture Island_construction site photo

Harbin Culture Island construction site_Mock up of facade

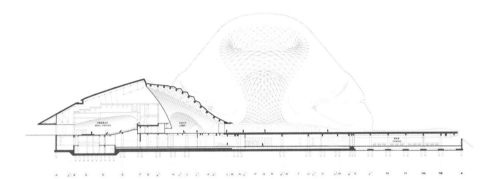

Harbin Culture Island_Section3

Harbin Culture Island_Rendering_Interior_wood shell

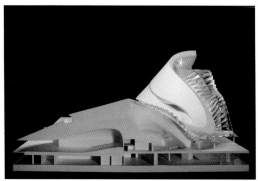

Harbin Culture Island_Rendering_Interior_small theater

Harbin Culture Island_modle

Harbin Culture Island_Rendering_Interior_wood shell_Interior_Large Theater

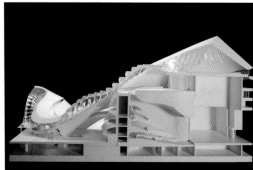

Harbin Culture Island_modle

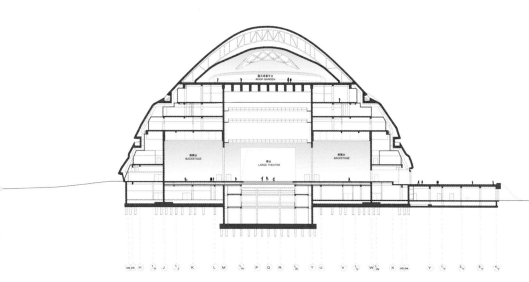

Harbin Culture Island_Section2

| Harbin Cultural Island_Rendering_Exterior

| Harbin Culture Island_Rendering_Interior_wood shell_Interior_Large Theater

| Harbin Culture Island_Rendering_Interior_wood shell_Interior_Large Theater

| Harbin Culture Island_Rendering_Interior_wood shell

Nanjing Zendai Himalayas Center_rendering_view from the sky lake

南京证大喜玛拉雅中心

设计主持人：马岩松、党群、早野洋介

设计团队：李健、赵伟、Andrea D'Antrassi、刘会英、吴开聪、Tiffany
　　　　　Dahlen、Achille Tortini、朱璟璐、张炉、童尚仁、萧克良、Matteo
　　　　　Vergano、王德元、Wing Lung Peng、Kang Mu-Jung、Lucy Dawei
　　　　　Peng、王涛、Benjamin Scott Lepley、William Lewis

设计机构：悉地国际设计顾问（深圳）有限公司、南京金宸建筑设计有限公司

景观设计：泛亚景观设计（上海）有限公司

商业建筑设计：上海铂意建筑设计咨询有限公司

灯光设计顾问：黎欧思照明（上海）有限公司

酒店室内设计：梁志天设计师有限公司

幕墙设计顾问：凯渥国际咨询服务（北京）有限公司

交通顾问：辛克莱工程咨询（上海）有限公司

BIM团队：CCDI集团建筑数字化业务部

项目类别：商业、办公、住宅、酒店

建设地点：中国南京

状态：2012年—2017年

项目委托：江苏证大商业文化发展有限公司

建筑面积：地上：383 307 m²；地下：181 562 m²

基地面积：93 595 m²

容积率：4.06

Nanjing Zendai Himalayas Center_rendering_view from Nanjing South Station

　　最近全面开工的南京证大喜玛拉雅中心总建筑面积约
56万平方米。MAD正在尝试通过这一城市尺度的作品，实
践一座理想中的"山水城市"。

　　有着2600多年建城史的南京，极具人文传统，同时是中
国现代化程度很高的城市之一。MAD一直秉持的理念，就是
在现代城市中人和自然共生的传统哲学，重建人与环境之间
的和谐关系。在满足现代生活的各种需求的同时，营造融合
而富有生机的空间，实现人与自然在精神上的契合。

　　项目基地由六个地块组成，其中两个街区被一座立体城市广场连接。不同尺度的连廊，走道穿插在几个连绵起伏的商业综合体中，引领人们从繁忙的地面街道漫步到立体公园，游走于建筑与景观之间。

　　基地的中心区域由一些散落在绿毯上的坡顶小屋构成，呈现出小村落式的环境，为大尺度的城市项目提供了宜人的城市空间。小桥连接着村落，从一个街区到另一个街区，串联了假山、流水，构成了一幅充满诗意的画作。建筑采用混凝土作为材料，表现出材质本身的朴素。

　　位于基地外侧的塔楼宛如高山，竖条的玻璃百叶，遮阳又透光，为室内空间提供了怡人的光线和风，如瀑布般流动于山体上，让整座建筑充满意境。塔楼扮演了高山流水的远景，而基地内水池、瀑布、溪流、水潭等水景承接了意象，并把隐喻具现化，模糊了远景与近景的边缘。这些项目内的水景同时也是雨水收集池，让基地内的水再用于浇灌，循环利用。

　　南京证大喜玛拉雅中心项目已经在有序施工中，预计将于2017年完工。

■ Nanjing Zendai Himalayas Center_rendering_view of landscape tower

■ Nanjing Zendai Himalayas Center_rendering_view of sky lake

■ Nanjing Zendai Himalayas Center_top view

| Nanjing Zendai Himalayas Center_rendering_view of hotel entrance

| Nanjing Zendai Himalayas Center_concept model as Chinese Landscape_by XiaZhi

| Nanjing Zendai Himalayas Center_rendering_view of low buildings

| Nanjing Zendai Himalayas Cente_concept model as Chinese Landscape_by XiaZhi

| Nanjing Zendai Himalayas Center_rendering_view of central valley

福建福清利嘉中心

主要设计人：曹晓昕

参与设计人：乔华、王正、刘倩

设计机构：中国建筑设计院有限公司

合作单位：中国建筑设计研究院（集团）

　　　　　城市建筑设计研究院福建分院

建设地点：福建

设计时间：2013年（在建中）

用地面积：92 724 m²

地上计容建筑面积：419 800 m²（情景商业建筑面积：

　　　　　　　　　　50 000 m²）

地下建筑面积：334 800 m²（商业建筑面积：120 000 m²）

容积率：4.37　建筑密度：44%　绿地率：18%

　　福清利嘉中心位于福清市百合区"两馆一中心城市规划"的南段，紧邻中部的龙江滨河观光休闲绿带，是未来城市的商务中心。本商业项目为利嘉中心的核心商业：体验式情景商业。地上商业建筑面积5万平方米，地下商业建筑面积共计12万平方米。

　　情景商业为四层高多层建筑，布局在南北纵向延伸的中央景观绿轴两侧，采用坡顶长屋堆积叠合而成，创造更长的、更活跃的商业界面。其中，四层商业组合为院落模式，形成具有传统特色的休闲餐饮区域，景观绿轴中地面直达四层露台的大扶梯为该区域提供人流动力来源，扩大的露台更增添了情景商业的立体商业氛围。

　　地下共四层，三、四层为车库。地下商业以下沉广场模式，打造双首层商业。其中，地下一层下沉广场面积很大，4个节点广场主要以地下一层作为活动场地，且地下一层的室外活动空间从北到南完全贯通，成为与地面一层的商业流线平行存在的商业界面。

　　另外，由于双首层商业位于地块中央，地块四周的地下商业成为人流线的末端，为盘活商业，本方案在地块四周均匀分布面积约300 m²的下沉广场，通往地下一、二层商业，可以将外部道路的人流快速引入地下商业。

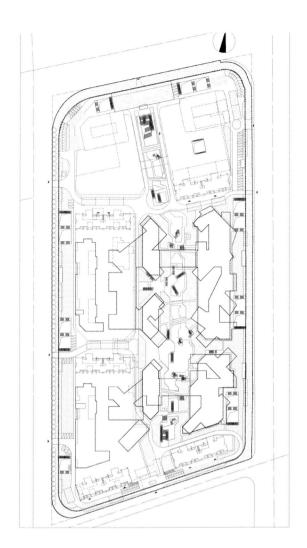

总平面图

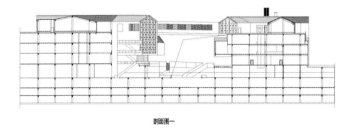

剖面图一

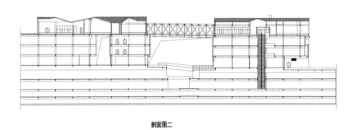

剖面图二

剖面图

商业内街黄昏透视图一

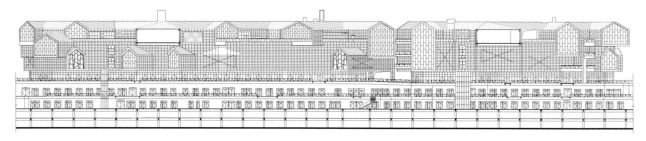

剖立面图一

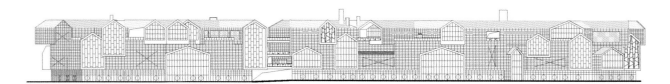

剖立面图二

▌剖立面图

▌利嘉中心鸟瞰 廖海强

▌商业内街黄昏透视图二

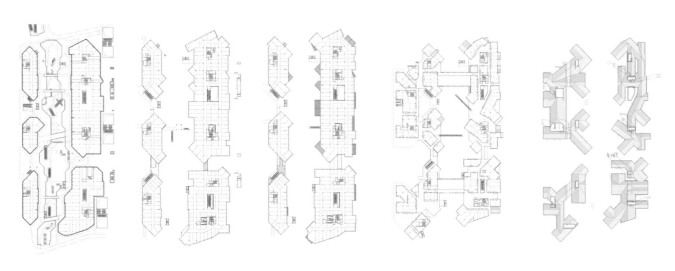

▌一层平面图　　▌二层平面图　　▌三层平面图　　▌四层平面图　　▌屋顶平面图

巴彦淖尔市教育信息网络中心

主要设计人：曹晓昕

参与设计人：詹红、董欣

设计机构：中国建筑设计院有限公司

建设单位：巴彦淖尔市教育局

项目类别：办公

建设地点：内蒙巴彦淖尔市金沙路西利民街南

设计时间：2008年—2009年

竣工时间：2013年

建筑面积：18 620 m²

占地面积：20 000 m²

摄影作者：张广源

　　在一个不大的房子里戏剧般地组织似杂乱无章的功能：多功能会演中心、业务办公用房、培训及生活服务用房。三个板块是相对独立的，又包含着众多各异的功能体块：办公业务用房又包括教育局、考试中心、信息中心、教研室、人民政府督导团、勤工检学中心、人民教育基金会、教育会计中心、学生资助中心、职业教育中心、普通话测试中心等；培训及生活服务用房包括客房、餐厅、健身、室外球场等。

　　设计的结果将三个大的部分进行了模糊，把户外空间均质地嵌入了用地内，使建筑具有了很强的内向性，同时在南北东三个方向与城市空间形成了对话，并运用空间完成建筑内部的连贯。我们强调空间作为城市与建筑连接的纽带的办法，旨在弱化立面的形态，刻意回避立面图像记忆和装饰比例的运用。而这样做恰恰巧合地回到现代建筑运动时的起点——包豪斯。建筑方案在开始设计时及最后的施工图设计中我们还是注意到回避包豪斯的典型图，即回避白色的墙面和深色的窗框，采用相对廉价的灰色陶土劈开砖和深色铝合金窗框。然而事与愿违，工程后期项目资金难以为续，为使其尽快竣工，业主要求更改简化设计，将原有的灰色陶土劈开砖变为涂料。虽然这和我们的初衷相矛盾，甚至执行起来极不情愿，但还是让房子不仅从出发点的思考与包豪斯契合，甚至图像结果也回到了包豪斯的经典特征。

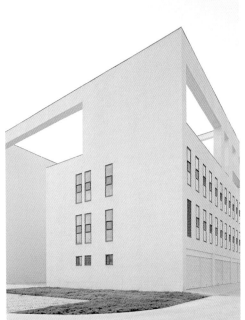

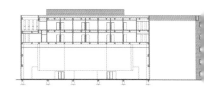

巴彦淖尔教育信息中心平面图

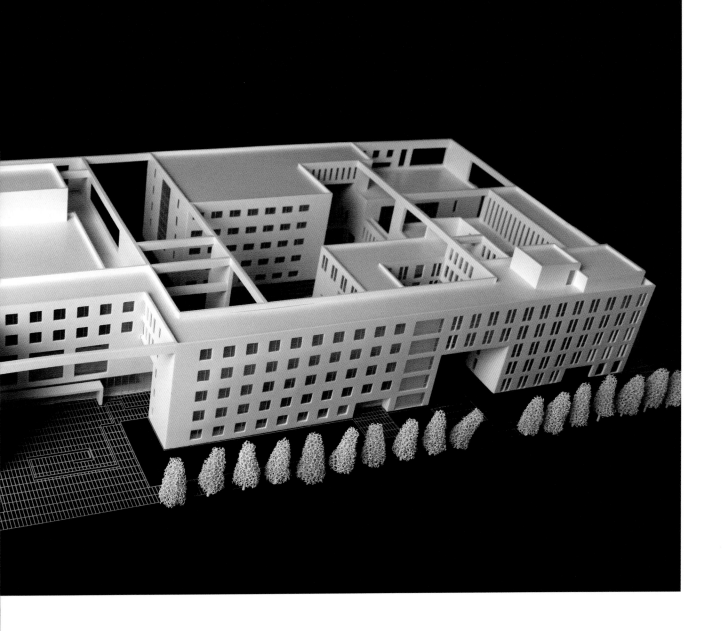

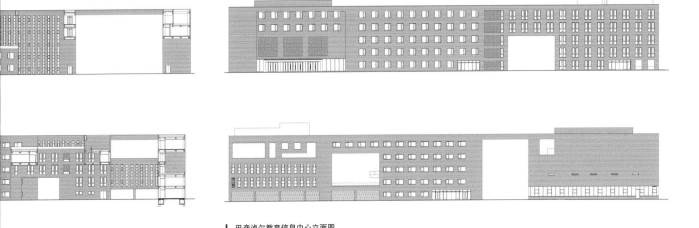

巴彦淖尔教育信息中心立面图

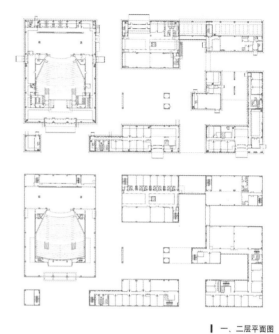

一、二层平面图

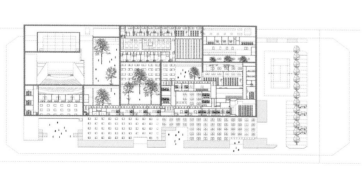

巴彦淖尔教育信息中心

巴彦淖尔市临河区综合
行政办公楼

主要设计人：曹晓昕

参与设计人：李衣言、尚蓉

设计机构：中国建筑设计院有限公司

建设地点：内蒙古巴彦淖尔市

设计时间：2008年

竣工时间：2013年

建筑面积：41 277 m²

占地面积：65 420 m²

摄影作者：张广源

基于对行政办公建筑的形态、功能、建筑的地域性、民族性，以及由巴彦淖尔文化萃取出的精华与建筑语汇的叠加，使临河区政府办公楼营造出极富张力、独一无二的外部形态。建筑被挤压的入口空间由下而上地扩散至顶层，而在顶层，建筑端头又被以同样方式挤压。这种设计方式让我们看到了建筑本身的物质力量，一种胶体形式抗拒成为任何一种固化形态的力量，一种成长以及蓄势待发的张力。这恰好契合了内蒙人内心坚毅、厚积薄发的性格特征。内部空间是满足工作人员办公的场所，我们的设计回归了小开间模式。而且由于外部形态、中庭空间被立体切割为三个部分，这三部分空间的墙面以与外部形态同样的方式被挤压，使建筑的张力由外及内的传递。整个建筑无时无刻不在捕捉一个状态、一个性格、一种力量——蓄势待发。

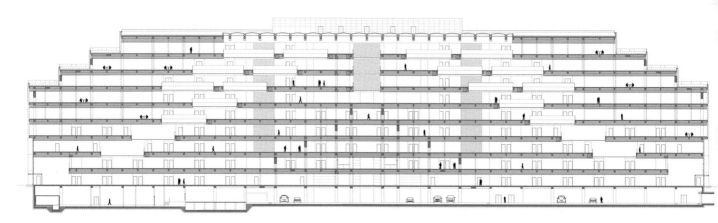

▌巴彦淖尔市临河区综合行政办公楼剖面图

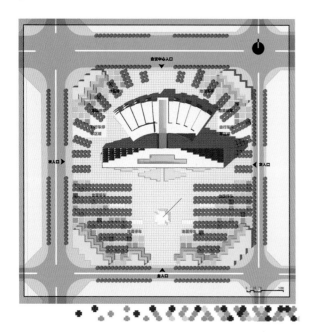

▌总平面图

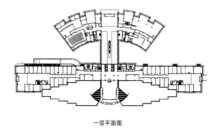

一层平面图

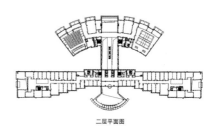

二层平面图

▌一、二层平面图

| 鸟瞰

昌吉体育馆

主要设计人：曹晓昕
参与设计人：孙雷、余浩
设计机构：中国建筑设计院有限公司
建设地点：新疆昌吉
设计时间：2010年
竣工时间：2013年
建筑面积：16 385 m²
占地面积：34 138 m²
摄影作者：张广源

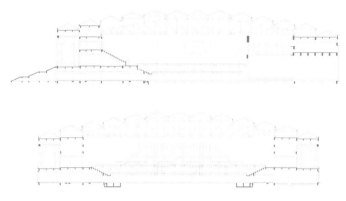

▌剖面图

离散与织构

昌吉体育馆的设计理念是将若干个相似的散落的个体，按照一定的秩序紧密地结合在一起，组成一个充满力量感，无法分割的整体，这种整合的状态同时又十分契合体育馆建筑对大空间的需求。合而生和，团结就是力量。建筑的气质充分展示了体育建筑的魅力，体现了体育运动的精神力量，同时，还寄托了民族团结的美好愿望。

体育馆的细节处理也经过了深度的推敲。在设计过程中，我们整理了很多民族地域性的建筑符号和细节，这些传统的元素经过提炼浓缩以现代的手法展现出来，使建筑具备了比较强的可识别性。

在材料的运用上，我们对同一块石材采用两种不同的工艺处理，使石材在不同光线下表现出个体差异，菱形的图案同样充分考虑了地域的特色。

昌吉体育馆是一个现代化的体育建筑，但同时也区别于其他的现代体育建筑，它可以说是从这片土地上生长而出的，有足够的理由存在于这个特定的区域，具备成为这座城市代表性建筑的素质。

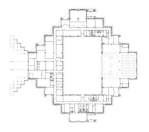

▌ 一层平面图

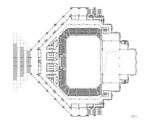

▌ 二层平面图

▌ 三层平面图

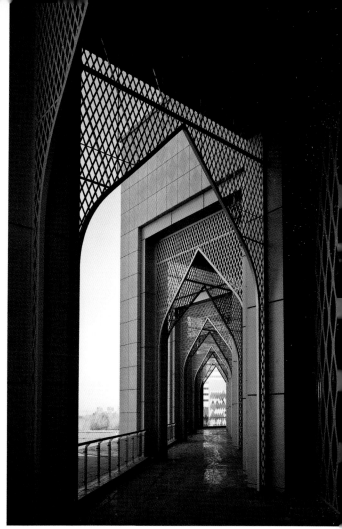

立面图

新能源材料研发基地（三期）

主要设计人：曹晓昕

参与设计人：高蕾蕾

设计机构：中国建筑设计院有限公司

项目类别：办公

建设地点：上海市

设计时间：2013年（在建中）

建筑面积：17 000 m²

占地面积：26 500 m²

该地块北接蔡伦路，南临张衡路，东靠伽利略路。基地共设计三个出入口，在蔡伦路和张衡路上设主出入口，伽利略路上设一个次出入口。基地整体分为三期开发，建筑整体布局形成较有序列的排列结构，以强化园区秩序，带给人们高效、便捷、舒适的美好印象。

三期项目的建筑平面坐落在场地西南角，北侧绿地结合建筑立面三角形母题，形成与建筑的共鸣，塑造园区的主题空间，较好地控制了场地。建筑外墙采用新型环保材料高强度竹基纤维，生态环保、安全，具有优良的经济和社会效益。园区内人流和车流分离，外来车辆停放在露天停车场。三期项目的地下停车场主要为公司内部车辆停放服务。

夜景

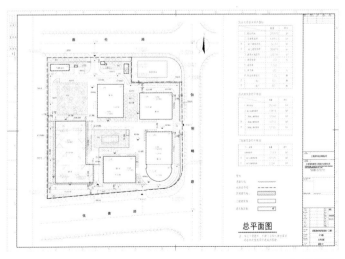

总平面图

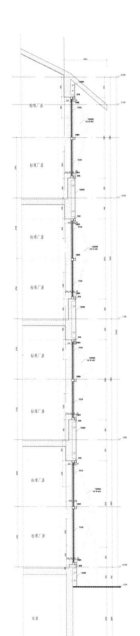

墙身

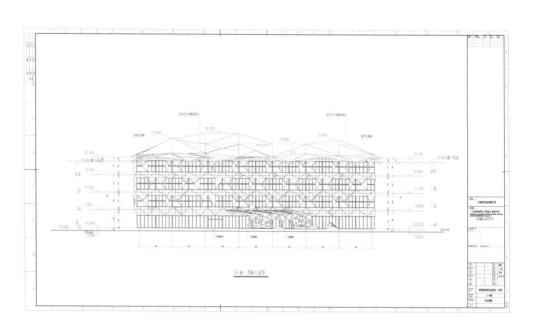

东立面

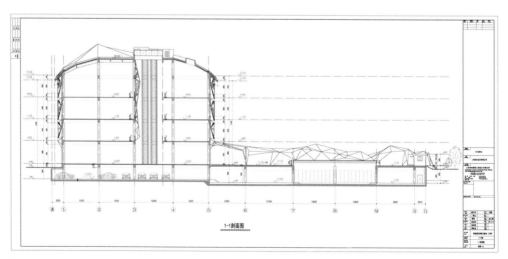

剖面图

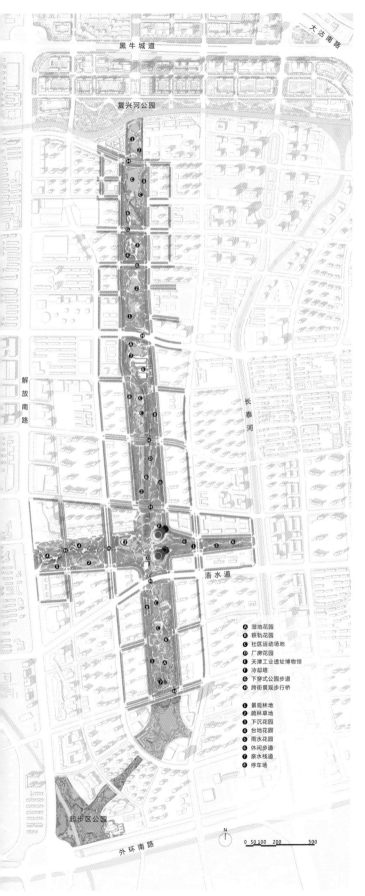

A 湿地花园
B 铁轨花园
C 社区运动场地
D 厂房花园
E 天津工业遗址博物馆
F 冷却塔
G 下穿式公园步道
H 跨街景观步行桥

❶ 景观林地
❷ 蹦林草地
❸ 下沉花园
❹ 台地花园
❺ 雨水花园
❻ 休闲步道
❼ 亲水栈道
❽ 停车场

▎都市绿洲总平面图

天津解放南路地区景观规划及公园设计

主要设计人：谢晓英、周欣萌、孙莉、王欣、张琦、瞿志、雷旭华、李萍、吴悦、邹雪梅、高博瀚、王翔、冀萧曼、万璐、李薇

景观规划设计：中国城市建设研究院有限公司 无界景观工作室
设计机构：中国城市建设研究院有限公司 无界景观工作室
项目类别：景观系统规划与设计
建设地点：天津市
设计时间：2011年5月—2014年12月
竣工时间：2014年7月
项目规模：景观系统规划16 700 000 m²
　　　　　都市绿洲1 002 000 m²
　　　　　起步区公园177 000 m²

项目背景

解放南路地区北接海河，南邻天津外环路，处于天津市发展主轴线上、天津主副城市中心之间，区位条件优越。该地区是天津市"十二五"重点规划区域，由工业区转变以居住、商业功能为主的混合区域。我们在城市设计的指导下，配合生态、交通、市政、地下空间等专项规划，先进行该地区的景观系统专项规划工作，随后进行都市绿洲概念设计，完成了起步区公园设计（已建成）。

（1）一体化的景观规划——解放南路地区景观系统规划

突出"生态、文化、乐活"三大策略：结合现状条件及解放南路地区生态宜居社区的规划定位，生态主要是打造融入都市的绿色氧吧，交叉结合领域建设节约型园林。文化主要是突出景观的地域特色，尊重现有自然及历史文脉，延续并创造城市记忆。乐活主要是注重景观的多功能性，激发城市活力，培养健康、可持续的生活方式。

（2）一体化的带状公园——都市绿洲概念设计

引领"绿色新生活"的场所与媒介：都市绿洲是解放南路地区的中央绿轴，相对于一般城市公园，带状公园与城市的交界面更长，关系更为紧密。设计注重景观的多功能性，增进公园、城市、市民生活三者之间的互动。

我们采用一体化设计策略，进行连接城市绿色空间、基础设施、公共服务设施的一体化统筹，连接城市文化、市民生活的一体化表达，连接生态环保、节约节能措施的一体化应用。通过一体化的布局统筹使得带状公园消解于城市，采用一体化的表达方式营造有归属感的公共空间，运用一体化的生态措施高效提升整体环境舒适度。

①公园与周边道路一体化设计——带状公园消解于城市

②追求宜人尺度的一体化空间营造——有归属感的公共空间

③突出场所特征的一体化文化表达——有归属感的公共空间

天津是依托海河发展起来的移民城市和商埠城市，有"卫嘴子"之称的天津人乐观、豁达、知足，受殖民文化影响，天津人眼界开阔、思想开放、善于找乐，具有十足的娱乐精神。新中国成立

解放南路地区区位图

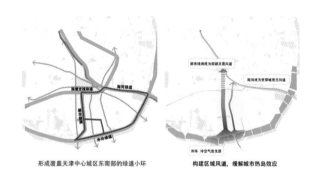

形成覆盖天津中心城区东南部的绿道小环　　构建区域风道，缓解城市热岛效应

都市绿洲与城市的关系

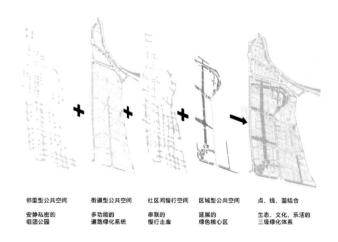

邻里型公共空间　　街道型公共空间　　社区间慢行空间　　区域型公共空间　　点、线、面结合

安静私密的　　　多功能的　　　　串联的　　　　　延展的　　　　　生态、文化、乐活的
组团公园　　　　道路绿化系统　　慢行走廊　　　　绿色核心区　　　三级绿化体系

解放南路地区景观系统规划结构图

前的劝业场集购物、休闲、娱乐为一体，是全国娱乐业的代表；新中国成立后天津户外休闲活动更为丰富，创意十足。近代工业发展为天津留下大量印记，场地内的热电厂工业遗存是城市一代人的记忆。我们结合场地内的工业遗存设计展现天津人娱乐精神的场地和设施。此外，考虑天津缺水的实际情况，利用生态设计，节约水资源，体现天津节水型城市的特点，多层面一体化展现天津独特的城市文化。通过景观设计促进地块由生产向生活的转变，促进地区的生态改善，促进多元文化的交融，连接城市的过去、现在与未来。

④节约高效的一体化生态措施——营造舒适的小气候

我们紧密结合场地的自然条件，提出具有持续性、整体性、针对性的一体化生态措施。综合微地形、水体、植物等元素，构建通风廊道及低影响开发雨水系统，调节温湿度，净化空气，改良弱盐碱土壤，生物净化工业废弃地污染土壤，保护生物多样性。鼓励拆除建筑材料等循环利用，注重太阳能、地热能等绿色能源的应用，体现可持续发展理念。营造舒适小气候，提升环境舒适度；建设节约型园林，发挥科普教育、宣传示范作用。

通风廊道系统：天津城市空气不流通现象严重，都市绿洲通风廊道构建的主要目标是加强两方面的空气流通：一是城市与郊区之间的大循环，结合城市弱风主导方向，将郊外的冷空气引入城区，形成局地环流，从而缓解城市热岛效应，并将空气中的有害物质带离城区；二是绿地与周边地块之间的微循环，加强空气交换与自净，减少浮尘。

通风廊道由边缘林地空间、过渡空间、中心开敞楔形空间三个部分构成。边缘林地空间主要通过水平和垂直方向上多层次的植物空间有效吸附浮尘。过渡空间则进一步发挥植被组合的吸附、净化功能。中心开敞楔形空间作为主要的空气通道。

低影响开发雨水系统：天津75%的降水集中在6～8月。以公园绿地作为吸纳暴雨径流的巨大"海绵体"，是本项目雨洪利用与景观一体化的尝试。

根据项目地块被割裂的现状和雨水污染源不同的情况，采取两种策略。一是分区域处理，强调就地疏解、局部消纳；节约建设成本，就近与市政雨水管网衔接；化整为零，在各个地块内部完成收集利用。二是分源头收集，对城市道路与公园绿地的径流分别收集处理。利用收集净化的雨水打造公园内的水景，体现节水理念的同时，传承天津因水而生的水文化，焕发城市活力。

(3)生态、艺术一体化的城市入口新形象——起步区公园

生态化的自然环境+艺术化的景观构筑：起步区公园位于天津南大门，其景观环境将是城市入口对外形象展示的重要方面。充分利用区域现状丰富的水资源，强调亲水亲绿的环境特色，营造亲近自然的宜人场所。生态自然的环境叠加艺术化、人性化的景观元素，创造优美、轻松、绿色的城市入口新形象。具有现代工业美感的标志性景观构筑物与绿色自然的景观基底形成戏剧化的反差，激发对该地区工业记忆的联想，突出地域文化。

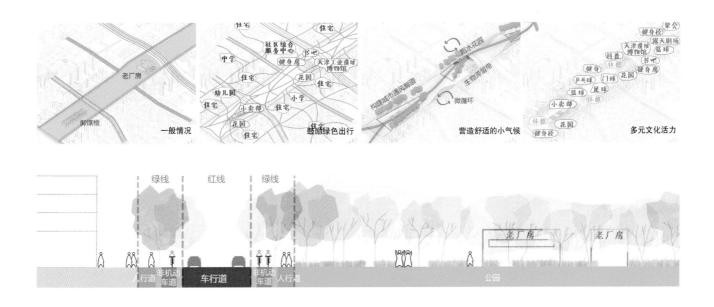

将热电厂冷却塔改造为活力地标，结合现状鱼塘打造湿地花园，利用人造雾技术形成梦幻的彩虹景观

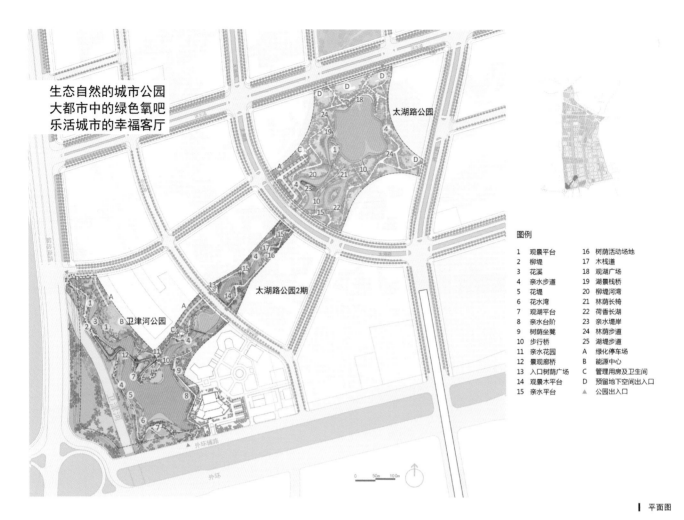

生态自然的城市公园
大都市中的绿色氧吧
乐活城市的幸福客厅

太湖路公园

太湖路公园2期

卫津河公园

外环辅路

外环

0 50m 100m

图例

1 观景平台	16 树荫活动场地
2 柳堤	17 木栈道
3 花溪	18 观湖广场
4 亲水步道	19 湖景栈桥
5 花堤	20 柳堤河湾
6 花水湾	21 林荫长椅
7 观湖平台	22 荷香长湖
8 亲水台阶	23 亲水堤岸
9 树荫坐凳	24 林荫步道
10 步行桥	25 湖堤步道
11 亲水花园	A 绿化停车场
12 景观廊桥	B 能源中心
13 入口树荫广场	C 管理用房及卫生间
14 观景木平台	D 预留地下空间出入口
15 亲水平台	▲ 公园出入口

▎平面图

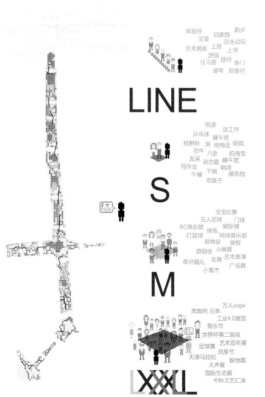

LINE
S
M
XXXL

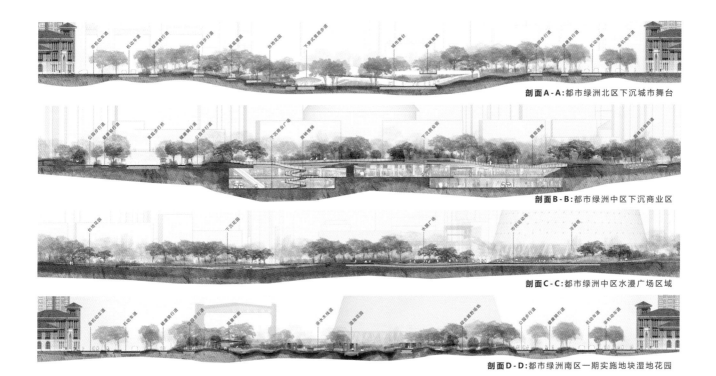

剖面A-A：都市绿洲北区下沉城市舞台

剖面B-B：都市绿洲中区下沉商业区

剖面C-C：都市绿洲中区水漫广场区域

剖面D-D：都市绿洲南区一期实施地块湿地花园

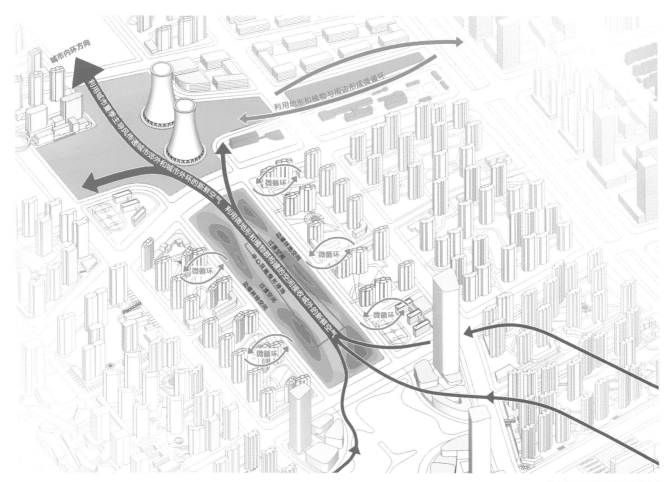

利用城市内环方向

利用地形和植物与周边形成微循环

利用城市夏季主导风传递城市郊外和城市外环的新鲜空气

利用微地形和植物群构建的空间接收城外的新鲜空气

城市通风廊道空气流动模式图

微循环

微循环

微循环

微循环

城市中心

都市
绿洲

起步区
公园

外环路绿廊

建筑控高区域

郊外冷空气发源地

冷空气传送空间

郊外冷空气发源地

郊外冷空气发源地

郊外冷空气发源地

城市通风廊道系统分析图

厦门海沧区蔡尖尾山系景观策划、规划与设计

主要设计人：谢晓英、周欣萌、孙莉、瞿志、李萍、王欣、邹雪梅、
　　　　　　吴悦、孟庆诚、王翔、高博瀚、冀萧曼
设计机构：中国城市建设研究院有限公司　无界景观工作室
项目类别：公共空间系统景观策划、规划、设计
建设地点：福建省厦门市
设计时间：2013年8月—2014年12月（在建中）
占地面积：26 600 000 m²

龟山公园

项目背景

蔡尖尾山系位于厦门市海沧区中部，是该区的绿色核心地方，山体现状植被条件较好，散布有水库等资源。山体处于被快速发展的城镇化地区侵蚀的局面，如何处理生态保护与合理利用的关系，是本项目要解决的首要问题。

核心目标

本项目是大型动态复合景观项目，先期完成山体景观策划及定位，随后进行整体景观规划，最后分区逐步深化进行景观设计。我们将山体绿色空间作为有生命的基础设施，搭建整合各种资源，促进城市一体化发展的平台。景观规划设计在寻求生态保护与合理利用双赢的基础上，延续地域文化，带动经济发展，引导公众参与城市建设，培养市民健康积极的生活方式。

综合策略

(1)一体化统筹策划、规划与设计：动态把握项目的全过程，发挥景观系统从宏观到中观、微观尺度的综合统筹作用，整合资源，促进自然环境与城市环境的有机共生，一体化解决（应对）复杂的城市问题，实现可持续发展。

(2)培养生活方式：依托现状路径构建串联山体与城市的体验式慢行系统，使绿地消解于城市中，为单调乏味的日常生活带来新鲜愉悦的体验，引导健康乐活的生活方式。

(3)延续地域文化：公共景观设计延续地域传统文化，满足现代生活需求，公共场所与公共生活促进原住民与新移民的交往，新老文化的融合共生。

(4)关注生态与健康：保护城市中心的自然山体和植被，营造都市氧吧，植入健身场地和设施，为全民健身国策的推广和实施提供空间载体。

分区设计

景观设计依托自然山体构建连绵的绿色开放空间，主要包含蔡尖尾森林健身公园、龟山公园、大屏山公园三个部分。

(1)蔡尖尾森林健身公园

蔡尖尾山地形复杂，植被茂密，山中坐落两座历史古刹。景观设计修复了山体植被，将森林防火道与登山健身道一体化设计，为市民山地徒步马拉松的开展提供场地。在合理布局路径的基础上增设小规模节点，例如结合现状水库设计天人合一的禅修场所等，在城市中心营造一片修养身心的森林浴场。

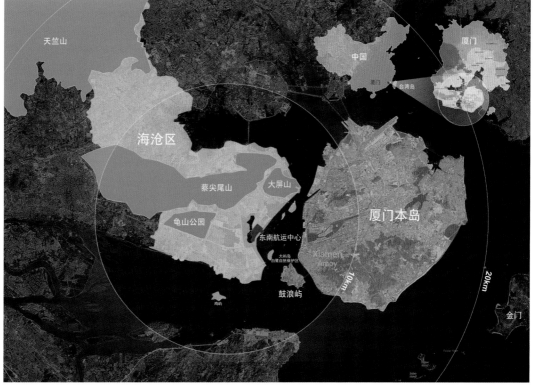

区位

（2）龟山公园

保生大帝文化信俗是厦门市国家级非物质文化遗产，是对台民间宗教文化交流、两岸联系的纽带，也是龟山公园建设的重要借力资源。景观设计立意打造非物质文化遗产活化传承的场所，结合雨洪调蓄的需求调整局部地形，保留现状植被以及具有历史文化意义的片段，植入多元文化休闲活动场地，让地域文化在周边回迁的原住居民和海沧新移民共享的公园中得以传承。

（3）大屏山公园

公园被城市道路分隔为东西两区，通过景观步行桥加强联系。景观设计充分利用现状地理位置及植被优势，为海沧营造一个以山林公园为形象的门户地标。十余千米的无障碍环山观景健身绿道是厦门海沧区市民享受天伦之乐的愉悦场所。山顶新建厦门岛外观景台，可以一览厦门全貌，形成新的厦门旅游目的地；也可以作为厦门市的城市演播厅。

■ 东南航运中心鸟瞰图

厦门东南航运中心公共空间景观设计

主要设计人：谢晓英、张琦、瞿志、雷旭华、张婷、李萍、杨灏、王翔、王欣、欧阳煜

景观设计：中国城市建设研究院有限公司　无界景观工作室

建筑设计：中国建筑设计院有限公司　崔愷工作室

项目类别：办公及商业景观设计

建设地点：福建省厦门市海沧区

设计时间：2013年3月—2014年12月

竣工时间：2014年6月

占地面积：约130 000 m²

营造体验式的慢生活CBD

项目基地位于厦门市海沧新城南部，西临海沧湖，东邻海沧大道。基地联系城市南北向的绿色廊道，与东南方向的大屿岛白鹭保护区相距仅1.1千米，生态性是景观规划设计中优先考虑的方面。地块内部的厦门东南国际航运中心大厦将成为厦门乃至海西重要的地标性建筑。这里将建设成为集办公、商业、酒店为一体的复合功能区域，即厦门的中央商务区，同时也是城市居民休闲的重要场所。景观设计延续厦门"最悠闲城市"与"候鸟度假地"的城市特色；从未来城市发展角度进行区域整体设计，提升土地经济价值，将湖景、海景与CBD市景相结合，通过边走边玩的体验式慢行系统，整合区域滨湖商业、滨海度假资源，建立慢生活CBD。

嘉定韩天衡美术馆

上海嘉定韩天衡美术馆

主要设计人：童明、黄燚、黄潇颖

合作单位：苏州建设集团规划建筑设计院

建设地点：上海市嘉定区博乐路70号

设计时间：2011年10月

建成时间：2013年10月

用地面积：14 377 m²

建筑面积：11 433 m²

　　韩天衡美术馆的设计策略就是充分利用原有工业建筑的特征，结合飞联纺织厂总体改造策略，通过体量、空间和光影的体验来强化现代建筑与工业遗迹之间的结合。

　　上海飞联纺织厂座落于嘉定老城区的南入口之处，已经伴随着这座城市的发展节奏长达70多年。改造之后的美术馆将以上海著名篆刻艺术家韩天衡先生的名字来命名，固定陈列的则是韩天衡先生一生创作的重要作品，以及他捐赠给嘉定区政府的1000多件珍贵艺术收藏品。与此同时，美术馆还包含相应的临时展厅和辅助设施，为嘉定区或者更大的市域范围提供进行各种文化活动、艺术展览、教学和休闲活动的场所。

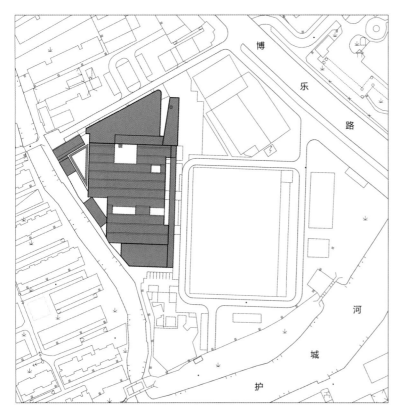

总平面

自20世纪40年代开始建造以来，飞联纺织厂的老厂房采用的建筑形式基本上都是典型的锯齿形厂房，从三跨的简易木结构开始，陆续增建到70年代的预制混凝土结构，老厂房逐渐扩展为11跨，连绵成片。从空中瞰看下去，层层叠叠的机平瓦呈现出一轮轮的红色波浪，构成了一幅纺织厂的经典图景。

20世纪八九十年代，随着生产规模的扩大和生产形式的改变，飞联纺织厂在南侧加建了一幢两层楼的精梳车间，在北侧又增建了一幢三层楼的青花厂房，同时在周边及缝隙中填充了各种杂乱的库房与机房。

面临这样一种格局，建筑设计所要做的首先就是依照现场情况，确定需要保留和拆除的部位，然后根据保留建筑的结构和空间特征提出不同的改造意向。在此基础上结合将来的功能要求，针对保留建筑进行改造，并且填补新的增建部分，为整体结构提供交通联系和辅助功能。

老厂房和筒子车间是飞联纺织厂现状格局中最具有工业建筑特色的一部分，空间相对低平、开阔，因此在设计中着重考虑的就是如何在完整保留其屋面及梁架形式的同时，对原有结构进行钢结构加固，植入适宜功能，展示空间特色，从而达到充分而有效的再利用。

青花厂房及精梳车间位于老厂房的南北两端，结构质量较好，空间也相对高耸、集中，可以作为固定展厅和艺术工作室之用，室内空间按照专业等级的美术馆展厅标准进行改造。

因此，原先建筑结构的不同特征就自然地导向了不同的使用意图：老厂房由于特征化的空间及其符号形式，可以成为一个具有交流性质的场所，其内部使用以公共活动为主。老厂房用作临时展厅，结构质量较好的筒子车间则改造为公共报告厅。

新建厂房由于空间相对规整并且结构牢固，符合设备要求和安全考虑，因此作为美术馆的固定展区，用于永久收藏并展示韩天衡先生自己创作及收藏的各类珍贵的书画及篆刻作品。同时，一些原属工厂的职工宿舍以及附属机房被改造为后勤办公及培训场所。为了使得各个功能空间既相互独立又互相连通，需要在各个功能组团之间加入相应的回廊和通道，以

嘉定韩天衡美术馆

便美术馆在今后使用中呈现出功能上的多样性和便利性。

除此之外，针对美术馆设计需要着重考虑的就是如何为它提供一个具有兼容性的进入方式，因为未来的美术馆存在多元化的功能组合，不同的使用意图对于美术馆的开放性具有不同的要求。经过数次调整之后，美术馆的入口选择在青花厂房与老厂房之间的结合部位，它正好将原先保留下来的红砖烟囱包裹其内，通过一个15 m通高的空间转折后，在东侧建成了一个巨型门廊，与其他支撑性的钢柱形成了一个具有舞台效果的背景，预示着在这座美术馆中将要上演的剧目。

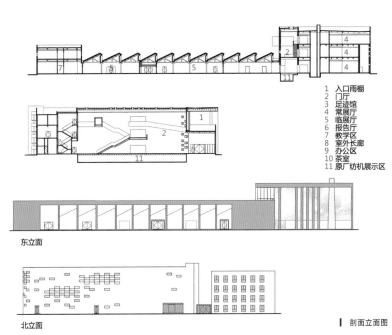

1 入口雨棚
2 门厅
3 足迹馆
4 常展厅
5 临展厅
6 报告厅
7 教学区
8 室外长廊
9 办公区
10 茶室
11 原厂纺机展示区

东立面

北立面

▌剖面立面图

1 入口雨棚
2 门厅
3 足球馆
4 常展厅
5 临展厅
6 报告厅
7 教学区
8 室外长廊
9 办公区
10 教室

| 一层平面

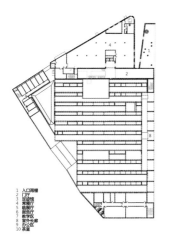
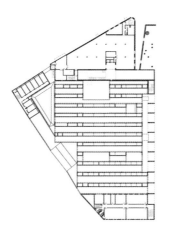

1 入口雨棚
2 门厅
3 足球馆
4 常展厅
5 临展厅
6 报告厅
7 教学区
8 室外长廊
9 办公区
10 茶室

| 二层平面

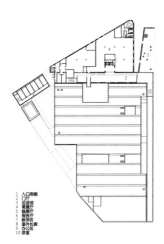

1 入口雨棚
2 门厅
3 足球馆
4 常展厅
5 临展厅
6 报告厅
7 教学区
8 室外长廊
9 办公区
10 茶室

| 三层平面

第一步：场地研究，确定要保留和要拆除的建筑，如图设计范围内所包含的建筑，浅灰色的建筑建议拆除，深灰色建筑建议保留；

第二步：根据保留建筑的结构和空间特征提出不同的改造意向；

第三步：对保留建筑进行改造，使之成为能够承担多样的展览和公共活动的场所；并且使各个功能区域能够完整而独立的使用；

第四步：在保留建筑的基础上加建新的建筑部分，主要为交通联系和辅助功能，从而使各个展馆空间能够既独立又联合的使用。

| 分析图

天津光年城示范区

主要设计人：胡越、邰方晴、于春晖、喻凡石、刘亚东、
　　　　　　高菲、徐洋
设计机构：北京市建筑设计研究院有限公司 胡越工作室
建设地点：天津市宁河县（区）
设计时间：2014年1月
建筑面积：4583.77 m²
占地面积：17 158 m²

▍路边看展馆

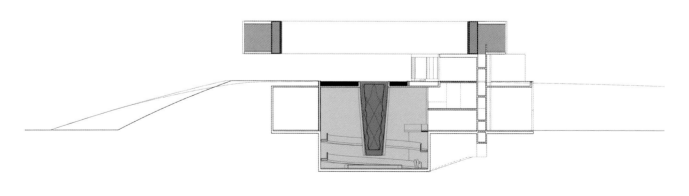

▍展馆剖面图

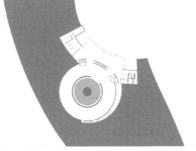

▎总平面图　　　　　　　　　▎环形展厅层平面图　　　　　　　▎空中环廊层平面图

　　天津光年城示范区项目位于天津市未来科技城东南，原京汉路与海青路交叉口往西300米，京汉路北。未来智慧城的展馆是整个示范区一期工程的核心工程，用于展示绿色技术及智慧生活。同时展馆自身也是绿色技术的载体。

　　展馆分为覆土以上和覆土以下两部分，覆土以上的形态为空中环廊展厅，覆土以下的展厅用于实体模型的展示。为了改善地下展厅的光环境，体现展馆本身，即绿色技术载体的设计意图，我们将展厅空间通过内环结构悬挑出来，通过大悬挑产生强烈的漂浮感和未来感。内环结构以外的建筑外表面布置太阳光反射板。环廊展厅的金属反光板根据光线的变化可以自动调整反射角度，有效地将部分太阳光汇聚到圆心处光筒的范围，光线在光筒内经过不断地反射和透射进入地下展厅，改善地下展厅的光环境，减少人工照明。

　　建筑整体造型纯净有力，空中环廊展厅"漂浮"于基地之上，既为观展人群提供绝佳的观景平台，其本身也成为环境中一道充满张力的景致。

　　在景观设计上，展馆用地为滨水绿地，有较大的地形起伏，景观设计采用当地植物，根据颜色及花期搭配种植，营造自然的原生态景观。

展馆鸟瞰

入口

入口看水池

展馆底层入口

水池边看入口

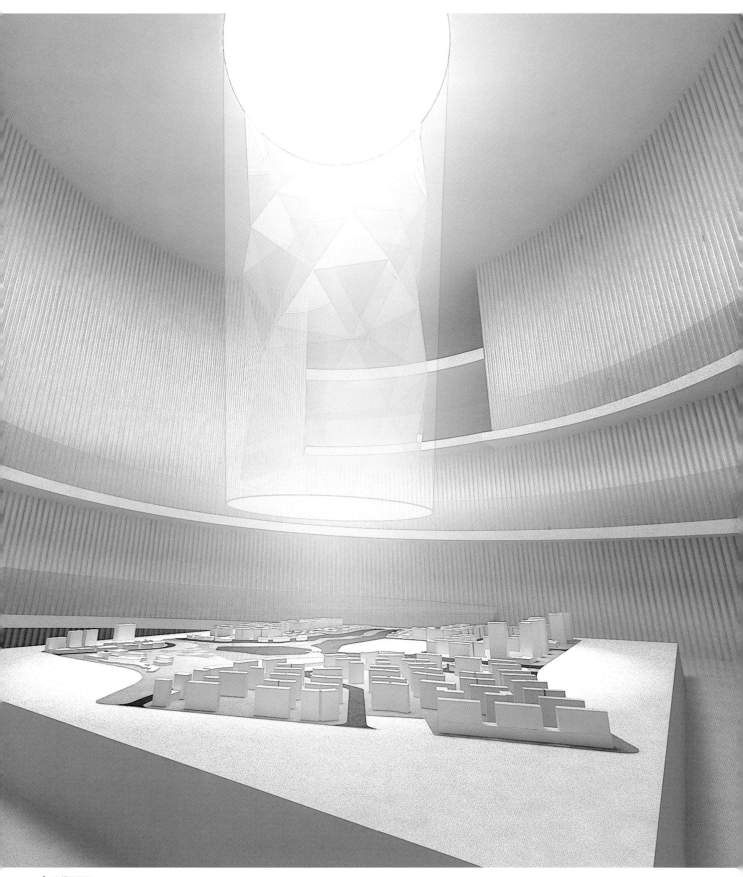

主模型展厅

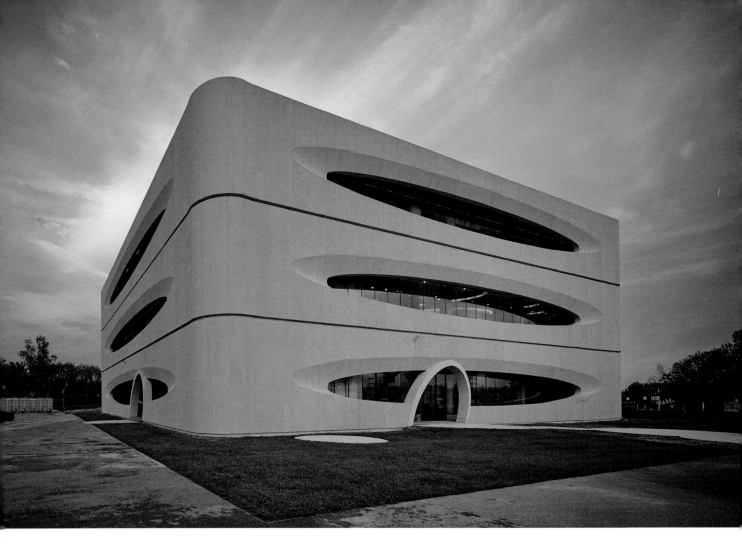

平谷区马坊镇A04-02地块
54#楼（售楼处）

主要设计人：胡越、邰方晴、林东利、张晓茜、杨剑雷、
　　　　　　刘亚东

设计机构：北京市建筑设计研究院有限公司 胡越工作室

建设地点：北京市平谷区

设计时间：2012年8月

竣工时间：2013年6月

建筑面积：5258 m²

占地面积：3200 m²

摄影作者：陈溯

▌ 总平面图

平谷马坊镇汇景湾售楼处位于平谷马坊镇汇景湾住宅区A04-02地块南侧，是一个37米见方、15 m高的立方体，四个角部分别作倒圆角处理。

建筑地上三层，地下一层。地上首层、二层为销售用房，三层为开发商办公用房。地上三层空间通过一个桶状的中庭上下贯通，中庭顶部有天窗采光，形成建筑空间上的核心。首层和二层通过中庭内一个钢制旋转楼梯进行沟通，方便了购房者的参观。旋转楼梯的造型经过精心设计，沿着圆筒状中庭的内壁螺旋上升，在空间中划出一条美丽的曲线。圆筒中庭在二层和三层都开有长条形洞口，使中庭内外空间在视觉上相联系。同时，地上三层每层都在建筑玻璃幕墙四周设计了开敞外廊，购房者和开发商可以站在外廊观看工地情况。

售楼处的外立面被均匀划分为三层，每层由一圈装饰混凝土轻型外墙板包裹内层的挑廊。每层外墙板中间均开一个横向椭圆形洞口，洞口部位是一个向内凹陷的不规则曲面，它为每层的挑廊以及建筑室内提供自然采光。每个立面上三层椭圆开洞的位置在水平方向相互错动，同时长短也有变化，在立面上形成简洁而又富有灵动变化的效果。

售楼处主入口面向西侧道路，并在主入口处退后形成入口广场。入口广场为石材铺装，并有大面积的绿化。几块圆形的石板或聚或散地点缀在绿地上，将人们引到入口位置。简约的景观设计与主体建筑简洁明快的外观相互映衬，为建筑增添别致的效果。

┃ 首层平面图

┃ 二层平面图

┃ 三层平面图

┃ 中庭内景

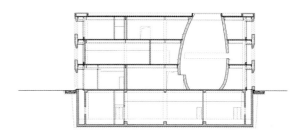

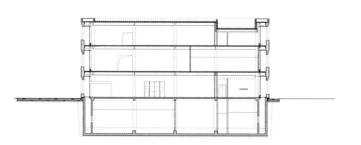

┃ 剖面图

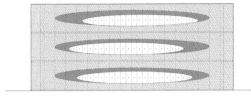

南立面图

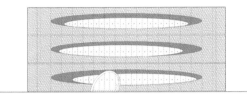

西立面图

售楼大厅内景

中庭内景

西北向鸟瞰图

南京牛首山风景旅游区精舍

主要设计人：胡越、游亚鹏、杨建雷、周迪锋、高菲
设计机构：北京市建筑设计研究院有限公司 胡越工作室
建设地点：江苏省南京市江宁区
设计时间：2013年8月（在建中）
建筑面积：6260 m²
占地面积：14 082 m²

三层院落景观

精舍总平面图

首层院落透视图

设计构思：隐、静、简、禅

(1)项目定位

长时间静修：精舍面向的主要住宿客人并非住宿一两晚的普通游客，而主要为高端禅修人士，他们一般将在精舍中静修3～7天，甚至2周左右。精舍设计应充分满足他们的各种物质和精神需求。

简洁、朴素：精品酒店一般较为奢华，而精舍根据自身定位，将提供简洁、朴素、低调的静修氛围，而不追求世俗生活的奢侈豪华，这也与所在景区的整体定位非常吻合。

(2)利用地形

现状场地为由北向南逐渐升高的坡地，根据地形地貌特征可以归类为三种主要地貌——苇塘、坡地和台地。

如将建筑集中布置在任何一个地貌上，建筑将比较集中而显得体量较大。

因此将建筑布置为平行等高线的上中下三条线。

(3)"隐"——建筑与环境的关系

用地与道路贴临，处理不好极有可能受到道路上游人、车流噪音和活动的一定干扰，同时由于精舍意图创造禅意和静修的空间氛围，也要求建筑应远离嘈杂的环境。设计中我们设法尽量使建筑"隐"于环境，与自然环境融为一体，尽可能避免从道路之间看到建筑以及精舍中的活动，以免打搅静思。

(4)静思——院子的作用

禅修人士来此，最大的需求就是寻找安静、了无杂念的环境，进行思考和体悟。因此，精舍可否提供高品质的极为静谧和隐私的修习环境，将是决定整个精舍未来运营成败的关键。经过精心的思考，我们将精舍以及各种公共空间，设置成一个个内向型的院落，最大限度地减少各院落之间以及院落与道路、景区、周围环境之间的相互干扰，为禅修人士提供极致品质的静修环境。

考虑到禅修者在精舍中住宿时间较长，不同院落内部运用不同的主题元素，可以为

禅修者在不同的时间，提供不同的空间环境，激发不同的理解和感悟，使禅修者变换心情，提升禅修的意境。

(5)景观——原态修整

为了最大限度地融于自然、还原自然，景观按照原态修整的原则设计。建设后各位置将尽力恢复现状用地中苇塘、竹林、杂木林三种植被特征。

(6)村落——公共空间的组织

由于用地较为狭小，同时主体空间采用了院落空间，因此各院落空间之间的关系顺其自然组织为山区村落的模式，在院落间的村落中行走增加了自然野趣和惊喜。

(7)化繁为简——材料和造型

建筑材料和造型选择也从最大限度追求"静修"效果的角度出发，避免采用过于复杂的造型和对比强烈刺激的材料。选取的材料柔和、自然、朴素，建筑造型尽量简洁，使禅修者容易静下心来，进入静思状态。

从三层村落看首层院落

三层村落景观1

三层村落景观2

▎精舍剖面图

▎精舍立面图

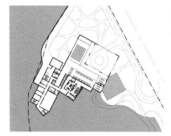

▎首层平面图

▎二层平面图

▎三层平面图

四层平面图

▎精舍室内透视1

▎精舍室内透视2

三层门厅室内透视

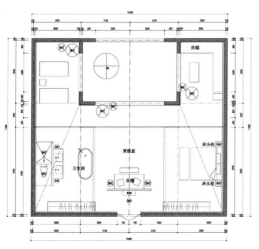

精舍单元平面图

三层VIP会见厅室内透视

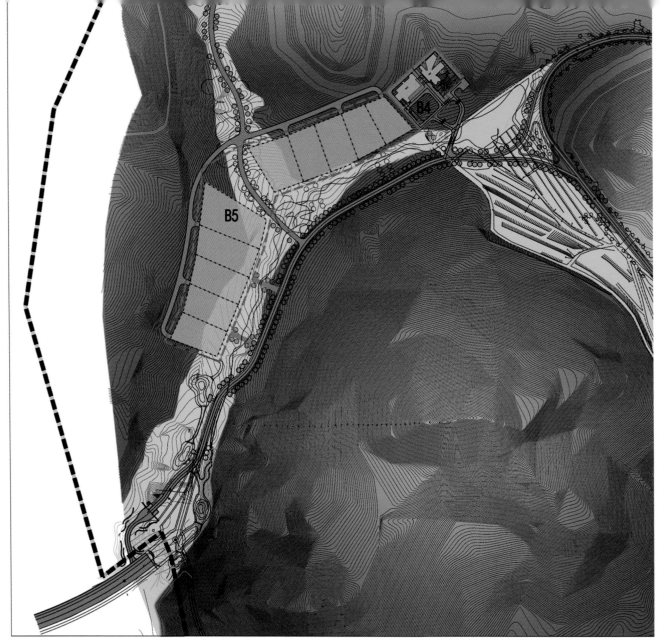

▌区域总平面图

大连葡萄酒庄

设计机构：中科院建筑设计研究院 崔彤工作室
建设地点：大连

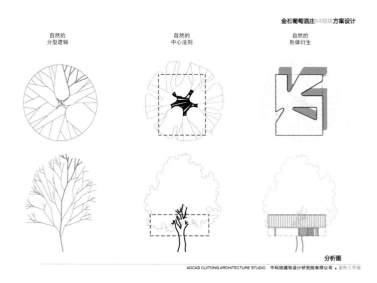

金石葡萄酒庄B4地块方案设计

自然的
分型逻辑

自然的
中心法则

自然的
形体衍生

分析图

ADCAS CUITONG ARCHITECTURE STUDIO　中科院建筑设计研究院有限公司 · 崔彤工作室

▌分析图

本案力求设计一个新型葡萄酒酒庄，使它成为人类悠久酒文化基于未来的一种全新展现。酒庄位于大连金石滩景区，该公司希望新建一个卓越的、拥有突破的新酒庄建筑，与自然风景和传统的业务达成一致。

新酒庄在葡萄园里是一种"谦逊"的存在，同时又能够实现严格的酒庄标准。这个具有挑战性的任务的灵感来源于建筑内部与外部的关系，整个建筑宛如一片飘落的葡萄树树叶，叶脉和叶柄构成建筑的结构，叶片营造出丰富的室内外空间。

上实下虚的设计，使其宛如脱离地球重力，漂浮在空气中的一片葡萄树树叶。优美的曲面和白色的混凝土构成的静谧空间停靠在这里，留住了自然中最美的一刻，让人冥想，又诱人前往。

建筑的所有材料，能源管理，湿度控制，视觉、声学、嗅觉的舒适度都是建筑设计中的重要考虑元素，使得这座优雅的建筑满足酒庄所有的严格标准和条件。

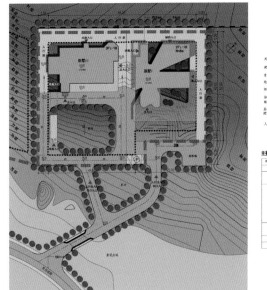

主要经济技术指标:

总平面图

ADCAS CUITONG ARCHITECTURE STUDIO　中科院建筑设计研究院有限公司 • 崔彤工作室

▌总平面图

▌鸟瞰图

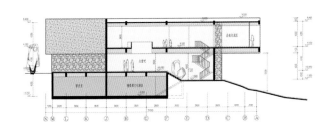
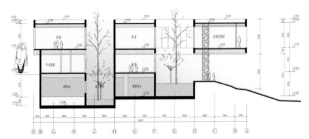

▌剖面图

人视图

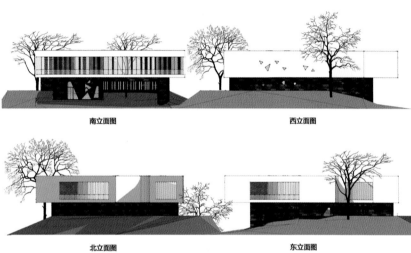

南立面图   西立面图

北立面图   东立面图

立面图

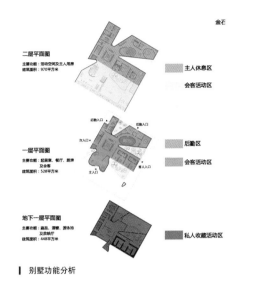

金石

二层平面图
主要功能：活动空间及主人用房
建筑面积：970平方米

主人休息区

会客活动区

一层平面图
主要功能：起居室、餐厅、厨房
及会客
建筑面积：528平方米

后勤区

会客活动区

地下一层平面图
主要功能：藏品、酒窖、游泳池
及放映厅
建筑面积：448平方米

私人收藏活动区

▌别墅功能分析

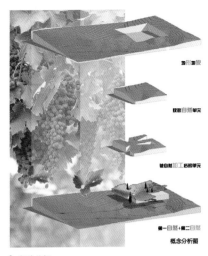

地形景观

获取自然单元

被自然加工后的单元

第一自然+第二自然

概念分析图

▌概念分析

▌入口透视图

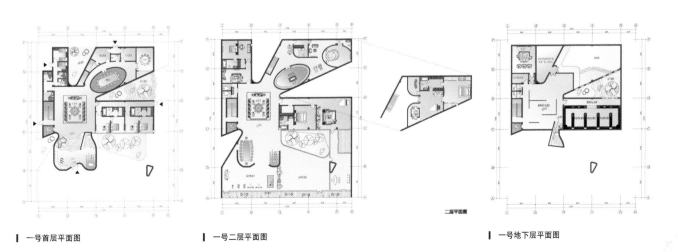

▌一号首层平面图

▌一号二层平面图

▌一号地下层平面图

成都红树湾三期2#商业

设计机构：中科院建筑设计研究院 崔彤工作室

建设地点：中国成都

设计时间：2013年

建设规模：25 000 m²

　　蜀地隽秀山川孕育的层叠地貌生成了建筑的骨骼，展开于滨水的一线江天，高密度的城市肌理中嵌入山水神魂，城市叙事在此变奏。

　　敦厚流畅的体量消解为层叠的片体，片体逐渐衰减为线与点，进而融于灰白的天宇，融于粼粼的波光，融于江上的一阵清风。

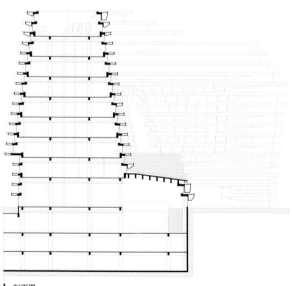

剖面图

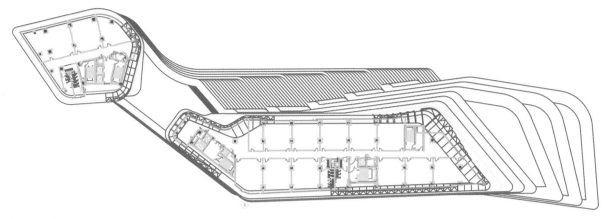

▌四层平面图

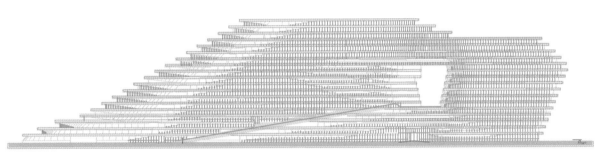

▌立面图

▌屋顶平面图

泰国曼谷中国文化中心

设计团队：崔彤、桂喆、王一钧、吕儇、陈希
设计机构：中科院建筑设计研究院 崔彤工作室
合作单位：Plan Architectco.Ltd
建设地点：泰国曼谷
设计时间：2008年
建成时间：2012年
项目委托：中国外交部
建筑面积：7650 m²

位于泰国曼谷的中国文化中心，由两组建筑单元错动接成"Z"形体块，构成两个外部空间：一个外向型面向社会和民众的广场；一个内向型静谧的中国园林。建筑与外部空间嵌套式的关系使之成为整体。庭院和广场、建筑内部空间的联系，通过内外空间不断地过渡与转化形成具有"东方时空"理念的场所。

文化中心作为一种特殊类型的外交空间，是中国文化传播和中泰文化交流的重要场所，它不可避免地要回答"中国化""泰国化"等问题。尽管"图像式""形式化"的语言是一种常用表征手段，但"标签"终归不能全面回答"中国化"问题，对于在异邦的中国文化中心，首先体现在为活动者提供一个吸引人的、渗透着中国文化的探访空间，它既不应该是强加式的，也不应该是简单复制出来的，而应是在特殊的土壤中被培养出来，并或多或少具有改良的特质，好像是中国的"种子"被移植到异国他乡存活后才显示出的活力。文化中心的建构也同样基于生物学的生存方式，并对当地的气候、环境做出回应，在这一过程中，不可缺少的环节包括生长、适应、改良、变异，正如同佛教进入中国和泰国后被改良为不同的佛教范式。其基因的改变是自我生存机能的调节，以便得到进化和重生，因此文化中心的建构其实在于场所的重构，包含着适应环境、改造环境和表达环境，这一过程伴随着谨慎优选传统文化的基因，在地脉与文脉的培养中，促进一种文化的交融。

建筑外景

建筑室内

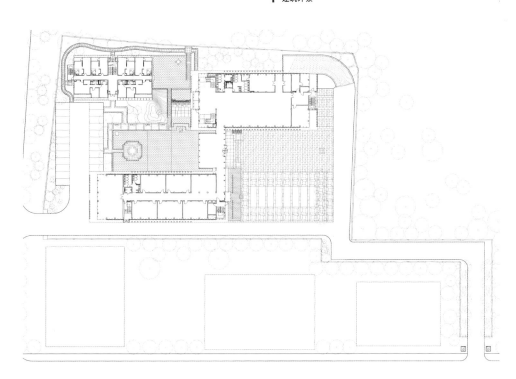

总平面图

建筑形态通过水平密檐寻求中国古典建筑的相关性，正面的中国建筑形态特征体现在水平向的延展，侧面关注垂直向度上的重叠，寻找与泰国寺庙建筑的相关性。而这一形态的根本出发点是对当地湿热气候的回应。

泰国曼谷属低纬度热带气候，特殊环境也孕育了特殊的种群和文化，化为建筑的基本设计架构，防雨、遮阳、通风，其实早已存在于林木之中。我们的设计程序是观察、发现，并选取最具生命特征的自然建构体；设计的方法论源于自然秩序而发展至辉煌的中国木构体系，重新还原给自然，在这个重构空间的过程中，中国式的建构体系在"进化"，仿佛于热带丛林中造物，架构的空灵、悬挑技艺、生长逻辑，在这片温润的地脉中衍生出一股东方的豪劲。

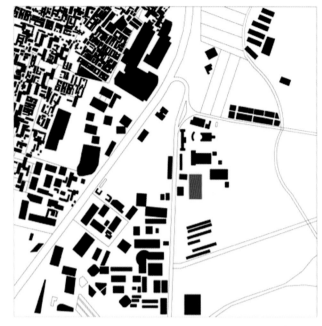
区位图

建筑庭院

建筑外景

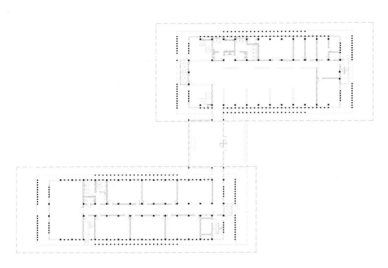

首层平面图

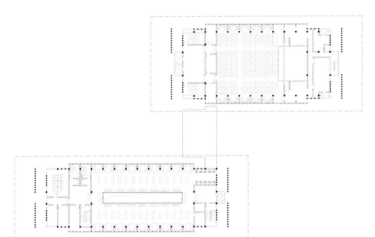

二层平面图

建筑外景

建筑庭院

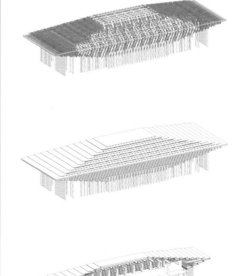

解析模型

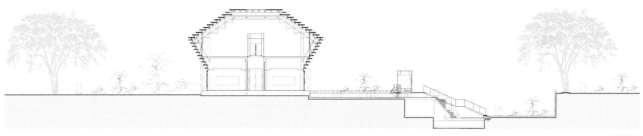

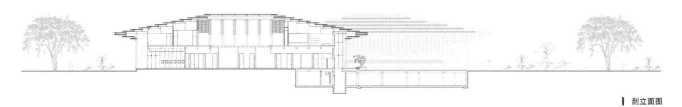

剖面图

剖立面图

南立面图

通辽科尔沁文明之光博物馆

设计机构：中科院建筑设计研究院 崔彤工作室
设计时间：2014年3月
面积：2300 m²

▌文明之光立面

基于科尔沁文明和地域文化的研究，分析地段环境和场所特征，得出建筑所应具有的空间形态。建筑位于线性滨河公园的河弯处，作为博物馆群落的开端，"文明之光"的主题及敏感位置给予建筑一种高度上的统领作用和形态简洁的可能。宛若河水冲刷的卵形平面在汲取了自然能量之后升腾向上汇聚成"类敖包"式的"通天塔"，在这个指摘天地的神圣空间中，地面圣火与顶部日月星空交相辉映；感恩上天的恩泽，寄托无限乡愁。斗转星移，时空穿梭，大漠孤烟，长河落日，天地无垠，同其壮阔。这般向心的、集中的、封闭的圆形空间，提供一个内省的、向往的神秘所在。

圆形厅堂建构源于蒙古包圆形放射状的架构体系和天光逻辑，在传承空间原型和建构体系的过程中，空间尺度的变化并未失去蒙古族圆形空间的信息，相反，它在融汇圆形装配式体系中转化为一种预制模板系统，并形成坚固恒久的混凝土庇护所。

看风云变化，听雷雨轰鸣。文明之光博物馆由一个圆形的大厅空间和一个螺旋式的线性空间叠加而成，礼仪式"城市客厅"在满足各种演艺和文化交流中形成有地域特色的场所精神。

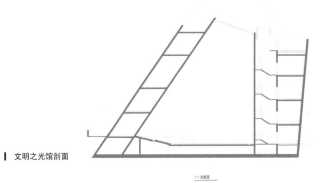

文明之光馆剖面

1-1 剖面图

文明之光馆平面图0标高

标高平面图

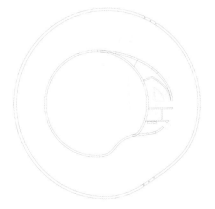

文明之光馆平台层平面图

标高平面图

屋顶平面图

文明之光馆平面图屋顶平面

通辽科尔沁版画博物馆

设计机构：中科院建筑设计研究院 崔彤工作室

设计时间：2014年3月

面积：2800 m²

通辽科尔沁版画博物馆的创作，在功能性与前瞻性并重、蒙古文化与现代技术相融的基础上，传承草原的场所精神。

建筑位于线性滨河公园的河弯处，由河水的自然力量形成建筑弧形轮廓，宛若科尔沁部族的雄鹰、弓箭图腾。"漂浮"于水边的建筑体量诠释了水边亭台的中国古典情怀，同时创造出优良的室外活动空间。集中式的便捷，分散式的环境优雅，被融汇在一个理性的平面中。

建筑整体色彩汲取蒙古草原文化，抽象草原色彩形成红、白、蓝的民族色彩，既依附于本土文化，也记载着蒙古族的历史、信念、理想和审美情趣，表现出一个民族一个时代的地域信仰。

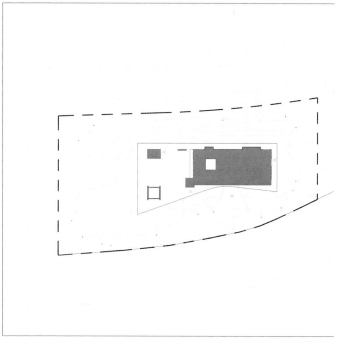

▌总图

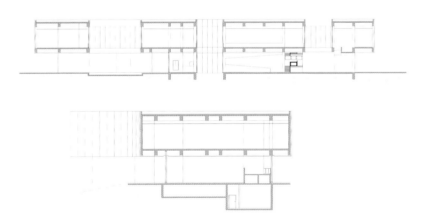

剖面图

立面图

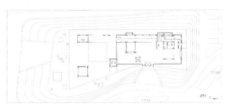

▌ 一层平面

▌ 二层平面

龙美术馆（西岸馆）

主要设计人：大舍、柳亦春、陈屹峰

设计团队：柳亦春、陈屹峰、王龙海、王伟实、伍正辉、王雪培、陈鹍

结构与机电工程师：同济大学建筑设计研究院（集团）有限公司

结构与机电设计小组：巢斯、张准、邵晓健、邵喆、张颖、石优、李伟江、匡星煜、周致励

照明设计：上海光语照明设计有限公司

建设地点：上海徐汇区龙腾大道3398号

设计时间：2011年11月—2012年7月

竣工时间：2014年3月

建筑面积：33 007 m²

占地面积：19 337 m²

摄影作者：苏圣亮

▌主入口处

▌总平面图

龙美术馆西岸馆位于上海市徐汇区的黄浦江滨，基地以前是运煤的码头，设计开始时，现场有一列被保留的20世纪50年代所建的大约长110 m、宽10 m、高8 m的煤料斗卸载桥和两年前已施工完成的两层地下停车库。

新的设计采用独立墙体的"伞拱"悬挑结构，呈自由状布局的剪力墙插入原有地下室，与原有框架结构柱浇筑在一起，地下一层的原车库空间由于剪力墙体的介入转换为展览空间，地面以上的空间由于"伞拱"在不同方向的相对联接形成了多重的意义指向。机电系统都被整合在"伞拱"结构的空腔里，地面以上的"伞拱"覆盖空间，墙体和天花板均为清水混凝土板，它们的几何分界位置也变得模糊。这样的结构性空间，在形态上不仅对人的身体形成庇护感，亦与保留的江边码头的煤料斗产生视觉呼应。建筑的内部空间也得以呈现一种原始的野性魅力，而有着调节大小的空间尺度以及留有模板拼缝和螺栓孔的清水混凝土表面又会带来一种现实感。这种"直白"式的结构、材料、空间所形成的直接性与朴素性，加上大尺度出挑所产生的力量感或轻盈感，使整个建筑与原有场地的工业特质间取得一种时间与空间的接续关系。

地面以上的清水混凝土"伞拱"下的流动展览空间和地下一层传统"白盒子"式的展览空间由一个呈螺旋回转、层层跌落的阶梯空间联接，既原始又现实的空间和古代、近代、现代直到当代艺术一起展览陈列，这种并置的张力，呈现出一种具有时间性的展览空间。

通往美术馆的通道

一层平面图

一层当代艺术展区

二层平面图

地下二层平面图

地下一层平面图

地下一层当代艺术展区

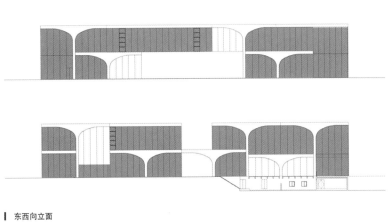

东西向立面

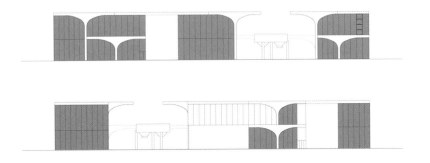

南北向立面

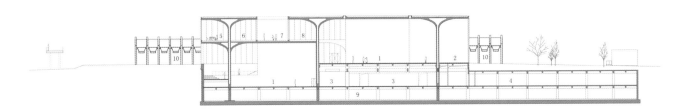

东南-西北 剖面图

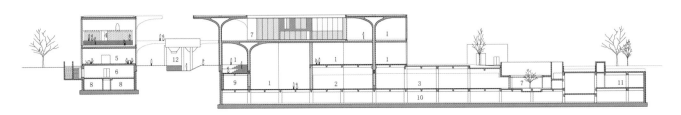

西南-东北 剖面图

诚盈中心

设计团队：罗劲、张晓亮、高山
设计机构：艾迪尔公司
项目类型：售楼处兼办公
项目地址：北京市朝阳区来广营西路
建筑面积：1000 m²
竣工时间：2013年7月
摄影作者：高寒

诚盈中心·外立面1

诚盈中心·外立面2

　　诚盈中心是集售楼和办公为一体的综合类项目。艾迪尔提供了从建筑到室内的整体设计服务。用地是一个等腰直角三角形，建筑在沿主干道退红线后完整地反映了这一地段特征。办公售楼中心由两层组成，一层为销售展示区及洽谈会议区，二层为内部办公区。

　　建筑主体采用体块削切、虚实对比的造型手法，其外观如一条不规则的连续框筒沿三角形路径立体交错搭建连接在一起，并通过首层玻璃幕墙及两个锐角的悬挑削切，配以贴近底部的浅水景观处理，呈现了强烈的悬浮感，给人带来鲜明突出的视觉冲击力。

　　建筑采用了双层皮幕墙系统，内侧为玻璃幕墙，外侧为铁锈色立体镂空铝单挂板。我们根据镂空图形的大小设计了三种规格模数，每一个镂空图形单元均有一边向外折出，形成了强烈的立体观感。这种虚实相间的双皮幕墙不仅带来了鲜明的外观特征，而且将直射的阳光过滤，创造形成了斑驳变化的室内光影效果。

　　我们将建筑造型语言延伸到了室内空间。进入室内，首层为一处开敞挑高的接待大厅，自然光透过顶部天窗引入室内，使得建筑内外相融，渲染了洁白素净的室内空间氛围。视线尽端的三角形建筑形体连同铁锈色挂板皮肤通过天窗直接穿入室内，由一处轻盈的连桥同二层主体连接起来。我们通过对首层空间的合理分割，在大厅内部分别设置了展示区、开放洽谈区、VIP洽谈区和签约室等，形成了各具特点的不同功能区域。从室内向外看，窗外的景观被镂空挂板重构成了新颖多变的取景框，也形成了新的半透的肌理屏风，给室内带来了丰富的视觉体验。二层空间主要设置为内部办公区和会议区，开放办公区通透敞亮，三角形会议室独具良好的景观视野，透过双皮幕墙的采光形成了丰富的室内光感效果。

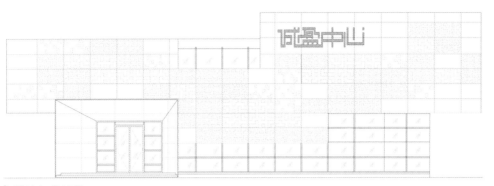

诚盈中心·南立面图

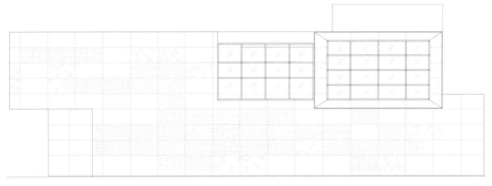

诚盈中心·西立面图

诚盈中心·沙盘展示区

诚盈中心·洽谈区

诚盈中心·二层空间

┃ 诚盈中心·一层平面图

┃ 诚盈中心·二层平面图

开心麻花办公总部

设计团队：罗劲、张晓亮

设计机构：艾迪尔公司

项目类型：办公建筑（老建筑改造）

项目地址：北京市西城区车公庄大街4号新华1949文化
设计创意园区

建筑面积：2500 m²

竣工时间：2012年9月

摄影作者：高寒

本案例为老建筑改造项目，位于北京市西城区新华1949文化设计创意园区5号、6号库老厂房内。使用建设方是以开心麻花文化发展公司为主体的西城原创音乐剧基地。"开心麻花"舞台话剧，代表了主流观众年轻、时尚、潮流前沿的娱乐精神和生活态度。独具深厚人文气息的空间环境和充满蓬勃朝气的年轻使用者之间，是一场生动、鲜活的碰撞，是一场注定会有惊喜的相逢。

使用方希望充分利用两栋厂房，通过合理设计，规划出满足70人左右的办公空间、容纳350人左右的小剧场、售票区域以及新剧发布、聚会等活动的公共共享空间。不同功能空间之间要整体、连贯，便于使用。

整个设计过程中包含了对老建筑历史的尊重、对新旧建筑协调性的考量以及对主题性多义室内空间的探索。

建于40年代的老厂房为砖混结构，外观为红砖墙面，高大、素朴。强烈的建筑历史存在感，促使我们准确而迅速地形成了设计思路：南侧厂房作为办公场所，北侧厂房设置为剧场，两栋厂房中间加建一处新建筑作为共享支持空间。

位于两栋旧厂房中间的新建筑，采用和厂房相同的尖顶造型和10 m的一致高度，通过钢锈板材质的带状造型将两栋旧建筑连接起来，优雅对称而个性鲜明。加建空间作为整体建筑组合的核心，通过一处连桥穿过水面进入室内，有一种静谧的仪式感。新建筑内部为一白色调的二层空间，分别连接办公室和剧场，可作为售票、等候、新剧发布和聚会等活动区域，独立而整体。

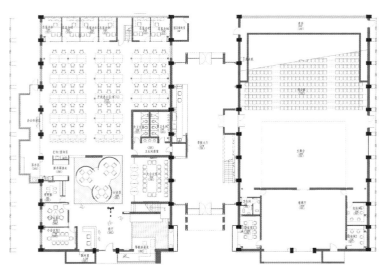

开心麻花办公总部·一层平面图

开心麻花办公总部·外立面

南侧厂房的办公空间内，延续钢木组合桁架的形式和色彩作为设计主旋律搭建了二层空间，穿过斑驳红砖墙后的楼梯可上至二层。屋顶新开放的天窗将阳光引入室内，阳光下入口前厅处种植了一颗巨大榕树，树荫下设置了三处半开放洽谈空间，由经过特殊处理的纸板材料构筑而成的半圆屏风可自由滑动围合，保证了一定的私密性。这种自然、延续、立体的空间处理手法使整个办公空间个性鲜明、舒适。

借助适宜的空间尺度，我们在北侧厂房轻松地设置了一处可容纳350人左右的小剧场，马道、排练厅、监控室、化妆间一应俱全。

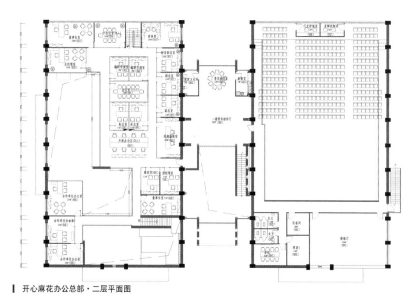

开心麻花办公总部·二层平面图

开心麻花办公总部·前厅

开心麻花办公总部·等候区

开心麻花办公总部·会议室

开心麻花办公总部·开放办公区

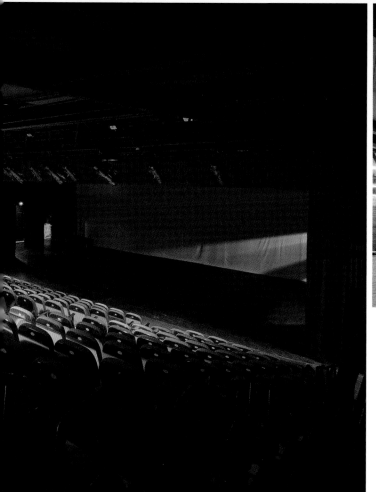

中央音乐学院附中校园综合改造

主要设计人：白林、李晨、刘茜、张秀梅、刘一
设计机构：北京白林建筑设计咨询有限公司
建设地点：北京市丰台区
设计时间：2011年11月
竣工时间：2013年2月

┃ 中央音乐学院附中·校门口竣工照片

中央音乐学院附中成立于20世纪50年代。随着时代的发展变迁及学校各项工作的发展完善，校园环境不能满足需求，需综合改造校园形象及艺术氛围。

设计理念：建筑是凝固的音乐，音乐是流动的建筑。理性简洁的线条与大门和谐共生，协调统一。

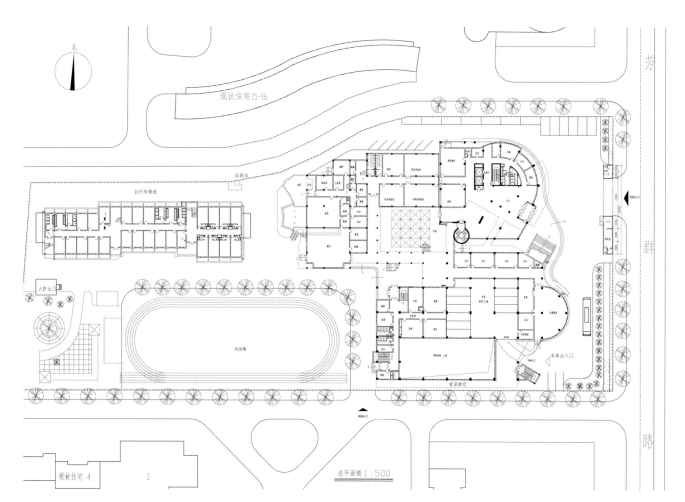

中央音乐学院附中·总平面图

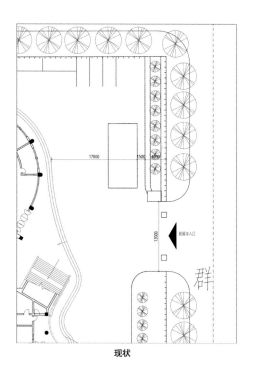

现状

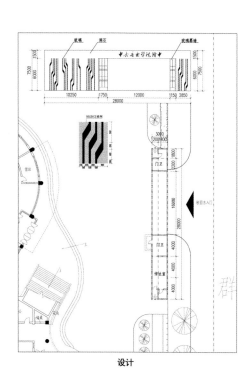

设计

中央音乐学院附中·校门平立面图

中央音乐学院附中·音乐厅入口方案

中央音乐学院附中·中庭设计方案一

中央音乐学院附中·主教与音乐厅入口方案一

中央音乐学院附中·主楼大厅方案

苏州滨湖新城规划展示馆

主要设计人：张应鹏、黄志强、王凡、马嘉伟、陆泓成、
　　　　　　邓宏峰、苗平洲、朱欢欢、薛青、赵金刚、
　　　　　　徐金霞

设计机构：九城都市建筑设计有限公司

建设地点：江苏省苏州市吴中县

设计时间：2012年3月

竣工时间：2012年12月

建筑面积：7079.12 m²

摄影作者：姚力

武汉华侨城运动生活中心

主要设计人：于雷、陆坪、王凡、黄志强、
　　　　　　李红星
设计机构：九城都市建筑设计有限公司
建设地点：湖北省武汉市
设计时间：2011年5月
竣工时间：2013年3月
建筑面积：14 636.9 m²
摄影作者：姚力

▌武汉华侨城运动生活中心·沿运动中心东侧道路看整个建筑

▌武汉华侨城运动生活中心·鸟瞰

武汉华侨城运动生活中心·沿北侧道路看运动中心

武汉华侨城运动生活中心·从入口门厅屋顶看运动中心内庭院

武汉华侨城运动生活中心·内庭院

▌武汉华侨城运动生活中心·售楼模型展示大厅

▌武汉华侨城运动生活中心·二层室外平台

▌武汉华侨城运动生活中心·售楼洽谈处下沉庭院

武汉华侨城运动生活中心·洽谈夜景 ▌武汉华侨城运动生活中心·沿北侧道路看运动中心

▌武汉华侨城运动生活中心·入口透视

北京服装学院媒体实验室

项目建筑师：车飞、章雪峰

设计团队：赵超、高聪、司金辉、David Machuca

设计机构：北京超城建筑设计有限公司

项目类别：建筑内部改造设计

项目功能：报告厅，T型台秀场，小型话剧表演厅，动作
　　　　　捕捉及摄影试验室，工作坊，展厅等

建设地点：北京

设计时间：2013年

竣工时间：2014年

建筑面积：约320 m²

摄影作者：陈大公

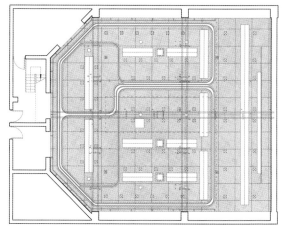

▌北京服装学院媒体实验室·悬挂系统平面图

　　动空间是为北京服装学院媒体实验室所做的建筑内部改造设计，原空间位于北京服装学院教学综合楼内，长期作为服装表演厅来使用。自2013年起，这个空间被重新规划为北京市重点实验室——北京服装学院媒体实验室来使用。基于建筑学的立场，创造一个媒体建筑空间而非关于媒体的建筑空间，成为该设计在满足基本功能之外的主要目标。这样，这个目标被具体化为一个实时的、内容可控转变的、在场与不在场的透明空间。为了获得这样一个空间，一个综合性的技术顶棚被设计出来，它作为实现以上目标的交互性平台而被悬挂在6 m左右的空中。为了实现该空间的多重功能的使用及最大可能的专业性，一整套极其复杂的技术方案被整合在一起。其中包括：可实现最多功能组织的悬挂式移动幕墙系统、为实现最佳声学效果的中频混响1.2秒的声学处理，可升降调节的专业舞台灯光系统设计、钢结构转换层与结构加固，以及空调、新风系统等。其中，悬挂式移动幕墙，由长短不一、材质各异的五块幕墙构成，幕墙长短的不同在最多4道悬轨上运行，组成了无限多的空间形态与功能；不同的材质：透明的、半透明的、透声的、不透声的、可投影的等在相互叠加时最多可形成内置空气层的拥有4层幕墙的构造，借助于计算机编程算法，可以获得多达9种固定的空间形态，以及构造物理性特征支持的专业空间，其功能可以满足不同课程、试验、展览与活动的交替、变换和有限程度的同时使用。这些内容，最终被整合在一个复杂的悬挂系统之中，并被一个平面吊顶所覆盖。在这个集各种功能于一身的交互性平面的下方，室内空间获得了绝对的纯粹与简洁。如同一本杂志，当你打开它时，其内容瞬间迸发而出；当你合上它时，它又瞬间归于平静。媒体建筑空间形态的理解与使用取决于其读者。北京服装学院媒体实验室是建筑史上第一个真正具有空间互文性的建筑，它的实践宣布了媒体建筑的诞生。

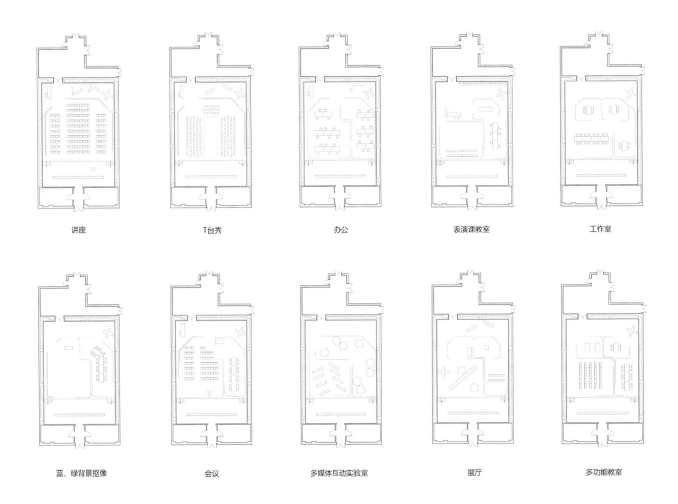

| 讲座 | T台秀 | 办公 | 表演课教室 | 工作室 |

| 蓝、绿背景抠像 | 会议 | 多媒体互动实验室 | 展厅 | 多功能教室 |

北京服装学院媒体实验室·家具布置平面图

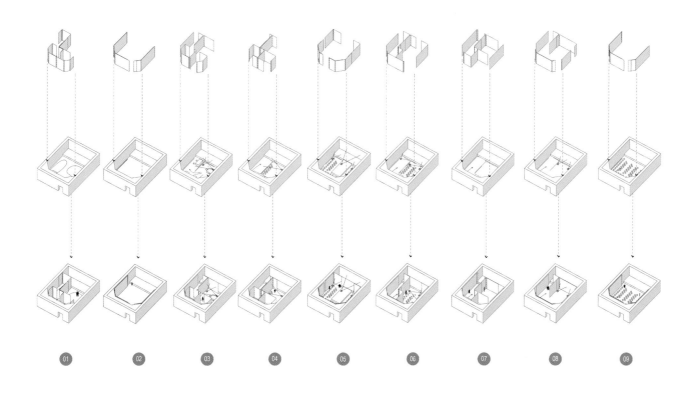

01 02 03 04 05 06 07 08 09

▋ 北京服装学院媒体实验室·轴侧

贵阳讯鸟云计算办公楼

设计机构：上海马达思班建筑设计事务所
设计时间：2014年
建筑面积：45 624 m²

　　本项目位于贵阳市南明区龙洞堡新城，其中包括一期办公5层、二期办公8层、二期商业4层。一期办公地上部分包括接待大堂、对外会议室、办公室、开敞办公区、会议室和员工休息区等公共交流与活动空间，一期办公地下为专用设备机房、员工餐厅、设备用房及地下停车库。二期商业为会所性质，其中包括报告厅、咖啡吧及健身房等。二期办公和二期商业地下为设备用房及车库。本项目是贵阳地标性高新科技产业办公楼。

　　讯鸟云计算办公楼是贵州第一家中关村科技园企业，秉承以人为本、绿色生态建筑的理念，使建筑既能突出自己的个性特点，同时又能与周围建筑群体在总体风格上协调有序。立面设计考虑使用不同密度的白色点阵彩釉玻璃来使图案更加丰富。主立面面向中庭和河道景观，西北立面及东南立面都具有很好的视觉观赏性，可以更好地展示企业的形象。一期办公与二期办公两端立面采用全透明中空玻璃使形体更加通透。形体上钻石切割与平整的侧面形成鲜明对

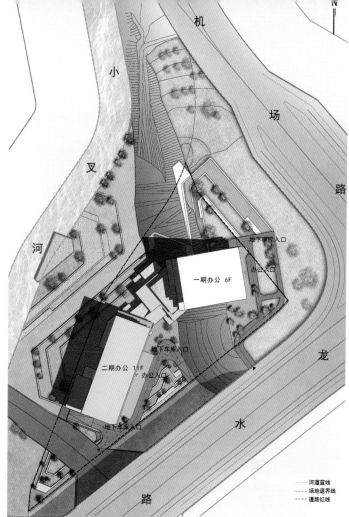

■ 贵阳讯鸟云计算办公楼·总平面图

比，更加突出了现代、简洁、实用，符合云计算的概念，也符合设计概念"ROCK"；符合科技产业办公建筑的要求，更好地向城市主干道展示企业形象。

　　建筑群体顺应基地形状呈三角形布局，两栋办公楼东临城市快速路机场路，南侧为龙水路，面向小叉河沿河布置景观。一期办公与二期办公利用坡地的地势高低相对。二期商业沿河长条形布置，既拥有完整的景观又与办公楼围合出相对亲切的内部庭院。一条由建筑内部公共楼梯、室外景观楼梯、室外景观步道组成的"环带"

贯穿于建筑与场地之间，将三者紧密地联系在了一起，并创造了更多的公共空间，使之成为设计的亮点。

景观空间介于自然与人工所形成的特殊空间之间。建筑设计在两个标高的台地之上，给景观的设计带来极大的挑战和无限的机遇。我为了更好地利用不同的标高空间，更自然便捷的实现建筑空间的到达性，设计了连接不同建筑、景观的"云"梯概念。从空间、标高、企业文化、集成体验等方面将建筑与景观空间有机地结合起来，形成丰富的景观层次和怡人悦人的高尚品质。"云"梯将各个景观区域有机地衔接在一起，使各区域在功能上相互补充，更在空间过渡上使得建筑内外的景观互相渗透，形成自然的过渡，引导行人更充分地体验建筑空间；使在各个空间的人的状态延伸到同一空间带中，作为景观、建筑构筑物、艺术装置、不同标高的观景平台，作为更好更具未来感的空间体验带，同企业文化一起引领"云"端。

北京人文艺术中心

项目建筑师: 车飞、章雪峰

设计团队: 司金辉、David Machuca、王聪聪

设计机构: 北京超城建筑设计有限公司

项目类别: 四合院改造设计

项目功能: 展厅、会议、咖啡、商业、办公

建设地点: 北京

设计时间: 2014年

建筑面积: 约2500 m²

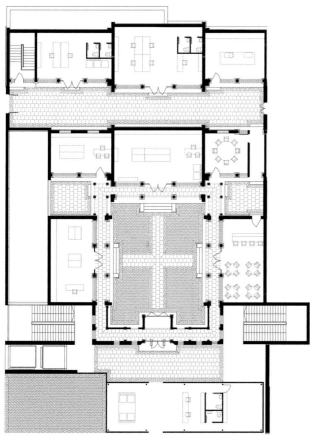

▌北京人文艺术中心·一层平面图

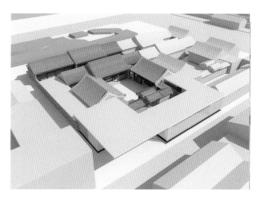

▌北京人文艺术中心·鸟瞰

北京人文艺术中心·白天

4-4' 剖面图

5-5' 剖面图

北京人文艺术中心位于老北京城北部，临近雍和宫。这里是一片完整的北京传统四合院建筑区。北京人文艺术中心占地面积不大，主体由一套标准的三进院构成。现有建筑地面以上部分，是近年在原址上按照旧建筑重建而成的，地下部分则是新建的。北京人文艺术中心则是在现有建筑的基础上，进行改造以适应新的功能。该项目最大的挑战是如何在保护现有四合院建筑形态的基础上，将一个十分封闭、内向的传统居住建筑转变为一个开放的积极面对外部世界的公共空间。新方案在保留原有四合院空间格局的基础上，重新设计流线与功能

北京人文艺术中心·剖面图

北京人文艺术中心·夜景

北京人文艺术中心·正门

组织，提高空间的使用效率，将地上与地下空间既紧密又区别地组织在一起。地上部分，将原有封闭的倒座与入口重新设计，在保持原有街道尺度的基础上，转变为一个充满自信的透明开放空间，将街道的风景与内庭园的空间联系在一起，不论是白天与黑夜，这里都将成为一个积极开放的城市空间，为街道生活注入活力。入口处向外出挑的房檐，为胡同街道提供了一个遮风避雨的友好空间，既服务于外来的参观人群，也在不同时段服务于本地居民。这个谦逊的高品质空间，不仅有助于创造与传播高尚文化，也有助于促成良好的邻里生活。

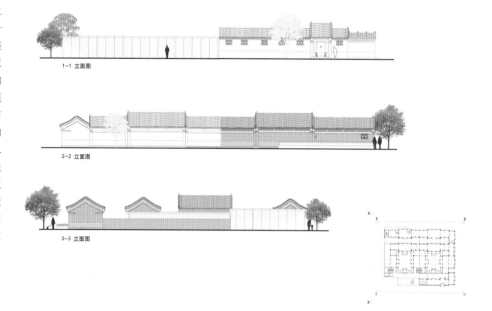

北京人文艺术中心·立面图

北京人文艺术中心·室内效果图

南京南站南广场

设计机构：上海马达思班建筑设计事务所
设计时间：2014年
建筑面积：66 706.8 m²

　　该项目位置位于南京南北轴线的延伸段上，沿此轴线段分布着江苏电视塔、紫峰大厦、新街口商贸大厦、招商局金融中心、中华门城堡等南京各个时代的标志性项目，将成为南京市重要的标志性项目。

　　本项目从南京的地质文化、古都情结及新城精神进行思考，体现出特属于南京的"幽园叠石·都市盆景"的设计理念。

地景建筑没有绝对的地上地下、塔楼裙房，建筑师试图把地表元素纵向植入，建筑群被赋予了新的形势，溶解了边界，形成新的人工自然视觉体系。

从南站站台到秦淮新河的视觉景观轴是南站地区中轴线上人流活动的主要空间，充分考虑与中轴景观的丰富对接，形成中轴景观"看""被看"的相互联系；从南站看南广场，宛如浓缩的自然盆景，集中塑造现代都市与自然环境的融合，体现城市客厅"立体的面"和"无声的诗"的意境塑造；从中轴休闲绿地看广场，立面以最洗练的几何造型、纯净的处理，将材料、色彩、空间融合起来，营造大气恢弘的感觉。

南站前方的江南园林，未来的城市客厅，叠石的形态，模糊了地上地下、室内室外的边界，溶解建筑体量，创造地景建筑多变的形体与微气候设计结合，配以三维绿化和瀑布水景，制造宜人室内外空间，体现绿色生态理念。

中央天井形成烟囱的拔风效应，为大堂以及上部的办公带来良好的微气候环境。

通过盆景及山水画的意向，运用"盆松园"及"古梅园"两个主题，设置有树丛溪流、可游可赏的小尺度庭院。设计通过层叠的人工片岩堆叠成自然的假山组石，形成凝固的山水意向。

主广场的空间布局结合地上地下的动与静态人流活动，最大化主力店的商业利益，也为游人带来有趣、缤纷的娱乐休闲空间。东塔楼商业广场，通过高山流水意境将艺术性人造"流水"从塔楼引入下沉广场中，使地上地下边界模糊化，从意念上连接上下商业。

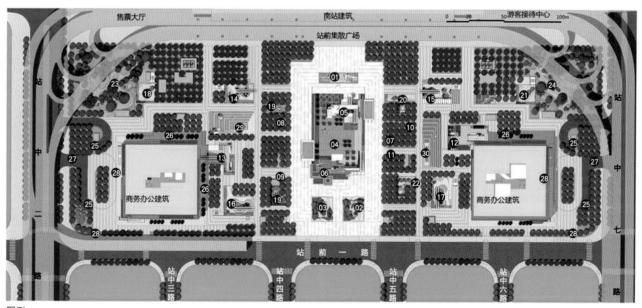

图例：
① 前庭（山水影壁） ② 盆景式山水后院（盆松园） ③ 盆景式山水后院（古梅园） ④ 云水厅 ⑤ 石阶云梯 ⑥ 飞瀑玉帘 ⑦ 树阵广场 ⑧ 梅香 ⑨ 听泉 ⑩ 樱艳 ⑪ 栖风 ⑫ 高水流水（堂）
⑬ 梅花三弄（堂） ⑭ 流云（天井） ⑮ 水木（天井） ⑯ 听雨（天井） ⑰ 清风（天井） ⑱ 白梅苑 ⑲ 芭蕉苑 ⑳ 霜红苑 ㉑ 紫竹苑 ㉒ 清莲苑 ㉓ 桃源 ㉔ 竹园 ㉕ 地库出入口 ㉖ 商业前广场
㉗ 车行出入口 ㉘ 办公出入口 ㉙ 起云台 ㉚ 印月台

▍南京南站南广场·总平面图

保利·珠宝展厅

建筑师：陶磊

项目合伙人：康伯州

建设地点：北京

竣工时间：2014年8月

项目委托：北京保利国际拍卖有限公司

面积：150 m²

摄影作者：陶磊建筑事务所

保利珠宝展厅设计旨在环境风格上表达出与众不同的自然与人文气息，再从自然形态中吸取灵感，创造出时尚与先锋的艺术氛围。在空间的布局上创造性地利用连贯的非线性内衬，退让出展示与服务性空间。两种空间互为内外，里应外合，形成了一个多变的极简空间，同时满足了对自然光线和人工光源的不同需求。作品在选材上，为了营造出更具人文特色的珠宝展示效果，主体选用了纯实木为建造主体，希望将原始森林的气息带入现代都市，同时镶嵌少量的金属与透明亚克力，这不仅是构造的需要，也是为了与珠宝的工艺取得一种默契。

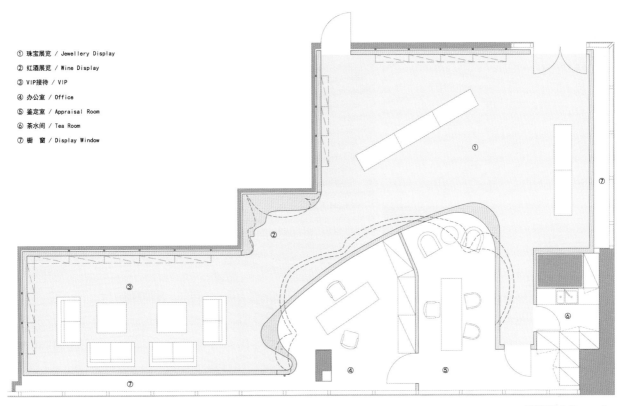

① 珠宝展览 / Jewellery Display
② 红酒展览 / Wine Display
③ VIP接待 / VIP
④ 办公室 / Office
⑤ 鉴定室 / Appraisal Room
⑥ 茶水间 / Tea Room
⑦ 橱　窗 / Display Window

平面图 / Floor plan

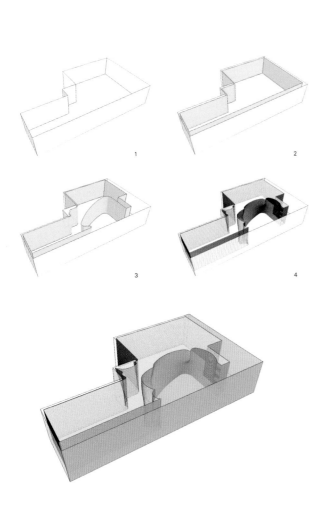

1

2

3

4

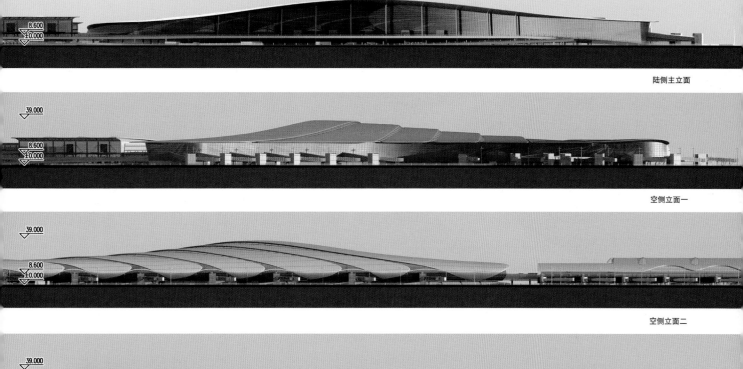

39.000
8.600
±0.000

陆侧主立面

39.000
8.600
±0.000

空侧立面一

39.000
8.600
±0.000

空侧立面二

39.000
8.600 13.600
±0.000 4.300
-6.000

剖面图

▌ 长春龙嘉国际机场T2航站楼·剖面图、立面图

长春龙嘉国际机场T2航站楼

设计指导：**姚会来（建筑师）**

设计团队：**张妍、姜峰、齐俊杰、张春霞、李倬、徐俊杰**

设计机构：**中国民航机场建设集团公司规划设计总院**

项目负责人：**李杨（建筑师）**

建设地点：**吉林省长春市**

设计时间：**2013年11月**

建筑面积：**120 000 m²**

占地面积：**55 000 m²**

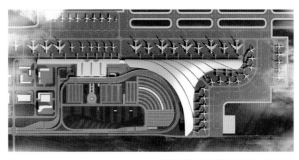

▌ 长春龙嘉国际机场T2航站楼·总平面图

设计概况

随着时代的发展，民用机场航站楼建筑设计越来越多地得到了社会各界的普遍关注。2013年，长春龙嘉国际机场面向全球开展了T2航站楼建筑方案设计招标。本项目中标方案提出了航站楼建筑功能与形式有机融合的设计观点，在构型规划、功能流程、建筑造型等方面全方位地诠释了长春机场T2航站楼的功能需求、运行方式以及形象特征，既满足了使用功能，又使得建筑风格与地域性文化完美结合。

总体构型规划

本方案航站楼构型规划分别从空侧运行、机位数量、持续发展、陆侧交通、土地利用等各方面综合考虑，既可以提高近机位比例，又可以保证机场陆侧与空侧的顺畅运行。

建筑功能布局

本方案航站楼设计为两层半式：二层为旅客出发层，包含值机大厅、安检区、候机厅、两舱候机区及中心商业区；局部下夹层主要为到港通道；一层主要为旅客到达层，包含迎客厅、行李提取区、行李分拣区、远机位候机区、贵宾区及办公设备用房等。

建筑造型

近些年以来，社会各界对于航站楼建筑造型美学问题不断地提出新的需求，设计方案需要积极面对这个问题。本方案建筑造型设

长春龙嘉国际机场T2航站楼·鸟瞰图

计是感性与理性综合选择的结果，也是形象与功能、形象与环境相互融合的结果。长春是中国四大园林城市之一，吉林省拥有得天独厚的旅游资源，雄奇的长白山、美丽的松花湖……而白山松水之间翩翩起舞的白鹤则更具有姿态优美、性情高雅的独特属性。综合分析这些地域特征，航站楼造型设计提出了"鹤舞云天"的思想主题，为这座现代化航空港建筑赋予了别具一格的美好寓意。

本方案建筑造型设计采用抽象化的处理手法展现出简洁舒展的建筑形象，这种感觉可以类比优雅的白鹤展开羽翼飞舞在云天之间。航站楼自由流畅的形体自然而然地舒展开来，在有限的建筑体量之中展现出现代化航空港大气磅礴的时代特色和积极向上的精神风貌，同时也含蓄地体现出吉林省别具一格的地域性文化特征。

航站楼室内空间简洁流畅，为旅客提供了舒适优美的空港环境。二层大厅以及候机区设置了天井，分别与一层及夹层相连接，在满足功能的前提下营造灵动性的空港空间。从屋顶天窗倾泻而来的自然光犹如经过羽翼的透射，无形的光线与有形的建筑形体共同营造出了富有浪漫诗意的空港空间。

T2航站楼结构采用预应力钢筋混凝土结构和钢网架结构相结合形式，这种结构体系属于成熟的建筑技术，在施工技术和建筑造价方面都可以实现最优成本，在这里，建筑的形式美与结构美形成和谐的统一体。

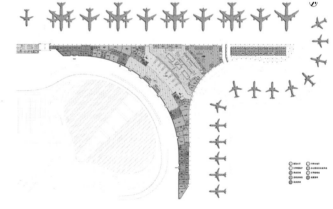

长春龙嘉国际机场T2航站楼·一层平面图

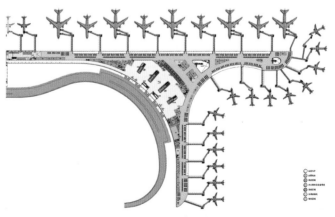

长春龙嘉国际机场T2航站楼·二层平面图

■ 长春龙嘉国际机场T2
航站楼·陆侧效果图1

■ 长春龙嘉国际机场T2
航站楼·陆侧效果图2

■ 长春龙嘉国际机场T2
航站楼·航站楼出发大
厅效果图1

■ 长春龙嘉国际机场T2
航站楼·航站楼候机大
厅效果图2

南方科技大学图书馆

设计总负责：孟岩

项目总经理：张长文

技术总监：姚殿斌

项目负责人：林怡琳、苏爱迪

建筑设计：黄志毅、王俊、朱伶俐、谢盛奋、李嘉嘉、
　　　　　陈兰生

室内设计：王辉、刘爽、李图、吴锦彬

设计机构：Urbanus都市实践（www.urbanus.com.cn）

建设地点：深圳市南山区西丽镇

设计时间：2010年—2012年

竣工时间：2011年—2013年

项目委托：深圳市建筑工务署
　　　　　南方科技大学建设办公室

建筑面积：10 727.8 m²

占地面积：8627.9 m²

施工图合作：深圳市建筑科学研究院有限公司

摄影作者：陈冠宏（http://www.reappaer.com）

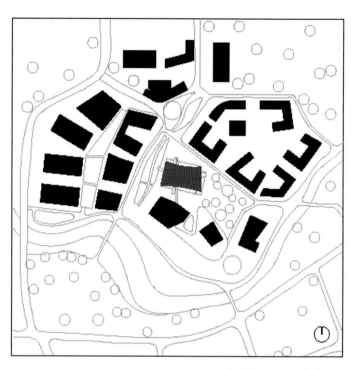

▌南方科技大学图书馆·位置图

▌南方科技大学图书馆·外观效果图

当书不再是唯一的知识传播载体的情况下，图书馆的意义也在发生改变。我们在满足图书馆传统功能要求的同时，力图挖掘图书馆与当代社会特征紧密关联的公共性。

图书馆位于校区中心，略微内凹的弧形轮廓，对环境形成谦逊的姿态。师生每日往返于教学区与生活区时，会从不同方向途经此地。顺应这种动线，生成了穿越建筑的十字形游廊系统。以期像传统的岭南骑楼一样，既能适应深圳的炎热多雨，又能吸引人走进去参与空间活动。主入口门厅、学术报告厅、社团活动室和书吧等公共功能区被有意安排在南北向通廊的两侧。二层游廊自西向东途经书吧、天井、多功能厅、竹园、阅览区、半室外台地，最终到达东面的百树园。流线交叉给人们的日常穿越带来相遇和交流，停留、阅览和参与学术自然成为生活的一部分，使实体图书馆有机会比虚拟阅读更鲜活有趣。顶层是供开架阅览使用的近3800 m²的开敞式大空间。为便于模数化的藏书区和阅览区日后互换，整层结构板均按藏书区荷载来设计，柱跨统一为8400 mm×10800 mm。

图书馆外墙意图使用GRC（即玻璃纤维增强混凝土），在综合考虑了立面尺度、结构承载力、可加工的构造尺寸、当地遮阳需求等因素后，GRC单元格被设计为尺寸1800 mm×675 mm×400 mm的轻质高强的空心模块，中间填充保温隔热材料，

▌南方科技大学图书馆·半单元式铝板幕墙

南方科技大学图书馆·南科大规划投标（绿色群岛）

南方科技大学图书馆·室外通道

南方科技大学图书馆·内庭竹院

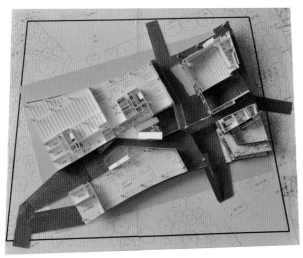

南方科技大学图书馆·游廊概念模型

经脱模养护而成。由于种种原因，甲方在施工前要求将这些材料更换为传统材料。最后实施的是银灰色半单元式铝制模块错缝拼装。铝制模块集防水保温自遮阳于一体，延续了原尺寸和拼装方式。与外墙不同，十字形游廊选用了橘色高强度水泥纤维板作为天花板和墙面装饰材料。橘色主题从室外公共空间延续至室内的公共区，将人们自然地从游廊引入到建筑中来。

南方科技大学图书馆·北立面

南方科技大学图书馆·南北向游廊 ▮ 南方科技大学图书馆·内庭竹院

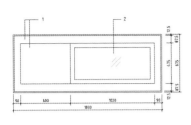

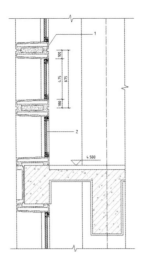

典型GRC预制块外墙详图 1:25
Typical GRC Precast Block

1.玻璃纤维强化水泥预制块
2.低辐射中空玻璃窗

1.GRC Precast Block
2.IGU Window

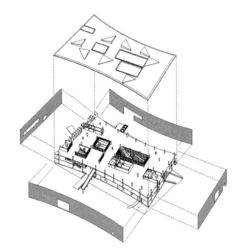

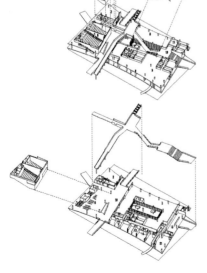

南方科技大学图书馆·南立面入口

南方科技大学图书馆·轴测分解图 　　南方科技大学图书馆·西立面

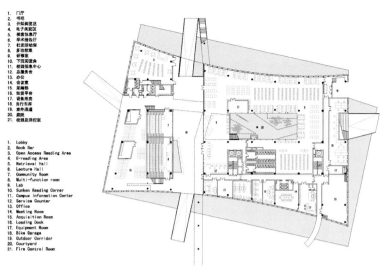

1. 门厅
2. 书吧
3. 开架阅览区
4. 电子阅览区
5. 检索休息厅
6. 学术报告厅
7. 社团活动室
8. 多功能室
9. 研修室
10. 下沉阅读角
11. 校园信息中心
12. 总服务台
13. 办公
14. 会议室
15. 采编部
16. 卸货平台
17. 设备用房
18. 自行车库
19. 室外通道
20. 庭院
21. 校园总调控室

1. Lobby
2. Book Bar
3. Open Access Reading Area
4. E-reading Area
5. Retrieval Hall
6. Lecture Hall
7. Community Room
8. Multi-function room
9. Lab
10. Sunken Reading Corner
11. Campus Information Center
12. Service Counter
13. Office
14. Meeting Room
15. Acquisition Room
16. Loading Dock
17. Equipment Room
18. Bike Garage
19. Outdoor Corridor
20. Courtyard
21. Fire Control Room

▎南方科技大学图书馆·一层平面图　　　1st Floor

▎南方科技大学图书馆·室外通道

▎南方科技大学图书馆·楼梯

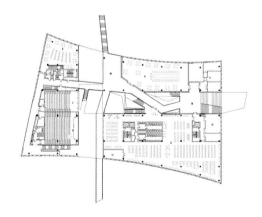

▎南方科技大学图书馆·二层平面图

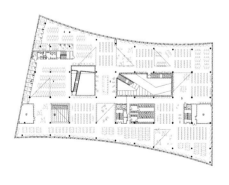

▎南方科技大学图书馆·三层平面图

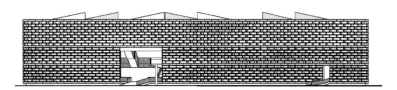

South Elevation
0 2 6 12m

南方科技大学图书馆·南立面

East Elevation
0 2 6 12m

南方科技大学图书馆·东立面

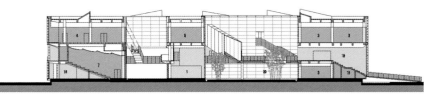

南方科技大学图书馆·SEC-1

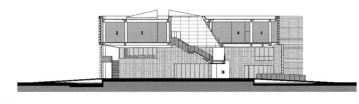

南方科技大学图书馆·SEC-2

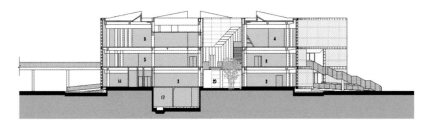

南方科技大学图书馆·开架阅览区

南方科技大学图书馆·开架阅览区

南方科技大学图书馆·楼梯

南京万景园小教堂·沿湖透视

南京万景园小教堂

项目建筑师：张雷

设计团队：张雷、王莹、金鑫、曹永山、杭晓萌、黄龙辉

设计机构：张雷联合建筑事务所

合作单位：南京大学建筑规划设计研究院有限公司

项目功能：宗教

建设地点：江苏省南京市

设计时间：2014年

竣工时间：2014年7月

建筑面积：200 m²

摄影作者：姚力

南京万景园小教堂·总平面图

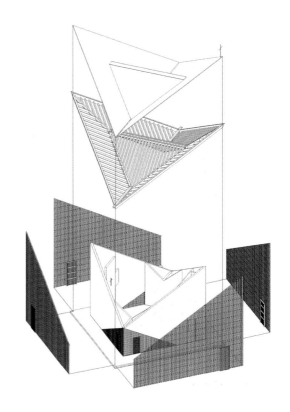

南京万景园小教堂·轴测分解图

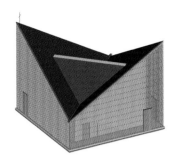

▮ 南京万景园小教堂·南侧鸟瞰图

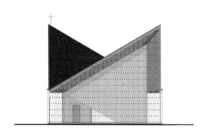

▮ 南京万景园小教堂·东南立面图

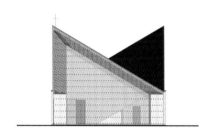

▮ 南京万景园小教堂·西南立面图

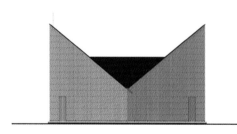

▮ 南京万景园小教堂·南立面图

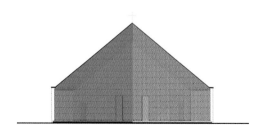

▮ 南京万景园小教堂·西立面图

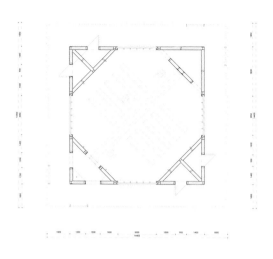

▮ 南京万景园小教堂·平面图

1 38/89mmSPF木格栅　　4 隐框玻璃
2 外墙构造：　　　　　　5 白色教堂椅
　15mm石膏板　　　　　 6 白色木地板
　墙体龙骨　　　　　　　7 原色木地板
　15mm石膏板　　　　　 8 φ70/230mm黑色壁灯
3 38/89mmSPF木十字架

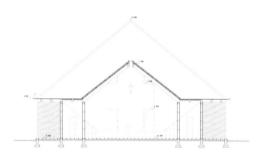

▮ 南京万景园小教堂·剖面图

1 玻璃天窗　　　　　　　4 镀锌成品天沟
2 屋面构造：　　　　　　5 38/89mmSPF木格栅
　深灰色沥青瓦　　　　　6 地面构造：
　12mm定向刨花板　　　　　10mm防腐木地板
　38/89mm木龙骨　　　　　 50/100mm木龙骨
　15mm刨花板　　　　　　　40mm细石混凝土
　木桁架　　　　　　　　　150mm碎石夯实
3 38/89mmSPF木十字架　　　素土夯实

理想形式　南京万景园小教堂设计概念解析

王铠 张雷

　　项目位于南京滨江风光带万景园段内，是一个面积仅200 m²的小教堂，由南京金陵协和神学院的牧师主持，满足信众的聚会、婚礼等功能。这个钢木结构的小教堂具有平和的外形与充满神秘宗教力量的内部空间，质朴的材料和精致的构造逻辑，设计周期仅一个月而又在四十五天内完成建造，诠释了建筑师一贯的"对立统一"建筑观。

宗教意象

　　最早也是最基本的教堂空间布局存在两种相互关联的倾向："集中"和"纵深"。源自万神殿的集中性和源自巴西利卡的纵深空间序列，两种形式都在早期基督教建筑中得以继承和延续（见图1、2）。拜占庭时期东正教教堂的典型"希腊十字"，和被西欧天主教会视为正统的教堂形制"拉丁十字"，都显示了二者的相互融合，象征着世俗凡人的行为受到宗教力量引导的共同特征（见图3、4）。自于现代主义时期之后的众多著名新建教堂案例——朗香教堂、伏克塞涅斯卡教堂……明确中心和轴线对称的教堂空间组织形式变得不那么突出，这和新教各教派拒绝天主教的教阶体制、崇尚简朴不无关系。在万景园小教堂的设计中，建筑师并未有意排斥"集中"和"纵深"的古典空间序列。简言之，平面是强调集中性的正方形回廊和正八边形的主厅，而剖面由于折板屋顶的限定，以及南北向屋脊中央的狭长天窗的光带，显示出强烈的纵深空间感，并且突出了圣坛上方向上高耸的轴线焦点。

　　小教堂设计独特的回廊空间，自然地解决了有限规模中组织各功能部分的交通，更加重要的是形成了主厅空间的双层外壳。内壳封闭，突出来自顶部和圣坛墙面裂缝的纯净天光效果；外壳是精密的SPF格栅，成为外部风景的过滤器和内部宗教场所体验开始的暗示。双层外壳的空间边界，不同于传统石质教堂的"内向"，也不同于经典现代建筑的"外向"，并且带有独特的东方建筑空间趣味。

▌南京万景园小教堂·西北立面 　　　　▌南京万景园小教堂·入口夜景透视 　　　　▌南京万景园小教堂·东北立面透视

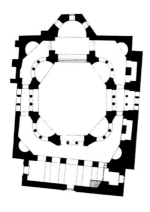

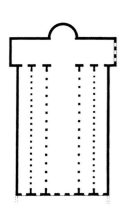

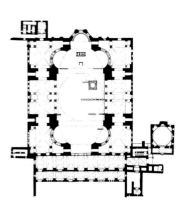

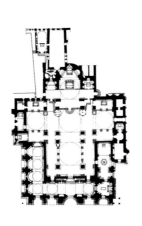

▌图1 圣塞尔焦斯和巴克斯教堂（君士坦丁堡），始建于约525年，底层平面

▌图2 拉特兰宫的圣乔万尼教堂（罗马），313—320年，底层平面

▌图3 圣索菲亚大教堂（君士坦丁堡），底层平面

▌图4 圣马可大教堂（威尼斯），底层平面

▌南京万景园小教堂·回廊细部

1 檐口构造：
　深灰色铝单板封边
　深灰色钢板连接件
　固定螺栓
2 屋面构造：
　双层玛瑞黑沥青瓦屋面
　3mm自粘性防水卷材
　11.9mm定向刨花板
　38/89mm木龙骨@610
　15mmJ级SPF实木挂板
　木桁架
3 38/89mm SPF木格栅
4 屋面构造：
　双层玛瑞黑沥青瓦屋面
　3mm自粘性防水卷材
　11.9mm定向刨花板
　38/89mm木龙骨@610（内嵌玻璃棉）
　15mmJ级SPF实木挂板
　木桁架
5 外墙构造：

质感涂料
10mm水泥压力板
25/38mm防腐木龙骨（竖向铺设）@406
防水透气纸
9.5mm定向刨花板
38/140mmSPF结构格栅层（内填139保温棉）
单层15mm防火石膏板
内墙涂料
6 38/49mmSPF木格栅
7 SPF连接件
8 地面构造：
　10mm防腐木地板
　40/80mm木龙骨
　40mmC20细石混凝土
　10mm1:3水泥砂浆
　1.5mm涂膜防水
　60mmC15细混凝土垫层
　浮铺耐用塑料薄膜一层
　150mm碎石
　素土夯实

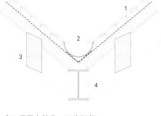

▌南京万景园小教堂·天沟细部

1 屋面构造：
　双层玛瑞黑沥青瓦屋面
　3mm自粘性防水卷材
　11.9mm定向刨花板
　38/89mm木龙骨@610（内嵌玻璃棉）
　15mmJ级SPF实木挂板
　胶合木梁
2 镀锌成品天沟
3 114/286mm胶合梁
4 300/200mm钢梁

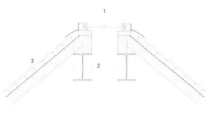

▌南京万景园小教堂·天窗细部

1 安全玻璃
2 300/200mm钢梁
3 屋面构造：
　双层玛瑞黑沥青瓦屋面
　3mm自粘性防水卷材
　11.9mm定向刨花板
　38/89mm木龙骨@610（内嵌玻璃棉）
　15mmJ级SPF实木挂板
　114/286mm胶合木梁

▌ 南京万景园小教堂·回廊

▌ 南京万景园小教堂·木格栅细部

理想形式

基督教建筑从其诞生以来的十多个世纪中，教堂一直在欧洲城镇的发展中扮演着重要的角色。作为欧洲城镇重要景观地标和城市形态结构要素，教堂建筑往往凝聚了建筑空间观念、工程技术和艺术的大乘，成为代表时代精神的理想形式——外部形式、内部空间，以及结构系统的高度统一。这种对理想形式的追求成为宗教精神传达的延续传统。万景园小教堂的设计继续沿着这条有着诸多分支，却又清晰的脉络前行。

小教堂首先具有一个完美的正方形平面。虽然内部空间和外部结构之间存在45度的转角，并且容纳了门厅、主厅、圣坛、告解室等必须的功能空间，这个矩形平面仍保持了高度的完整性、对称性和向心性。

设计师显然不满足于一个抽象、静态的方盒子，同时也不情愿为了形式的意图破坏空间的纯粹性，最终一个令人吃惊而又极其简明的操作产生了——将平面中暗藏的对角线延伸到屋顶结构。这个操作被以同样的逻辑使用了两次：顶面南北向的对角线下移，底面东西向的对角线上移，二者形成的斜面在建筑高度的中间三分之一段重合。由此产生精致折板屋面，同样是空间、力、材料的高度统一。

光

《圣经》中《约翰一书》说："神就是光，在他毫无黑暗。"

光是教堂空间宗教情感表现的重要题材，在这个设计中建筑师同样不遗余力地发挥其神奇的魅力。光仿佛是上帝的启示，准确无误地从屋顶的窄缝中投向下方主厅座席中央，温和地从圣坛墙面的十字架后面溢出，不着痕迹地照亮木质屋顶精致的结构纹理。

直射的日光只以一种方式出现，来自主厅正中通向圣坛轴线上方的带形天窗。这条宽度300 mm光带的呈现，随着日夜和季节交替而变化，但无论何时都是决定内部空间氛围强有力的要素。除此之外的其他自然光，则小心翼翼地通过格栅柔和地渗入主厅封闭墙体上精心布置的开口。人工光源的设置除了照度的基本需

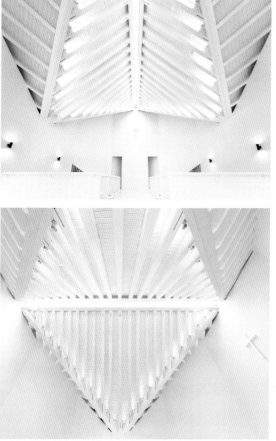

▎南京万景园小教堂·大厅室内，前视　　　　　　　　▎南京万景园小教堂·天窗　　　　　▎南京万景园小教堂·大厅室内，仰视

求，其布置的重要原则是以木框架屋顶为反射面。无论在室内和室外，人工光线都让人感觉翼形折板屋面结构本身作为一个具有奇妙纹理的发光体，覆盖整个教堂空间。

"轻" 建造

"轻" 建造策略是建筑师在紧张工期和有限造价条件下的明智选择。脉络清晰的折板屋顶钢木结构，配合光这种"廉价"的素材，为动感和张力的空间赋予了丰富的表现力。内部的所有表面涂饰白色，把主角让给空间和光。外部所有的材料：木质格栅、沥青瓦屋面保持原色并等待时间的印记，把主角让给大自然。

整个构造体系中最为建筑师费心经营的是作为教堂外部边界的木格栅表层。SPF木条精致轻盈如锦缎，大大超乎木材本身结构受力日常经验（长细比可达1：120），这得益于材料构件受力状态的合理布置：木格栅条长度最大达到12 m，截面仅38 mmX89 mm，由上下两端的金属件连接屋顶和地面，让木材保持其擅长的受拉状态（其拉力对于提高轻质屋面的稳定性也很重要）；相邻木格栅条之间又被不易察觉的U形金属构件相连，获得构件的稳定性和安装精度——一个材料和安装都极其简明的钢木张拉结构。

结语

这是一个新的属于环境的教堂，也是一个充满传统宗教意义和历史感的教堂，集古典空间构图和现代技术、材料巧妙利用于一体而获得场所力量。建筑设计试图传达一种意愿，正如弗兰普顿对路易斯·康的评价："将万物之本与存在之实合而为一，在跨越时空中创造了一个前苏格拉底瞬间(pre-Socratic moment)，让远古与现代和睦并存。"

作为一个功能简单的日常宗教活动场所，这个小教堂的空间过于"理想"，无法解释为某种特定的宗派，或许建筑师之所以能为其展开有效的设计，是因为其"信奉了包容一切的自然"。

参考文献：

1.克里斯蒂安·诺伯格-舒尔茨.西方建筑的意义[M].李路珂，欧阳恬之，译.王贵祥，校.北京：中国建筑工业出版社，2005：60.

2.肯尼思·弗兰姆普敦.建构文化研究：论19世纪和20世纪建筑中的建造诗学[M].王骏阳，译.北京：中国建筑工业出版社，2007：249.

3. Robert McCarter .Frank Lloyd Wright[M]. London: Phaidon Press Ltd.,1999:290.

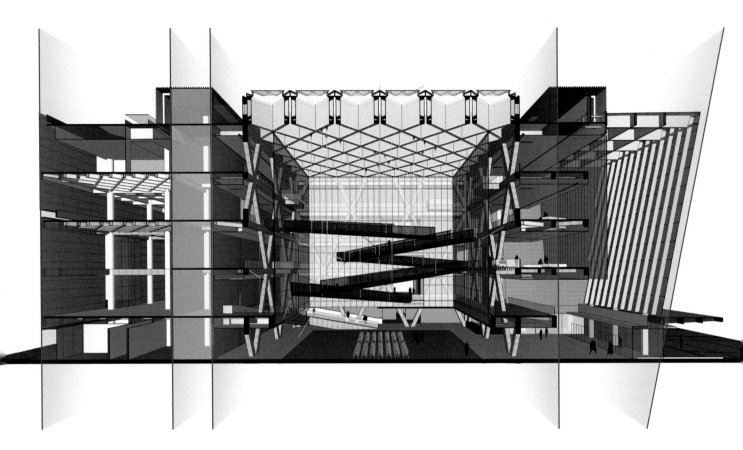

蚌埠博物馆及规划档案馆

主要设计人：邢立华、徐昀超、周富、李松名、曾智等
设计机构：深圳市建筑设计研究总院有限公司 孟建民建筑研究所
建设地点：安徽省蚌埠市
设计时间：2011年
竣工时间：2015年
建筑面积：68 333 m²
用地面积：95 499 m²

当前中国各地新城的规划普遍倾向于将文化建筑集群与行政中心并置，试图塑造一个在轴线控制下的政治文化中心，从而导致文化建筑的设计往往首先要服从政治审美的需求。面对这种矛盾，我们的设计试图在兼顾建筑的中正布局和庄重的政治形象的同时，从中寻找文化建筑的公共性、开放性和亲民性表达。

项目由博物馆和规划兼档案馆两栋建筑组成，总建筑面积6.9万平方米。我们首先考虑将平民化的公共活动引入场地，为政治性的中央广场注入活力。建筑主体布置在地块南侧，在北侧完整地退让出一大片城市绿地，在建筑之间置入城市广场，容纳当地大型民间艺术"花鼓灯"的表演以及市民日常的休闲娱乐活动。

两栋建筑统一为方形空间布局，同时采用差异化的设计原则。博物馆形体效仿层岩断面，折叠交错，与玻璃幕墙形成强烈的虚实对比，强调雕塑感和厚重感。规划档案馆的屋面弯曲倾斜，中央矗

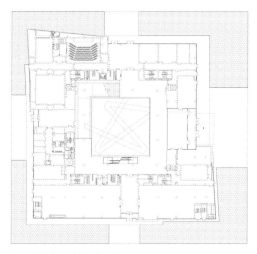

▎蚌埠博物馆及规划档案馆·博物馆一层平面图

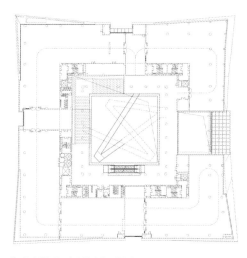

▎蚌埠博物馆及规划档案馆·博物馆二层平面图

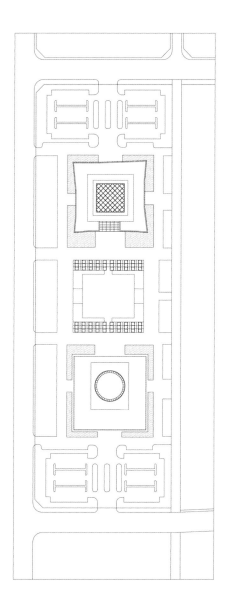

▎蚌埠博物馆及规划档案馆·总图

▎蚌埠博物馆及规划档案馆·博物馆室内

▎蚌埠博物馆及规划档案馆·博物馆清晨

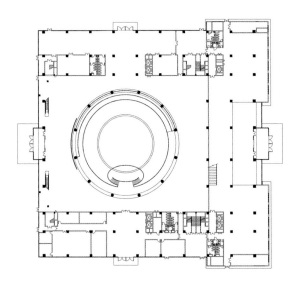
▎蚌埠博物馆及规划档案馆·规划馆档案馆一层平面图

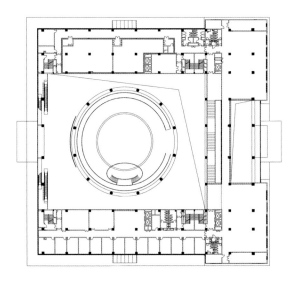
▎蚌埠博物馆及规划档案馆·规划馆档案馆二层平面图

▍蚌埠博物馆及规划档案馆·博物馆

▍蚌埠博物馆及规划档案馆·规划档案馆

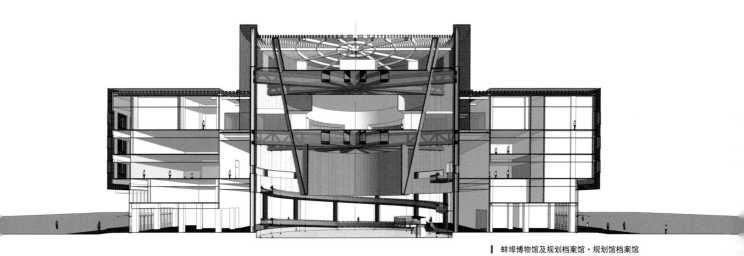

▍蚌埠博物馆及规划档案馆·规划馆档案馆

立圆筒状核心空间，勾勒出独特的建筑轮廓。两个建筑交相辉映，以实对比虚、厚重对比轻盈、历史对比现在，形成一种和谐的对话关系。

博物馆采用"回"字形的空间布局，并向东侧广场敞开，将活力引入室内，同时广场也成为展览空间的延伸和补充。主入口空间与中庭空间相连，斜撑支柱支撑起36 m×36 m的井字桁架屋顶，五折的蛇形廊道通过10 m左右跨度的拉杆从屋顶悬下，并通过斜拉杆形成超静定结构，避免晃动。在光的中庭中，吊桥既是可以漫步的交通空间，又成为一个艺术化的空间雕塑；中庭也不再是空白的视觉空间，而成为一个城市客厅。

规划档案馆由公共性较强的规划馆和相对私密的档案馆组成。设计根据两馆的特性在空间组织上进行了区分。建筑东侧临近城市道路部分为档案馆，为市民提供便捷的公共服务。西侧紧邻广场部分设置规划馆，通高的公共空间连通广场空间，增强建筑的公共性。设计改变传统的沙盘观景模式，以大跨的圆形柱网支撑起铜色圆筒，圆筒下即为规划馆的沙盘区，游客可通过缓缓上升的螺旋坡道从不同角度、不同高度观看城市模型的全貌。

在空间设计中，我们受德勒兹的"平滑"理论的启发，试图突破柯布的"漫步建筑"的模式，探索坡道空间叙事的可能，让使用者的参与赋予空间更多的意义。当访客行走在博物馆折叠迂回的坡道和规划档案馆螺旋上升的坡道时，强烈的指向性让线性的叙事模式与连续因果的空间感知，转化为一种令人惊叹的心理体验和戏剧性的空间营造。

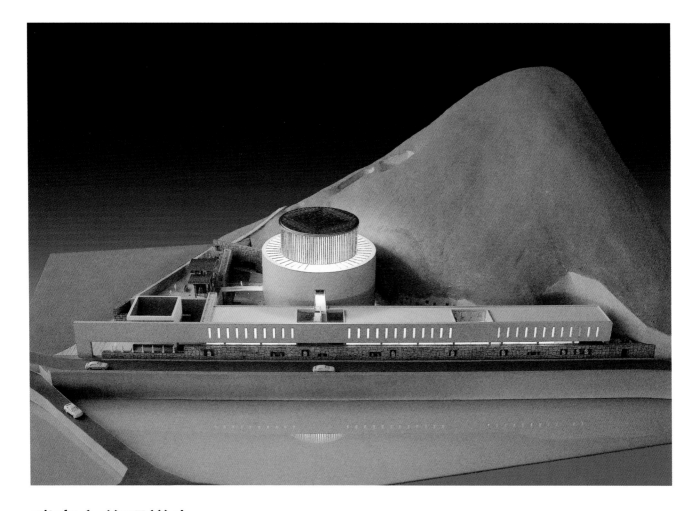

瑞安市普明禅寺

主要设计人：徐昀超、邢立华、符永贤、林海涛、易豫、李松名等
设计机构：深圳市建筑设计研究总院有限公司 孟建民建筑研究所
建设地点：浙江省瑞安市
设计时间：2012年
竣工时间：预计2016年底
建筑面积：2822 m²
用地面积：3621 m²

八水村位于温州市瑞安塘下镇莲花山和蛙蟆山之间的谷地，这里民间佛教文化盛行，几乎每个村庄都有自己修建并供奉的寺庙。普明禅寺的年轻住持希望在村里修一座可以讲传佛法的现代寺院。这对我们来说是个不小的挑战，设计需要处理好三种关系，即宗教与世俗的关系、传统与现代的关系、建筑与自然的关系。

佛教创立于古印度，汉代传至中原，魏晋南北朝时期受梁武帝推崇而兴盛，自此佛教建筑开始按皇家宫殿制式进行复制和推广，逐步发展为"中轴对称、坡顶合院"的统一模式。然而，项目的用地呈锐角三角形，狭长紧张，传统的布局方式很难成立。但如果研读进入中国之前的佛教文化，可以发现从窣堵坡、曼陀罗到转经筒，"圆"作为最基本的形式几乎无处不在。这启发了我们跳出"轴线"的束缚，采用非对称式的灵活布局设计：释迦牟尼佛像居于场

地的几何重心位置，其他功能空间围绕"中心圆"而展开。

首先沿东面的溪边小路设计一面直线形院墙，与山体呈30度围合出内向庭院，最大化利用场地。墙体外层由当地的大块天然石材砌筑而成，嵌入佛像成为有亲和力的寺院对外界面；对内墙体则被"空间化"，成为僧舍空间，可容纳20位僧人和居士的日常起居。基地南端采用开放式的山门设计，地面引山泉形成放生池，上方悬浮内壁由刻有《金刚经》的四块经板，共同围合成方形的集散空间。绕过山门，访客沿折线式的路径缓缓上升，移步换景，曲径通幽。中国传统寺庙中空间收放的序列感和层层递进的仪式感得以强化，营造出静心宁神的入寺氛围。

中心位置的圆柱形体量是禅寺的核心，我们将传统上水平向分布的大雄宝殿、藏经阁和讲经堂沿垂直向整合，让佛教文化中殿、塔、龛、堂等空间元素融为一体。双层筒体结构的外层是千佛龛墙，摆放原有寺庙保留下来的各式小型佛像；内层为半透明的大雄宝殿空间，安放大型如来佛像，每日的早晚课法式在这里举行。大雄宝殿的顶盖设计为半径6 m的钢结构手动转经筒，随人们缓缓驱动，风铃轻摇诵经。下方的讲经堂和藏经阁是僧人与村民的共享交流空间，在这里僧人们可以讲经布道、研习佛法；村民们可以抄经学佛、打坐静思。

总结起来，这是一次圆融各种关系的设计——神圣现于世俗，传统立于现代，建筑生于自然。

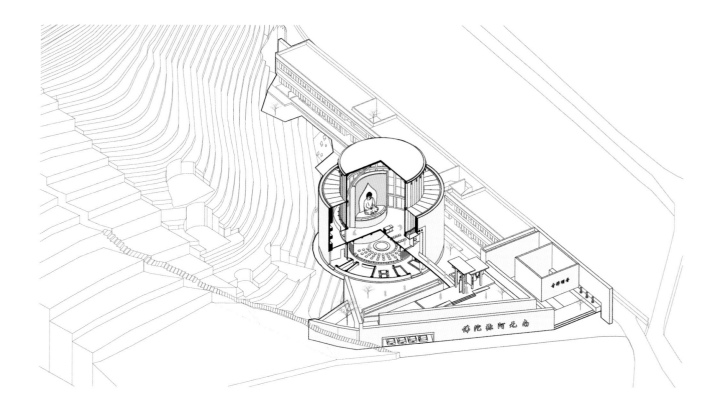

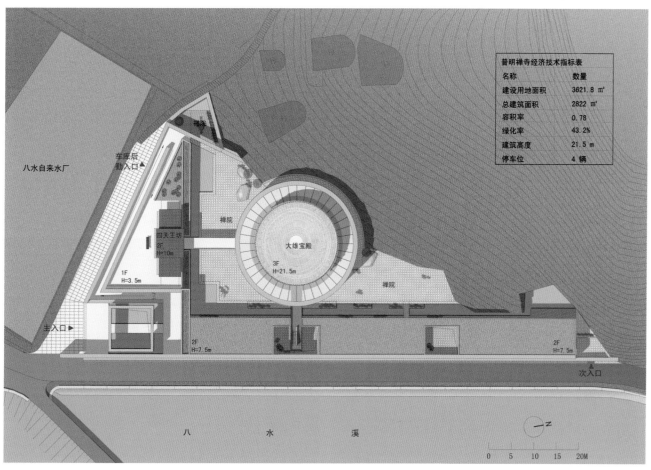

普明禅寺经济技术指标表	
名称	数量
建设用地面积	3621.8 ㎡
总建筑面积	2822 ㎡
容积率	0.78
绿化率	43.2%
建筑高度	21.5 m
停车位	4 辆

八水自来水厂

禅堂

车库后勤入口▶

禅院

四天王坊
2F
H=10m

1F
H=3.5m

大雄宝殿

3F
H=21.5m

禅院

主入口▶

2F
H=7.5m

2F
H=7.5m

次入口

八　水　溪

0 5 10 15 20M

■ 总平面图

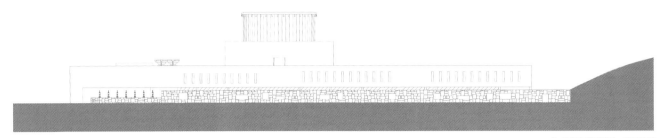

| 瑞安市普明禅寺·东立面图

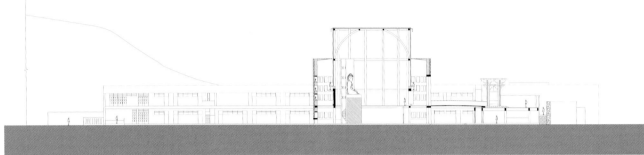

| 瑞安市普明禅寺·剖面图

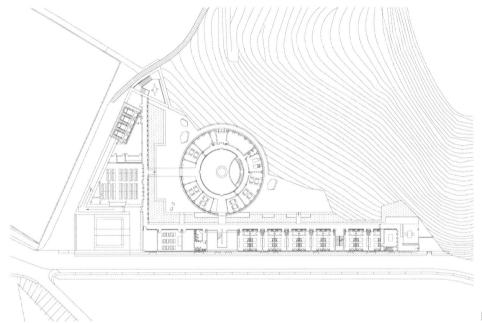

| 瑞安市普明禅寺·一层平面图

| 瑞安市普明禅寺设计尊重环境，保留山体，办公楼和综合楼均与原始山体保持共生关系，
体现建筑从山体中生长的创作理念

玉树抗震救灾纪念馆

主要设计人：徐昀超、邢立华、招国健、施水清等

设计机构：深圳市建筑设计研究总院有限公司 孟建民建筑研究所

合作设计人：徐昀超、邢立华、招国健、施水清等

建设地点：青海省玉树藏族自治州

设计时间：2010年

竣工时间：2013年

建筑面积：2998 m²

用地面积：6303 m²

摄影作者：张广源、招国健

所获奖项：2014年度中国建筑学会建筑创作金奖

2013年度世界华人建筑师协会金奖

2013年度广东省注册建筑师协会第七次优秀建筑创作奖

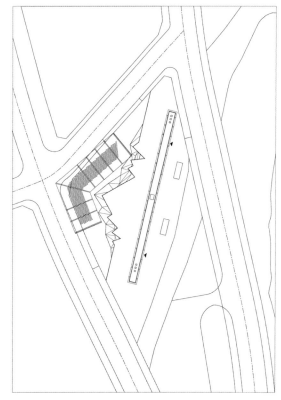

▌总平面图

　　2010年4月14日上午7时49分，青海省玉树藏族自治州玉树县发生7.1级地震，遇难人数达2800多人。中国建筑学会随后代表建设部为玉树重建组织了一次建筑师的集群设计。

　　玉树抗震救灾纪念馆的规模并不大，总建筑面积为3000 m²。在面对这个被预设为记录灾难事件、体现藏地生死观的命题式设计任务时，建筑师所面临的最大困境在于如何深刻理解藏地信仰所带来的文化差异——对于身处藏地的玉树人来说，信仰作为一种强大的精神力量，已经深刻地融入到"仪式化"的生活方式中；当这种"仪式化"成为一种生活常态，必然深刻影响到他们的生命哲学以及对于空间的理解。我们试图以平视的视角来审视这种差异，并重新思考地震遗址纪念馆表达的文化意义：不仅是灾难事件的记忆载体，同时更应该成为当地藏民日常化的生活场所。

　　基地位于结古镇的南入口格萨尔王宾馆遗址旁边，成为进出玉树的必经之路。方案以保留的格萨尔王宾馆遗址为展示主体，纪念馆主体隐于地下。新旧建筑"一隐一显"，通过控制地面体量，尽可能突出遗址本身的视觉震撼力和纪念意义。地面通过两条线性元素进行限定，两者之间围合的广场是举行仪式集会的纪念场所。贯穿场地的折线形"裂痕"作为采光缝限定出遗址保护范围，同时建立起遗址与地下展厅的视觉联系。极简的直线形纪念长墙以暖色毛石制成，直指结古寺。长墙不仅隐含着内在精神寓意，同时作为遗址的背景与远方群山相融。沿着墙体设计的85个转经筒，成为人们进出玉树时的标志性建筑部分，在纪念馆转经祈福也成为当地藏民宗教生活的重要组成部分。

　　建筑主体藏于地下，以纯粹的"方"和"圆"为基本原型。方案采取地域建筑设计策略，通过材料、色彩、光三种基本建筑要素的运用，表达藏地建筑特色。内部空间采用青色毛石、素混凝土、藏红色耐候钢板等现代材料营造内敛而庄重的空间氛围。当人们通过线性空间序列缓缓进入中央的祈福之庭，内聚的圆形空间和环绕的壁龛矩阵试图唤起观者内心的精神共鸣，把沉重的灾难记忆转化为对生命的祈福，传达出人与自然和谐共生的生命哲学。

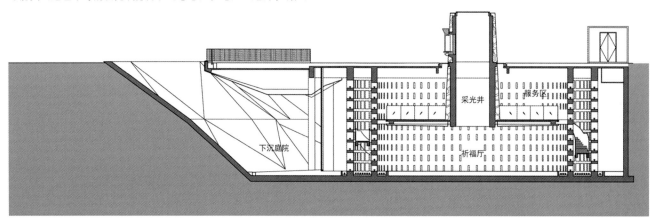

▌剖面图

下沉庭院　实物展厅　　纪实展厅　下沉庭院

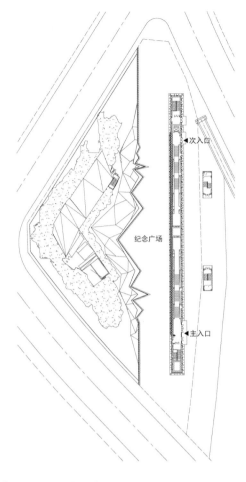

玉树抗震救灾纪念馆·地上一层平面图

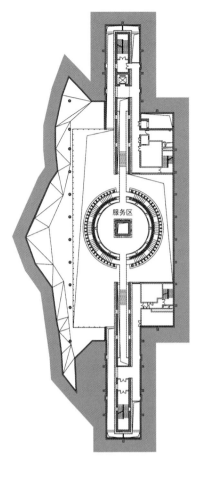

玉树抗震救灾纪念馆·地下一层平面图

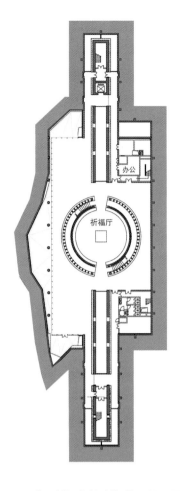

玉树抗震救灾纪念馆·地下二层平面图

住宅扩建工程
——"魔术的盒子"

设计团队：赵方、彭少龙

设计机构：d.b.d.s.（北京对比度尚建筑设计有限公司）

项目地址：北京市朝阳区

建筑面积：200 m²

占地面积：260 m²

设计时间：2014年8月

效果图：李超

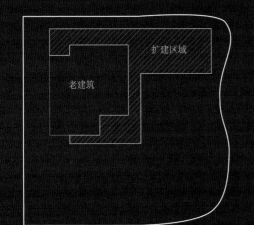

宁静的星空，远处一道银光钻入我的眼睛，在黑暗的空间中她使我产生莫名的好奇，慢慢地靠近，在一个被可视了"魔力"的拉动下，方盒子内心与躯体左右分离而产生条形空洞，光从这里走了出来送给了黑夜。黑夜渐渐离去，她完全展现出来，我随着阳光进入盒子光影变幻的内心空间，独自一人站在她的内心世界，感受她内心魔术般的变化，当我坐下想细细感受这个光影空间时才发现，原来不是只有我与光影人进来了，而外部的自然世界也悄悄地跟了进来。

项目设计以"魔术盒子"为立意，通过建筑基本元素的组合，达到丰富空间序列的同时，又产生魔术盒子的印象。原建筑的扩建部分位于原平面的东南和西北角，新建单体选址于原建筑东侧绿地的北端，目的在于整合原有欠缺的首层平面，以及添加的工作室空间功能性使用。在以魔术概念为主线的前提下，从建筑主体的外部和内部两方面，以不同的视角试图创造出魔术的意象。以两个前后错位的混凝土折角构筑件，上围合成基本空间构架，而横向错位形成主体两端的户外灰空间和室内天窗，在创作出多元空间序列的同时也表现出魔术盒子被打开的寓意。建筑两端的镂空饰面墙不管是在阳光射入的白天，还是在灯光溢出的黑夜，都显现出奇妙的斑斓，就如同人们透过这斑斓能看到雅典娜赐予的希望。

在室内的空间序列创作中，以贯穿建筑东西两侧的条带开窗，将庭院绿地尽收眼底，一览无余。同时将条形窗上沿定在视平线以下，使人们在站立和坐下时有截然不同的景致，即坐在室内时能感受建筑以外的自然环境，站立时又被整个建筑所包围，从视觉上再

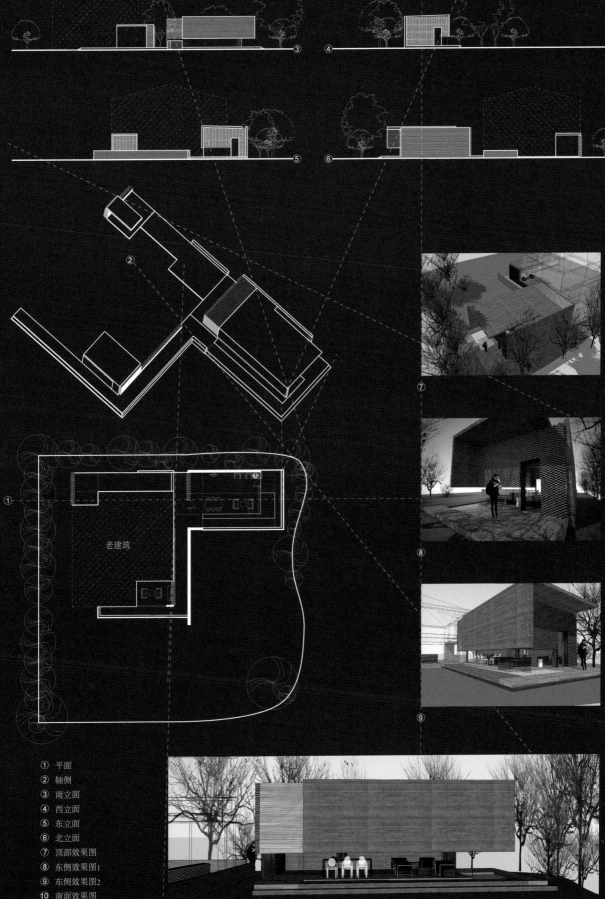

③
④
⑤
⑥

②

老建筑

①

⑦
⑧
⑨

① 平面
② 轴侧
③ 南立面
④ 西立面
⑤ 东立面
⑥ 北立面
⑦ 顶部效果图
⑧ 东侧效果图1
⑨ 东侧效果图2
⑩ 南面效果图

次体验魔幻般的印象。在庭院的设计组织方面运用混凝土及木质组合平台、廊道将三个新建筑之间进行连接，使新老建筑更为完整，并结合自然景观，以各自的构成方式，围合、开敞或半开敞，形成完整并相互渗透的整体关系，统一且富有变化。

在材料运用上，用水泥、玻璃和木头等不同材质的几何体在变化组合及相应关系时产生魔术效果，水泥墙面在浇筑时表面留下的横向纹理，使其富有变化并与木头材料整体统一。部分玻璃与木头进行参数化的组合形成既美观又相互统一的特殊效果，从而使三个基本材料在彰显各自特质的同时又得到完美的统一。

魔术盒子打开了……不论是在夜幕的庭院中凝视神奇般漂浮的建筑，还是在条形窗前享受置身于庭院之中的感官体验，魔术盒子将以她的魅力伴随你的每一天。

"魔术的盒子"·室内局部空间2

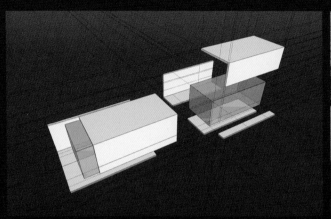

"魔术的盒子"·概念模型

"魔术的盒子"·建筑外观1

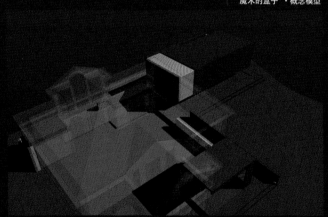

"魔术的盒子"·建筑模型

"魔术的盒子"·建筑外观2

"魔术的盒子"·室内局部空间1

"魔术的盒子"·建筑外观3

▌景观序列雕塑之一《城墙背夫》
材质：铝板影雕 铸铝浮雕 综合材料
创作时间：2012-2013年
地点：都江堰市古城区

历史文献照片来源：
摄影家：尼斯特·亨利·威尔逊（英国）
1910年拍摄
印开蒲提供
选自《百年追寻：见证中国西部环境变迁》

都江堰·中国百年民俗图像博物馆

策划、创作：朱成

建设单位：都江堰市古城旅游功能区管委会

施工单位：成都市金牛区朱成雕塑设计工作室

建设地点：都江堰市古城区

竣工时间：2014年5月

所获奖项：2014成都创意设计周创意成都"优秀建筑设计奖"
2014年刊载于中国文化部特刊《文化月刊》

▌景观序列雕塑之二《抬轿子》
材质：铝板影雕 铸铝浮雕 综合材料
创作时间：2012-2013年
地点：都江堰市古城区

历史文献照片来源：
摄影家：西德尼·戴维·甘博
1917年拍摄《都江堰郊外》
美国杜克大学图书馆提供

景观序列雕塑之六《老南桥》
材质：铝板影雕 铸铝浮雕 综合材料
创作时间：2012－2013年
地点：都江堰市古城区

历史文献照片来源：
摄影家：西德尼·戴维·甘博　　　摄影家：路德·那爱德
1917年拍摄《灌口普济桥》　　　1911年拍摄《威州至灌口一带羌民》
美国杜克大学图书馆提供　　　　路德·那爱德外侄孙来约翰提供

景观序列雕塑之三《老茶馆》
材质：铝板影雕 铸铝浮雕 综合材料
创作时间：2012－2013年
地点：都江堰市古城区

历史文献照片来源：
川西民居老照片
1982年拍摄
成都市朱成石刻艺术博物馆提供

都江堰·中国百年民俗图像博物馆的景观雕塑与"修旧如旧，修旧如故"的文化街区建筑、城墙、街巷、河道融为一体，展示了地域、传统、记忆、建筑模式的重新组织和保护，成为渗透其间的新型无墙街区博物馆。

意义：当代与传统、历史与艺术并存

面对历史的镜像，历史图像景观雕塑使历史不再虚无，不再悠远，触摸到一座古城的心跳，感受到时间的脉动，聆听到岁月的足动。

在现实生活的场景中，这些历史画面的出现，最能表达"突然走进历史""与历史偶遇"，强烈的冲击感让人不得不面对历史，并走进历史。更能体现公共空间艺术的公开性、公众性、开放性和互动性。

原创性、独创性

收集了20世纪初叶数万帧由美国、加拿大、德国人拍摄的大量珍贵的川西民俗老照片，并选取了其中最为精髓的数十张历史文化黑白图像遗产，作为第一期创作的珍贵公共艺术作品。

作品通过作者艺术的再创作，把历史图片嵌合到独创的

景观序列雕塑之四《松茂古道》
材质：铝板影雕 铸铝浮雕 综合材料
创作时间：2012－2013年
地点：都江堰市古城区

历史文献照片来源：
摄影家：西德尼·戴维·甘博　　　摄影家：庄学本
1917年拍摄《川西北集市卖灯草场景》　1934年拍摄《博罗子村寨》
美国杜克大学图书馆提供

景观序列雕塑之五《放牛娃》
材质：铝板影雕 铸铝浮雕 综合材料
创作时间：2012－2013年
地点：都江堰市古城区

历史文献照片来源：
摄影：加拿大照片项目小组
1938年拍摄
加拿大照片项目小组提供

景观序列雕塑之七《铁匠铺》
材质：铝板影雕 铸铝浮雕 综合材料
创作时间：2012-2013年
地点：都江堰市古城区

历史文献照片来源：
川西民居老照片
1979年拍摄
成都市朱成石刻艺术博物馆提供

二维半艺术表现手法中，还原历史的原真性，表达了艺术的真实性，集中见证了百年川西民俗，千年松茂古道，茶马古道，丝绸文化，再现了百年风物文化。

博物馆采取无墙、无天花板的空间展示和陈列，让公共艺术融入了城市、渗透进街区，面对公众，是当今世界博物馆新的潮流和典范。从而让历史不再虚无，而是可以触摸的。观众可与历史交流，与历史同在。

成长环境：共生性

当代城市的成长环境中，具有血统的民俗历史图像和现代化古城共生，是对传统记忆的保存。哲学家维特根斯坦说："这个世界是由已近发生和还未发生的事实组成的"。

过去，现在，未来都将成为博物馆的一部分。

景观序列雕塑之八《窄巷顶木》
材质：铝板影雕 铸铝浮雕 综合材料
创作时间：2012-2013年
地点：都江堰市古城区

历史文献照片来源：
摄影家：西德尼·戴维·甘博
1917年拍摄
美国杜克大学图书馆提供

景观序列雕塑之九《安澜索桥》
材质：铝板影雕 铸铝浮雕 综合材料
创作时间：2012-2013年
地点：都江堰市古城区

历史文献照片来源：
摄影家：西德尼·戴维·甘博
1917年拍摄
美国杜克大学图书馆提供

龙门石窟研究保护实验中心

主要设计人: 闫爱宾、宾慧中、贾桂宝、周琳、吴学辉、杜凡、
王晓霞、静新宇、祝钦、王大力、杜利敏

设计机构: 中国城市建设研究院

建设地点: 河南省洛阳市洛龙县

设计时间: 2013年5月

建筑面积: 35 165.63 m²

占地面积: 10 220 m²

1 项目背景

龙门石窟研究保护实验中心项目地处素有"九州腹地"之称的河南省洛阳市,位于龙门石窟世界文化遗产园区内,本项目作为龙门石窟世界文化遗产园区内最重要的建筑之一,其建设工作对整个龙门文化旅游区意义重大。

2 设计理念

2.1 立足于与历史地理空间对话的建筑设计

以当地文脉为入手点,对龙门历史地理空间及地方传统文化进行解读。隋建都洛阳时,以伊阙东西两山为洛阳中轴线,伊阙因而成为帝都之门;古代帝王以真龙天子自居,故得名"龙门"。这是中国传承千年的依托自然营造人为空间的理念与方法,是当代规划建筑设计中应予以继承的优秀遗产。在项目设计的踏勘过程中,在龙门石窟景区内发现了第二个"龙门"——景区主景点卢舍那大佛面朝东山,是以东山最高两峰为阙的。本次设计延续龙门历史地理空间,建筑群远眺伊水、面朝大佛,续写了伊阙之传统。

2.2 梳理地脉,整合环境

从基地现状出发,梳理地脉,整合环境,有效发挥基地优势。因基地比北面的顾龙公路低7 m左右,景观难以协调。设计中借鉴传

主入口透视图

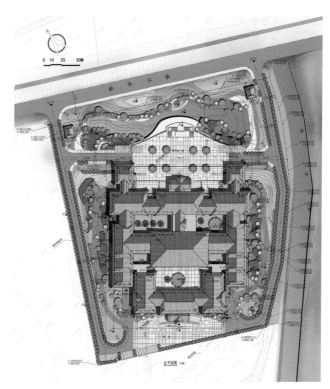

总图

鸟瞰图

统造园手法，在基地北面堆山以"障景"，既在有限基地范围内使景观层次丰富，又合理屏蔽了来自省道的干扰。

建筑群的主入口位于基地北面，为避免主入口低于道路，将基地前广场地面抬高 7 m 与道路平接，既使建筑在使用功能上更加合理，又在地下布置功能空间，减少土方回填量，节省造价。并可结合下沉唐风古典园林，营造丰富的景观空间。

3 设计方法

3.1 总体布局及功能

整个基地分为两级台地，台地间通过环形道路连接，建筑群位于台地上，高低错落，构成优美的天际线。北面台地与顾龙公路平接，主要为下沉式古典园林和入口主广场，营造街景空间，满足人流、车流的集散。

第一进入口建筑主要功能为接待和旅游集团办公，对外服务性较强。空间开阔，与城市、基地空间关系融洽。

第一进建筑通过连廊与第二进的主体建筑相连，主要功能为龙门石窟研究院办公楼。围合式的内院，使每间办公室充分享受绿化景观。

第三进南面建筑为研究院科研用房，位于基地最清净的区域，

符合研究院办公要求。整个组团动静分区、功能清晰合理。

3.2 建筑风格

龙门景区以北魏与隋唐风格为主，故建筑按唐风进行设计，通过建筑群组合、比例推敲、材质选择、细部处理等方法，着力表达唐代成熟的木构建筑体系特征，力求古韵浓厚、细部精到、施工便捷、经济合理。

3.3 景观营造——古典生态园林景观

充分发挥地块自然水景的优势，结合前广场下沉式花园与景观轴线，形成独特的景观空间系统。设计通过古典造园手法，营造自然意境，使整个办公园区园林化。

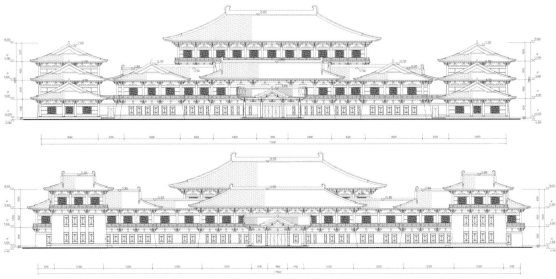

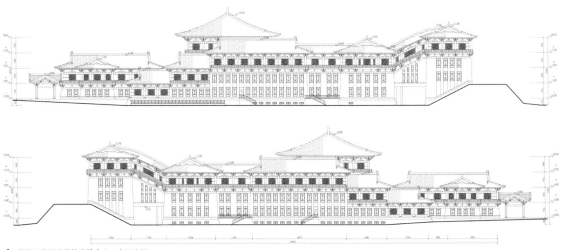

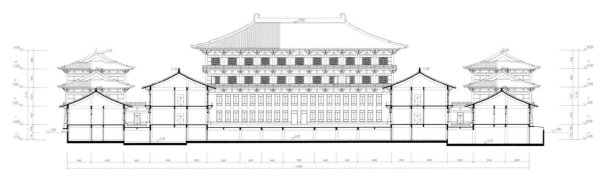

▌龙门石窟研究保护实验中心·大庭院处横剖面

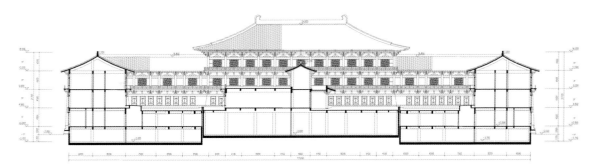

▌龙门石窟研究保护实验中心·小庭院处横剖面

▌龙门石窟研究保护实验中心·内院小透视

中国国家画院东扩整体设计

主要设计人：王永刚、陆刚、龙昊、杨若铭、白雪峰

设计机构：王永刚工作室

建设地点：北京市西三环北路

设计时间：2014年

建筑面积：33 680 m²

图片提供：王永刚工作室

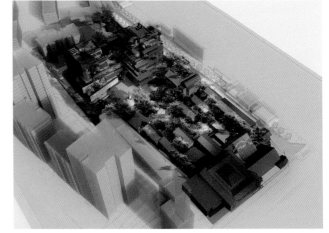

▌ 整体鸟瞰图

　　中国国家画院院址东扩综合楼项目，以立体化、园林式建筑理念设计，力求与西部原有院落形成一体化的综合体。因为画院独特的学术定位和使用功能，建筑设计遵循国家画院"写意中国""大美为真"的学术追求，将写意性建筑理念贯穿到整体设计之中。

　　整体大院将以古塔为重心，也是设计所关注的重心，即古塔向西南老院的现有轴线和向东南的新轴线，整体形成"V"字型。加强对西院建筑、园林的立体化发展，尤其是将西院迂回曲折的长廊作为信使，立体化融入新楼。最终新加的东院建筑（写意的山）和老西院以古塔为重心统合为空间一体、语言和谐、精神一致的现代中式园林空间。

　　在此次国家画院的扩建规划中，将把国家画院传统平面园林的特色延续、发扬，以立体的园林建筑形式，使东西院融为一体，形成一个完善而丰富的生态空间。

　　通过对项目周边区域的视线分析，发现建筑设计受周边已有建筑影响较大：北侧楼及东侧居民楼日照及建筑间距要求，以及对视干扰问题，对新的建筑外形设计都产生重要影响。此外，位于院址中心的古塔（高24 m）、西院的绿化植被、南侧规划代征道路和通向西侧的三环出口，这些外部条件的制约，使得几乎不存在完整看到整体建筑的视点，这些都对项目整体设计提出了很高要求和考验。因此，建筑的近景空间及内部空间设计成为考虑的重点。

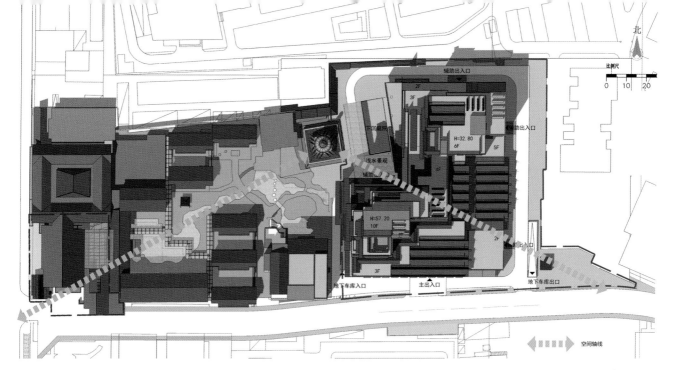

北

比例尺

0 10 20

辅助出入口

2F

3F

下沉庭院

H=32.80
6F

5F

辅助出入口

线水景观

辅助

4F

H=57.20
10F

2F

北入口

3F

地下车库入口 主入口 地下车库出口

空间轴线

总平面图

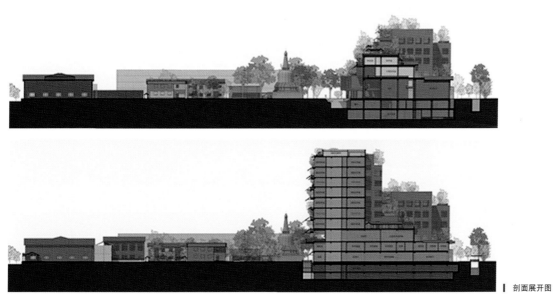

剖面展开图

效果图

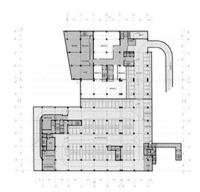

地下二层平面图

地下一层平面图

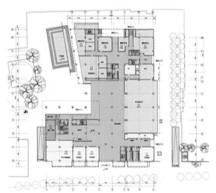

一层平面图

二层平面图

建筑人视效果图1

建筑人视效果图2

下沉院效果图

玉树藏族自治州行政中心鸟瞰

普措达泽山下的藏式院子

主要设计人：庄惟敏、张维、姜蘷元、龚佳振、屈张
设计机构：清华大学建筑设计研究院有限公司
建设单位：玉树三江源投资建设有限公司
设计时间：2010年—2011年
竣工时间：2014年
建筑面积：72 638 m²
占地面积：6.33 hm²

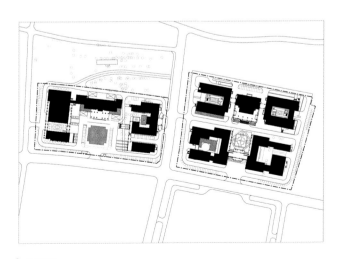

总平面图

1 项目概况

青海玉树位于青藏高原腹地，是著名的三江之源、名山之宗和歌舞之乡。玉树地震灾后重建活动是迄今人类在高海拔的生命禁区开展的最大规模灾后重建。玉树州行政中心选址北靠普措达泽神山，南接扎曲河圣水，该项目是玉树地震灾后重建的十大重点项目之一。

玉树州是藏族自治州，97%的人口是藏民，民族文化特色鲜明。这个项目设计的过程，也是对藏文化再学习的过程。为了追寻和体验藏式院落的意蕴，团队一行赴藏区实地调研，在总结藏区院子特点的基础上再进行建筑创作。

2 藏区院子调研

2.1 院子与地形相结合

藏式建筑院落空间组合多样、变化无穷。与故宫的中轴对称庭院深邃相比，布达拉宫不拘泥于中轴对称，而追求纵向延伸，依托于整体山势益显气势磅礴。藏区空间院落往往有较为明显的高差变化。藏式建筑依山就势，猛一抬首，无数条变化的肌理沿山势水平展开。仔细看，院中有院，步行景异，高低变幻，错落有致。

2.2 院子与廊柱相辉映

藏式建筑的内部廊院依次递接、疏密有致。大昭寺觉康主殿前的千佛廊院就极富生命和活力。在光线下和诵经声中行走于廊院，尺度宜人，个体和环境有一种默契的对话。一层南北双廊采用低矮的双柱，在东侧觉康主殿前采用同样式两层通高的巨柱，既有统一的围合感又有明确的方向感。扎什伦布寺的扎什南捷前院拥有近乎完美的视觉享受和空间体验，踏山石、观光影、听诵经、闻藏香。灵塔殿前的廊院，窗帘舞动，斗拱巍峨，廊柱下的人群影影绰绰，

┃ 玉树民主路街景

┃ 州府剖面图

┃ 州委南立面图

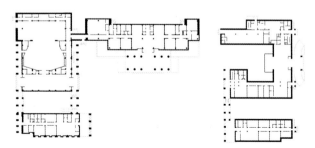

┃ 玉树州委首层平面图

扎什南捷熠熠发光的金顶，给予廊院一抹神秘的气韵。

2.3 院子与景观相交融

藏区院子外表粗犷，内心隽秀，极其巧妙地与自然景观相融合。院子会和高原蓝天白云对话，地面成组铺砌的大块石、组成吉祥图案的鹅卵石在太阳直射下熠熠发光。院子会与水结合，罗布林卡的措吉颇章倒映在水院中愈发瑰丽、秀美，仰视俯借自有天地。院子会和树木、法器交流，人们或坐或仰在大树下参悟生命的意义，感受内心的平静。

2.4 院子与建构相生成

在藏区调研时有一个令人印象深刻的细节，当时正好碰上当地群众在干打垒。干活的过程中群众们无论男女都一直在欢唱着，微笑着。这样一边唱着歌一边干着活的状态，特别让我们感动和流连忘返。建筑是在这种情绪中营建出来的，具有感情和手工艺气息。质朴的外墙有着人工的印记，也会成为场所记忆的一部分。

3 方案特点

玉树州行政中心有两个特质，一是藏文化中的宗山意象，要有一种权力的象征。二是通过藏式院落表达的当代行政建筑在内涵上的亲民。这两者是有矛盾的，如何解决就是我们设

州府夜景

州府内院夜景

州府西配院的水景

计的要点。建筑整体的调子淡雅质朴，不凸显宗教色彩，通过整体造型和空间院落表达上述两方面。设计的特点是含蓄中显力度，亲切又不失威严。

3.1 作为"雪"的院子

建筑设计方案吸取了藏式"宗山"建筑的特点，从地域特征、民族历史文化中寻找建筑的原型。"宗"为旧制中西藏地方政府的行政机构，由于当时西藏政教一体，宗和宗教结合十分紧密，宗建立在山头之上，也就形成了"宗山"。宗山周围有层层叠叠的附属用房环绕，形成鲜明的层次和丰富的水平肌理，被称为"雪"。设计方案充分利用地形高差勾勒富有趣味和内涵的院落空间。我们希望州府传递这样的体验：阳光投入静谧的内院，落在石子铺成的吉祥纹样上；在大树庇佑下的院子里观赏蓝天下的普措达泽神山；在带有康巴藏族风格的花窗下感受心灵的涤荡。主体建筑位于中央，庄严挺拔，作为"雪"的院落层叠交错，尺度宜人。宗、雪相映，烘托出建筑群体的气势。

3.2 柱廊的表达

玉树州府的柱廊，赋予院子空间以叙事性。这是一种发自内心的表达，表达的是一种氛围和意境，一种场所感。入口处开放式的文化展廊、层层上升台地院落、半开放的休憩庭院等，构成了连续而又独特的空间体验。在柱廊穿行可以看见保留的州委小楼、历届书记种植的小树林、远方的结古寺、一个又一个的内部庭院。特别是州府入口让内部院落开向德吉娘神山和扎曲河圣水，自然地串接起城市与建筑之间的联系。当人们穿行柱廊的过程中，历史的故事和个体感受，串联起各种偶然"事件"的微观叙事，自动生成出内涵丰富、可读性强的场所。

3.3 水院玉树

位处三江源的玉树院落怎能没有水景？在本方案的院落空间中因地制宜地布置一些水院，水院倒映出周边的自然环境，也倒映出建筑上富有藏式意味的牛角窗框和边玛墙。玉树气候严寒干燥，树木生长十分缓慢，当地每一棵大树都可以称之为"玉树"。在本项目场地中结古镇上为数不多的高大乔木，十分珍贵。设计团队对这些树木的位置和冠径仔细核实，并在设计中予以保留，所有建筑都对它们进行避让，体现出对环境的尊重。水静风平，玉树相映，构成一幅优美的雪域高原"林卡"意象。

3.4 当地建构

在项目设计和施工过程中，设计团队三十多次赴玉树藏区实地调研，并积极向藏学研究专家和当地工匠学习请教，在现代建筑技术和工艺条件下最大程度尊重藏区当地的风俗文化，体现当地文脉特色。寺庙喇嘛制作的"玻璃尕层"，是对当地藏区窗户的抽象表达。当地工匠砌筑的劈裂砌块，体现了藏式建筑的厚重粗矿。采用涂料拉毛处理的女儿墙，既有边玛草的韵味又符合当代工艺。藏区妇女铺砌卵石铺地时，一边欢唱一边工作。这样的地方建构赋予了建筑群落生命力和情绪，营建了超越视觉的空间感受。

4 结语

青藏高原的大开大阖、雪域神山的鬼斧神工，铸就了藏区建筑的雄浑品质。巍巍昆仑山、茫茫唐古拉，在大自然的壮美面前，建筑师对神山圣水一直秉持敬畏之心。在普措达泽山下，藏式院子和神山、圣水、玉树融为一体，创建和自然、历史、未来可能的对话。

▎玉树州政府剖面

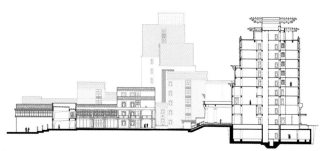
▎玉树州政府剖面

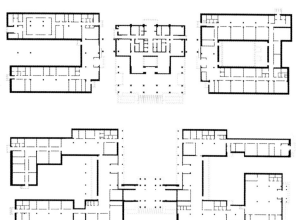
▎玉树州政府首层平面

▎州府西配楼内院俯视图

▎州府主楼门廊正对德吉娘神山　　▎州府内院

州府柱廊 | 州府入口

州府东配楼内院

州府入口门廊文化展厅 | 州府内院 | 州府主楼

王昀合集

▎爱晚亭景区文化中心轴测图

用抽象的眼睛看传统——爱晚亭景区文化中心

这个项目在湖南岳麓山。毛主席年轻的时候在湖南大学时，经常到岳麓山上面去，所以在这个地方想以毛主席在湖南大学期间的活动为主题设计一个展馆。项目基地离爱晚亭很近，当年毛主席去的时候还题了一首诗；基地后面是山脉。

在90年代的时候，我做过一个项目："萨迪的家"，研究的是音乐和建筑的关系。萨迪是一个音乐家，评论家认为他是现代音乐家的代表。萨迪本人已经去世，萨迪会喜欢什么样的家这问题就变得很直接。很多人设计的时候，是从各种造型的角度来思考；而我做了一个很简单却独有、专属于他的东西。设计来源于萨迪的音乐家身份。他在乐谱上做音乐，这点点画画的符号跟人写字是一样的，人不管性格是内向还是外向，所有的东西包括对事物的理解，最后都表现在文字上，字如其人。写字的时候，笔画上所显示的空间关系和人是有关的。音乐家也一样，他在做音乐的时候是凭自己对音乐的空间感在乐谱上面作画。所以，我从萨迪的乐谱中截取一个片断，根据片断的空间关系做了一个房子。乐谱中有很多的空间，每个音符的距离是有空间感的；这个空间感其实可以直接和建筑现实的空间发生关系。这点从文字的角度来讲也一样，比如在写一个"大"字的时候，这一横、一撇、一捺，实际上在地面上或者空间当中被划分成了五个部分；而在划分的时候，哪一部分宽一点，哪一部分窄一点，每个人都是有差别的。

所以毛主席的书法中，落笔时书面的空间感觉就是他本人对于空间的理解和直接展现。从这个角度出发，我从毛主席的书法当中找到一个最能代表他空间感的、最完美的东西，毛主席如果在世，看了以后肯定会喜欢，因为这是他的设计，不是我的设计。

我选的字是时代的"时"。时势造英雄，对于时间、时代，带有一种空间感的同时，还有时间感。它很流畅，墙面可以做得非常非常简洁连续，人随着时间的推移在里面行走体验，在空间当中漫步。建筑形象丰富又具象，但是建筑里面又是抽象的，这是一个让中国的文字能够通过空间的另外一种呈现变成一个非常抽象的建筑的过程。

中国文化不缺乏现代性和抽象性。我们缺乏的是什么？我们的问题是因为我们没有了抽象的眼睛、大脑和思维，没有一个理性的状态，从而发现不了传统当中具有抽象性的事物。这个事情是一个遗憾，而且是我今天希望能够唤醒的。

文字即是空间——铜川城市规划馆

铜川城市规划展览馆是一个竞赛项目，要求展览馆要有地方特色、地域特征，并且要有创新性、国际化，把所有的东西融合在一起，好比一个人是流氓，又要有文化，还得是个好人。如何使得这座美术馆有明确的铜川特性？我想既然城市名是"铜川"，那么这个名字在中国应该是独一无二的。以北京为例，紫禁城、大屋顶、灰砖、琉璃瓦，都不是北京独一无二的特征，但是名字却是独一无二的。

考察铜川的历史，发现它曾用名为"铜关"，后来改为铜川。因此，我认为名字是最具有地域特征的，"铜川"两个汉字带来的建筑造型也因此最具有地方特色和传统文化特征。例如铜关这个名，假如叫了三千年，是不是有历史？

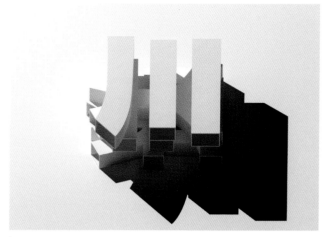

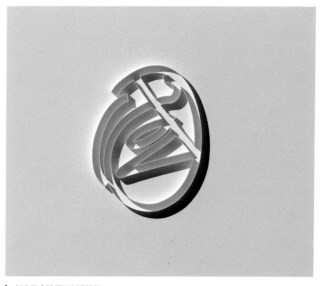

设计师在设计的时候要画图，而画图这个动作跟写字的动作是一样的，白纸上面要留下空间的痕迹。例如一个方块，从文字角度讲是个"口"字，但从建筑空间的角度看，它是一个房间，或者从更大的尺度看，是一面城墙。其实铜川、铜关这几个字里是带有空间的，我们把空间挖掘出来进行一个功能化的组合，就成了带有非常强烈地域体征的一个展览馆。我们就把这几个字重新进行了一个梳理，"铜"在最下面，因为它是历史，"关"在中间，"川"在最上，有叠加的地方我们把它做成交通的空间，一直通到顶部。这"川"字作为一个观光厅是带有不同朝向的，可以看到城市的不同方位，同时字体的本身特别具有展览性空间的性质，所以我们把它结合起来。这个形态是最具有中国特征和当地文化特征的，在外人看来又是特别具有抽象的现代特征的一个东西。

中国的传统文化不是简单的造型，中国地方性的文化不是简单的材料，而在于中国人写字这个举动的特征和中国人对文字的理解。因为文字本身是空间。画三道是三堵隔墙，这三道可以是三面墙，也可以是三个房子，从这个角度来看，我认为建筑的范畴可以扩大。你会发现中国人不缺乏抽象思维，不缺乏现代的概念，而是我们的眼睛没有发现中国传统文化中现代的信息，能够在我们这个时代可以生根发芽结果的信息。我们一般看到的都是中国传统建筑表皮上的东西，但是那些东西随着时代的变化是要消失的。比如材料，三千年前的材料怎么在新的时代运用？所以我在想中国文化的基因当中所具有的现代性信息是存在于我们每个人自身的，我认为

文字是我们每个人都要写的，而这种书写的习惯实际上是我们每个中国人固有的。我们从小就要写字，空间感完全是在文字当中流露出来的，这是我们中国人不同于欧洲人最基本的状态。

一幅书法一座城——草圣画廊

湖南永州是怀素的家乡，怀素是"草圣"，我们要为他做一个草圣画廊。同样的想法，想从怀素的书法当中找到具有代表性的一个东西。我们看怀素书法，字总有写得大一点的，也有写得小一点的，怀素为什么在那一瞬间感觉要把一个字写得很大呢？是因为他觉得这部分需要盖个地标建筑，需要让这个空间显得有魅力，剩下的地方他认为不太重要就采用小字。

其实一幅书法本身也是一座城市。从规划的角度来看，一篇长卷中每一个字是一个建筑，字与字之间的间隙就是街道，关键的节点处会出现广场等地标性建筑。所以我们希望把能作为地标的这样一个字找出来，赋予它展览和空间的属性。我们找到的是"带"字，在怀素的书法里这个字是最具代表性的，而且这个字本身空间感极为丰富，可以生成很多可以活动的空间场所，展览馆的性质也可以发生多义性的变化。其实这个画廊不见得一定展示什么，更重要的是体会这种空间变化的感觉。并且这个建筑不是我做的，是怀素。同时你会发现，虽然都是抽象的东西，但其实它与毛主席展馆的空间感觉又是不一样的。

南海佛学院概念设计方案

主要设计人：常青、王红军、张鹏、刘伟、吴雨旐
参与设计人：赵英亓、苏项琨、巨凯夫、门畅、刘思远等
设计主持人：常青
设计机构：同济大学建筑设计研究院
设计时间：2014年2月
项目委托：海南省三亚市"南海佛学院"工程指挥部
建筑面积：76 095 m²

1 设计概要

1.1 项目定位

目标：践行"一路一带"国家发展战略，创立"三传佛教"国际学术殿堂。

理念：是恪守故旧的传统佛塔寺变体？还是设计推陈出新的现代佛学院风貌？二者各有道理，本方案选择了后者。

1.2 基址状况

南海佛学院位于海南省三亚市南山文化旅游区内，东与佛教文化园的南山寺为邻。基址傍山面海，形势左辅右弼；天际连绵透迤，地脉龙盘虎踞。山体陡峭平缓、此起彼伏，北峰居中，制高点达120 m，确是一块绝佳的风水宝地。基址狭长，占地41.3公顷，东西展开面长1780 m，南北最宽处420 m，适合萧散的景观建筑布局（图1）。基址以北有城市道路蜿蜒接入，为交通运输主要来路。以南有景区滨海道路，可作为对外辅助交通流线。

1.3 总体布局

本方案将学院构成主体设定为"一干三支"，即院总部和汉传区、南传区、藏传区内的三个分部。建筑总体布局寻求大气蓬勃、均衡有序、主次分明、疏密有致的规划效果。

根据学院的三传佛教分部宜各自在空间上相对独立的需要，结合地理空间方位的象征意义，以及交通组织的实际需求，将院总部置于基地中北侧可建地块内，而将三个分部置于东（汉传）、中（南传）、西（藏传）三个可建地块内。各分院均有独立、集中的禅堂、佛殿和教学楼，学员宿舍、食堂等附属建筑均沿道路两侧成组布置，公共服务设施尽量接近车行道以方便运输。另在院总部西侧山头上建可对外服务的佛教文化体验区和驿馆，并预留了后续发展空间（图2）。

1.4 交通流线

设南北两条可基本环通的7 m宽车行线，连接5个校门和"一干三支"主要部分，利用地形做出路边隐蔽的停车场。在南北车行线

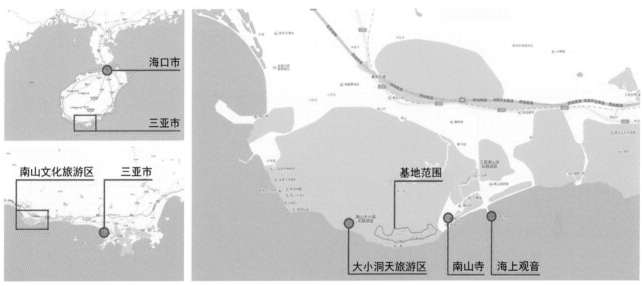

▌ 图1 区位及场地周边环境示意图

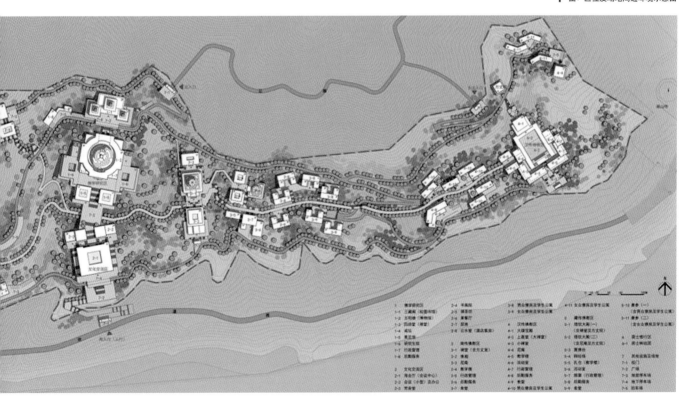

▌ 图2 规划总图

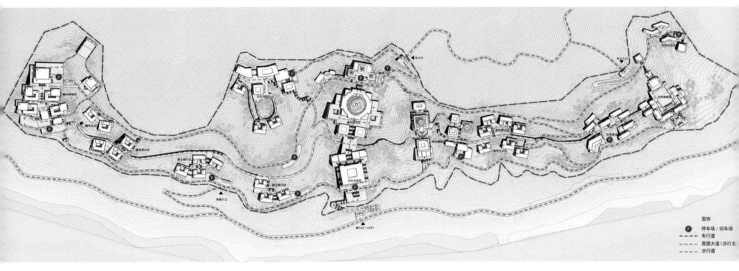

图3 交通流线规划图

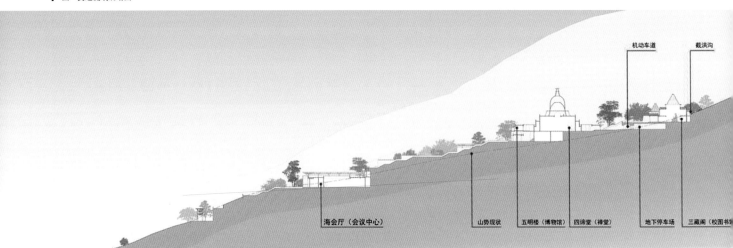

图4 场地高程规划图

之间设步行线——菩提林荫道，可东西贯穿三个分部和其间的学员宿舍分布区。精心设计环形机动车道的坡度和线性，根据山体态势和坡度选择适宜的台阶和蹬道走向（图3）。

1.5 环境因应

学院建筑依山就势，与山体环境宜形成密切的镶嵌关系（图4）。

第一，敬畏自然，因势利导，多挑少挖，草木慎扰。慎重选择沟坎的绕行或架桥方式，以前者为主。

第二，悉心处理山体排洪和场地排水问题，力争做到保障安全前提下的经济实用。

第三，尽量采用被动式建筑节能措施，重点解决好坡地建筑的通风散热问题。充分利用山地阳面，在屋顶设太阳能光热、光电装置。

1.6 风格取向

第一，运用简洁抽象的建筑形式语言，表达菩提（Bodhi）境界的佛教智慧及其象征，彰显现代佛学院的空间性格和艺术品质。

第二，表达古韵新风的创作态度及手法，古韵而非仿古，新风而不唯新，将古代佛寺的原型和风格，提炼、演绎为现代佛学院的

建筑意象，在传承、转化和创新中重塑21世纪的佛教建筑经典。

第三，提炼佛教建筑艺术的意象原型，使"一干"——院总部建筑形态兼顾三传佛教人士的认同感；同时，"三支"各自又有独特鲜明的风格取向。

第四，各部分建筑均以两层为主，局部三层，主体高度控制在15 m左右，佛塔等个别标志物视景需要略有提高。山地建筑以仰视为主，加之高度优势，故本设计基本不采用传统大屋顶形式。

1.7 景观构想

在尽可能多地保留基址内树木的基础上，在规划建设场地周围重点作文化主题性绿化栽植设计。菩提林荫道两侧以菩提树栽植为主，南北车行道两侧栽植椰树、槟榔、香樟，并在主要建筑群中插栽蒲桃、蛇藤，在五明楼和三藏阁之间栽植无忧树、裟椤双树、大青树、贝叶树等佛教题材树种。在汉传禅院水池养殖睡莲、荷花，在三传分院区栽植鸡蛋花、黄姜花、黄缅桂，并在庭院建竹篱等。

学院内露天座椅、灯具、电话亭、指示牌、垃圾箱等均统一设计，造型力求简素，并带有佛教标志符号。

2 分区设计要点

图5 三藏阁平面、立面设计图

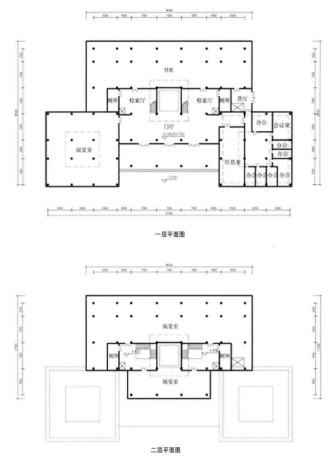

一层平面图

二层平面图

2.1 院总部

形态特征

院总部中轴线上自北而南依次为三藏阁、五明楼、研究生院和海会厅等。

（1）三藏阁（院图书馆），"品"字形平面，楼台造型，以吴哥窟和大雁塔为构思原型，倾斜的台身与山体相呼应，台面上三座钢和玻璃结构的楼阁式采光塔，中央塔下为图书馆中厅中的释迦本尊像。石质台身上缘为右旋的"卍"字两方连续图案（图5）。

（2）五明楼（博物馆、集会和管理），平面为抽象的"曼陀罗"图形，中央楼体为圆形的"四谛堂"——三传佛教学术讲堂，四周楼体为博物馆、学院管理用房和研究生院。"四谛堂"上部设三层的圆形戒坛，石质面层，右旋拾级而上。戒坛中央以印度窣堵坡经典原型——桑奇大塔和南海典型佛塔的轮廓线为参照，设计了一座钛合金双弯骨架的窣堵坡影像，用以象征佛教的涅槃境界，同时在视觉上有控制环境的标识性作用。"四谛堂"采光天窗两部分楼体之间为环形露天蹬道，起到连接中轴线上下交通和五明楼通风散热的双重作用（图6）。建筑形式充分体现"古韵新风"，舒展的金属散热平屋顶和檐下抽象的斗拱造型意象，石质墙面上以金属饰带镶嵌出柱、额和"万"字图案的影像，以及竖条窗上同样题材的双拼图案等，都传达出了现代佛教建筑艺术的寓意。

（3）海会厅，取义佛教《菩萨地持经》之"菩萨海会云来集"，为学院集会大厅。平面方形，造型风格与五明楼基本一致，入口八字形斜墙面上镌刻出佛经经典名段。

空间序列

院总部位于学院基地中段相对开阔的山坡上，山上和山下的主体建筑分别接近南北大门。北门内干道将人、车流引向三藏阁前广场，广场下有过车涵洞和停车库，由此处沿着中轴线仰观俯视，目不暇接，北望三藏阁，南进五明楼，由圆弧阶梯旋转而上，可达三重戒坛之巅，为空间序列高潮。穿五明楼再向南可下到与菩提林荫道交汇的广场，中轴线由此依等高线方向朝东南转折，落阶而下到达海会厅，由厅前广场走"字形之"蹬道而下可直达南大门。

2.2 南传区

根据南海佛学院的策划意图，南传分部是三传分院中最应突出的部分，故选址近于学院中心位置，东邻院总部。按南传佛教建筑规制，自北向南在中轴线上布置方丈院、禅堂和佛殿，又以禅堂为东西轴线之西端，跨谷建南北对称的研修院和会堂，会堂为东西轴

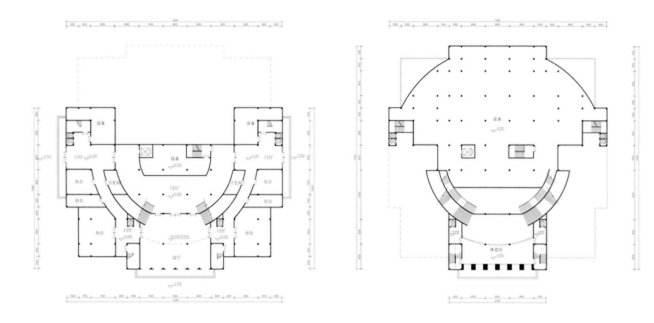

五明楼首层平面图

五明楼夹层平面图

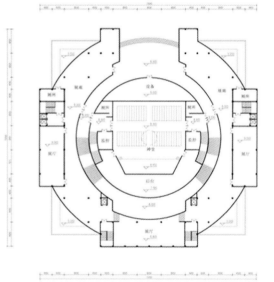

五明楼二层平面图

五明楼屋顶平面图

图6 五明楼首层、夹层、二层、顶层平面图

五明楼、坛场及三藏阁鸟瞰效果图

线东端（图7-1）。

区内建筑风格充分汲取南传佛教建筑，特别是东南亚典型佛教建筑特色，如禅堂和会堂的塔庙形式，即堂顶为攒尖或钟形的佛塔，檐下用斜撑，入口有三角形山面意象，窗格为曼陀罗意味图案等。这些南传佛教的传统建筑特征均作抽象的简化处理，并以钢、石材、玻璃等材料加以表达，以在轻盈、简洁的现代造型中隐现出传统的韵味。如禅堂为方形金属平屋顶，其上为逐层抹角的玻璃攒尖顶。又如会堂，方形金属平屋顶亦经逐层抹角，渐变为圆钟形，下部凹曲面为金属材料，上部为玻璃穹顶（图7-2、图8）。

2.3 汉传区

汉传区位于校园东端，西接南传区，东临南山寺。不仅在区位上暗合了汉传佛教分布的地理位置，同时也可与南山寺形成在空间上毗连、功能上互补的"寺、院一体"格局。

整个汉传教学区布局在延承汉传佛教"伽蓝七堂"制基础上，结合学院功能，顺应山势，自南向北分为前中后三院，前院为迎宾接待区，布置院门（山门）和主要用于贵宾接待的鸿胪厅。中院为禅修区，以水天一色的莲花池为中心，布置环廊及释迦堂（大雄宝殿），水池下部利用地形高差，设置可用于千人法会的上善堂，以取上善若水之意（图9-1）。

法堂光线自顶而下，堂内水影婆娑。后院主要设置方丈禅寺。教学单元分列于中轴两侧，层叠而设，由爬山廊相互连接。整组建筑依山就势，层级蔚然，形成丰富而恢弘的学院格局（图9-2）。

2.4 藏传区

藏传区依山而建，顺应地形，不追求严整对称的处理手法造就了其因山就势、自由布局的特征。设计中延续了这一藏传佛寺的关键空间特征，因应山势形成主轴，结合坡形设计平台系统，在其上完成建筑（图10）。

建筑多以石材砌筑外立面，开小窗以抵御严寒。这与三亚的热带气候形成了一定的矛盾。设计中采取了双层立面的做法，外层立面疏密有致的竖向格栅既满足了遮阳和通风，又能实现外观较实的效果。两层立面之间，形成了可容纳公共活动的阳台系统（图11）。

2.5 用地平衡表

经济技术指标

用地面积	412122 m² （618亩）
适宜建设用地面积	233335 m² （350亩）
总建筑面积	76095 m²
地上建筑面积	70185 m²
地下建筑面积	5910 m²
容积率	0.3（以适宜建设用地面积计算）
基底面积	52125 m²
建筑密度	22.3%（以适宜建设用地面积计算）
建筑层数	1至3层

图7-1 南传区平面布置图

图例：
- 修行寺院
- 后勤服务
- 教学研究
- 行政办公
- 住宿
- 食堂

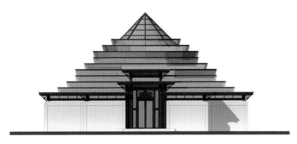

禅堂立面图

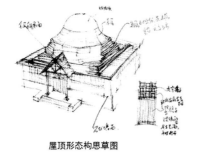

屋顶形态构思草图

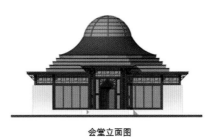

会堂立面图

图7-2 南传区禅堂、会堂形态设计图

图8 南传区主轴景观鸟瞰效果图

图9-1 汉传区中轴主景效果图

▌图9-2 汉传区上善堂顶部水庭效果图

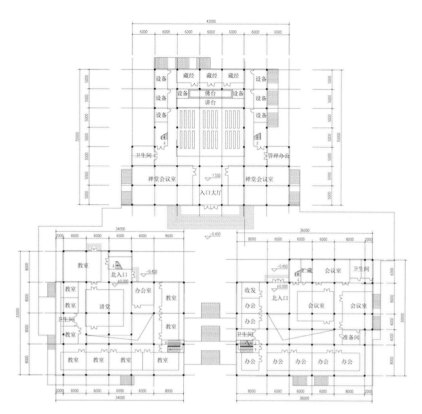

图10 藏传区扎仓平面图

图11 藏传区鸟瞰效果图

盐城美术馆

主要设计人：艾伦(Allan Schoening)、曹禾(VinnieHcao)、郭鹏

设计机构：APA ARCHITECTS (DK) LTD.

建设地点：江苏省盐城市

设计时间：2011年6月

建筑面积：21 000 m²

占地面积：40 000 m²

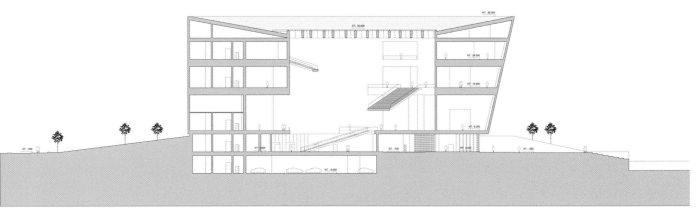

▌剖面图

一层平面图

二层平面图

三层平面图r

四层平面图

安徽（中国）桐城文化博物馆建筑设计及周边地块规划设计

设计团队：刘向军、凌世红、李江涛、陈娆、丁楠、孙琳、郭长玲、
　　　　　王亮、杜菲、赵兴雅、李昊

首席设计师：俞孔坚

设计机构：土人设计（Turenscape）

项目类别：城市规划、建筑设计、景观设计

建设地点：安徽省安庆市桐城

设计时间：2011年3月—2011年6月

建成时间：2016年6月

项目委托：安徽桐城市国有资产投资运营有限公司

占地面积：54 164 m²

简介：本建筑群由两个功能体块构成，在城市的致密肌理内，并与古城内的文庙相邻。如何将大体量的现代建筑与致密的古城肌理及毗邻的古建筑群相融合，以及如何在一个嘈杂的当代市井中营造一个静谧的博物馆环境，是本案的最大挑战。方案用透明的室内街巷走廊切割展览空间体块，来解决建筑内部的交通组织和采光，同时化整为零，形成与古城肌理相融的建筑群；通过兼具展览媒介功能的围墙，呼应相邻的合院式古建筑群，同时屏蔽了周边嘈杂的80年代后新建的民宅和店铺招牌，创造了一个城市中的展览环境。

1 项目背景

安徽桐城市地处合肥与皖江城镇带之间，属于安徽省级历史文化名城。

根据《桐城市总体规划2003—2020》中提出的建立古城文化中心：以历史文物保护、文化教育、艺术、古传统工商业和旅游业为主，形成独具桐城特色的历史风貌区。

安徽（中国）桐城文化博物馆的设计与建设成为体现和恢复桐城历史风貌，体现桐城独特文化的重要载体和标志。

2 场地文化

规划用地位于桐城古城中心，以文庙、桐城文化博物馆为中心，是桐城文化的重要载体和集中展示区。桐城文化集皖江文化之大成，是安徽文化的重要分支，是三江文化，即淮河文化、皖江文化、新安江文化的重要发源地，有山有水的文化，水飘逸空灵，感染性强，文学、建筑艺术卓著于世。

桐城文化以桐城派文化为核心，包括仕族文化和民俗文化，即雅俗文化。

鸟瞰全景

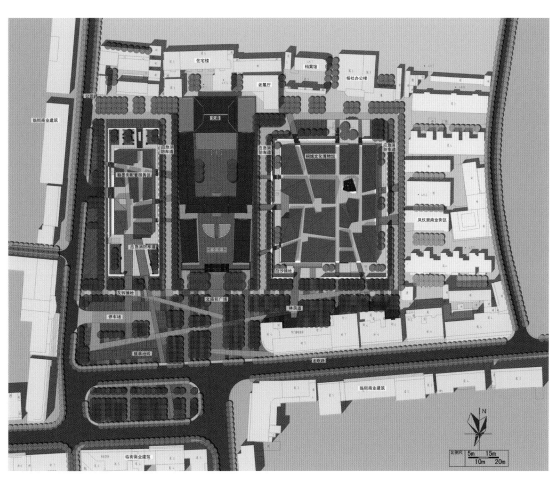

总图

桐城文派是清代文坛最大散文流派，创立了以义理、考据、词章为核心的文论，聚集了大批学者和作家，桐城派文化集中代表了桐城文化中的雅文化，体现在喜茶好酒、合院而居、尊孔推儒、忠孝礼让、崇文尚礼。

场地周边建筑遗构丰富，类型多样，在老城北、西、南聚集成为古城区重要的历史文化街区，历史遗构以明、清、民国时期为主，仕族居宅以天井为特色，民宅多院落，通过绿植实现建筑与室外空间的渗透和融合，其中一般民居住宅多为四合院，房屋款式则有四合院、推车屋、拐尺屋、双包厢、一条龙、黑六间、一颗印等，建筑形态兼具江西及徽州文化、安庆土著的古皖文化特征。

3 总体布局

本规划地块位于桐城古城的中心，场地中心部位为文庙，桐城文庙为明清以来当地祭孔的礼制性建筑群，雄居县城中心，面临人民广场，正对繁华街区和平路，名人故居集中的老街三面环拥，如众星拱月。文庙是桐城文化的象征。

场地北部接古城保留区——名人故居和居住区，南部与古文化街相衔接——和平路，西临商业街——公园路，东接居住区；文庙将规划地块分隔成东西两部分。

设计区域以桐城文庙为中心，分为东西两翼以及文庙前人民广场三部分，占地面积约5公顷。其中文庙西侧为文化商业街，建筑面

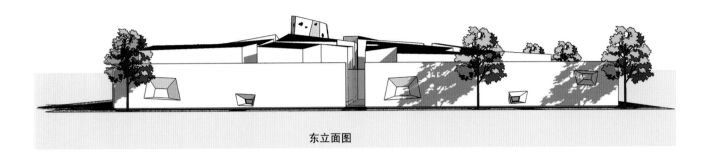

东立面图

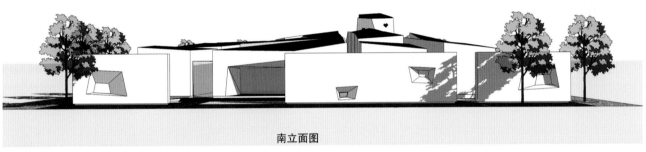

南立面图

立面图

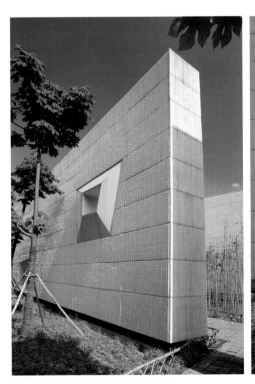

积约为2100 m²；东部为桐城博物馆，建筑面积8000 m²。

设计依据古桐城七拐八角、曲折萦回的街巷肌理，提炼其丰富的里巷语言，将两座建筑设计为街巷布局，改变通常博物馆大空间的处理手法，将建筑空间分解成各个相对独立的单元，通过街巷的走向来组织各种建筑空间并向场地延伸和扩展，营造亲人的体验尺度，设计成为反映老城历史的重要载体。

4 建筑设计

建筑设计遵循规划布局，同时将建筑与景观设计紧密结合起来，形成建筑与景观的互延效果。

建筑布局与规划布局相呼应，文庙西侧的商业街以及东侧文化博物馆都以老城街巷肌理为语言，切割体块形成空间丰富的设计语言。

其中博物馆建筑的首层平面通过街巷串联各展厅，街巷交错联系，设置开敞空间，并向外延伸。建筑成为最大的展品。地下室采取大空间布置，适应多种展示需求。

街巷串联展厅的同时提供采光通风。设置一层地下室以降低地上建筑高度。特色灰砖和木构梁架成为老城建筑使用的传统材料，古朴素雅，设计继续应用上述乡土材料，延续老城风格。

建筑外墙采用白色混凝土挂板，与黑色石材屋顶搭配，简洁明快。博物馆入口简约大气，前庭院景观与内部展厅渗透融合，满足功能流线的基础上注重室内外空间的渗透。同时，为结合采光要求，建筑设计多处条状天井空间，以及中央天井，并将参观人流引入一个塔式中庭，并在此拾阶而上，鸟瞰整个场地，侧墙上的不同开窗形态将有趣的光线引入室内，形成异常丰富的光影效果。内

部走廊植物荫翳，茅草拂面，塑造安静素雅的博物馆休憩空间。

博物馆外围，高约5 m的景墙的设计形成层叠入口空间，彰显桐城文化的谦逊与融合。白色的景墙将文庙红墙纳入内庭院景观，形成框景效果，漏窗与景墙两侧处栽植桂竹，与文庙前广场内外通透，层层框景，步步怡情，建筑与景观相映成趣，突出桐城静雅的文化内涵。

建筑主体二层，局部三层；分成展览区、藏品区及配套服务设施。其中配套设施里包含游客服务、学术研究、后勤办公、设备机房和技术处理等部分。

建筑首层4180 m²，位于地上，设文物展览区、藏品库、学术研究区、游客服务区四大板块；地下一层4464 m²，设展览区、设备机房、学术研究区、技术处理等服务用房。

文庙的西侧打造静谧高雅的商业街区，共两层，以古玩交易、字画展卖、艺术收藏等文化韵味浓厚的小商业为主。

西侧商业配套主入口区：通过同样的白色景墙和植竹展现以文会友的儒商氛围。

西侧商业外围也设计了景观墙，景墙后为重要的入口空间，可直接进入商业建筑，也能经楼梯下至地下商业步行街。

建筑的首层建筑2757 m²，以古玩市场为主，配套高档餐饮与茶吧等服务性店面；地下层建筑2218 m²，设计有文化用品市场和大型图书市场。

正立面与博物馆统一，建筑中央也设置了开敞庭院，打造高雅商业休闲空间。

六盘水美术馆

设计团队：刘德华、白洁、刘拓、张晋丰、张晓峰、曹军营、
　　　　　任轶珍、宋旭
首席设计师：俞孔坚
设计机构：土人设计
建设地点：贵州省六盘水市
竣工时间：2013年
项目委托：六盘水发展投资公司
面积：13 100 m²

▌建筑西侧人视图

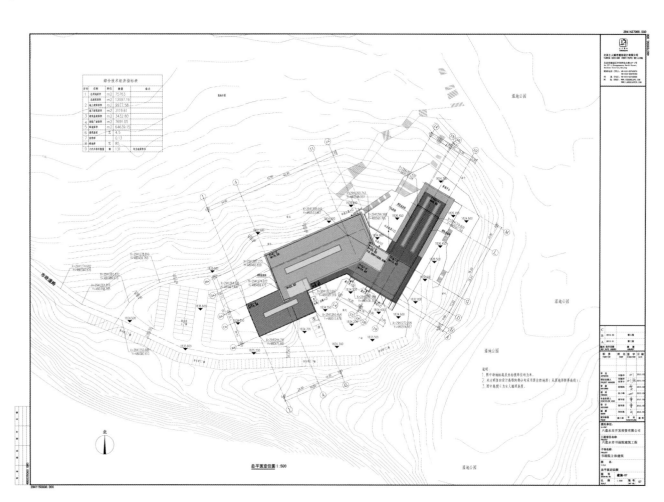

▌总平面定位图

六盘水美术馆坐落于六盘水明湖湿地公园之山麓，俯瞰湿地，西靠六盘水的山川和森林。公园的步道系统和桥廊将人们自然地引入到博物馆。博物馆的玻璃立面打破了建筑的界限，把周边宽阔的视野带到建筑之中。玻璃幕墙上的印刷图案在夜间的照明下能创造出璀璨的光影效果。

项目说明：

美术馆的平面更像是一组矩形方体，为获得最佳的视野而被抬升和组合。建筑面对公园的一侧的体量被玻璃立面上的印刷图案所溶解。一幅森林的图景，将建筑笼罩在真实与想像的绿意当中。玻璃通过印刷的森林图案创造出不同层次的透明效果，这些图案中的森林在夜晚的照明下创造出璀璨的光影。

深远的悬臂进一步加强了建筑的空灵感，就如盒子在空中漂浮、悬停。它的悬挑距离达到15 m之多。而通往博物馆需要经过的台阶正好就处于它红色的底部下方。在这样戏剧化的场景下，建筑的光影变化得到强化。

为了适应当地气候，本次设计运用了双层表皮立面系统。两层玻璃之间是60 cm宽的空气空间，这种立面系统允许热空气从高处排出并带动空气流动，由此实现建筑更好的通风，以减少制冷所需的能量。空气空间也可作为隔绝层，这意味着冬季的热量损失会显著减少。

随着建筑空间的升高，项目的私密性会随之增加。一个巨大的两层通高的展厅沟通各个楼层，二层是主要的画廊、拍卖室和艺术商店。艺术家的工作室位于三层，大师的工作室则位于顶层。

博物馆与公园不是相互独立的，他们相互呼应、相得益彰。一方面湿地公园已经受到人们的广泛喜爱，如今在游玩公园的同时他们还能参观新的城市文化设施。公园的道路系统与桥梁能将人们自然地引导到博物馆当中。反过来，艺术中心延续了丰厚的中国书法艺术传统，并折射出公园如画般的美景。

上海上斐雕塑艺术工程有限公司 | **设计档案**

上海上斐雕塑艺术工程有限公司

主要设计人：绍辉

设计机构：上海上斐雕塑艺术工程有限公司

　　上海上斐雕塑艺术有限公司成立于2005年3月。业务涉及城市雕塑、酒店装饰、假山溶洞、蜡像、高科技仿真动物等方面。

　　邵辉，作为上海上斐雕塑艺术工程有限公司董事长、中国雕塑企业家协会会长、上海斐然居文化中心主人，在由上海农工商集团开发的上海苏提春晓楼盘上，他亲自设计了一组以古代青铜元素为题材的水景雕塑，传统元素加上现代的设计理念，包含文化性、艺术性、观赏性的特征，至今仍堪为经典。

　　在2009年济南市小清河综合治理工程的首次投标尝试中，由邵辉把关的小清河党史纪念碑雕塑《1934》一举夺魁，得获金奖。2010年，上海世博会举办，上斐雕塑承接了世博家园体现老上海民俗风情的系列雕塑，获得了专家们的赞誉和认可。2012年，济南小清河迎来了二期工程的建设，在沿岸长达几千米的文化景墙招标工程当中，上斐雕塑以独特新颖的形式与富有创意的设计思路再次中标，2013年末完成了全部项目。

　　每一件上斐作品力求最大程度地体现文化性、展示艺术性、彰显和传播社会正能量，这是上斐永恒的追求目标。

▌《凤凰》
主要设计人：邵辉
尺寸：高7m
材质：铸铜
时间：2012年

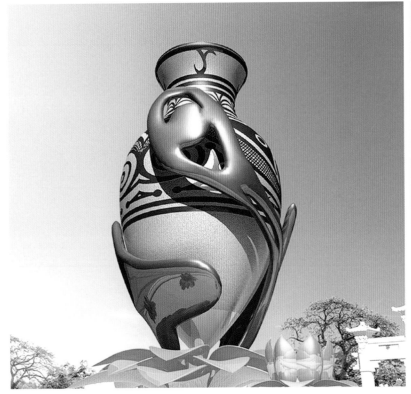

▌山东乳山福如东海文化园《福罐》
主要设计人：邵辉
尺寸：高18m
材质：不锈钢
时间：2007年

▌山东广饶城市绿轴广场雕塑《饶》
主要设计人：邵辉
尺寸：高3m
材质：铸铜
时间：2010年

浙江温州翠微山烈士陵园入口广场雕塑
主要设计人：邵辉
尺寸：高5m
材质：汉白玉
时间：2010年

■ 山东汶上县名俗馆
主要设计人：邵辉
尺寸：真人大小
材质：铸铜
时间：2012年

■ 上海世博家园民俗人物雕塑
主要设计人：邵辉
尺寸：人物真实尺寸
材质：铸铜
时间：2008年

山东滕州市荆河生态休闲长廊文化广场雕塑
主要设计人：邵辉
尺寸：高3m
材质：花岗岩、铸铜、锻铜
时间：2011年

《扑鱼者》
主要设计人：邵辉
尺寸：高4m
材质：铸铜
时间：2011年

山东汶上县名俗馆
主要设计人：邵辉
尺寸：真人大小
材质：铸铜
时间：2012年

山东济南小清河《芭蕾》
主要设计人：邵辉
尺寸：高2m
材质：不锈钢
时间：2009年

山东济南小清河《1934》
主要设计人：邵辉
尺寸：高7m
材质：不锈钢
时间：2007年

■ 湖州烈士陵园纪念馆群雕
主要设计人：邵辉
尺寸：高5m，场15m
材质：铸铜
时间：2013年

■ 齐鲁名仕
主要设计人：邵辉
尺寸：高3.5m，场350m
材质：石材、铸铜
时间：2013年

建筑焦点

凝视与一瞥

金秋野

摘　要：以王澍的思想和作品为研究对象，指出"观想方式"是被传统定义的视觉—心灵构造。在建筑中，它表现为一系列空间视错觉构造法，框定着文明视野下的审美体验和精神情操。传统观念中"相似相续"的世界观，通过撷取物象、拼贴组合，建立起一套"模件化"的类型学符号体系，作为造型手段让事物间生成连续的微差，以此"道法自然"，进而指出园林与诗歌、山水画分享类似的观想方式。本文讨论王澍是如何将这一观念应用于设计实践，成就了独特的设计语言，以传统艺术为路径。对观想方式的回忆和再造，本质上是一种精神语言的突围重生。

关键词：王澍　观想　模件　类型　错觉　情操　织体　制图法

1 图解山水

人人都有一双眼睛。同样的生理结构，眼里的世界却各不相同。视觉不只是光线在视网膜上的投影，更是外部世界在心灵上的投影。人们举目四望，看见的东西各不相同。他们做事的方法和态度，他们使用的器物和工具，他们所营造的物质环境，特别是他们的语言和艺术作品，都是对外部世界做出的特定反应，他们如何选择，开始是以他们能看见什么来决定的，后来是以他们想看见什么来决定的。"观"与"想"不可分割地缠绕在一起，所观即所想，"想"是一种内观，"观想"是建构世界的第一步。文化因此带有一些相对的特征，不同文化传统之间，不同的个体之间，没有整齐划一的评判标准，真正的差异在于心灵构造上的不同、应变方式上的不同、行动策略上的不同。

王澍在他的博士论文《虚构城市》[1]中反复提到清末的豸峰全图（图1）。豸峰是中国为数众多的小山村中的一个，它有幸被以一种传统的方式记录下来。图绘完成的时间是1904年，正值中国社会深刻转型的前夕。用现代制图法来衡量，这幅图的表现水平相当拙劣，既不准确，也不精当。但是王澍非常欣赏它。他说："它们是用于联想的东西，而不是地理规定的东西"。的确，一幅精确绘制的地图永远也不会给我们如此深刻的环境空间暗示，比如不会通过直观的图示告诉一个人走到哪里会遇到一棵什么样的树，看到一座什么样的牌坊。我想，对于在真实世界里漫游的旅人来说，这样的一幅图，要比精确抽象的地图更加优越，更不容易使人迷失其中，因为它在描述世间万物之间的种种关系——一座门楼的形制和方位、一片树林的种类和姿态、一座桥以何种方式横跨一条河流。这是一种非常奇特的观看方式，说它奇特，是因为我们对它并不熟悉，或者不再熟悉。然而，正是这幅有点比例失衡的、甚至幼稚可笑的图，传达出一种久违了的和煦、虔敬且丰润的心灵构造，以及由它引出一番"观想"。这是漫游般的体验，如同展子虔的《游春图》，它会把我们吸入图中，穿过街巷，拐过牌楼，踏上田垄，抚摸路边的桃树，在滩溪上游玩，在祠堂里打盹，越过垂柳的柔柯眺望青翠的远山。绘图者提醒我们注意那些标出了名字的地方，它们并不按照某种科学的分类，列举得也不周到，但却真切地契合着这位漫游者的心灵。现代地图无法做到这一点，这不是信息量大小的问题。哪怕是三维虚拟现实的GPS导航图，都无法将一个有形的世界如此直观准确而言简意赅地推送到我们面前。相比之下，导航仪只是现实的一个切片化的副本，它或许可以在一片简单重复、毫无识别性的数字化城市里让人免于迷路，但这并不是什么优点，因为容易迷路的现代城市本来就是人类自己造出来的麻烦。无法在豸峰全图中描述的现代城市，正是现代几何学所提供的观想方式的必然结果。

豸峰全图不是地图，不是山水画，不是轴测，更不是虚拟现实，它只是一个图解。它不分青红皂白，把人文环境

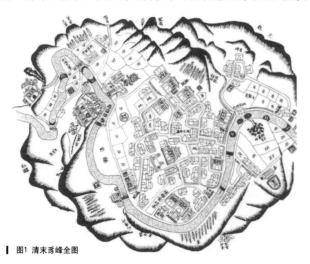

图1　清末豸峰全图

和天然景观杂糅在一起。它又具体，又抽象，又简略，又丰富。相比之下，地图是多么乏味，只是一堆坐标点和图例的堆砌，没有人会靠地图来感知一个地方，只能靠它了解自己的理论位置。面对山水，一位现代人只能编制一个图表，我们的祖先却能讲述一个故事。

清代画家龚贤说"古有图而无画"。我们也可以说，传统的地图不求精准、不做归类，只刻画现实意义上的"重要"之物，带有明确的指示和讲述口吻，本身就既是画，也是图解。像《洛神赋图》这样的绘画不就是图解吗？山水画也许就起源于对山川形势的图解[2]，它至今仍然带有图解的诸多特征。但是，不谈山水比德，不谈含道映物，只是把山水画比作地图，听起来难道不太缺乏诗意了吗？如果说豸峰地图"在某种更宽广的范围上与现实类似"，那么它是如何实现的？在它背后，是一种什么样的观想方式在起作用，在今天的世界是否仍有价值？

《虚构城市》完成于2000年，去今已有13年了。这些时间里，王澍从《豸峰全图》中看到了什么，是否融入了他的思考和设计，又从而引发了其他人的思考和设计，正是本文关心的问题。我们将看到一种独特的吸纳传统的方式，并从中生出了诗化的建筑语言。虽然材料和建构的地方特征能够为它增色，但总的来说，这种设计语言是不依赖于乡土，甚至是反地方性的。它立足于一个更宏大的文明模型上，像一次再造和重生。

本文从《豸峰全图》出发，探讨一种不同寻常的观想方式。这个问题有三个方面。其一是看什么的问题，也就是地图的绘制者——我们的先人，他们在现象的世界里看到了什么，如何进行分类，如何选取"重要"之物，如何确定尺度，又如何组织安排。其二是怎么看的问题，是正襟危坐地看，还是随随便便地看；是拉直了看，还是环绕着看；是一个个看，还是一组组看。既然说观想即建构，如何看也决定了如何画和如何营造。其三是为什么要这么看的问题，这种观看的方式，可以是实用的，是地图、器物上的花纹，是雕版上的插图，也可以是精神性的，是山水画。今天，我们还有必要延续这样的观看方式吗？

这样，一张似是而非的地图所引发的关于"看"的讨论，成就了一段回忆之旅。

2 相似相续

与采用投影展开面的现代地图不同，《豸峰全图》像是一个口袋，又像是透过鱼眼镜头看世界，它并没有像现代地图那样四面开张、撑满纸面，而是四角留白，形成一个收缩的球。连绵群山环抱着村落，以溪水为襟带。这是一个被自然包裹的世界。

在这张图中，首先，被提取的物象相当有限，可以被简单地概括为几类。其次，被提取的事物往往是有名字的，也就是一些"诗性的个体"。第三，每一类事物都类似，但绝不雷同，彼此不是克隆对方，它们遵循着王澍所谓的"相似性区别"而彼此勾连。

王澍这样描绘图中的物象："把几座有名字的山峰、几座没有名字的山峰、田、地、某个水坑（肯定不是全部水坑）、一堵墙、若干有名字的房屋形状、一块只有名字没有图形的房子、一座坟墓（而不是全部坟墓）、一片特殊的树（有名字）、一片无名的树林、一个不同寻常的碣、一块有名字的石头……把所有这些以完全等价的方式都画在一张图上……相信当今没有哪个建筑师做得到，因为根本没有学过。但这张图却可能是关于这个村子真正现实的最恰切的描摹。"[3]他把它解释为一种"类型学"的构造："把图上作为组成部分的各系列排列、组合，我们就可能得出这个村庄的完整结构，即主要题材及其他种种形式——系列的范例（隐喻性类型）……它的总和结果，符合中国任何地方人类智力的某种根深蒂固的组织原则。"[4]

这些无法归类的物象，勾画出一个具体的世界。与现代地图的抽象世界不同，相对于豸峰地图上有名字的树木，"城市设计平面上的树只是一串圆圈，模型上也类似，因为它们都是抽象思维的证据"。王澍认为，它们来自于米歇尔·福柯(Michel Foucault)所谓不同"知识型"的思维秩序，分析与归纳是后者常用的方法。相对应的，豸峰图中的物象，却是一些得诸感觉的符号。

王澍进而指出，在同一个类别（例如建筑）之内，个体高度相似，甚至相同，让人觉得只是同一事物的反复出现。但只要稍加留意，就会在出檐深浅、门的形状之类的地方发现差别，或者因为旁边是否有水塘而有所区别。王澍将之命名为"相似性区别"。他直觉地将之类比为一幅书法作品中相同文字反复出现时彼此之间的细微差别（图2）。

王澍用罗西(Aldo Rossi)的类型学来解释这一发现[5]。刘东洋认真辨析之后指出，王澍其实是曲解了罗西的本意[6]。罗西曾在《城市建筑学》(L'architettura della citta)[7]中充满自豪、不厌其详地描绘希腊城市——现代城市文明的源头。他首先谈到了雅典建筑类型的丰富："在雅典，除了神庙以外，我们还有作为城市发生元素的各种表现自由政治生活的机构（立法会议、城邦人民大会、最高法院），以及与典型的社会需要相关的建筑物（健身房、剧场、体育场、演奏厅）。"[8]很显然，这种五光十色、单体建筑间差异巨大的城市形态，与豸峰地图所描绘的世界一点都不同。罗西从雅典

图2 辽代《华手经》石刻中反复出现24次的"世界"二字，彼此相似但各有不同

看到的，显然也不是王澍眼里那个塞满了具体充沛之物的天然世界。

3 模件造物

其实，王澍在豸峰地图或中国乡村中体悟到的"中国人根深蒂固的组织原则"，正是雷德侯（Lothar Ledderose）所说的"模件"，亦即贡布里希（E.H.Gombrich）所谓的"图示"[9]。雷德侯用它来解释有关中国艺术生产过程中的一切事物，如青铜器、兵马俑、建筑、城市，甚至最不具批量生产潜力的山水画。

雷德侯认为，汉字是一个令人赞叹的形式——意义符号系统，它的基本模件系统为64种笔画，组成200多个偏旁，再按一定规则组成汉字。这个系统有5个层级，偏旁本身也可以是字。汉字的构成方式既表意也表音，既象形也指示，不求单纯，权宜因借，却有无限扩展的可能，以及文化上的统一和超稳定性。文字是思维的跳板，因此，中国人在构思任何人造物品时，不自觉地遵循与造字法类似的组织原则[10]。

模件就是可以替换的小构件，通过在不同层级上摆弄、拼合这些小构件，中国人制造出变化无穷的统一文明，并塑造了独特的社会结构，而"斗拱—开间—建筑—院落—城市"的五级空间构造更是这一系统的明证[11]。这一系统既有条理又支离混淆，既等级森严又含糊其辞，既标准化又各不

图3 倪瓒创作于不同时期的四幅画。分别为：《江亭山色图》《秋亭嘉树图》《容膝斋图》《幽涧寒松图》。这几幅画都由近景的树木、沙汀、远山，以及题跋和印章等几个类似的"模件"变换位置组合而成，甚至左高右低的平行线控制之下的平远式构图都一成不变

相同，有些层次的模件一旦确定则"死不悔改"，显得非常教条，而在更高的层次上则又创造出令人眼花缭乱的变化。

在讨论中国山水画的时候，雷德侯将模件的话题转向关于"创造性"定义的讨论。雷氏注意到中国文人画家只画有限的几个题材，并将之做无穷无尽的组合。即便是像怀素、徐渭这样法无定法的大师，也使用模件化的构图和类型化的运笔方式。同时，不同的画家，彼此甚至相隔几百年，也还是用类似的模件来构图（图3）。中国画家正是在不断变化的细节描绘中发挥无穷无尽的创造热情，中国画"构图、母题和笔法的模件体系，以自己独特而无法模仿的形式渗透了每一件单独的作品，犹如自然造物的伟大发明"[12]。

回头再看豸峰全图的画法，我们会发现，它无条理中的条理、无规则中的规则，它对混沌世界的巧妙提炼和再现，都符合雷氏对于模件化的精微考察。这是一种现代科学观念下无法解释，也很难复制的构思方法，而它更接近自然本来的面目。雷德侯说："一株茂盛的大橡树上的一万片叶子看起来全都十分相似，但是仔细比较将显露出它们之中没有两片是完全一致的。"[13]在佛教的术语中，这种现象叫做"相似相续、非断非常"，它描绘了一个似连似断、时刻都在变化中、无法被彻底分析归类的世界，与现代人常识中这个可以无限细分的世界显著不同。这是一种对自然的更高级的概括，而道法天然正是中国文化艺术所追求的最高境界[14]。作为一个很好的研究者，雷德侯并没有发明什么，他只是从一个旁观者的视角，点破了中华文明在造物方面所谓"追摹造化之工"的一种具体含义。

此处，"道"并不是指自然形态，而是形态生成的法则。这一法则被雷德侯定义为"模件化"，但对中国人来说，它并不是什么稀奇的或高深的东西，每一天每一个角落，普通人都在不自觉地践行这个规则，倒是受过现代西方知识启蒙和专业训练的高级技术人才（包括建筑师）把它忘了。

4 类同型异

拂去古地图、山水画和园林上厚厚的灰尘，以一种相当陌生的眼光，王澍发现了所谓的"相似性区别"原则，以及背后那个相似相续的连绵世界。这个世界表面上平平淡淡，实则丰富无比。按照中国美院老师王欣的说法："类型性山水生活使得我们需要面对万千种事物，是综杂无比的控制与体会，但它近乎失传。"通过对山水画的细微观察，王欣指出："楼观、桥杓、茅屋、渔艇……诸等中介物，单从样式上看，同一类型的事物之间的差异几乎是可以忽略的……这类什物是一群类型化的东西，它们之间极其相似，它们自身已经没有特殊设计的必要了，仅仅在乎放置在哪里。"[15]本

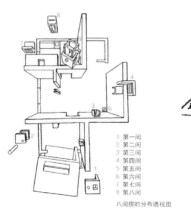

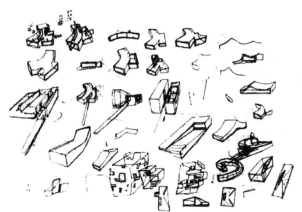

▌图4 王澍自宅中的模件化实验

▌图5 王澍在中国美院象山校区二期设计中的手绘草图,可以看到很明确的模件化倾向

▌图6 古代画中的仓颉有4只眼睛,这是一种隐喻,表明文字的发明与深入事物本质的观看能力直接相关

来模件是一些可以互换的组件,更换了位置,将获得不同的命名。

王澍在自宅里面进行的园林实验,就是以这一思路进行空间营造的一次尝试(图4)。分布在室内各处的空间小品,大的如家具,小的如器玩:"同样尺寸的内壳和相似又略带差异的八个外套,与阳台上亭子是同一个血统的孩子,它们有一贯的遗传基因,同一质地,却能变幻出戏剧性的结构……"[16]。这些小器玩,在与人相关的几个不同的尺度层级上被反复摆弄、拼合,成为王澍一以贯之的"造字法"。在后来的实践生涯里,王澍重新命名了这一原则,将其称之为"类同型异"(图5)。北大老师董豫赣这样解释"类同型异":"它直接揭示了园林经营的一种手段——以看似普通的亭台楼阁等几种简单的类型,通过山水的纠缠造成差异而多样的即景片段。"[17]这就是豸峰地图绘制者眼中的世界,也是计成、董其昌眼中的世界,更是那些上古时代造字者眼中的世界,这些造字者没有名字,被统一命名为"仓颉"(图6)。

"五散房"大概是王澍在象山实验之前的一次重要的类型化尝试,这5个小建筑位于宁波鄞州公园,它们各具情态,分别被命名为"山房""水房"等,这种分类完全是诉诸感官的。它们大概来自于某种富于传统趣向的空间描摹,如千佛岩、水波等,名称与情态互相指谓,构成了一个相当诗意且能引起联想的意义系统。王澍建筑设计的语言学特征明白无误地显现出来,这一次,他开始批量构造自己的模件,它们显然可以应用在其他场合,变化尺度,变换其他形式,互相勾连组合,讲述一个不同于现代城市的空间故事。在这一过程中,五散房就是倪瓒的古树、远山、溪流和平滩,或者,在另一个层次上,它们只是远山,不同形状的山体,或正或奇,或横或纵。它们也有组成各自体积的次级"模件",那就是房子本身的建构方案,亦即王澍的构造实

验,如夯土技术、钢构玻璃、预制混凝土、瓦片构造等,这些手法,为建筑单体提供了一层"肌理"或"质感",相当于山水画中的皴法,它们自身都是表意的[18]。不可小看这最基本的一级"模件",因为有了它,建筑才能在文本组织的底层构造上培育作者需要的一种气息,从笔画这个层次开始,中文就已经不同于世界上其他任何一门语言了。

与山水画类比可知,这个系统至少包括3个不同层次的模件(module system on three different levels):建构级别(笔法 strokes),即王澍的构造实验;单体级别(母题 motifs),如五散房、瓦园、太湖石房等,这一级别又包含几个不同层级;群体组织(构图 composition),即所谓"画意观法""书法构图"。构图法当然也调控着不同层级模件的组织方案,可在不同尺度上发生作用(图7)。

这种基于文字类比的营造方针,在中国美术学院象山校区二期(2007)的设计中,得到了淋漓尽致的展现(图8)。这一次,五散房(2005)中的山房、水房和合院以各种变体重复出现,根据地形、具体的位置、彼此之间的关系,发生了各种各样的转化和变形,有尺度之间的,有同一尺度的不同情态上的。同时,一些组件,如太湖石房,在象山校区中则不断穿插于更大的单体建筑中,充当偏旁部首。单体建筑自身变幻着院落格局,建筑与建筑形成更大规模或更不受限定的院落,这些院落连续排列、互相关照,组成了一个现代尺度的园林。基本的"点",亦即"笔画"层次的构造更丰富圆熟了,"瓦园"等新的类型亦加入其中,而植物作为一个主要的模件,也在建筑外部、建筑内部、建筑与建筑之间、屋面以上,甚至碎砖瓦墙面的缝隙里,在各个层级上侵入渗透,成为设计语言中一个不断生长、富于情态却又无法完全控制的变量。为了最终的目标,最小的建构语言和材料选择都要为之取意、为之留神。这样,在从笔画到篇章的各个层次上,王澍的设计语言连缀起来,上下呼应、互

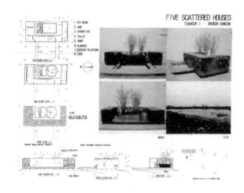

. FSH-Teahouse 1

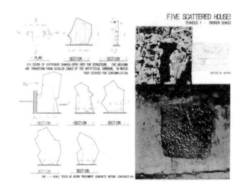

4. FSH-detail and 1:1 testing

. FSH-Teahouse 2

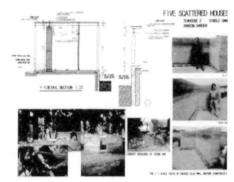

6. FSH-detail and 1:1 testing

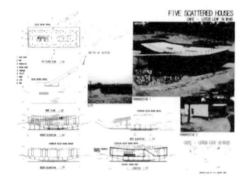

. FSH-Café

8. FSH-detail and 1:1 testing

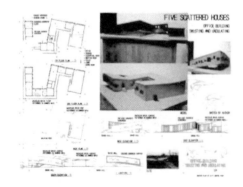

). FSH-Office building

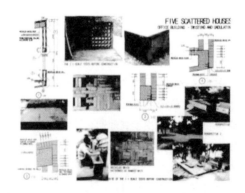

10. FSH-detail and 1:1 testing

▌ 图9 发表在杂志上的五散房方案设计，日后构成了象山校区的主要模件系统

为表里，成为一个相当有力且丰满的叙事组诗，其中包含着重新与自然达成平衡的哲学构思，延续着文人山水的襟怀观想，既属于过去，又连接着未来（图9）。

以这样的视角，我们可以清楚地看到"滕头馆"（2010）中那些变形的太湖石洞在语言上意味着什么。它高于竹篾、瓦片的底层构造法，与层层递进的步道相仿佛，以隐喻的方式延续着层级化的语言模件系统。滕头馆作为一栋独立建筑，又在2013年9月落成的"水岸山居"里充当一个模件——空间序列的"休止符"把人送上"瓦园"和"飞道"的传送门，而这个传送门在一组层层推进、连绵不休且带有汉赋般华贵庄重气象的空间体验中走向乐章的高潮部分。

于是，那些层层叠叠的夯土墙体、墙上侧卧的小披檐挡水板、颇具体感的混凝土窗洞口、修长的楼梯、带有斗栱意象的举折屋顶内部构造和弧形开口（向何陋轩致敬？）、平展出挑的竹板挑檐，以及从山上俯瞰时那一片延伸不尽的瓦屋顶，共同组成了一个气势恢宏的篇章。这座建筑具有非常强烈的文学特征，或者可以用一个已经被理论界厌弃的词：风格，它使用的材料和砌筑方法无一不是现代的，却依然让人感觉到不同于欧美或日本建筑的气度与韵味。形体雄深雅健，饱含的一缕生动的气脉，从始至终贯穿于土红色的墙面之间，击穿并牵引着彼此平行的一组高矮不一的墙体，一路

图7 3个不同级别的模件：（1）笔法，即建构级别；（2）母题，即单体级别；（3）构图，即群体组织级别

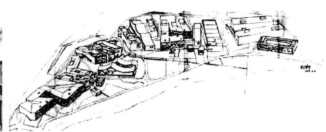

图8 2005年3月11日王澍绘制的象山二期总体布局。可以看到山房、水房和合院分别出现几次，及整体上动态的组织关系

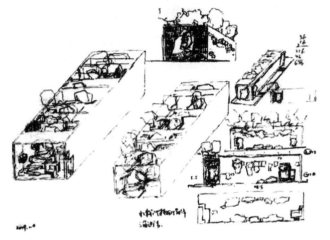

图10 2009年1月，王澍为滕头馆所做的构思草图，可以清晰地看见植物作为一个模件在层化结构中的渗透与间杂

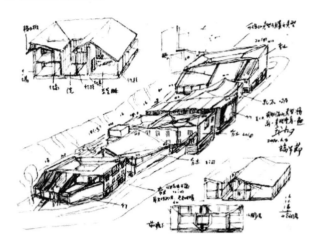

图11 王澍为水岸山居所做的前期构思草图，这时屋顶还不是连续的，旁边的文字说明暗示着几个不同层级的模件组织

向尽端处的滕头馆呼啸而去。

在王澍作品这种"类语言"的组织构造法中，起到承上启下作用的应该是合院这个层次的建筑单体，以及它们以各种方式构成的非内非外、既内又外的院落结构。当模件尺度足够容纳一个院落的时候，院落也就相应出现了。而院落，本来就是中国传统城市的基本模件，也是将自然得以纳入这一体系的基本保证。有了院子，曾经被现代城市设计思路（几何学或正投影观看方式的结果）排除在外的自然就会不请自来，已经被我们遗忘的生活方式也会如约而至，而所谓的"传统建筑语言"或"院的复兴"，就成了一个无需过多留意的问题，它已经被一个更有意思、更当代、更具体的问题吞并了（图10）。

在王澍为设计水岸山居绘制的这张草图中，明确标示着"可将此类型与滕头类型组合……或取消此类型，将前一类型重复一遍"等字样。左上角的图标示出更低一级的类型构造，如土墙、竹柱、挡水板等[19]（图11）。我们可以看到这个设计随着时间推移的发展变化过程，即如何从一系列合院类型最终发展为统一屋面下方的层结构。原有的类型被融化了，被一个更大级别的整合需求所压合、揉碎又重组，就像诗歌对词汇的组构方式。一种压倒了模件表面的可识别性的丰饶之感因此被创造出来，气韵也因而变得凝注又连贯。如周邦彦词《月中行》有句："博山细篆霭房栊"。这句话

本来应该写成："博山炉里，檀香的烟气盘旋蒸腾，就像上古青铜器上纤细的篆字，它们轻盈地盘旋在房间之中"。即使是后面这种铺陈的写法，汉语仍然表现出相当松散的结构，而当被诗人进一步提炼之后，就只剩下几个片段的意象："博山""细篆""房栊""雾霭"，它们以似有若无的次序粘合起来，甚至是硬生生地碰撞起来，唯一起串联作用的，竟是音韵上的起承转合。杜甫的《秋兴八首》很好地诠释了中文物象模件拼合上的随意，为了保持一种阅读的美感和铿锵的节奏，它们的位置可以随意置换，此举却意外地造成了不可思议的晦涩美感。与诗歌类比，我们更容易理解统一屋顶覆盖之下的水岸山居为何较象山校区的其他建筑（类型化的单体）更丰富、更清晰，同时也更含混，更让人有阅读的渴望。

5 六经注我

人们大概很容易将王澍经常挂在嘴边的"类型"与罗西的"类型学"看成是同一个事物。但是，刘东洋已经告诉我们，此类型学非彼类型学。其实罗西自己在《城市建筑学》中，都没能说明白他的类型学到底是怎么回事。同时，王澍的设计跟语言有关，但他的语言学也绝不是埃森曼（Peter Eisenman）的语言学。多年以来，埃森曼[其实罗兰·巴尔特（Roland Barthes）何尝不是如此？]从事的不是使用语言去造

▌图12 建设中的水岸山居，屋顶内部构造，侧翼的走道，还有层层递进的夯土墙与挡水小披檐，以及屋顶上的飞道

句，而是专注于研究语言本身，像在搞人体解剖。这样，语言就成了死物。而王澍却忙着令一门古老的语言复活：不断打磨《虚构城市》中的零碎发现，寻找属于自己的零星的诗意模件，在各个尺度层级上尝试各种各样的拼装方法，并不断对模件本身加以改进，同时引入新的模件。如果形式语言只是科学研究的对象，而不被用来建构一个诗意的世界，还要它有何用？

其实王澍嘴边的类型学、相似性原则，包括那篇博士论文本身，都是典型的"六经注我"。仗着一股本能的文化应激力，王澍在观察身边世界，他用现成的文学或哲学（当然包括90年代颇为热门的语言哲学，中国读书人在想什么问题，一般要看市面上流行什么翻译书）来武装自己，并获得解释眼前心底世界构造的捷径。这些哲学，尽管里面本来就包含着对西方知识系统的批评，对于反躬自察的中国知识分子来说，也算有它的利用价值，但仍属方凿圆枘、舍近求远。细读王澍文本，一些本质的观察埋藏在字里行间，被层出不穷的西方哲学概念所包裹，有时候为了适应那些概念而发生变形，有时又以不同的面目反复出现。这不是简单易读的文本，它却可以帮助作者（以及读者）迂回地靠近目标。在文化融合的过程中，中国人的"故我"陌生了，要用较为熟悉的"他人"来做拐杖，重新进入往昔的思想世界，就像当代的文物回流热潮。这个迂回的翻译过程在近代中国有一个逆向的版本，即晚清学人用传统经史来阐释西洋新知，如用"格物"来解释science[20]。这大概是文化融合的必经之路，先用熟悉的自我来解释他人，后又反其道而行之，用熟悉的他人来建构莫须有的"自我"。循环往复，回忆成为杜撰，翻译变成创作。

6 迁想妙得

按照某种原则将不同类型的模件组织在一起，其目的并非获得物质形态，而是为了意象的生成。模件化或者类型化的设计方法，如果说有一个目的，就是为了创造一种诗意的"境"服务，这个目标是古今中西概莫能外的。艺术和感觉在这里发挥作用，而不是将造物之劳拱手让于方法论或流水线。正是为了这样一个最终的目标，留意点划构字、组字成词、掇词成篇的方法脉络，选择一个靠得住的总体构思，就成了非常重要的问题。这个问题在王澍那里，是与山水画的"观法"相关联的。

王澍曾将模件连接的方式比作木作的各种组件，在详细论述了洪谷子的"山体类型学"之后[21]，他发现了组成一座完整山体的各个局部之间非常强烈的构造关系："他不是只说出'山'这个概念就足够了，而是用有最小差别的分类去命名"，细读文本，洪谷子对山的描述显然是在关系中给出定义，同时将各个不同的尺度层级打成一片。在古人眼中，这自然是有着精微的细节差异和榫合构造的。这种差别，在现代人的工具视野里消失了。在描述象山一期的文章中，王澍写道："这里尝试的是一种与合院有关的自由类型学，合院因山、阳光和人的意向而残缺……建筑占一半，自然占另一半，建筑群敏感地随山体扭转、断裂，兼顾着可变性和整体性。传统中国山水绘画的'三远'法透视学和肇始于西方文艺复兴的一点透视学被揉合……传统造园术中大与小之间的辩证尺度被自觉转化……一系列类似做法瓦解了关于建筑尺度的固定观念。"[22]

这里交代了如下事实：首先，山水画中是存在一种"观想构造"的，在微观层面，它决定着低级别模件（如洪谷子的山石、溪谷）的榫合关系，这里，类型名称是由模件自身特征和相互之间的关系共同决定的，换了位置，名称也随之更换，构件因此指示着一种具体的、彼此相似的、又处处不同的微妙位置关系；在宏观层面则立象以尽意，选择某种透视法来组合较大尺度的模件，完成一个"小世界"的总体空间视觉构造，并表达画者的诗性主观意图。其次，这种"观想构造"在造园活动中同样存在，并由画意衍生出一套近体可感的空间视错觉（即大与小的辩证尺度转化）。这种美学，同样是适用于现代建筑的。所谓"瓦解了关于建筑尺度的固定观念"，意味着在平行透视和成角透视这两种理性客观的总体空间视觉构造之外，另有其他的诗意观想方式。

至此，有必要就"观"的具体内涵进行辨析。"观"不只是"看"，是边看边想，或者只冥想却不睁眼，在心里默默地看。"观"是更高一级别的"看"，汪珂玉曾列举观画诸法（其实也就是移情于画者身上，去揣摩画面构造方法），与南朝谢赫的"六法"有关，这是传统意义上相当苛刻，且被推崇备至的艺术评价标准。唯有熟知"观法"且充满想象建构能力的观者，才能透过作者设置的重重屏障，领略一方咫尺世界的茂盛蓬勃（图12）。柯律格（Craig Clunas）说："'观'这一行为对于明代文人画论家而言，是视觉性的展演性组成部分，并非仅仅是一种生理活动……'观'的概念是4世纪道教上清一派修炼活动的中心内容。通过内视，修炼者可在体内大量聚气，并将诸真神种种繁复的图像学特征存思于内。"[22] 由此可见，"观"不是对物象世界的专注凝视，而是游移的玄想，如山水画的构图，不管是立轴还是长卷，都故意分散了关注的焦点、拉长了视觉体验的时间，时间一久则必会分神，在分神刹那，心灵的建构就填补了视觉成像的空白。观之想之，循环往复，人就被画意摄住了。

山水画本来就是千百年来中国智者的"反智识"，甚至"反文明"的心灵构造，在他们看来，文明是一种腐蚀。以磅礴的浩然之气、隐逸的忘机之心廓然用之于山水田园，建立一种与天地同呼吸的平和坦荡情怀、质朴萧疏而又生机勃发的生动气韵，是为自然造化在文明世界的形象化再现："故象如镜也，有镜则万物毕现"。观画是让自己不忘初心。在传统世界，城市和乡村营造都半自觉、半天然地遵循着诗人从自然中体悟到的观想方案，它让世界连成一个彼此同构、富于意义的整体，亦即王澍所说的"江山如画"。江山本来是人类的活动场景，但在一种有意识地观想构造之下，它成了一幅图画，只是它的尺寸够大，大到能让人们厕身其间。

如此一来，追摹一种画意（现实世界在内心的诗意投影）并以错觉构法复现于物质世界，可以说是"建筑"这件事的本来面目。不仅山水是"心画"（扬雄），城市、乡村、建筑、园林、火车、飞机、潜艇、UFO莫不是各自文明观想之下浮现的幻视。一个时代的空间营造基本可以看做这个时代中各种不同心灵的集体投影。比之于造园，现代建筑多出一个制图的环节，园林是直接从画意到实物的。现代建

筑师的草图，或者可以看做是一种"心画"，在那里，形、意、境皆混沌一团，仿佛若有神。一旦上了CAD，这种模糊的丰富性就消失了。制图可以看做是一种职业性的观看方式。

王欣在《如画构造》这篇文章中，以类型为方法列举了山水画中若干可见的"观法"。他这样阐释象山二期中一组建筑的空间意象："中国美院的山南，服装学院这组建筑群，是一个经典的有关于山的图式——平远式。最前面是三块岛矶，处在第一层次，就是那三个太湖石房，他们之间各有相背扭转，略有前后，三个组成一带前景。第三层次是连绵的主山，也是远山，横陈在那里，作为大背景，这是校园里直线最长的建筑了。第一层次和第三层次之间是溪水，水面是一种距离相隔，是对层次的区分，整个就是一幅传统的溪岸图。取法直截了当，没有那么多含蓄与晦涩。但是你要是心里没有山水画，就是看不出来，还会觉得奇怪，甚至对那几个湖石房子耿耿于怀。"[23] 50多年前，柯林·罗（Colin Rowe）告诉我们：如果你不懂得文艺复兴绘画的透视学，不知道帕拉第奥母题，就不能深刻领会加歇别墅（Villa Stein de Monzie，1927）的深度空间。现在我们知道，这两个说法是一个意思。就环境伦理、诗意成分和现实意义而言，前者都别具深意。遗憾的是，后者在当代中国的建筑读物、理论文章和设计课程中比比皆是，而前者却不见踪迹。这倒不是因为人们缺乏兴趣，而是因为少了一种文化上的自觉，少了自我发现的眼睛和心灵，因而不能从理论上去建构它，到实践中去唤醒它。

7 随方制象

同为一种心灵观念、一种错觉构造的感官经验，山水画与园林之间的关系可谓非同小可。绘画在宏观、中观和微观等各个层次上影响着文人园林的营造，故而，园林和山水画可以说是互为发明、彼此映照的一对精神物。人们惊奇地发现，在园林中拍照片，不需要特别选定角度，怎么拍都入画。作为视错觉构造法的实物版本，园林已经达到了如画的极致，园林的营造者并非从几个有限的正投影角度来构思这个空间环境，其构思显然包含了非常多的角度和动态关系，代表着一种已经失传了的、极高明的空间观想——视觉构造转换手段。园林就是具体有形的画境，人进入园林，也就成了画中人。所以山水画虽然只有一个面向呈现给观者，却是一个玲珑的多面构造，它并不是山水或自然片段的某个正方位投影，而是代表着碰巧进入视线的一个随机角度。这一点的重要意义，将在下文专门阐述。

王欣特别关心这种新类型学中的模件操作问题，但王欣所使用的模件与王澍不同。如果说王澍的核心模件是五散

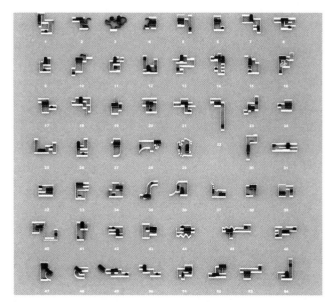

图13 王欣为"54院"设计的分户图，这是一群小模件的陈列

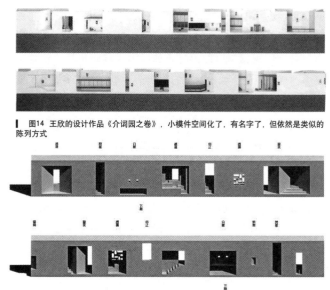

图14 王欣的设计作品《介词园之卷》，小模件空间化了，有名字了，但依然是类似的陈列方式

图15 王欣的设计作品《观器十品》，小模件的构思中开始出现了"观法"，但依然是类似的陈列方式

房级别的建筑单字，那么王欣早期设计中多数的核心模件更像是一些诗性的偏旁部首，它们更加抽象，不太依赖于材料构造这一层的皴染肌理，它们千变万化，不曾定于一态，名字也层出不穷（图13）。王欣往往以"品"来命名这些更基本、更自由、更灵活的小构造，各个级别均取此法，不管它的大小或复杂程度。这有点像晚明的小品文，序、跋、记传、书信，甚至朋友之间的玩笑话都可以随手记录，编次成文，久而久之，一个异常丰富且摇曳多姿的小世界就建立起来了。

"品"这个字，本来也是佛教用语，六朝时期开始进入画论。谢赫在《古画品录》中开篇就提出"夫画品者，盖众画之优劣也"，并明确地将画家分为"六品"，这就将古人的"称述品藻"（《汉书·扬雄传》）"定其差品"进一步等级化与细化了。到张彦远的"画分五品"，已经为后世确定了艺术评论的基本标准，这个标准其实是非常严格的。但是，司空图的《二十四诗品》中的"品"字却不是这个意思，"诗品"的"品"可作"品类"解，即二十四类；也可作"品味"解，即对各种品类加以玩味。《二十四诗品》因而"诸体毕备，不主一格"，是一种世间万物品格的抽象文学性汇编，这个品次目录其实可以继续延伸下去，成为六十四品、八十一品、一百零八品。

王欣的作品《介词园之卷》即是对这种充满文学性奇思妙想的"品次"的集中展示（图14），就像让身着戏服的演员们在舞台上依次亮相，但不表演戏剧一样。这些模件，一半像建筑，一半像器玩，个别地看都是建筑的组成部分，或者是更宽泛意义上的建筑空间，因各自期待表达的文学性空间动作而排成一列。它们并不急着演变为可供情节调用的

角色，漂浮在空白的背景上，就像韩滉的《五马图》，又像拆散了的园林，散了，却不散成碎片，而是成为一大堆极富趣味的零件。这个作品让人从微观的角度思考园林的模件化构造。它不是建筑，而是一种观念上（而不是结构上）的半成品，富于想象的留白。王欣认为，这些个别的组件同样是按照一种"类型化"的意义组合定式连接在一起组成的"牵制性结构"，最终形成了"异类杂交"的文本[24]。在两年后的作品《观器十品》中（图15），10个类似的空间模件彼此相邻，但这样一个相对微观和抽象的层次，已经溶入了"观法"的初步构思，即在即身可感的尺度上，取意于山水画或园林的视觉——心理错觉构造法已经开始发生作用，单纯的小品空间动作开始具有了一层历史性的文化视野。

王欣经常把建成环境比作一个大戏台。建筑、小品、植物或人，都是这个戏台上的演员，同时也是看客。与王澍一直在强调合院类型和象山之间的互成关系不同，王欣的设计，因为多数是单纯的纸上操作，所以更轻盈、更洒脱、更人文，也更抽象。脱离了环境的限制，语言本身的组织问题凸显出来。王欣眼里的世界更像是一个城市山林，自然是其中一个不可或缺的角色，参与一种人文环境的营造，它甚至跟地形的关系没有那么紧密，亦并不依赖于残砖剩瓦等"诗性的旧物"。可以用新材料获得一种理想的质感（皴点），也可以虚室生白，什么都没有，等着藤萝苔藓去点染涂画。

因为在心理层面抹去了真山真水的牵涉，布局问题就变得更随性，更像传统居室布置中的"随方制象"（图16）——只要器物选择大体不差，按照吃穿用度饮食起居的一般规则高低布置，怎么摆都好看，甚至要像李渔说的那样时常换换。那么，城市跟自然到底是个什么关系？王欣的解答大致可以翻

译为，自有文明始，二者之间就不可避免的断裂了，而山水只是文明人的一个念想，它被压缩在盆景、庭院、园林里，被压缩在由"观法"塑成的人造环境中，带给人诗意的想象，那些建筑形体，那些精心选择的植物、石头和器玩，那些巧妙搭筑的构造，甚至屋檐底下的笼中鸟，都是一种特殊的"语言"，最终是要造就一种"类型化的山水生活"，它"超越了空间与体量的绝对度量，也无关对于光影和几何的依赖，它拥有自我完善的述说结构，能以众多事物的'杂交互文'来'牵制性'地成立，是一套揉捏视觉与经验的能够自圆的表达法。[25]这不免让人一喜一悲，喜的是我们到底能够不违初心，时刻得到自然和文明的双重滋养；悲则在于，其实从很早的时候起，文明就已经将自然剥离在外了，园林只是一种比兴之物，就像你案头那一个盆景，在繁忙工作间隙的走神瞬间，无意中的一瞥，唤起对于家乡和童年的回忆。经营一个可以住进去的盆景，王欣管这件事叫"模山范水"。

▌图16 （清）丁观鹏《乾隆帝是一是二图》。这幅图描绘了一个传统居室环境如何处置各种不同类型的器玩摆件，以及更大尺度上的家具等。盆景、桌案、书房，分别是三个不同尺度级别的物群落，器玩按照"随方制象"的原则散在于这个多层的空间环境中，彼此协调，杂而不乱

8 错画成文

人类断然是无法重返山林了。而扮演上帝的角色，既无可能，也不必要。人能做到的，只是尽量去忘记以人类为中心的观念（包括各种各样的人本主义观念及其变体），从心灵的层面重返平衡之道，在精神上还乡。也唯有从精神上反复还乡，人才能保持最低限度的自然属性，而不至于异化为机器。

王澍在《虚构城市》中设想了一种"织体城市"，他说："任何一座织体城市看上去就像是一幅安排得最美妙的图画：在一个相当清楚的城市范围内，放着各种各样的东西，零零碎碎，数量少但种类多，却没有什么东西会突兀的冒出来，刺伤你的眼睛，也许在任何一个局部视域都像是在刻意制造混乱，但却整体……织体城市没有造型，或者，相对于近代以来专业建筑的造型概念而言，它们都实践着一种反造型。"[26]王澍用语言描述的这个城市，难道就不是地图上的岁峰吗？这里没有圣山，没用神庙，也没有博物馆和纪念碑，只有一座座连绵远山环抱之下，一个相似相续的人造自然世界。

与现代城市的干干净净不同，"杂"是这个城市的特征。散漫而混杂的环境，创造出无穷多的细节，没有视觉焦点，却充满了王澍所谓的"分心的点"。组成城市的各种模件，按照各自的局部规则，根据彼此之间的关系和动作，随着时间进程渐次出现又消失，这大概也是一种自然化的城市生长方式吧。

把城市比作一个织物，这仍然是一种文学性的类比。这个观念或许来自罗兰·巴尔特，在《文之悦》(Le Plaisir du texte)中，他提出了"文即织物"(Texte veut dire Tissu)的观点。其实中国古人早就明白这一点，许慎就将"文"的构字法解释成"错画也"，也就是"对事物形象进行整体素描，笔画交错，相联络，不可解构"，这与他说的"独体为文、合体为字"的话的意思是一致的。事物错综复杂编织在一起所造成的纹理或形象，就是"文"。所以说"文"就是织物。文章或城市都是一幅织锦，里面的线头千头万绪，有新有旧，但它们都依经纬有条不紊地编织在一起。自古以来写文章的人，没有哪句话是自己的，只能从别人的毯子上拆些线头来编织自己的织锦。中国诗歌也是典型的模件化构造，前代诗歌中的意象可以拆下来给后人用，原诗的意思就被带入新的文本，就是用典。人人都在使用别人的线头，如果拆下来的线头刚好能够与新的织锦若合符节，那文章从总体上看就是好的。织物当然也有好坏之分，好的城市应该向好的织物学习。

王澍说："那些旧城是织体的，而现代城市则大多是对织体的摧毁"。其实，没有哪座城市的织锦不是千百年慢慢编织而成，历史时间慢慢地发生作用，类似自然选择的机制一直在对城市的局部造型发生作用。但是，现代的城市发展策略却要超越这个发展规律，将织锦一块块拆散，用塑料去替换大部分，再把剩下那些不能随便动的地方，也就是历史建筑（相当于文本中的"典故"）塑料化，名义上是保护，其实是从时间中隔离开来，自然会造成感觉上的断裂。

所以，提倡织体城市，就是要重新找回城市赖以成为自身的历史时间和感觉时间，重新成为一个相似相续且多孔多窍的错综世界。王澍乐观地预测："织体城市不是过去，不是恋恋不舍地把目光留在过去城市的美质上；它也不是理想，因为我无意预言未来。……织体城市就是现在。"[27]王澍也一再强调织体城市与尺度无关，它可以是清末岁峰，也可以是明代北京，甚至也可以是今天的苏州，只要保持那种城市生成的法则，保持那种构思城市的诗意和美学，它就是我们的现实。至于城市表面的形态、建筑的质量、景观的丰富性，乃至街道的尺度，都不是主要的衡量标准。新的设计

观念中，唯一重要的是培养一种与标准化和批量制造不同的生成机制，生成那种属于自然历史时间的城市，总体上的丰富性和细节上无处不在的差异是那个世界里的法则。它正是现代工业制造技术所构思的当代城市的反面。

如果"文"是一种错觉，艺术、建筑和城市又何尝不是。观看，本来就是错看，有意的误读，精心安排的错解，形体和空间的错置，画面和实物的交错。诗本身即是对"正确"的无趣的反驳。文化即误读，对历史、对前文充满希望的误读，将幻觉和现实编织在一起。

9 十面灵璧

现在，有必要针对制图法问题进行专门的讨论。

吴彬的《十面灵璧图》是一个有趣的例子（图17）。图中的这块石头叫做"非非石"，是米万钟的个人收藏。古人认为，石头作为"一段自然"，就等同于造化本身，它的神奇也正是造化的神奇。《十面灵璧图》初看画的是一团火焰，它在炽热翻滚的一瞬间凝固石化。10个侧面如此不同，看起来根本不像同一块石头。构成这个物体的体面如此之多，它们朝向不同的方向，让一般意义上的正面无从寻觅。以今天的制图法来衡量，无论从哪个方向去看，都既像立面，也像轴测，又像透视。即便对它进行精细的测绘，从某个特定的方位绘制出标准的投影图，它给人的观感也跟这10个侧面一样，不像是一幅投影图。这是一幅无法用正交投影法绘制的图，或者说，没有绘制的价值，因为它的表面没有正交的线。

正交投影的观想方法，是现代建筑学最重要的特征之一。现代制图法在专业领域的通行，不仅使设计平立剖面的"图学"取代了对整体建筑的构思，也催生出一种独特的空间观想方式和价值评判标准，塑造了新的神祇，造就了新的霸权。埃文斯(Robin Evans)的研究表明，正投影的方法（亦即今天建筑师所采用的平立剖面标准画法）应用于建筑中是14世纪以后，也是文艺复兴绘画的衍生物[28]。正投影法应用的结果，是建筑师在图纸上用线条暗示空间深度，不管是分线型、画阴影，还是作渲染都是为了这个目的。埃文斯说："前人所采用的这种构思方法中很大的一部分，都通过古典主义传到今天，成为我们的职业癖好，名字就叫'暗示的空

间深度'(implying depth)。"[29]所谓"现象透明性"，指的就是这个癖好。它完全依赖正交投影法和平面线条的空间深度暗示作用。勒·柯布西耶(Le Corbusier)习惯于从正面拍摄他的建筑照片，大概是这种思维作用下对空间深度偏爱的结果，他力求使建筑印在书本上的时候看上去像一个立面，受过同一文化熏陶的读者，就会凝视这幅照片（亦即伪装成立面的正投影），以一种古典主义的审美习惯去穿视墙体，让线条直接切开并剥离表面，使隐藏的深度空间显现出来。因此，本质上，正面性(frontalities)不是观看角度的正侧问题，而是精神上一种理想的隔离状态，一种对待自然的割裂态度，就像农药化肥伴随之下的现代种植技术：没有任何一个侧面、冗余的装饰和倾斜的线条来干扰这种凝视。正是这种正交古典主义的凝视，将萨伏依别墅（1930）送上现代时代的神殿，让单体建筑的造型问题成为建筑学的本体问题，把造型高手尊为设计大师，让不懂得这种观想方式的人自惭形秽。故而，凝视即占有，凝视即权力，凝视即美德，凝视即文明。这难道不是现代主义的神话吗？

然而《十面灵璧图》让我们看见自然造物的本来面目，它无法被简化或抽象为任何事物，它不值得被投影，也不值得被分析立体主义的画笔捕捉，它从来也不是数学。

有人也许会问：先前建筑师造不出这样的形态，是因为很难想象，也很难表达和建造。如今参数化的方法不是正好可以弥补这个缺陷吗？我要反问的是：造出这样形态的建筑，人和自然之间割裂的关系就恢复平衡了吗？道法自然，本来就不是个形态问题，就算人能模仿得了任何个别自然物的外形，对我们严重的环境危机又有什么实际意义呢？

跟正交投影法一样，参数化方法或三维打印技术，都是冷冰冰的现代科学理性的产物。现代人用理性来肢解万物。正是这样的观想方法投射于城市之上，才拆散了漫长的历史时期中逐渐织就的城市文本，拆散了古老城市的院落格局和空间诗意，将自然彻底从城市中扫地出门，然后凭空出现了放射状大道、立交桥、停车场、怪异的单体建筑，以及遍布中国城乡的经济技术开发区、科技产业园和旅游度假村。

传统中国城市的建筑并不像十面灵璧，因为它毕竟不是自然的造物。但它同样不是正交几何投影观想方法的产物，它或者是雷德侯所谓"模件化"观念下一种本能的构造，或

▌图17 吴彬《十面灵璧图》，这是原画的局部拼合版，只列举了10个方位中的5个

者说是匠人传统，院落是它的核心单元。总的来看，它是反造型的，尤其是不依赖于功能来确定造型。类型化的物群落消解了对个别建筑造型的热爱，织体城市中没有纪念物前深沉的凝视，只有无心漫步中分神的游目，它的丰富性抵消了它的混乱。

而这也许恰恰是王澍在豸峰地图里看见的东西。让我们回到豸峰地图，从一个受过良好训练的现代建筑师的视角，看看那些幼稚的线条、东倒西歪的房屋，还有七扭八歪的道路。王澍说："豸峰全图才是恰当的'类型城市制图'……如果传统的平面制图是不适用的，透视与轴测制图也不适用，因为它们都直接对应真实的版本尺寸，或者片面，或者过于强调每一座建筑的独立性质。……传统的中国制图学已经预先实践着类型学的制图法则"[30]。

跟《十面灵璧图》一样，豸峰地图也缩成一团，而不是向外扩张着自己。它们都是一个小世界。中国有多少个像豸峰一样的小村子，数也数不清，每个豸峰都是一块灵璧，没有正面也没有侧面，安于自己无法被现代想象，也无法想象现代的命运。忽然有一天，它被斩断手足，变成一块方方正正的平地，又被覆上一层廉价拙劣的现代式规划平面、弯弯曲曲的景观道路和圈圈树，变成了一个皆大欢喜的生态旅游度假村。

10 作如是观

"反造型"之后，隈研吾看到了消隐的建筑、没有面目的建筑、被自然物包裹的建筑；而王澍看到的是一群杂七杂八的东西，是建筑和自然物的混淆，是无原型的类型，是随方制象的组织和绵密丰厚的织物。富于诗意，却也不算空想，更不是故弄玄虚的东西。我倒是宁愿相信，隐藏在自然山河中的精灵只是暂时退却了，它们蛰伏在古人的画作里，蛰伏在极远的村落中，蛰伏在怎么也无法被平立剖格式化的城市缝隙，等着人去发现。即使没人发现，它们也会慢慢滋生繁衍，在不被留意的时候爬上现代城市的躯壳，造出破损和缝隙，耐心腐蚀它，等它自己崩溃。

罗西在《城市建筑学》中谈到了宏观发展布局方面的特点："古希腊城市具有一种由内向外发展的特征"，这与东方内聚式的城市（试想豸峰地图的收缩形态）恰成对照："东方城市和城邦的不同命运似乎相当清楚，因为前者不过是巨大墙体中的营地和未开化的设施，它们与周围环境没有联系"[31]。据此，他认为东西方城市的区别，在于城市与自然的关系不同：东方世界城市的围墙将城市与周围地区完全隔离，而意大利的城市与地区构成了一个不可分割的整体，从而造就了辉煌的文明。也许我们可以无视其中显著的

西方中心主义优越感，但我们是否能够忽略罗西对"自然"词义的扭曲呢？在那个一切以人为尺度，顶多会用些花草来装饰柱头的文明形态里，真的有自然的位置吗？一个不容忽视的事实是：今天，全世界的城市都没有围墙了，希腊文明看来是大获全胜，其结果，却是城市的无度扩张和人欲的极度膨胀。

与每根线条都有着特定意义，分类清晰、完美无缺的现代地图相比，豸峰地图更像是一张写意的图画。100年前，我们的祖辈选择了透视法

图18 （清）石涛《庐山观瀑图》。这幅画绘制于中国社会和文化发生巨变的历史时期，作为具有敏锐感受力的画家，石涛所采用的每一个笔法、物象和整体构思都是自觉的文化选择

和测绘学，用以换来对自然的优势，把它当做进入现代世界的跳板。再往前追溯200年，17世纪西学东渐，在科学的透视法、高度客观写实的西洋绘画面前，中国画家也曾面临如何取舍的两难。他们的反应耐人寻味。这幅《庐山观瀑图》是石涛作于1699—1700年间的绢本水墨画，画他记忆中的庐山瀑布（图18）。画中两个人，或坐或立，面朝两个不同的方向，谁也没在观瀑，只是各自向远方平凡之处投去随意的一瞥。石涛通过这幅画向郭熙致敬，"形似"都不是他们追求的境界。石涛相信王阳明的说法："目无体，以外物之色为体"[32]。在画中，石涛让旅人与山河同观想，渐渐与山水互为体用。石涛认为，在这种物我一体的幻觉中，所谓认真的观察只是骗小孩子的把戏，画家应该"正踞千里，斜睨万重"，亦即真正的山形不是凝视可得，而应来自于无意中的惊鸿一瞥。

石涛摒弃"形似"的写实传统，其实是自觉的文化抉择，他要用一己之力去抵抗一种语言、一种程序。倒不是客观、理性、写实有什么不好，问题在于"没有一个艺术家能摒弃一切程式画其所见"[33]，所谓的程式，即是被传统定义的视觉——心灵构造，或者说，就是传统本身。世间万物皆

为泡影，写实也只是留住幻觉的一种方式而已。

其时望远镜正在公卿巨贾间传递，西洋神物一时炙手可热。望远镜作为一种征服的手段，先是作为视觉的延伸（如汽车对双脚的延伸），满足了看见的欲望，另一方面却压缩了想象的空间，让观看活动停留在对物化的自然的虚拟占有之上，让人联想到拉康对两性间凝视活动的分析。明隆万之后写意画的兴起，是否蕴含着那一代人对工具性再现手段和科学透视法的蔑视和反驳，我们不得而知。如果真有这一层意思，那正是两种不同的观想构造的第一次碰撞，是为心对眼的抗拒、灵对肉的抗拒、感觉对理智的抗拒、自然对人欲的抗拒。

这篇小文写于2013年初夏，过不了多久谷歌眼镜就要上市了，届时人们都将躺倒在沙发上游神逞目、一日千里，向虚空中观视莫须有的活色生香的楼阁美景，在云雾里穿梭，在悬崖上蹦极，不必担惊受怕，亦不涉舟车劳顿之苦。石涛闻听此物，不知会作何感想。

注释：

[1] 王澍.虚构城市[D].上海：同济大学，2000.
[2] 《周礼·地官》"大司徒掌建邦土地之图"。这里所说的大概是描绘在布帛上的图画，作为城市设计的底图。用这种方法建造的城市，也许并不是精准的，却仍然是高效的，且在审美上兼顾自然与人工的连续性。
[3] 同[1]，111-112页。
[4] 同上。
[5] 同[1]，125页。原文为："如果说类型学也能编配出一张城市总图，最恰当的不是平面图，而是像夸峰全图那样的东西。"
[6] 同[2].刘东洋.从罗西到王澍：一个关键词身后的延异与建构[J].建筑师，2013（1）：20-31.
[7] 同[3].阿尔多·罗西.城市建筑学[M].北京：中国建筑工业出版社，2006.
[8] 同[3]，136页。
[9] 同[1]，140-141页，王澍其实很早就开始主动思考城市与中国语言文字之间的关联。在博士论文中，他说："设想这样一种直面城市本身的建筑语言，它似乎建立在一种工具性的交流与表现的语言的不可能之上……抓住了世界存在的复杂性，技巧却异常的简洁凝练，让你诧异于如此简单的空间格局如何可以容纳如此之多的性质迥异的事物……任何统一的场面造型都失去了效力，但形象却以只言片语的方式更富差异性的呈现，质感、肌理、琐碎的手工痕迹就是这里的一切，似乎这城市不是为眼睛而造，而是为人的整个身体而造，如有血肉的身躯……正是在这种意义上，我说中国语言文字的构造原则在一般原则层面上，可以直接用作像苏州那样的城市本身的建筑语言构造原则。"
[10] 雷德侯.万物—中国艺术中的模件化和规模化生产[M].北京：三联书店，2005.
[11] 同[4]，9页。雷德侯认为"梁架结构建筑提供了一个关于模件化社会的隐喻：所有的斗和栱都是分别成型的，但是它们之间的差别却微乎其微。每一块木构件的加工仅为适合于整座建筑中的一个特定位置……如果每一个部件都完美地结合，岌岌可

危的建筑物也会具有令人惊异的抗震力。在模件体系之中，生活是紧密相关、浑为一体的。"
[12] 同[4]，280页。
[13] 同[4]，10页。
[14] 同[4]，10页。雷德侯语："当人们发展模件化生产体系之时，他们采纳了大自然用来创造物体和形态的法则：大批量的单元，具有可互换的模件和构成单位，分工，高度的标准化，由添加新模件而构成的增长，比例均衡而非绝对精确的尺度以及通过复制而进行的生产。"
[15] 王欣.模山范水：园林与建筑[M].中国水利水电出版社/知识产权出版社，2009.
[16] 王澍.设计的开始[M].北京：中国建筑工业出版社，2002.
[17] 常青，董豫赣，童明，武敬，汤桦.树石论坛[J].时代建筑，2008（3）：90.
[18] 何家林把山水画中最基本的语言模件称为"符号"。在比较了范宽和李唐的不同皴点方法之后，何家林说："符号是一种画家在山水世界里表达某种美学形式的语言载体，既然是语言就必须要有灿烂的文辞。"
[19] Wang Shu.Imagining the House[M].Zurich:Lars Muller Publishers, 2012.
[20] 葛兆光.中国思想史（第二卷）七世纪至九世纪中国的知识、思想与信仰[M].上海：复旦大学出版社，2001：499-500.
[21] 王澍.营造琐记[J].建筑学报，2008（7）：62-65.
[22] 王澍，陆文宇.中国美术学院象山校区[J].建筑学报，2008（9）：54-63.
[22] 柯律格.明代的图像与视觉性[M].北京：北京大学出版社，2011.
[23] 王欣.侧坐莓苔草映身[J].建筑师，2013（1）：32-34.
[24] 同[5]，47-51页。
[25] 同[5]，44页。
[26] 同[1]，140-141页。
[27] 同[1]，120页。
[28] Robin Evans. Translation from Drawing to Building[M].London:Architectural Association London, 1997:153-193.
[29] 同上，69页。
[30] 同[1]，136页。
[31] 同[3]，136页。
[32] 安濮."云烟出没"：石涛《庐山观瀑图》和17世纪的观察方式[J].美术研究，1998（2）：51-64.
[33] 贡布里希.艺术与错觉—图画再现的心理学研究[M].杭州：浙江摄影出版社，1987：7.

作者简介：

金秋野，北京建筑大学。

庭园·建筑六议——生活与造型

董豫赣

摘 要：针对中国当下热议的庭园话题，通过形态、植物等6个方面的议题分别探讨，指出与西方庭园作为建筑造型避难所或造型瞻仰地不同，中国人一直将庭园视为建筑散向自然生活的情境重心，因而，从生活而非造型的视角，或能有推中国传统建筑造型的生活内涵，而非再一次将中国庭园视为新一轮的中国式建筑造型的空间符号。

关键词：庭园 建筑 生活 造型 自然

在红砖美术馆现场"建筑与庭院"对谈中[1]（图1），葛明提议我做一位庭园建筑师的中国代表，我对职业前路向来懒于谋略，遂对他的建议不置可否。前两天在杭州，葛明私下再议此事，意颇深远，我依旧不愿将生活兴致的庭园议题，固化为职业标的，而他的郑重，终于督促我思及相关庭园建筑的几个议题。

1 庭园的形态议题

庭院或庭园，再次成为中国当代建筑收录频繁的词语。

30年来，庭院以三合或四合的形态造型，既曾点缀过后现代建筑的中国符号，也曾草写过地域主义的中国方言。庭院的当代议题，多半以日本式的灰空间进行描述，庭院，不再是人工建筑与自然媾和的互成性场所，而成为建筑自明的灰度空间。其实证，有坂茂在长城脚下为家具屋设计的庭院（图2），其形态简陋得如无水的陶瓷浴缸；有妹岛和世为一座玻璃展览馆设计的庭院（图3），其造型更像是对广场的西方描述——它是西方的露天起居室，而非生机勃勃的东

图1 红砖美术馆对谈现场（摄影：万露）

图2 家具屋庭院（坂茂设计，2002）

图3 托尔多艺术博物馆玻璃展览馆庭院（妹岛和世设计，2006）

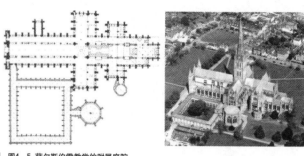

图4、5 萨尔斯伯雷教堂的附属庭院

方庭院。

沿着这条日式的理论与实践线索，当代中国庭院议题的空间深度，多半可以得到简陋的形态描述——庭院只是建筑的空间冗余，或建筑的无顶部分。对庭院的类似解释——四周被围墙或房屋围起的空间形态，甚至经不起来自形态自身的质疑——就形态而言，欧洲也有大量的四合院，就这样，中国庭院造型议题的前途，将沿着中式屋顶当年议题的形态旧路，虽一路播种，亦将定期萎缩。

2 庭院的欧洲议题

英国萨尔斯伯雷教堂（图4、5）的附属庭院，地处欧洲，它的2个庭院，一狭一方，与中国四合院颇有几分形似，但那条狭庭向着庭内的四向封闭，立刻显示出与中国庭院格格不入的格局，这条封闭的窄院，旨在封闭庭廊之柱与教堂扶壁柱无可调和的尺度悬殊，它是西方建筑造型的避难空间，而非中国与自然相遇的庭院场所。

而南向的那座方庭，环廊的向庭开敞，虽与中国四合院的廊向开敞一致，环廊向外封闭的实墙部分，原本是中国庭院敞向自然的建筑部分，但这座廊院之廊，却仅以环廊40个开间中的当东一间，连接1座八角形的教士会堂，庭际之长与相关建筑之少，已让人惊讶；而被甩在廊墙外部的唯一建筑，其与庭院相互闭锁的关系，也让人不解，长度足以跑马的环廊，却仅设一个入口通往庭院，这些奇特部署，简直难以从中国四合院的任何方向思议。

按我的学生朱熹对此的图解，这类柱廊院，本被视为所罗门神庙的建筑门廊，其仪式性的使用方式，也见证了其门

图6 艾玛修道院庭院（摄影：唐勇）

图8 如皋水明楼庭院（摄影：崔豫赣）

图9 清水会馆敞厅（摄影：万露）

图10 森舞台舞台与见所（隈研吾设计 1999）

廊的气质——人们在两种节日里对它的礼仪性使用，都先环绕柱廊院游行，而后从外部进入教堂的主入口，其神圣路径的游行性，与中国庭院的日常起居性，也相去甚远。

我原本以为，提供修士日常生活的位于佛罗伦萨的艾玛修道院，会与中国庭院神似一些，而柯布西耶从这座修道院感受到的理想居住氛围——宁静独处又能与人天天交往，也加剧了对它们与中国庭院类似氛围的想象。因此，当看见艾玛修道院庭院的照片时（图6），我才格外震惊——其大小悬殊的几个庭院，无论是由真柱廊还是假柱廊围合，无论是比邻公共建筑还是修道士住所，建筑朝向庭院的封闭形态，与中国庭院相互开敞的建筑情形，简直南辕北辙，且这几处空庭，也如欧洲经典的露天广场，寸草不生。

萨尔斯伯雷柱廊院的方庭之内，却有如砥整齐的草坪（图5），还有两株参天乔木生长其间，它们为神圣的柱廊，注入了自然生活的庭院气息。而按朱熹的诠释，庭院的植物，因为要象征圣母未被触及的贞洁，实在容不下中国式庭院生活进进出出的日常亵渎，我由此想象这座庭院原先的样貌——只有平整的草坪，那个单独开口，或是提供园丁修剪草坪之用，而那两株乔木，很可能是宗教式微后的这几百年间鸟类的播种。

3 庭院的植物议题

在与日本建筑师隈研吾进行相关自然的负建筑对谈时，朱锫以他为艺术家蔡国强改造的四合院为例，断言四合院的精髓，是纯粹无物的绝对精神，而与庭院的构成物质乃至植物都无干系，我当时反驳道，在这个宗教式微的物质时代，除开精神病科的医师，恐怕只有建筑师还在奢谈无物的纯粹精神。如今想来，朱锫的描述，虽不适合描述中国的四合院，却正适合描述欧洲庭院，在那里，庭院是敬仰建筑的造型道场，植物则是祭祀精神的坛前绿毯。

这本是芦原义信在《街道的美学》[2]里发现的欧洲秘密，欧洲广场或庭院的尺度并非为生活制定，而得自于观望主要建筑造型的立面视距，因此连竖向的树木也被认为是有害的，这一发现甚至诱发了芦原义信让人惊悚的建议——将日本传统城市的树木伐尽以种植草坪，幸而他很快就自我反省，并亲自铲除自己庭院新植的草坪，重新种上他不知种类的杂木树林。

就中国的庭院精神而言，文人的精神常常就寄情于这些植物之上，君子敬兰，正者仰松，陶潜痴菊，东坡迷竹，五代的周文矩以松石场景描绘唐代文豪们的自然精神（图7）——这类场景后来频频进入《西厢记》或《金瓶梅》的庭园插页，元人倪瓒则直接将六株杂木寄情为《六君子图》——这类植物至今还在网师园里点缀着"看松读画轩"外的庭园情景，不了解中国文化在莲荷与芭蕉里的精神寄托，简直难以进入拙政园的"远香堂"或"听雨阁"的庭园

图7 《琉璃堂人物图》（五代，周文矩）

图11 应县木塔渲染图

图12 35层高楼（梁思成方案设计，50年代）

情境。

就中国的庭园理论而言，被计成誉为"林园之最要者"的借景章节，空间借景的途径——远借、邻借、仰借、俯借，所借之物却由最后一借所借贷——应时而借，它梳理了时间借景的植物线索，并被计成杂入繁复的植物意向逐一带出，而作为建筑的宅房，不过是因借自然造物的升斗借具，张岱的"屋如手卷"说法，不但要将庭园中的自然物卷入屋内，也给予了中国庭院的建筑向着自然开敞的生活方向。

就庭院实境而言，我后来在蔡国强的庭院中遇到朱锫，我真心赞美院中的一株枝繁叶茂的古老丁香，它为这个庭院注入了自然精神的实景意象。它让我忆起与葛明在水绘园曾流连忘返的一个庭院，在那个庭院中，一株六百年的黄栌，被一个巨大的花池举高，其枝叶遂撑满四方庭院的檐口，横柯上蔽的枝叶与建筑的出檐一道，为这方庭院增加了山林的澄碧意象（图8）。没有这株黄栌，这庭院只能以尺度度量而全无山林意向，没有这个空庭，这株黄栌或许能被视为某种造型独特的造型树，而没有举高的花池，其低枝斜干的喜人造型，虽也能以形体的造型盛满小可庭院，却难以庇护人于林下的就近生活。

4 庭院的建筑议题

是否存在为庭院特设的建筑类型？

在清水会馆[3]敞厅里的一次感受，促使我思考这一问题。那时，正为清水会馆补造北部园林，骤至的大雨，将现场的学生与工人逼入一间敞厅（图9），雨中的飘风，则将他们进一步挤向敞厅中间。正是这次生活经历，让我对这间敞厅屋顶与地面间可疑的齐整造型进行反思[4]。

在隈研吾设计的森舞台里，他为酷似范斯沃斯住宅的见所造型进行辩护……这一区别相当勉强，即便比照照片，见所与范斯沃斯住宅的造型差异也微不足道，倒是隈研吾并置的两幢建筑的檐口差异（图10），值得深究——用于表演的左下角的舞台建筑，选择的是传统歇山屋檐的出挑尺度，屋檐远远超出下部架空的木地板，无论风雨，上部出挑的巨大屋檐，将庇护地板上发生的各种生活，人们甚至可以坐在雨天的地板上感受自然，即便将腿伸出屋檐也仍旧处于屋檐的庇雨之中。相比之下，形如范斯沃斯住宅的见所屋顶，出挑虽然更加深远，但它与下部地板相差无几的出挑深度，很难庇护其间的自然生活，稍有斜风细雨，雨水将随风溅上地板，轻易就将人们挤入玻璃盒中。

这一来自生活而向着生活容器的反向考察，不但让我质疑密斯的范斯沃斯屋顶与地板在垂直面上的齐整造型，也让我洞悉应县木塔的动人之处（图11），并非它刻意于造型的舒展，这座雄伟塔楼重檐出挑的深出浅回，层层重复着隈研吾复原的那座古建筑模式——每一层都有自己的出挑平座，每层平座上方都有一个出挑更加深远的屋檐，象征天的深远出檐与象征地的退进平座，媾和为天地完整的标准层庇护单元，它们曾大量以重檐的楼阁或单层的水榭样貌，出现在宋人山水画中，且真实地庇护着文人骚客们的风雨登临，向着自然方向，凭栏即可抒发自然情怀，而不必退守楼阁深处。

相比之下，错落在梁思成当年设计的一座塔楼上下的类似重檐（图12），却源自屋身比例的造型考量，就庇护风雨而言，中间大量的标准层里的生活，实在难以享受重檐带来的与自然亲近的机会，这一情形，在大量造型当代的高层公寓里，依旧广泛存在，即便在夏日凉风爽雨的时节，人们也很少勇于开窗享受风雨。

5 庭院建筑的结构议题

60年前，面对现代技术的结构革新梁思成在《图像中国建筑史》[5]的前言里，曾直觉到中国建筑的机遇与考验：

如今，随着钢筋混凝土和钢结构的出现，中国建筑正面临着一个严峻的局面。诚然，在中国古代建筑和现代化的建筑之间，有着某种基本的相似之处，但是，这两者能够结合起来吗？

基于鲍扎体系的教育背景，当时的梁先生将这一机遇与挑战，寄托于形态表现，他力图在传统中国木结构与相似的现代结构之间，谋求一种新的表现形式，其结果造就了那类

图14 红砖美术馆后庭倒斗式洞口(摄影:万露)

图15 美术馆小方厅洞口内钢板、白墙、砖墙的细部(摄影:万露)

图13 红砖美术馆外墙屋顶
收头处理(摄影:金秋野)

图16 《求志园图》(明,钱榖)

高层建筑与重檐的比例推敲。

大约同一时期,在《为什么研究中国建筑》[6]一文中,梁思成也曾动议过将中国建筑的定义向生活方面拓展:

许多平面部署,大到一城一市,小到一宅一园,都是我们生活的答案,值得我们重新剖析。我们有传统习惯和趣味:家庭组织、生活程度、工作、游息,以及烹饪、缝纫、室内的书画陈设,室外的庭院花木……这一切表现的总表现曾是我们的建筑。现在我们不必削足就履,将生活来将就欧美的部署。

就生活方向而言,中国传统建筑被弗莱彻抨击为无类型差异的造型匮乏,正是基于中国建筑并无造型的宗教与世俗的预先分类,它只有在活生生的使用过程中,才能呈现出它们是居住的宅院还是宗教的庙宇,是精神性的书院还是事物性的衙署,而庭院与建筑合一的互成方式,却不分住宅与宫殿、寺庙与道观,它们一样都敞向自然与生活。

向着结构造型而言,中国建筑木结构的千年选择,一直被认为是对木材自然属性的迷恋,如果从中国人的生活习性返视,欧洲古典建筑迷恋的砖石结构脆弱的出挑能力,如何能庇护中国人向往自然的生活习性?以造型为核心的西方古典建筑,虽然也会用到木头屋顶,但常常将其隐藏在体量鲜明的山墙背后,其造型就类似于中国等级最低的硬山建筑。而中国传统建筑的等级,之所以能被屋顶所定级——从硬山到悬山、从歇山到庑殿的屋顶,不但意味着建筑可以敞向自然的敞面有多少,还意味着它们对这些开敞生活所能庇护的深远程度。

向着中国庭院的自然生活,反思现代建筑的两种主打结构——钢筋混凝土与钢结构,从材料而言,我的学生王磊,曾在他的毕业论文[7]里,发现这两种现代材料的发明之初,都源自于植物种植,前者是为了制造更便宜的种植盆而发明,后者则直接来源于玻璃温室,它们原本能重建在西方遗失千年的伊甸园般的自然生活;从结构而言,中国建筑原本能将这两种现代结构杰出的出挑能力,用来延续并扩展中国木结构庇护自然生活的担当潜力;而借助它们先天的种植与出檐潜力,我们甚至有能力将向着自然的中国庭院生活带入高层建筑,而不必尾随柯布西耶的多米诺图解之后的造型游戏——框架结构的悬挑能力,要么用以制造惊世骇俗的造型奇观——如CCTV,要么以结构出挑将表皮推向前台进行造型的无厘头表演,它如今已风行中国的大江南北。

6 庭院的材料与细部议题

针对葛明在红砖美术馆对谈里去材料的象征化建议,我部分接受并反省,我承认美术馆大墙上方的锯齿形收口并不成功——我原意是要以其类似瓦当滴水的小线脚(图13),消除美术馆封闭而巨大的体量,或许正是我这次罕见的以造型视角的考量,使它们并不成功,但我至今仍对倒斗形的砖叠涩十分迷恋(图14)。我相中它作为空间转折的意象,它将围墙的轻薄门洞转译为有某种深度的空间装折,而其斗拱意象,我并不认定它的古代性或现代性,正如拱券,在任何时代它都是用小材料建造大跨度的有效方式。

至于美术馆内被赞誉的去象征化的白墙(图15),我当时的发问,基于两种语境:其一,针对王澍的象山一期,刘家琨曾问如果没有白墙青瓦能否重现中国传统意境,在这里,白墙似乎带有中国传统的象征色彩;其二,针对欧洲传统建筑的砖石材料,柯布西耶特意将萨伏伊别墅手工砌筑的砖墙喷成白色,以化解欧洲传统建筑的砖石象征,于是,白墙在这一语境里又具有现代性象征。如何厘清白墙的西方现代象征与中国传统象征的时差？葛明告诫我的去材料象征，是否认定了白墙的当代象征？就中国庭院或园林的材料史而言，并不存在庭院或园林的独特建筑材料——它们所选择的材料与细部，都是当时大量建筑建造使用的材料与细部。在明人绘制的园林图景中（图16），既有砖墙也有毛石，甚至还有被认为是西式的几何篱笆，就此而言，我大可使用当代大量用以填充的砖头或砌块材料来建造今日的庭院或园林。

就生活而言，王磊在学生时代就曾质疑过我这一决断，毕竟传统造园的建材，通常精致且有良好的身体触觉，坚持以当代大量使用的粗糙填充材建造庭园，似乎真有些教条。而香港大学的李士桥博士，还敏感地从当代公共建筑的普遍材料选择里，发现了西方文化的抉择痕迹——比之于中国建筑或庭院材料常常选择透气材料以接地气相反，当代大型超市、机场常常选择抛光的花岗岩、大理石与釉面砖等绝缘材料，是为了担保一个不被自然侵蚀的无菌空间，它继承了柯布西耶时代还将自然视为有害的西方传统；另外，与中国人迷恋那些染苔受雨的可变化材料相反，这些抛光而密闭的材料，通常以材料的不变性，呼应了西方教堂建筑里古老的永恒精神[8]。

7 跋议

梁先生开启的研究中国建筑的造型道路，在当代从广度上得到了空前拓展——人们从梁先生的殿堂研究走向民居研究，当代还拓展到向城中村甚至贫民窟研究，也确实从中摘取了错落有致或尺度宜人的多样造型。但梁先生动议的将中国建筑的定义拓展至生活的建议，至今空谷乏音，至于理论研究，梁先生建议的待续之事——古建筑彩画以及小木作的装折部分，前者由清华大学的李路珂[9]出色的完成，就建筑与自然的生活关系而言，我以为让计成单辟一章的装折部分，或许更为核心。而关于这部分理论工作，我至今寡闻有建筑学者涉足，只有业外的扬之水先生撰写的《宋人居室的冬与夏》[10]，尝试着描述中国人向着诗情自然的庭院生活。

向着宗教的精神天国，西方建筑学积累了千年神圣造型传统；向着人间的日常生活，中国建筑渗入了与自然相处的千年经验，当现代建筑任务从教堂宫殿的永恒转向普通人的日常生活时，柯布西耶只能从西方建筑学的神圣造型传统里，拾遗出比例、体量、轮廓、表皮来装点日常建筑造型，而赖特则从日本的东方庭园中，借鉴来出挑深远的檐廊语汇，当代日本建筑则多半沿着柯布西耶的正统建筑学道路，将这处檐廊空间描述为灰空间——以证明其为西方空间造型的某种灰度，继而失去了东方檐廊敞向自然的诗性内涵。

注释：

[1] 红砖美术馆"建筑与庭园"对谈于2012年8月10日在北京何各庄村一号地国际艺术园区红砖美术馆现场举办，由王明贤（中国艺术研究院建筑艺术研究所副所长）主持，对谈嘉宾（按姓氏笔画排列）有：王丽方（清华大学建筑学院教授）、李兴钢（中国建筑设计研究院副总建筑师）、李凯生（中国美术学院建筑艺术学院副院长）、金秋野（北京建筑工程学院建筑系副教授）、阎士杰（凰家地产董事长红砖美术馆甲方）、黄居正（《建筑师》主编）、葛明（东南大学建筑学院副教授）、童明（同济大学建筑与城市规划学院教授）、董豫赣（北京大学建筑学研究中心副教授）。

[2] （日）芦原义信.街道的美学[M].尹培桐，译.天津：百花文艺出版社，2006.

[3] 清水会馆位于北京昌平区，由董豫赣主持设计，2007年竣工。清水会馆只用了一种材料——砖，建筑的处理很简洁，基本上是以实墙为主，根据需求在上面开出各种样式大小的洞，或者用砖叠砌出各种有趣的图案。

[4] 董豫赣.败壁与废墟：建筑与庭园/红砖美术馆[M].上海：同济大学出版社，2012.

[5] 梁思成.图像中国建筑史[M].天津：百花文艺出版社，2001.

[6] 梁思成.为什么研究中国建筑[M]//中国建筑史.天津：百花文艺出版社，1998.

[7] 王磊.植物与现当代建筑关系初探[D].北京大学建筑学研究中心，2010.

[8] 关于材料的西方属性的观点为李士桥博士在2010年北京大学建筑学研究中心举办的"身体与建筑"会上发言。

[9] 李路珂.营造法式彩画研究[M].南京：东南大学出版社，2011.

[10] 扬之水.古诗文名物新证[M].北京：紫禁城出版社，2004.

图片来源：

图2：http://photo.zhulong.com/photo_view.asp?id=142&s=15.
图3：http://www.flickr.com/photos/thegoatisbad/2274754245/sizes/l/in/photostream/.
图4：Bernhard scht z Great cathedrals.
图5：http://www.flickr.com/photos/skjoiner/3546843857/.
图10：http://www.flickr.com/photos/arhuang/2824868716/sizes/o/in/photostream/.
图11：梁思成.梁思成全集第八卷[M].北京：中国建筑工业出版社，2001.
图12：梁思成.梁思成全集第五卷[M].北京：中国建筑工业出版社，2001.

作者简介：

董豫赣，北京大学建筑学研究中心。

山水城市

马岩松

我的体会是展览之后觉得自己不是数字建筑师。今天是一个很开放的，也可能是数字建筑概念更扩展的一次讨论。我的题目是"山水之城"，我最近关心这个话题，是探讨在城市现代主义思想中如何看待建筑和城市跟自然关系的问题。我们把曼哈顿和中国的城市相比较，在历经一两百年之后，还是在同一个思想框架下，处于后工业时代的人对城市的看法，欣然以为建立城市是在掠夺自然、建立资本和权力的一景象。我们再把欧洲第一高楼和北朝鲜的高层建筑相比，前者周围没什么高楼，后者则修建更早，算是最后一个共产主义堡垒，要超越美国帝国大厦。两个建筑相同的城市，都非常像古典城市的教堂，直冲向天空，表达了一种力量，前者代表着资本，后者是权力。这种模式是非常典型的现代城市。1996年蔡国强从日本刚去纽约的时候放了一个蘑菇云，那时"9·11"还没有发生，双子塔还在。有一次跟他对话，他说刚来美国没人认识他，美国人最紧张的一件事是恐怖主义，他要刺中他们。他的这幅作品很震撼，他是一个个人，因为透视变得非常强大，所有人认为的伟大现实主义城市，今天看起来是像遗产一样的东西。

2001年"9·11"发生了，2002年很多建筑师为重建世贸中心做设计，我当时是一个学生，做了一个飘浮的建筑，形态上讲是以地面上长起来，高度超越其他摩天楼的水平展开，成为一朵像云一样的东西，上面有公园、有水面、有自然、有非常不确定的形体，由软件做出来的，当时随便弄了一个。这么多年一直回头看，不知当年为什么会有这个想法。

对我来讲这是一个解脱。这件事情在很多人眼里有民族、有政治、有现代主义城市的重建、纪念、超越的东西，我看不清这么复杂的东西，我想有一个自我的自由，想找这个东西。

后来在北美做了两座楼，技术上有很多挑战，总的来说我是不强调技术的，很多高层建筑非常高、非常强壮、非常像男人。后来有人管这栋楼叫梦露大厦，高层建筑第一次跟一个美女有关系，有人性的东西在里面，这也是我追求的，希望建筑是自然的、柔软的，把生活放到外面，而不是用非常有力量、强壮的线条来强调，建筑结构隐藏在里面，非常

简单，也没有什么扭转的东西。我很希望建筑成为当地文化的一部分，很多人赞美它、嘲笑它，或者重新演绎它。

在中国做了另外一座高层楼，我觉得在梦露大厦中有一种自然，表现出来还是一个完美几何雕塑的东西，我想把生命感表现出来，一座高楼像自然生长的东西，没有明确的形状，有自己生长的状态，好像随时可以生长、变化，里面有花园、立体的东西。我认为这是我开始从一种混沌的对形式的理解到开始认识到这种建筑方式真正追求的是什么东西。

在广西北海建了一个大的住宅，当时我到这个地方看到一个海，因此画了一个图，觉得这块有一座山，就把这个图弄到CAD里面，做这个建筑出来。当然，后面实现每个项目都有工具的问题、怎么实现的问题，但是其实在每个项目初期都不知道用什么方法、什么工具可以去实现，从来没有真正去挑战工具本身。

大的高密度的住宅进入自然，这是城市化普遍化问题。山水城市就是讲建筑和自然产生新的对话诗意的关系。如我在黄山的一个项目，把梯田延伸到建筑，让建筑变成一个个平台。

在鄂尔多斯建的一个博物馆，对我来讲形体不是很重要，我想有一个未知的形体。在鄂尔多斯建一个博物馆还是一个文化的问题，要体现未来但是不想有主流文化的东西，肯定不是现代主义或者其他大城市的二手货，想让它降落在沙漠一样的地貌上。这里的地貌已经几千年，设立了起伏的地面，成为很好的公共空间，很多人在那玩，没有城市里熟悉的花、草、灯，让它们直接碰撞。当一个未知的未来、原始的景观同时出现的时候产生了一个戏剧性效果，当下消失了，我不知道我们在熟悉的状况里。我也可以讲很多的技术，今天很多老师看这个都能做出来。为什么想出这样一个东西来，因为对我来讲有城市的感觉，像城市废墟，有立体的关系，但我又想把明亮带进去。为什么我要描述这样的空间和气氛？

比如我们在哈尔滨做的一个大剧院，像从地面长起来的雪山，像过山车一样。有市民天天来这个工地，问游乐园什么时候建好。

建完以后，有一个坡道可以跟周围湿地的环境结合起来，人可以从地面到立面上，就像爬山一样。整个建筑是人和形式可以参与在一起的，不只是一个很厉害的形象而已。外面用了很多鼓高板，可以储雨水、冰雪，像羽绒服一样。自然光可以进入室内。

另外一个博物馆在福建海里面，周围有很多山、有岛，每个岛其实就是一座大山，把建筑跟地表现出来，有一个桥可以过来，把它变成一个跟水下相连的感觉，边缘会慢慢没到里面，像沙滩一样，人可以上下走，整个建筑是混凝土的，里面有贝壳掺在里面。我们想把现代剥离，让人觉得有原始的东西、洞穴的东西。我们不是想强调高科技的感觉，我一直关心氛围问题，把时间、空间拉长，让人进到真空的状态中。

山水城市讲个体建筑。东西方对自然有不同的看法，大家很熟悉法式园林的几何美，在法式园林中树没有文化属性，是自然的东西，一棵树死了就换。右边不太一样，每个元素都有文化属性，而且不能被拆开。在东方的环境里讲的是总体体验。没有把一个事或者一个建筑单独拿出来说的。搞园林的都知道这些。曾经有很多研究古建筑的，以建筑、构建、营造谈建筑本身，这是不全面的。

这种研究思想不符合园林尺度，可能在山水画、音乐、文学，小到盆景大到城市都有这种体现，北京、南京等很多老城市都有这种安排。像北京在城市中心的水、山是人工安排的，非常美、有意境，这是与现代城市的技术、效率、功能气氛不一样的。如果以这个观点看老北京，有人便会支持拆城墙，因为路影响交通了。建造北京时是想建造一个人类心灵优先的家园，所有的东西都是其次，追求人跟自然精神上的和谐。

虽然我们不是搞城市规划，还是局限在几个建筑的项目上。我们在南京刚刚建设了一个大的综合体。一说综合体都挺害怕，这往往是破坏城市肌理，同时又是改变生活的一个东西，酒店、办公、住宅在一起，同时又要高密度。这个项目中把自然因素用新的方式融入到城市生活。另外一种实现高密度、高占地、密度突变的方式，是让村庄和大楼紧挨着，人进入到城市空间还是被生活的小建筑围绕，大建筑变成背景，进入到大建筑立面还有一些公众花园。很多城市生活可以重新安排，变成景观的一部分。比如说老北京八景、西湖十景，就是考虑怎样让景观变诗意、围绕生活，功能是实用上的还是精神上的。

在北京也做了另一个高楼，谈到建筑还是要涉及形态，超越形态还有一个组织关系的问题。把高的建筑和小的建筑结合起来，里面产生一些城市绿色的空间，建筑落在水里面，需要考虑下一层级的材料、细节。建构的诗意讨论也

有，现代主义的一些大师都已经取得成就，他们中在现代主义面上谈得比较反叛的，还是想追求一种其他的东西。

最近在做一个老北京的城市改造，有四合院，还在老城区做了几个塔。四合院挺值得学习的，它们也有形态、肌理、古都风貌、生活。老舍说北京的美在空里面。四合院跟罗马的不一样，罗马是天井的概念，老北京是天和地的概念，有树、有鸟、有花、有家庭、有邻里生活。生活是最核心的东西，美和生活造就了城市的形态。院子里的天和地、人和自然的关系怎么通过今天的技术、高密度城市要求重新达到，这是一大矛盾。这些音色的建筑是我们重新设计的，我们在已经拆了的地方做工艺建筑，是为了让更多的年轻人住在里面，而不是像主题公园似的，保留了建筑却没有人。建筑还是要有活力，不能为了面貌设计一些假古董。像老北京不是光有四合院，还有鼓楼、钟楼，也有塔，如白塔寺，只不过从宗教建筑变成住宅，有点像新的公社大楼一样，很多年轻人住在一个塔里。

我们之前做过一个老北京的泡泡，里面是一个卫生间。中间有一个绿地，黄色的部分，是一个公共空间，算是一个景观，我们设计了一个黄土。周围是绿色，中间有一个坑，是黄土，人头上是天。

我们对北京2050年做了城市设想，把天安门变成一个森林公园，是一个很纯情的想法，环境好的、人文的、绿色的空间，时间设立在未来，我们这些人也不一定能看到。对北京来讲，种这些树一个晚上也能搞定，不是一个技术问题，甚至不是一个生态问题。这个方案给很多领导看过，他们都觉得挺好的，但是也没人说能干。

我觉得我谈的山水城市不是生态绿色的问题，而是属于大的历史阶段，后工业时代全世界都想离开自然、保护自然，怎么跟自然联系，这个时代讲绿色、讲环保、讲生态。东方有自己的道路，本身对自然有不同的理解，就看怎么在今天的实践中做一个探讨。

（原载《深圳土木&建筑》2014年04期）

作者简介：

马岩松，MAD建筑事务所创立人。

创作中介与审美体验——20世纪80年代中国现代建筑关于继承园林传统的探索

周鸣浩

摘要：改革开放初期，中国园林被理想化为传统与现代的"结合点"而获得广泛认同。本文致力于梳理和阐明这一转变的思想背景，着重论述围绕"园林"主题展开的三个本土实践案例——现代岭南庭园建筑、"亭的继承"和松江方塔园，分别以"模式""片断"和"移情"三个概念来揭示其不同的设计策略，指出这些策略背后所隐含的"创作中介"与"审美体验"这两种对待传统的不同态度，并以此为基础对王澍的"造园建筑学"展开初步探讨。

关键词：中国园林传统 中国本土现代建筑 改革开放 设计策略 造园建筑学

1 园林：传统与现代的"结合点"

20世纪50年代末60年代初，随着"大跃进"和"向科学进军"等一系列政治运动的发动，国家和民族整体上对于文化的态度不但趋于功利和实用，而且带有强烈的"左倾"意识形态和历史虚无主义。在"古为今用，厚今薄古"的口号下，营造学社及其围绕古典官式建筑的主要研究成果受到了严厉而荒唐的批判。但另一方面，这种批判又与因"人民公社"运动而兴起的"地方化"趋势相结合，无意中驱使中国建筑师开始寻找宫殿式传统之外的有关民族形式的新解释，从而在探索和思考的过程中拓展了关于"传统"概念的内涵和外延，纳入了更多样的可能性。在此期间，《建筑学报》上出现了多篇有关中国园林的研究，以及地方民居调研小组的成果。改革开放初期，伴随着思想解放，"继承与革新""民族形式"等有关传统继承的议题再度回归建筑学界的视野。此次回归不仅延续了20世纪60年代初期的思想转变，而且发展出了新的理论概念，诸如"文化圈""形似—神似"等，前者试图用一种系统和动态的发展观来解释文化传统与地域性相关联的多元、多层次的结构特点 [1-2]；后者则明确地反映了"民族形式"概念的危机：随着进化论和现代主义建筑理论关于功能与形式对应关系的阐述在新时期深入人心，以"形似"作为继承传统的手段遭遇了进一步的质疑和批判——迎合现代社会生活需求的新功能为何还要迁就旧的形式？"民族形式"由此不但被视为一种无法与现代建筑体系相兼容的狭义而肤浅的传统表象，而且经过与政治话

语的长期纠葛，它也被视为旧时代的消极遗存，唯一的作用就是限制人们对中国建筑传统真正的本质性的理解[3]。

由此，在现代建筑的传统继承（或者说，建筑传统的现代阐释）这一中国建筑现代转型的核心问题上，上述趋向在20世纪80年代推动了两方面的观念转变：一是从"官式"转向"民间—地方"：即中国现代（新）建筑可资借鉴的传统来源不再仅指单一的古典宫殿式建筑（俗称"大屋顶"），而且还包括那些量大面广、为适应不同地域的自然条件和文化习俗而产生的多样的建筑传统，尤其是各类地方民居和传统园林；二是对民族形式的"消解"：其表现之一是形式的消隐（invisibility of form）[4]，即认为形式仅是传统的外在表象，真正的继承应当致力于挖掘那些内在于传统的"看不见"（unseen）或"不可见"（invisible）的本质。这里所谓的内在于传统的本质（深层内涵）既指中国传统建筑的空间组织方式和结构—建造的科学原则，又包含中国传统建筑所表征的文化心理和思想哲理——所谓无形的神韵或气质的来源：前者试图用西方现代主义建筑的普遍性原则作为标尺来"丈量"中国建筑传统，即"把立足点移到现在，用现代建筑的眼光来重新审视和搜寻传统的宝库"，从而发现传统与现代的结合点[5]；后者则与20世纪80年代日本现代建筑师的影响，尤其是黑川纪章关于"看得见"与"看不见"传统的论说，以及中国本土的"文化热"中庞朴等学者所提出的文化结构三层面说等有很大关系[6]。

正是依据此种观念上的转变，作为典型的传统与现代的结合点，园林获得广泛认同，并由此出现了将中国传统园林的空间组织形式与现代建筑相结合为一种本土现代建筑新范式的尝试。大量的讨论使用现代主义建筑理论的概念——"流动空间""四维空间""开放空间""有机建筑"等来解释园林空间环境的现代性特征。此间还出现了"西学中源"的言说，即认为西方现代建筑先进新颖的空间处理手法实际上源于中国园林等建筑传统。[7]这种中西文化碰撞中本土民族主义的极端表现从侧面折射出园林传统被寄予的厚望。另外，通过最新引介进来的后现代建筑理论，中国的读者们迅速地在园林中"发现"或"挖掘"了"空间的不定

性""灰空间""模糊空间"等时髦新颖的后现代建筑空间概念。[8]

在实践探索中，华裔建筑大师贝聿铭对园林艺术的推崇进一步强化了这种态度。他雄心勃勃地宣称，中国园林同民居的结合有可能开拓"一条中国建筑创作民族化的道路"，香山饭店则是一个向中国建筑师指明这一方向的样板。[9]然而，建成后的作品却显然并未达到贝氏的原初目标，建筑的选址和造价以及贝聿铭在中国获得的特权，都使人们对它能否达到普遍性的示范作用表示出不同程度的质疑，但最根本的问题是设计本身缺乏说服力：它所谓的"民族化"似乎仍只是一些中国建筑传统"印象"的杂糅——内向性的庭园、民居的粉墙黛瓦、没完没了的所谓凝结了中国神韵的"景窗"，以及借鉴了鉴真纪念堂墙面划分的平面化传统装饰线条图案。总体的设计策略更像是贝氏擅长的立体主义几何体块与上述中国传统元素和符号的生硬组合，缺乏中国传统园林空间固有的透明流动与隽永诗意。在对园林空间特质的理解及其与现代建筑空间和结构体系的结合方面，甚至比不上30多年前贝聿铭与格罗皮乌斯合作的未实现作品——上海华东基督教大学。

2 本土建筑师的三种设计策略：模式、片断、移情

笼罩着大师光环的预言坚定了中国建筑师们将园林作为中国本土建筑传统现代化的新途径的信心，但大师不怎么成功的实验又使他们意识到，这条新途径的实现必须建立在深入认知园林建筑艺术并且契合本土经验的基础之上。与高调的"香山实验"相比，低调的本土建筑探索事实上具有更强的生命力。尽管都涉及关于园林文化或空间形式的借用或汲取，但因其关注点、所处地域，以及文化价值取向的差异，在面对不同语境时，这些设计个案采取了迥异的设计策略和理论视角。本文将通过分析和比较三个案例——岭南现代庭园建筑、"亭的继承"设计实验和方塔园，并在此基础上分别以三个关键词"模式""片断"和"移情"来揭示和总结这些设计策略各自的特征。

2.1 模式——岭南现代庭园建筑

"广派"建筑师群体[10]将现代建筑与岭南庭园相结合的探索和尝试始于20世纪50年代末，但得到大量的关注、产生广泛影响却要等到20世纪70年代末——这批建筑师为广交会创作的一组建筑由于其涉外性质而开始成为业界焦点——这也是本文之所以将其归入改革开放初期建筑的主因。此外，相对于诞生的时代，这些作品是先锋的、超前的，是新时期

建筑观念的一种提前。它们体现出了与革命年代格格不入的感性的一面，包括与自然和人文精神的共鸣，对现代主义建筑美学的推崇等。在很大程度上，是它们与香山饭店共同导演了弥漫20世纪80年代的"园林热"，被视为"新而中"的新时期典范。

改革开放后，各类专业学术刊物纷纷刊载了关于"广州新建筑"的评论文章；[11]同时在广州白天鹅宾馆的设计中，"广派"建筑师们又以"广州旅游建筑设计组"[12]的身份赢得与香港和外国建筑师的竞争，享誉全国。其时有评论称赞白天鹅宾馆"并未套用'由来已久''民众公认'的旧样式，但是，她那与自然水乳交融的东方格调：利用狭长地形创造出建筑空间、自然空间和庭园空间交错渐进'时空动感'，衬以曲廊长槛、瀑布、榕屏，在那虚实、收放、高低和明暗的序列中，散发出浓郁的中国味和现代美，这是很难用传统的'民族形式'一词所能概括的、其味自别的'蜜'"[13]。当然，超越了"民族形式"的中国味与现代美并不是一蹴而就的，而是筚路蓝缕，辛勤探索的成果。总体上，岭南现代庭园建筑的探索具有两大特点，一是呈现明显的阶段性；二是实践与理论兼备。

从20世纪50年代末开始，岭南庭园与现代建筑的结合经历了四个阶段[14]：首先是20世纪50年代末至60年代初，在对传统岭南庭园的模仿、学习的基础上结合进现代功能，代表作品是北园酒家等一批"酒家园林"；其次是20世纪60年代末至70年代初，初步建立起了一套现代建筑与岭南园林及岭南地域特征相结合的创作方法，并在一些小型山地旅游建筑（白云山山庄、双溪别墅等）和中型城市公共建筑（友谊剧院等）中取得了一定的成果；再次是20世纪70年代，作为服务于广交会的"广州外贸工程"的组成部分，进一步完善这套设计方法（矿泉别墅）并与高层建筑结合（白云宾馆、东方宾馆等）；最后一个阶段则是改革开放后的20世纪80年代，该时期的特点是在上一阶段的基础上对"共享空间"和商业元素的运用（白天鹅宾馆）。每个阶段都是在前一阶段的基础上根据新的时代需求而进行的新发展。在这个较为长期的、渐进的发展过程中，那些被证明为成功的建筑元素、空间组织模式、细部特征获得了保留和积累，例如序列性的空间安排、"支柱层"和悬挑于水面的"飞梯"等，这促使"广派"建筑师在现代建筑功能流线的组织、形式语言的把控、地方性材料的使用，以及不同体量的建筑空间与园林空间的相互渗透与结合方面逐渐摸索出了一套成熟的模式和手法。

除了实践上的探索，"广派"建筑师群体的领军人物如夏昌世和莫伯治，尤为注重理论构建，这更助推了岭南现代庭园建筑的模式化趋向。夏昌世在20世纪30年代就积极参与

营造学社的学术研究活动，曾与梁思成和刘敦桢考察江南私家园林。1953年他又与陈伯齐、龙庆忠等在华南工学院（现华南理工大学）成立民族建筑研究所，开创了对岭南园林的研究领域。莫伯治则从20世纪50年代中期开始协助夏昌世开展对岭南庭园调查研究。两人合作完成了一系列论文，不仅总结归纳了岭南庭园的地方性特征——包括其兼容并包的性格特征，以建筑空间为主、强调空间的实用性和功能性等特点，而且为庭园及其建筑空间的组成在结构上作了各种形式的类型化分析，为此后岭南现代庭园建筑的设计实践提供了重要参考[15]。改革开放初期，莫伯治又总结二十年以来的实践经验，为岭南现代庭园建筑奠定了更加坚实的理论基础，尤其是《庭园旅游旅馆建筑设计浅说》（1981）一文，从功能、交通路线和空间轴线的关系、空间变化组合的序列、建筑体型的处理手法等几方面归纳总结了庭园建筑与现代旅馆设计相结合的经验，对具体的建筑设计有很强的指导意义。[16]

应该说，在本文讨论的三种设计策略中，岭南现代庭园建筑在改革开放初期的影响力是最大的，这套理论阐说与实践手法兼备的设计模式在现代建筑意识尚属薄弱的中国，为建筑师乃至社会大众提供了一种易于理解和参考的实用—审美的简明标准，从而推动了现代主义建筑在中国的启蒙和发展，并在新时期激发了若干有趣的衍生性思考和尝试：有对高层建筑与园林空间相结合问题的进一步探讨。例如，杭州黄龙饭店摈弃了集中式的大体量高层，在模数化的柱网体系中设置分散布局的多层单元塔楼，不仅削弱了建筑体量对周围景观环境的影响，加强和引导了内部庭院与周围风景环境的交流和通透，而且还为工业化的施工创造了条件；在《南方建筑》上，有学生撰文批评广州新建筑的高层事实上并没有与低层庭园空间发生关系，所谓的组合只是一种生硬的拼凑罢了。他建议将中国传统的水平向庭园空间转化并改造为垂直向的庭园空间，即在高层建筑的不同高度插入"空中庭园"。[17]还有人设想将现代居住区规划与园林空间相结合的新设想，以应付高度工业化而带来的环境污染和室外活动的缺乏，如参加日本住宅设计竞赛并获三等奖的《长寿之家》方案。

当然，易于理解和参考也意味着易于模仿和抄袭，在一个对新事物极为敏感的年代，一夜之间，全国上下、大江南北，建筑立面纷纷出现了时髦的岭南"横线条"，庭园建筑比比皆是，甚至气候条件迥异的北方建筑也出现了南方才有的遮阳和架空手法。尽管这些模仿无视此时此地的具体条件，但也从侧面反映出了这批岭南现代庭园建筑在20世纪80年代的影响力和受欢迎程度。

2.2 片断——亭的继承

以钟华楠、潘祖尧等为代表的香港建筑师是我们在研究中国当代建筑时常常会忽略的一个群体。尽管人数不多，但凭借着爱国热忱，他们在改革开放后迅速与内地建筑界建立联系，为中国建筑设计体系的现代化、建筑创作的繁荣做出了不可磨灭的历史贡献。与此同时，身处中西文化杂揉之地的他们也深受内地建筑界"文化热"的感染，积极投身于对中国建筑传统现代传承的探索，钟华楠就是其中最活跃的一员。他尤其关注对中国传统园林的研究，曾在英、美、中国台湾等地举办了"中国园林摄影"个展及讲座，并著有英文版的《中国园林艺术》一书，为中国园林的跨文化交流做了不少工作。除此之外，他还在具体的设计实践中就园林继承问题做了一定的尝试。但与贝聿铭和"广派"建筑师强调从整体出发来整合现代建筑与园林空间的探索不同，钟华楠并未执着于"大课题"，而仅仅抽取了其中的一个建筑片段"亭"作为设计的主题。这一独特的选择既与钟氏本人对中国文化、园林传统的理解有关，又源于他从人文视角出发对香港社会与城市问题的批评。

"三缘说"是钟华楠用以阐述其关于继承中国文化传统的思考的一组核心概念。所谓的"三缘"包括了"民族—血缘(Man)""地方—地缘(Space)"和"传统—时缘(Time)"三个向度，"作为一个设计者，不论设计的好坏，必先要理解自己的行为，即是设计是否与自己的'血缘''地缘'和'时缘'等背景结上关系。"[18]这一理解构成了钟氏选择园林元素作为传统继承设计实践的出发点。在他看来，中国的传统文化（时缘）类型丰富、缤纷多彩，但园林才是"中国社会、经济、文化发展到最高峰时期所产生的一种结合艺术与生活的形体设计"，它是最具代表性的民族文化样本，容纳了最多、最全的文化要素。[19]此外，园林还有益于香港这个特殊的"地缘"环境。他认为，对于急功近利、只顾眼前利益不顾环境质量的香港社会来说，在精神上，园林能使人摆脱烦躁的状态，重归自然和缓静。[20]在现实中，它又能改善香港城市公共空间的环境品质。"在建筑密度高，人口密度高，交通频繁的市区，噪音污染的街道中，加插园林，不论大小也能为紧张生活的都市人提供一个休憩之所，让神经松弛一下。"[21]同时，由于"试验式的设计比较冒险，可能吃官司"，他选择了"亭子"这个比较安全的小题目。因为亭是最不实用的古代园林建筑类型，但也正因其简单、开放，它又充满了众多的可能性，"可用乘凉，可作曝书，可为读书，可以话别"，大可因地制宜地予以考虑。[22]

钟氏所谓的"亭的继承"的实验共6个，陆续建于1983至1987年之间，皆为服务于香港屋村[23]底层市民生活的城市环境小品。其中5处位于公园，1处位于公共汽车总站。这6座亭子基本以"九宫格"图式为平面构图基型，采用钢筋混凝土等现代材料建造，并依据其所处环境、实际使用功能来决定空间构成与结构选型："湖边亭"和"听瀑亭"都临水而设，因而采取了中央设井，直通水面的手法，同时在结构上也在井字平面交叉点设柱，地台和屋顶都由4根柱子支撑悬臂梁挑檐，刻意制造浮于水面之感；赛西湖公园两亭虽位于相似环境中，但所处地势不同。位于高处的亭子有意弱化九宫格中央的空间，通过4根带圆窗和拱门的空心巨型方柱，以及外侧的8组座位，使九宫格四边的空间成为主角，促使游人在此俯瞰海港和市景，而位于较低地势之亭，则更强调屋顶之造型，将其作为景观焦点，宛若翻边帽檐；功能为小食部的亭子取九宫格一边三格为店面，另六格为休憩区，结合四边墙柱设置座椅，而另一座功能为汽车总站之亭，则将四角的四格用作候车区域。

虽然相比香山饭店这样声名显赫的作品，钟华楠的"亭的继承"仅是一段不起眼的小插曲，并未得到更大范围的共鸣，但对于建筑基础教育来说，它不啻为一个很好的题目。这一建筑类型的功能和构造虽然简单，但因此更能够激发入门者的想象力和创造力，小巧而开放的空间构成又便于学生思考设计与场地及环境的关联，与园林文化的关系更加深了学生对中国文化的理解。正因如此，同济大学教师余敏飞才先后在1991年夏天为美国伊利诺大学举办的中国建筑文化暑期班和1992年秋香港中文大学建筑系二年级设计课中将"亭"作为设计主题，并取得了较好的效果[24]。

2.3 移情——冯纪忠的方塔园

关于方塔园的研究现已屡见不鲜，在此不再赘述。本文想要进一步指出的是，尽管对中国古典园林的池山结构有所继承，但方塔园的意义并不在于对任何具体传统园林的空间原型和形式要素的借鉴与模仿，而是一种对中国传统文化及其内涵更深层次理解的产物，其核心在于采取了"移情"的态度。

"与古为新"被冯纪忠视为方塔园设计之精神实质。从作品本身来看，这四字箴言包括两层含义：一是在物质环境上，使今天的园林与宋塔、明照壁、清天后宫等历史文物融为一个新的整体；二是在设计思想上，从古之传统中获取启示，结合现代的建筑和景观表达，形成新的空间体验。这里的启示又涵括了"技法"和"意境"两方面内容。

从中国传统诗词文化中，冯纪忠挖掘出设计方塔园的关键设计技法是"对偶"（对仗）——中国传统文化中最习见的审美秩序。对偶手法的灵活运用可见于全园，形式上有直曲繁简的对偶，材质上有粉墙石砌、人工自然的对偶，建构上有清晰严密的钢构与朴实率真的竹构之间的对偶，当然最重要的，统领全局的是所谓"空间旷奥/动静"之间的对偶。"奥者是凝聚的、向心的、向下的，而旷者是散发的、向外的、向上的。奥者静，贵在静中寓动，有期待、推测、向往。那么，旷者动，贵在动中有静，即所谓定感。"[25]全园各处空间的形式、尺度、疏密和材质均以"旷奥交替"为设计的根本原则。其中极旷者是作为历史文物展示空间的中心广场，全园主题所在，游人汇聚之所。在熙熙攘攘之动境中，下沉的地势、素色的广场铺装与水平向展开的白色宣墙，既加强了开敞空间与挺拔方塔间的对比，又为历史文物构建了统一而锚固的背景，渲染了一种时空凝固的纪念性。极奥者则位于全园远离人群的东南角，作为游览的收尾，设一小岛，以水环绕，在竹林的掩映下，俨然一静僻独立的所在。仅以一桥连接外部的小岛1/3为土丘，掩映之下岛之西南建一竹构草顶的敞厅，名为"何陋轩"，供游人歇脚饮茶，闲谈畅思。然静中有动，一是台基以30度和60度的角度旋转重叠，通过平面构成的形式手法记录创作构思的动态生成轨迹；二是在土坡与建筑间插入的高矮、半径和朝向各不相同的9段弧墙，作为光影之载体，向轩中赏景的茶客揭示时光的悄然流逝——把时间化为可视的三向度空间。

不过，技法并非设计的根本，其背后的源头以及服务的对象是更深层次的意境。冯纪忠曾以传统文论话语——"物象化表象，表象化意象，意象生意境"——阐述其创作观与方法论。物象（纯粹客观现象）和表象（经验）是创作者平时的长期积累，而意象是表象结合具体的现实条件的筛选和升华，但创作的关键是意境的生成。意境是"意象的积累或意向的组合生成一个'境'出来，'境'是人的心情。"[26]即所谓的"意在笔先，以情为本"。在方塔园的设计中，"境"或者说"情"指向一种更高层次的传统，即冯氏所说的"宋的精神"。选择"宋的精神"并不仅因为全园年代最久远的主体建筑是宋塔，而是由"宋代的政治氛围相对来说自由宽松，其文化精神普遍地有着追求个性表达的取向。正是这种精神能让我们有共鸣，有借鉴。"[27]联系到20世纪70年代末80年代初的时代语境，便不难理解何为冯氏所谓的"共鸣"与"借鉴"，这实际上是借古喻今，一种精神层面对传统的移情：在思想解放运动方兴未艾之际，通过对宋代精神的追慕和比附，方塔园这一作品承载和寄托了冯氏对新时期的创作自由和个性表达的向往。若方塔园中心广场极旷的自然和人工景观是宋之自由精神的表达，那么何陋轩之极奥就是宋之个性主义的再现，冯氏将其看作属于设计者自己的一方天地："我的情感，我想说的话，我本人的'意'，在那里引领着所有的空间在动，在转换，这就是我说的'意动空间'"[28]。在这里，无论是处理手法独特的竹构草顶结构还是时空转换的台基平面构成，都是"反常合道"的结果——这是情感世界和意念世界对物质世界的投射，不再是客体决定主体的唯物主义，而是主体对客体的转化、变形和重构。由此，技法与意境取得了辩证统一。

3 两种态度：创作中介与审美体验

上述三种设计策略又可根据其对传统的态度而分为两类：一是将传统视为创作中介，虽然岭南现代庭园建筑关注整体，而"亭的继承"则仅限于片断，但两者在设计策略上实有相同之处，即都是对园林文化、园林空间及形式语言本身的分析、抽象、提取和归纳（类型化），然后再依据实际情况进行变化（系列化），并与现代建筑元素相结合。这两种设计策略着眼的是一种普遍性的现代化叙事，延续的是自梁思成以来中国建筑师便孜孜以求的"新而中"理想，园林及其背后的传统生活世界及其意义是达到这一目的的素材、手段或中介；另一种，即方塔园，则将传统作为审美体验来对待。冯纪忠这样解释其对传统的理解："意境之进入、意象之生成，来自于认识水平、生活经验和传统熏陶，其中特别是传统。当然指的不光是大屋顶、四合院等形式。传统是积淀、融合、渗透到各方面的文化，传统给予我们特定的影响，同时又正是属于世界的宝藏。"因此，对他而言，中国园林是一种凝聚了中国人文精粹的传统空间类型，它并非仅是中介或手段，而是中国传统文人的生活世界、精神世界和艺术世界的空间投射，承袭这一传统也就意味着必须以一种移情的方式去理解和体悟孕育了这种传统的生活和文化，而非执着于传统园林本身。由此传统也就超越了作为创作素材的客体身份，而成为创作主体的内在审美体验。这样，创作者对传统的继承必然是自主性和个人化的。

4 造园建筑学

尽管本文将方塔园与岭南现代庭园建筑作为两种类型的设计策略并置讨论，但必须承认，方塔园将传统视为个人化审美体验的"移情"策略在20世纪80年代，甚至整个20世纪的中国建筑史上都可算是孤例。弥漫于近代以来中国社会和文化整体的"现代化"话语对于"进步"理念和工具理性的追求，决定了将传统作为"中介"这种设计态度的合法性和有效性。不过，近十余年以来，随着"现代性"话语取代"现代化"话语，以及中国建筑师自主性的增强，方塔园式的传统继承观念逐渐开始由弱转强。其中最重要的倡导者非王澍莫属。一方面，与冯纪忠一样，他也在追求内含于园林的一种中国化的、经验性的生活方式，从对传统的文人诗画的品研中，而非园林的物质客体或任何特定样式的空间形

式中洞察营造（而非设计）的本质；但另一方面，与冯氏相比，他的学术理想更为宏大，批判意识更为强烈。在他看来，"造园代表了一种和我们今天所熟习的建筑学完全不同的一种建筑学，是特别本土，也是特别精神性的一种建筑活动"[30]。园林的营造是时间性的，是绵延的、琐碎的，是与日常生活同步同构的，是"身心一致的谋划与建造活动"[31]，在其中潜伏着对由宏大叙事和理论体系搭建起来的"现代化"话语和今天主客分离的建造态度（所谓"设计建成就掉头不管的建筑与城市建造"）的拒绝和抵抗。这意味着围绕造园而展开的知识积累和人才培育将触及中国建筑学科范式和教育方式的变革，因为这种建造活动需要一批不同的建筑师，而"培养这样一种人，一种本土文化的活载体，恐怕是今日大学教育难以胜任的"[32]。

"造园建筑学"的提出展现了王澍对中国当代建筑学根基性问题的敏锐洞察，但如何在"当代中国"的语境中确定"造园建筑学"的位置和功能仍有待进一步的讨论。毕竟建筑学这一事物本就是舶来品，无论在中国古代工匠还是传统文人的视域中都没有这样一种自明的学科意识。在当下这样一个分工越来越细致、职业化程度越来越高的社会中，依靠学养、识悟和修身等方式自然随机积淀和成长起来的高度自主化与个人化的建造经验能否支撑起一种"建筑学"？这种与强调科学和普适的教育体系有所不同的更关注差异和个体的教育方式，如何在现代社会运行机制中寻找到一席之地？是否存在一种更加现实的可能，即"造园建筑学"保持其另一种（他者）的边缘身份和批判功能，绵延而琐碎地在潜移默化中影响和改变"中心"话语？

此外，值得商榷的还有"造园建筑学"鲜明的文化政治意图："园在我心里，不只是指文人园，而更是指今日中国人的家园景象，主张讨论造园，就是在寻找返回家园之路，重建文化自信与本土的价值判断。"这种心态是否又落入了"中/西""本土/外来"的二元论窠臼（"民族主义"的危险）之中？当然，从王澍本人的知识构成和思想域界来看，他应是个包容各种文化差异，力求融会贯通的"世界主义"者，希望他的"本土"并不是一个怀旧的、乡愁的本土，而是充满现实问题和文化想象力的本土。

（原载《建筑师》2014年05期）

注释：

[1] 参见：陈伯冲.传统学·文化与建筑[J].新建筑，1988（3）：17-18.

[2] 饶维纯.理性与感性的统一——云南建筑的民族特点与地方特点探索[J].新建筑，1989（1）：19-21.

[3] 陈世民."民族形式"与建筑风格[J].建筑学报，1980（2）：34.

[4] 另一种表现是形式的分解(disintegration of form),该倾向的典型代表是20世纪80年代至90年代初期在后现代主义建筑思潮影响下的一些中国本土建筑实践。这些实践虽然与传统的关系仍主要涉及形式方面的操作与再现,但却构成了对与布扎构图(Beaux—arts composition)相结合的"民族形式"之程式化和完整性的分解,去除了所谓"固有风格"与生俱来的那种沉重感与肃穆感,使传统的具象形式碎片化,继而成为服务于现代建筑设计的纯粹创作素材。参见:周鸣浩.1980年代中国建筑转型研究[M].上海:同济大学,2011:359—383.

[5] 傅克诚.寻找结合点——论现代与传统的结合[J].新建筑,1984(4):13.

[6] 参见:周鸣浩.1980年代中国建筑转型研究[D].上海:同济大学,2011:383—411.

[7] 曹庆涵.建筑创作理论中不宜用"民族形式"一词[J].建筑学报,1980(5):24.

[8] 徐萍.传统的启发性、环境的整体性和空间的不定性(上)[A].见中国建筑工业出版社编辑部编.建筑师(11)[M].北京:中国建筑工业出版社,1982:125—139.

[9] 市明.贝聿铭谈建筑创作侧记[J].建筑学报,1980(4);张钦哲.贝聿铭谈中国建筑创作[J].建筑学报,1981(6):12.

[10] 最早提出"广派"风格概念的是在20世纪80年代建筑界十分活跃的评论家曾昭奋,他在1983年的一篇文章中这样写道:"如今,我们可以清楚地看到三十余年来广州建筑设计战线上的一些亮点(按电影界的说法,可称为明星),它们形成了一根明显的主线,并终于促成了大家公认的、成为广州建筑中的主流的'广派'风格。"参见:曾昭奋.建筑评论的思考与期待——兼及"京派""广派""海派"[A].见中国建筑工业出版社编辑部编.建筑师(17)[M].北京:中国建筑工业出版社,1982:12.这一论说与20世纪80年代对文化的多元化和地方化的诉求有关,同时受到西方艺术和建筑中"流派"和"主义"的影响。

[11] 具体例子不胜枚举,例如:邓其生.重视建筑形式的探索——对广州几个新建筑的一点看法[J].建筑学报,1979(1);莫伯治,林兆璋.广州新建筑的地方风格[J].建筑学报,1979(4);刘管平.广州庭园(电视剧本)[J].建筑师,1980年12月,总第5期;刘振亚,雷茅宇.建筑创作小议——广州新建筑的启示[A].见中国建筑工业出版社编辑部编.建筑师(8)[M],1981;峪光.有益的探索——参观广州新建筑札记[A].见中国建筑工业出版社编辑部编.建筑师(8)[M],1981;张至刚.曲径通幽处,禅房花木深——建筑设计与园林绿化结合小议[A].见中国建筑工业出版社编.建筑师(12)[M],1982;曾昭奋.建筑评论的思考与期待——兼及"京派""广派""海派"[A].见中国建筑工业出版社编.建筑师(17)[M],1982.

[12] "广州旅游设计组"组建于1964年的爱群大厦扩建工程,由当时广州市领导林西等直接挑选广州各设计单位的骨干分子组建而成的,主要负责旅馆建筑项目的设计群体,其人员组成在不同时期的不同项目均有变化,但莫伯治、佘畯南、林兆璋、蔡德道等一直是核心成员。参见:冯健明.广州"旅游设计组"(1964—1983)建筑创作研究[D].广州:华南理工大学,2007:5—7.

[13] 曹庆涵.再论"中国式社会主义现代建筑"理论口号的提出[J].华中建筑,1985(1):16.

[14] 莫伯治先生本人也曾概括性地总结过这种阶段性特征,参见:莫伯治.岭南庭园概说[A].曾昭奋主编.莫伯治文集[M].广州:广东科技出版社,2003:304—305.

[15] 包括了《中国古代造园与组景》(1961)、《漫谈岭南园林》(1962)、《粤中庭园水石景及其构图艺术》(1963)、《岭南庭园》(1963)等。

[16] 莫伯治,林兆璋.庭园旅游旅馆建筑设计浅说[A].见曾昭奋主编.莫伯治文集[M],广州:广东科技出版社,2003:167—173.莫氏在改革开放初期的其他论文还有《广州建筑与庭园》(1977)、《广州新建筑的地方风格》(1979)、《中国庭园空间的不稳定性》(1984)、《中国庭园空间组合或说》(1984)等。

[17] 罗自超.论新庭园空间的形成和发展——关于多、高层建筑庭园空间的创作问题[J].南方建筑,1982(2):67—80.

[18] 钟华楠.现代设计与民族风格[A].见钟华楠.亭的继承——建筑文化论集[M],台北:台湾商务印书馆,1990:68.

[19] 钟华楠.现代设计与民族风格[A].见钟华楠.亭的继承——建筑文化论集[M],台北:台湾商务印书馆,1990:93.

[20] 钟华楠.阴阳五行与中国古建筑及园林[A].见钟华楠.亭的继承——建筑文化论集[M].台北:台湾商务印书馆,1990:119.

[21] 钟华楠.香港建筑的发展与展望[A].见钟华楠.亭的继承——建筑文化论集[M].台北:台湾商务印书馆,1990:280—284.

[22] 钟华楠.亭的继承[A].见:钟华楠.亭的继承——建筑文化论集[M].台北:台湾商务印书馆,1990:37—38,56.

[23] 屋村,也就是公屋,由香港政府房屋署与城规部门合筹的"居者有其屋"和所谓P.S.P.S(Private Sector Participation Scheme),即"私人机构参与计划"推动建造。

[24] 余敏飞.亭的继承[J].时代建筑,1994(1)39—42.

[25] 冯纪忠.风景开拓议[A].见同济大学建筑与城市规划学院编.建筑弦柱——冯纪忠论稿[M].上海:上海科学技术出版社,2003:102.

[26] 刘小虎,冯纪忠.在理性和感性的双行线上——冯纪忠先生访谈[J].新建筑,2006(1):108.

[27] 冯纪忠谈方塔园[A].见赵冰主编.冯纪忠和方塔园[M].北京:中国建筑工业出版社,2007:13.

[28] 同上。

[29] 冯纪忠.瑞典ICAT[A].见同济大学建筑与城市规划学院编.建筑弦柱——冯纪忠论稿[M].上海:上海科学技术出版社,2003:88.

[30] 王澍.造园与造人[J].建筑师,2007(4):175.

[31] 王澍.营造琐记[J].建筑学报,2008(7):58.

[32] 王澍.造园与造人[J].建筑师,2007(4):175.

作者简介:

周鸣浩,同济大学建筑与城市规划学院讲师。

建筑艺术论文

城市肌理如何激发城市活力

童明

摘 要：城市肌理是城市设计研究中的一项重要内容，良好的城市肌理不仅可以提升空间品质，而且能够影响环境行为，从而有助于实现城市的重要发展目标：城市活力的激发。与其他生命系统类似，具有活力的城市环境都具有某种有机特征，但往往并不兼容于现代城市的规划及发展。为了在城市空间中更好地融入并激发活力因素，就需要细致研究城市肌理中的各类要素及其构造原则，采用合理的分形方式实现城市社会网络的完美建构，从而带动城市的物质环境和社会职能的互动发展。

关键词：城市肌理 城市活力 网络结构 分形特征 城市设计

在城市设计领域，有关城市肌理的研究始终显得十分重要，因为它是衔接城市的物质环境与社会机制的一种桥梁因素。如果仅从字面上理解，城市肌理一方面意味着某种结构化的物质环境，涉及建筑类型、街道形态、街区模式、开敞空间以及区域界面等内容[1]；另一方面又蕴含着复杂而深刻的社会经济关系。于是在许多具体应用中，城市肌理既对应着实体性的空间环境，又指征着抽象化的支撑系统。它在城市环境中既呈现为各类具体的单体要素，又代表着促使这些单体要素融合成为整体的网络结构；它在城市演化进程中既是一种长久存在的基础条件，又约制着城市中那些短暂的临时建设。总体而言，城市肌理既是一种具体的、可视的、可操作的物质环境，又衔接着政治、经济与社会层面的功能活动，体现着相应的历史脉络与文化氛围，从而赋予一座城市独有的特殊性（图1）。

■ **图1 埃及卡汉城平面（由街巷、地块和房屋所构成的城市肌理是城市形态的一种抽象表达方式，其后映透着深刻的社会经济关系）**

自简·雅各布斯的《美国大城市的死与生》以来，有关城市肌理的探讨已经不再仅仅限于视觉美学的讨论范畴，而是一个有关城市环境"生与死"的问题，其中的核心因素则是城市的活力。现代主义城市规划的许多基本原则之所以饱受批判，是因为它们在注重建成环境物质品质的同时，往往忽略了人们在现实空间中的具体行为特征，城市的各个功能区（居住区、工业区、商业区）被设计成彼此独立、互不通连的区域，缺乏行为活动层面上的关联性。"大多数城市规划的艺术和科学都无助于阻挡大片城市地区的衰败，以及在这种衰败之前毫无生气的状态。"[2]而其中的衰落原因则可以归咎于那种刻板、单一的设计模式。

这一问题在当前我国城市的建设发展过程中尤为明显。改革开放以来，许多城市在功能结构、空间容量和基础设施等方面都发生了重大改观，多数的传统城市，尤其是大城市中的传统城市环境却几乎损存殆尽。与此同时，新的城市建设与发展却在机械、单一、封闭观念的指导下广泛展开，城市规模越来越大，功能越来越复杂，然而作为人们日常生活的城市环境却变得越来越浅薄而单调。

人们越来越认识到，相较于以往的传统城市，当今的现代城市总是缺少某种鲜活性因素。与那些充满生活情趣的传统城市相比，现代城市尽管在理性层面上不断进行尝试，但是就生活体验与文化特征而言，却几乎是完全失败的（卡米洛·西特，1990）。

随着更加具有活力的城市环境日益成为许多城市发展的主导目标，有关城市肌理的研究就呈现出越来越明显的重要性。在城市肌理与城市活力之间，人们一般都可以非常明确地感受到其中的关联性，但是由于这两个概念都具有较为复杂的深层内涵，并且涉及到城市空间、行为功能、社会经济等多重因素，因此有必要针对其中的一些本质问题进行深入探讨。

1 经由城市肌理表达的城市活力

1.1 自然城市与人造城市

在《城市并非树形》一文中，克里斯托夫·亚历山大

图2 罗伊小镇的构想图（富有活力的城市环境经常与传统的城市肌理联系在一起）

(Christopher Alexander)将城市辨分为自然城市(Natural City)与人造城市(Artificial City)两种类型："自然城市"就是"那些在漫长岁月中或多或少地自然生长起来的城市"，而"人造城市"则是"那些由设计师和规划师精心创建的城市"（亚历山大，1985）。在大多数情况中，这两种类型的城市环境存在着明显的差异性。在那些典型的自然形成的城市中，如伦敦、纽约、威尼斯、京都，人们会明确感受到来自城市环境的某种活力；而在那些于短时间内通过整体设计、整体开发所形成的人造城市中，如巴西利亚、莱维顿(Levit-town)、以及斯蒂文内奇(Stevenage)、哈罗(Harlow)等在50年代欧洲新城运动中所建设的那些新城，人们所获得的感受则基本相反（图2）。

然而，能够绝对被辨分为自然城市或人造城市的现实案例并不多见，在大多数情况下，一座城市却可以由"自然的"或"人造的"的区域所组成。许多城市，特别是那些经历长期发展、尺度较大的城市，都是由历史性的核心区域与外围发展的新建区域相互拼接、相互重叠而形成，甚至有机的旧城核心本身就是几个新旧差异部分的紧密结合。

在那些自然城市中呈现出来的城市活力究竟是什么？从表象上看，一个具有活力的城市地区通常表现为以街道或广场等因素所构成的公共空间。它们在各种时间段落中充盈着各种人群和活动，人们在这里流动或者停留，在周边的时装鞋帽、酒吧咖啡、美容发型、餐厅夜店等各类场所中进行工作或者消费，而当这些活动达到某种状态时，本地社群的收入水平将获得一定的提高，个人消费能力也得到相应提升。而一个能够提供此类物品与服务的城市地区随后又可以成为旅游者和其他参观者的目的地，从而成为一种与个人消费选择和偏好相关的新型经济地理(J.Montgomery,2008)。

城市活力对于一座城市之所以重要，是因为"一个城市有了活力，也就有了战胜困难的武器，而一个拥有活力的城市则本身就会拥有理解、交流、发现和创造这种武器的能力。"[3]特别是在当前全球化趋势的背景下，一个城市地区能否拥有活力，就意味着能否拥有更多的吸引力，从而带来人才、资本的汇聚，并在与其他地区的激烈竞争中占得先机。[4]

1.2 有关城市肌理研究的若干倾向

在多数情况中，以功能活力为表征的城市环境通常都是一个模糊而动感的地带，这是因为活力就意味着灵活与变化。

相对于这样一种讨论范畴，某个单体建筑或者具体环境已经失去了表述能力，而城市肌理则相应成为更加合宜的研究对象。尽管人们基本上可以较为明确地感受到在城市肌理与城市活力之间所存在的关联性，但却始终难以将其解析清楚，因为城市肌理似乎就是一种独立于理性意识之外、自行组织的有机结构，于是，有关城市肌理的研究，就存在着两方面的倾向。

一种倾向可以称作为"含糊化"。与那种按照中心结构或者层级关系建构起来的人造城市不同，自然城市的特征通常显示为有机性和多元性，雅各布斯称之为"有序的复杂性"。她认为，"城市就像一个有序复杂问题，就像生命科学，城市中呈现出来的各种特性趋同变化并巧妙相连。"[5]

然而，对于有机性的过分强调，同时也给城市肌理添加了一种含糊性，使人对之难有作为，就如亚历山大对于雅各布斯的观点所评论的，"她的评论是绝好的，但是当你读到她所具体建议我们取而代之做些什么时，你又感到她希望宏伟的现代化城市成为格林威治村与其他一些意大利山村的一种混合体，短街坊鳞次栉比，人们都坐在街上。"[6]

另一种倾向则可以称作为"简单化"。城市肌理在现实中所表现出来的就是由道路街巷所构成的实体环境，而道路网络的尺度以及它们所构成街区的大小则是可以具体把握的，因此，许多城市研究针对城市路网进行深入的研究，试图从道路网格的间距、单幅街区的面积或者街区的建筑密度、容积率、功能密度及其丰富性、建筑立面等角度，通过对比分析的方式去探讨城市肌理与其中功能活力之间的关系（科斯托夫，2005；刘代云，2007；李晓西、卢一沙，2008；黄俤勒、孙一民，2012）。然而许多此类研究即便采用大量的实证研究，也仍然难以触及城市功能活力问题的核心之处，其结论要么来自于若干案例的简单归纳，要么来自于交通布局的基本常识。

作为一种鲜活的有机体，城市肌理确实很难采用具体的长度或面积指数来衡量，这就如阿尔多·罗西所感慨的："研究城市问题的专家学者大都在触及城市人造物的结构时便就此停顿，往往以'城市灵魂'之名，或是城市人造物的特质而自限，仅能徘徊在所研究的重要因素之外。"[7]

由于理解方面的含糊性和简单性，在现实的城市环境中，人们对于城市肌理的操作方法也难以清晰。较为宏观的总体规划所关注的往往是快速交通的网格体系或者不同组团区块之间的功能关系，较为具体的详细规划所关注的更多则是城市空间的造型特征，而不是物质环境与社会秩序之间的深层机制。由于缺乏较为合理的解释，面对如何维护或提升城市活力的议题，具体的城市实践所采取的做法常常也相对简单。

针对既有的自然城市，人们更多倾向采用固化的方式，这主要体现为众多的城市保护主义运动，因为除难以复制的传统城市风貌，自然城市在其行为环境方面也体现出难以人为的有机特征，于是针对它的任何改变也将严重影响其中的人群结构及其活动行为，从而对于原有的社会活力带来无可恢复的损伤。然而大多数城市保护运动所面临的问题就是老旧物质环境与现代生活方式的尖锐冲突。如何提供新型功能的植入来提升传统环境的功能品质，同时又能维护其内在的文化机制，始终是一个难题。

针对新建的人造城市，人们更多倾向于采用复制的方式，最为简单的办法就是模仿一片完整的传统城市肌理，以期重新获得在传统自然城镇中所呈现的那种丰富造型特征。就如伦敦郊区的新伊尔斯维克（New Earswick）、汉姆普斯台德（Hampstead），其中的每一幢住宅和每一条街巷都尽力模拟来自有机乡村的自然构造，造型生动，各有不同（彼得·霍尔，2009）。然而，也有无数的反例说明，仅仅通过移植一个英格兰村落或者德国小镇，只能在现实环境中做到物质空间上的形似，却难以取得动态生活中的神似。

因此，针对城市肌理的研究，其重点应当在于发现赋予城市环境以活力的构成特征，而不是仅仅模仿那些自然城市的感性外表，并使其在新建的人造城市中得到发扬。自60年代以来，许多城市设计研究通过细致的经验观察，提出了更加具有建设性的观点，例如贝尔拉格（Hendrik Petrus Berlage）在南阿姆斯特丹地区规划中对于巴黎城市肌理的模拟，弗雷德里克·吉伯德（Frederick Gibberd）在哈罗新城市中心规划中对于传统城市空间构成原则的分析与应用……这些新的城市发展通过针对传统城市结构的研究，从中提炼基本的空间设计原则，并应用于具体的城市规划中（图3）。

在此基础上，更加基本的观点应当来自于环境行为学的研究，也就是从城市的形态特征转向现实性的城市环境，简·雅各布斯、杨·盖尔、保罗·纽曼等都提出通过提升城市环境的建设密度、鼓励城市功能的多样性、注重社区街道的日常生活，来提升一个地区的生气活力，其原则在许多案

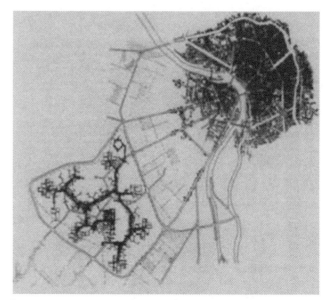

图3 坎第利斯、乔西斯、伍德为图卢兹－米瑞尔所做的城市设计方案。十次小组通过针对传统城市肌理的模拟，进行全新的城市设计

例中也获得了相应的成功。然而不能忽略的是，这些原则同样也存在着失败的案例，因为并不是所有的城市区域都能够如同巴黎左岸、第五大街、花园市场那样，到处充满了熙攘人群、活力商业、层次通道。从日常观察中得来的经验方法仍然有待在理性的层面中获得良好的解释，方能得以更好的应用，否则就只能停留于简单的共识。

于是在城市肌理与城市活力之间，仍然需要建立一种合理的关联结构。自然城市这种"有序复杂问题"尽管很难通过分析将其化解为许多个互相关联的量化问题，但其内质也并非混乱不堪、毫无逻辑可言。作为"互为关联组成一个有机整体"，它们总是存在某些有别于人造城市的有序原则，而这对于城市空间的操作却是非常重要的（雅各布斯，2005）。无论是针对传统的有机领域，还是针对全新的人工环境，城市实践所需要的是如何通过某种可理解、可掌握的方式，去维续并提升城市的功能活力。

2 城市肌理的本质及其研究

2.1 有关城市肌理的定义

在城市肌理所涵盖的建筑类型、道路格局、开敞空间、街面形式等各类物质要素中，最为重要的应当是由各类街巷所构成的结构体系。无论城市肌理在英文中呈现的是urban fabric还是urban texture，它所指向的都是一种织体性的概念。

城市肌理既可以在平地中呈现为非常规整的网格形式，也可以随着山体、河流的走向进行蜿蜒起伏的调整，根据不同的自然因素塑造不同的城市空间特征。与此同时，城市肌理也可以明确体现出一座城市的功能、环境、经济与社会因

素，除了自然环境的影响，城市肌理的规则或不规则的特征也可能来自于某种特定的政治和社会结构，潜藏着某种极其复杂的意识行为（科斯托夫，2009）。总体而言，有关城市肌理的研究可以从以下三个角度来进行理解。

2.1.1 城市形态(city form)

从空间表象上来看，一座城市所拥有的具体形态实质上是由城市肌理所表现出来的。它不仅体现为塑造城市的众多建筑、街道、花园等物质因素，也体现为地块或街块的尺度、形状以及内部的组织方式，体现为建筑实体与开敞空间、公共空间与常规区域之间的衔接关系。

这种形态构成的视角一般体现于众多建筑学兴趣的研究之中，无论是卡米洛·西特对于北欧广场的分析、戈登·库伦(Gordon Gullen)有关城镇形态(town-scape)的讨论、埃德蒙德·培根(Edmund N. Bacon)对于流动视线的解析，他们所关注的都不是城市中具体的建筑形式或者静态图景，而是在行为状况中城市空间给人带来的那种秩序性与愉悦感，所强调的是物质因素与社会、经济因素和文化之间的互动关系，城市环境的肌理特征，以及它的形成过程。

透过形态分析，城市肌理还可以反映出城市空间的使用状况以及所蕴含的公共与私有领域的关系，其中最著名的案例就是诺利(Giambattista Nolli)于1748年所绘制的罗马地图。在这张地图中，诺利采用黑白色将城市空间抽象为一种界定清晰的建筑实体与空间虚体的组织系统，呈现出城市中积极的公共空间是如何被构造成为"具有物质形态的容器"的（柯林·罗，2003），而这种图底关系(figure-ground)的分析方式后来也相应成为城市设计的一种重要工具（图4）。

因此可以认为，有关城市景观或风貌的讨论在某种程度上就是关于城市肌理的讨论，城市设计的核心就是一种有关城市肌理的操作，而不是关于单幅、静态的可视景象的设计，这也使得它相对建筑设计或者景观设计而言，具有一种

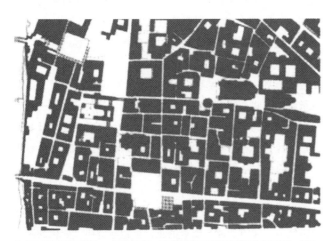

图4 意大利帕尔马图——底城市平面。通过将建筑与开敞空间简化为黑白关系，可以非常清晰地显示出城市肌理的构成原则

无可取代的独特性。

2.1.2 网络结构(urban web)

从结构关系上来看，城市肌理可以被视作一种空间网络，它是一种复杂的组织性结构，存在于建筑与建筑之间（盖尔，1987）。这意味着城市肌理不仅是物质特征的一种体现，而且也是社会关系的一种载体。这种网络结构可以将现有的各类城市要素组合在一起，并且可以包容并支持新的发展。

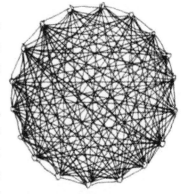

图5 城市网络是由众多的节点与其之间的连通所构成的，它们的连接方式多元而混合

这样一种网络结构存在着多种层级关系，在其中，每一店面、每一建筑、每一街角都意味着市民活动的某些节点。而物质性的城市网络，如步行路径、自行车道、街区巷弄、快速干道将这些节点彼此连接起来。在实际经验中，用于连接各个节点的这些网络及其次级网络之间的联系越强化，城市生活就越丰富[8](Alexander，1965；Gehl，1987)（图5）。

由于城市活力取决于各层次节点之间的互动行为关系，而连接它们的拓扑性网络在城市的各种尺度层级中都可能存在，节点之间的具体距离并不是一种固定因素，因此"作为城市规划者，人们大可不必费神去和'限定尺度'这样有误导性的术语打交道。"[9]这里重要的是发生在不同层级尺度中的城市活动及其联系，它们以其固有方式进行跨尺度层级的协作，而多层网络的视角将有助于人们理解城市的存在和生长方式，并减少城市规划中的偶然成分。

2.1.3 深层机制(profound institutions)

针对城市肌理的研究，迄今为止最具影响的贡献应当来自于英国的地理学家康泽恩(MRG.Conzen)。康泽恩及其后的继者们认为，那种被地理学和建筑学笼统称作城市肌理的事物基本上是由三个相互关联的元素所组成：①城市平面(town plan)，它指的是街道体系；②地块模式 (pattern of urban land use)，即土地的分割（街区及土地划分）；③地块模式下的建筑布局（建筑形式模式）(pattern of building forms)（图6）。[10]

康泽恩通过针对若干实例进行研究，呈现了城市发展过程的一种规则：①功能是一座城市中最容易改变的东西，而包含着功能的建筑物则较为长久，在其存在的历史中，同一建筑可能在不同时期兼有不同的用途；②相比具体建筑，建筑所立基的地块模式的存在周期更为长久，在每一次变革中，新建筑需要遵循原有的土地划分和限定方式；③作为

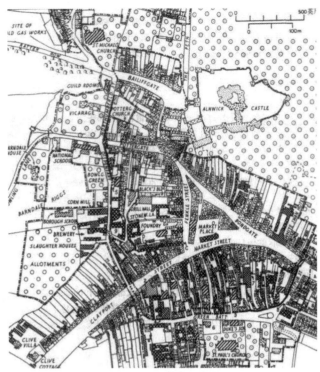

图6 诺森伯兰郡安尼克，其城市平面图由街道体系、地块模式及建筑格局所形成，反映了该城市的空间构成原则与历史演化规律

城市肌理最为明显的表象街道及其系统是城市环境中最为持久的因素，即便它们所承载的建筑与地块在城市演变过程中都遭到变更，街道的形状和走向相对不易改变，因为这需要涉及街道两侧所有的用地与建筑，涉及动用大量的公共资金以及漫长的社会协商过程。

康泽恩这一解读方式的意义在于，不仅涵盖了城市形态的各个层面以及多重维度，而且通过平面格局将建筑肌理和土地利用紧密联系起来，更重要的是，将一座城市的实体环境与其历史过程联系起来。通过这一角度，城市肌理既承载着社会生活中最为基本的现实性因素，涉及到无数促导城市形成的人物、机构和组织，同时城市肌理也体现着城市结构中的一种深层机制(profound institulions)[11]，一种真正意义上的持久性因素。

正是在这样的关系中，某种具有活力的城市环境可以获得更为合理的解释：城市的整体构架及其职能保持稳定，城市中的局部功能及其载体可以随着时代变迁而得以代谢，根据不同时代的深层机制而进行调整，并在继承下来的历史遗产上添加新的元素。

如同许多欧洲老城，即便在第二次世界大战中由于轰炸而遭到彻底损毁，但是基础性的城市平面与街道格局并未受到遗弃，因而在后来的重建中又引导着城市的新生。这些案例显示出城市肌理作为城市生活中最原始而永恒的脉络，它所承载的不仅是具体的空间造型或者从行为学角度可解释

的拓扑关系，更加重要的是，它也是城市意义的载体。无论多么老旧，城市肌理将一座城市的价值始终放置于历史和文化关系当中，使它屹立于不间断的时代变迁之中（罗西，2006）。

2.2 城市肌理的现实效用

城市肌理除了视觉层面所呈现的形态特征外，还包含着以下几方面非常重要的因素，对市民在城市空间中的行为活动产生重要影响。

2.2.1 心智结构

在以步行网络为基础的传统城市中，经过长时间不断建造和调整所形成的城市环境具有一种即便是它们的建造者也容易忽略的形态特征，凯文·林奇将这种特征称为"环境意象"，在其中，可识别性是一座城市空间环境品质的重要衡量标准。

从凯文·林奇的角度来看，"人们对于一座城市通常所具有的环境意象，实质上是个体头脑对外部环境归纳出的图像，是直接感觉与过去经验记忆的共同产物，可以用来掌握信息进而指导行为。"[12]一座城市的街道系统、用地格局及建筑形制所承担的就是这样一种作用，是建构城市环境可识别性的基本元素。

所谓提高城市环境的可意象性，就是在城市肌理方面使之更加易于识别和组织。尽管城市意象的清晰与否并不是一座美好城市的唯一重要特征，但在涉及城市环境与市民活动之间的关联性时，其因尺度、规模、时间和复杂性等因素而具有特别的重要性（林奇，2001）。

2.2.2 支撑框架

一座城市既是无数建筑与组团的集成，也是无数个人与组织的集成，"它们受到文化传统的影响并由社会经济动力加以塑形"（Moudon,1997）。城市中每天都有无数个有意或无意的行为在改变着城市，而当这些行为达到一种临界的混合种类和密度时，动态而有活力的城市环境就自然生成。

正是由于城市肌理的存在，无数单个的建构行为可以融合成为一个整体,无数临时的活动内容可以凝结成为历史，相应的，如果城市肌理遭到变动、断裂或者孤立后，上面所承载的那些个体而临时性的行为也将会消失。从这一意义而言，城市的环境是一种人工性的创造，与文明生活及其所存在的社会有着密不可分的关系，而这种创造之所以与众不同，是因为它是一种集体性的创造。

2.2.3 时间容器

一个城市地区的成熟需要经历长久的时间过程，在其中必然涉及城市功能与要素的正常更新与替换，变化的频率则取决于具体的活动功能的特定性质，也取决于当下的经济

与文化的变革周期。城市中每一次新建与调整都是针对原有环境的改变，但对于一个具有生命力的城市环境而言，虽然较为临时性的功能与建筑可能总是处在不断修正的调整过程中，更为本质的结构系统所提供的稳定性又是激发空间结构增长的动力，因此，城市肌理具有非常重要的时间维度。

在许多可以称作为"有机城市"的环境中，即便所有的功能进行了转型，建筑物进行了重建，但城市的总体结构仍然存在，维持不变的街道格局与土地使用模式成为日常生活的标记，在这样一种模式中，城市的每一次变动又会融入到原有的形态背景、发展历史之中，从而成为一座城市的集体记忆。从这一角度而言，城市肌理是历史与现实的结合，它们规范着空间形态的持续演变和发展。

2.2.4 文化载体

当一座城市从最初的聚落开始演进时，各个时期的城市事件被铭记于城市肌理之中而得以长久留存，并在随后的演进过程中不断进行修正而显得更为明确，从而也获得了一种集体性的意识与记忆。城市的空间形态以及印刻在这一形态上的历史记忆共同赋予一个城市环境以特定的文化价值，并且构成了一座城市特有的标识性，使之从一种普遍而混沌的状况中得以被识别出来，对相应的人群和行为产生一种特有的文化吸引力。

城市文化的魅力来自于具体的单体建筑，来自于实体性的城市空间，也来自于它的建构过程，来自于公共领域和私有领域之间的关系，这着重体现为城市要素中的独特性与普遍性，个体性与集体性之间的对比关系（罗西，2006）。因此，城市肌理所呈现的不仅是形态上的可视因素，在其背后隐藏着历史累积的线索，正如凯文·林奇所言："城市的形态，它们的实际功能，以及人们赋予形态的价值和思想，形成了一种独特的现象，因此城市形态的历史决不能只是对几何街道肌理转变的描述，北京和芝加哥没有一点相同之处。"[13]

作为社会生活在城市形态上的反应，肌理和街区结构承载了更为丰富的文化内涵。

因此，即便是貌似自然构成的有机城市，也是一种集体性的人工产物，而这应当是分析城市最为深刻的方式，因为它所探讨的是集体生活中最具决定性而终极的目标：人们生活于其中的环境的创造（罗西，2006）。

3 城市肌理如何影响城市活力

3.1 城市活力的环境因素

所谓的城市活力就是人们在城市环境中从事行为活动的一种衡量维度，体现为人与人之间交往的密度与频度，以及由此积攒而来的文化时间及其空间魅力。这可以通过亚历山大在其文章中所列举的一个微观案例来加以说明：

"在伯克莱的赫斯特和欧几里得街的拐角处，有一家杂货店。店门外有一个交通信号灯。在该店的入口处，有一个陈列各种日报的报栏。当红灯亮时，等待穿越马路的人们在灯的附近闲散地站着。因为无事可干，于是他们浏览着从他们站的位置就能看清的陈列着的报纸，一些人仅读标题，有些人在等待时则干脆买一份报纸。"在这样一种随处可见的场景中，"报栏、报栏内的报纸、从行人口袋里流入自动售货机内的钱、被交通灯阻留和读报的人群、交通灯、信号改变的电脉冲，以及人们滞留的人行道这些原本毫无关联的因素组成了一个系统，从而导致报纸交易的最终发生。"[14]

扬·盖尔将这种情形描述为"连锁性的活动"，在大多数情况下，它们都是由另外两类活动延伸而来，而这种连锁反应的发生则是由于人们处于同一空间中，"或相互照面、交臂而过，或者仅仅是过眼一瞥……人们在同一空间中徜徉、流连，就会自然引发各种社会性活动，这就意味着只要改善公共空间中必要性活动和自发性活动的条件，就会间接地促成社会性活动。"[15]

在这一过程中，作为不变因素的物质性载体具有特别的重要性，报栏、信号灯及它们之间的人行道构成了这一系统的固定部分，在其中，系统的变化部分——人群、报纸、钱和电脉冲——能够共同发生作用。

如果将这一图景进行放大，那么其中就包含那种可以被称作城市肌理的物质因素，它所提供的积极作用既来自于集其要素为一体的整合性，也来自于它对于更加纷杂、更为动态的人为活动的粘合性。而大多数富有活力城市环境的一个基本特性就是高度组织的复合性，这种复合性往往又是通过微观的、随机的方式得以构成的（Salingaros，2002）。

"这种连锁反应对于物质规划是很重要的，尽管物质环境的构成对于社会交往的质量、内容和强度没有直接影响，但建筑师和规划师能影响人们相遇以及观察和倾听他人的机遇，这些机遇有其自身的质量，也由于它们构成了其他形式交往的背景和起点而具有重要意义。"[16]如果在更为宏观的城市环境中进一步解析城市肌理在城市活力营造中的作用因素，那么作为这些连锁反应的物质性基础大致体现出以下几方面的特征。

3.1.1 连通路径

城市物质环境的整合作用很大程度取决于人与人之间从事交流的连通网络，而"一个城市的活力源自于它的连通性"[17]。在物质层面上，这种连通性需要通过各种道路与街巷系统来加以实现，它们在现实中能不能起到积极的作用则取决于很多因素：它不仅取决于主要干线与主要区域的连接，也取决于快速交通与慢行交通的衔接、对外交通与市区环境的衔接，取决于公交站与步行线的衔接、地铁口与商业区的衔接、停车场与建筑物的衔接……

3.1.2 行为链接

在一个城市环境中，人与人、人与物的相互作用为城市功能的运行提供了基本动力，而不同人群、不同功能之间的行为链接则可以使城市环境连接成为一个整体。在传统的有机城市中，由于城市空间的构造基本上取决于现实性的行为关系，从而导致出现一种混合的、有效的，并且其功能可以因时而变的城市环境。

3.1.3 网络关系

由于城市活动的链接是随机的、混杂的，往往并不能事先进行决定，因此城市就是一个重叠的、模糊的、多元交织起来的整体，而城市肌理在这一环境中则体现为一种无形但确定存在的内联系统，铺陈于城市空间环境之下，就像一张隐匿着的、无处不在的巨型网格。在传统的有机城市中，人们通常都能够感受到这种有机结合、相互交融的关系网络，这种网络关系的"重叠、模棱两可、多元的特性并不会让网格模型显得凌乱无序。但是它一样可以做到井然有序，……这种秩序存在于一个更密集、更牢固、更精细、更复杂的结构当中"[18]（图7）。

3.1.4 分形特征

流动的街区人群与固定的物质环境在某一尺度上的结合才能构成一个模块，并且可以随着时间而产生变化。不同的

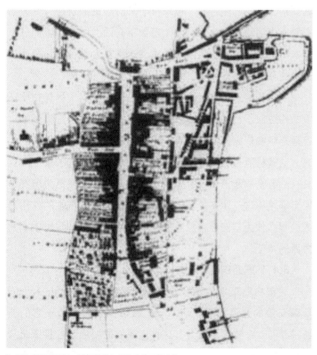

图7 苏格兰邓巴，城市街道与周边建筑及其功能的关系使之成为一个具有活力的城市区域

最小模块可以连接组合成为更大的模块，进而形成模块组、模块群，而这种状况可以被称为"分形特征"。塞灵格勒斯认为，和所有生命系统一样，孕育活力的城市区域一般都具有分形特征。对于一个有机城市而言，它不仅在整体层面上呈现为居住、商业、开敞空间的一种混合构成特征，即便在每一个局部模块，这种特征也非常明确，相同的城市用地结构（住宅—工商业—开放空间—空闲地等）在扇形区、街区、邻里和场所等不同的层次上不断进行重现。[19]这种不同的城市区域之间的自相似性特点在城市功能方面具有特别的重要性，它对于人们在城市空间中的行为链接具有重要的稳定性作用。

3.2 人造城市中的城市肌理

从城市肌理的角度来看，虽然现代的人造城市以其内在的合理性与严密性，对当代的城市规划以及城市管理都产生重要影响，但是在城市活力方面却大多成为了一种失败者，其原因并不是在人造城市中缺乏城市肌理，而主要来自现代城市发展机制中的那些机械性因素及其不合理的组织方式。

相比传统的自然城市，现代的人造城市无论进行怎样的构建，其简单并置和平直处理的特征总是难以造就一个富有活力的城市环境，无论从宏观到微观，它们对于城市肌理都产生了许多难以弥补的破坏性影响，其主要原因在于以下几方面。

3.2.1 连通路径的缺损

在许多人造城市中，连通路径的缺损是一种常见现象，这既来自于现代社会生活的深刻变革，也来自于城市规划主动带来的阻碍因素。在现代城市规划中，人们一般注重机动交通在城市中的运行效率，往往忽略人行活动在空间环境中的作用，使得人造城市普遍成为以汽车为主导的城市。虽然城区的活动范围可以扩展至几十千米，但是城市中大量土地用于修建道路与停车场，付出的代价则是失去了原有城市中的步行网络。

一旦人行环境遭到忽略，步行网络理所当然变成多余的，车行系统与其之间的连接关系（特别是那些在微观层面上的衔接关系），以及行人与公交、公交与地铁、绿地与功能、广场与建筑、街道与街面之间同等重要的连接关系也极其容易遭到忽略，从而导致城市环境越来越成为一种不宜活动的领域，事实上更加鼓励了以小汽车出行的生活习惯。

3.2.2 功能链接的断裂

现代城市规划虽然普遍注重城市功能方面的考虑，但这种考虑所着眼的往往并非人们在城市环境中的真实行为关系，也不是环境对于市民活动、交往聚会等方面的潜在影响，而是在一种抽象层面对功能关系的独断解读。在基于功

利诉求与物质因素的考虑下，居住、工作与购物经常被分隔布置，城市在垂直方向上的发展虽然强化了城市的功能密度，但这种集聚过度的功能模块彼此之间更加缺少关联性，从而导向更为分隔化的功能布局。

理论而言，一个城市地区的运行动力是需要依靠差异活动之间的互补性需求来推动的，城市规划中依据用地分类来表达的功能构成往往并不能反映城市中真实的活动内容，而且将同类功能组合在同一个区域内并不能产生相互之间的作用，这种所谓的功能关系更多出于相互干扰关系的考虑，而不是在于互补关系的考虑。[20]

3.2.3 行为尺度的忽略

在功能主义的名义下，现代城市规划所关注的往往是各类用地模块的格局尺度，但缺乏对人们在城市环境中真实的行为尺度的考虑。在许多现代的人造城市中，尺度巨大的斑块所呈现的都是巨型居住区、办公区、工业区或者商业区，即便是开敞空间，往往也以巨型绿地或者广场来进行布置，但是在更多的细节方面，不同尺度下的各类行为活动却遭到忽略。

大功能斑块的同类并置所导致的不仅是斑块之间链接性的缺失，而且在这样一种尺度下，斑块内部的步行小径、人行道、骑楼、拱廊、行人路口、公交车站、街角公园，等等，也基本上遭到忽略，即便它们仍然存在，经常也是点缀性的，难以融入到真实的整体城市活动中。但是，城市活力的衰退往往首先体现的就是那些小尺度之间的链接关系，进而导致城市单元模块之间的不协调与不连通。

3.2.4 分形特征的丧失

如果一个城市地区基本上都是由单一、同质的大型用地斑块所构成，那么该地区很可能就缺少相应的交互与流通，各个斑块的内部也缺少相应的聚合能力，而这也正是现代的人造城市较为典型的特征之一。对此，塞灵格勒斯认为，"当代城市是不连通的，但就另一个意义来说，它们也不具有分形特征"[21]（图8）。

在尺度层级单一并且单体规模巨大的城市环境中，那些传统的城市肌理要素由于不符合现代城市的风格而普遍受到抑制，适于人行尺度的城市项目越来越少，更不用说l～2 m的人性环境，这相应导致微观环境中连接要素的消失，然而那些骑楼、柱廊、雨篷、遮阳等小尺度的构造要素却是一个活力城市环境所不可或缺的因素。

如果将连通、链接、尺度、分形等几方面的因素串联在一起，那么这也就是城市肌理概念所要表达的基本内容。如果将城市肌理视为城市活力的一种载体，在许多自然城市中，城市肌理虽然也是来自人工创造，但它却又带有某种难

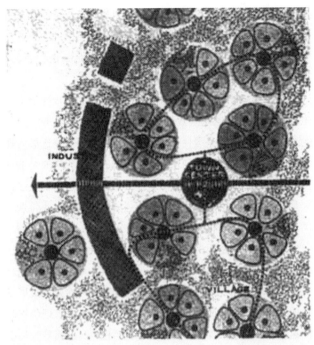

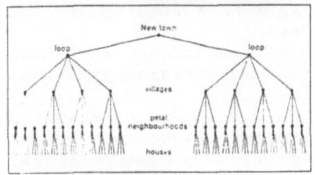

以言表的有机特征，这种有机性来自于人们在城市中真实而具体的行为活动，这些行为活动反过来又影响并塑造着它们的物质性载体。

正如亚历山大在其论文中所言，"人类的天性无法适应高度分隔的生活方式，城市中人与人、人与环境之间的关系是无法在某种精确化的秩序和无限简化的模型中发展的。"[22]人类行为、人际关系必定都是模糊、复杂且独特的，而这种含糊性与复杂性体现于物质载体中，也相应要求它带有某种有机性。但是在人造城市的那种均质化的环境中，由于缺失了差异性与互补性，各个城市要素之间也就缺少粘合力来把各种活动领域链接起来，从而也无法达成在自然城市中所经常能够看到的那种充满交织和动感的空间图景。

3.3　源自社会机制的深层原因

当前，城市发展的一个总体趋势可以概括为现代的人造

城市对于传统的自然城市的取代，这其中涉及复杂而广泛的原因。可以说，现代生活方式导致了传统城市肌理的衰退，但也可以反过来说，城市肌理的转型同样也促使了人们行为方式的改变。

在整个过程中，一些基本转型可以归结为时代性因素，也就是现代社会组织方式的宏观变革。在现代城市空间的生产过程中，无论是居住模块还是产业模块都被塑造成为规模巨大、内容单一的空间模式，所遵循的则是相应的经济效应。在大尺度的规模经济格局下，城市政府一般也相应注重大型项目以及大额的公共支出，而这种普遍性的财政特点本质上就摒除了城市中理应存在的小型公共项目。

与此同时，空间生产的变革也伴随着社会机制的转型。随着城市规模及其内涵的日趋庞大与复杂，城市管理的运行成本也相应急剧提升，即使在城市规划中有人希望构造更多的便于生活、有机的空间环境，但是大多数城市管理仍然倾向通过街区塑造以规范视觉秩序与行为秩序，从而导致许多历史街区遭到拆除，因为它们已经在功能上被排斥，在管理中遭拒绝。

除开这样一种时代性的总体趋势，来自于现代城市规划专业内部的操作方式和思维模式同样也在加剧城市失却活力的状况。

50年代以来，怀有现代主义理想的城市规划期望通过全面而合理的设计，解决传统城市在全新时代所面临的各种问题，但是它们在促进城市生活和生产环境的普遍改善的同时，忽略了城市中人与人之间的现实联系。严格的功能分区与大规模的城市更新或旧城改造，也相应抹去了传统城市的肌理印迹，导致了大量城市空间与行为的相互分隔。现代人造城市所构成的肌理环境既难以支撑一种丰富而多元的环境，也难以支撑一种渐进持续的城市变革与调整。

在这样一种城市规划方式的背后，隐含着一种自上而下的思维方式，亚历山大将它归纳成为一种树状模型[24]。正是这种思维状态中的树形结构引导着现实环境中的空间构成，它虽然可以将某种复杂整体分解为许多简明单元，但这也意味着牺牲了许多小尺度结构及其含糊领域，以便首先容纳那些值得重视的大型要素，这是因为"思维的第一功能是在混杂的状态下减少模糊性和重叠性，并且由于为达此目的，思维的第一功能有着对模糊性的基本不容忍性，因此，像确实需要在其中有交叠集合的城市结构，也仍被坚持以树形来构成。"[24]

然而这并不符合城市中实际发生的自然行为，也没有描绘出这些行为所需要的城市结构。一个具有活力的城市环境必然源自城市生活的积累，它具有从整个城市规模一直到建筑材料细部的所有尺度层次的结构成分，是一种尺度健全的

分形城市（塞灵格勒斯，2011）。

但是一旦需要人为地构建这样一种城市环境时，"我们采用了树形结构"，对于人类思维来说，树形结构是传递复杂思想的最容易的媒介。然而，"城市不是，也不能是，并且必须不是树形结构。"[25]无论如何，城市是生活的容器。借助树形结构，所获得的仅仅是有益于设计师、规划师、管理人员和研究人员在概念方面的简化，付出的代价却是富有活力城市的人文性和多元性。

4 如何通过城市肌理激发城市活力

4.1 提升城市活力的一般性原则

尽管城市环境的活力状态取决于很多因素，但是城市肌理仍然可以成为影响城市活力的一个重要领域。

城市肌理在此所起的作用有如一种基础结构，而城市街巷格局的变动就如同城市基因编码的改变。可以认为，现代交通的发展导致人造城市在城市肌理方面的转型，同时也相应促进了传统的步行城市被转变成为现代的汽车城市，因此从理论上而言，反向过程也存在实现的可能性，也就是人们可以通过针对城市肌理的有效干预来激发城市环境中的行为活力。

在这一视角中，许多城市研究已经提出了良好建议，用以连接和修补遭到支离破碎的现代城市空间，在其中，城市功能的多样性与复合性，空间尺度小型化与密集化，城市要素的多元化与拼贴化是经常被提及的一些操作方式（雅各布斯，2005；盖尔，2002；柯林·罗，2003）。但是透过城市肌理的概念，这些业已得到广泛共识的观点可以获得更加深刻的理解。

4.1.1 密度与尺度

一个具有活力的城市环境之所以需要足够的功能密度和适宜的行为尺度，是因为人与人之间的交互作用需要达到足够的密集程度，这也相应需要大量多样的临近节点（Salingaros，2000）。在这种情况中，每个节点与其他节点之间的连接应当具有多种路径可供选择，并使人们可以选择多重交通方式出行，从而催化每一城市节点与其他节点之间的相互作用。

通过缩小城市道路网络的尺度，也就主动制约了周围地块建设项目的开发尺度，为其今后的灵活调整带来相应的便利性，而这在许多旧城更新过程中基本已经成为共识。通过资助小尺度生长来鼓励城市建成区再生，这是恢复被人们所忽视的城市小尺度层级最好也是最有效的方式（Alexander，1975；Salingaros，West，1999）。

4.1.2 多元与混合

一个具有活力的城市环境之所以需要保持足够的多元性和混合性，是因为只有差异互补的城市功能才能达成有效的链接，而这种链接又必然在适宜的空间尺度中进行。传统的自然城市之所以显得生机勃勃，是因为在其中，居住、商业、作坊、宗教类型的建筑往往混合在一起，并且彼此临近。一个餐馆能让住宅区街道聚拢人气，而住宅区则为餐馆提供了流动的人群(Alexander，1977)。

于是不难理解为什么雅各布斯在其著作中反复提及人行道、林荫道、街角公园和街道设施等要素的重要性，作为城市的物质性结构，这些是动态城市生活的驻锚点。而巨大单一的门禁社区、停车场所以及在人造城市中较为普遍的同类节点在同质区域的集中，是导致不同城市节点之间不连通性的主要原因。如果城市肌理中的不同要素与模块可以按照一定的组织规则有机联系起来，就能够形成一个和谐高效、富有美感、生机勃勃的城市环境。

4.1.3 时间与稳定

一个具有活力的城市环境之所以需要老旧的建筑与环境，是因为城市的空间活力及其文化特征是历史进程的产物，同时，作为物质载体的城市肌理也是在复杂过程作用下形成的累积性结果。

城市肌理及其文化内涵的累积性并不是一种简单的叠加，这些累积下来的因素在历史进程中或继续延续，或有所改变。因此，在人们眼前所展示的城市形态，不仅是城市中可见的图景和各种建筑的集成，而且也是城市建构过程在空间中的展现，从而不是一幅静态的图景。从时间的角度来研究城市形态，被罗西认为是分析城市最为深刻的方式，因为"它所探讨的是集体生活中最具决定性而终极的目标：人们生活于其中的环境的创造。"[26]

为了维护这样一种有机动态的活力环境，其方式就如雅各布斯所主张的那样，避免大规模的拆迁与更新，而应进行局部、小范围的渐进调整，让不同年代的建筑及其功能状况相互并存，使不同职业、阶层和消费倾向的人群存在于共同空间中，并做出互补和分享（雅各布斯，2005）。

从这种角度来看，当前许多正在进行的城市更新或者文化建设项目的做法正好相反，它们往往首先关注的是通过招商引资来彻底提升街区功能，其次是通过单纯的复制或模仿来调整建筑风貌（其注意力更多在于风格式样，而不是场地格局），并且对于更为基本的用地关系和街巷格局视而不见。所带来的结果经常就是在彻底打乱肌理关系的城市环境中，充斥着快速建造的仿古建筑，而通过短期招租而来的商家店铺在短暂虚假的繁荣之后，往往也难以持续下去。更为

重要的是，这种做法不仅导致了高昂的投资成本，并且也带来了城市社会网络的基本断裂。

4.2 当代城市的主要矛盾及其应对策略

当前，城市环境活力问题的另外一个主要议题体现于有机城市与人造城市之间（或者旧城与新城之间）的矛盾性特征，这其中不仅涉及客观现实生活的众多因素，而且也取决于那些尚不能被全面揭示的深层机制。

具体而言，一个城市地区的生命因素一方面来自于城市生活的各种行为，而一个孕育活力的城市环境则应当兼具自发、多元、混合等包容性特征，因为它是无数个微观行为的自组织结果，而不是自上而下的规划结果（陈彦光，2006）；另一方面，城市活力也来自于生活领域的各种发展以及相应而来的功能与技术的持续更新。城市环境可以老旧，却无法阻止城市生活的现代化以及与之相应的社会变迁。于是在自然城市的多元、有机、动态与人造城市的规模、效率、秩序之间，往往就会存在一些难以调和的矛盾，并导致在操作层面上的种种问题。

在自然城市中大量存在的从事自由选择和自由交叠的个体行为体现出亚历山大所谓的那种社会交往的半网络状态，它们无法通过方案或者草图进行精确描述，从而导致一个具有活力的城市环境难以采用规划和设计的方式来加以建构。与此同时，随着现代城市规模日益庞大，内在功能日趋复杂，为了理解这一复杂运动的矛盾体，图解性的现代城市规划仍然无可替代。

因此，城市的规制与调整就是在有序与无序之间寻求平衡的一种复杂过程：①为了完善城市功能，城市规划采取了功能分区的方式，但是放弃功能分区却又无法避免城市功能紊乱；②为提高通行效率，城市规划促进了汽车及其网络的发展，但相应抑制了步行网络及其附属的生活环境；③为了提高购物效率，城市规划促进了大型购物中心以及网络购物，其代价却是社区商业以及相应的街区生活的弱化；④为了强化城市公共环境，城市规划提供了大片开放空间和城市绿地，但事实上对于真正的休闲娱乐却难以发挥应有的效用……

面对当前城市发展这样一种两难境地，单纯依靠某一规划方案已经不可能找到完美无缺的解决途径。这就需要通过在城市肌理方面的操作来调和城市环境活力与空间秩序之间的兼容性问题，从而建构健康且持久的城市活力环境。

4.2.1 多层尺度的分形叠合

如果辩证地看，任何一座自然形成的城市在其开创之初其实也是人工建构的，而一座人工建构的城市在经历漫长的时光岁月后，随着生活内涵的逐渐叠加，也会变成为一座

有机城市。以此看来，城市规划既不能随意抹去传统城市传留下来的有机结构，也不能消解现代城市对于空间秩序的偏好，单纯地讨论孰优孰劣缺乏本质意义，因为这两者在城市环境中都是有必要的。

伴随历史渐进过程，一座城市必然存在多重领域，如何叠合这些不同领域则是其中的重要环节。为了在现实操作中进行合理衔接与交织，城市肌理是其中非常重要的物质性工具。通过城市肌理的合理操作，城市中的区域、街块、建筑一直到最细微的生活空间可以叠合成为一个大型秩序中的不同尺度层次，在其中，大尺度复合地区通过一种物质性的网络结构，由许多不同尺度的下层要素紧密构造而来，而许多小尺度的要素和功能则是大尺度空间紧凑性的必要条件。

塞灵格勒斯极具说服力地解说了分形特征是城市矛盾运动的结果，而这也为解决城市演化的各种矛盾提供了思路。根据他的解释，大范围的城市区域可以由许多不同尺度的街区紧密构造而来，而许多小尺度的要素和功能又是上层尺度空间紧凑性的必要条件，在这样一种有序的组织结构中，城市肌理所涉及的各类要素、模块、模块组、模块组群都以直接或间接的方式相互连接、相互影响（塞灵格勒斯，2008）。

在其中，以道路系统为表现的大尺度城市肌理组织一旦建立，则很难改变，因为它包含很多的次级结构。相反，次级结构中的功能要素并不十分依赖大尺度中的相应内容。一个功能模块可以调整，而不改变建筑中的其他内容；一座建筑可以重建，而不改变原有的路网格局；一个街区可以更新，而不影响城区的其他部分。

4.2.2 城市肌理的有效连接

尽管现实中的城市大都具有某种分形性质和特征，但是唯有叠合本身并不足以形成一种有秩序的城市结构，甚至可能带来一片杂乱无章。现代城市的肌理环境必定不同于人们在历史城市中所见到的那种有机叠合，如何采用最佳方式实现连接网络的融合正是当代城市空间面临的挑战，而这其中一个主要难题就是汽车和行人的交互界面。

许多城市之所以深受交通拥堵之苦，是源自对于城市多样性的认识不足，将快速流动与慢行环境对立起来，从而导致城市中到处都在试图加大流量，消除微型循环，相应造成分离割裂的城市形态。

为了实现合理组织，城市肌理必须在最小尺度上强力连接起来，并且在最大尺度上松散地连接起来（塞灵格勒斯，2008）。通过合理的城市肌理操作方式，步行环境可以与汽车城市紧密相连，传统有机的城市环境可以与更大尺度现代城市连通起来，而那些僵硬的人造城市也可以通过加密或者

疏通其中的网络结构而得以复兴，新的城市项目也可以通过植入交叉重叠、多元自主的开放空间而实现那种在自然城市环境中的紧凑性。[27]

5 结语：城市设计方式的变革

伴随着当前的全球化进程，大多数城市在发展过程中都普遍面临着产业转型、空间重构、文化失魅等问题，而城市活力在其中日益成为一个重要因素。尽管时代背景已经发生了重大的变迁，雅各布斯50多年前的观点仍然值得回味："单调、缺乏活力的城市只能是孕育自我毁灭的种子，而充满活力、多样化和用途集中的城市孕育的则是自我再生的种子。即使有些问题和需求超出了城市的限度，它们也有足够的力量延续这种再生能力并最终解决那些问题和需求。"[28]

一个城市区域是否能够保持活力，很大程度上取决于城市肌理的形态与特征。作为城市的一种基础性结构，除了外显的物质性因素，城市肌理涉及一座城市的功能活动、决策管理、运行效率、历史延续、文化品质……在这一角度中，城市肌理意味着一种基因要素，作为一种织体结构，它衔接着宏观与微观，连接着过去与未来。

这种理解反过来又会影响人们对于城市本质的认知，虽然一座城市表象上是由建筑、道路、区域等物质性因素所构成，但在更加深刻层面上，城市是人的集合，人们聚集在一起是为了生活得更好，过上富裕而安逸的生活（林奇，2001）。因此，一座城市区域是否能够成为一种集聚中心，本质上将取决于它的基础结构是否能够兼容城市活力。

在城市环境活力的问题上，来自深层机制的最大障碍是人们在社会哲学中的不联系性，"我们在20世纪采用了没有生命力的城市与建筑类型，而现在这种建成环境教育我们将这个世界理解为一个没有生命力的模式。"[29]为了扭转这种趋势，就需要改变以往对于城市秩序的理解，改变单纯依靠那种自上而下的控制与指令性的规划与管理方式，从而能够以更加包容、现实的策略去实现城市环境品质的提升。

在这样一种意图中，城市肌理可以成为一种主动操作因素，因为城市肌理既是一种物理性的构成，从而能够将城市形态、交通技术和城市设计方法结合起来，同时又是一种网络化的关联系统，它不仅涉及城市的空间结构、社会结构、行政结构、产权结构，而且也链接着各种人群之间的差异互补的行为活动。

可以认为，城市肌理是一种类基因方式的操作（倪勋都，2004），因为城市发展始终是由一系列连续的片断组成，而城市空间的建构则是经由城市内众多的微观行为与个体工作所形成，并且也包含着无数前后交替的渐进发展过

程。因此，有关城市肌理的人工操作不单纯是一种城市规划的问题，一个具有生命力的有机城市环境也不是某一类知识群体可以单独"图解"的简单任务。城市肌理本质上是城市意义载体的显性形式，而一座城市的意义最终只能存在于历史和文化关系当中。

城市肌理是引导城市建立秩序的一种方式，但它的设计模式却并不简单。因此，城市设计是一种创造可能性的艺术，它所处理的是"城市环境可能的形式"（Lynch，1984），连接的则是真实的使用、交往、互动以及管理等众多的社会行为，承载的则是一座城市的历史、文脉、韵味以及生命力。在这种意义上，城市肌理不但赋予一座城市以具体造型，同时也将自己与一个社会环境紧密联系在一起，这也使得城市设计从根本上和其他的艺术及科学有所区别。

注释：

[1] 见维基词典，http://en.wiktionary.org/wiki/urban_fabric。
[2] 引自简·雅各布斯.美国大城市的死与生[M].金衡山，译.南京：译林出版社，2005.（2005）：3.
[3] 同[1]，见参考文献[8]（2005）：502.
[4] 同[1]，自60年代以来，伴随着现代城市危机以及内城衰退等现象，大量的城市空间与设计的研究逐渐从社会功能角度来看待逐渐老旧的传统城市环境，如《交往与空间》《城市并非树形》《美国大城市的死与生》等，其关注焦点在于传统城市环境中所拥有的那种活力因素，所探讨的则是城市物质环境与功能活力的提升问题。
[5] 同[1]，（2005）：13.
[6] 克里斯托弗·亚历山大.城市并非树形[J].严小婴，译.建筑师，（1985）：208.
[7] 阿尔多·罗西.城市建筑学[M].黄士均，译.北京：中国建筑工业出版社，（2006）：34.
[8] 从城市网络的角度来看，城市肌理的要素可以理解为：a.节点，由居所、工作、休闲、购物、餐饮等驻留活动所构成，具体表现为独立的建筑与户外空间。b.路径，各类节点之间的连接载体，在这里，所谓的连接是功能互补节点之间的连接，而不是相似节点之间的连接。另外节点之间的步行通道不能超出合理长度，因此，应当是由连接网络来决定建筑之间的间距和格局，而不是如同人造城市经常表现的那样，节点之间的距离只取决于项目的规模，而不考虑人行活动在其中的特点。c.体系，在不同尺度、不同层级之间的连接体系，其组织过程遵循着一种严格的秩序：从最小的尺度开始（步行路径），逐渐发展到更高等级的尺度（更高容量的道理）。如果其中某种连接缺失了，那么城市网络就面临失效。
[9] 尼科斯·塞灵格勒斯著.连接分形的城市[J].刘洋，译.国际城市规划，2008（6）：81.
[10] 康泽恩著.城镇平面格局分析：诺森伯兰郡安尼克案例研究[M].宋峰，等，译.北京：中国建筑工业出版社，2011：2.
[11] 在康泽恩的研究结论中，透过经由街道系统所构成的城市平面，所反映的是"由受法律保护的土地所有权构成的土地划分和注册系统"，在"土地使用模式"这一地面与空间的三维结构的深层之处，可以映透出一座的城市土地所有权性质和土地

市场。因此，城市平面可以反映出政府在重整土地并将之用于公共目的的土地征用方式，也可以反映出具有法律效应的总体规划制度、建筑规范和其他控制性措施、为城市改造提供资金的机制……进而言之，透过城市肌理，可以从中分析城市的行政结构、构造机制，以及城市的演进过程（罗西，2008）。
[12] 从这一角度而言，凯文·林奇所采用的"道路、边界、标志物、节点和区域"五要素就意味着一种空间化的心智结构，在其中，所谓的城市意象可以在人们的意识中更易于得到识别和组织，因为它通过与视觉领悟相关联的形态，将城市各个部分整合成为一个凝聚形态的特征，从而达成一个城市环境的清晰性或者"可读性"。林奇认为，城市的视觉品质主要取决于城市景观表面的清晰性或是"可读性"，使人容易认知城市各部分并形成一个凝聚形态的特征。因此可以认为，城市肌理构建了市民心目中的城市意象，使得城市中街区、标志物或是道路容易被识别，进而成为一个完整的形态。
[13] 凯文·林奇著.城市形态[M].林庆怡，等，译.北京，华夏出版社，2001：25.
[14] 同[6]，1985（24）：206.
[15] 杨·盖尔著.交往与空间[M].何人可，译.北京：中国建筑工业出版社，2002.
[16] 同上.
[17] Dupuy G. L'Urbanisme Des Réseaux [M]. Paris:Armand Colin,1991。转引自参考文献[20]。
[18] 亚历山大在其《城市并非树形》一文中将这种状况归纳为半网络（semi-lattice)结构，所谓的半网络结构，就是"当且仅当两个相互交叠的集合属于一个组合，并且两者的公共元素的集合也属于此组合时，这种集合的组合形成半网络结构"。就所考虑的城市而言，这个定理即为，不管两个单元在何处交叠，此交叠区域本身也是一个可认识的实体，因而也是一个单元（亚历山大，1985）。
[19] 加拿大科学家凯叶(Kaye)在其《分维漫步》一书中较为形象地解释了城市空间的分析原则：当走进某个传统城市区域时，可以看到居住用地、工商业用地、开放空间和空闲地等用地类型。但是，每一种用地都不是纯粹的一类用地，当走进以工商业用地为主的街区时，还可以看到住宅用地、工商业用地、开放空间和空闲地。进一步而言，当从街区环境走进邻里环境，从邻里走进以空闲地为主的场所(site)时，看到的依然是上述各种用地类型的组合。对此塞灵格勒斯认为，由于人脑中具有分形模型的烙印，因此，对于城市的分析特征具有直觉性的反应（塞灵格勒斯，2008）。
[20] 连通路径之间的衔接，其前提取决于有差异性的或互补的要素组合在一起，只有差异性的互补功能之间才有行为的链接关系，如果没有差异性或互补性，那么毗邻的要素既不会相互增强，也不会被连接在一起（Salingaros,1998）。
[21] 同[9]。
[22] 同[6]。
[23] 在亚历山大的定义中，所谓的树形就是"对于任何两个属于同一组合的集合而言，当且仅当要么一个集合完全包含另一个，要么两者彼此完全不相干时，这样集合的组合才形成树形结构。"此定理排斥了有交叠集合的可能性。同[6]，1985（24）：210.
[24] 同[6]。
[25] 同上。
[26] 同[7]。
[27] 分形特征还表现为构成要素之间的一致性和自相似，这意味着不同的尺度的要素可以通过某种层级对称关系联系在一起。在

最简单的几何关系下，同一种图案缩小并不断重复，这样所有尺度连成了一体。在更为复杂的情形下，具有活力的城市里不同尺度的结构和过程本质上协作起来。大尺度上的一致性结构是由小尺度的成分构成的。在几何意义上将不同尺度结合成一个相互作用的整体，动力过程就发生在这些尺度之间(塞灵格勒斯，2008；陈彦光，2006)。

[28] 同[2]。

[29] 同[6]。

参考文献：

[1] 克里斯托弗·亚历山大.城市并非树形[J].严小婴，译.建筑师，1985 (24)：206—224.

[2] CARMONA M.城市设计的维度：公共场所—城市空间[M].冯江，等，译.南京：江苏科学技术出版社，2005.

[3] 康泽恩.城镇平面格局分析：诺森伯兰郡安尼克案例研究[M].宋峰，等，译.北京：中国建筑工业出版社，2011.

[4] 陈彦光.中国城市发展的自组织特征与判据——为什么说所有城市都是自组织的[J].城市规划，2006 (8)：24—30.

[5] 杨·盖尔.交往与空间[M].何人可，译.北京：中国建筑工业出版社，2002.

[6] 黄烨勃，孙一民.街区适宜尺度的判定特征及量化指标[J].华南理工大学学报（自然科学版），2012 (9)：147—157.

[7] 彼得·霍尔.明日之城：一部关于20世纪城市规划与设计的思想史[M].童明，译.上海：同济大学出版社，2009.

[8] 简·雅各布斯.美国大城市的死与生[M].金衡山，译.南京：译林出版社，2005.

[9] 蒋涤非.双尺度城市营造——现代城市空间形态思考[J].城市规划学刊，2005 (1)：90—94.

[10] 斯皮罗·科斯托夫.城市的形成——历史进程中的城市模式和城市意义[M].单皓，译.北京：中国建筑工业出版社，2005.

[11] 凯文·林奇.城市意象[M].方益萍，何晓军，译.北京：华夏出版社，2001.

[12] 凯文·林奇.城市形态[M].林庆怡，等，译.北京：华夏出版社，2001.

[13] 李晓西，卢一沙.适宜的城市街区尺度初探[J].山西建筑，2008 (9)：43—44.

[14] 刘代云.论城市设计创作中街区尺度的塑造[J].建筑学报，2007 (6)：1—3.

[15] MONTGOMERY J. The new wealth of cities: city dynamics and the fifth wave [M]. Ashgate Publishing Limited, 2007.

[16] 倪勋都.旧城更新中街区结构融入城市肌理的方式[J].南方建筑，2004 (6)：15—17.

[17] Anne Vernez Moudon, Urban morphology as an emerging interdisciplinary field [J]. Urban Morphology, 1997(1): 3-10.

[18] 阿尔多·罗西.城市建筑学[M].黄士均，译.北京：中国建筑工业出版社，2006.

[19] 柯林·罗，弗瑞德·科特.拼贴城市[M].童明，译.北京：中国建筑工业出版社，2003.

[20] 尼科斯·塞灵格勒斯.连接分形的城市[J].刘洋，译.国际城市规划，2008 (6)：81—92.

[21] SALINGAROS N A. Theory of the urban web [J]. Journal of Urban Design, 1998, 5(5): 55-71.

[22] SALINGAROS N A. Complexity and urban coherence [J]. Journal of Urban Design, 2000, 5(5): 291-516.

[23] SALINGAROS N A. WEST B J. A universal rule for the distribution of sizes [J]. Environment and Planning B, 1999, 26: 909-923.

[24] 卡米诺·西特.城市建筑艺术——遵循艺术原则进行城市建设[M].仲德昆，译.南京：东南大学出版社，1990.

[25] 肖亮.城市街区尺度研究[D].上海：同济大学硕士学位论文，2006.

作者简介：

童明，同济大学建筑与城市规划学院高密度人居环境生态与节能教育部重点实验室教授、博士生导师。

智慧城市研究与规划实践述评

孙中亚　甄峰

摘要：基于可持续发展理念和资源环境保护思想的推广，新信息技术逐步被应用于城市科学领域，推动了智慧城市研究与规划实践的进一步发展。在对智慧城市现有研究进行回顾的基础上，研究尝试将人文主义与技术主义有机结合，从更全面的角度对"智慧城市"这一课题展开探讨，按照建设重点将当前国内外智慧城市规划实践模式划分为智慧经济型、智慧交通型和智慧管治型三种类型，并从城镇体系规划、城市总体规划及详细规划等层面入手，对我国城市规划体系的规划响应展开探索，构建多层次、共目标、大综合的智慧城市规划体系。

关键词：智慧城市 可持续发展 空间实践 规划响应

1 "智慧城市"研究解读

1.1 提出背景

人类社会经历了农耕时代、工业时代，当前正进入信息时代，与此同时，城市也在不断发展。在大部分历史阶段中，城市除了具有作为人类新型居所的功能外，还具有作为人类文明"磁体"的功能，即城市在掌握了基本的"保管"与"积攒"功能后，就产生文明传播与发展的力量。[1]2008年人类历史上城市人口首次超过50%，且相关研究表明未来城市人口仍将快速增长。

新石器革命、工业革命、电力革命及信息技术革命推动了城市发展模式与城市形象的变迁。在技术革命引导的产业革命历经数个世纪，并推动人类社会、生活发展的同时，城市也正承受着其发展所极度依赖的自然资源容量日趋紧张的桎梏。传统的城市发展模式主要以工业革命、电力革命及信息革命的粗犷式资源利用形式支撑城市发展，以致人类正面临着资源日趋缺少、城市功能提升潜力不足的问题。自20世纪以来，人类都在致力于克服此问题，因而国内外政府及学术界相继提出"可持续发展""精明增长""集约发展"等诸多理念。作为城市发展模式对此议题的集中应对，"智慧城市"概念于2009年底紧随"智慧地球"一同被IBM公司提出，并得到政府、学者及公民的共同关注。

"智慧"是汉语中形容人精神能力的词语。人的智慧体现在对事物能迅速、灵活、正确地理解和处理事情的能力。从全球层面看，作为人类居住的"容器"单元，城市也应该具备此种迅速、灵活理解和处理城市问题的能力。而"智慧城市"则是基于全球能源危机的背景提出的，更强调提升城市运行质量、科学制定城市发展决策，符合后现代社会趋于平等、多元目标的复合概念。

1.2 发展历程与概念界定

如同其他学术概念一样，"智慧城市"经历了酝酿、初步形成、正式形成至不断深化的历程。在空间规划方面，有美国规划协会于2000年成立"美国精明增长联盟"，并提出的"精明增长"[2]的概念，以及"可持续发展"和"集约发展"等概念；在技术发展方面，传统信息通信技术推动了"数字城市""信息城市"等相关概念的形成。这些理论都为"智慧城市"的形成与发展提供了基础。

针对"智慧城市"的讨论在其被广泛认同之前就已初步展开。1990年，美国旧金山举办了以"智慧城市、快速系统、全球网络"为主题的国际会议，初步讨论了综合的信息通信技术与城市经济、基础设施建设的关系，以及共同推动城市竞争力提升和可持续的"智慧化"发展。[3]此学术会议虽未形成深刻、系统的相关概念，但为此研究领域及后期研究开启了宏观思考的先河。霍尔（Hall）认为，未来城市发展需要依赖信息通讯系统科技集成的视野来重新思考政府、商业、学术界以及社区的关系，即智慧城市视野。[4]自"智慧城市"正式提出以来，学术界关于它的讨论不断向本质和外延两个方向深化。其中，主要涉及到智慧城市为何得到发展[5]，如何理解"智慧城市"，计划与构建智慧城市总体框架[6-7]，以及如何进行资源配置等诸多相关议题。

关于"智慧城市"的概念，学术界主要有两大脉络：①强调城市文化、知识和生活等共享，将城市看作智慧共鸣的"管道"和知识创新的"孵化器"。这一脉络主要出现在ICT（Information Communication Technology）技术应用仍未普遍的情况下，偏重于知识经济、城市竞争力领域的理论研究。研究通常将"智慧城市"作为包含一般意义上所有现代城市生产因素的决策框架，包含一般框架下的现代城市生产因素，同时强调科学技术、社会资本及环境资本对提升城市竞争力的重要作用[8-9]。②强调不断发展的ICT技术将为城市大系统的智慧化运行提供可能。此脉络理论研究认为，"智慧城市"是基于赛博空间[10]、数字城市[11]、信息城市，并伴随着物联网、移动信息等技术演进而产生的。大多数研究通常偏重于构建"智慧城市"所依赖的技术分析，从而应用于城市各子系统，以此推动城市的智慧化。从本质上看，两大脉络各有特色，即前者强调以城市居民集体智慧推动城市竞争力，后者强调信息技术对城市系统自适应、资源优化配置的重大作用。将上述两大理论观点有机结合，可将智慧城市定义为：智慧城市是以知识经济、资源集约配置为目标，将人文主义、技术主义相结合，从而形成综合城市居民与ICT技术共同"智慧"、具有可持续发展意义的城市建设模式。

1.3 内涵与重点

与依赖信息通信技术初级形态的信息城市不同，智慧城市是基于物联网、云计算等新一代信息通信技术而提出的，其内涵更为丰富与详实。同时，与过度强调技术主义的智能城市相比，智慧城市更强调城市"人本"与"技术"智慧所给予城市发展的推动。Giffinger、Fertner等人认为，智慧城市包含六大主要维度：智慧经济、智慧交通、智慧环境、智慧居民、智慧生活及智慧管治[12]；IBM认为，智慧城市是运用先进的ICT技术，将人、商业、运输、通信、水和能源等城市运行的各个核心系统整合，从而使整个城市作为一个宏大的"系统之系统"，以更为智慧的方式运行，进而为城市中的人创造美好生活，促进城市可持续发展。[13]以上两种阐述为例，当前关于智慧城市内涵的研究大多以城市系统细分为基础逐个击破，从而整合成"系统之系统"。简单而言，智慧城市的内涵就是城市各子系统协调运行而形成更"智慧"的城市——依托但不止于技术主义，更重要的是贯穿其中的城市人文因素。

从城市规划角度看，智慧城市的规划建设也应有所侧重。结合智慧城市内涵和规划建设的可操作性，笔者认为智慧城市规划建设重点应包括持续发展的城市经济、总体合理的城市空间结构、持续的生态环境、快速响应的基础设施、透明可行的城市管治、自由丰富的社交生活及富有生机的城市文化。上述七大方面都可以在新一代信息通信技术的支撑下完成优化、升级或重构，使智慧城市规划更有针对性、有效性，从而引导城市居民共同参与建设，并享受智慧城市为其带来的"宜居、宜业、宜行、宜乐"。在智慧城市评价方面，王世福认为此类研究仍处于起步阶段，尚未构成完善的科学体系，需要从生态、经济方面进行深入论证和分析。[14]

1.4 现有研究述评

诚如前文所述，智慧城市是基于信息通信技术形成、发展而逐级演进的复合型概念。当前，国内外关于智慧城市的研究大多落脚于偏向智慧城市建设的总体架构及技术手段。信息通信技术影响城市综合系统的物质层面，如城市基础设施系统中物联网、云计算等技术的运用，对城市建设与管理都产生巨大而积极的作用。但需要指出的是，大多数研究未能全面考量智慧城市中"人"的因素，缺少对市民个体的人本位思考是当前智慧城市研究的共性特征。

诚然，所有科学研究都呈现由表及里、由技术至内涵的阶段性特征，当前关于智慧城市的研究偏重于技术层面的现象也无可厚非。但是，从更为科学、严谨的角度看，城市科学研究的理论基础是人与环境之间相互关系的研究，人、环境及其相互关系的研究皆不能偏废。因而，应从更为全面的角度深入研究"智慧城市"这一课题，更加强调在智慧城市构建过程中市民所扮演的角色及发挥的基础性作用。

2 国内外智慧城市规划建设实践

当前，国内外以可持续发展为目标导向的智慧城市建设正在如火如荼地展开，较成功的案例如阿姆斯特丹智慧城市、迪拜互联网城等。依据建设重点，笔者对国内外智慧城市规划建设实践进行初步总结，将其实践模式划分为智慧经济型、智慧交通型和智慧管治型三种类型。

2.1 智慧经济型

经济是城市发展的核心动力。综观城市发展史，历次城市经济的跨越式发展皆是伴随技术进步重构产业结构而产生的。同样，智慧城市产业经济也伴随着新一代信息技术的深化而产生深刻的嬗变，具体表现在智慧产业形成与发展、传统产业智慧调适两大方面。

(1)智慧产业作为城市经济新模式得以明确。2000年，迪拜互联网城是由政府创建、以构建迪拜自由经济区的战略基地为目标的新兴智慧城市，建设目的是"中东硅谷"。据不完全统计，2011年阿联酋电子商务销售额达到5亿美元，实现井喷式发展，而阿联酋智慧产业的发展在很大程度上得益于迪拜互联网城自由贸易区的成功。

迪拜互联网城提供了一个知识型经济生态系统，旨在促进互联网和通信技术公司的业务发展。从城市硬环境角度来看，迪拜互联网城是中东地区信息通信技术基础设施最为完善、隶属自由贸易区内部的信息技术园区；而从产业发展软环境角度来看，迪拜互联网城构建了完整的信息和通信技术集群，包括来自不同行业的公司，如软件开发、商业服务、电子商务、顾问、销售和营销。迪拜互联网城致力于支持地区新兴信息技术的发展，同时建设以知识为本的"磁场"，作为促进迪拜产业发展的驱动器，吸引中东地区高新企业和创意阶层在此集聚。迪拜互联网城将智慧人才与智慧产业有机结合，构建成智慧产业发展的主体，辅以现代感极强的标志建筑容器、精致的城市绿地景观，成为城市发展的典范。

（2）传统产业智慧化协调资源作用显著。传统制造业、服务业在新技术进步推动下一直注重代际更新及转型升级，以物联网、云计算等为代表的新一代信息技术调适传统产业发展模式在当下被广泛实施。国内外传统产业园区建设都体现了此种倾向。例如，南京"软件谷"是在传统软件园区基础上进行总体趋智慧化的产物——成立园区智慧管理中心，建成中科院软件所、省云计算产业服务中心等诸多国家级实验室与团队，对传统产业进行高端化、智慧化转型。需要指出的是，智慧管理中心承担着协调园区企业发展、优化园区整体资源配置，以提高整体运行效率的作用。因而，无论是产业本身的提档升级，还是园区企业间的智慧竞争，都是传统产业智慧调适的结果。

同时，传统服务业在此过程中也受益良多。当前，国内以淘宝、亚马逊等为载体的网络购物，以美团、糯米等为代表的团购平台，都是对传统零售业、住宿餐饮业的补充与提升，形成服务业企业、城市居民和政府三者共赢的局面。以网络购物为例，2011年我国网络购物市场交易金额达到7566亿元，较2010年增长了44.6%，网络零售市场交易总额占社会消费品零售总额的4.2%。[15]从城市产业内部看，传统服务业是接受新信息技术最为广泛的行业，是传统产业智慧调适具有代表性的领域（图1）。

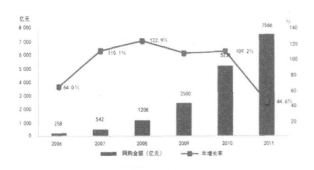

图1 2006—2011年中国网购贸易总额及增长率 (CNNIC)

2.2 智慧交通型

城市交通一直是全球范围内城市科学研究的重要领域，同时交通拥堵也是诸多城市问题中最难逾越的难点。2010年，交通部"十二五"规划中明确提出，智慧交通将继续作为交通规划的重要组成部分。2011年中国城市发展报告表明，我国总人口已达到13.47亿，城镇化率已经达到51.27%。对于我国城镇尤其是大中城市来说，交通问题在此背景下则更为凸显。

如上所述，由于人口规模及用地规模空前庞大，我国大城市内部流动的交通量和复杂的路网结构，导致了我国大城市交通问题在全球也极具代表性。因而，交通智慧化是解决我国城市交通问题、保证城市可持续发展的重要途径。当前，北京、上海和南京等大城市已建设大量的交通信息化基础设施，在一定程度上缓解了交通拥堵等问题。伴随着物联网、云计算等新一代信息技术应用的推广，智慧交通亟待进一步深化。

以上海市为例，智慧交通系统借由世博会等大事件初步形成，其中全市交通综合信息平台已具备初步的应用分析功能。该平台分为道路交通、公共交通、对外交通和世博交通四大类别，通过该平台不仅可以了解全市高速公路、快速路和地面道路三张路网的实时状态，还可以了解轨道交通、常规公交的线路分布情况和客流量，为交通管理部门进行适时管理提供可靠的辅助。在此基础上，作为上海正在建设的三大新城之一，嘉定新城从建设伊始就对影响智慧交通效率的路网基础设施结构进行合理规划，从源头着手，推动交通的智慧化发展。

2.3 智慧管治型

自20世纪90年代以来，城市管治成为国内外学术界持续关注的热点问题之一。在智慧城市建设的过程中，城市管治也呈现出新的特征，即趋智慧化。从空间实践看，欧盟地区城市是城市管治出现此种转型的典型地区，因为欧盟城市间的相互联系既有趋网络化的特征，而这种特征又极其契合智慧管治的内在本质（图2）。

20世纪90年代，欧盟地区大多数城市的管理模式大体可分为四大类：以盎格鲁—日耳曼地区、荷兰等为代表的混合模式，以法国为代表的法律主导模式，崇尚自由与效率的英美市场导向模式，以及北欧地区的市民导向模式。[16]而随着全球化、新公共管理运动及信息技术应用的不断深化，传统的四种城市管理模式之间差异日益消弭，大体形成趋同的、以电子管治为初级阶段的智慧管治模式。以巴塞罗那为例，其智慧城市管理由城市多个部门和非政府组织所构成，各部门各司其职且整体协调，目标是采用多种信息通信技术将公共管理过程加以转变。同时，巴塞罗那在城市各片区设置智慧设施，使得城市管理委员会、普通市民及非政府组织（包括规划企业）之间都能有效协调合作。[17]

在北京、上海和南京等国内城市，城市管治也经历了电子政务、电子管治到智慧管治的类似转变，较为突出的是公众参与领域。传统的政府单向型决策模式正向政府—市民共治模式转变，且深为政府与市民所认同。城市总体规划、控制性详细规划是我国城乡规划体系中最为核心的规划，长期以来，大多数规划由政府及下辖的城市规划机构共同编制。当前，随着改制的推进，大部分城市政府逐步与规划院分离，且加入评审稿公示，以充分尊重利益相关者的参与权。而信息通信技术尤其是新一代信息技术，在此过程中为市民等相对弱势群体的信息获取与参与提供便利。总体而言，智慧管治仍处于初级阶段，有待政界、学术界共同探讨进一步深化的框架与路线。

3 现行规划体系的"智慧"响应探索

我国现行的城乡规划编制体系共分为三大层次，即区域城镇体系规划、城镇总体规划及详细规划。对三大层次的规划建设而言，如何融入新的智慧城市建设理念，是我国政府管理部门和城乡规划学术界今后努力的重点方向。

3.1 背景与现状

我国传统城市规划的基本原理与假设建立在区位论（包括农业区位论、工业区位论、中心地理论及市场区位理论）的理想模式基础上，其编制核心是通过对人口规模预测来推演用地规模。但是，当前经济、人才都呈现出强烈的全球化流动性，同时环境、资源保护利用日益得到重视，传统城市规划对由此带来的挑战并未充分应对。智慧城市的核心目标是城市的可持续发展，因而如何利用新一代信息技术，以支撑以可持续发展为目标的新型规划编制模式，成为传统城市规划突破过于理想化的瓶颈、理性规划推动城市合理发展的重要研究难点。

全球范围内关于智慧城市规划响应的程度仍以散点状出现，较为系统、全面的智慧城市规划寥寥无几。而日本在智慧城市规划方面作了较好的探索，其中日本智慧城市规划公司业已完成了一系列智慧城市规划项目，大多数已经建成或正在建设中，如冲绳智慧岛、日本东北地区智慧集镇、集约城市战略下的柏叶学园等。在理论方面，该公司提出了城市智慧发展的建设框架，包括智慧住区、地区智慧控制中心、能源解决中心及城市交通运行中心等一系列子系统。同时，该公司总结出建设的几大原则：建立多要约束机制策略、优选可持续发展的城市发展框架、营造多元发展动力、特色文化植入城市内里、完善系统的智慧基础设施、打造城市生活文化坐标、提升城市文化更新能力及智慧生活品质、提升城市竞争力。这为我国城市规划编制的智慧化转型提供了一定参考（图3）。

3.2 不同层面规划响应探索

如前文所述，城市仍是人的城市，智慧城市也必须是智慧人的城市。从城市规划角度看待"智慧城市"这一命题，必须在充分考虑新一代信息技术的应用基础上，跨越技术决定主义的藩篱，以人文主义来充实与提升智慧城市的实质。对我国城市规划体系而言，智慧城市也须在不同层次的城市规划编制模式上加以改进。当然，这是基于城市规划现行编制模式向全新编制模式的过渡形式。

（1）城镇体系规划层次。城镇体系规划的核心是协调区域内部各城市间的分工与合作，以此为基础实现共赢。与传统城市建设一样，智慧城市建设应秉持此目标，同时借由新信息技术强大的数据分析能力充分挖掘区域内各城市优势发展的方向与重点；在区域产业分工、合作确定的前提下，设立区域智慧助调中心，从区域层面进行资源调配，并完善相应智慧基础设施，以保证合理、有效的流动联系。

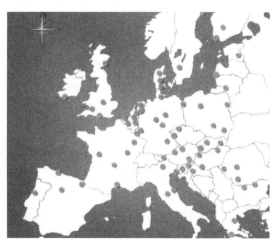

▍图2 欧洲地区智慧城市分布示意图

▍图3 智慧城市建设框架示意图

(2)城市总体规划层次。城市总体规划是按城市自身建设条件和现状特点,确定城市发展性质、规模和建设标准,安排城市用地,进行各项建设总体布局,最终使城市的工作、居住、交通和游憩四大功能相互协调发展。传统城市总体规划的首要任务是确定城市性质、发展规模和用地空间结构,而智慧城市总体规划在此基础上还应因地制宜地合理利用环境资源,营造城市文化,改善市民生活环境。同时,在确定发展规模的过程中利用云计算等先进技术模拟城市发展情景,使之更为贴合实际发展趋势;在初期确定路网时,应考虑采取合适的路网形式,合理规划智慧交通基础设施,包括轨道交通、常规公交及私人汽车对实时交通的响应设施。

(3)详细规划层次。详细规划是对城市总体规划的延续,包括控制性详细规划和修建性详细规划,强调对目标地块建设内容及强度的弹性导引。此层次规划的智慧化可体现在以下几个方面:①构建不严重违背城市总体规划的地块控制性集成系统,包括地块总建设规模、分片区建设强度、建设风格、配套服务设施及开发现状更新等核心要素。政府部门可通过此系统进行优化管理,同时保证对大众的信息公开。②建设地块内居民信息汇总数据库,包括人口、就业地构成及出行属性等数据,以便于进行区内管理和城市汇总分析。③地块内居住区智慧管理系统,保证居住区智慧运行,降低非必要的资源消耗。④公共服务、市政服务和交通服务管理系统,提升地块内居民的生活服务水平。

4 结语

当前,国内外关于智慧城市空间实践的案例日趋增多,依据建设重点,可将时间模式大体划分为智慧经济型、智慧交通型及智慧管治型三种类型。在智慧城市规划方面,日本已对智慧城市深度规划作出较好的探索,并取得较为丰硕的成果。以此为参考,在我国智慧城市建设正如火如荼进行的大背景下,政府管理部门、规划界理应结合现行城乡规划体系进行适度响应。笔者认为,应从城镇体系规划(区域战略)、城市总体规划及详细规划等层面入手,从而构建多层次、共目标、大综合的智慧城市规划体系。

智慧城市规划建设是庞大的系统工程,技术、规划思想与实施缺一不可。在国内外城市进入智慧城市建设高潮的背景下,我国规划界理应对城市规划体系进行合理而适度的调整,以满足大规模的建设需求。笔者在此抛砖引玉,以期推动学术界对此领域进一步深入的研究。

(原载《规划师》2013年02期)

注释:

[1] 芒福德著,宋峻岭.城市发展史——起源、演变和前景[M].倪文彦,译.北京:中国建筑工业出版社,2005.

[2] Pollard O A. Smart Growth: The Promise, Politics, and Potential Pitfalls of Emerging Growth Management Strategies [J]. Virginia Environmental Law, 2000(1): 247-286.

[3] Gibson D V, Kozmetsky G, Smilor R W.The Technopolis Phenomenon:Smart Cities, Fast Aystems, Global Networks [M] . USA: Rowman & Littlefield Publishers, 1992.

[4] Hall R E. The Vision of A Smart City: Paris[Z]. 2000.

[5] Winters J V. Why are Smart Cities Growing?Who Moves And Who Stays[J]. Journal Of Regional Science, 2011(2): 253-270.

[6] Alawadhi S, Aldama-nalda A, Chourabi H. Building Understanding of Smart City Initiatives[J]. Lecture Notes in Computer Science, 2012(7 443): 40-53.

[7] Chourabi H, Nam T, Walker S, etc. Understanding Smart Cities: An Integrative Framework: 45th Hawaii International Conference on System Sciences[Z]. 2012.

[8] Dirks S, Keeling M. A Vision of Smarter Cities: How Cities can Lead the Way into a Prosperous and Sustainable Future [R]. IBM Global Business Services, 2009.

[9] Shapiro J M. Smart Cities: Explaining the Relationship between City Growth and Human Capital[Z]. 2003.

[10] Benedikt M. Cyberspace: Some Proposals [M]. Cambridge, MA, USA: MIT Press, 1991.

[11] Ishida T, Isbister K. Digital Cities: Technologies, Experiences, and Future Perspectives[M]. Springer, Berlin, 2000.

[12] Giffinger R, Fertner C, Kramar H, etc. Smart Cities: Ranking of European Mdium-sized Cities[R]. Centre of Regional Science(SRF), Vienna University of Technology, 2007.

[13] IBM商务价值研究院.智慧地球[M].上海:东方出版社,2009.

[14] 王世福.智慧城市研究的模型构建及方法思考[J].规划师,2012(4):19-23.

[15] 中国互联网络信息中心.2011年中国网络购物市场研究报告[R].2011.

[16] Torres L, Pina V, Acerete B. E-Governance Developments in European Union Cities: Reshaping Government's Relationship with Citizens[J]. Governance, 2006(2): 277-302.

[17] Bakici T, Almirall E, Wareham J. A Smart City Initiative: The Case of Barcelona[J]. Journal of the Knowledge Economy, 2012(3): 1-14.

作者简介:

孙中亚,南京大学建筑与城市规划学院硕士研究生;甄峰,南京大学建筑与城市规划学院教授、城市规划设计研究院院长、智慧城市研究院副院长。

大数据时代的城市规划响应

叶宇　魏宗财　王海军

摘要：近年来，信息通信技术的快速发展加速了大数据时代的到来。但对于大数据到底对城市规划带来了哪些冲击、城市规划编制与实施应如何响应，仍需进一步探索。基于对大数据时代城市空间研究成果的简要述评，研究从城市规划的编制与实施评价两方面展开讨论。对于规划编制，大数据提供了从"小样本分析"到"海量呈现"，从"滞后化"到"实时化"，从"专家领衔"到"公众参与"，从"人工化"到"智能化"，从"分散化"到"协同化"等多维转变的可能；对于规划实施评价，大数据指明了从"以空间为本"到"以人为本"，从静态、"蓝图式"到动态、"过程式"，从"粗放化"到"精细化"的转变方向。研究对当前正处于探索阶段的城市规划的未来发展具有一定的参考。

关键词：大数据 城市规划编制 规划实施评价 规划响应

1 引言

"大数据"(Big Data)是一个庞大的概念集合，用以指代各种规模巨大到无法通过手工处理来分析解读信息的海量数据。英国学者Michael Batty曾说："无法在一张Excel表格上放置的数据即可视为大数据。"[1]这揭示了大数据的双重内涵：①大数据的数据样本量足够大；②大数据本身并非一个新概念，而是传统小样本数据分析研究方法在样本数量上的扩展，即仅基于样本数据就能实现对于分析空间的充分覆盖，从而直观地展现结果。换言之，大数据能够极大地减弱现有研究对于传统抽样方法的依赖。

大数据由于自身具有数据海量、类型丰富、价值密度低及处理速度快等优点，正逐步运用于科学分析、天文学、生物学和社会学等诸多领域。[2]对于城市规划而言，目前已有的相关研究是基于以社交网络、手机数据、浮动车数据和城市传感器数据等为代表的海量、多源和时空数据在城市地理学方向上的一些研究。[3-4]随着网络数据挖掘、居民行为数据的采集和分析，以及数据可视化技术的日渐成熟，人们能够以前所未有的精细度来认知和了解城市，最终规划和管理城市。虽然大数据的类型多样、用途各异，但从城市规划角度，可以将大数据简要界定为海量、多源、时空数据。

与其他学科相似，大数据的使用必将给传统城市规划的编制及实施带来新思路和新方法。但是，目前已有的研究多

是基于地理学视角，主要偏重对城市空间的认知和解释，难以直接运用于城市规划实践中。因此，如何运用这些大数据来更有效、更有针对性地进行城市规划编制，做好规划实施评价，仍有待进一步的研究。

2 基于大数据的城市空间研究简述

传统上，关于信息技术对城市空间的影响等方面的研究主要是基于调查问卷、访谈及理论的梳理总结等[5-7]。随着信息技术的迅猛发展，特别是以网络日志、社交兴趣(Place of Interests)、手机数据、浮动车数据和公交刷卡数据为代表的大规模、多类型信息数据的出现，使城市空间研究迎来了重大的变革。主要表现在：研究方法由以传统的统计年鉴、社会问卷调查和深入访谈等为主，向以网络数据（特别是社交网络数据）的抓取与空间定位技术（全球定位系统、智能手机系统及定位服务系统等）的应用为主转变；数据内容呈现出大样本量、实时动态和微观详细等特征，且更加注重对研究对象地理位置信息的提取。当前学术界的相关研究主要集中在城市实体空间和城市社会空间研究两方面[8]，本文就相关研究进行简要述评。

2.1 城市实体空间研究

当前，城市实体空间研究主要针对城市的各类地理现象，从微观尺度分析人类活动对城市空间结构的影响。在大数据挖掘技术日益成熟的背景下，应用全球定位系统、网络日志、社交兴趣点、手机数据、浮动车数据和公交刷卡数据等方面的技术进行时空数据挖掘，一方面能够更为直观、精细地研究城市空间结构的动态变化；另一方面可以通过对群体活动数据与城市空间结构匹配度的分析，深入理解群体活动对城市空间结构的适应程度，为城市空间结构的优化提供技术支撑。

具体而言，在城镇等级体系研究方面，当前的大数据研究主要是基于Twitter、新浪微博等社交媒体上具有地理坐标和文本内容的兴趣点[9]，或者通过对手机数据的通讯强度、来往方式等进行数据分析和挖掘[10]，衡量不同城市在信息资源

数量、种类等方面的差异与等级体系划分，分析不同城市的居民之间的相互联系数据，进而判断城市的等级体系结构。在城市交通研究方面，大数据的应用主要是基于全球定位系统、手机数据等大样本量对居民的出行活动进行分析[11-12]，并在GIS平台上将其与城市土地利用及人口现状结合分析，展现不同于传统宏观城市层面的交通分析新途径。在城市功能区研究方面，大数据实现了从个体居民感知这一微观层面而非传统的人口、用地和产业规模等宏观层面来进行分析。此外，以Twitter、Flicker和新浪微博等为代表的社交兴趣点以及手机数据在划定城市功能单元、确定大都市区等研究中亦有贡献[13-14]。

2.2 城市社会空间研究

基于社交媒体(Social Media)和网页数据抓取的地理学研究是当前大数据研究的另一个主要方向。从海量的非结构化数据中分析、揭示社交网络要素的地理空间分布特征及形成机理，成为大数据时代城市社会空间研究的重要课题，城市居民活动分析、城市社交关系和城市事件的传播等研究方向已初步涌现。

在城市居民活动研究方面，研究者不再依靠小样本、主观性的社会调查数据和统计分析，而是通过Twitter、新浪微博等社交媒体直接抓取海量的个人网络活动数据，实现对于定性地理特征分析的定量化表达。[15]在城市社交关系研究方面，大范围、大样本的社交网络研究，特别是对于照片和文本内容中的关键词的提取，为其提供了一条异于传统的深入访谈和小样本数据的新研究路径。[16]在城市事件的传播与响应方面，大数据分析技术通过对地理信息关键词的抓取，直观展示了城市事件的空间传播过程，对于城市灾害应急响应、规划过程和公众参与等方面具有重大意义。[17]

2.3 简要评价

上述针对城市实体空间和社会空间的研究，多以城市地理学研究范式出现，着力于"解释现象"，回答"是什么、怎么样"的问题，与城市规划"发现问题、解决问题"的范式和应对"为什么、怎么办"的需求存在不小的距离。城市规划工作者如何在现有的规划编制、规划实施中实现对大数据的有效利用，尚需进一步探讨。

随着数据采集、分析和可视化技术的突破及运用，一个以海量数据为基础的城市空间环境与居民活动的直观展现将成为现实。城市规划研究将跳出传统的以统计年鉴、"走马观花"的实地调研，以及以地形图等为表征的模糊化、滞后化的少量样本数据的"窠臼"，转向运用大数据更为直观、全面地描述城市的运转过程，这将对传统的城市规划编制与管理带来巨大冲击，对此，城市规划需要及时做出响应。

3 基于大数据的城市规划编制响应

对于城市规划而言，大数据不仅意味着更丰富、全面的数据来源，还意味着基于海量、高精度数据所产生的规划编制的变革。随着大数据时代的到来，城市规划编制的技术方法面临革新，其相应的方法论也将随之转变。具体而言，在大数据时代，城市规划编制的相关响应主要集中在以数据搜集、响应速度为代表的技术方法革新，以及以编制方式、决策辅助和编制策略为代表的方法论转变等方面。

3.1 从"小样本分析"到海量、多源、时空的数据搜集的转变

传统城市规划的定量分析依赖于统计年鉴、调查问卷和研究文献等小样本数据，而在大数据时代，随着数据挖掘、分析和处理成本的下降，规划工作者能够依托新的海量数据对规划信息进行挖掘和分析，从而得到对于城市全貌的全景展现。基于对海量、多源、时空数据，特别是对社交媒体数据、手机数据和传感器数据的分析，可以在时间与空间两个维度上对规划范围内的社会、经济和交通等活动展开研究。较之以往依靠小样本数据来做出预估的各种模型和分析方法，这些海量、实时的数据的直观呈现，能够为各层面的规划预测提供更坚实的基础。

以交通规划中的公交网络布局为例，在市域层面，传统布局规划需要投入大量人力进行OD调查和数据搜集，然后利用多种模型对所搜集的数据进行演算和预测。而基于海量公交刷卡数据的大数据分析方法，可以让所有流量数据精确、直接地展现在规划工作者面前。同时，通过对交通拥堵时的相关数据进行分析，可以更准确、有效地进行公交线路的安排与换乘站的调整。在区域层面，传统的布局研究方法是通过长途电话数据来研究城镇间的联系强度，而通过对海量的航空与铁路班次的数据挖掘、海量的手机用户移动轨迹的数据分析，可为城镇体系规划中的城镇群的形态和发育程度、城市间的关联强弱等提供更直观的展现效果。

相比传统的小样本数据，对城市规划行业数据的搜集将实现从初期的单纯依靠个人经验、理论和模型进行规划分析传统时代，跨越到依托海量数据挖掘和分析来发掘知识的时代。另外，在规划前期的数据搜集和分析阶段，挖掘海量大数据的规划利用价值，并基于大数据分析技术对传统数据进行重组和再利用，将成为未来发展的态势。

3.2 从"滞后化"到"实时化"的响应速度的转变

所谓"滞后化"，是指传统城市规划编制过程中所使

用的信息、数据往往受到多种技术手段匮乏的限制，从基础数据获取到数据分析，再到规划方案阶段的数据利用，多数是以"年"，甚至"十年"为单位，规划数据的搜集时间与规划编制的开展时间往往存在较长的时间间隔。以城市总体规划为例，诸多人口、经济、产业及用地等数据，在数据时效性上往往存在以"年"为单位的滞后期限。数据的"滞后化"，直接导致了城市规划在实施过程中难以与城市发展现实相吻合，规划的权威性和可操作性难以保证，在我国高速城市化的背景下尤为明显。

在大数据时代，由于信息搜集、处理和分析技术的进步，可以更为快捷地获取或分析城市规划所需要的各项传统基础数据，同时新增的海量数据信息也为城市规划提供了更实时化、直观化的数据展现方式。基于此，城市规划所需要的各项基础数据有望以"月"、"天"甚至是"小时"为单位而被获取、分析和呈现。在此基础上，城市规划编制在数据使用方面可以做到近乎实时化的分析处理和响应，快速应对当前高速城市化进程中涌现的各种问题。

3.3 从"专家领衔"到"公众参与"的编制方式的转变

虽然"公众参与"已经成为当前城市规划的主要发展方向之一，如何构建公众参与的规划实践也已被广泛讨论[18]，但在实践中，"专家领衔"仍是规划编制与评价的主导，具有重要公共服务功能、旨在为全体市民服务的城市规划，存在公共参与在编制的过程决策及整体评价中多流于形式的问题。这一现状的存在固然有体制、法规等多方面原因，但公众、政府和规划工作者之间互动渠道的缺乏也绝对是一大诱因。[19]传统的公众参与方式需要进行大量耗时的宣传、讲座和问卷调查，存在回馈慢、效果不显著等问题。

在大数据时代，随着数据传播、分析和处理速度的提高，通过对多种社交媒体的数据分析和目标传播，使规划草案与成果更易于公布和讨论，海量的公众意愿也能够通过关键字挖掘、文本提取等方式被迅速整理和分析。正是这方面技术的进步，使专家与公众之间的交流渠道更顺畅，协作性规划更容易实现，促使传统以专家决策为主导的城市规划能够向快捷、高效的公众参与型规划转变。具体而言，信息传播与搜集的迅速化，使得城市规划在公众参与程度上能够实现从现有的规划成果公示向规划编制与评价的全过程参与转变；海量个体数据搜集与挖掘的简易化，使得城市规划在公众参与方式上能够有针对性、有重点地根据不同的对象做出参与邀请和信息回馈。具备了这些特征的公众参与，才能真正成为城市规划的重要组成部分。

在具体操作方式上，对于有固定主题的公众参与，可以整合WebGIS技术与Location-based Social Network（定点服务网络）等社交网络（如微博、微信等），在网络上实现规划公众参与的高效展现、分享、推广和反馈，引导公众主动参与到规划过程中。同时，以点评类Social Network Service数据（如大众点评网）为基础数据源，采用潜在语义索引技术，基于点评文档语义进行自动分类及评价，实现对于规划效果的被动式公众参与。

3.4 从"人工化"到"智能化"的决策辅助的转变

相对于传统依赖人工判断和分析的规划编制模式而言，基于大数据的规划编制可以轻松构建一个海量的案例数据集，通过机器学习程序来辅助城市规划编制过程中的各项决策。通过建立以海量案例为核心的数据库，规划编制人员可以高效查询之前是否有过同样或类似的案例及相关案例的实施评价，并以此为基础进行相应分析，进一步辅助规划决策。在整个分析和改进的过程当中，使用不同内容和不同频次的指标，然后基于以往的规划实施效果评价来实现科学决策。

以控制性详细规划的编制为例，当前多是依照城市密度分区划定基准容积率，再按照相关道路、地铁、地块大小和用地性质等相关影响因素求算出最终值。这一方式在市场经济条件下过于死板，容易导致规划修编常态化，规划权威性易被损害。而基于海量的数字化基础案例及其实施评价，可以依照以往多个地块控制性详细规划的编制及最终实施情况，为规划工作者提供更好的决策辅助。

虽然有学者在20世纪就提出用机器学习来辅助城市规划管理的设想[20]，但海量数字化案例的缺乏导致其实施效果一般。在大数据时代，这一设想可以进一步深化，并具有更广阔的前景。

3.5 从"分散化"到"协同化"的编制策略的转变

当前，国内各城市的规划类型较为分散、多样，在引导和控制方面往往有城市规划、土地利用规划和经济社会发展规划等诸多规划，更广义上的规划还包括交通、环境和生态等类型的规划，而这些规划分别隶属于不同的政府部门。这些政府部门在行政级别上互不隶属，致使在规划编制时常出现内容重叠、协调不周和管理分割等情况，由此衍生出的城市空间利用效率低下及规划浪费的现象并不少见。除了既有政府管理体制不健全的问题外，包括基础数据在内的技术方面的衔接失当也是产生上述现象的重要原因。具体而言，由于当前城市规划编制存在的基础数据来源、统计口径及数据可信度等的差异，各种规划的基础数据不具可比性，结论自然也无法对照比较。[21]

具有多源化、长时段和高精度等属性的大数据的出现，为弥合当前分属不同管理部门"分散"的规划、促进其走向"协同"，提供了技术层面的可能。通过技术手段，获取居民活动、交通流量和生态环境等数据，并与传统的规划、土地及经济社会等基础数据相结合，为城市规划、土地规划和经济社会规划等提供更为统一、全面、精准的基础数据来源及对接平台，进一步协调数据统计口径，实现信息共享、不同主体协作规划和空间融合建设等，最终实现规划统一的信息联动平台——"一张图"管理，建立各个部门在建设项目审批上的业务协同机制，以有效统筹城乡空间资源配置，优化城市空间功能布局。

4 基于大数据的城市规划实施评价响应

大数据不仅给城市规划的编制带来了冲击，城市规划的实施评价也需要响应这一新形势，做出转变：大数据所带来的方法论转变可以有效辅助城市规划实施评价，实现关注要点和实施过程的转变；而大数据所带来的技术方法革新可以辅助实现评价力度的转变。

4.1 从"以空间为本"到"以人为本"的关注要点的转变

城市规划，回溯其历史缘起及发展历程，不论是早期的英国田园城市运动还是美国城市美化运动，甚至是之后的分区规划，其本质目标都是为了创造良好的城市空间，最终满足城市居民的要求，为居民创造美好生活。传统的城市规划编制与实施，都是通过对城市空间的干预，最终作用于城市居民及其生活。但长期以来，城市规划受制于技术进展，无法直接服务于规划的最终用户——城市居民的要求，只能退而求其次，通过对城市空间的管理来间接地促进和实现这一终极目标。

随着大数据时代的到来，基于居民个体的大量、多源数据的出现，提供了一条展示居民与城市互动的"捷径"。在城市研究上，通过大数据分析，对居民个体数据进行逐一处理，获得了传统方法无法展现的实际整体图景。

具体而言，在城市总体规划层面，可以通过手机数据、公交刷卡数据和浮动车数据等，结合土地利用与人口现状，量化和可视化地进行规划实施效果评价，判断主要发展目标，如城市发展轴线、主要规划中心区的设定是否合理，整体城市功能布局是否妥当等。在控制性详细规划层面，可以通过手机数据反映城市居民活动的密度，直观测量和校核控制性详细规划指标体系。例如，通过实时的人口密度，对容积率指标、功能混合度做出进一步调整和校核等。在城市设计与修建性详细规划层面，通过GPS追踪、兴趣点分析等得到较高精度的数据，切实考虑人的活动，进而分析其对空间使用的时空特征，评价设计效果。

4.2 从"静态、蓝图式"到"动态、过程式"的实施过程的转变

一般而言，城市规划是关于城市发展的计划和安排，在政府主导下，将规划的方案审批公布后，随即开始实施。但在快速城镇化的市场经济中，社会经济发展的多样性和快速变化性必然要求为之服务的城市规划也具有相应的动态性，要求规划实现由传统的"蓝图式"规划向"过程式"规划转变，即规划本身不应该是优美的"蓝图"，而应该是一个动态、弹性的过程，这样才能根据城市发展不断做出优化调整。但"过程式"规划的反馈和调整受制于传统规划信息收集、分析与反馈的滞后化，往往仅停留在理论阶段，实际可操作性不强。

大数据时代的到来，为城市规划由"静态"向"动态"转变提供了切实的技术支持。海量、多源、时空的大数据的出现不仅可以促进规划编制精细化，还可以及时发掘规划实施过程中存在的问题及其他信息，为及时调整现有的规划提供重要的支撑。在大数据的支持下，规划的编制实施过程将真正转变为"规划编制——规划实施——数据、信息反馈——规划修正（或修编）——规划实施"的良性循环，实现在整个规划期内，城市各子系统内及各子系统之间的快速、弹性互动。

4.3 从"粗放化"到"精细化"的评价力度的转变

所谓"粗放化"，是指随着城市规模的迅速扩大、人口的大幅度转移，城市规划的实施评价在信息获取、状态检测和实施控制等方面难以做到全面及细致的把握。一方面，规划实施评价往往只能"抓大放小"，针对主要的评价指标做出相应判断，弱化对其他指标的控制和管理；另一方面，规划实施效果难以得到量化评价，只能进行粗略的定性表述。

不同于以往的传统数据，海量、多源、时空的数据正在于其基于个体数据的海量特征，通过对极大数量样本的呈现，城市规划工作者不再需要依托传统模糊而不准确的主观判断、局部而片面的抽样分析，而是直接面对个体精细而整体完整的城市发展和运行态势。在此情况下，传统粗放的规划实施评价将向精细化方向大幅迈进，推动评价准确性的有效升级。如此，一方面能够实现对诸多评价指标的切实覆盖；另一方面能做到定量的评价。当前，关于规划空间控制的动态评价研究已有一些进展[22]，大数据时代的到来必将进一步加速其研究的步伐。

5 结语

随着大数据时代的到来，在统计学领域，从频繁模式和相关性分析得到的一般统计量通常能克服个体数据的波动，发现更多可靠、隐藏的模式和知识。[23]与传统的小样本数据相比，大数据对于城市研究和城市规划的价值更大。随着数据采集、分析和可视化技术的突破，一幅前所未有的、以海量数据为基础的城市图景正直观地展现在世人面前，这既对基于小样本数据的传统城市规划提出了新的挑战，又带来了新的发展契机。

在基于对现有大数据城市空间研究作简要述评的基础上，本文从大数据时代应如何运用大数据来更有效、有针对性地推进城市规划与管理出发，从城市规划的编制、实施两方面进行深入探讨。

需要强调的是，在大数据时代，城市规划需要逐渐从以"经济活动和建设用地"为核心的物质空间规划转向以"个体日常行为活动"为核心的社会空间规划。显然，以海量化、多源化和高精度数据为表征的大数据时代的到来，为精确认知和掌握城市居民时空行为特点及进行科学的模拟预测提供了丰富的土壤。虽然大数据时代对城市规划的技术方法、内容及实施评价等带来了诸多方面的影响，但城镇化归根到底是人的城镇化，即城市规划需要"以人为本"，关注个体的生活品质。因此，大数据的发展需要满足了人本主义的诉求，并与技术主义相结合，协同推进规划设计、规划思路与方法创新，而非技术主义至上，过分夸大其对城市规划的影响。只有这样，才能将大数据转变为对于城市功能品质和市民生活需求的切实提升，为新型城镇化背景下的城市建设提供重要支撑。

（原载《规划师》2014年08期）

注释：

[1] Batty M. Smart Cities, Big Data[J].Environment and Planning-Part B, 2012(2): 191.

[2] Douglas, Laney. 3D Data Management: Controlling Data Volume, Velocity and Variety[N]. Gartner, 2001-02-06.

[3] Batty M, Axhausen K W, Giannotti F, et al. Smart Cities of the Future[J]. The European Physical Journal Special Topics, 2013(1): 481-518.

[4] Yue Y, Lan T, Yeh A G O, et al. Zooming into Individuals to Understand the Collective: A Review of Tajectory- based Travel Behaviour Studies[J]. Travel Behaviour and Society, 2014(2): 69-78.

[5] 甄峰，魏宗财，杨山，等.信息技术对城市居民出行特征的影响[J].地理研究，2009（3）：1307-1317.

[6] 魏宗财，甄峰，张年国，等.信息化影响下经济发达地区个人联系网络演变——以苏锡常地区为例[J].地理科学进展，2008（4）：82-88.

[7] 魏宗财,甄峰,席广亮,等.全球化、柔性化、复合化、差异化：信息时代城市功能演变研究[J].经济地理，2013（6）：48-52.

[8] 秦萧，甄峰，熊丽芳，等.大数据时代城市时空间行为研究方法[J].地理科学进展，2013（9）：1352-1361.

[9] 甄峰，王波，陈映雪.基于网络社会空间的中国成市网络特征[J]. ACTA GEOGRAPHICA SINICA,2012(8):1031-1043.

[10] Kang C, Zhang Y, Ma X, et al. Inferring Properties and Revealing Geographical Impacts of Intercity Mobile Communication Network of China Using a Subnet Data Set[J]. International Journal of Geographical Information Science, 2013(3): 431-448.

[11] Liu Y, Wang F, Xiao Y, et al. Urban Land Uses and Traffic "Source-sink Areas": Evidence from GPS-enabled Taxi Data in Shanghai[J]. Landscape and Urban Planning, 2012(1): 73-87.

[12] Sagl G, Resch B, Hawelka B, et al. From Social Sensor Data to Collective Human Behaviour Patterns: Analysing and Visualising Spatialtemporal Dynamics in Urban Environments[C]//Proceedings of the GI-Forum 2012: Revisualization, Society and Learning, 2012.

[13] Cranshaw J, Schwartz R, Hong J I, et al. The Livehoods Project: Utilizing Social Media to Understand the Dynamics of a City[C]//ICWSM, 2012.

[14] Hollenstein L, Purves R. Exploring Place Through User-generated Content: Using Flickr Tags to Describe City Cores[J]. Journal of Spatial Information Science, 2014(1): 21-48.

[15] Croitoru A, Stefanidis A, Radzikowski J, et al. Towards a Collaborative Geosocial Analysis Work bench[C]//Proceedings of the 3rd International Conference on Computing for Geospatial Research and Applications. ACM, 2012.

[16] Lee S H, Kim P J, Ahn Y Y, et al. Googling Social Interactions: Web Search Engine Based Social Network Construction[J]. PLoS One, 2010(7): 1-10.

[17] 孙中亚，甄峰.智慧城市研究与规划实践述评[J].规划师，2013（2）：32-36.

[18] 陈锦富.论公众参与的城市规划制度[J].城市规划，2000（7）：54-56.

[19] 徐明尧，陶德凯.新时期公众参与城市规划编制的探索与思考——以南京市城市总体规划修编为例[J].城市规划，2012（2）：73-81.

[20] Yeh, A G O, Shi X. Applying Case, Based Reasoning(CBR)to Urban Planning: A New PSS Tool[J]. Environment and Planning B: Planning and Design, 1999(1): 101-116.

[21] 王国恩，唐勇，魏宗财，等.关于"两规"衔接技术措施的若干探讨——以广州市为例[J].城市规划学刊，2009（5）：20-27.

[22] 龙瀛，韩昊英，谷一桢，等.城市规划实施的时空动态评价[J].地理科学进展，2011（8）：967-977.

[23] Bertino E, Bernstein P, Agrawal D, et al. Challenges and Opportunities with Big Data[J]. Proceedings of the VLDB Endowment, 2011(12): 2032-2033.

作者简介：

叶宇，注册城市规划师（荷兰），香港大学城市规划及设计系博士研究生；魏宗财，注册城市规划师，香港大学城市规划与设计系博士研究生；王海军，博士，武汉大学资源与环境科学学院副教授，香港大学城市规划与设计系访问学者。

风土观与建筑本土化　风土建筑谱系研究纲要

常青

摘要：文章围绕着三个要点讨论风土建筑。第一，解析风土建筑需作中外语境对比，既要与国际同领域对话，了解西方的vernacular概念及其现代演绎，又要延承本土传统价值观的精华，思考中国语境中的风土语义及其现代引申；第二，探讨地域风土建筑之于环境—文化的因应特征，将之看作体现传统建筑本质的至关要素；第三，提出以方言和语族为参照进行风土建筑区划，从而系统把握其地域谱系的思路。作者认为，讨论这三个系列问题既属于风土建筑基础研究范畴，也是探索其存续与再生途径，并将之列为"全球在地"的建筑本土化语境的重要前提。

关键词：风土建筑 因应特征 谱系 本土化 全球在地

1 引子

风土建筑不但是一个地方过往的空间记忆，也应含有这个地方建筑演进的文化基因。在我国城乡改造建设及转型发展的浪潮中，探索地域风土保持和演进的途径，属于当代建筑学的学科前沿，也应是未来践行建筑本土化的重要基础。对地方建筑而言，创造源于地方遗产，倡导创造的多样性和保护遗产的多样性应该是等价的，这是在二者间建立内在关联性的前提。然而城镇化的摧枯拉朽正使代表城乡传统的风貌多样性的各地域风土建筑快速消亡，仅有一小部分因"历史文化名镇、名村"或地方风貌区的"历史建筑"名分得到保留。笔者主张，要抢救这些风土建筑遗产，先要关照整体，见木见林，像物种研究那样厘清其在各地域的分布、谱系和类型，唯此方能把握"保护与再生"的研究方向和工作重点。

2 风土建筑的中外语境

风土是一个地方环境气候和风俗民情的总称。"风土"一词最早出现在东周《国语·周语（上）》中，一般以三国时期东吴的韦昭注为释义参考，其称"风土，以音律省土风，风气和则土气养也"，意思是说，从音律中可以了解到一方土地、民风的文化气息，风气和谐则表明土地宜居。今日看来，"风"指风习、风俗、风气，"土"指水土土地、地方，与之相关联的就是一方水土养育一方人。同理，一方风土衍生一方建筑，并且作为生活空间，一方建筑必在一方风土中占有很大比重。这些风土建筑在历代风土记载及相关历史地理类著作中均有大量记述。在中国历史的演进

中，一切文化本体均来自特殊的风土源头。以《诗经》为例，开篇的《国风》就是表达周代十五国各自地方风气及韵味的民间诗歌，与京畿地方士大夫的"雅"和王室祭祀的"颂"一起，反映了当时三个社会阶层的诗歌形态及其地域差异。没有"风"兴在先，也就没有"雅""颂"盛行其后。同理，风土建筑即具有风俗性和地方性的建筑，没有民间风土建筑亘古流长的源头，也就没有官式风雅建筑（或曰中国古典建筑）的成型与进化。于今看来，所谓"传统建筑"，即地域风土建筑与更为等级化和秩序化的风雅建筑之和。值得一提的是，"风土"及其相类的"乡土"二词仅一字之差，范畴却不同。"乡土"意即"乡村聚落"，与邑居的城市聚落相对应，在农耕时代，二者在民间建筑层面上似乎难分彼此。但"乡"出自农耕聚居单位，而"风"却侧重城乡聚落的文化气息，故"风土"较之"乡土"含义更广。比如北京的胡同、上海的弄堂属于风土，而不宜称作乡土。

在西方语境中，vernacular architecture基本可对应于中文的"风土建筑"。为了寻求民族国家的建筑语言，英国18世纪就开始抱此动机研究本土建筑，把英伦的哥特风土置于欧洲大陆传来的罗马风之上，这一注重地域风土价值的建筑传统一直延续到今日。受其影响，美国现代的风土建筑研究同样包括了乡村、城郊甚至城市里的居住建筑类型。然而在后工业时代，研究风土建筑的现代价值究竟还有多大意义呢？对此，莱特（Frank Lloyd Wright）的一句话依然意味深长，"风土的建筑应需而生，因地而建，那里的人们最清楚如何以'此地人'的感受获得宜居"[1]。这就道出了风土建筑的本质及其之于人类家园的价值根源——对所居地方的归属感。风土建筑赋予居者的这种感受不但存在于其过去，而且也被寄托于其未来。

风土建筑既然属于特定的地方，就必然与自然和人为双重因素造就的大地环境特征关联在一起，这就是topography。在中文语境中与之对应的词可有多个，从物质形态看是"地形"或"地貌"，从文化形态看就是"地脉"，而从加入时间迁延的因素又可看作"地志"，所以风土建筑首先是融入"地脉"或"地志"中的建筑。[2]同时，风土建筑又显露着一个地方的风俗，这便与房屋营造与使用中的仪式和场景相

关联，并在匠作的工巧中表现出来，所以风土建筑又是浸润在地方风俗中的建筑。从这个意义上，观察和理解风土建筑确实应具备人类学和文化地理学的视野。[3]

1964年，美国学者鲁道夫斯基（Bernard Rudofsky）以非西方传统的风土聚落考察为基础，在纽约现代艺术博物馆的展览"没有建筑师的建筑"之后出版了同名书籍，对西方主流建筑学很少涉猎的世界各地原始性的风土建筑作了有趣的图说，他把这些建筑称之为"非正宗（non-pedigree）的建筑"。自此，vernacular原本的词意"方言的""风土的""本地的"便与有关"非正宗建筑"的其他词汇关联成了一类，如"本土的"（indigenous）、"原生的"（primitive）、"土著的"（abnormal）、"民间的"（folk）、"平民的"（popular）、"乡间的"（rural）、"民族的"（ethnic）、"种族的"（racial），等等。直到20世纪60年代之前，所有冠之以这些形容词的风土建筑都被排除在"正宗"建筑学的学术殿堂之外。不言而喻，这些风土建筑一般都具有前工业时代的特征，由没有受过正规设计训练的工匠就地取材，因材施用（相当于西方人说的bricolage）以地方的材料和工艺建造，属自主、自为的建筑。美国学者拉卜普特（Amos Rapoport）在1969年出版的《宅形与文化》（House Form and Culture）一书中，以更多的案例分析将鲁道夫斯基的考察发展成了一种风土建筑学说，他甚至把现代城市中大量以非正规方式建造的房屋亦称作"风土建筑"。[4]英国建筑理论家兼乡村爵士乐作曲家鲍尔·奥利弗（Paul Oliver）集风土建筑研究之大成，在1997年出版了覆盖面很广的《世界风土建筑百科全书》，他认为研究风土建筑不只是为了记录过往，而且对未来的文化和经济可持续发展来说也不可或缺。无疑，20世纪60年代起风土建筑始受关注，从一个侧面反映了现代建筑学对失去地域性的忧虑和反思。这一反思在诺伯格·舒尔茨（Christian Nor-berg Schulz）的"场所精神"理论建构中有集中反映。[5]

然而在建筑界，大多数建筑师更多关注的不是遗产，而是创造。1981年，美国学者楚尼斯（Alexander Tzonis）针对现代建筑地域差异的消失，提出了"批判性地域主义"（Critical Regionalism）的概念，他在2003年出版的《批判性地域主义——全球化世界中的建筑及其特性》一书，认为现代建筑应当既抵制普世趋同，又区别于传统风土，以"陌生化"（defamiliarization）[6]手法塑造新的地域特色建筑，这其实是一种将现代主义地域化的说法。紧随其后，美国学者弗兰姆普敦（Kenneth Frampton）针对后现代主义脱离建筑本体的表象化，在1983年亦提出了"走向批判性地域主义"（Towards a Critical Regionalism）的命题，写作了《建构文化研究》

一书，主张建筑学应推崇以构造为核心的本体论，并认为地脉和体触感是建筑本土化设计的基本依据(topography and corporeal metaphor)[7]，这似乎触及了风土建筑的本质，尽管其仍是倡导以"诗化"的现代主义构造手法创造新的地域建筑。

总体看来，鲁道夫斯基、拉卜普特、舒尔茨和奥利弗等人主要关注认识论，楚尼斯侧重方法论，弗兰姆普敦则更加强调本体论。由于建筑学首先是实践学科，离不开物质第一性原则，而抽象理论与设计实践之间确实存在着不小的鸿沟，因此作为地方风土特征现代演绎的"批判性地域主义"，依然给建筑本土化留下了诸多二律背反的命题：

(1) 小众的—大众的；
(2) 个案的—普适的；
(3) 陌生的—熟识的；
(4) 色感的—质感的；
(5) 权宜的—恒久的；
(6) 新陈代谢的—与古为新的。

这些竟成了当代建筑学最具挑战性的一些命题：如何看待地方风土保持和演进的方向？这涉及建筑师的价值判断和设计取向。笔者以为，要使当代建筑本土化适应"全球在地"（glocalization）的发展趋势，就得先向地方风土建筑遗产学习，解析其适应环境的构成方式和"低技术"中的建造智慧，甚至具文化价值寓意的场景、仪式等。这就需要探究反映中国地方风土建筑本质的环境因应特征，进而尝试保留住一个地方所特有的建筑文化基因，并将之植入新的风土建筑特征中。

3 风土建筑的环境因应

对风土建筑特征及地理分布的研究至少已持续半个世纪以上，但这些研究多以行政区划分，或以某个地区、某一民族为单位，在一定程度上存在着整体认知上的局限。若借鉴自然地理、文化地理、人类学等学科的研究方法，则有可能跨越这一局限。特别是气候、地貌及民族、语言等要素与建筑因应特征及其风土区划的关系尤其值得关注。

从自然地理的基本构成看，东北的大兴安岭山脉往西南方向，经华北的太行山脉、关中陕南交界的秦岭山脉、川鄂之交的巫山，再到云贵高原，将中国疆域分为高海拔的西部和低海拔的东部两大部分，其中西部之西南以疆藏之间的昆仑山脉、甘青之间的祁连山脉和云贵高原西侧的横断山脉共同簇拥着中国疆域内平均海拔最高的青藏高原。在中国古代有关国土的空间概念里，大致从大兴安岭至横断山脉这几条由东北向西南走向的山脉体系，将中国疆域斜分为西北、东南两大自然—文化地理区域。西北区域在半干旱、半湿润的交界线——400 mm等降水线以北，建筑以木材、生土和石材为主要材料，包括游牧民族的蒙古包及其他形式的帐幕，塔里木盆地周缘伊斯兰木构平顶的阿以旺（中厅）住宅，以及青藏高原上以石砌厚墙做维护体，内以木构平顶密肋飞椽形成构架、并以"阿尕土"铺地的藏式碉房等。东南区域在400 mm等降水线和由秦岭、淮河划定的800 mm等降水线（南北气候分界线）之间，以黄土高原和平原上的阔叶落叶林木（夏绿树）、针叶林木以及土坯和砖为主要建造材料，包括豫、晋、陕、甘窑洞，木构坡顶及由包砖土坯（胡墼）墙房屋组成的晋、陕狭长四合院，京、豫、鲁、冀木构坡顶、平顶、屯顶等房屋构成的开阔四合院等。在800 mm和1600 mm等降水线之间的秦岭、淮河以南，林木资源更为丰富，平原、丘陵地带遍布着阔叶常绿树，山区还大量生长着云杉、冷杉等针叶林，为自古就更加发达的南方木构建筑提供了充裕的建造材料，包括陕南、川、鄂、湘、黔、桂、滇等地适应湿热环境，建造的以木构坡顶的穿斗体系、干栏式建筑和吊脚楼等为显著特征的合院民居，以高耸的马头墙、墙厦、木雕、楼面地砖为特色的木构坡顶徽州合院民居，以木构坡顶及青砖空斗墙的多进厅堂和宅园为代表的江浙合院民居，以木构坡顶和夯土厚墙构成的闽南以及赣东南、粤北地区客家土楼、围屋，木构坡顶的云南"一颗印"合院民居以及岭南热带地区以天井、冷巷、木构散热坡顶房屋为特色的多进合院民居等。

从迄今最早、最完整的木构建筑遗存——河姆渡遗址房屋木构件的构造方式看，都是用木条插柱或榫卯相接，以此可推知，穿斗式应早于抬梁式，是更古老的坡顶木结构类型。而井干式总体来说属于东北和西南森林资源最丰富地区习用的木墙承重结构，与前两种的梁柱式结构不在同一分类层面上。反倒是青藏高原的平顶密肋木结构，与抬梁式屋架以下的梁柱结构关系更加接近。但是与后两者相比，穿斗式与抬梁式更普遍地存在于各地风土建筑谱系之中。

穿斗的"斗"，为繁体"鬭"的简写体，是两个以上的物件相触碰或搭凑的意思，同义的有"斗榫"（接榫）、"斗缝"（接缝）、"斗阖"（拼镶）等，都与建筑构造有关。穿斗式构架多见于800 mm等降水线以南的广大地区，尤在西南地区川、黔、滇和华中地区湘、鄂、赣等地风土建筑中比较典型，其中以土家、苗、侗、瑶、彝、纳西等少数民族的山地干栏民居、吊脚楼等更具原生的代表性。不仅如此，从华中的皖到东南的苏、浙、闽及台湾，再到华南的桂、粤以及南海诸岛，穿斗式构架与抬梁式构架往往同时存在，或二者皆不用，直接以横向砖墙承檩。从源头上看，穿斗式构架是从原始的单向纵梁结构（栋）演变而来，以横向

列柱直接承托檩（桁），再以穿梁或插梁（上承短柱），或穿枋、插枋（不贯穿柱子）将列柱连接成整体。列柱一般分为落地柱和不落地短柱两种，短柱骑（叉）在穿梁、插梁上，多见两种柱子相间构成的构架，在西南地区，尤其是在土家族等少数民族风土村寨中，这种构架称为"一柱一骑"。出檐的承托也用同样方式，即以出挑的穿梁或插梁上置短柱承托1根、2根甚至3根的挑檐檩。与抬梁式构架相比，穿斗式构架横向列柱间整体性更强，特别适应多震灾的环境，且构件用料较小（多用20 cm～30 cm柱径，与穿枋和穿梁断面同高），建造成本较低。但穿斗式纵向空间受到横向列柱及穿枋限制，柱承檩也不如抬梁式的梁承檩允许的位移大，故在西南地区之外，穿斗式构架与抬梁式构架均有不同程度的并立或混用，有的重要厅堂多用抬梁式，其余则用穿斗式，如江淮一带民居所见；有的屋架用穿斗，檐额以下则用梁柱式，如湖北民居所见。南方地区风土建筑更多见明间用抬梁式，次、稍间用穿斗式的状况。这些并列或混合的构架形式，进一步说明抬梁式除了历史性和地域性的演进差别，还存在着等级上的差别，无论从空间规模、构件尺度还是从表面装饰看，抬梁式都明显高于穿斗式。故在两种构架混用地区，中上层阶级的建筑主体大多采用前者。

上述这些以木构为主体的民间风土建筑，体现了中国传统建筑体系的本土属性：取材便利，易于拆装，运输方便，施工快捷，适应平原、山地、河谷等多种地理及气候条件，可以说首先是环境选择的产物，并在其中呈现着同中有异的各地域、各民族风习及其形式，以不同类型的匝居合院形成住居群落单元。比如北京的方整四合院、山西的狭长四合院，以及南方800 mm等降水线以南广大地区普遍存在的四水汇堂天井式合院、闽南"三坊一照壁"的三合院等多种变化的院落形式，基本都是适应气候条件的不同匝居形态。又比如屋顶和檐口的厚薄主要由苫背的厚薄及有无所定，北方坡屋顶苫背一般都较厚，也多用筒板瓦，主要出于保暖的需要，因而显得厚重；南方坡屋顶的苫背就变薄了，或者在椽子或望板上直接铺冷摊瓦或蝴蝶瓦，主要是为了透气散热的目的，因而感觉轻巧得多，这是南北坡顶建筑差异的重要因素。再如屋顶坡度变化与等降水线虽存在着一定正比关系，平屋顶建筑大部分均位于400 mm等降水线以北，但坡屋顶的坡度大小和分布，却反映了降水因素之外多种复杂的地理、气候和文化因素。如沿海台风的破坏力巨大，故在1600 mm等降水线内，闽南建筑的坡顶反而极为平缓，一般只有20°左右，以减小风压。为了保温，青藏高原上的藏族民居室内空间低矮，仅2.2 m～2.4 m左右；而为了散热，岭南一带的民居室内空间高敞，可达5 m～6 m。按建筑人类学的观点，

房屋形式是环境适应与选择的结果，但并不与地理气候因子一一对应，由于民系的迁徙、匠作传统的地域流动等原因，也使风土建筑的地域分布呈现南北特征的互动和混交，以至会出现与环境条件不相应的"反气候"现象。比如宋版《清明上河图》中汴梁的"悬山加披"形象（"厦两头"，两山出披檐），在今闽南等地的南方传统民居中依然形貌如故，从中依稀可见两宋以来甚或更早的文化反向流动痕迹。又比如内蒙地区虽在400 mm降水线以北，但却少用平顶，20°左右比较平缓的坡屋顶随处可见。再如京津及其周边地区的传统建筑，由于官式等级影响的辐射作用，坡度最为陡峻，一般可达35°～40°左右。[7]

4 方言、语族与风土建筑区划

对各地风土建筑作出文化圈意义上的区划，对于把握地域建筑的风土因应特征还有分类学上的意义，亦属于建筑本土化基础研究范畴。但风土建筑少有信史和文献可资参考，且民族、民系构成及分布情况复杂，要进行超越行政区划界限的风土区划非常困难。尽管如此，由于语言作为文化纽带的重要性仅次于血缘，风土在语言学上的含义即"方言"（vernacular），因此存在着一个基本假设，即方言相同或相近的民系以及语族相同或相近的民族，其地理分布与建筑文化区划可能存在一定对应关系。如汉藏语系的汉语族可分为北方官话的东北、华北、西北、西南、江淮等5个方言区，以及南方的徽、吴、湘、赣、客家、闽、粤等7个方言区，分别可能做出相应的北方和南方汉族风土建筑区划。又如中国的少数民族虽有55个，分布情况复杂，但可分为大西南地区汉藏语系由17个民族构成的藏缅语族、9个民族构成的壮侗语族和3个民族构成的苗瑶语族，西北和东北阿尔泰语系由7个民族构成的突厥语族、6个民族构成的蒙古语族和5个民族构成的通古斯语族等，也可尝试做出相应的少数民族风土建筑区划。

传统的汉族方言区和少数民族语族区是在长期的历史变迁中，由于地理阻隔及民族、民系迁徙造成的。譬如，长江就是形成这两大成因的首要文化地理根源，虽然中国南北气候的地理分界线是秦岭和淮河，但南北文化的地理分界线却是长江，因为北方官话以外的汉语方言区除了晋语，大都分布在长江以南的东南地域，而少数民族的汉藏语系三大语族也在长江以南的西南地域，与北方官话的西南分支区相互重叠。以方言区划为参照，汉族风土建筑区划或可大致分为：北方的关东、冀胶、京畿、中原、晋、河西等六大区域和跨越南北的江淮和西南两大区域，南方的徽、吴、湘赣、闽粤等四大区域。少数民族风土建筑区划与所在语族区基本对

应，或可分为藏系、壮侗系、苗瑶系、蒙古系、突厥系、通古斯系和印欧系等七大区域。

这样的风土区划思路超越了以行政区划为依据的划分局限，如跨省域的晋语方言区和徽语方言区，分别可以对应两个在北方和南方影响甚广的跨省域风土建筑区域——晋系和徽系的建筑文化圈，但这种以语言为纽带的风土区划方法也有其自身局限，有时会因文化和地理条件的差异作用而不能自圆，如某些同一方言区或语族区的风土建筑可能不尽相同；反之，某些不同方言区或语族区的风土建筑却可能相近。而如何准确划分风土区划的范围和边界也是一大难题。但在多数情况下，以方言和语族为参照，确实会将风土建筑的一些典型特征在文化地理上识别出来并加以分类区划，如受汉族和汉藏语系的藏缅、壮侗、苗瑶三个语族风土建筑交互重叠影响的西南区系，是穿斗式木结构——干栏基座体系最古老、分布最广的区域，总之，如果按语系的方言和语族进行建筑的风土区划，就有可能抓住汉族和少数民族风土建筑文化圈的构成主脉和网络，从本质上把握建筑本土化的风土源泉。

5 风土建筑谱系与图谱

笔者以为，今日的风土建筑遗产研究重点已不只是形式、风格，也不只是对其进行表象采风或做出分类实录，而是要在文化和技术两个层面，从风土营造的地理分布入手，对其在环境气候和文化风习的地域差异背景下，所表现出的典型因应特征进行分类研究，包括勘地、选材、结构体、维护体、空间构成、群落布局等方面的地理与气候因应特征，以及包括匠系、仪式、场景、象征等方面的风习因应特征，并以此为基础按风土区划的谱系做出相应的图谱系列，因而该研究思路不但力图通过图谱，抓住地域风土建筑遗产的表象和本体关系，而且有助于以辩证、开放和积极的态度和策略，选择其保存方式，探索其在当代建筑本土化演进中的借鉴和转化方法，使后者真正具有扎根本土的内在生命力（表1）。

这一研究思路可以概括为以下四个方面：

其一，不同于以往相关研究以行政区划或民族区域为单位的分类方式，而是适当参照方言、语族地理分布的风土建筑区划，以地理、气候、民俗、匠系异同为主要分类和样本采集依据。

其二，不同于以往侧重对建筑或聚落在点上或区域内的封闭式研究，而是侧重将典型地域传统建筑的风土特征，连贯成以地理气候和文化习俗为参照的主线脉络，并以图谱的形式表达出来。

其三，不是整理封闭的各地域传统建筑系列大全，而是

探寻一种特定地域开放的风土建筑特征谱系，这些特征显示了其在环境和文化变迁中的适应和选择方式，包括地理、气候和习俗综合作用下的"在地"形态和地方匠系中提取出的"低技术"策略。

其四，不局限于以往各地民居研究侧重对形式风格的采风描述，或对残存乡土环境信息的考察建档，提出一些被动式保护方式，而是在风土特征样本和图谱研究的提示下，更侧重于研判其作为风土遗产内核的保存与活化方式，即具历史环境再生意义的生态化演进方式，以及在当下建筑本土化中的借鉴和转化方法。

所要面对和尝试解决的问题亦可以归结为四个方面：第一，如何整合传统的和当代信息技术的调查分析方法，从地理气候和文化习俗两大方面入手，更加客观理性地找出我国地域传统建筑的分类方法。第二，如何相对合理地确定样本采集和取舍的尺度标准，使提取出的典型风土特征能够充分体现地域传统建筑的环境适应方式，并形成地域间的风土特征谱系。第三，如何选取恰当的图谱制作方法，使之直观表达风土特征中的生存策略及营造智慧。最后，如何以风土建筑图谱和谱系为基础，探寻本土建筑新旧之间的融合方式，

并作为地域风土环境保持和再生的一种可操作方法。

6 结语

一般认为，中国文明是人类文明诸形态中唯一连续进化的类型，直到20世纪中后期之前，中国人的聚居地依然保留着农耕时代的基本格局和主要特征，无处不在的乡村聚落环绕着农耕时代的传统城市和少量半殖民时代的近代城市，以及新中国成立建立的初步工业化城市。因此，中国建筑的古今演化一直以延续传统建筑为主线。而传统中国，即风土的中国，除了数量很有限的官式建筑等，中国传统建筑的绝大部分可以说都属于地域风土建筑，整体上看，中国风土建筑遗产所由生的宗法社会结构自五四运动以来已渐行崩解，而其空间结构的加速消亡是近30年来高速城市化的结果，于今在许多地方已是凋敝、零夷，幸存无几。在空前规模的城乡改造之后，我们的社会系统还能有把握留住多少历史馈赠，又能在新的建成环境中留下几多未来遗产，含有几分的本土性？这分明也考验着一个地方的软实力和文化底气。[9]这些发问的意义超越了风土建筑遗产的范畴，实已触及了当代建筑本土化的语境。而本文讨论的焦点，就是要探求把握

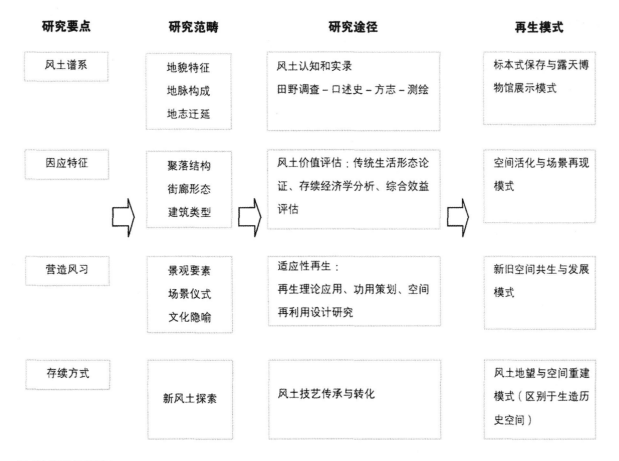

研究要点	研究范畴	研究途径	再生模式
风土谱系	地貌特征 地脉构成 地志迁延	风土认知和实录 田野调查－口述史－方志－测绘	标本式保存与露天博物馆展示模式
因应特征	聚落结构 街廊形态 建筑类型	风土价值评估：传统生活形态论证、存续经济学分析、综合效益评估	空间活化与场景再现模式
营造风习	景观要素 场景仪式 文化隐喻	适应性再生： 再生理论应用、功用策划、空间再利用设计研究	新旧空间共生与发展模式
存续方式	新风土探索	风土技艺传承与转化	风土地望与空间重建模式（区别于生造历史空间）

表1 风土建筑遗产研究框图

地域风土建筑谱系的可能途径，这是一项长期且艰巨的系统性研究工程，而研究对象——风土建筑遗产留给我们的"存真"时间已经无多了。

注释：

[1] Paul Oliver. Dwellings[M]. London: Phaidon Press, 2003:9.

[2] 常青.略论传统聚落的风土保护与再生[J].建筑师，2005（3）:88—89.

[3] 常青.建筑学的人类学视野[J].建筑师，2008（6）：97—98.

[4] 阿姆斯.拉卜普特.宅形与文化[M].常青，等，译.北京：中国建筑工业出版社，2007：2.

[5] Genius Loci.参见《西方建筑的意义》，1974；《走向建筑现象学》，1980.

[6] defamiliarization是一个生造的英语词汇。用来对应俄语中描述现代艺术的"生疏性"一词（ostranenie，意即unfamiliar）。参见Alexander Tzonis and Liane Lefaivre[M]. Why Critical Regionalism Today? Kate Nesbitt. Theorizing A New Agenda for Architecture[M]. Princeton Architectural Press, 1996:483.

[7] 这本书开篇便是以日本传统文化中的人类学、民俗学等案例分析展开讨论的。参见：肯尼斯.弗兰姆普敦.建构文化研究[M].王骏阳，译.北京：中国建筑工业出版社，2007：10—17.

[8] 常青.中国传统建筑再观[J].建筑师，2011（3）.

[9] 常青.《建筑遗产》创刊词，待出版。

作者简介：

常青，男，同济大学建筑与城市规划学院教授。

日常生活——空间的方法

葛明

摘 要：本文首先探讨了什么是当代建筑学中的日常生活命题；其次指出现代性条件下空间状况发生了变化，这与日常生活密切相关，因此提出以空间类型学为载体讨论日常生活命题，并尝试探讨三种特定的空间类型；在此基础上研究了相关的空间方法，其中包括体积法、结构法、不定形法对于日常生活的回应，并以东南大学36×36三院宅练习为例，说明如何思考空间开放。

关键词：日常生活 空间类型学 空间方法 现代性

1 引子：日常生活命题

什么是建筑学中的日常生活命题？

日常，有感知的日常，有批判性的日常，还有各种其他的日常，而建筑学学科的核心是设计研究，那么这些概念就需要产生问题以激发设计研究，从而才可能成为命题。

按照瓦尔特·本雅明（Walter Benjamin，图1）式的解读，现代性意味着一切都是变化，而通常的日常生活都是相对固定的，固定成了一种制度性的内容，容易忘记，但又无从摆脱。但现代性，使不断变化的东西也容易忘记。具体的例子是，在现代性社会中，什么变化令人困扰？就是死亡突然没有意义了，或者说死亡日常化了。以前死亡是一种重要的变化，需要纪念，有纪念然后有仪式，从而导致雕塑等一系列形式的产生。现代性降临以后，死亡似乎每天都会发生，对它无须太过在意了，这是日常生活在现代性条件中的一种突出表现，它引发了问题。

于是，思考日常、思考复制成了新的机会，因为日常本身就是一种复制。对此，摄影这一形式就显得非常特别，因为相机拍过了一个场景，场景就死了，而照片才能记录这一死亡，这提示了一种日常可以因复制而走向地点化或空间化的方式。在这样的情况下，所谓的日常生活命题，讨论起来非常困难，它面对着的日常既是固化的东西，又是不断变化的东西。但同时，它不断地走向无意义，又因不断地点化、空间化而产生新的可能。此外，除了日常的异化这一方式以外，该命题还以别的方式在不断开放。

因此，建筑学如果足以自觉，对日常生活的思考能够把它与本雅明所提到的类似死亡和摄影的事物联系在一起，那么就容易获得对当代的理解。

因为这是使日常成为命题的途径之一，它在地点化、空间化中产生机会。很多人说罗西对死亡的理解是纪念化的死亡，其实不是。从其前期的作品可以发现，罗西对死亡的理解，不是那种纯粹的仪式化的死亡，否则何以理解他把住宅设计得如同纪念碑，把墓园设计得如同住宅？这不就是对死亡进行地点化、空间化的方法么？

不可否认，日常生活在当代建筑学中正以各种方式被讨论，但"其能否成为建筑学命题"本身就是一个严肃的命题。一方面，许多人借用社会学、哲学的方式讨论日常生活在建筑学中的意义，就是当代建筑学发展陷入停顿的表示；另一方面，日常生活研究也确实是设计研究可望突围的一个动力来源。因为，设计研究有很多的层次，可以把它区分为设计哲学、设计法和设计技术，但面对日常生活，似乎很难对它们进行分割，这就是日常生活带来的一个重要特点。那么，使用什么载体能同时连缀设计哲学、设计法、设计技术和日常生活呢？讨论现代性条件下的空间问题是一个重要的选择。

2 如何以空间类型学作为日常生活命题的载体

建筑学作为学科，在当代的设计研究中，为何脱离不了对现代性的理解？因为，它描述了一个大都市出现状况后似乎永远暂时性的过程，其间空间、时间已然发生变化，对每个个人都产生冲击，使得个人对空间、时间的心理反应都不太一样，但是彼此之间又有可以互相通约的部分。这样现代性本身就构成了特殊的空间性——是建筑学所必须面临的，而这种空间性与本雅明所提示的日常生活的地点化、空间化紧密地联系在一起。也因此，现代性条件下的空间认识，可以成为讨论当代建筑学中日常生活命题的重要载体。

当代的建筑学又在现代性条件下发生了什么变化呢？社会学家格·尔格·齐美尔（Georg Simmel，图2）曾描述了20世纪初的大都市空间，指出大都市席卷了几乎所有领域，当然建筑学也在其洗礼之下。每个人都已成为大机器中的一员，

▌图1 瓦尔特·本雅明　　▌图2 格奥尔格·齐美尔　　▌图3 罗宾·埃文斯

成为被别人消费或者消费别人的个体。这时候对一个人，或者一群人进行描述就非常困难，所以需要讨论精神空间，因为它是讨论通约的机会。本雅明探讨现代性以研究巴黎之于波德莱尔，研究大都市对于人们时间、空间体验的震惊方式为起始。他提出的方法是，用碎片化与瞬时化的形式，来应对精神空间的变化，所以在他的宏伟计划里，有许多与建筑相关的内容，使得原来固定的建筑研究的类型、特征都发生了变化，很难说明建筑是什么，因为它们都需要在大都市中重新被定义。在这种碎片化、瞬时化的冲击之下，建筑原来固定的内容、作为设施所承载的东西，还能否保留下来，成了从20世纪初到现在对建筑学始终存在的一个质询。这时，讨论日常生活这一建筑学中特殊的复制形式，成为重要的命题和重要机会。

那么，如何挖掘日常生活因复制而获得的空间化、地点化特性呢？

法国米歇尔·德塞托（Michel de Certeau）等人提出了日常生活实践的口号，其中一点就是"空间实践"。空间实践之中的"空间"，是指一个被实践的地点，它有别于可视的空间，从而可以获得空间的人类学经验。因此，如何使地点转变成空间，或者把空间转变成地点，从而建立起一种关于地点确认和空间实现的类型学成为空间实践的重要内容[1]。

那么，建筑学有没有可能以自己的方式找寻自身的空间类型学？讨论身体亲密性（intimacy）的空间类型正在成为一种特殊的构建空间类型学的工具。因为身体亲密性的空间类型，正是能促使空间和地点同时显现的类型，亦即能在日常之中提供特定场合的类型。

英国建筑联盟学院（AA School）的奇才罗宾·埃文斯（Robin Evans，图3）有一篇名作《人物、门、通道》，在文中，他描述了一些特定的空间类型，把建筑学和日常生活的关系通过对绘画、小说、建筑平面的分析，巧妙地勾勒出来，这条线索为"日常生活——空间方法"的设计哲学来源提供了例证[2]。比如，他指出欧洲以走廊为主连接房间的方式出现得并不早，以前的房子有大量穿过性的房间，丝毫不

觉得私密性受影响，走廊后来才作为服务通道大量出现（图4）。现代主义时期以后，走廊几乎成了大部分建筑的组织方式，这样，它成为衡量功能好坏的标准，却不具有空间的意义，其实这种组织方式在当代未必好用，更不用说在将来。那么，如果设计受走廊的影响，会是一个关于日常的设计么？这一日常存在的走廊还能帮助重新建立日常生活和建筑之间的关系么？我们能否找到特殊的契入点，从而使走廊成为走向空间类型学的特殊类型呢？

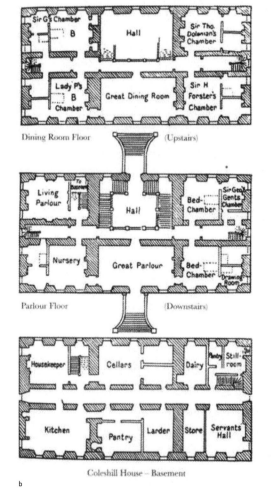

▌图4《人物、门、通道》一文中所提及的科希尔住宅（Coleshill House）
a走廊　b平面

因此，需要明确日常的一个特别含义。如果日常是指某种已经制度化的空间，包含了制度化的力量，同时也会排斥非制度化的力量，那么，平衡点在哪儿呢？我的思考是：首先，是否能找到已经特定制度化的空间，接着询问它是否还能提供对亲密性的思考。比如走廊，如果它还能作为思考亲密性的起点，那么就有可能成为一种特殊的空间类型，否则只是制度化的功能类型而已。所以，寻找日常的力量，就是在已经制度化的类型中寻找合适的点，把它演变成空间类型，从而产生变化，使得空间开放，与以前或以后发生关联，这就是空间类型学的开始。

接着，如何寻找具有亲密性机会的空间类型从而构建空间类型学成为关键。以下几种空间密度高的类型或可作为开始：一是门、廊、楼梯间等室内类型；二是家宅类型；三是住区类型。重要的是它们都需要以空间类型的方式去理解，并且需要重新厘定词与物的关系。

（1）以走廊为例。假设有一栋三层的楼，有三条中走廊，一般中走廊的房子，功能分区明确，很难有空间感。在这一情况下如何进行操作，并以空间经济学为前提，从而产生空间？空间的方法是首先思考如何去掉一条走廊，并比原来好用，而去掉这条走廊，会使剩下所有的房间都发生变化，接着就需要通过构成房间群来解决原有的功能问题。在这一过程中，剩下的两条走廊也必须加入房间群的构建之中。当整栋楼以房间群的方式构成之时，空间感即形成了。

（2）以家宅为例。在当代社会中，受大都市的洗礼，家宅的角色非常尴尬。因为大都市以后，每个人都被异化，哪怕在家里。20世纪初北欧的戏剧家们，描绘了大量分崩离析的家的形象，家难以守护，那还需要家宅这样的概念吗？但家宅始终是抵抗大都市的洗礼、抵抗大都市带来的精神空间对每个个体空间冲击的最后堡垒，在这一情况下，思考家宅，同时就意味着在思考所谓的大都市。比如说马塔·克拉克的作品，它已经不是家宅了，那还意味着什么（图5）？再比如怀特雷德展现家宅内部的作品（图6）。所以不难理20世纪的大师们，大部分是以家宅作为设计思考的开始，其

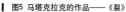
▌图5 马塔克拉克的作品——《裂》　　▌图6 怀特雷德的作品——《家》

实这些不正是大都市中空间和地点分分合合的一个隐喻么？

（3）以住区为例。私密空间和公共空间之间的矛盾，是当代都市的一个重要特征，设置共有空间（common space）是处理这一矛盾的办法之一，但其往往失去了空间的特性。比如中国的板式住宅楼，通常是一栋一栋以阵列排开，再加围墙，墙外是公共空间，墙内为共有空间。其实，板式楼之间的空地作为共有空间，使用效率并不高；此外可以设想，城市如果全是大院，公共空间从何而来。所以有能否释放共有空间，让私密空间和公共空间直接交接作为解决两者矛盾的方法呢？或者能否以这种日常存在但又用处不足的空地作为起点，作为特殊的空间类型来思考？它或有可能使得都市空间也能直接以亲密性来加以度量。

3 空间的方法

作为空间方法，又如何承接空间类型学以帮助构成建筑学中的日常生活命题？

关于日常生活与建筑学的关系，比较容易想到的似乎是那些自然发生的，没有建筑师的各种建筑。这自然是误解。使日常生活变成建筑学中的命题，恰恰需要经过空间方法的严格过滤方能得以达成。

我自己使用的与日常生活相关的空间方法，主要是体积法、结构法和不定形法。这三种空间方法主要牵涉两个方面，一个是具体的空间认知，另一个是具体的空间构成。意思是说既要有对空间特定的认识，也要独立地进行空间构成，与空间认识匹配（match），两者结合才称之为"空间方法"。

空间类型学针对日常生活而起，以日常存在的制度化空间作为思考的开始，以空间和地点的同时呈现作为目标。所以承接它的空间方法必须和类型学一起，才能构成设计法的基础，或者说空间类型学基础上的空间方法才可能产生设计的日常诗学。

可以想象，空间关系是联系空间类型学和空间方法的桥梁，家宅类型是建立日常生活命题的理想基础。当然，在21世纪，如何用一个住宅来思考空间，这始终是一个挑战。

3.1 体积法

体积法的概念与阿道夫·路斯的"空间体量设计"（Raumlan）理念的交集在于以下几个关键词。一是"空间"，即房间一样的特别空间，尤指具有包裹感的空间。二是"布置"，符合情境的布置（图7）。有人分析路斯设计的住宅，可以分为男人住宅和女人住宅，或者是里面有男人的房间和有女人的房间，说明他非常注重房间的性别化，然后交汇在一起，形成特别的空间领域感。三是"空间经济

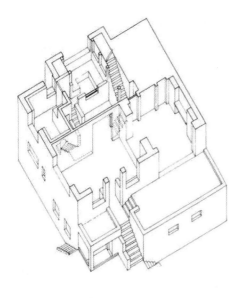

▌图7 奥地利维也纳莫勒住宅（路斯） a轴测 b立面 c餐厅

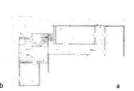

▌图8 瑞士达沃斯基希纳博物馆（吉贡&古耶）a平面 b走廊 c展厅

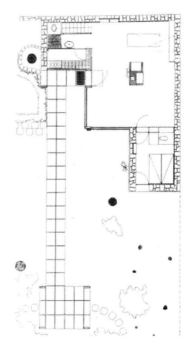

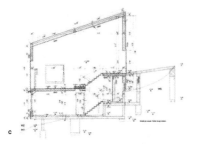

▌图10 瑞士格劳宾登独立住宅（吉贡&古耶）a外观 b室内 c图纸

▌图9 巴黎郊区周末度假屋（柯布西耶）a平面 b室内

学"，路斯经常采用一个白色的盒子来抵抗都市，在一个紧缩的盒子里展开丰富的内容。这对剖面有特殊的要求，层高各不一样，在这样的情况下还要进行空间连接，并在空间连接中产生新的意义，这是难度很大的方法。

路斯问题迄今仍有影响，因为它是一个针对住宅的问题，而且为住宅假设了一个盒子问题。那么，路斯时代的问题和当代的问题还有相似之处吗？显然，空间经济学依然需要强调，另外，当代普遍缺乏空间特征，如何恢复空间的领域感同样重要。在体积法中，有一个目标是使普通房间也有可能成为特定空间类型的基础。因为，房间一样的空间，就是对领域的一种恢复。如何在高密度的情况下建立一系列像房间一样的空间，那就需要房间群。每个房间都很普通，通过房间之间的相互关联，既维持了房间的日常状态，又促使它们开放。瑞士建筑师于20世纪90年代在设计技术层面对此进行了发展。比如在吉贡&古耶设计的建筑内，有一个中走廊，串联着一组光线均匀的大房间。我们可以同时把它理解为各个大房间的室外，反之，因为那组大房间室内的光线既明亮又均匀，对走廊来说又宛如室外，从而使它自身成了一个特殊的大房间。这种"室内外互成"的方式是当代建筑空间类型学的一个成就，它使产生房间群的机会增多（图8）。

3.2 结构法

结构法是在空间构成过程中发挥作用的。作为一个建筑的结构，通常退隐于空间之后，但同时又能在不经意间提供一种空间意象，比如覆盖，它可以帮助形成一些制度化的空间。因此，应该发现结构提供的空间意象并使它作为一个突破口以实现空间开放，成为一种方法。以柯布西耶设计的巴黎郊区周末度假屋为例，其平面为雁形，筒拱结构配合着雁形。他对平面两端作了特殊处理，再加一独特的壁炉，从而在中间呈现出一个方形的领域。因为雁形平面被截断了，结构的意义发生了变化，筒拱产生的空间方向和中心性组合在一起，既指向边缘，又指向内部，使这个住宅产生了一种暧昧的空间特征。这是柯布西耶想要完成的，他试图设置出与行为既有关又无关的空间集合，从而提高空间的亲密性，在这里，结构产生了重要的作用（图9）。

3.3 不定形法

自21世纪开始，建筑师重新考虑家宅的设计，它的起点与以往又有所不同，因为人们对空间的密度、开放度要求进一步提高了。法国哲学家巴什拉有一个著名的家宅定义，说家宅是有阁楼和地窖的地方，这就意味着中间部分并非最为重要，但这种垂直向的影响，也使得人主要活动的中间部分，产生了一种空间类型的可能。当代的高层建筑也有这样

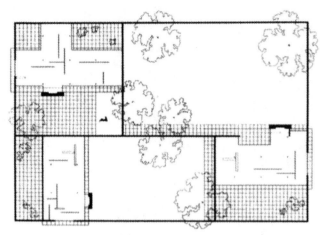

▎图11

的命题，即垂直向的空间构成如何处理。通常一个高层建筑的空间都是由平的楼板构成，因此每一层并无特别的意义，那么，在这种情况下如何产生空间特征？吉贡&古耶设计的独立住宅（2007年），在垂直向的腰部进行了动作，分为上下两分，而不是阁楼、空间、地窖三分，但里面又设置了一个特殊的楼梯，既像在垂直向挤入的房间，又像是创造了一系列试图消解标高的台地，从而帮助整栋家宅产生了一个处于上下中间状态的空间类型，这是结合空间类型学与空间方法的又一途径（图10）。

3.4 36×36三院宅练习

这组练习其实是对室内模式、家宅模式、住区模式各种空间类型的连续思考。其中如何以空间方法进行承接是枢纽，空间关系的分化是练习开始的基础。此外，这组练习还是对密斯·凡·德·罗三院宅的呼应，试图回应设计哲学、设计法、设计技术的连续性（图11）。

（1）这组院宅首先强调每一户住宅里的每一个房间或每一个院子的公平化，尽可能避免空间等级，因此重点关注公共和私密的直接连接，强调如何才能扩大空间资源，所以其要点首先是如何分地。其次，这组院宅还是一种类建筑群，它意味着需要如何平衡实体之间的空和实体。关于实体和空谁占据优势的问题，20世纪70年代罗西、柯林·罗等人曾进行过一番激烈的争论，这也是城市设计中的一大难题。院宅特意强化实体和空之间的竞争关系，从而推动空间意义的产生。所以，院宅练习的开始往往要以围绕院子的空间想象和设置为起点，强调内部和外部的空间结合。

（2）建立日常生活和空间的关系，需要理解名词和物体之间的矛盾。以起居室为例，一般中国当代的城市家庭里大都拥有一个摆着大沙发的起居室，如果设计以这样的起居室为起点，家宅就只有功能而缺少空间开放的机会，所以需要思考能否把带有沙发的起居室重新定义为一个大房间，当把这个名字和所指出

a b c

图12 三院宅方案一（杨小剑设计）a模型 b室内 c总平面

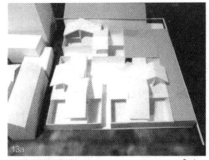

图13 三院宅方案二（屈子敬设计）a模型 b院子　　图14 三院宅方案三（任广设计）a底层 b顶层　　图15 三院宅方案四（王正欣设计）a模型 b室内

的对象剥离时，意味着对已经习惯的日常，产生了新的思考。东京工业大学的坂本一成教授曾将住宅空间以A、B、C来命名，而不是根据起居室或卧室来命名，这样就产生了新的空间机会，但是区别A、B、C，并不是一个数学的概念，而是它们都有某种空间要求，注意到这一点变化，就是词与物针对性的工作，产生某种分离然后进行重新连接。所以院宅练习中每一户的起点常常是要求每户以卧室与非卧室开始进行空间区分，进而才是在非卧室空间中浮现出各个领域，如起居室、家庭室，等等（图12—15）。

4 结语

第一，对"日常生活"这一词汇的讨论如果能在当代建筑学中上升为一个命题，而且命题方式简明、不抽象，与物体紧密相联，能产生出不简单的意义。那么，这可以称之为一种设计哲学，这须要理解大都市对建筑学的侵蚀，从而建立新的空间认识。从亲密性空间类型开始思考，是前提之一。

第二，空间的方法必须具有某种空间的认知和空间构成的结合。如何重视空间密度，并从制度化了的空间类型中寻找到名词和物体的合适距离，建立空间关系，并开始空间构成，是关键之一。

第三，在实体和空互相交接的地方，如果没有足够的技巧处理，就达成不了所谓的设计技术，所有这些都围绕一个词——"空间开放"。空间开放意味着与日常生活密切联系又产生了自由。

概言之，严格意义上的"日常生活——空间方法"，才可能成为日常的诗学。

注释：

[1] Evans R. Translations from Drawing to Building and Other Essays. London: Architectural Association, 1997.

[2] 塞托M D.日常生活实践——1.实践的艺术[M].方琳琳，黄春柳，译.南京：南京大学出版社，2009.

作者简介：

葛明，东南大学建筑学院教授。

在"断裂"中生存——探寻消费和信息时代的建筑与城市的新生存方式

张希 徐雷

摘 要：针对在被消费活动和信息资讯包围的当代社会，建筑和城市的生存方式发生了巨大改变的现象，从库哈斯和伊东丰雄的理论出发，将消费和信息时代的新语境影响下的当代建筑和城市的特征总结为"断裂"：包括时间和空间脉络的"断裂"、建筑与城市以及建筑表皮与内部的"断裂"，并以库哈斯的"超建筑"和"广普城市"以及伊东丰雄的"临时建筑"和"流动表皮"为例，探寻了建筑与城市在"断裂"的背景下的新的生存方式。

关键词：消费 信息 建筑 城市 断裂 生存方式

今天是一个消费的时代(Consumption age)，也是一个信息的时代(Information age)：全部的社会活动都以消费为主导目标，各种信息媒介作为人体的延伸成了人与外界交流的最重要途径。在这样一个瞬息万变的时代，传统的建筑和城市的生存方式受到了极大冲击，社会和资本过于急剧的循环动作使得建筑师们几乎全部卷到其中。一部分建筑师长袖善舞，迎合建筑的消费市场，引领建筑的潮流趋势；一部分以悲观的态度否认了当代建筑的发展，认为今天的建筑师们，尤其是在经济高速增长阶段的发展中国家的建筑师，全都很自觉地彻底投身到利益链条中；还有少数建筑师以客观坦诚的态度重新审视被消费活动和信息资讯包围的当代社会，不是迎合也不是批判，而是以自身的建筑实践来反映社会，这其中最具代表性的是库哈斯和伊东丰雄。

因此，本文主要以库哈斯和伊东丰雄的理论及实践为基础，思考消费和信息的时代背景对于人的生活，进而对建筑和城市的生存方式产生了怎样的影响以及怎样的建筑和城市才能适应这样的时代。

1 消费和信息时代的新语境

近几十年来，人类社会的变革相对于之前任何一个时代来说都要更加剧烈和迅速。作为人类存在场所的建筑和城市汇集了全部的社会活动，以最为直观的方式呈现了一个时代的特征，因此，时代的变革也会直接影响建筑和城市的生存方式。

1.1 转瞬即逝的流行

今天，很难有一样事物可以长时间存在于人们的记忆当中。由于生产力发达带来的生产相对过剩，需要鼓励和刺激消费以维持社会生产生活的正常运行，缩短消费周期成为最重要的手段之一。在时尚的名义下，无时无刻不有大量的信息形成舆论，诱导消费方向，转瞬即逝的事物充斥了社会的每个角落。在这迅速更替的世界背后被遗忘的不仅仅是物，还有在漫长人类社会发展过程中沉积的历史和文化。

1.2 失去场所归属感的人和物

便捷的现代交通和网络通信技术使地球村的设想在今天真正成为可能，所有的人和物都被各种经济、政治、文化的网络联系在一起而不再受到地域的约束，因此不可避免的彼此相互影响而逐渐趋于相似。另一方面，自工业时代起的对于生产高效率的追求导致社会分工越来越细，以及资本运作的成熟带来商品的品牌化，使原本相似的人和物产生了新的分化。因此在今天的社会，人和物已经逐渐丧失了对于某一特定地域的归属感，转而以社会分工和品牌划分的方式重新获得个性和特征。

1.3 虚拟的表象世界

个人计算机、移动电话、汽车导航等电子仪器日以继夜地改变着人身体的感觉，各种技术媒介成为人们攫取信息从而与外界社会交流的主要途径。今天的人们已经非常适应在只有表象、没有物质实体的虚拟环境中生存：例如，每天对着计算机屏幕这样一个二维平面工作、购物、娱乐等，甚至虚拟的表象世界已渐渐超越了物质世界成为人们最重要的生存环境，这导致了人们对于物的视觉形象的要求超过了对其实质内容的要求。

1.4 "家"向社会的延伸

随着各种物质的、非物质的媒介变成人肢体的一部分向社会延伸，原本集中的个人和家庭生活也散落到社会各个角落，由都市生活的片段拼贴而成：起居室是咖啡吧与戏院，饭厅是餐馆、衣柜是时装旗舰店，庭院则是运动俱乐部[1]。这些原本属于家的职能作为第三产业在城市公共空间兴起并被多样化，然后全面向其他功能空间渗透：例如机场渐渐具有了超市、餐馆、名品店等功能。同时，由于城市用地对综合利用率的追求以及生活便利性等因素，要求这些功能被集中起来，就形成了城市建筑中所容纳内容的高密度状态，即库哈斯所谓的"拥塞文化"（Culture of congestion）。

2 "断裂"：当代建筑和城市的特征

在消费和信息时代的新语境影响下，各种建筑现象接踵而至，这其中有对新语境的迎合，也有批判和对抗，从对传统文化的怀旧到前卫夸张的设计，从巨型的综合性建筑到智能化系统，笔者将这些现象所体现的当代建筑和城市的特征概括为"断裂"：包括时间和空间脉络的"断裂"、建筑与城市的"断裂"以及建筑表皮与内容的"断裂"。

2.1 时间脉络的"断裂"

转瞬即逝作为消费时代的普遍规律影响着所有人和物，建筑也不可避免的被卷入流行的漩涡，只是基于建筑的耐用年限比较长且不可移动的缘由，而让人产生了建筑是不会或者不应该被消费的错觉。但无论建筑怎样以生态节能、参数化、非线性、智能化等各种理论为自己找到长期存在的理由，在资本的运作和利益的驱使下，都很快成为了时尚潮流的代言，最终模糊了原初的意愿，而更多沦为形式主义。

如此多的建筑现象层出不穷，尤其对于处在经济快速增长阶段的国家来说，无疑推进了城市的大规模更新，但也使延续城市的历史轨迹成为几乎不可能的事情。伊东丰雄就曾说过："我认为我的建筑没有必要存在100年或更长的时间，我只关心它在该时期或其后20年作何用。极有可能，随着建筑材料和建筑技术的进一步更新发展或者经济和社会条件的变化，在其竣工后就再也没有人需要它了。"[2]他的这种观点受曾经高速发展的日本社会环境的深刻影响：每过几十年，东京所有的建筑物会被完全拆毁重建一次，建筑功能很快不合时宜，形式也很快过时（图1、2）。在这样的城市快速更新背景下，虽然几乎每个城市都会以各种手段保护改造一些历史遗存，但结果都不外乎用这些小规模的历史片段吸引大量游客，过去被压缩成一个综合体，历史成了一种商业服务。

于是在一个城市中，我们不能通过不同时期的建筑去回

首它的发展过程，存在的仅仅是大片的当代流行建筑和少数被剥光了内容的历史表皮。城市发展的时间脉络断裂了。

2.2 空间脉络的"断裂"

由于城市发展的时间脉络的断裂，由历史沉淀所形成的城市地域性特征正在逐渐消失。同时，伴随全球化时代的到来，建筑的设计和建造的国际合作变得非常普遍，在技术媒介发达、信息畅通无阻的情况下，在经济利益的催生下，越来越多的建筑师和事务所在全球范围内被广泛认可并获得更多的国际合作机会。虽然地方的传统文化特色是设计中往往会被考虑的元素之一，但设计师总会很自然地沿用自己的思维模式，尤其对于有着成熟理念和运作体系的建筑师和事务所而言，最终项目所体现的往往更多是建筑的品牌特征而非地方特色：扎哈·哈迪德在中国的广州歌剧院（图3）丝毫不会受东方传统建筑风格的影响，一如既往的动感和张扬；同样SANAA事务所在美国的曼哈顿现代艺术博物馆（图4）也与它周边的老建筑群格格不入，却和它在日本的那些项目一样简洁透明。

于是，同这个时代的其他产物一样，建筑也逐渐丧失了对于某一特定地域的归属感，转而以品牌划分的方式重新获得个性和特征，这加剧了城市空间脉络的断裂，尤其对于那些经济高速增长、需要大量品牌建筑提升自身国际地位的国家和城市而言，鳞次栉比、风格混杂的高楼林立就是它们所呈现出来的当代都市的普遍特征。

2.3 建筑与城市的"断裂"

现代都市中越来越多的原本集中的个人和家庭生活以第三产业的形式向城市公共空间的扩散和再集中导致了"拥塞"的产生。高层高密度的城市建筑形态是"拥塞"最直接的外在体现，而"拥塞"的内在实质是城市建筑中所容纳内容的高密度状态。[3]

"拥塞"导致了"大"建筑的产生，巨大的体量不仅可以容纳多样的复合功能，同时还体现着在经济成为影响世界格局的主导因素后，大量财富带来的野心膨胀。遍布世界的各类城市综合体就是"大"建筑的最佳代表（图5~7）。城市综合体将城市中的商业、办公、居住、旅店、展览、

图1 1960年的日本东京

图2 2000年的日本东京

图3 广州歌剧院

图4 曼哈顿现代艺术博物馆

图6 大阪难波城

图5 六本木城市综合体

图7 香港太古广场城市综合体

餐饮、会议、文娱和交通等城市生活空间的3项以上进行组合，并在各部分间建立一种相互依存、相互促进的能动关系，从而形成一个多功能、高效率的整体。这样的建筑再也不能被一种单一的建筑形式所控制，甚至不能被任何建筑形式的组合所控制，它基本具备了现代城市的全部功能，在各个方面表现出了脱离城市整体的独立自治。"'大'建筑不再需要城市了：它与城市抗衡，它代表城市，它占领城市，或者更准确地说，它就是城市。"[4]

2.4 建筑表皮与内部的断裂

近几年流行的建筑设计表皮化倾向从一个侧面反映了当代建筑表皮与内容断裂的不可阻挡的趋势。这种断裂有多方面的原因，由"拥塞"导致的"大"建筑的产生就是其中之一。"大"建筑超出了一定的临界体量，不能再由一个单独的建筑形态所控制而引发了各个局部的自治，建筑的立面再也无法揭示内部事件。于是，建筑的内部和表皮就变成了相互分离的两个独立部分：一个应付着由功能复合带来的不确定性；另一个为建筑整体提供一种表面上的稳定性。[5]如中国国家大剧院，外部一个巨大的壳体结构（图8）覆盖住内部的歌剧院、音乐厅、戏剧场、小剧场以及其他的配套设施使其成为一个整体（图9），表皮与内部复杂的内容完全脱节而独立表达自身的完整形态。

另一个重要原因是在以消费为主导的当代社会，通过电视、电影、网络等媒介传播的基于流行娱乐的大众文化取代了资产阶级精英文化，虚拟的表象世界超越了物质世界成为人们认知的对象，从而导致了人们对物的视觉形象的要求超过了对其实质内容的要求。在这样的社会环境中，为了适应消费和视觉文化转向的需求，建筑从真实的存在转向以表皮化的形式存在。在经济利益的驱使下，有关建筑的一切设计和建造必须考虑如何才能通过建筑获得最大的资本增值，当代建筑已不可避免地成为广告工具，而漂亮的表皮是不可或缺的宣传手段。以库哈斯的CCTV新办公大楼为例，这个由国家资本介入的庞然大物显然不是一座仅仅"够用"的办公楼，更是为了创造一个惊世骇俗的表皮形象（图10），以此传达这样的意向：一个强有力的、开放和崛起的中国，从而赢得世界的关注和认同，而这种认同背后，将是不可预估的价值和收益。建筑师雷姆·库哈斯正是敏锐地觉察到了这一点，他在CCTV新办公大楼竞标方案中说道"这就是中国现在需要的建筑，我给你们带来了"[6]。

3 寻找建筑与城市新的生存方式

在消费和信息时代的新语境影响下，在经济利益的驱使下，"断裂"成为当代建筑和城市发展的不可阻挡的趋势。一些当代建筑师们开始从新的角度思考建筑和城市在当代社会的生存问题，不是去抵制"断裂"，而是如何去适应它，这其中以库哈斯和伊东丰雄最具代表性。

图8 中国国家大剧院外观

图9 中国国家大剧院内部结构

图10 CCTV大楼

3.1 库哈斯的"广普城市"（Generic City）和"超建筑"（Hyper-Building）

3.1.1 广普城市

城市的"个性"来源于历史传统文化的积淀。在当代社会，由于交通与通信网络技术的发达，社会生活方面面不可抑制的全球化趋势最终导致了世界范围的"摒除特征"的变革运动，城市在"个性"上的体现甚微。为了维系甚微的"个性"，城市发展受到了极大束缚：例如体现城市"个性"的中心城区占据了很多发展良机，却不能满足人口增长和城市发展的需要，为了延续城市的"个性"，中心城区不得不作为重要场所维持着，它既是最古老的，同时又要成为最时髦的；它既要保持稳定，又需要成为最有活力的区域[7]，这使城市发展陷入了巨大矛盾之中。

面对这样的矛盾，大量的当代建筑师在设计实践中选择了忽略城市自身的个性特征，转而以体现建筑的品牌特征为主，这其中库哈斯更是以激进的态度质疑了城市"个性"存在的合理性，并提出"广普城市"作为当代城市的存在方式。所谓的"广普城市"，并非物质的、实在的城市，而是一种全球范围内的城市发展趋势。人口的流动使得城市不是固定不变的，广普城市只是流动人口暂时的家园；它的高速城市化进程让城市规划难以发挥作用，城市的各类要素因需要而存在；它从中心的束缚和可识别性的禁锢中解放出来，只反映现实的需要，是没有历史的城市。同时，库哈斯预言人们将开始在家里办公，购物成为唯一的活动，旅馆成为数量最多的建筑，百万居民自愿被囚禁于其中。建筑以难以置信的速度被建造出来，建筑的多样性将趋于相似和平淡，没有过去，没有未来，只有现在。[8]

经过20世纪后期的大规模建设和高速发展，世界上很多城市，尤其是处在经济高速增长期的亚洲新兴城市，在很大程度上已呈现出库哈斯所描述的广普城市的种种特征。虽然广普城市以牺牲城市历史文脉为代价换取自由发展，但确实是站在当代社会的背景下思考城市问题并敏锐预言了未来，是当代城市的真实生存状态。

3.1.2 作为"城市"的超建筑

库哈斯极大肯定了在"拥塞文化"下产生的"大"在当代城市建筑中的作用。他认为，"大""激活了复杂机制，在一个单体容器里维持着事件的杂乱增殖，同时组织起事件之间的独立性和互存性，最终将建筑从精疲力尽的现代主义和形式主义的意识形态中解脱出来，恢复其作为现代化推进器的作用。"[9]

他在1997年对曼谷进行研究时提出了一种"超建筑"概念，对其一直崇尚的"大"建筑进行了一次大胆的尝试。他完全没有拒绝建筑与城市间断裂的趋势，而是将这种趋势发挥到极致，重新定义建筑与城市之间的关系以及建筑设计原则。这个超建筑的尺度大到了极致，它被设想成能够满足20万人口居住和工作需求的"城市"：塔楼相当于街道，水平元素是公园，大体块的部分是城区，斜线部分是林荫大道。同时，超建筑有一套相应的交通系统保证这个庞然大物的运转：4条林荫大道中设有缆车，电梯将建筑与下层的城市联系起来，6条街道中的高速和低速电梯是主要的垂直交通方式，12 km的散步道从地面层直到建筑顶部。这样建构起来的超建筑可以看作是由不同要素相互支撑的几个建筑综合而成的巨型整体（图11）。[10]

3.2 伊东丰雄的"临时性建筑"和"流动表皮"

3.2.1 临时性建筑

伊东丰雄曾以一个人在东京生活，以最大程度享受着都市环境的游牧少女为对象，为其设计了一个类似蒙古包的"家"。这些少女的生活是当代都市生活最具代表性的体现：她们在都市漂泊，衣服、提包、首饰体现着时尚流行，她们的人和她们所穿戴的物一样，都是都市中的过客，不会长久存在于同一个地方。这个形似蒙古包的"家"是可以移动的帐篷小屋，全部以半透明的皮膜制作（图12、13），象征着都市居无定所的临时性生活，简易、没有束缚，又透露着不安定感。这个方案可以看作是伊东丰雄对于当代建筑时间脉络的断裂所做的最早思考。

从80年代开始，伊东丰雄就在建筑中大量运用铝合金打孔金属幕板，通过这种带有暧昧模糊感的现代材料追求临时性，轻盈流动，同时没有归属感，是将"游牧少女的家"设计中所体现的临时性思想转化为实践的技术手段。最突出的例子是1986年的游牧餐厅，由于地块收购的不及时，原本计划建造的旅馆被迫改造成了餐馆，但这是一个临时性的决定，如果旁边的地块又被收购，将重新回到饭店的计划，因此建筑不能盖得太具有永久性，但因为还受法律及实用性的要求，也不可能像"游牧少女的家"那样就搭一个帐篷小屋。这个案例是真正将临时性的思想转化为建筑实践的尝试。整个餐厅墙体用铝合金板，板上钻有无数小洞，上层地板用金属材料铺地，内部空间悬挂展开的金属板像浮云漂浮在顶棚上，整个空间是金属质感的，以舞台布景的方式用柔软材料建造，营造了一种仿佛虚拟世界般的氛围，而之后不久这个餐厅确实被改造成了娱乐场所，用作音乐厅和电影院（图14、15），为都市的享乐主义者展现最时尚的虚幻体验。[11]两年半后，这座建筑被拆除。

3.2.2 流动的表皮

东京这样一个有着大量记号浮游的都市给了伊东丰雄深刻的印象，这些记号群以令人炫目的华丽姿态覆盖在都市

▌图11 曼谷超建筑　　　　　　　　▌图13 东京"游牧少女的家"内部陈设

▌图12 东京"游牧少女的家"外观

环境的表层上：有传统的木构建筑样式，有从欧洲输入的古典主义建筑样式，还有从美国输入的现代建筑样式。这些被作为图腾的记号无秩序的排列在一起并持续扩大，形成了一个急速发展的华丽的表象都市，更凸显了深层次的空虚与薄弱。[12]但建筑和城市成为空虚的表象是社会发展的必然，伊东丰雄没有去抵触它，反而通过媒介技术手段彻底为现代都市给人的虚无缥缈的印象赋予了建筑表皮，使表皮完全脱离了物质实体而成为了流动信息的传达器。

1991年，伊东丰雄在伦敦的维多利亚与艾伯特博物馆的"视觉下的日本"展览（图16）中设计了一个装置，将影像投射在建筑实墙上，在表皮上制造了对物质空间的一次快速刷新，向人们暗示了未来空间非物质化的可能。[13]"视觉和听觉信号不断地从东京城市流出来，被卫星捕捉到"，混乱无序却又安静地漂浮着，然后消失，城市的图像和采样声音让人卷入一种奇妙的幻想。伊东丰雄另一个名为"风之卵"（图17）的作品进一步将虚拟影像运用到都市空间的操作上。在这个作品中，作为主结构的卵体是由表面的曲面铝板与内部的液晶投影装置组成。白天卵体表面的曲面荧幕反射着所谓的"立即的"都市讯息，等到入夜后，卵体就摇身一变为电子影像显示屏，放映着错综复杂、相互叠合的未来影像。[14]

4 结语

在如今这样一个全部社会生活都以消费为主导目标、信息网络高度发达的时代，建筑的时间和空间脉络、建筑与城市以及建筑表皮和内部之间的断裂成了不可阻挡的发展趋势，无论是库哈斯的广普城市和超建筑，还是伊东丰雄的临时建筑和流动表皮，都是在这样的时代背景下所做的思考，虽然这些思考有很多仅仅停留在假想阶段，并且有着无法弥补的缺憾，例如都是以牺牲历史延续性和地域特征为代价，但却为我们探索新时代建筑和城市的生存方式开辟了新思路。

▌图14 游牧餐厅内部　　▌图16 视觉下的日本

▌图15 游牧餐厅舞台　　▌图17 风之卵

注释：

[1] 伊东丰雄.人造人的身体所追求的建筑[A].伊东丰雄.衍生的秩序[C].谢宗哲，译.田园城市文化事业有限公司，2011，4：120—139.

[2] 大师系列丛书编辑部.伊东丰雄的作品与思想[M].中国电力出版社，2005.8：13.

[3] 刘松茯，孙巍巍.雷姆·库哈斯[M].中国建筑工业出版社，2009.9.

[4] 雷姆·库哈斯.大[J].姜珺，译.世界建筑，2003（2）：44—45.

[5] 同注[3].

[6] 赖祥斌.当代建筑的表皮化倾向研究[D].湖南大学硕士学位论文，2008.6.

[7] 雷姆·库哈斯.广普城市[J].王群，译.世界建筑，2003（2）：64—69.

[8]—[10] 同注[3].

[11] 同注[2].

[12] 伊东丰雄.在建筑中的拼贴与表面性[A].伊东丰雄.衍生的秩序[C].谢宗哲，译.田园城市文化事业有限公司，2011.4：50—51.

[13] 周诗岩.建筑物与像——远程在场的影像逻辑[M].南京大学出版社，2007.

[14] 甫正进行.困惑的断裂：当代前卫建筑形式理论试探[OL].http://www.hawhsu.com/confused-disjunction/?emailpopup=1.

图片来源：

图1：http://www.flickr.com/photos/55777341@N00/4262223260/.
图2：http://www.nipic.com/show/1/73/179a8992e74abdf3.html.
图3：http://www.nipic.com/show/1/45/6011397k733599d2.html.
图4：http://www.flickr.com/photos/ogil/2517390934/.
图5：http://www.keguan.jst.go.jp/kgjp_lifestyle/kgjp_lifestyle_other/7801/.
图6：http://kinpan.com/memberiteminfo.aspx?memberitemid=1054.
图7：http://bbs.365link.com/index-topic-uid-1616-tid-2286.shtml.
图8：http://www.nipic.com/show/1/48/4358eb11e7fde3a7.html.
图9：http://58.213.153.47/redirect.php?fid=268&tid=1190687&goto=nextoldset.
图10：http://k17s.k6j.cn/in/disp_mem_n ew.asp?id=4170.
图11：http://www.lynnbecker.com/repeat /princeramus/princeramus.htm.
图12：扫描自伊东丰雄著作《衍生的秩序》书中插图。
图13：同图12。
图14：http://www.toyo-ito.co.jp/www/Project_Descript/1980-/1980-p_07/1-800.jpg.
图15：http://www.toyo-ito.co.jp/www/Project_Descript/1980-/1980-p_07/4-800.jpg.
图16：http://www.hawhsu.com/confuse d-disjunction/?emailpopup=1.
图17：http://www.flickr.com/photos/pixelhut/5421384434/.

作者简介：

张希，浙江大学建筑工程学院；徐雷，浙江大学建筑工程学院教授。

首钢博物馆设计理念简析——基于工业遗产评价的再利用设计

刘克成　裴钊　李焜　杨思然

摘要：首钢在整体迁至唐山曹妃甸后，原石景山厂区成为北京西部最大的一块再开发土地。2013年首钢集团启动了该区域保护和改建的首要项目——首钢博物馆。该项目希望改造三号高炉作为未来的博物馆展示空间，这一想法将面临工业遗产保护和评估、改造技术、展陈设计和环境工程技术等难题。本文通过阐述基于工业遗产评估的首钢博物馆设计理念的生成过程和具体设计过程，尝试探讨工业遗产再利用须注意的问题及新的路径。

关键词：工业遗产　高炉　博物馆　工业遗产评价

1 项目概况

中国城市正在经历大规模的产业结构更新和调整，在此过程中大量工业本体的性质发生转变，并成为中国工业发展的见证，从工业实体转变成工业遗产。首钢石景山厂区位于石景山区中部、北京市区的最西端，与门头沟新城隔永定河相望，总占地面积约863 hm²（图1）。2005年，国务院批准"首钢实施搬迁、结构调整和环境整治"方案。根据北京市政府相关文件的要求，首钢已于2007年底压产400万吨，并于2010年底实现首钢石景山厂区的全面停产。历经百年风雨，养育了几代首钢人的精神家园和钢铁之城，就此完成了它作为传统工业区的历史使命。过去的"十里钢城"将以新首钢高端产业综合服务区的身份走向崭新的历史时期，并转型为世界瞩目的工业场地复兴发展区域、可持续发展的城市综合功能区、再现活力的人才聚集高地、后工业文化创意基地及和谐生态园区[1]。

首钢博物馆的建设是首钢石景山厂区复兴的第一步，项目选址在首钢工业遗产保护区内，建筑以三号高炉为主体，西临第一晾水池（秀池），东依一、二号高炉，与石景山隔

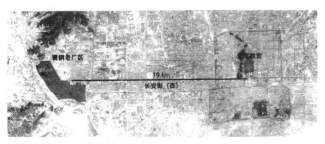

图1 首钢石景山厂区在北京的区位

水相望。首钢博物馆的建设承载着首钢的百年记忆，它宣告一个时代的结束，并标志着一个新时代的到来。

2 机遇和挑战

首都钢铁公司系北京历史最为悠久、规模最为庞大的企业，石景山厂区也是目前北京规模最大的工业遗产，它不仅承载着一个企业的历史，也映射着民族工业的进步、共和国的发展。它是首都北京工业化、现代化进程的集中写照，也是养育几代首钢人的家园。这里不仅凝结着几代首钢人的汗水，也记录了几代共和国领袖的足迹。首钢石景山厂区是20世纪北京具有代表性的最重要的文化遗产之一。

北京市城市规划设计研究院制定的《新首钢高端综合服务区控制性详细规划》和北京华清安地建筑设计事务所有限公司完成的《首钢工业遗产保护规划与改造设计》，划定了包括三号高炉在内的炼铁厂区域为强制性保留工业资源区域，并规定对强制性保留工业资源，在置换建筑功能及加建或扩建时，应保留原有风貌特征的完整性。

因此，首钢博物馆不同于一般博物馆建筑设计项目：首先，它是一个文化遗产保护项目，要完成对工业遗产的保护与展示；其次，它是一个旧有资源合理再利用的示范项目，须实现工业资源的可持续发展；同时，它还应当是一个文化容器，承载历史，开启未来，成为新首钢及北京新的文化地标。

3 工业建筑遗产的保护与展示

首钢石景山厂区的工业遗产是一个不可分割的整体，对其真实性和完整性的判定包括时间和空间两个方面。

在时间上，首钢起源于1919年开办的石景山炼铁厂，为北京近代黑色冶金工业的开端，历经百年风雨，逐渐成为北京规模最大、中国最先进的钢铁企业。至今，首钢早期高炉遗址还保留在三号高炉东侧，以及一、二、四号高炉之间的区域。首钢工业遗产的真实性和完整性，包括首钢不同发展时期的史迹及文物（图2）。

在空间上，首钢石景山厂区以钢铁工艺为主线，从对原料筛分开始，经过烧结、高炉炼铁、除尘、转炉炼钢、精

▌图4 各分厂分布

▌图2 早期高炉遗址

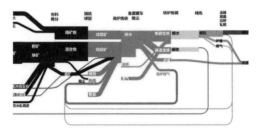

▌图3 钢铁生产工艺流程

炼等工序，最后连铸、结晶、拉矫、轧钢，完成整个钢铁产品的工艺流程程（图3）。首钢的料场、炼钢厂、焦化厂、动力厂、电力厂、型材厂等分厂按工艺流程分布在整个厂区（图4）。生产工艺的真实性和完整性是工业遗产保护的核心内容。

与首钢博物馆直接相关的是第二炼铁厂的三号高炉。

三号高炉始建于1992年7月，1993年6月投入生产使用。三号高炉在首钢发展历史中有特殊意义，是首钢人第一个全部由自己设计、自己建造、自己施工的高炉。首钢人攻克了诸多技术难题，在高炉中采用了皮带上料、新型无料钟炉顶、环形出铁场、软水密闭循环冷却、煤气干法布袋除尘、大型顶燃热风炉、新型计算机控制系统和监测技术等诸多先进的技术，其中采用的超矮胖炉型、三罐三系列多路喷吹煤粉工艺、人工智能高炉冶炼专家系统等技术都是当时国内最先进的炼铁技术，有的甚至达到国际先进水平。

三号高炉投产以后，贾庆林、曾培炎、温家宝等党和国家领导人曾多次参观，并且在高炉旁发表演说、慰问工人、询问生产情况。独特的设计，独特的区位，独特的历史使三号高炉成为首钢石景山厂区最具知名度的标志性设施。

历经17年，至2010年12月19日21时46分，三号高炉炼完了首钢石景山厂区最后一炉铁，累计产量8000万吨，完成其历史使命，也宣告了首钢石景山厂区作为钢铁生产基地的终结。

三号高炉是首钢钢铁工艺流程的重要节点，也是首钢辉煌历史的重要见证者，对三号高炉的保护及展示是首钢博物馆设计的首要内容。①生产工艺的保护。其主要工艺流程包括横向工艺及纵向工艺两个方面。设计基本保留了三号高炉生产工艺的真实性和完整性，让工艺呈现工业的历史。②主要设备的保护。依据工艺展示要求，通过安全性评估，设计

保留了三号高炉的主体设备，让钢铁见证首钢的历史。③主要空间及其工业美学、时间美学特征的保护。通过逐平台、逐项的分析与评估，设计保留了三号高炉的主要空间、平台、构件，以及具有标志性的历史痕迹，让空间及物件讲述首钢人的历史。④人及场所记忆的保护。三号高炉从建立至停产，无数首钢管理者、技术人员、工人曾参与三号高炉的设计、建造及生产，国家重要领导人也曾来此参观指导，这里保留着他们的历史记忆，这些记忆与特定场所、设备联系在一起，也是三号高炉文化遗产的重要组成部分。

4 旧有资源合理再利用

首钢博物馆在实现旧有资源再利用方面可以做以下几方面工作。①现有建筑及空间的再利用。三号高炉的主体结构都将保留，三号高炉的空间也将成为主要展示空间。②现有材料的再利用。首钢厂区大量建筑及工业材料都可以广泛用于博物馆的各个方面。③现有设备及管线的再利用。三号高炉在进行钢铁工业生产时就有完整的工业设备、管线及设施，这些设备、管线及设施的相当一部分可以改作他用，成为未来博物馆的一部分（图5～8）。

5 整体布局

遵循《新首钢高端产业综合服务区控制性详细规划》对SG-N-1街区的定位，将总平面范围分为两期进行控制。一期范围为博物馆主体控制范围，北至秀池北路，西邻秀池，南至二号高炉南路，东至三号高炉东侧规划路，面积2.4 hm²。二期范围纳入秀池、二号高炉、一号高炉，作为博物馆协调范围，在未来将整合形成以首钢博物馆为中心的工业主题公园的深度游览区。该区域北至秀池北路，西至石景

山环山东路，南至四号高炉北侧规划路，东至四号高炉东路（图9）。

博物馆以三号高炉为主体，位于秀湖东侧，面湖（秀池）与石景山相对。主出入口设置在南侧，迎向主要人流，北侧、东侧和西侧还安排有辅助出入口，以方便人流疏散及货物进出。另外博物馆借用送料通廊，在秀池西北角设置人流出入口，连接70.5 m标局平台（原检修平台）。

博物馆分室内展场和室外展场两部分。室外主展场"钢铁广场"设置在建筑南侧，紧邻主出入口，既可作为展览空间布置大型室外展品，也可组织大型活动。室外展场通过"时间轴"与首钢早期高炉遗迹相连，将博物馆与工业遗迹保护区连为一个整体（图10）。

6 设计概念

（1）高炉 设计以三号高炉作为博物馆的主体，各种功能围绕三号高炉展开。在完成对高炉及其辅助设施的遗产评价、结构安全检验以后，首先进行高炉工业遗产的保护，在此基础上通过适度改造和利用，使其成为博物馆的一部分。三号高炉主体的内部空间巨大，其圆形平面直径接近40 m，出铁作业面与顶部罩棚之间的净空达30余米，尺度惊人。再加上密布其中的各种结构杆件、管道、楼梯、平台和设备等，构成了极具视觉冲击性、力度感，甚至神圣感的特殊空间。高炉将是博物馆最为突出、最为精彩的部分，也将成为新石景山区的工业文化图腾。

（2）记忆墙 设计在三号高炉南侧面向人流主要来向，设置一个新的红色体量，以"V"字形拥抱参观游人。这个红色体量悬浮在6 m高空中，如同一个立体展墙，横空出世，面向入口室外展场及时间轴。展墙也是一个纪念碑，由钢铁构件、钢铁设备、生产工具等建构而成，承载着百年首钢的工厂记忆、工人记忆和工具记忆。游客不仅可以在室外展场远眺这个记忆墙，也可沿穿梭在墙内的楼梯及坡道近距离触摸这些记忆（图11）。

（3）历史景窗 设计在墙体上部不同标高，与室内展厅结合设置有若干景窗，透过各景窗可观看石景山区原首钢各个分厂，将博物馆与整个厂区通过视线连为一体。

（4）时间轴 设计在总平面布局中引入时间轴的概念，将时间浓缩在空间中。时间轴以位于一号高炉南侧的高炉历史旧址为起始点，象征首钢百年历史的开端。时间轴向西经过三号高炉南侧——象征首钢现在的博物馆入口，最后深入秀池，指向首钢的未来。时间轴上的"刻度"以景观、小品、具有历史意义的设备等为呈现方式，标度出首钢的历史。时间轴两侧设有博物馆室外展场，安置大型钢铁设备、车辆、机具和产品室外展出。时间轴既将博物馆与整个场地紧密联系起来，又形成了横贯工业主题公园的景观长廊。

7 建筑空间组织

博物馆的空间组织围绕三号高炉展开。建筑主出入口设置在6 m标高，一条长坡道沿时间轴指向首钢早期高炉遗迹，另一条坡道迎向人流主要来向。两条坡道环抱室外展场——钢铁广场。

室内分固定展区和临时展区两部分。固定展区以钢铁生产工艺流程为主线，讲述首钢人实现钢铁报国伟大梦想的历史。展览分首钢的历史及文化、技术创新及产业报国、钢铁情怀、功勋首钢及首钢珍藏四大板块。主展厅依据三号高炉生产平台分布，分别设置在6 m、9.7 m、13.6 m标高，部分展厅与历史景窗相连，展示内容与景窗所指向不同工艺分厂的内容一致。三号高炉高9.7 m和13.6 m的两个主要生产平台基于原生产工艺，全部用来展示钢铁生产过程及相关文化。在不同展区之间，利用部分炉体空间，设置2D、3D或4D影厅，放映相关多媒体影像资料。临时展厅设置在秀湖一侧6 m标高，主要用于交流展、临时展及组织活动，满足不同展出或活动要求。临时展厅可以直接通向秀池堤岸的立体室

▌图5 博物馆效果

▌图6 博物馆基地现状

▌图7 博物馆剖面

▌图8 保留三号高炉主体结构

▌图10 改造区总平面

▌图9 新首钢高端产业综合服务区控制性详细规划

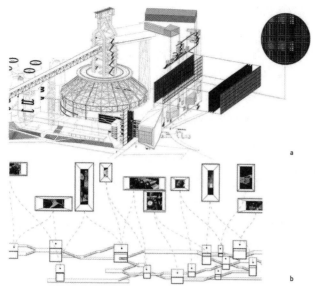

外展场。所有展厅由坡道连接,满足无障碍设计要求。

为更好地领略三号高炉和首钢工业遗址公园景观,在20.5 m标高(罩棚边缘)设置了一条直径40 m的环形参观廊道,在70.5 m标高检修平台上设置了高空观望厅,眺望整个厂区。高空观望厅可以通过露明电梯及送料通廊直接联通地面。

博物馆沿秀池一侧还设有贵宾接待室、纪念品商店、休闲服务房和办公用房。

未来首钢博物馆将不仅仅是一个实体建筑,同时也是一个体验空间,一个与首钢人及首钢文化紧密相关的展示场所,大众特别是青少年了解钢铁文化的休闲体验场所。三号高炉底层将保留部分鱼雷罐车和铁轨,其余用房改为青少年体验中心及附属设施。

8 建筑结构及材料

为更好地与三号高炉结合,并体现工业美学,博物馆主体采用钢结构,部分采用钢筋混凝土结构。除常规的建筑材料外,在首钢博物馆里比较特殊的建筑材料是记忆墙所采用的钢格栅材质,不同密度钢格栅层层叠叠,形成工业美学特有的透明感,后部的三号高炉依稀可见,新旧对比,交相辉映,相得益彰,形成独特的视觉效果。

9 绿色建筑设计

首钢石景山厂区作为一个老工业基地,在实现功能转变的同时,理应成为21世纪北京实现绿色环保、低碳减排可持续发展的新示范基地。

首钢博物馆作为新石景山区启动项目,要成为绿色建筑,有诸多有利条件:①通过对三号高炉工业建筑的保护与改造,可以实现旧有材料、设备和结构再利用。②通过对原有高炉空间及工业生产管线的再利用,结合自然通风,可以形成良好的室内微环境气候、地道风预冷预热系统。③通过对原有晾水池(秀池)的利用,可以形成自然冷源系统,使其成为高效水源热泵,并实现中水利用和雨水利用,以及人工湿地处理污废水。

针对北京暖温带半湿润半干旱季风气候,适合于首钢博物馆的技术优选顺序如下:①加强围护结构的保温性能,各朝向外窗优化(被动式技术)。②自然通风,包括夜间通风和地道风利用(被动式技术)。③高效的温湿度独立空调,辐射制冷(主动式技术)。④余热回收利用(主动式技术)。⑤自然采光的运用(被动式技术)。⑥冬季被动式太阳能采暖(被动式技术)。⑦太阳能光电—光热的利用(主动却支术)。⑧夏季遮阳(被动式技术)。

通过综合分析,优选组合,精心设计,首钢博物馆最终有希望达到中国绿色建筑评价三星级标准及LEED金级标准,并满足欧盟绿色建筑能耗标准。

10 结语

20世纪50年代,毛泽东主席曾经以浪漫诗人的情怀构想北京的未来,希望在天安门城楼上看到社会主义新工业的烟囱林立,快速实现工业化。首钢成为那个时代中国首都北京实现现代化、工业化的标志。21世纪初,因北京城市布局和产业规划调整,首钢停产迁移至唐山曹妃甸,首钢的历史也产生了戏剧性转变。作为北京城市格局中重要的组成部分,首钢厂区也面临着新的发展机遇,而首钢博物馆也许将成为这个新转变的象征。在这里,石景山的自然环境与首钢高炉之间看似对立,但又何尝不是在后工业时代,象征生态文明的自然与象征工业文明的钢铁丛林之间的一场对话。新的首钢博物馆立于二者之间,它一面向首钢过去的辉煌致敬,一面为首钢厂区的未来开启一扇最为"透气"的窗。

(原载《新建筑》2014年04期)

注释:

[1] 参见:北京市城市规划设计研究院制定的《新首钢高端综合服务区控制性详细规划》,2012.

作者简介:

刘克成,西安建筑科技大学建筑学院教授、院长;裴钊,西安建筑科技大学建筑学院讲师;李焜,西安建筑科技大学建筑学院讲师;杨思然,西安建筑科技大学建筑学院讲师。

解放的空间：超建筑组织的多重路径

周榕

摘要：归根结底，建筑不仅是专业组织的过程，同时也是一个更广泛的社会组织进程的环节与结果。通常情况下，建筑专业组织需要服从于社会综合组织的更高要求。当建筑专业诉求囿于社会组织的诸多限制而常常难以实现时，某些大胆的建筑师们会试图突破专业领域的藩篱，跳到更高的"超建筑"的社会组织环节去影响甚至控制整体的综合组织进程。文章选取卢强、张弘、马清运、黄印武、黄声远这五位"逆袭"超建筑领域的建筑师的实践，展现中国当代建筑师介入超建筑组织的多样状态与多重路径。

关键词：超建筑 组织 空间 自由

1 欲采苹花不自由

电影《黑客帝国》中，建构并掌控Matrix的"上帝"是一位建筑师。作为最高，并且唯一的组织者，他决定了一个智性世界的秩序，这个角色的设置可谓寄托了建筑师行业的终极梦想与集体雄心。尽管在电影幻想的比特世界里，建筑师可以像上帝一般随心所欲，然而在真实的物质世界中，建筑师的敌人似乎无所不在——权力、资本、市场、社会、技术、文化，乃至时间……现实的重重缰绁让建筑师难以按自己的意愿自由驱驰，不得不在常规的惯性轨道上亦步亦趋。

归根结底，在空间生产的工序链条上，建筑设计和营造不过是末梢与终端。一座建筑在物质形态上的成型，远远超出了专业组织的范畴，同时还是更广泛的社会组织进程的环节与结果。通常情况下，相对于上位组织的目标要求，建筑专业组织往往屈居弱势的从属地位。在空间生产过程中，由于被固定于组织生态的食物链底端，建筑师的职业价值仅剩下服务性的专业技能，而建筑师独立的创造理想与自主意愿，则"体制性"的被强大的组织系统漠视，甚至牺牲，其结果是建筑师作为一个群体自主干预世界、创造世界的能力严重萎缩。随着中国现代化社会专业分工体系的日益清晰，建筑行业作为服务性行业的定位也愈加固化。面对这种难以改变的宿命式处境，自主意识日渐高涨的当代中国建筑师开始尝试用多种方式来寻求创作空间的相对自由。

概括而言，建筑创作的自由分为两类：一类是防御性的"被动自由"，另一类是进攻性的"主动自由"。前者在专业边界处深沟高垒，通过构筑并渲染专业的权威性与神秘感来阻止业外人士的指手画脚；而后者则以"广义建筑学"的雄心开疆拓土，"逆袭"建筑之外的广袤空间，通过对更高的社会组织链环的介入、影响，甚至操控以保证自身的自主性意图得以实现。如果我们把第一种策略称为"抵抗建筑学"或"对抗建筑学"的话，那么后一种策略完全可以被称为"进取建筑学"或"包容建筑学"。今天，当中国建筑界在诸多社会力置的挤压下愈益失去职业尊严时，那些向建筑之外，特别是建筑之上的"超建筑组织"领域成功发展的建筑师们的综合实践就格外引人注目。

本文选取卢强、张弘、马清运、黄印武、黄声远这五位在超建筑的社会组织领域有成功实践的建筑师进行案例研究，试图剖析中国当代建筑师介入超建筑组织以获取自由创造空间的多重路径、多样状态，以及未来发展的多种可能性。

2 寻得桃源好避秦

假如没有2003年那次阴差阳错的徽州之行，当年刚从清华大学毕业的博士卢强可能今天仍然是北京城中一个设计公司的老板。在师从单德启教授攻读硕士、博士的七年半时间里，卢强因项目和研究的关系大概去过四五十次徽州。这个经历不仅让他留下了浓重的徽州情结，也为他积攒了丰厚的当地人脉。因此，当毕业后萌生为自己盖座度假小屋的念头时，卢强便委托当地的朋友帮他在徽州寻觅一块宜居之地，丰乐湖由此出现在他眼前。

丰乐湖是黄山南麓的丰乐河上筑坝围成的库区，地处城区和黄山景区之间，交通方便却有避世之妙。在风景奇绝的徽州，丰乐湖不过是无人问津的寻常山水，然而在多年研究风景区规划的卢强眼里，却是一块适宜高端旅游度假项目开发的风水宝地。在以"复杂之整合"为题的博士论文中，卢强提出了一整套基于复杂科学思想的风景区规划理论，但这些理论却因政府和甲方的诸多限制而被束之高阁。因此，当他与丰乐湖山水初逢，陡然发现其"养在深闺人未识"的巨

德懋堂

大价值时，不由产生了把自己的理论付诸实践的冲动。卢强拿出了自己经营设计公司的数年积蓄"孤注一掷"，向当地政府承包了丰乐湖景区的开发建设与经营管理，从此跨界，闯入了旅游地产开发的全新领域。

在多年研究徽州民居的过程中，卢强提出了"徽居再生"的发展理念。他认为如同保护文物一样保护传统徽州民居是不可持续的，要延续徽州民居的生命，让它们继续成为"活的建筑"，就必须把现代的生活内容嫁接其中。于是2003年，卢强开始办理丰乐湖土地手续的同时，还从歙县购买了三栋即将被屋主拆弃的徽州旧宅迁建于此，着手进行"徽居再生"的实验——在维持其传统外观和格局基本不变的情况下，把卫生间、空调、热水等现代设施不露痕迹地添加进去，提升内部空间的整体舒适度和使用便利性，以适应当代的生活需求。

2006年，"再生"后的三座徽州老宅作为酒店式会所开始运营，迅速赢得了广泛的社会关注，并受到安徽省领导的高度肯定。以这三座备受赞誉的徽居改造为起点，信心倍增的卢强开始了"德懋堂"地产项目的开发。德懋堂一期的"十八学士"，是18栋采用传统徽居外部形式与现代建筑内部空间相结合的新建别墅，充分展现了卢强对于徽居建筑的研究造诣与价值趣味，无疑属于当时"新中式"建筑的佳作。然而，建筑设计的成功并不等同于地产开发的成功，由于缺乏大规模的推广费用，这18栋别墅前后用了两年时间才被市场消化。按卢强的自述，当时卖房主要"靠缘分"，"我们在找客户，客户也在找我们"[1]，不少人都是因偶然路过的机缘而惊讶地发现了这个项目。因此，与其说德懋堂一期是地产开发，不如说是"愿者上钩"式的"以房会友"。

以地产开发的标准衡量，德懋堂并非一个成功的高效率模式。诸如开发周期长、项目可复制性差、建设成本高、目标客户群狭窄、年化回报率低等地产开发的大忌，都证明

了德懋堂是一个"建筑师项目"而非"开发商项目"——建筑师关注的是作品，而开发商关注的是回报。假如不是"业余老板"卢强出于某种近乎偏执的建筑师趣味而一意孤行的话，德懋堂这个地产乌托邦恐怕早在策划定位阶段就已胎死腹中了。和历史上许多类似的案例相仿，商业的"错误"反而成就了建筑的幸运。

德懋堂二期的一百多套别墅，同样因卢强坚持自己的建筑理念而与市场要求相左。因不满足于一期建筑仅仅"从传统民居往前走一步"的折衷状态，开始德懋堂二期设计时，卢强放弃了一期深受客户追捧的传统徽派建筑风格，转而进行"新徽居"的形式实验。卢强把自己的"新徽居"概念阐释为"现代建筑本土化"策略，即在对传统徽居的形式要素抽象取意的基础上，完全采用现代建筑语言对整体空间形式进行重新演绎。

从建筑师的角度看，这种不断自我超越的形式创新探索，是天经地义的职业之道，体现着现代建筑创造性的精神内核。然而，从地产开发的角度评估，抛弃已被市场证明的成功定型产品，转而开发未经检验的全新户型，完全违背了最基本的投资风控原理，其危险性与赌博无异。为此，卢强承受了来自团队内部和市场的多重压力，不得不通过耐心的解释来说服反对者们接受他的建筑理念，最终实现了自己的设计意图。

时至今日，略显迟滞的市场销售速度，让卢强不得不对他当初"忘记自己是一个地产老板"的建筑师狂热进行反思，以至于他今天已不确信四年前的建筑风格创新"在综合判断上是否是最正确的选择"。兼建筑师与开发商两任于一身，最大的困惑就来自于建筑的形式逻辑与地产的商业逻辑之间往往存在着不可调和的矛盾。用建筑师而非地产商的方式开发地产项目，尽管可以保证更好的设计实现度，但却意味着要为此付出更高的资金、组织和时间成本。对于建筑这个昂贵的游戏来说，对艺术的"忠"和对市场的"孝"之

间终究难以两全。对此，"十年磨一剑"的卢强也在不断调整自身建筑师与开发商对立统一的双重角色关系。如今，仍作为德懋堂项目首席设计师的卢强，早已修正了当年初涉地产圈时对单一建筑理想的偏执持守，开始逐渐"抛弃一些建筑师的趣味"，转而用"更加理性和综合的判断"来进行决策，以求在建筑追求与市场销售之间找到一个平衡点。

曾在清华大学深受"广义建筑学"影响的卢强，始终保持着自己向更广泛领域开放的状态。在他看来，德懋堂这种类型的地产项目，只有包括建筑在内的对综合创意文化有深刻理解的专业人士才可能操作成功，常规的开发企业根本无法复制。因为德懋堂模式并非纯地产模式，而是以文化创意产业为龙头，融合了旅游、地产、物业管理、生态农业、高端服务业等多重产业属性的综合运营模式。这个新型商业模式的形成，在很大程度上得益于卢强在建筑学习和实践中培养起来的开放的学习态度、综合组织能力、系统思维方法以及追求完美的专业精神，它们构成了德懋堂企业的核心竞争力。

从地产的角度看，十年株守这么一个小型项目似有不值，但从企业文化的角度评估，德懋堂树立了一个知名的品牌，摸索出一套行之有效的模式，却可谓成功。事实证明，在多年"求优不求快"的精品策略指导下，德懋堂品牌已积累起很高的市场美誉度，目前在九华山、武夷山、丽江等地，新的德懋堂项目正进入快速扩张期。回首十年征程，卢强对自己当初的跨界选择无怨无悔。与纯粹的建筑生涯相比，他选择的这条道路意味着更多的不确定性，更复杂的问题处境，更艰巨的综合挑战，但相对于那些在权力和资本的重压下举步维艰的建筑师同侪而言，卢强在项目操作中无可比拟的主动性、自由度，以及获得成功后的精神回报，却是他们可望而不可及的理想。

3 客舍似家家似寄

与扎根十年精耕细作的卢强相比，张弘更像一个在资本和设计之间游走的浪子。1993年从大连理工大学建筑系毕业后，他从北京一路"漂"到上海，画过效果图，当过建筑师，也开过自己的公司，在同里、南浔、西塘、东山等江南水镇做过民居翻新的买卖，还在上海做过旧建筑改造的二房东生意……辗转多变的经历让他积累了丰富社会经验，也强化了他活跃的思维和不安分的性格，更让他拥有一般建筑师所缺乏的主动发现并捕捉机会的灵敏嗅觉。

爱好旅游的张弘一直渴望自驾去拉萨。在研究资料时，他发现从上海到西藏有一条号称"中国景观大道"的318国道，途经上海、江苏、浙江、安徽、湖北、重庆、四川、西藏等省、自治区的一千多个城镇，串联了江南、皖南、华中、川西等多个迥异的文化传统风貌圈，蕴藏了丰富的乡土建筑。这个发现让张弘灵机一动，结合自己此前在江南古镇从事民居改造和买卖的经验，他构想出了一个"318大院"的系列计划——发掘318国道沿线的风貌古镇，分别在其中选取有开发价值的旧建筑，将其改造成连锁品牌客栈。

张弘将自己在苏州吴江芦墟古镇盘下的一处旧建筑进行改造，当成"318大院"计划的第一个试点项目。他联络了九名设计师和九个出资人，分别以设计、现金方式入股，把原来的供销社改造成一处乡村客栈。这个项目建成后，获得了2013世界华人建筑师设计大奖的金奖。运营四五个月以来，客栈通过微信群的传播吸引到不少客源。尽管在经济效益上不算成功，但该项目让张弘获得了实际操作的经验，并由此完善了"318大院"的商业模式。

与"文化为王——设计创造价值"的"德懋堂"范式不同，"318大院"的思路是"模式为王——组织创造价值"，

即通过主动性的资源组织，以及预设严格周密的标准化操作流程，为资本提供了一个富有吸引力的商业盈利模式，从而用很少的自有资金撬动一个庞大的产业运营，并在其中占据主导性话语权。为此，需要说服投资客、运营商、目标客户这三类人群并把他们有机组织在一起。

"318大院"的投资主体，被张弘锁定为出身当地古镇并在外成功发家的"原产地富豪"，他们将负担土地和建造的全部费用，是建成物业的拥有者。他们的投资回报体现在场所使用权、物业未来升值、运营收入分成，以及标志性设计带来的心理满足感。"318大院"的运营商，是张弘与某知名酒店管理集团联合成立的一个新的品牌运营管理公司，该公司承租建成后的物业，以品牌、设计、运营等软性投入持有项目公司51%的股份，以保证对项目运营的绝对控制力。"318大院"的目标客户群则相对比较容易保证，尝鲜体验加文化猎奇，再配合强有力的传播手段，大城市周边地区不难吸引到大量年轻的小资群体。

建筑师要反向驾驭资本，首先要操持资本听得懂的语言，讲述资本感兴趣的故事，而资本唯一感兴趣的故事就是盈利。深谙此道的张弘对投资者讲述地产升值的故事，对运营商讲承租预收款抵押银行贷款的故事，而这些故事显然已经开始奏效——品牌运营管理公司业已成立，股东的订金已经到账。在这个精心设计的组织系统中，张弘个人的资金投入极少，但却通过逐级放大的杠杆效应换取了对每一个项目高度的话语权，可谓是回报丰厚的"组织红利"。

如今的张弘，终于"只做自己的设计"[2]，面对再强大的合作方，他都有底气坚持自己的意见。建筑在他看来，是一个创造价值的工具，而设计则是一种组织权力。谈及当初不想再做一名纯粹建筑师的初衷，张弘认为主要是深感建筑师这个职业"不能创造更大的价值"，在权力和资本意志的驱策下，设计沦为一种体力劳动，其本应创造的市场价值由于无谓的方案反复而被严重稀释。现在从事"318大院"的组织和投资活动，在张弘眼中反而极大地提升了设计的价值，自己作为建筑师在选址、策划、设计、营建过程中的专业判断，保障了投资的安全性并能增加其回报率，而建筑师视觉化的直观表达方式，也提高了与各个组织环节的沟通效率，是一种"资本看得懂的语言"。

通过"318大院"计划，张弘为自己创造出一个全新的世界，"这个世界尽管很小很小，但是你可以控制它，建筑师可以做这个世界专注的主宰者。"

4 蓝田日暖玉生烟

蓝田是马清运的故乡。自古以来，蓝田并不出产葡萄酒，甚

▮ 玉川酒庄

至也没出产过葡萄，但20年前，马清运在意大利的一次旅行却让这个历史发生了悄然更变。1992年，由于在宾夕法尼亚大学毕业时拿到了学校的"旅行奖"，马清运得以有机会沿着文艺复兴的发展道路，在意大利从北向南进行了一次为期三个月的旅行。在这次旅行中，马清运注意到汽车一路都在葡萄园间穿行，而"见到的所有好地方都产红酒"[3]。

直到1997年回国之前，马清运都还没有意识到自己的眼睛已经"被意大利激活了"。因此当他再见蓝田时，不禁惊讶于那些自小熟谙的故乡之景竟然产生了全新的意义。按马清运的说法，"以前蓝田这些地貌在我眼里没有内容，但当这双眼睛去过意大利后，就变成了被告知的眼睛(Informed Eyes)"。他直觉地认为，"凡是世界上产好红酒的地方都长这样，景观一样，就应该出产差不多。蓝田现在还没有红酒的原因，是因为还没有我这样的眼睛看到过类似的地理地貌。"凭着"千秋遐矣独留我"的强大自信，马清运产生了要在家乡种葡萄、酿红酒、建酒庄的念头。为了实现自己这个乌托邦式的执念，马清运在蓝田玉山镇投入了15年的持续工作，直到今天，他的"玉川酒庄"仍然是一个现在进行时的建设工地。

在马清运30年的建筑生涯里，"异乡"和"故乡"一直是他最重要的两大思想策源地，也是其建筑中反复叠映的符号母题。作为一个出身乡僻但却天赋惊人的游子，马清运对异乡的憧憬和热爱远超对故乡的留恋与深情。不断转换地点并不断取得成功的经历表明，他具有迅速了解异乡、融入异乡，并把任何一处异乡变为故乡的能力。马清运在建筑上的创造力，很大程度上来自于他在异乡和故乡这两个广义文化空间之间的相互运移。无论是异乡图景在故乡的植入，还是故乡"土话"向异乡的输出，这种不设过渡的、粗暴但却直接的文化插入和并置，造就了一个又一个感染力强烈的陌生化形式语境。简言之，"陌生的暴力"或"暴力化的陌生"是马清运所向披靡的看家法宝。或许，这种对世界的陌生感，正是故乡和异乡给他的双重感受，对一个文化游子来说，异乡即是故乡，故乡也是异乡。

迷恋于异乡图景的马清运，试图用葡萄酒庄这个对蓝田而言纯然陌生的舶来构造来改造自己的故乡。然而，实现这个陌生图景的难度，恰恰来自于他在建筑设计中向来的模式，甚至刻意抹煞的"从异乡到故乡的距离"。在远离城市并且没有任何红酒产业与文化基因的蓝田玉山镇，建立并运营一个葡萄酒庄无疑是一次乌托邦式的冒险，无论这个乌托邦多么具有蛊惑力，也无法回避其实际落地的诸多困境。

首先是经验的匮乏，从设计建筑到运营酒庄，并非相关或相似领域的跨界，而是风马牛不相及的两个行当。有别于卢强和张弘，在其新进入的红酒领域，马清运无法移植或借助以往的建筑经验，他必须从零积累，从头学起。例如在酒庄初创时，虽然马清运笃信可以在蓝田做出红酒，但却没有任何一点葡萄种植的知识与经验。1998年，他在上海请教了一位法国农业部官员，对方告诉他，当地只要有杏树就可以种葡萄。他居然就凭这句话，在没有做土壤检测的情况下，从1999年开始在蓝田试种葡萄，五年后尝试酿第一款红酒，以纯业余的姿态，把玉川酒庄开办了起来。

回首当年，马清运自己也承认，"对做酒庄的专业兴趣直接导致了盲目的信心和盲目的投入、时间以及成本"。尽管对红酒业基本是个门外汉，但马清运自认"学习能力填补了盲目信心的空档"。凭借广阔的国际视野和市场敏感度，马清运在2004年邀请波尔多土壤实验室进行土壤检测，并从法国请来了顶级酿酒师、土壤气候专家以及红酒圈中的重要人物为其工作、把关，从2006年开始，玉川酒庄完全按照波尔多的品质标准来要求种植和酿造管理，为将来跻身国际一线酒庄打好基础。

如果说"把波尔多搬到蓝田"，眼光、勇气与想象力是先决条件的话，那么"让蓝田成长为波尔多"，还需要应对更为庞杂多样的现实挑战。资金来源、团队建设、运营统筹、市场开拓、证照审批、文化传播，等等，这些挑战不仅全面逸出了建筑师行当的问题阈限，也大大超过了马清运最初颇显天真的难度预期。然而，马清运的超人之处正在于，他不仅是一个常规意义上的"机会主义者"，更是一个善于创造机会，并且在机会中不断创造出新的可能性的"创造性机会主义者"。虽然缺乏一个严密周详的全盘计划，但马清运随着问题形势的发展见招拆招，不仅把玉川酒庄打理得越来越成气候，还把经营范围拓展得更加广泛。

没有钱，就与银行、基金、投资人周旋；没有人，就按照行业要求组建不同的专业团队；没有市场，马清运就亲自上阵，在一切场合不遗余力地营销推广；没有上位规划，马达思班就包办了从玉山镇到蓝田县的总体规划设计；没有红酒文化，就每年在酒庄举办"天井大碗"的艺术文化

论坛……从1998年玉川酒庄初创至今，15年来其业务范围已经覆盖了种植、酒业、销售、地产四个领域，并分别成立了四个独立运营的对口专业公司。马清运的红酒帝国版图，也不再满足于酒庄周边区域的扩展，他准备重新包装玉山镇的传统集市，将玉山打造成中国的纳帕溪谷。近来，马清运又进军北京平谷，设立分厂生产桃子果酒，而玉川酒庄旁边33333 m²（50亩）地产开发也已经证照齐全，只待销售。

令人惊叹的是，上述这些大量的组织运营工作都是马清运在纯粹业余状态下完成的，他多年来的主业是美国南加州大学建筑学院的院长，以及马达思班建筑事务所的老板兼主创建筑师。在精力过剩的马清运看来，建筑圈实在太小，这位在国际、国内建筑界都呼风唤雨的明星建筑师居然认为，"建筑对我来说永远都不是一种职业的规划"。他坦承自己"在清华时代就非常讨厌建筑设计课，因为设计的交流和做法都达不到理论和知识的境界，技法也很庸俗。"直至今日，马清运仍"一直在寻找可以控制建筑的力量"，他认为"建筑师不能控制建筑，因为建筑师不能带来建筑的内容体系——无论实用内容还是哲学内容。建筑师的教育体系和思考方式几乎没有能力来做这件事。"马清运清醒地认识到，要参与甚至掌控"建筑内容体系"的建立，就必须投入到建筑之外的大量社会性思考和工作中去，用他自己的话说，"我是对建筑有更高的要求才参与到这些思考和工作之中，如果不做就不能满足一直有的好奇心和野心。"

广义而言，如果把建筑比作马清运的"故乡"，那么建筑之外的社会就是他的"异乡"。纵观其生活状态，无论在地理、文化，还是在职业、实践的意义上，马清运都是一个真正的游子，在异乡和故乡之间居无定所，并且乐此不疲。和以往从异乡的长途贩运一样，15年来建筑之外的社会实践让马清运从中获颇丰，有了自己的产业支持与物业造势，马清运现在拥有单纯建筑师所不具备的主动性社会议价能力，而多重跨界的经验与人脉积累，让他的资源调配和组织能量比以往更为强大。

在对建筑问题的认识上，异乡的工作也对马清运造成了深远的影响。首先，在建筑本体问题上本就持"反形式"态度的马清运，现在进一步把建筑定义为"参与组织一种社会能量必须的手段"。其次，在工作方式上，他目前更倾向于通过组织最好的团队去完成设计和营造，而非像5年前那样，"需要把一个建筑从形成到制作的整个过程用自己的判断力和标准来亲自操作"。第三，不再依赖简化的秩序去控制建筑的组织，用马清运的话说，"一个项目从方案到扩初，我以前非常惧怕乱。现在觉得越乱越好，越乱越可能重新组织，反而是安安静静、早早凝固下来的状态很危险。"

或许，对一个真正觉悟的建筑师来说，比起预设意愿的充分实现，以及个人化恣意而为的独断控制，学会享受乱，享受失控带来的机会，以及组织所造就的生态可能性，才是更高层面的创造自由。

原本马清运义无反顾奔向社会异乡的初衷，是为了从组织系统层级的顶端攫取对建筑故乡的绝对控制力，以"为自己建构一个可以把物质处理到极致的空间"。然而从建筑之外百战归来，马清运是否已领悟到，那种在绝对控制下进行所谓极致物质创造的自由，不过是一种经典建筑学的俗套？

而自由的真正秘密，正在于不可预期。

5 此心安处是吾乡

沙溪，并非黄印武的故乡，但他在这个边陲小镇已工作了整整10年。

2003年3月，刚从苏黎世联邦高等工业大学（ETH）硕士毕业的黄印武，作为"沙溪复兴工程"的外方代表，被派驻到云南省大理州剑川县沙溪镇寺登村。当时已被列入"世界濒危纪念性建筑名录"的沙溪寺登街，是茶马古道上唯一幸存的古集市。由于处偏远地区且发展滞后，因此，昔年作为古道驿站综合设施的马店、寺院、店铺、广场、魁星阁、戏台等历史遗存都被相对完整地保存了下来。于2003年正式启动的沙溪复兴工程，是由瑞士和美国的多家机构与剑川县政府合作，将文化遗产保护与乡村可持续发展高度整合在一起的国际文化合作项目。这一计划包括三个层面：第一，保护寺登街核心区的古建筑，重新展现其历史价值；第二，改善古村落的基础设施，激发其现代活力；第三，提升整个坝子的经济健康度，通过挖掘其产业潜能为沙溪长远的可持续发展提供支撑。

黄印武最初的工作是作为驻场建筑师，协助项目的总负责人瑞士专家菲恩纳尔（Jacques Feiner）在当地进行工程的协调管理。2006年之后，黄印武接替菲恩纳尔，担任沙溪复兴工程项目和沙溪低碳社区中心项目的负责人。10年来，黄印武的工作既系统又散碎，系统的是他负责整个项目的全盘统筹，从策略定位到单体设计，从资金调配到材料采办，从施工管理到社会组织，巨细靡遗担于一肩；散碎的是由于人手匮乏无法形成专业分工团队，同时又不愿按照大而化之的程式化模式进行"批处理"，黄印武不得不亲自对面临的每一个实际问题做出特殊的针对性因应，这让他的日常工作呈现琐细的碎片化状态，甚至很难清晰地加以概括描述。

对每一处工作细节都亲力亲为的结果，是黄印武的生活与沙溪彻底融为一体。他每天穿行在古镇村落的大街小巷，像熟识的每一个当地人一样过着柴米油盐的家常日子。看着

他时而指挥工匠夯土、锯木、漆柱、刷墙，时而与村民开会讨论排忧解难，谁也不会相信他是一个客居于此的异乡人。日复一日年复一年，沙溪每一天的面貌都仿佛黄印武从未来过，没有一般"工程"二字所暗示的轰轰烈烈，只有近乎微不可察的变化的点点滴滴。

10年辛苦，尽管润物无声，却也潜移默化，沙溪古镇如同一株回春枯木，一点点恢复了生机。不知不觉间，原本被民居屋面遮去的东寨门翼角又重露了出来，粗糙的戏台藻井变得精致耐看，戏台两侧的民居改作了陈列室，马店化身为现代设施齐全的客栈，兴教寺的大门变成了村民们喜爱的样子，原来刺眼的木柱水泥墩接被粉刷得不露痕迹……2005年，沙溪复兴工程获得了联合国教科文组织的遗产保护奖。2009年沙溪被收入了《Lonely Planet：云南》旅行指南。这个僻处一隅，原本乏人问津的古镇，如今每年来访的游客已达五六万人，其中将近1/5的人来自境外。

随着越来越多的旅游者和外部资金涌入沙溪，当地村民的收入也有了明显提高，经济活力得到了有效带动。难得的是，古镇风貌仍保留着一派淳朴天然的本色。

流水10年，黄印武改变了沙溪，沙溪也改变了黄印武。他从10年前初到此地时那个眼里处处是问题，脑中时时有想法的海归书生，变成了"肯与邻翁相对饮""秋日春风等闲度"的当地一员。黄印武说："刚来的时候想法很多，呆了几年就没想法了，都习惯了。建筑师刚到一个地方时，具备的是外来经验，所以有很多想法和当地不一致。但当你融入地方之后，就会发现很多东西其实是无所谓的，只是对地方的认同问题。"[4]如果说马清运的工作方法是把问题变成机会，甚至"没有问题创造问题也要上"的话，那么黄印武在沙溪10年的岁月中学到的则是从思想上包容问题，从根源上化解问题，调适自己的心态，从容地与问题为邻，把所谓的"问题"视作寻常，在耳鬓厮磨中获得原生的亲近。

黄印武的经历，不禁让我们反思现代建筑学根本性的价值目标。或许建立在发展观、变化观、问题观、成就观基础之上的当代建筑价值观，从根源上就已走入误区。当代建筑学需要回归建筑的日常状态——"没有问题"的状态。而一向被建筑师所津津乐道的"发现问题并解决问题"甚至"创造问题"的非常状态，可能反而是建筑学的一种庸人自扰。

在这个前提下进一步审思当代建筑师普遍面临的"自由困境"，会发现其中大部分所谓"不自由"的痛苦，往往来自于他们不切实际的愿望难以达成。而这些"不切实际的愿望"的萌生，直接源自当代建筑学对建筑日常状态的对抗性预设——对抗平凡的思想、普通的形式、庸常的材料、习惯的工艺，等等……现代建筑思想的核心——所谓的"批

判性"，正是与日常状态拉开距离的一种思想对抗的力量。批判性保证了建筑"想法"的源源供给，但这些被刻意"生产"出来的非常态想法必然会与现实相互抵触。从根源上看，建立在批判性基础上的当代建筑价值观虽然让建筑师们壮怀激烈，但"求不得"的痛苦也会如影随形。黄印武的工作昭示我们，一旦消除了建筑学对日常状态的对抗性预设，建筑师就有可能获得某种"顺应的自由"，从而为自己创造出另类的"解放的空间"。正如那个领悟了"解牛规律"的庖丁所看到的秘密，这个微小的解放空间虽然间不容发，但却足够游刃有余。

与黄印武一起回家，回到建筑学日常状态的故乡。在故乡，缓慢是一种自由，从容是一种自由，理解、认同和包容也是一种自由。这种自由并非积极的能量迸发，而是心中对抗性戾气的炼神还虚。流水今日，明月前身。故乡让人安心，而安心又让人随处发现故乡。

6 此日中流自在行

随着专业和大众媒体的大规模传播，台湾建筑师黄声远的宜兰实践，在今天的中国建筑界已经广为人知。扎根这个偏远小县19年，黄声远全部的建筑工作都在离宜兰车程30分钟以内的区域展开。从处女作"宜兰厝"开始，一砖一瓦、一石一木，黄声远不动声色地悄然重塑了这座城市，从人行道上的地砖到环绕城市的水系；从不露设计痕迹的步行小巷到形式感十足的文化工场；从小巧精致的过街天桥到体量巨大的政府办公楼；从混凝土浇注的厚重碉堡到钢格栅铆接的轻盈栈桥；从跑道到大棚，从围栏到秋千，从农舍到墓地，从博物馆到幼儿园……19年来，随着黄声远在宜兰城乡空间的信手涂抹，这座小城逐渐变得气韵生动且风情万种。2012年11月，黄声远设计的罗东文化工场甫一落成就吸引到台湾电影金马奖颁奖典礼首次在台北之外的空间举行。而他经营十数载的"宜兰旧城生活廊带与维管束计划"，又让宜兰成功入围"联合国宜居城市奖"的初选，宜兰与黄声远，相互造就、互相成全。

被称作"赤脚建筑师"的黄声远，在宜兰这块土地上的实践早已超越了建筑的一般范畴。他工作的触角不断延伸，逾疆越界，把城市、景观、艺术、生态、资源、社会等全方位内容都包揽到一个整合系统之中。宜兰酒厂的改造是一个跨界整合的经典案例，这家百年历史的老厂因市场萎缩濒临倒闭，大量厂房处于闲置状态。黄声远首先打开厂区围墙，让一条城市步道穿越其中，两端与宜兰旧城生活廊带衔接，令酒厂成为龙头式的城市魅力节点；利用原先在厂房中蔓延的钢管，改造成导引步道的艺术装置，同时兼做支撑雨篷和

| 宜兰礁溪生活学馆 | 沙溪

爬藤植物的结构体，配合滴灌与喷雾系统，创造出一条舒适迷人的生态绿廊；保留原有厂房的空间状态，将之改造为酒文化博物馆、酒产品展销厅、特色主题餐厅等内容，厂房内既存的大型不锈钢酒桶改做展室、螺旋楼梯和宴会包厢，在生态绿廊的串导下，统合成一个特色鲜明的城市公共空间系统。此外，黄声远还替酒厂做了产品的包装设计。宜兰酒厂改造收获了惊人的成效，改造后的酒厂成为宜兰最热门的旅游景点，其出产的各种酒类顺势大卖，酒厂也因此恢复生机，以酒厂为核心的当地社会生态借此重振活力。

黄声远在宜兰的实践，不仅在内容上模糊了建筑、城市及景观设计的类型定义，在范围上突破了建筑师工作的职能边界，更是在方式上颠覆了空间生产的常规组织流程。他在宜兰最重要的几个建筑作品——包括罗东文化工场、津梅栈道、西堤屋桥、光大巷、铁路公园、火车站小美术馆群、旧城生活廊带与维管束计划，等等，并无业主和委托方，纯粹是黄声远自己凭空创造出来的公共项目。他把自己的创意绘成方案，拿着图纸去政府相关部门游说，以获得公共资金的支持。黄声远不怕失败，如果提案遭拒，他会在更翔实的研究基础上反复陈请，或发动社会力量共同呼吁，有时候还不得不借助政治人物竞选角力之机迫其承诺。在台湾，尤其是宜兰特殊的自治性政治生态环境中，黄声远以公共利益为诉求的主动创造策略屡屡得以奏效。作为没有甲方的乙方，他把自己的建筑工作从被动的服务性地位解放出来，抬升到主动的引领性组织地位，重新定义了建筑师与政府和民众的关系。黄声远说，自己之所以选择建筑师这个行当，是因为一直相信，"搞空间的人可以让我们解放"[5]。为了这种解放，黄声远曾不惜用10年时间说服台电拆去围墙让出光大巷，前后14年殚精竭虑与三届政府斗智斗勇，最终保证了罗东文化工场的完整实施。为了实现他恢复宜兰水道的创想，黄声远还亲自实验如何用胶合板制作吃水深度不超过60 cm的观光

小舟。"Freedom is not free"（自由不是无代价的），黄声远显然深谙此理。

通过不断主动创造公共项目，黄声远在宜兰获得了其他任何建筑师都难以拥有的创作自由与决定权力，但他并未因此把他的建筑工作纳入一个强控制的秩序之中。事实上，有别于马清运、卢强、张弘等寻求控制世界权力的建筑师，黄声远与其所创造的世界之间并不存在控制与被控制的等级关系，以及因此而产生的紧张感。黄声远有句名言，"建筑是一种陪伴"，在他看来，建筑是对万物的陪伴，而不是对世界的规定。陪伴意味着无欲的松弛，而规定则是一种标记着愿望向度的矢量；不同矢量向度间的相互交叉必然会造成紧张、冲突，甚至破坏，这意味着某一种自由向度的实现难免要以其他自由向度的牺牲作为代价，这是曾深受"戒严时代"被威权干涉逼压之苦的黄声远所不能接受的。黄声远所追求的建筑理想是"每个人都在自己的空间里不被打扰"，按以赛亚·伯林（Sir Isaiah Berlin）的定义，这是一种更富包容性也更安全的"消极自由"[6]。

黄声远的"陪伴建筑观"决定了他对于自己所创造的建筑也保有一种陪伴而非控制的态度，缘缘相起，随缘而化，早已消除了对某种确定的预设状态的执着。因此，黄声远建筑的形式呈现不过是被因缘链条所固定住的诸多可能状态的一瞬显相，而不是被意愿预先锁定的唯一目标。在"陪伴建筑观"的陪伴下，19年来，黄声远尽管在宜兰留下了大量的建成作品，但却没有为自己树立起任何一座个人的形式纪念碑。他所采用的建筑形式灵动多变、信手拈来、随意跳脱，没有任何目标意愿对形式的附着，因此也就没有判断形式对与错、好与坏的负累；没有可被辨识的固定风格，故而也不会因被囚禁在某个明确的形式阈限而失去向更广阔创造空间开放的可能。黄声远说，"没有风格，是一种态度"。事实上，没有风格，也是一种自由。在这个形式和风格都被疯狂消费的年代，没有风格的黄声远享受着不被媒体肆意消费、被市场逼迫进行风格化重复生产的消极自由。

行走于生长在宜兰大地上的黄声远的建筑之间，才可以真正感悟到原来黄声远不是在设计建筑，而是在经营世界，一个多样具足、包容共生、浸润涵育的生命世界、生态世界以及生活世界。与《黑客帝国》中那个一切尽在掌握的虚拟秩序世界不同，黄声远的"三生世界"没有自上而下的层级控制，而只有风行雨住的随遇而安。在他的建筑世界中，黄声远获得了双重的解放——不仅为自己创造了驾驭组织的自由，更进一步把自己从积极自由的奴役危险中再次解放出来。黄声远的工作状态，用"自在"二字参差可以描述——所谓自在，就是去除了意愿矢量向度的自由，就是消除了目的之后的自由。

自在之于世界，没有要求，只是陪伴。

7 未解无私造物情

世界是一种组织方式，建筑也是。组织世界和组织建筑本质上是同构的。

在现代化大生产的分工体系中，建筑师愈益被固定在空间生产流程的最后一道工序而无须过问前端。这样的分工体系从体制上就决定了建筑师的生产能力越来越强，而组织能力却越来越弱，以至于今天的建筑师已经忘却了这个职业在历史上曾拥有过的更强的组织能动性。建筑师原本有能力在更广的范围内参与对世界更富创造性和完整性的组织进程，但常年在流水线上的惯性劳作已经让他们安于自觉地遵守车间的生产纪律。建筑师离建筑越近，离世界就越远。

远离世界的一大恶果，就是建筑师失去了向世界构成的丰富法则学习的机会以及能力。因此，在现代分工体系下，建筑师变成了一个单调的职业，他们只能向车间学习规则，向更老的工人学习经验，而不能向世界直接学习造物。职业的单调属性，严重制约了建筑师的想象力和创造力。他们自认为已足够放纵想象力，但实际创造出来的仍然是可怕的单调。对于文明生态来说，单调就是罪恶。

当代中国，正处于文明更变的转型期，尚未完全凝固的社会结构还呈现出半液态、可流动的特性，这令中国当代社会存在着以多种方式、沿不同路径、朝更多向度重新进行组织的丰富的"历史可能性"，尽管留给这些可能性的时间窗口正在快速的关闭。身处这个时代，对它的历史可能性无所觉察或者无动于衷，都是严重的暴殄天物。毕竟，类似的机会历史不可能再给我们一次。

在当代中国建筑界，本文所论述的五位建筑师属于绝对的异类和少数派。虽然介入超建筑组织的方式各不相同，遭遇和状态也迥然相异，但他们都试图通过向陌生领域的探索而对日趋固化与窄化的建筑师专业身份进行重新定义。尽管对这五位建筑师超建筑组织的尝试评价各异，但必须承认，他们超越性的实践是对中国建筑师习以为常的职业单调性的勇敢救赎。或许，这样微小的救赎无力改变空间生产流水线的强大运行，但至少他们打开了生产车间的一扇小窗，让更多的人眺望到远方世界的江山一角。他们没有辜负这个时代赋予每个人的稍纵即逝的历史性可能。

对于渐趋稳定也渐失活性的中国当代建筑生态而言，向建筑之外领域的主动"杂交""混血"，是激发活力、加速演进的不二法门。从这个角度看，这五位建筑师个人化的超建筑组织活动同时具有了集体性的价值意义。他们所开启的

"解放的空间"解放的不仅是建筑师的组织权力，更重要的是解放了原本被专业偏见所束缚的建筑创造的更多可能性。在建筑内外潇洒来去，他们多姿多彩的大胆实践印证了电影《肖申克的救赎》中一句著名的台词："世界上有一种鸟儿是永远禁锢不住的，因为它身上的每一片羽毛都闪烁着自由的光辉。"

（原载《世界建筑》2014年01期）

注释：

[1] 本节引述卢强语句均来自2013年12月6日晚对卢强的电话访谈，以下不一一标注。
[2] 本节引述张弘语句均来自2013年12月11日中午对张弘的电话访谈，以下不一一标注。
[3] 本节引述马清运语句均来自2013年12月15日凌晨对马清运的电话访谈，以下不一一标注。
[4] 来自2013年12月7日下午对黄印武的电话访谈。
[5] 本节引述黄声远语句均来自2012年12月27日晚对黄声远的当面访谈，以下不一一标注。
[6] 伯林.两种自由概念[A].刘军宁等编.市场逻辑与国家观念[C].北京：三联书店，1995：201.

参考文献：

[1] 郝琳，黄印武，任卫中.真设计下的真生活[J].时代建筑，2013（4）：52-56.
[2] 周榕.神通、仙术、妖法、人道：60后清华建筑学人工作评述[J].时代建筑，2013（1）：52-57.
[3] 邓小骅.60年代生建筑师的群体代际特征初探[J].时代建筑，2013（1）：28-31.
[4] 王硕.脱散的轨迹：对当代中国建筑师思考与实践发展脉络的另一种描述[J].时代建筑，2012（4）：29.
[5] 刘苗苗，卢强.徽居再生与徽派创新：黄山德懋堂度假徽居[J].建筑创作，2012（7）：196-199.
[6] 罗时玮.批判的田园主义黄声远（田中央）团队的建筑在地实践[J].时代建筑，2011（5）：58-61.
[7] 邓在.十年[J].建筑师.2010（6）：10-15.
[8] 戴春.关注建筑的价值与意义：从第七届远东建筑奖看海峡两岸建筑发展[J].时代建筑，2010（5）：140-145.
[9] 阮庆岳.声远音嘹亮：现代建筑的平民化与社区辩证[J].时代建筑，2009（2）：40-43.
[10] 宋必袭.昨夜疑是松动我——黄声远的宜兰礁溪生活学习馆[J].时代建筑，2008（5）：72-77.
[11] 李武英.中国建筑师走向国际的动力：评马清运、张永和执掌美国著名大学建筑教育之帅印[J].时代建筑，2007（1）：2-3.
[12] 朱剑飞，薛志毅.批评的演化：中国与西方的交流[J].时代建筑，2006（5）：56-61.
[13] 孙继伟，马清运.制约与创造城市建设管理者、业主、建筑师的对话[J].时代建筑，2005（3）：82-86.
[14] 卜冰.标准营造[J].时代建筑，2003（3）：46-51.
[15] 彭怒，支文军.中国当代实验性建筑的拼图——从理论话语到实践策略[J].时代建筑，2002（5）：20-25.

作者简介：

周榕，清华大学建筑学院副教授，《世界建筑》杂志副主编。

新世纪中青年建筑师建筑形态实验探索

戴路　张颖

摘　要：建筑形态是建筑设计中最重要的环节，建筑师对建筑形态的
　　　　实验探索是建筑设计实验的重要内容。文章结合新世纪以后
　　　　中青年建筑师的建筑实验探索行为，从建筑形体、建筑空间
　　　　和建筑装饰3个方面对中国建筑实验中的建筑形态创新问题
　　　　进行了探讨。分析其实验行为的深度和范围，总结成就和不
　　　　足之处，为后人提供借鉴和经验。
关键词：中青年建筑师　实验建筑　创新

　　建筑实验指的是建筑师对建筑理论、形态及空间上的前卫探索行为，通过实验探索寻找建筑创新的可能性。中国建筑实验起步于20世纪80年代，在90年代末开始受到关注。新世纪开始，由于建筑师渴求适合中国自身的现代建筑理论，建筑实验成为备受瞩目的领域。尤其是中青年建筑师在建筑形态实验探索领域颇为活跃，他们不断推陈出新，尤其是在建筑形体、空间和装饰方面进行了不懈的探索。这些对中国现代建筑的发展有巨大的借鉴意义。

1　建筑形体创新

　　建筑形体指的是建筑的整体形象和外部轮廓"形"，体现在立体和平面之中的"体"，则是由平面围合而成。[1]新世纪以来，中青年建筑师尝试用新的设计手法和设计理念创造出新的建筑形体。

1.1　创造几何性建筑形体

　　用几何的设计手法创造新型空间，打破原有中国建筑形体乏味单一的情况，是中青年建筑师设计时常用的手段之一。张雷就是一位擅长通过几何手法来创造空间的建筑师。其作品国家遗传工程小鼠资源库（图1）体块简洁、逻辑明确，产生空灵干净之美。凤眠艺术公社（图2、3）用11个正方形体块散落分布，形成室外不规则的空间环境，充满几何图案的趣味性。友诚集团莫干山生态园高尔夫别墅（图4）中，也延续了使用几何构图的风格。不仅建筑本身是退台式的集合体块，还应用形状明确的片墙，配合突出的长方形露台与玻璃幕墙强化建筑集合语言。南京大学生物医药研究院（图5、6）的设计中，他将几何手法用在外立面的设计中。首先，他将建筑立面进行切割，划分出大小不一的矩形，之后用密

图1　小鼠资源库立面

图2　凤眠艺术公社1

图3　凤眠艺术公社2

图4　高尔夫别墅立面

图5　南京大学生物医药研究院1

图6　南京大学生物医药研究院2

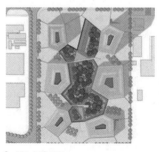

图7　杭州下沙教育实践基地

图8　细胞平面

图9　不规则空间广场

图10 芯片体外观　　　　　　图11 电路　　　　　　　　图12 网络桥

度不同的竖向边框填充其中，强化立面上的长方形，最后辅
以不同的颜色再次强调立面的几何感。

1.2 模拟生物有机体形体

人法自然。自然界是人类生存和发展的最基本载体，人
们不仅可以从自然界之中获得物质产品，也能从中找到精神
力量。自然界生物的万千姿态为建筑师提供了灵感之源，他
们用建筑学设计手法展示自然界的生物形体之美。

维思平建筑事务所杭州下沙教育实践基地（图7）的概
念设计方案，从植物细胞形态中寻找建筑灵感，将建筑设计
成为有机生长的状态。从视觉上展示有机和生态的建筑概念，
体现建筑与高科技相关联的建筑功能。建筑平面上呈不规则
多边形（图8），在其外部组成收缩或开放的空间广场（图9）。
强化空间的透视效果，带给使用者充满趣味的空间感觉。

1.3 多媒体融入建筑形式

新世纪伊始，多媒体技术发展迅猛，这为中青年建筑师
建筑形体的创作手法带来了新的元素。建筑师充分运用新世
纪以来最新的多媒体技术塑造建筑形体。朱锫在"数字北京"[2]
的设计中则表现为力求在解决建筑功能方面的实用性的同
时，融入建筑师个人对数字时代的理解。"数字北京"建筑
本身就是数字化时代下的产物。建筑师从计算机的"芯片"
获得设计灵感，将建筑外观设计为一个巨大的"芯片体"（图
10），根据使用功能分割出的4个灰褐色石质材料的巨大建
筑体块。石材冷硬的质地展示了它神秘又不可触摸的特点。
为了引起人们对电子信息世界的共鸣，建筑师在立面设计中
主要引入了两个主题：电路和电子流。西立面以石材作为主
要材料，仅在竖向设置几条带形玻璃来进行采光，象征"芯
片体"上的电路（图11），整个外墙酷似抽象化的集成电路板。
这与人们对电子信息的第一感官印象是相符合的，其视觉效
果极易引导人们联想到数字世界。建筑东立面的玻璃幕墙中
嵌入了LED液晶显示屏，夜幕降临屏幕亮起后，会产生流动
的光点，出现仿若流星雨落的梦幻效果，让人对电子世界产
生无限遐想和神往。西侧的带状门口就是数字世界的大门，

走过架在水面上的"网络桥"（图12）就踏上了神奇的"数
字地毯"，随着参观者的前进，建筑空间由压抑慢慢转为开放，
最后将参观者引向巨大的长条形采光中庭。

2 建筑空间创新

2.1 后现代主义空间体验

以人为本，一切为人的感觉服务。这是一个前所未有的
追求人性化的时代，处处要求体现出对人的关怀。强调自由、
自我的西方思想传入国内后，人们开始了对自己的思考和认
知。20世纪末，国际建筑界在经过了绝对理性的现代建筑思
潮之后，出于对"人"的反思，更加具有人情味的后现代思
潮开始流行起来。这为中青年建筑师的实验探索提供了方向。
张永和的作品苹果社区销售中心[3]的初衷就是营造一种人性
化的空间感觉，体现着后现代主义的设计理念。由于旧建筑
锅炉房本身承载了时间、社会活动和人的情感而具有历史价
值，因此，依据改造后的功能要求，建筑师最大化地保留了
厂房的原有痕迹，只是在能满足新使用功能的空间增添构件。
同时，采用生锈的钢板、对比强烈的色彩凸显历史符号和艺
术感。保留城市记忆和历史后，售楼处就不再是冷冰冰、功
能组合下的产物，也具有了文脉内涵和特殊情感。锅炉房的
开阔空间可以有多种划分方式，迎合许多用途。为了呼应这
种空间感，建筑的外围铺设了大量鹅卵石，形成了一片石海，
建筑漂浮其中，带来浪漫的文化氛围。建筑的入口呈巨大的
不规则几何形状，强化了建筑的不确定感（图13）。

建筑师王辉在其作品唐山城市展览馆中则是从建筑与城
市环境入手，来创造出宜人的漫游空间。建筑由6个平行长
方体块组成（图14），与凤凰山山脉保持一致，将山体与城
市环境衔接。面向公园的一侧采用网状铁架（图15）包裹住
在原有建筑之上悬挑出的长方体，既呼应了建筑仓库的历史
属性，又与其下的水池一起组成柔性空间界面，吸引人流。
这种具有人文关怀、触及人心的后现代主义空间丰富了老建
筑，也美化了城市空间。

图13 不规则入口

图14 平行的建筑体块

图15 金属网架与水面

2.2 探寻叙事性空间品味

经由建筑师的巧妙构思，空间也可以讲述一个故事或是一段历史，带有强烈的叙事性。都市实践建筑事务所在世博深圳案例馆的设计中就强调了空间的叙事性。整个建筑空间分为五个部分，描述了大芬村优化产业的形成与发展，其中包括：序曲，讲述大芬的起源（图16）；第一部分，展示大芬制造的产品（图17）；第二部分，展示大芬开始从制造向创造的转型；第三部分，通过大芬案例展现说明深圳城市是梦想的实验场；尾声，展览由此结束。建筑空间与各个油画作品和互动装置相互配合（图18），营造开敞或封闭的空间，给参观者不同的空间体验，使其全身心投入到建筑与展品共同讲述的故事之中。在大芬美术馆的设计中他们也采用了这种叙事性空间。建筑的入口处便以一个紧贴墙面的坡道将参观者引到建筑之中（图19-21），通过空间的收放与转折引人进入美术馆的意境之中。

2.3 借鉴其他学科的理念

科技进步带来了大量的信息，这不仅促进了各个学科深入的发展，也拓宽了研究的领域。随着电气化时代的不断发展，计算机的应用范围更加广泛，在一些建筑事务所中甚至贯穿了整个设计阶段。建筑师余迅在德国学习工作了将近10年，深受德国人理性思维的影响。例如，他博士生期间参与设计的宝马展览馆[4]项目中，建筑的灵感来自于想表现出汽车高速行驶时对空间的动态影响，为了使这种不可见的场景具象化，设计者在计算机中对此进行了模拟。建筑师将7系宝马汽车简化成为一个空间粒子，并且给它一个虚拟的力的作用，粒子受力后高速穿越过计算机中的三维管装隧道，空管受到粒子运动的影响产生形态的变化（图22）。建筑师的灵感世界在电子模型中真实地展现了出来，这种人机合作的工作模式为建筑带来了更多可能性。在这个设计过程中不仅融入了计算机学科的软件，也融入了物理学的基本概念，从中发现空间新的可能性。

3 建筑装饰创新

建筑形态的表达离不开装饰，它可以直接在视觉上给人以美感并传达特定的信息。因此建筑形态的创新离不开建筑装饰的创新。中青年建筑师在新世纪的实验探索行为中深入发掘建筑的文化性、民族性和地域性，创造出符合时代特点

图16 大芬丽莎

图17 油画工厂

图18 梦想盒

图19 大芬美术馆入口

图20 大芬美术馆走廊转角

图21 大芬美术馆内部走廊

▍图22 电脑模拟汽车速度对空间环境的影响　▍图23 中国美院象山校园一期鸟瞰　　▍图24 悬挂的走廊

▍图25 甘肃秦安大地湾史前遗址博物馆　▍图26 甘肃秦安大地湾史前遗址博物馆基地　▍图27 殷墟博物馆　　▍图28 殷墟博物馆墙面

的建筑装饰形态。

3.1 重返自然乡土主义

王澍对中国古典园林有着多年的研究，这些学识的积累让他的作品中透露着一种中国园林式的韵味，其作品深刻地体现他对建筑乡土性的理解。他善于将乡土主义元素运用在建筑装饰之中。例如，中国美院象山校园一期工程中（图23），他采用徽派建筑的粉墙黛瓦和小坡屋顶以及深远的挑檐，使黑白建筑材料配合屋檐下变化的阴影打造出中国自然乡土的神韵。在二期工程中，他吸取了前面工程中的经验和不足，让人们在建筑中行走的体验上寻找中国乡土神韵。建筑师将蜿蜒曲折、高低错落的走廊（图24）悬挂在建筑的外墙之上。这个别致的外立面装饰性走廊让人们通过行走感受建筑中"步移景异"的园林趣味。每个建筑单体都具有独特的空间特点：水边小院、安静一隅、假山怪石，不同的景色依据山势，通过人们的前行逐一展现眼前[5-6]。

3.2 发掘建筑的地域性

当现代建筑使都市面貌千篇一律之时，人们日渐意识到保持地方特色的重要性。中国目前的建筑教育源于西方，但是在教学过程中，教师往往会引导学生对建筑基地和周边环境进行考察和思索，从环境入手思考建筑模式。以崔愷为代表的中青年建筑师最为关注将建筑的地域性运用到建筑装饰之中。

分析崔愷的一些文章不难发现，他的每一件作品都有对建筑环境、基地条件以及工程做法的深入思索。例如在甘肃秦安大地湾史前遗址博物馆（图25）项目中，他运用了当地的传统材料作为建筑装饰的素材，其中包括：当地原木制作的博物馆内的接待台和休息座椅，内外墙面采用当地土坯墙、

草泥墙的原料，以及屋顶的覆土和室外地面是周围环境的种植土。通过这些原料让建筑宛如从基地（图26）生长而出，阶梯状的建筑外形与室外逐级向上的土坎相互呼应，建筑与环境完美地融合在一起。

他的另一件作品殷墟博物馆[7]（图27）也深深体现出对于建筑地域性的尊重。建筑的主体被掩盖在土坡以下，只有局部暴露在土层之外，减少对于遗址外环境的破坏。殷墟文化中最具有代表性的青铜器成为建筑内不可或缺的元素，用于墙面的装饰。粗糙古朴的墙面（图28）讲述殷墟悠远流长而又厚重的历史。置身其中，透过天井上狭长采光缝隙中渗入的一线阳光，观看古老的甲骨文遗存，就像步入那个远古的时代，由建筑和遗址一起讲述了一段原始社会的历史故事。只有在这种历史和环境的作用之下，才会产生此时此地特有的建筑。在这种特定的历史和地理条件下，国际式建筑明显是不能站稳脚跟的。只有充分开发出地域性的建筑才有生存和发展的空间。崔愷的建筑没有强烈的个人主义色彩，他认为，建筑应该因地制宜，充满地域性，不能因为个人的独特喜好抹杀建筑与环境的对话。

3.3 将传统元素符号化

本土建筑师在进行建筑空间形态设计时，常常从当地环境中提取具有代表性的建筑实例或元素，将其抽象概括，以符号的形式展示在建筑之中。苏童的建筑作品伊金霍洛旗大剧院[8]，从当地以成吉思汗征战为内容的雕塑作品中汲取灵感，将军队中休息的毡房概括为规整的体块，并且通过体块的错动表现军队（图29、30）前行的动态。将战车、毡房的花纹（图31、32）等民族元素加以提炼和抽象概括作为建筑的装饰，透露出浓郁的地域气息（图33、34）。

图 29 战车及其符号1

图 30 战车及其符号2

图 33 鸟瞰

图 31 纹饰及其符号1

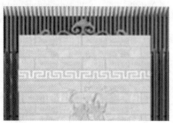
图 32 纹饰及其符号2

图 34 透视

4 结论

建筑形态空间是中青年建筑师实验较为广泛的领域。他们通过几何构图、体块切割、塑造空间流线、装饰细部等手法来创造全新的空间体验和建筑外观。不过遗憾的是，这些设计手法仍是取自西方现代建筑，虽在国内具有一定的前沿性，但在国际范围上并不属于新鲜事物。但是他们将创新的理念积极运用到建筑的设计创作之中，对于中国现代建筑形态的发展具有重要的借鉴意义。

注释：

[1] 丁格菲，邹广天. 普利茨克奖获奖建筑师的建筑形态创新研究[J]. 华中建筑，2007 (12)：30-34.

[2] 蔺丽丽，方振宁. 数字北京"非建筑"艺术装置[J]. 缤纷家居，2008 (5)：102-103.

[3] 张永和，王晖. 苹果社区售楼处／美术馆[J]. 城市环境设计，2009 (12)：86-87.

[4] 余迅. 大胆假设小心求证[J]. 室内设计与装修，2001 (12)：70-74.

[5] 凌洁，李宝章. 尺度·漫步中国美术学院象山一二期工程比较[J]. 室内设计与装修，2008 (03)：50-60.

[6] 王澍，陆文宇. 中国美术学院象山校园山南二期工程设计[J]. 时代建筑，2008 (3)：72-86.

[7] 崔愷，张男. 当我们与祖先对话：关于历史遗址博物馆设计的思考[J]. 建筑创作，2005 (4)：40-57.

[8] 苏童，赵园生，于洋，李姝. "前行金帐"——伊金霍洛旗大剧院[J]. 建筑技艺，2009 (10)：90-93.

作者简介：

戴路，天津大学建筑学院；张颖，北京市建筑工程设计有限责任公司。

想像中国的方法

李翔宁

摘 要：本文试图通过对现代主义以来西方建筑评论的主要流派和思
想方法的简单回顾，引出对当代中国建筑评论现状与问题的
思考，探讨在多元的西方理论工具和复杂的中国社会文化境
遇之间，如何建立一种有批判性并映射当下现实的建筑评论
视角。

关键词：当代中国建筑 评论 理论话语 现实

王德威写过一本《想像中国的方法》，讨论中国文学的现代性命题。我们不妨借用这个题目，试着在脑海中建构一个记录或者描述当代中国建筑的图景。而进入这个图景的路径，应当是通过建筑评论和理论来呈现。正是因为当代中国的建筑评论和西方的理论、评论的发展脉络纠缠难解，这种想像在中西方建筑现实的共性与差异之间交叠互映，既包含了世界对于中国的想像，也包括我们用西方理论话语武装起来的头脑和身体来想像自身的现实图景。

在《建筑·批评·意识形态》一书中，哥伦比亚大学的教授玛丽·麦克力尔德为我们简单回顾了一下现代主义以来西方建筑评论的发展历程：

现代主义早期的建筑评论家往往将建筑置于社会运动的中心地位，甚至将好的建筑看作社会救赎的希望：比如，19世纪末的英国建筑评论家威廉·莫里斯和约翰·拉斯金，以及现代主义的建筑师和理论家如勒·柯布西耶、格罗皮乌斯、布鲁诺·陶特和恩斯特·梅，他们试图将建筑的形式与工业化大生产乃至整个社会的进程紧密地联系起来，这多少有点自以为是的可笑，比如，勒·柯布西耶天真地以为建筑是避免革命的手段。

20世纪60年代经过了欧洲以1968年的文化运动为代表的思想转向，对现代主义理性和线性的发展观开始了反思，当然也包括对高歌猛进的现代主义建筑的批判。这其中比较重要的是以路易斯·芒福德为代表的地域主义思潮（包括后来在肯尼思·弗兰姆普顿和亚历山大·佐尼斯手下发展出的所谓"批判的地域主义"）以及文化界津津乐道的简·雅各布斯的《美国大城市的死与生》。这些批评基本集中在现代主义建筑和城市的冷漠、隔阂与非人性上，或鼓吹社会的再组织，或提倡传统、地域性的价值。

70年代早期受结构主义和符号学的影响，建筑评论的风向标转向了形式和意义的考量。查尔斯·詹克斯、乔治·贝尔德、弗朗索瓦丝·萧伊、马里·盖德桑纳斯都在此列，当然最为著名的当属以柯林·罗为首的康奈尔大学建筑学者们的形式主义的建筑分析。同时期还有两个重要的理论范式——建筑现象学和建筑类型学。前者以诺伯·舒尔茨和著有《空间诗学》的加斯东·巴什拉为代表，后者以阿尔多·罗西、克里尔兄弟等为代表。

80年代后期以来进入所谓后现代及之后的文化时期，专业和大众的评论呈现一种多元化和文化相对主义的状态。比如查尔斯·詹克斯、《纽约客》的评论家保罗·戈德伯格、《建筑实录》（Architectural Record）的编辑苏珊·斯蒂芬斯、《建筑评论》（Architectural Review）的编辑彼得·戴维等。他们的写作没有鲜明的政治立场，更多基于个人经验，但起到的作用是在大众和职业建筑师的圈子里激发了关于建筑和文化的讨论。

以上这些建筑评论家关注的中心，或者是建筑学的专业内核，或者是大众文化，又或者是社会人文的关怀。然而，真正将建筑视作空间生产的系统，并放置在资本与文化关系的意识形态中分析来检视建筑的，当属以塔夫里为代表的建筑意识形态批评。30年代，在以阿多诺、霍克海姆、马尔库塞、本雅明为代表的法兰克福学派的影响下，在艺术评论界出现了像梅耶·沙皮罗、克莱门特·格林伯格这样的评论家，试图揭示绘画和雕塑的意识形态属性。

玛丽·麦克力尔德所在的哥伦比亚大学是美国东海岸的建筑话语中心之一。60年代末建筑领域的史学家塔夫里的著作经由马里·盖德桑纳斯夫妇的大力引介，在美国东海岸的精英大学中风靡一时。塔夫里面对的是大力鼓吹现代主义的几位评论家吉迪恩、赛维等，他的矛头直指建筑评论试图引导设计发展方向的这种"导向式"评论（operative criticism）。塔夫里试图超越具体的建筑潮流和风格的讨论，而分析建筑和社会政治系统的更深层的关联，将西方马克思主义学者们共有的"否定"（negation）、"拒绝"（refusal）、"抵抗"（resistance）这些概念和先锋建筑师的乌托邦理想联系起

来，将建筑视为一种社会批判的工具。[1] 这些视角影响了几代建筑师，尤其是理论化的建筑师的思想和实践。包括艾森曼、弗兰姆普顿、科尔孔、库哈斯等围绕在 Oppositions 杂志和纽约城市建筑研究所周围的大批建筑师和学者。

90 年代末起，在美国建筑学术圈出现了一种新的声音，年轻一代的建筑评论家如现任莱斯大学建筑学院院长怀汀 (Samh Whiting)、索摩 (Robert Somol) 针对西方左派意识形态批判的建筑评论立场，提出了"后批判" (post-critical) 的理论并展开了激烈的论战。他们针对在哈佛任教历史理论的海斯 (Michael Hays) 的一篇讨论密斯的著名文章《批判的建筑学》，以及 70、80 年代受塔夫里影响的将建筑，尤其是先锋建筑形式视为意识形态批判工具的观点（比如，艾森曼认为建筑是纯粹的语言学系统而非功能和结构的结果）展开讨论，以库哈斯的实践为例，讨论一种能够映射现实的"反映式" (reflective) 建筑实践。怀汀和索摩发表了著名的文章《多普勒效应》[2]，指出物理学的知识告诉我们，火车声波的速率不是绝对的，而是一种相对速率，与感受者和火车的相对移动速度有关。建筑也是同样的，不存在绝对的建筑评判性，而是对现实的反映和调适。批判 (critical) 阵营的奥克曼 (Joan Ockman) 在她的 The ¥€$ man 一文中，批评库哈斯和资本合作，总是对资本说"YES"（由日元、欧元、美元的符号组成）[3]；而后批判阵营则将库哈斯的实践视为一种正视现实、反映现实的可取态度。他们也关心中国的实践，把它作为后批判理论的重要案例。怀汀和索摩都多次参加中国建筑的论坛和《时代建筑》关于批判／后批判专辑的讨论。[4] 杰姆逊 (Frederic Jameson) 曾言，中国的模式会成为西方模式的重要补充，而他或许不曾预料到，中国模式或许不仅仅是一种补充，而是横扫西方模式的、前所未有的全新的模式。

说到这里，我们可以很自然地从西方建筑评论的发展历史和不同角度转回我们自身，关照中国当代建筑和当代建筑评论的状态。

中国 20 年来的超常规发展让世界瞩目。近年来，西方对于中国格外关注，以中国当代建筑为主题的展览在威尼斯双年展、巴黎蓬皮杜文化中心、荷兰建筑协会 (NAI) 等最重要的国际学术和展览机构登台亮相。中国城市的快速发展和大量建造的设计实践，使得中国当代建筑获得了前所未有的关注和发展机遇：中国青年建筑师的实践和西方大师们的作品同台展出，中国出现了具有国际影响力的建筑师，而西方出版界也陆续出版了一系列中国当代建筑的作品专集。然而与此相对的是伴随着实践的盲目高歌猛进，中国建筑师和理论家在实践急速发展的同时，表现出历史性记述的缺失和中国自己的理论话语的失声。

在这个意义上说，当代中国建筑已经到了一个急迫需要历史性梳理、理论性总结和评判性反思的时刻。我们应当如何以一个 30 年实践和理论互动的当代史的系统性研究，为这 30 年的建造活动建立详细的档案，甄选重要的建筑师、建筑作品、建筑理论和话语，为这 30 年的历程记述立传并批判性反思，从而也为中国当代建筑的未来发展廓清方向？自从 80 年代改革开放以来，中国建筑从以苏联为模板的建筑理论、实践和教育，经历了怎样的向西方世界开放的转化？有哪些重要的建筑师和建筑实践作品？在他们的实践中如何转化中国建筑文化的传统，并和西方现代建筑思潮与理论进行融合？当代西方的建筑理论如何在中国被理解和转化，并影响了当代中国建筑师们的实践？如何批判性地看待这 30 年的得失？当代中国建筑的力量和缺陷分别是什么？如何通过梳理当代中国建筑这 30 年的实践和理论发展的历程来揭示两者之间的互动和影响？这 30 年来的实践发展建立了怎样的一个"当代的""中国的"建筑模式？这些问题都等待着我们的讨论和回答。

这里，我无法全面对当代中国建筑和建筑评论的现状进行描摹，或许从几个具体问题的思考来展开问题的讨论才是可行的。

理论话语的精读与图绘

2010 年，笔者在哥伦比亚大学旁听了一场在院长威格利 (Mark Wigley) 和艾森曼之间关于"精读" (close reading) 的辩论，至今让我记忆犹新。理论家、评论家和建筑学教师应该引导学生和专业建筑师们读怎样的理论、怎样读理论，是一个非常严肃和值得认真考量的问题。当代建筑和城市研究的学者一定对 Routledge、Blackwell 或 Wiley Academy 这几大出版集团的城市理论、规划理论和建筑理论的读本留下了深刻的印象。正是这些精心选编的读本帮助我在博士研究阶段建立起了当代理论的宏观图景，对理论有了一个历时性和空间性的把握：我可以在决定开始针对某种理论进行深入研究之前，了解在某一个特定历史时期和特定国家或者研究机构的哪位学者有这样的著述，从而在时间和地域的坐标系中比较清晰地定位一个特定的理论或者文献。回到评论而言，严肃的建筑评论者在选择自己的立场之前，或许应该对不同理论的来龙去脉和彼此关系有一个清晰的图景，这有助于在确定自己的学术立场之前有一个宏观和整体的认识论基础。尤其在当代中国，要进行建筑和城市的研究，建立这样的宏观图景是一个尤为紧迫的任务：我们常常看到研究者、学生和专业人士对于我们容易接受到的某种西方理论奉若神明，进行所谓的精读。殊不知，世界建筑的理论常常呈现一种百家争鸣的现状，往往一种理论的提出有它的靶子，从而是有针对性和参照系的。离开了这样的参照，把它当作放之四海而皆准的公理难免南辕北辙。比如，早期现代主义针对古典主义建筑的装饰和形式语言提出现代主义的理性逻辑；而后现代主义又正是为了抨击现代主义的功能至上和缺乏人性观照而祭出历史主义的利器；建构等当代理论则又一次"拨乱反正"，作为对符号和形式主义的抵制而重归建筑本体的材料和构造。所以，任何一种理论作为工具，在一定的历史和现实条件下都是能够自圆其说和有意义的，而换了一个语境可能又是失效的。

以塔夫里的理论和评论为例，毋庸质疑，塔夫里的史观和理论观点在 20 世纪的建筑理论和评论领域有着举足轻重的地位，尤其在 20 世纪下半叶，说他是最重要和最有影响力的理论家和评论家也不为过。可是，我们仍然要将他放置在特定的历史阶段和语境中进行理解。今天在中国对塔夫里研究的精读，对于大部分学者和学生而言，是否有必要还值得探讨。一是真正能够阅读意大利文原文的研究者少之又少，依赖于可怜的英文译本进行精读的可靠性或许值得怀疑（他的《建筑与乌托邦》[1] 英译本被批驳得体无完肤）；二是在60、70 年代西方左派知识分子对资本主义社会文化生产和建筑空间生产的意识形态批评是一种显学，而放在今天的中国，我们的建筑评论是否可以以他的理论作为工具或者方法值得探讨。塔夫里和西方马克思主义批评理论更多是破而不立，在中国批评中国建筑的环境不好、体制不佳太容易，而要找出一个可能的出路却是难之又难。可这却恰恰是中国建筑评论所应直面的挑战，或许塔夫里反对的"导向式"批评在今天的中国反而有一定的价值。事实上，塔夫里自己的立场在晚年也发生了改变，回到了更为中立和单纯的历史研究。

西方理论与中国现实

今日中国当代建筑或许和昔日美国东海岸 60 ～ 80 年代的理论、评论状态有可比之处。巨大的研习理论和评论的热情，无数杂志、出版物汗牛充栋，各种论坛、研讨会甚嚣尘上。而随着美国经济的衰落，当年的理论家和杂志编辑们纷纷成为名校的终生教授，这些理论的杂志纷纷停刊，评论的热情也一落千丈。今天，美国建筑除了计算机和参数化生出的一支之外，要说理论型的建筑师，尚无人超越前一辈的艾森曼、霍尔等人。批判性的力量似乎已燃尽。此为后话。

相对 80 年代建筑文化热时中国对西方后现代、解构主义理论的一知半解的状况，今天大量的原文文献唾手可得，而无数引介、翻译和研讨更不断激发着青年学子学习理论的热情，中国学生对西方建筑理论和思潮的了解甚至远远超

过了美国和欧洲本土的学生。中国建筑没有经历现代主义传统的先天营养不足，在今天激起了对现代建筑及其理论的饥渴摄取。一时间关于柯布、路易·康、阿尔托的研究文章在中国建筑学术圈呈井喷之势。这或许可以作为建筑学术研究进入春天的表现。然而令人担忧的是，和建筑实践不断依赖于借鉴荷兰、西班牙、日本风格而鲜有独立持久之语言探索的状态平行的，是建筑评论在解读单个建筑师个案和单个作品的讨论之外，很少触及当代中国建筑的整体呈现：中国建筑的质量如何与经济的发展和建造的数量等量齐观，如何在整体上呈现中国当代建筑的全貌而非几个零零落落的建筑个案？中国建筑如何靠整体质量获得尊重，而不仅仅靠超大的规模和超快的速度满足西方的猎奇心态？应该探索和中国快速发展的道路相适应的建筑评判标准，对低技、快速、经济、灵活等中国建筑特有的特征进行归纳总结，赋予这些因素应有的价值，而不是仅仅把它们看作中国建筑发展的制约因素。这也是中国当代建筑批评所面对的关键挑战。

和投射在解读西方理论和评论上的热情相比，试图整体把握和讨论当代中国建筑的现实境遇的评论少之又少。和形形色色被称为"大师"的西方建筑师相比，当代中国建筑师在中国建筑学生中获得的关注微乎其微。在最近几年的建筑研究生考试面试环节，我常常向报考历史理论硕士的学生提问最关注和欣赏的当代中国建筑师，得到的回答最多的是贝聿铭（仅在王澍获得普利兹克奖后多了一个选择）。

在这整个世界都瞩目中国大规模实践的时代，我们在反复咀嚼西方现代理论的同时，几乎放弃了记述和把握中国当下的机会。翻遍我们的建筑专业和学术杂志，我们很少看到哪怕一两个词是针对中国特征而创造出来的语汇。相反，许多 18、19 世纪的西方建筑文献被以值得怀疑的速度和品质大量翻译出版（许多是从德文、法文、意大利文、西班牙文、拉丁语二手翻译而来）。这些连我这个讲授西方建筑理论的教师都读不通的艰涩翻译体文章，又有多少人可以在这个基础上进行阅读和研究。我们的建筑评论怎么了？我们这些解读和研读西方理论评论的学术文章，就算翻成流畅优美的英文，又有多少国际学术期刊认同这些研究的价值（当然，我不否定这些研究对国内建筑师设计水准和建筑文化的巨大推动作用）。反倒是西方的研究者和评论家更为关注当代中国的特殊性命题，虽然无法真正进入这种语境的困境，使得他们的中国建筑和城市研究多少显得简化或给人以隔靴搔痒之感。

传统理论与技术革新

最近，网上热议最有影响力的中国建筑师，我被《世界

建筑》的编辑问及对未来可以影响当代中国建筑走向的建筑师。这不禁让我联想起这个一直在思考的议题：传统建筑学内核的研究与新技术革新的挑战。我在目前当代中国建筑师的实践中看到的多是在西方建筑的现代主义传统（或正统）之上进行这样那样的变体，无非是空间、体量、结构、材料、功能，稍高级一点的可以讨论光、诗学和建构。我很难在其中看到一种独立而坚持的建筑语言（王澍或许算一个），也很难看到对于建筑革新持续尝试未来有可能影响中国建筑走向的实践或实验。

当然，今天的数字革新带来的数字建造技术（包括3D打印技术、感应建筑、数字施工技术，乃至BIM系统的应用）都可能在不久的未来改变我们的建筑。这种改变不仅仅是创造眩目的形式，而是要在文化和生存方式上改变我们的世界。哈佛设计博士课程的主任、工程师出身的建筑理论家皮孔（Antonio Picon）在最近出版的《数字文化》[5]一书中指出这种文化上的变革才是数字技术真正带给我们的。3D打印技术通过一种液态凝固的方式模糊了结构、填充和表皮的界限，而呈现一种"反建构"的全新建造系统。而当代中国的评论家们对于这些新生的技术革命更愿意冷冷的旁观，或者对此不屑一顾，回头继续研读现代建筑理论。

可是现代建筑理论的核心依然是和工业化大生产、技术革新捆绑在一起的。当代中国的大量建造实践却没有催生对工业化建造体系的推动，我们正在不经意的忽视中丧失着德意志制造联盟，甚至勒·柯布西耶本人所梦想的建筑革命。我们的评论家们在另一个意义上放弃了建立形式生产与工业系统联系的机会。即使像谢英俊这样进行大规模建造和设计工业化体系的实验也被中国的建筑评论家们化约为现代主义或人文关怀的代表实例而已。

如果说今天后批判的理论提示我们可以摆脱建筑无谓抵抗的社会现实，那么针对中国当下的社会政治经济和空间生产的系统，中国的当代建筑评论应该发展出一套整体论述，记述和阐释当代中国建筑不同于西方系统的特征，做切近的观察和理论的梳理，才能真正迈向一种特定中国问题导向的当代建筑评论。

作者简介：

李翔宁，同济大学教授。

注释：

[1] Manfredo Tafuri. Architecture and Utopia: Design and Capitalist Development. Translated by Barbara L. Lapenta. Cambridge: The MIT Press, 1979.

[2] Robert Somol and Sarah Whiting. Notes on the Doppler Effect and Other Modes of Modernism. New Haven: Perspecta, 2001, Vol.33.

[3] Joan Ockma. The ¥€$ man. 王颖，译. 时代建筑，2006（05）.

[4] 同上。

[5] Antonio Picon. Digital Culture in Architecture. Birk hauser Architecture, 2010.

经学、经世之学、新史学与营造学和建筑史学——现代中国建筑史学的形成再思

赖德霖

摘 要：针对目前有关中国建筑史学史的研究多强调西方建筑学术和历史观念的影响，即现代性，而对传统学术的影响和价值则有欠重视的现状，文章拟在20世纪中国传统学术现代转型的脉络中重新审视中国建筑史学的形成，一为揭示传统学术在这项研究中的表现和影响，二为认识乐嘉藻、朱启钤、梁思成、刘敦桢和林徽因等先驱的成就提供新的视角，三为促进学界进一步思考先驱们当年曾经面对的问题，从而在寻求现代建筑的中国特色的同时，发现传统建筑史论述中可资借鉴的中国性。

关键词：中国建筑史学史 乐嘉藻 朱启钤 梁思成 刘敦桢 林徽因

什么是中国建筑？什么是中国传统的"建筑"之学？在西方的建筑学和建筑史学传入中国之后，中国人又应该如何看待中国的营造学传统和建筑论述传统？这些问题从中国建筑走向现代化之初就摆在中国建筑家的面前。20世纪中国建筑史研究滥觞于欧洲和日本学者的考察。然而毋庸置疑，其格局的成形主要归功于中国学者们的努力。如同中国现代建筑史中的其他领域，这一研究也体现着中外的交流与新旧的更替。目前有关中国建筑史学史的研究多强调西方建筑学术和历史观念的影响，即革命性、现代性，而对传统学术的影响和价值则依然有欠重视。本文拟在20世纪中国传统学术现代转型的脉络中重新审视中国建筑史学的形成，冀以发现传统学术在这项研究中的表现。笔者相信，这项研究有助于重新评价乐嘉藻（1868—1944）这位最早撰写本国建筑史的中国学者的贡献，同时加深学界对于朱启钤（1871—1964）、梁思成（1901—1972）、刘敦桢（1897—1968）和林徽因（1904—1955）几位先驱成就的认识。不仅如此，它还将促使我们反思这些先驱当年曾经面对的问题，从而在寻求现代建筑的中国特色的同时，在传统建筑史论述中寻找可资借鉴的中国性。

1 经学传统与乐嘉藻《中国建筑史》

众所周知，乐嘉藻在1933年出版的《中国建筑史》是20世纪中国学者同类著作中的第一部。虽然近年学界对乐的开山之功已多有肯定，但对其建筑史学思想及它与中国传统学术的关系，仍缺乏深入探讨。乐为清光绪十九年（1893）恩

科举人，他曾参与1895年各省举人呼吁清廷变法图强的"公车上书"，并在此后投身多项政治教育和工商业的改革事业。作为一名传统教育出身的学者，他的建筑史研究在内容上和基本方法上都明显受到了传统经学的影响，具体表现在他对建筑名物和门、宫室、都城以及明堂等礼制度问题的重视。但作为一名对于新学同样怀有热情的文化人，他在研究中也作了一些具有开创意义的新探索。

经学是研究儒家经典的学问，这些经典包括《易经》《诗经》《尚书》《春秋》《论语》《孝经》《尔雅》《孟子》，以及"三礼"——《仪礼》《周礼》和《礼记》等著作。而名物研究本是经学的一个分支，它主要是对经传中出现的动植物、车马、宫室、冠服、星宿、山川、郡国，以及职官的得名由来、异名别称、名实关系、渊源流变进行对照考查，进而研究相关的文化内涵、典章制度和风俗习惯。[1]名物制度的考订曾是清代学术，尤其是乾嘉以来经学研究的一个重要内容，学者们从考证经史文献记录的名物入手，试图重建古代社会生活的原貌。所以名物研究也是中国传统史学研究的一部分，如经学大师江永在《乡党图考》一书中就试图通过整理经传中记录的图谱、圣迹、朝聘、宫室、衣服、饮食器、容貌，以及杂典等九类名物制度，对周代知识阶层的生活进行阐发。[2]

名物学对乐嘉藻的影响首先体现在他对各类建筑名称的由来及演变的关注。在这方面，他的基本方法是查考文献。例如，他在"楼观""阁""庭园建筑""亭""坊"等章中分别引用了《尔雅》《说文解字》《释名》《广雅》等辞书的解释。这些辞书在中国传统的四部书目分类体系中属于经部。而他引用的其他各部文献就更多，仅如"桥"一章就不仅有经部的《孟子》《大雅》和《仪礼》，还有《史记》《唐六典》《元和志》《旧唐书》《华阳国志》《沙州记》《庄子》，以及《花笑廎杂笔》等共10余种史部、子部和集部书籍。

除钩稽文献之外，乐还采用了经学研究中常用的训诂方法。如他解释"宫"一字说："所谓宫者，即建于空地之上。古文'宫'字，即象此形'宫'，其三面之墙，中两方

形，则两环堵之室也。"而在另一篇讨论斗栱的论文中他解释说，"斗栱之栱，恰效两手对举之形，故即名之曰共，而因字形之孳乳，遂又易为栱、为栱矣。"[3]他的解释得自训诂学中的"形训"，即从字形的角度对名词的意义进行解释。

通过名物的考证，乐试图揭示某类建筑或建筑要素的原初构成以及功能。除"宫"和"斗栱"二例，他在解释楼观建筑时也说："楼者，台上之建物也。其本名曰榭，曰观。……《尔雅》曰：'四方而高曰台，狭而修曲曰楼。'《说文》曰：'榭，台有屋也。'……以观为建筑物之名，当始于周。《三辅黄图》曰：'周置两观以表宫门，登之可以远观，故谓之观。'《左传》'僖五年，公既视朔，遂登观台。'《礼记·礼运》'昔者仲尼与于蜡宾，事毕，出游于观之上'皆是也。"

乐还关心一些建筑构筑物名称的沿革。如在《中国建筑史》的第二编（上）第八章"坊"中，他详细介绍了不同时期这一构筑物的名称，其中有周代的"揭橥"，汉代的"华表"，北魏至北宋的"乌头门"、五代的"楔"，以至于后世的"牌坊"和"棂星门"。对于乐嘉藻，排比建筑要素名

称的沿革就体现了一种历史的发展。

经学传统对乐嘉藻影响的另一个表现是他对"三礼"所规定的建筑制度的重视，并以之作为看待后世对应建筑或城市设计的基础。这些礼制制度包括门制、都城之制（或称"营国制度"）、宫室之制，以及明堂之制。

乐对门制的讨论见于《中国建筑史》第二编（上）第九章"门"，在其中他介绍了周代士大夫、诸侯和天子等不同等级的门制，即他所说："士大夫皆二门，诸侯则三门，前为墙门两重，一曰库门，二曰雉门，其制皆台门也，三曰路门，当士大夫之寝门，制度亦略相等。天子亦有三门，一曰皋门，为台门之制，二曰应门，为观阙之制，三亦曰路门，与诸侯者同而较为复杂。"以周代门制为参照，他又结合文献记载或实物讨论了后世一些宫殿门阙的设计。乐对都城制度的讨论见于《中国建筑史》的第二编（下）第一章"城市"，在其中他以《周礼·考工记》记载的周王城（东都）为原型参考，讨论了中国几个重要朝代都城宫殿在城市中的位置。这些都城包括周东都、隋唐、宋东京、元大都、金中都，以及明清北京。他认为明代的北京城"盖合周、隋

表1 乐嘉藻关注的中国建筑史问题及方法与其他学者的相关研究举例比较

宫室制度	刘敦桢：《六朝时期之东、西堂》，《说文月刊》，第4卷，1944年；刘敦桢主编：《中国古代建筑史》（北京：中国建筑工业出版社，1980年）；于倬云：《紫禁城始建经略与明代建筑考》，《禁城营缮记》（北京：紫禁城出版社，1992年）
都城制度	贺业矩：《〈考工记〉营国制度研究》（北京：中国建筑工业出版社，1985年）；郭湖生：《中华古都－中国古代城市史论文集》（台北：空间出版社，2003年）
明堂制度	王世仁：《汉长安城南郊礼制建筑（大土门村遗址）原状的推测》，《考古》，1963年第3期、1963年9月，501－15页；卢毓骏：《中国古代明堂建筑之研究》，卢毓骏《中国建筑史与营造法》（台北：中国文化学院建筑及都市计划学会，1971年）；侯幼彬《中国建筑美学》（哈尔滨：黑龙江科学技术出版社，1997年）
门制	刘敦桢主编：《中国古代建筑史》（北京：中国建筑工业出版社，1980年）；李允鉌《华夏意匠》（香港：广角镜出版社，1982年）；萧默：《五凤楼名实考——兼谈宫阙形制的历史演变》，《故宫博物院院刊》，1984年第1期，76－86页；吴庆洲：《宫阙、城阙及五凤楼的产生和发展演变》，《古建园林技术》，2006年第4期，43－50页。
庭园建筑/苑囿园林	林语堂：《吾国吾民》（1935年童寯《江南园林志》（1937年完稿）；Henry Inn（阮勉初）& Shao Chang Lee（李绍昌），Chinese Houses and Gardens（Honolulu：Fong Inn's Limited，1940）；周维权《中国古典园林史》（北京：清华大学出版社，1990年）
斗栱	刘致平：《中国建筑类型及结构》（北京：中国建筑工业出版社，1957年）；汉宝德：《斗栱的起源》（台北：境与象出版社，1973年）
名物	刘致平：《中国建筑类型及结构》（北京：中国建筑工业出版社，1957年）；李允鉌《华夏意匠》（香港：广角镜出版社，1982年）；Jiren Feng（冯继仁），Chinese Architecture and Metaphor：Song Culture in the Yingzao fashi Building Manual（Honolulu：University of Hawai'i Press；Hong Kong：Hong Kong University Press，2012）
绘画材料	梁思成：《我们所知道的唐代佛寺与宫殿》，《中国营造学社汇刊》，第3卷第1册，1932年3月，75－114页；刘敦桢：《中国古典园林与传统绘画之关系》，1961年；傅熹年：《王希孟〈千里江山图〉中的北宋建筑》，《故宫博物院院刊》，1979年第2期，50－61页；刘涤宇：《北宋东京的街市空间界面探析——以〈清明上河图〉为例》，《城市规划学刊》，2012年第3期，111－119页。
民俗材料	杨鸿勋：《明堂泛论－明堂的考古学研究》，《宫殿考古通论》（北京：紫禁城出版社，2001年）

两代之制而参用之矣"。乐对宫室之制的关注见于《中国建筑史》的第二编（下）第二章"宫室"。其中他讨论了周朝"三朝"加"寝"和"市"的"前朝后市"之制在隋后各朝宫室建筑中的不同表现、继承与创新。

必须指出的是，乐说"天子亦有三门"并不符合《礼记·明堂位》中"天子五门：皋、库、雉、应、路"的记述；且他认为紫禁城太和门即周之路门，太和三殿当周之路寝，也完全没有考虑清朝太和三殿的实际功能。但他从礼制的角度解释紫禁城中轴线诸门设计和宫室布局的尝试，在包括刘敦桢在内的许多后继学者的研究中得到发展，适足证明不谬（表1）。

除门、都城和宫室三种制度之外，乐还在《中国建筑史》的第二编（下）第三章中对经学研究中另一个众说纷纭的制度——明堂进行了讨论。他认同20世纪中国杰出的学者王国维1913年在《明堂寝庙通考》一文中提出的明堂平面布局推想，但根据实际应用的可能对之进行了修正。

毕竟是30年代的一部学术著作，《中国建筑史》还体现出乐在建筑研究方面的一些新探索。这首先表现在内容上，他将传统经学和史学研究对宫室、明堂、城坊的关注扩展到更广泛的构筑物类型，如台、楼观、阁、亭、塔、桥、坊、门，甚至庭园和庙寺观。其次，在讨论桥和屋盖时他特别提到了结构做法。第三，在研究金中都的规划设计时，他曾结合历史遗存对原城墙的基址进行复原。此外他还将对城市规划的讨论扩展到地方城镇的形制。更具创意的是，乐将史料的范围扩展到当代摄影与古代绘画[4]，试图从中获得古代建筑的视觉信息或与现存实物进行对比。如他指出紫禁城角楼的原型可追溯到宋代的界画《黄鹤楼图》（图1），而紫禁城文渊阁东隅碑亭屋顶斜脊上凸下凹的曲线也可在明代仇英的绘画中找到先例（"楼观"）。除此之外，他还试图结合民俗、人类学材料为解释古代建筑的设计提供证据。如他说：

穴居者需平原附近有丘陵之处。若纯为平地，则只能野处。今国内犹存此种习俗，黄河南岸，尚有穴居。（"平屋"）

井干楼又名井干台。……中国建筑纵面用木材者，向皆用立柱支撑，此独用横叠之法，且仅汉魏之间，用于楼台结构。此外殊不易睹。然民间则时时有之。常在黔楚之交，见山中伐薪人，有用此法作临时住屋者。行时拆卸亦甚易，仍作木薪运去。又兴安岭山中索伦人，其平屋有用此法者。美洲红人亦然。合众国总统林肯诞生之屋即此式。盖一种最易成立之营作也。（"楼观"）

北京宫殿坛庙中，间有井亭，形皆正方，其顶空若井口，以便天光下注井中。《辍耕录》记元宫中有盝顶井亭，即属此制。盝字，字书谓与漉同。盝顶，指天光之下漏处也。元宫中又有盝顶殿，想亦不外此制。游牧人所用穹庐，有于顶上正中处，开一穴口，以散烟气，如南方之开天窗然。盝顶之制，想自此变来者也。（"亭"）

20世纪初，王国维在其古史研究中提出以文献和考古学材料作为历史证据的"二重证据法"。1930年顾颉刚在《中国上古史研究讲义》中说："中国的古史，为了糅杂了许多非历史的成分，弄成了一笔糊涂账。……我们现在受了时势的诱导，知道我们既可用了考古学的成绩作信史的建设，又可用了民俗学的方法作神话和传说的建设，这愈弄愈糊涂的一笔账，自今伊始，有渐渐整理清楚之望了。"[5]顾以民俗学材料为又一种历史证据的方法被后世史学家称为"三重证据法"[6]。乐嘉藻堪称是中国建筑史研究中率先使用"第三重证据"的一位先驱。

2 经世之学、新史学与朱启钤

1930年2月16日，朱启钤在中国营造学社成立会上的讲演中说[7]：

本社命名之初，本拟为中国建筑学社，顾以建筑本身，虽为吾人所欲研究者，最重要之一端。然若专限于建筑本身，则其于全部文化之关系，仍不能彰显。故打破此范围，而名以营造学社，则凡属实质的艺术，无不包括。由是以言，凡彩绘、雕塑、染织、髹漆、铸冶、砖埴，一切考工之事，皆本社所有之事。极而推之，凡信仰传说仪文乐歌，一切无形之思想背景，属于民俗学家之事，亦皆本社所应旁搜远绍者。

目前多数有关营造学社的研究都高度评价这位中国古代建筑研究的开拓者与奠基人的领导作用，但对于他的学术

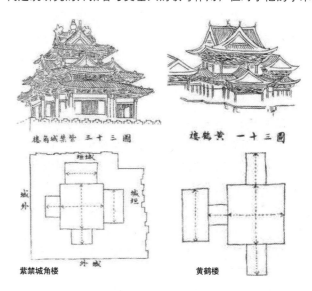

思想——他对营造学社研究对象和工作目标的构想——依然重视不足。这一思想的核心就是在他讲演词中所强调的作为"考工之事"的营造学及其与"全部文化之关系"。朱的建筑考显然有别于乐嘉藻所重视的名物制度及沿革。要理解他，有必要了解19世纪末和20世纪初中国传统学术两个重要转变，这就是经世致用学风的普及和新史学的发展。

经世致用的学术主张兴起于明末清初，它强调学术当关注社会现实、有益于治事和救世，并反对空谈心性的学风和脱离实际的考据。如面对晚明的社会政治危机，这一主张最著名的倡导者顾炎武曾尖锐地指出："刘(渊)石(勒)乱华，本于清谈之流祸，人人知之。孰知今日之清谈，有甚于前代者？昔之清谈谈老庄，今之清谈谈孔孟，未得其精而遗其粗。未究其本而辞其末。不习六艺之文，不考百王之典，不综当代之务，举夫子论学、论政之大端一切不问，而曰一贯，曰无言，以明心见性之空谈，代修己治人之实学。股肱惰而万事荒，爪牙亡而四国乱。神州荡覆，宗社丘墟。"[8]经世致用思想曾极大地影响了有清一代的众多学者、思想家，乃至封疆大吏[9]。在清末国家危亡之际，甚至历来以"求是"而非"致用"为学术目标的古文家都不能不调整立场。如出于现实关怀，出身经学世家的刘师培与老师章太炎都认同《汉书·艺文志》诸子百家出于王官之论，即儒家出于掌户籍和授田的"司徒之官"，道家出于掌记录史事和保管档案的"史官"，阴阳家出于掌观象授时的"羲和之官"，法家出于掌刑狱的"理官"，名家出于掌仪节的"礼官"，墨家出于掌守宗庙的"清庙之守"，纵横家出于掌使节往来的"行人之官"，杂家出于掌谏议的"议官"，农家出于掌农事的"农稷之官"，小说家出于"稗官"。所以刘师培说，诸子"虽曰沿周官之旧典，实则诸子之学术见诸施用者也，故官吏曹者，当守名家之学；官户曹者，当通儒家之学；官礼曹者，当悉墨家之学；官兵曹者，当知兵家之学；官刑曹者，当习法家之学；官工曹者，当参知农家之学。盖学古人官，必洞明诸子一家之言，斯为致用之学，则天下岂有空言之学哉！"[10]

从未参加过科举，却在42岁时就代理国务总理，朱启钤的政治生涯在很大程度上可以说就是经世之学的学习和实践。按照清代杰出的思想家魏源所编的《皇朝经世文编》，经世之学主要包括了各种与国计民生相关的事务，如学术、治体、吏政、户政、礼政、兵政、刑政、工政；而户政又分理财、养民、赋役、屯垦、农政、仓储、荒政、漕运、盐课、钱币等。[11]朱虽曾从名师学习举业，并熟稔经书，却因父亲早逝，而没有功名，甚至没有应过乡试。所幸他从少年时期就寄居外祖父所在的河南臬署（按：即提刑按察使

衙），故有机会接触到大量社会事务。19岁时他又进入姨夫瞿鸿机幕中，随瞿赴四川办理学政。瞿为同治十年（1871）进士，选庶吉士，授翰林院编修。光绪元年（1875），擢为侍讲学士。光绪二十三年（1897）升内阁学士，先后典福建、广西乡试，督河南、浙江、四川学政。1900年八国联军攻入北京，瞿护送二宫"西狩"（按：即出逃西安），出任工部尚书。1901年返京后任军机大臣、政务大臣，曾请以策论试士，开经济特科（按：即清末特设选拔洞达中外时务人员的科目）。同年总理各国事务衙门改为外务部，他又任首任尚书。据《清史稿》，瞿"持躬清刻，以儒臣骤登政地，锐于任事"。朱跟随他多年，极大地锻炼了自己的才干，并为日后从政打下了基础。1904年他效力正在推行新政改革的直隶总督袁世凯，先后负责主持天津习艺所工程，担任了京师内城巡警厅厅丞，后又调任外城巡警厅厅丞，创办京师警察市政。1908年他任蒙务局督办，1910年任邮传部丞参，兼津浦铁路北段总办，负责筹建山东乐口黄河桥工程，1911年任津浦铁路督办，1912年任交通总长，翌年7月代理国务总理，9月任内务总长。1916年袁世凯病逝，他脱离政界，转向经营山东峄县中兴煤矿公司，又成为一名成功的实业家。[12]

朱不愧是一位官工曹者而参知考工之学的人。在创办京师警察市政之时，他就以务实的态度对待建筑营造，"于宫殿苑囿城阙衙署、一切有形无形之故迹，一一周览而谨识之"。当时学术风气未开，一般学者和士人所关注的建筑，不过是流连景物的《日下旧闻考》和《春明梦余录》中的记录与描写，而作为"司隶之官，兼将作之役"，朱"所与往还者，颇有坊巷编氓、匠师耆宿，聆其所说。实有学士大夫所不屑闻，古今载籍所不经觏。而此辈口耳相传，转更足珍者。"他更还"蓄志旁搜，零闻片语、残鳞断爪，皆宝若拱璧。即见于文字而不甚为时所重者，如《工程则例》之类，亦无不细读而审详之。"民国后，他执掌内务部，兼督市政，于是便立志"举历朝建置、宏伟精丽之观，恢张而显示之"。他先后从事于殿坛之开放、古物陈列所之布置、正阳门及其他市街之改造。通过耳目所触，他"愈有欲举吾国营造之环宝，公之世界之意"。然而每兴一工或举一事，他都深感"载籍之间缺，咨访之无从"，于是蓄意"再求故书，博征名匠"。1918年朱受时任总统的徐世昌委托，以北方代表身份赴上海出席南北议和会议，经过南京时在江南图书馆发现手抄本宋《营造法式》。他于是"一面集资刊布，一面悉心校读"，"治营造学之趣味乃愈增"，由此而"引起营造研究之兴会"[13]。

《营造法式》在四部书目分类体系中属于史部的政书类，但朱启钤视之为经部《周礼·考工记》的发展。《考工

记》记载了先秦近30个工种的产品形制和工艺规范，几乎包括了当时所有的手工业部门，是中国现存最早的关于手工业技术的国家规范。然而与传统经学研究对《周礼》名物制度的执迷不同，朱关心的是这本经籍中所记载的工程技术，因此他说："《周礼·考工记》为先秦古籍，殆无可疑。有此一篇，吾曹乃得稍稍窥见古人制作之精宏，与先哲立言之懿美。……言营造学者，所奉为日星河岳者也。"他感叹此后"亦越千有余载，嗣响寂寥"[14]，所以庆幸有李明仲并称赞他的著作"一洗道器分途、重士轻工之锢习"，因此"今欲研究中国营造学，宜将李书读法用法，先事研究，务使学者，融会贯通，再博采图籍，编成工科实用之书。"[15]

西方的建筑学在20世纪初就已传入中国，至1930年建筑学教育在中国的高等教育中也已开办多年。它的基础是力学、材料学、机械工学、测量学等现代科技，以及西方自希腊罗马时代发展起来的构图法则和形式美原则。而朱"营造学"概念的内涵依然是与传统建筑营造相关的各种法式和做法。如他在介绍中国营造学社的成立过程的同时还拟定了学社工作的3个目标，即"沟通儒匠、发智巧""资料之征集"和"编辑进行之程序"。在"资料之征集"一项中，他仿照《营造法式》的体例罗列了词汇、论著、诸例，以及需要记录的各种建筑"法式"，其中包括：大木作（斗科附）、小木作（内外装修附）、雕作（旋作锯作附）、石作、瓦作、土作、油作、彩画作、漆作（释道装銮附）、砖作（砍凿附）、琉璃窑作、搭材作、铜作、铁作、裱作，以及工料分析和物料价值考，涵盖了传统建筑施工从物料到工艺乃至造价控制几乎所有方面[16]。朱对于纪录、整理和研究传统营造学的用心反映在《中国营造学社汇刊》最初两卷之中。除了介绍《营造法式》和考证李明仲生平之外，两卷《汇刊》最主要的内容是有关元大都宫苑制度、诸作、工料的考证（第1卷第1册）、圆明园遗物与文献、《营造算例》的大木做法（第2卷第1册）、热河普陀宗乘寺诵经亭的遗物与模型、《营造算例》的土作、发券、瓦作、石作做法（第2卷第2期）、《工段营造录》记录的建筑施工技术，以及《营造算例》的桥座分法和琉璃瓦料做法（第2卷第3册）等。他自己还曾撰写《样式雷考》[17]、编纂《存素堂入藏图书河渠之部目录》[18]。这些过去"学士大夫所不屑闻"的知识终因朱的重视而获得了它们在中国文化体系中的地位。

值得一问的是，如果说朱关注中国营造学的实用技术和做法是出于经世致用的目的，那么身处20世纪，他又如何看待传统营造学在现代社会之"用"？事实上早在20世纪初，中国文化人士就已经认识到古物是文明的重要见证，以及古物对提高国民文化认同感的作用。如康有为就曾说："古物存，可令国增文明。古物存，可知民敬贤英。古物存，能令民心感兴。吁嗟印、埃、雅、罗之能存古物兮，中国乃扫荡而尽平。甚哉，吾民负文化之名！"[19]朱在民国初年从事的殿坛开放、古物陈列所布置、正阳门及其他市街改造曾使他"愈有欲举吾国营造之环宝，公之世界之意"。从20世纪初的最后几年到20年代，他有更多机会参与中国风格现代建筑的设计和施工。如1918年，北京协和医学院的加拿大建筑师何士（Harry Hussey）曾向他请教中国屋顶的细节问题[20]；1931年正在施工的国立北平图书馆（丹麦工程师V.Leth-Moller设计）又请营造学社帮助审定和绘制彩画图案[21-22]，此外，另有多位中国建筑师加入营造学社，还有一些事务所和学校向学社订制了中国建筑的模型和彩画样本[23]。可以相信，无论是中外业主还是建筑师都使朱看到了弘扬中国传统建筑艺术并使之发扬光大的需要和希望。

更为难得的是，朱对于建筑还有超乎实用主义的社会和文化关怀。除了整理和记录《考工记》意义上的营造学，朱对中国建筑研究目标的看法与以往文人建筑论述的一个显著不同，还在于他对历史因果的关注。如他在《李明仲八百二十周忌之纪念》一文中说[24]：

吾曹读《营造法式》，而知北宋建筑之风格，有以异于其他时代也。第一，知北宋疆土削蹙，鲜域外之交，不能广取环材料，以成杰构。燕云既不隶版图，襃斜巴蜀之木，又罄于汉唐累代之撷取，海南异值，复艰于运输。材木之窭乏，殆无逾此时。观《法式》卷四云，凡构屋之制，皆以材为祖，材有八等，度屋之大小，因而用之。其第一等，不过广九寸厚六寸，殿身九间至十一间则用之。以此推之，其局促可想。不似有明能取南海之香木，有清能取辽东之黄松。……第二，知宋代黄金竭乏，素有销金之禁。故彩画制度中，绝少金饰。观《法式》全书，止于第十四卷中村地之法，有贴真金地一条。至装金镂错乃绝未之及。至于珠玑琼玉之饰，更无论矣。

不难看出，这些因果关系显示出朱对社会、政治和经济等因素对建筑之影响的思考。毋庸怀疑，这种思考首先当出自他长期参与政务和办理实业的体验和感悟，但中国近代以来新史学的发展未始不是因另一重要原因。中国史学史的研究已经表明，19世纪以来，面对种种内忧外患，并伴随着西方学术的引进以及新材料的发现，至20世纪初期，中国的历史研究和写作已经发生了巨大的转变，其明显标志，一是"君史"转向了"民史"，即从人类文明史的角度看待过去的一切，二是从传统的"复古史观"和"循环史观"转向了"进化史观"，即以发展的眼光看待过去的一切。[25]正如新史学的著名倡导者之一邓实所说："史者，叙述一群一族进化之现象者也，非为陈人塑偶像也，非为一性作家谱也。是故，所贵乎民史者何？贵其能叙述一群人所以相触接、相交通、相竞争、相团结之道，一面以发明既往社会政治进化之原理，一面以启导未来人类光华美满之文明，使后之人食群之幸福、享群之公利。"[26]

对文明史的关注将史学家们的视角引向了人类生活与活动的个各方面，如伦理、政治、国家、宗教、法律、种族、语言、学术、社会、风俗、交通（中外交流）；而对进化史的关注又将史学家们的思考引向了历史发展的因果关系或动力，如自然条件、经济条件、社会条件、政治条件、文化条件，以及心理条件。20世纪以来中国涌现出的诸多文学史、哲学史、宗教史、社会史、民族史、中外交通史、美术史，乃至建筑史著作就是新史学兴起后的产物。从公羊学的"三世"观，到《天演论》的进化观，再到辩证唯物主义的发展观，也是新史学发展的结果。

出于对建筑所体现的社会文化的关注，朱在中国营造学社成立之初便向社员们提出了一系列课题。他说[27]：

自有史以来，关于营造之史迹事也，处民生活之演进，在与建筑有关。试观其移步换形，而一切跃然可见矣。……凡此皆史承上绝巨问题。即其一而研究之，足以使吾人认识吾民族之文化。更深一层，是宜有一自上而下之表格，以显明建筑兴废之迹。匪独此也。一种工事之盛于某时代、某地域，其背景盖无穷也。齐之丝业发达，自其始封时而已然。有周一代，惟齐衣被天下，……汉初绣业，盛于襄邑，而季汉以来，织锦盛于巴蜀。……试思此于社会经济势力之推迁关系为何等邪？更不独此也。凡工匠之产生，亦与时代有关。名工师之生，有荟集于一时者，有亘数百年而阒然无闻者。契丹入晋，虏其工匠北迁，以达其北朝艺术；……洪武营南京，悉为吴匠。吴匠聚于苏州之香山。永乐营北京，复用北匠，聚于冀州。此其故皆不可不深察也。

朱应该会注意到，在中国营造学社成立之前，日本学者伊东忠太和关野贞已经通过实地考察，分别发现了中国山西大同云岗石窟和天龙山石窟雕刻细部与日本7世纪的建筑遗物法隆寺建筑构件造型的相似性，并得出后者受到中国影响的结论。[28]朱也应该会注意到1928年刘敦桢发表的《佛教对中国建筑之影响》一文[29]。如果营造学是中国建筑史研究的内涵，中外文化交流当就是这一研究的外延。所以他还说：

凡一种文化，决非突然崛起，而为一民族所私有。其左右前后，有相依倚者，有相因袭者，有相假贷者，有相缘饰者，纵横重叠，莫可穷诘，爰以演成繁复奇幻之观。学者循其委以竟其原。执其简以御其变，而人类全体活动之痕迹，显然可寻。此近代治民俗学者所有事，而亦治营造学者，所同当致力者也。[30]

虽然朱启钤与他在中国营造学社的早期社友在研究中国营造学方面所运用的方法尚停留在汇编文献、校勘文本、搜实物材料，以及寻访匠师耆宿，但他以"一切考工之事"为学社使命，以营造学为研究中心，并以阐明社会文化史为目标的学术思想预示了中国建筑史研究的一场革命。而他的思想在中国营造学社同仁，特别是梁思成、刘敦桢，以及林徽因的共同努力下最终也获得了创造性的实现。

3 中国建筑史研究的新范式与梁思成和林徽因

1934年梁思成在其书评《读乐嘉藻〈中国建筑史〉辨谬》一文中尖锐地批评了这第一部由中国学者所著的中国建筑史。他所指出的乐著缺点，如"读书不慎"和"观察不慎"等均非无的放矢。但究其根本，梁的批评则是出于一种不同的建筑史研究范式。在对乐著"破"的同时他也在"立"，如梁说：

最简单地讲来，这部书既成为"'中国''建筑''史'"了，那么我们至少要读到他用若干中国各处现存的实物材料，和文籍中记载、专述中国建筑事项循年代次序赓续的活动，标明或分析各地方时代的特征，相当的给我们每时代其他历史背景，如政治、宗教、经济、科学等等所以影响这时代建筑造成其特征的。然后或比较各时代的总成绩，或以现代眼光察其部分结构上演变，论其强弱优劣。然后庶几可名称其实。[31]

笔者已在几篇文章中具体讨论了梁思成及其妻子林徽因论述中国建筑史与新史学的代表人物之一梁启超建构"中国文化史"意愿的关系，以及他们写作的特点、史学史背景和意义[32-34]。概括而言，他们在中国建筑史研究方面的贡献主要体现在如下几个方面。首先，他们发现或亲自实测记录了包括唐五台山佛光寺东大殿等在内的中国现存古建筑中最具代表性的一些实例（"各处现存的实物材料"）。第二，他们结合文献研究与实物调查，解读了宋《营造法式》和清《工部工程做法》所记录的古代建筑做法（"文献中记载"），在建筑历史研究中实践了王国维在历史研究中倡导的"二重证据法"。而受西方学院派教育影响，梁视这两部古代著作作为中国建筑的"文法"，结合那些构件，即"语汇"就构成了中国建筑的语言系统。第三，他们运用美术史研究的形式分析方法总结了唐宋以来各朝建筑的特点（"时代的特征"），并通过结构研究对不同时期建筑造型风格的变化进行了解释（"地方/时代特征的演变及其原因"）。第四，他们采用西方19世纪以来建筑评论中的结构理性主义标准，对各时期建筑的结构和造型设计进行评判（"各时代的总成绩"），进而建构出类似于温克尔曼（Johann Joachim Winckelmann）在研究希腊建筑时所归纳出的历史发展脉络（"结构的演变及其优劣"）[35]。除此之外，他们还通过比较西方古典和哥特建筑，论证中国建筑在世界建筑体系中的独特地位；又与现代建筑相比较，论证中国建筑在现代建筑条件下存在和发展的可能。这些都表现出民族主义知识精英的文化自觉意识和文化复兴愿望。梁思成又在《为什么研究中国建筑》一文中将他的研究目的归纳为"保护"与"复兴"两点[36]，着重强调了研究与现实应用的关系。

不应忽视的是，梁在1932年的蓟县独乐寺建筑研究中，首次将《营造法式》用于分析中国古建筑的结构构造。如果这部书是朱启钤所称的一把开启中国营造学宝库的"键钥"，梁就是持着这把键钥走进中国古建筑殿堂的第一人。林徽因参与了梁许多重要的工作。她在自己第一篇建筑学术论文《论中国建筑之几个特征》一文中指出，中国建筑的基本特征为框架结构并类似于西方哥特建筑，中国建筑之美在于其对于结构的忠实表现，结构的表现忠实与否是衡量中国建筑发展成熟与衰落的一个标准[37]。这些思想贯穿于她和梁思成的中国建筑史研究与叙述中。

更应强调的是，与乐嘉藻和朱启钤以文献为主要材料的中国建筑史研究不同，梁、林研究在方法论上最大的特点是引入考古学的实地调查和美术史学的形式分析。运用这两种基本方法，他们得以发现早期中国建筑的实物遗存，为解读《营造法式》和《工程做法》找到了实物依据，并建构了中国建筑结构与造型发展的谱系。毫无疑问，他们的工作开创了中国建筑史研究的一种新的范式。其结果就是为历史建筑的保护找到了实物鉴定和断代的基础，并为中国建筑的复兴找到了"豪劲"的源头和风格设计的参考。

4 铄古镕今的刘敦桢

了解了乐嘉藻、朱启钤、梁思成和林徽因等几位20世纪中国建筑史研究代表性人物的贡献和思想，我们就可以更全面地认识刘敦桢的成就。他的早期研究如《佛教对于中国建筑之影响》和《大壮室笔记》，在方法上可见经学名物学方法和史学文献考证的特点，但从撰写《法隆寺与汉、六朝建筑式样之关系并补注》开始，他大概就已经认识到了实物调查与美术史的形式方法分析对于建筑史研究的重要性。纵观《刘敦桢全集》，我们可以看到，刘的研究既有传统方法的经史考证，又有现代方法的实物考古；既有朱启钤提倡的营造学、中外交通，又有梁思成、林徽因关注的风格演变；既有传统研究的宫室制度和城市规划，又有20世纪以来中国建筑史研究的新主题：宗教建筑、住宅建筑、园林建筑，甚至家具。而他的建筑研究视野最终也从本土扩展到了整个东方乃至世界（表2）。刘敦桢还发展了近代新史学和朱启钤提倡的社会文化史观。1949年以后，他又自觉地运用马克思主义史学的唯物主义观点对中国建筑不同时期的发展原因进行解释[38]。他对中国建筑的认识和唯物主义的史观最终体现在由他主编、在1964年完稿的《中国古代建筑史》一书之中。这部书还体现了编者在取材上的兼容并蓄。如全书共有323个注释，除去66个是重复引用的文献和一般性补充说明之外，其他所有注释都是对资料来源的说明。这些资料有8种来自四库的经部，60种来自史部，7种来自子部，23种来自集部，此外还有2种来自古代绘画，92种来自现代考古发现，2种来自现代史学研究，1种来自日本学者的研究，其余62种来自营造学社成员、北平文物整理委员会（北京文物整理委员会）成员，以及刘本人在1950年以后领导下的中国建筑研究室的研究。因此《中国古代建筑史》一书堪称20世纪前期中国建筑史研究的集大成之作。它以主要朝代为纲，以各主要建筑类型为目标体例，也奠定了中国建筑史作为一门学科或话语体系的基本格局。

表2 《刘敦桢全集》目录分类

类别	篇名	年代[39]	卷一
经史考证	大壮室笔记	1932	1
	《清皇城宫殿衙署图》年代考	1935	2
	哲匠录（续）	1935	2
	哲匠录补遗	1936	2
	六朝时期之东、西堂	1944?	4
营造学研究	刘士能论城墙角楼书	1931	1
	琉璃窑轶闻	1932	1
	《万年桥志》述略	1933	1
	牌楼算例	1933	1

	故宫抄本《营造法式》校勘记	1933	1
	同治重修圆明园史料	1933	1
	石轴柱桥述要（西安灞、浐、丰三桥）	1934	2
	明《鲁般营造正式》钞本校读记	1937	3
	中国之廊桥	1940?	4
	《鲁班经》校勘记录	1961	5
	中国古代建筑营造之特点与嬗变	?	6
	（宋）李明仲《营造法式》校勘记录	1933	10
实物调查	北平智化寺如来殿调查记	1932	1
	复艾克教授论六朝之塔	1933	1
	明长陵	1933	1
	大同古建筑调查报告（与梁思成合著）	1933	2
	云冈石窟中所表现的北魏建筑（与梁思成、林徽因合著）	1934	2
	定兴县北齐石柱	1934	2
	易县清西陵	1935	2
	河北省西部古建筑调查记略	1935	2
	北平护国寺残迹	1935	2
	清故宫文渊阁实测图说	1935	2
	苏州古建筑调查记	1936	3
	河南省北部古建筑调查记	1937	3
	岐阳王墓调查记	1937	3
	河北古建筑调查笔记	1935	3
	河南古建筑调查笔记	1936	3
	河北、河南、山东古建筑调查日记	1936	3
	龙门石窟调查笔记	1936?	3
	河南、陕西两省古建筑调查笔记	1937	3
	昆明附近古建筑调查日记	1938	3
	云南西北部古建筑调查日记	1938—1939	3
	告成周公庙调查记	1936	3
	川、康古建筑调查日记	1939—1940	3
	川、康之汉阙	1939	3
	川、康地区汉代石阙实测资料	1939	3
	西南古建筑调查概况	1940—1941	4
	云南古建筑调查记	1940—1942	4
	云南之塔幢	1945	4
	四川宜宾旧州坝白塔	1942	4
	南京及附近古建遗址与六朝陵墓调查报告	1949—1950	4
	曲阜孔庙之调查及其他	1951	4
	真如寺正殿	1951	4
	皖南歙县发现的古建筑初步调查	1953	4
	山东平邑汉阙	1954	4
	苏州云岩寺塔	1954	4
	对苏州部分古建筑之介绍	1964	5
	河北涞水县水北村石塔	1936?	10
	江苏吴县罗汉院双塔	1935	10
	河北定县开元寺塔	1935	10
	河北济源县延庆寺舍利塔	1935	10
	广州古建筑随笔	1948	10

	南京附近六朝陵墓调查笔记	1949	10
	曲阜古建筑调查笔记	1951	10
	皖南歙县古建筑调查笔记	1952	10
都市	都市的建筑美	1948	4
	对苏州古城发展与变迁的几点意见	1963	5
宗教建筑	略述中国的宗教和宗教建筑	1965	6
住宅／民居	丽江县志稿	1940	4
	中国住宅概说	1956	7
园林	苏州的园林	1956	4
	论明、清园林假山之堆砌	1957	4
	苏州园林的绿化问题	1958	4
	《江南园林志》史料之补充参考——致童寯教授函	1959	4
	南京瞻园设计专题研究工作大纲	1959	4
	中国古典园林与传统绘画之关系	1961	4
	对扬州城市绿化和园林建设的几点意见	1962	5
	漫谈苏州园林	1963	5
	南京瞻园的整治与修建	1964	5
	苏州园林讲座之一、二	1964	5
	苏州古典园林	1963	8
	有关苏州园林花木的若干问题	1957	10
家具	明、清家具之收集与保护——致单士元先生函	1962	5
	略论中国筵席之制——致张良皋同志函	1963	5
艺术风格	汉代的建筑式样与装饰（与鲍鼎、梁思成合著）	1934	2
	南京灵谷寺无梁殿的建造年代与式样来源——关于中国建筑史一个问题的讨论	1957	4
	中国的建筑艺术	1951	4
	中国建筑艺术的继承与革新	1959	4
	关于建筑风格问题（与潘谷西合著）	1961	4
	中国木构建筑造型略述	1965	6
中外交通	佛教对于中国建筑之影响	1928	1
	法隆寺与汉、六朝建筑式样之关系并补注	1931	1
	中国之塔	1945	4
	日本古代建筑物之保存（译注）	1932	1
保护	故宫文渊阁楼面修理计划（与蔡方荫、梁思成合著）	1932	1
	修理故宫景山万春亭计划（与梁思成合著）	1934	2
	对保护牛首山献花岩南唐陵墓的意见	1950	4
	修理栖霞山附近六朝陵墓及栖霞寺古迹预算表	1950	10
	致单士元先生函——关于建筑材料及彩画保护	1956	10
书评／前言／跋／题记	书评九则	1934—1935	3
	《营造法源》跋	1943	4
	龙氏瓦砚题记	1944	4
	《漏窗》序言	1953	4
	《中国古代建筑史》初稿前言	1959	4
	评《鲁班营造正式》	1962	5
	《江南园林志》序	1962	5
	对《佛宫寺释迦塔》的评注	1964	5
	《中国古代建筑史》的编辑经过	1964	5
	有关《中国古代建筑史》编辑工作之信函	1963—1964	5
	编史工作中之体会	1963—1964	5

中国建筑史	中国古代建筑史（教学稿）	1943-1957	6
	中国建筑史参考图	1953	7
	中国古代建筑史	1964	9
	《中国建筑史》课程学习说明	1953	10
	古建筑年代杂录	1956	10
东方建筑	《"玉虫厨子"之建筑价值》并补注	1931	1
	日本古代建筑物之保存（译注）	1932	1
	访问印度日记	1959	4
	印度古代建筑史（未完稿）	1963	5
世界建筑	访问波兰、苏联笔记	1956	10
建筑设计	南京中央图书馆阅览、办公楼设计施工说明书	1947	10
	粮食仓库设计大要	1950-1951	10
其他书信	复李济、王秉忱,致郭湖生、喻维国、张雅青、陈从周、侯幼彬、陆元鼎、马秀芝,贺朱启钤	1944-1966	10

5 结语

从朱启钤发起建立中国营造学社，至今已过去85年。随着中国建筑史研究的不断发展，那些先驱者们的贡献和影响也变得越发清晰。如同一位都料匠，朱启钤首先为这个领域的界定和发展勾勒了草图。如同一位大木匠，梁思成以对古代法式的解读、重要历史个案的发现和调查，以及在此基础上对中国建筑结构与风格演变规律的把握，从建筑学的角度建构了中国建筑史的叙述框架。如同一位瓦石匠，刘敦桢以其对中国营造学几乎全方位研究所获得的材料，为中国建筑史这座学术殿堂划分了空间并砌筑了墙体。如同一位彩绘师，林徽因为这座殿堂点染的彩画则凸显了这座古老建筑的结构之美与现代意义。而协助他们，或创造性地发展了他们的工作的营造学社同仁还有陈明达、刘致平、王世襄、单士元、王璧文、卢绳、莫宗江，以及罗哲文等，更毋需一一列举难以数计的后辈学人[40]。

乐嘉藻又如何呢？在营造学社的中国建筑史研究新范式建立以后，他的《中国建筑史》一书似乎已经过时，这位"第一个吃螃蟹"的学者本人也曾长期被中国建筑界所忽视甚至遗忘。但只要我们将他曾经关注的中国建筑史问题和他的方法与其他学者的相关研究略作比较（表1），将他的工作放在中国建筑史研究的整体脉络中进行评价，就不难发现他的探索价值，并应该向他致以深深的敬意[43-45]。

当然，这些先驱留给后人更重要的遗产还是他们关于中国建筑研究内容、方法和目标的思考。这些思考的核心就是，什么是中国建筑？什么是中国传统的"建筑"之学？在西方的建筑学和建筑史学传入中国之后，中国人又应该如何看待中国的营造学传统和建筑论述传统？而这些思考的背后，是他们，也应该是他们的继承者，对现代建筑的中国特色以及传统建筑史论述中所包含的中国性的探求。

（原载《建筑学报》2014年09期）

注释：

[1] 王强.中国古代名物学初论[J].扬州大学学报（人文社会科学版），2004,8（6）：53-57.

[2] 段凌宇.周作人的《名物研究》——周作人与晚清民初学术转型之一[J].读品，2010（98）.

[3] 乐嘉藻.中国建筑史[M].长春：吉林人民出版社，2013：107-116.

[4] 赖德霖.鲍希曼对中国近代建筑之影响试论[J].建筑学报，2011（5）：94-99.

[5] 顾颉刚.中国上古史研究讲义自序[M].北京：中华书局，1988：1-2.

[6] 王煜华.秦汉的方士与儒生导读[M].上海：上海古籍出版社，1998：5-6.

[7] 朱启钤.中国营造学社开会演词[J].中国营造学社汇刊.1930,1（1）.

[8] 顾炎武.《日知录》（卷七）夫子之言性与天道.

[9] 近世中国经世思想研讨会论文集[M].台北：中央研究院近代史研究所，1984.

[10] 罗检秋.清末古文家的经世学风及经世之学[J].近代史研究，2001（6）：21-54.

[11] 刘广京，周启荣.《皇朝经世文编》关于经世之学的理论[G].中央研究院近代史研究所集刊，（15）：33-99.

[12] 朱启钤.营造论（暨朱启钤纪念文选）[M].天津：天津大学出版社，2009：131-141，260-263.

[13] 同[7]。

[14] 李明仲八百二十周忌之纪念[J].中国营造学社汇刊，1930,1（1）.

[15] 朱启钤.中国营造学社缘起[J].中国营造学社汇刊，1930,1（1）.

[16] 张驭寰.近年发现的朱启钤先生手稿——《中国营造学研究计画书》[J].建筑史论文集，（17）：86-89.

[17] 朱启钤，梁启雄.哲匠录·样式雷考[J].中国营造学社汇刊，1933,4（1）：86-89.

[18] 朱启钤.存素堂入藏图书河渠之部目录[J].中国营造学社汇刊，1934,5（1）：98-117.

[19] 康有为.欧洲十一国游记[M].长沙：湖南人民出版社，1980：102.

[20] Harry Hussey. My Pleasures and Palaces: An Informal Memoir of Forty Years in Modern China[M]. New York: Doubleday, 1968.

[21] 本社纪事[J].中国营造学社汇刊，1931,2（3）：15.

[22] 本社纪事[J].中国营造学社汇刊, 1932, 3 (1): 187-188.

[23] 同[20]。

[24] 同[12]。

[25] 白寿彝, 陈其泰.中国史学史 (近代时期) [M].上海: 上海人民出版社, 2006.

[26] 同21: 315.

[27] 同[7]。

[28] 刘敦桢.法隆寺与汉、六朝建筑式样之关系并补注[J].中国营造学社汇刊, 1932, 3 (1).

[29] 刘敦桢.佛教对于中国建筑之影响[J].科学, 1928, 13 (4).

[30] 同[7]。

[31] 梁思成.读乐嘉藻《中国建筑史》辟谬[M]//梁思成全集 (二).北京: 中国建筑工业出版社, 2001: 291.

[32] 赖德霖.梁思成、林徽因中国建筑史写作表微[J].二十一世纪, 2001 (64): 90-99.

[33] 赖德霖.构图与要素——学院派来源与梁思成"文法-语汇"表述及中国现代建筑[J].建筑师, 2009 (142): 55-64.

[34] Delin Lai. Idealizing a Chinese Style: Rethinking Early Writings on Chinese Architecture and the Design of the National Central Museum in Nanjing, [J]. Journal of the Society of the Architectural Historians,2014,73(1):69-99.

[35] 《二十一年度上半期工作报告》: "近社员梁思成君援据近日发现之实例佐证, 经长时间之研究, 其 (《营造法式》) 中不易解处, 得以明者颇多。梁君正将研究结果, 作《营造法式新释》, 预定于明春三月, 本社《汇刊》四卷一期中公诸同好。"另参见[11]。

[36] 梁思成.为什么研究中国建筑[J].中国营造学社汇刊, 1944, 7 (1).

[37] 赖德霖.28岁的林徽因与世界的对话——《论中国建筑之几个特征》评注[J].Domus中国, 2012 (61): 108-115.

[38] 赖德霖.文化观遭遇社会观——梁刘史学分歧与20世纪中期中国两种建筑观的冲突[M]//朱剑飞.中国建筑60年 (历史与理论).北京: 中国建筑工业出版社, 2009: 246-263.

[39] 年代尽可能依《刘敦桢全集》编者所注的工作时间, 若无则依发表时间。

[40] 赖德霖.社会科学、人文科学、技术科学的结合——中国建筑史研究方法初识, 兼议中国营造学社研究方法"科学性"之所在[M].//东南大学建筑学院.纪念刘敦桢先生诞辰110周年纪念会暨中国建筑史学史研讨会论文集.南京: 东南大学出版社, 2009.

[41] 同上。

[42] 李允鉌所著《华夏意匠——中国古典建筑设计原理分析》一书自问世便获得了包括若干中国营造学社前辈在内的众多建筑读者们的普遍赞扬。对比乐嘉藻《中国建筑史》可以看出, 李著所讨论的许多问题、引用的材料和一些插图, 都明显参考了乐著。他甚至延续了乐"天子有三门"的错误。然而遗憾的是, 李对此并未做任何注释。他仅在全书的最后一章的"近代有关中国古典建筑的研究和著述"一节中介绍了乐著和作者, 却说: "相信, 这一类'自娱式'的著述在中国历史上是有过一些的, 只不过是当时就认为价值不大而未能流传而已。"另参见[43]。

[43] 张帆注意到《童寯文集 (三)》中童的《中国建筑史》》笔记有摘录自乐著的内容 (64-362页)。

[44] 李允鉌.华夏意匠——中国古典建筑设计原理分析[M].香港: 广角镜出版社, 1984: 436.

[45] 张帆.乐嘉藻《中国建筑史》评述[M].//王贵祥, 贺从容.中国建筑史论汇刊, 2011 (4): 337-368.

作者简介:

赖德霖, 美国路易维尔大学艺术系副教授。

官尺·营造尺·乡尺——古代营造实践中用尺制度再探

李浈

摘 要：本文结合近年考古实践的最新成果，以尺度的确定和使用作为主要探讨对象，阐述了我国的早期营造尺度的确定方法、历代标准尺的确定及其绝对尺度的变迁状况。在此基础上，重点对古代营造尺的使用、营造尺和标准尺的关系、地域尺度即"乡尺"的应用进行了相应的研究和探讨，并对地域尺度的分布范围、使用方式及研究意义的关系提出了相应的看法。

关键词：尺度 营造尺 标准尺 乡尺

1 释名

尺度，是传统建筑研究与保护设计中不可回避的重要问题。从使用功能范围来说，历代的尺主要有三个系统：一是律用尺，即标准官尺，考律而定，为历朝定制，民间少用；二是营造用尺，"即凡木工、刻工、石工、量地等所用之尺均属之，通称木尺、工尺、营造尺、鲁班尺等"[1]；三是布尺，也称裁缝尺或裁尺。后两者本于律尺，是常用尺。

从尺度标准的颁布渠道和使用范围来看，则主要有"官尺"和"乡尺"两个大类。

"官尺"一词古代文献即有记载，隋代以后这种称呼已较普遍。[2]一般把经官方颁布施行，作为度量衡标准者称为"官尺"。可见官尺是标准尺，它有两个用途，一是用于天文、音律方面的，也称律尺、律历尺、乐律尺；同时也于日常公私造作使用，包括裁衣、营造等。因此也就有了俗称的裁衣尺、营造尺，以显示其使用范围和功能略有不同，可统称为"官定常用尺"。官定常用尺的最初来源，与官定的律尺是一致的。但晋代以后，随着长期使用累积误差的形成、实物税制下纳税标准的有意增大、地域发展的不平衡等多种因素影响下，官定标准尺的绝对尺度在产生变化，用于天文方面的律尺（这种尺不能一直增大，否则会影响音律的制定和天文测定）与用于日常使用的尺渐渐产生较大的差别，也就出现了分野。于是官尺的颁布也随之有了两套系统：一套用于天文、音律；而另一套用于日常使用。

"乡尺"一词，曾见于宋人的笔记，《三山志》中收录的南宋重臣赵汝愚的一篇奏疏，其中云："……以上系用乡尺，若以官方尺为准，每丈实计八尺七寸"[3]。可见乡尺与当时颁布的官尺是有区别的，指在一定地域或一定人群内通行使

用的"标准尺"，多数也可用于营造。可见乡尺最初系本于官尺，可能在分裂和割据时期，在偏远而交通不便的地方保留下来并沿用至今，但有别于最初使用者所处时代的官尺。

而营造尺，一般指用于营造实践中所用的一尺之长，在古代多数用于土木工程。但营造尺并不专指某一类尺型，而是一种泛指。其中木工、石工等不同工种所用，可能会有不同。其器型，多呈"L"形，一般称为曲尺、矩尺、拐尺；也有呈"一"字形者。有关营造尺本身的研究、营造用尺和尺度问题等，均是古代营造、近世建筑一个最为根本且重要的问题之一。

2 标准尺的确定及古代的度量方式

按前人的研究和总结，古代的标准尺确定，大致可分为三个阶段：

第一阶段：人体尺度为法，即"以身为度"。最初度量衡单位的建立，大多与人体以及人的活动密切相关，如尺、寸、寻、步等都是以人体的某一部分作为单位量值的。这种做法几乎在世界各国度量衡史上都有相应的记载，如埃及的"腕尺"（从肘关节到指尖）、英国的"足尺"（一足之长）、"掌"（四指的厚度）、"一手"（包括大拇指在内的长度）、"一拇指"（一手指的宽度），等等。根据这些简单的单位，人们就可以去进行各种长度的测量活动。我国云南的独龙族，有四种长度单位均取于人体："空姆""布达""弟兰姆"、"捧敦"[4]。

《大戴礼·主言》："布手知寸，布手知尺，舒肘知寻"。"尺"的甲骨文图形和篆书形态，显示的是男人的"一拃"，即中指到拇指的距离，这在今天的山西农村中还见有使用。汉语中还有"庹"，《字汇补》："庹，音托，两腕引长谓之庹"，约相当于人体身高。古代由此引申出一些长度单位，如寻、常、丈、墨等，其关系如下：

1寻＝8尺，同臂长；1仞＝8尺。寻为横向，仞为纵向。1常＝2寻，即"倍寻谓之常"（16尺）。

1引＝10丈，1幅＝2尺，1墨＝5尺，1丈＝2墨＝10尺；《小尔雅》："倍寻谓之常；五尺谓之墨；倍墨谓之丈，倍丈谓之端（20尺），倍端谓之两（40尺），倍两谓之匹（80尺），

匹有五谓之束（400 尺）。"

先秦时期的度量衡单位制仅从现有的资料来整理，已很难作出全面准确的论述了。

第二阶段：以日常用具为法。为进一步保证精度，既以人体某些部件尺度为法，又利用常用的生产工具和日常用具为度量的标准。如生产工具"斤"也被用作重量单位，农具中的钱、镈等曾被用作货币单位，等等。在长度测量上，先民借助的是其他事物，如绳或索。《笺》曰："绳者营其广，轮方制之正也。"《大戴礼·主言》："十寻为索"。可见索也是一个长度单位的名称，它的起源应和早期用绳索量物、记事有关。生活中的习用之物都可以用来临时量物。这种度量之法也通用于土木营造之中。《考工记·匠人》："室内度以几，堂上度以筵。"又云："周人明堂，度九尺之筵，东西九筵，南北七筵。"几、筵大小古有定制，并以此为单位来确定建筑的总尺度。这应是沿袭古老的习惯。古代还用弓来测量长度：《仪礼·乡射礼》："侯道五十弓"。郑注："六尺为弓"，弓之古制六尺，与之相应。可见弓固定为六尺之长，与一步相等。唐以后，以五尺为一弓。[5]

第三阶段：以音律和累黍相较定长。以黄钟律管作为度量衡标准并用轻累黍加以验证，是中国特有的发明创造。在长期的音乐实践中，人们发现了音律与律管的长度有密切的关系。一定长度的律管发出固定的音频。因此人们用标准的律管作为校正尺度的依据。《管子》《淮南子》《史记·律书》中都有三分损一和三分益一的方法确定律管长度的详细记载。《汉书·律历志》中进一步记述了用累黍的方法把长度、重量、音量和音律联系起来，定出度量衡三者的基本量。秦代统一度量衡的措施促使了度量衡科学技术的发展，有利于中央集权的巩固，也为我国两千年封建社会沿用统一的度量衡打下了基础。魏晋以来，历代都专门制定律尺，制定过程中用"黍"和"律"互相佐证，保证了一定的严密性。

此外，在大尺度的度量中，古人的方法是"近取诸身，远取诸物"。《考工记》"度野以步"，并以六尺为步。至唐武德七年 (624)，改 5 尺为步，沿用至今。《汉书》："六尺为步，步百为亩，亩百为夫，夫三为屋，屋三为井，井方一里，是为九夫。"《谷梁传》云："古者三百步为里"，唐太宗时魏征《隋书·地理记》记长安里步，将一里改为三百六十步，其后始成定论。《清会典》："以营造尺起度，五尺为步，三百六十步为里。"里、步、弓等在今天的农村中也还见有使用。

3 历代标准尺变迁及其内在规律

拙作《中国传统建筑木作工具及其相关技术研究》中，

曾对官尺、营造尺和鲁班尺作过一定的讨论[6]，后来发表《官尺·营造尺·鲁班尺——古代建筑实践中用尺制度初探》[7]一文，系统陈述了个人的一些看法。但随着近些年考古材料及成果的进一步出现，以及科技史研究的一些新的进展，原来一些观点尚存在一些疏漏错误，有必要进行进一步的检讨和修正。

根据近年科技史学者丘光明先生的研究成果，中国历史尺度的变迁，主要有几个不同的时期（表 1）：

一是秦汉时期在长达 400 多年里，尺度做到基本统一，一尺厘定为 23.1 cm 是可信的。

二是东汉以后，随着政权的嬗变，一尺之长也随俗略有增长。至魏晋，以杜夔所定尺长 24.2 cm 为定制，经南北朝被南朝的宋、齐、梁、陈沿袭。而北朝度量衡迅速增长，至东后魏，尺长达 30 cm。

三是经隋唐改革，才明确有了律历尺（小尺）与日常用尺（大尺）之分。北宋日常用尺为太府寺系列之尺。世俗尺名虽多样，但与法定一尺之长实际是保持一致的。

四是宋室南迁以后，以浙尺为南宋官尺，又称文思尺、省尺，而北宋太府寺尺也还在使用。再加上其他地方性的淮尺、京尺等也得到官方的默许，南宋的尺在名称到实际长度已是多样并存了。元代由于没有留下确切的文献资料及实物，是否允许不同长短的地方用尺或专用尺并存，尚不得知。但从明清除营造尺为法定尺外，还有量地尺、裁衣尺等之分来看，元代很可能延续南宋之遗风。从某些零星的文献看，元尺较大是无疑问的。但其具体尺度却很难确定。如果从官印推算准确的话，应约 35 cm。而元代的律用尺也是 24.5 cm。明代、清代的记载比较详实，明营造尺为 32 cm，但实际使用时，也有略小于此值者 (31.78 cm ~ 32 cm)，而清代的营造尺则为 32 cm。

关于唐大尺，成于后晋的《旧唐书》对唐代度量衡的记载中，讲到"山东诸州，以一尺二寸为大尺，人间行用之"。计算得 29.5 cm × 1.2 cm = 35.4 cm。陈梦家先生认为它是东魏、北宋以来以山东地区的长尺来源。[8]但丘光明认为，它只是开皇官尺。[9]笔者赞同丘先生的观点。

北宋的各种尺，名称繁杂，系因为当时根据发行渠道不同、用途不同而冠以不同的称谓。如太府寺发行的尺，可称太府布市尺、太府铁尺、太府官尺；三司使发行的尺即称"三司尺"；文思院发行的尺即称"文思尺"。又可根据用途来定名，用于量帛布的即太府布帛尺、三司布帛尺、文思布帛尺等。建筑用尺即称营造尺、矩尺、曲尺、匠尺，测量土地即称地竿尺，发给地方各省作为复制标准的尺，又称省样尺。实际北宋太府寺系列的尺，发行渠道虽然有变更，称谓又多

表1 中国历代尺度一览表 单位：cm 注：本表依据为丘光明《计量史》《中国科学技术史·度量衡卷》等整理

用途	尺系		夏前	商	西周	东周	秦[10]西汉	东汉	三国[11]魏西晋[12]	东晋	南北朝	隋[13]	唐	五代	辽北宋	金南宋	元	明	清	备注
礼乐、圭表/官用	官尺	律尺	16～17[14]	约19.6	23.1		商鞅量尺23.1		杜夔尺[15]24.2		北朝多次议定律尺；南朝沿用晋后尺[16]24.6	开皇律用官尺宋氏尺24.6 大业律用官尺23.6	唐小尺24.6 实际范围24.5～24.7	基本沿用唐小尺24.6[17]				32		不常用
公私造作官民同用	官尺	官定常用尺	未详		同律尺23.1 实际范围22.9～23.6				同律尺23.1 实际范围23.8～24.6		南朝[18]:24.7 实长24.7～25 北朝[19]:较乱25.6～30.0	开皇日用官尺29.6 大业日用官尺宋氏尺24.6	唐大尺[20]29.5[21] 实际范围29～31.8		辽：唐尺？北宋：太府寺尺31.4[22]（30.8～31.6）官小尺[23]31.6～31.7 大晟新尺30.1[24]	金：南宋：一同太府寺尺 一同浙尺27.4	34.85	32 34～35.6	32	常用
公私造作官民同用	官尺	营造尺	16～17		同律尺23.1				同律尺23.1 实际使用有所损益		南朝：同上？北朝：同上？	开皇官尺29.6	唐大尺29.5左右	同唐	官定营造尺30.9 但南方地域可能已存地方尺	北方使用金尺 南方官尺与地域尺并存，且曾以浙尺27.4为官尺	同左	同左	32或同左	常用
公私造作或赋税/地方用	乡尺															京尺39.5或42.8	未详	未详		
公私造作或赋税/地方用	乡尺												吴地小尺25～25.85		未详	浙尺[25]27.4		沿用		
公私造作或赋税/地方用	乡尺												山东大尺34.7		未详	淮尺[26]32.9		沿用		
公私造作或赋税/地方用	乡尺														未详	闽乡尺[27]27		沿用		
公私造作或赋税/地方用	乡尺																	裁衣尺34	35.56	

种多样，但其制度却始终未变，长度约为31.4 cm。总体来看，北宋年间，实际在官民中真正推行的日常用尺，仍是太府系列的尺。大晟新尺虽喧闹过一时，但却并未在官民间推行[28]。

4 乡尺的体系与分布范围

以上表1及相关文献中可以看出，乡尺在我国唐代后期即有端倪，而宋代以后便产生明确的分化。关于"乡尺"的记载文献，南宋人程大昌和方回都有记述。《演繁露》记："官尺者与浙尺同，仅比淮尺十八……官府通用省尺。"《续古今考》记："淮尺《礼书》十寸尺也。浙尺八寸尺也，亦曰省尺……江东人用淮尺，浙西人、杭州用省尺、浙尺。"据郭正忠考证，《三山志》中转录了赵汝愚在淳熙三年（1176）的一篇奏疏中写道："……以上系用乡尺。若以官尺为准，每丈实计八尺七寸。"[29]并指出"三山"为福州的别名，故赵汝愚所说的乡尺是指福建一些地区的乡尺。其

长为31.4 cm×0.87 cm=27.3 cm，近代有在南宋的沉船中发现的实尺可证[30]。但北宋太府寺系列的官尺在南宋仍在使用，丘光明先生还从南宋征收的布帛用尺上得到证实。

南宋不但通行太府寺官尺，在两浙地区还通行浙尺，并代替官尺使用；同时，南宋也允许地方尺的使用，因此淮尺、乡尺等都有使用的记载。但它们都和官尺等是有一定比值的。郭正忠、邱隆等把浙尺厘定为27.4 cm，淮尺厘定为32.9 cm[31]，笔者认为这些观点是基本可信的，且根据近年课题组的进一步调查，这些乡尺多直接用于传统营造之中。

按前述，乡尺来源于官尺，由于时差和地域关系，渐渐产生分化。故乡尺的实际使用，本身在历史前后可能也会有些变化（至少有一定的损益），在南方一些地方甚至延续至今。1998年笔者曾在程建军先生调查的基础上，对乡尺尺度作过一些粗略的探讨，并讨论了宋代遗构苏州玄妙观三清殿的用尺，明确指出其营造中使用吴尺（27.5 cm）的现象。[32]2005

年以来，笔者课题组组织研究生进行了较大范围的营造尺及相关技术的调查。根据历次调查的成果，其营造尺长汇成下表（表2）。

在近年这些调查和相关阅读、讨论的基础上，通过与建筑形制、工匠口诀、营造技艺等多方比较，课题组提出了"尺系"的观点，有比较明确的认识者，包括吴尺、浙尺、闽尺、粤尺、淮尺等，取得了一些初步的成果[34]。

宏观看，唐以后营造尺基本是沿用唐大尺之路，并代有损益。总体趋势是，作为民用尺，增大是绝对的主要方向。但是增长的幅度却是相对前期较小的。宋代地方尺即乡尺的应用现象，在中唐以后即见端倪，特别是五代割据尤盛，并对后代产生重要的影响，有些地方尺度见于史籍并在民间广泛使用，如浙尺、淮尺和闽乡尺，且沿用至今，这在本课题组历年的调查中都有发现。

在宋代，特别是南宋，多尺并行，允许地方尺即乡尺的存在，并一度曾以地方尺即浙尺代替官尺，通行南宋。故南宋临安府一带的营造尺度，应为浙尺，其长为 27.4 cm 略强。该观点也有出土物作为支撑。浙尺在南宋的两浙东路和两浙西路（即北宋的两浙路，约相当于浙江全境）地域内，官民同用（当然包括营造），并沿用至今。度量衡研究学者算得南宋时其尺长为 27.4 cm，可能次后渐有增长，约 27.5 cm～27.8 cm。今所见浙尺均为 27.8 cm。而吴尺，今长为 27.5 cm，在太湖流域香山帮一带通用，应与浙尺同源，可能曾是五代十国时期吴越国的官尺，后世沿用。

淮尺在南宋也见使用，常用于布帛收取，影响地域主要在五代时的南唐范围，北宋时的江南东、西两路和淮南东、西两路，大致相当于今天山东南部和江苏、安徽、江西三省沿淮河流域和赣江流域一带。此尺次后也见于地域营造，并沿用至今。其尺长，在南宋时应为 32.9 cm，次后可能在部分地域渐有增长，约为 33 cm～37 cm 左右（另文专述）。

宋代以后，我国南方地区的营造尺度体系相对呈现出区域稳定性和总体多元性等特性，延用五代以来的地方尺并有记载者，有淮尺、浙尺，以及受浙尺影响的"闽北乡尺"等，而沿用唐尺者，有闽尺（约 29.4 cm～30 cm）、粤尺（约 30 cm）等。闽尺主要在福建省用，流传至今的，前人有调查结果如下：厦门 29.4 cm、莆田 29.4 cm、泉州 30.0 cm。其变化幅度基本与唐大尺的变化尺度相同。四川 30.1 cm、昆明 30.1 cm，按现有的调查，可能也是沿用着唐大尺体系。

5 传统营造中的两种体系

在对乡尺的系统研究中，我们深切地感受到，活跃于民间的乡土建筑，所经历的是一种与传统官式建筑有所不同的营造方式和技术传播路线。而传统观念中类似《营造法式》、《工程作法》等这样的看似非常重要的营造典籍，对地域乡土建筑影响却是极其有限的，特别是在北方，或者南方的少数民族地区。换句话说，在古代的交通和文化传播条件下，《营造法式》之于江南建筑，《工程作法》之于京畿建筑，其密切关系远较其他地域，因此，不难理解老前辈们感叹，只有河南少林寺初祖庵最接近《营造法式》做法，而其他遗构做法与之相合之处就不甚多了。就工匠而言，在真正意义的乡土营造中，只有一定的法则而并无定式。从用尺的角度来看，传统建筑应该存在这样两种不同的营造和传播技术路线，或可称之为"官式体系"和"乡土体系"。在官式体系中，有相关的"法式"（如宋代的《营造法式》等）作为制约，并多是采用官尺；而乡土体系中，采用的却多是乡尺，即地方尺，不受所谓的"法式"制约。

总之，乡尺体系，本于官尺体系中的常用尺。在早期它基本上不存在，唐代后期见有端倪，在五代以后逐渐成风；但总体上，北方不甚明显，似多响应官定常用尺（也即唐大尺的延续）；在南方，南宋后乡尺体系有一定的独立性，在一定的地域长期存在并一直延续至今。

6 结语

营造尺本于官尺，在官尺不断变迁的历史环境背景下，营造尺度在历代也随之变迁。总体来看，南北朝之前的营造尺大多与当代的律尺同；隋以后，北方有用当代官尺或官定营造尺者（即响应律制），同于开皇大尺、唐大尺影响下官定常用尺体系，并有增益；也有后朝采用前朝的营造尺并沿用者；而南方部分地域，仍沿用唐大尺以来的营造尺，如福建地区的闽尺和广东地区的粤尺，但由于地域的不同，使得区域间也产生了稍许的差异；另一部分地域，则采用与唐大尺绝对尺寸相对甚远的乡尺体系（如浙尺、淮尺、吴尺）。

乡尺在我国的营造史上客观的存在，应引起足够的重视。乡尺的研究，可为我们研究乡土建筑的体系提供一种视角。如果要弄清区域内乡土建筑技艺的异同，即其共性和个性是什么？与北方乡土建筑相比的差异性是什么？其气候、文化、环境等影响因子各自的影响程度如何？南方乡土建筑中，是否存在像"香山帮"这样更多的明确的地域匠派？等等这样的问题，按传统史学的方法仍不能找到可信服的答案。于是我们可以通过从语言学、移民学、民系、区域地理学等到营造"尺系"，初步架构一个谱系概况；再从乡土建筑的类型学到匠系、派系、手风等，进行细致的甄别；再结合从文化类型、建筑类型到技艺类型的关联性分析。综合以上，最终通过长期的量的积累，实现营造体系基本框架的建立和对传

表 2 营造尺补充调查表 [33]

序号	省	县域	乡镇	村域	工匠	民族	实长	每尺长（mm）	备注（工匠口诀或实物证据等来源）
1	赣	吉水	金滩	午岗	黄永隆	汉	585×349	350	实物
2		吉安	兴桥	申庄	曾昭喜	汉	400×211	350	实物
3		吉安	青原	渼陂	梁礼辉	汉	350	350	一字形尺，实物
4		乐安	牛田	流坑	董福贞	汉		366	"老尺1尺比新尺长1寸"
5		高安	新街	贾家	陈祖和	汉		344	"市尺3.1尺等于老尺3尺"
6		南昌	安义	石鼻	黄家煌	汉		352	"老五尺等于市尺5尺3寸"
7		南昌	安义	石鼻	佚名	汉		340	
8		婺源	江湾	汪口	俞洋兴	汉	337×172	350	实物
9		黎川	厚村	三元	郑永兴	汉		355	实物
10		黎川	城关		不知名			366	"老尺1尺比新尺长1寸"
11		金溪	双塘		吴康予	汉		367	"老尺1尺比新尺长1寸"
12		宜黄	圳口	尚贤	周世惠	汉		340	"老5尺比现在的5尺长1寸"
13		宜黄	棠阴		不知名			367	"老尺1尺比新尺长1寸"
14		南城	路东		何江清	汉		355-362	"范围在比现在的尺长7至9分之间"
15	桂	龙胜	和平	和平	廖德庆	壮		340	实物
16		龙胜	和平	龙脊	廖兆运	壮		340	实物
17		龙胜	和平	龙脊	候德乾	壮		340	实物
18		融水	香粉	雨卜	梁任丰	苗		343	1老尺=1.03市尺
19		融水	香粉	卜令	杨中正	苗		343	工匠记忆，测绘验证
20		榕江	两汪	两汪	夏祖方	苗		343	1鲁班尺=1.03市尺
21		雷山	郎德	郎德	陈玉生	苗	364×400	364	实物
22		雷山	郎德	报德	杨昌生	苗		432	"老尺1尺=市尺1.3尺"
23		雷山	丹江	乌秀	任条里	苗	351×421	351	实物
24	贵	惠水	好花红		班连饶 班连裕	布依	333	333	实物
25		惠水	龙家苑	新联	王泽森	布依	333	333	实物
26		安顺	七眼桥	西寨	金守其	汉	333	333	实物
27		镇宁	黄果树	滑石哨	伍定书	布依	333	333	实物
28		务川	大坪	龙潭	申福建	仡佬		367	1.2鲁班尺=1.3市尺
29	湘	永顺	高坪	雨禾	彭金三	土家	341～344		"旧尺一尺比市尺长两分、不到三分"
30		通道	双江	芋头	杨再转	侗		343	"老尺一丈比新尺一丈长三寸"
31		安仁	竹山	松岗	候岳清	汉		350	工匠记忆
32	皖	泾县	厚岸	查济	严开龙	汉		344	1老尺=1.03市尺
33		池州		元四		汉		355	实物
34		池州		石台		汉		355	实物
35	浙	泰顺	雅阳	车头	陈延镂	汉		278	实物
36		泰顺	雅阳	车头	陈延镂	汉		273	工匠记忆，十几年前停用
37		金华	东阳	卢宅		汉		280	于东阳古建维修公司调查到
38		宁波	东钱湖	韩岭	不知名	汉		278	工匠记忆
39		宁波	前童	下叶	童岳善	汉		280	工匠记忆
40		武义	熟溪	郭下	罗良华	汉		278	"1m等于3.6尺"
41	闽	武夷山		下梅	叶启富	汉	524×278	278	实物
42		武夷山		下梅	叶启富	汉	600×300	300	实物
43		沙县		县城	陈宝生	汉		286	实物
44		古田	大桥镇	瑞岩	杜凌霄	汉	600×300	300	实物
45		福安	溪潭	廉村		汉		300	实物
46			坦洋	镇区	不知名	汉	600×300	300	实物
47	渝		龙兴		黄仁明	汉		372	"老尺等于市尺长1寸1分2"
48	川	理县	米亚罗		王友成	汉		400	"老尺等于市尺长1寸2分"
49		西昌	礼州	桂林村	王木匠	汉		338	门光尺发现实物，以其推算
50		资中	罗泉镇		吕嗣富	汉		340	实物
51		都江堰						340	"多位工匠记忆"
52	鄂	武汉	黄陂	大余湾	未留名			366	"老尺合市尺"
53		荆州	监利	程集	陈盛贵	汉		297	记忆
54	粤	潮州						300	吴国智《广东潮洲许附马府研究》
55		梅州						317	
56		梅州						210	《梅县民间建筑匠师访谈综述》
57	陕	汶川			张保全	汉		317	张系西安人，所述西安尺长

统营造的新审视。最终才能厘清其不同的匠派体系，实现谱系建构与区域划分的最终目标。

注释

[1] 吴承洛．中国度量衡史[M]. 上海：上海书店出版，1984：299. 此处所说的鲁班尺，实即木工所用的普通尺，其长与曲尺尺柄之长同。这与下文用于度量门宽吉凶的鲁班尺不是同一概念。不过，直到近世，江南一带还称木工所用的曲尺为鲁班尺，看来它是一种俗语。

[2] 至隋立国初的开皇年间，用后周市尺，即后魏后尺为官尺，“令百司用之”，这是官方的日常用尺，其长为29.5cm。

[3] 《赵汝愚奏疏》转引自郭正忠《三至十四世纪的权衡度量》。

[4] 丘光明．计量史[M]. 长沙：湖南教育出版社，2002.12—13.

[5] 《旧唐书·食货志》“凡天下之田，五尺为步。”《清会典》“起度，则五尺为步。”

[6] 李浈．中国传统建筑木作工具及其相关技术研究[M]. 南京：东南大学博士学位文，1998.140.

[7] 李浈．官尺·营造尺·鲁班尺——古代建筑实践中用尺制度初探[J]. 建筑史，2009（24）.

[8] 陈梦家．亩制与田亩制[J]. 考古，1966（1）.

[9] 丘光明．计量史[M]. 长沙：湖南教育出版社，2002：367.

[10] 秦代统一度责衡，汉承秦制。

[11] 三国时量度量衡开始略加大，出土实物多为23.8cm～24.2cm。

[12] 西晋时人们已注意到古尺和当代尺的绝对尺度的变化，有荀勖再次推定的古尺，当时称荀勖尺，也称晋前尺，其长为23.1cm。从此在尺度的发展史上，律尺与日常用官尺分离出来，成为独立的一支，除尺度的绝对尺寸发生变化外，在用途上也开始分化，律尺与常用尺开始分道扬镳。杜夔尺比荀勖尺一尺四分七厘，即23.1cm×1.047cm=24.185cm。

[13] 到隋再次统一，长度1.2倍于古，容量、权衡3倍于古。隋代的官尺有两变：隋文帝立国初，以后周市尺为开皇官尺，长29.5cm，而律用尺为宋氏尺，即“齐梁陈以制乐律”之尺。开皇十年，有乐工万宝常所造律吕水尺，长27.4cm。此尺未能推行。此尺何来？和浙尺有何关系？尚待考。隋炀帝时改用小制，以梁表尺为律尺，长为23.6cm，日常用者可能是开皇时的调钟律尺，即宋氏尺；而民间仍私用开皇官尺。以上详见[4]：338。因此，推测隋代的营造尺应采用开皇官尺，但南方地区有可能例外。

[14] 目前所见的最早的测长工具是商尺。出土的商尺长度在16cm～17cm之间，与《大戴礼记》所载“布指知寸，布手知尺”是相符的。李济先生1921年对现代中国人的身高测量所作的统计，平均为164cm～165cm，也符合当时人的尺度。以尺和手指为长度单位，不见于世界其他文明古国，如巴比伦尼亚的长度单位“指”长1.65cm，而印加帝国的长度单位尺合16.5cm，10尺为165cm，相当于秘鲁人的平均身高。详参：夏鼐．秘鲁古代文化[J]. 考古，1972（4）.

[15] 杜夔尺即魏尺（三国魏武平定荆州后）。据史籍，他所定调律尺，比晋前尺（也称荀勖律尺，同王莽尺，长23.1cm）。

[16] 史载晋氏江东所用，也即东晋用尺。

[17] 北宋初至哲宗赵煦约140年，乐律尺大体采用的仍是太祖时“和岘尺”，长约24.5cm。

[18] 南朝由于地域和经济关系，尺度较北朝相对稳定。可以说，南朝之前，官尺基本上只有一种，既是律用尺，也是日常用尺，当然包括营造所用。

[19] 北朝日常用尺的最大特点，表现为尺度增长，一尺之长不仅长于同时代的南朝，而且还呈不断增长的趋势。即从北魏前尺的25.6cm，中尺27.97cm，至后尺已长达29.6cm。东西分国后，北魏尺又被东西魏和北周沿用。北周略短，尺长29.2cm，东后魏略长，30.05cm。东魏后尺又被北齐沿用。北朝尺度过大，故有多次议定律历尺之举。与北朝不同的是，南朝日常用尺未有较大的增长，始终与律尺保持一致。但时代性增益仍不可避免。

[20] 杜佑《通典》以唐尺与南朝之宋齐梁陈尺作比较时说，“……尺则一尺二寸当今尺”。因此，唐大小尺的比为1:1.2是确有依据的。笔者推测，这可能也奠定了后世的尺度逻辑中的“附古”关系，即1:1.2的关系。

[21] 按前人观点再作推测，我们可以认为，唐以后营造尺基本是沿用大尺之路，并代有损益。

[22] 即布帛尺，一说31.5cm。

[23] 从绝对尺度上来讲，太府寺尺（布帛尺）＜官小尺＜淮尺。

[24] 丘光明先生认为是30cm。详[4]：432.

[25] 浙尺按古尺的1.2倍：23.1cm×1.2cm=27.7cm。

[26] 淮尺按浙尺的1.2倍：27.7cm×1.2cm=33.2cm。后代又有所增益。因此调查中发现的33cm左右的尺，不能一概以今尺论（1m=3尺），需细致甄别之。

[27] 闽乡尺为26.95cm～27cm，一说27.3cm。南宋时曾用于闽北地域，非全闽通行。

[28] 同[4]：432.

[29] 郭正忠.3至14世纪中国的权衡度量[M]. 北京：中国社会科学出版社，2008：278.

[30] 泉州湾宋代海船发掘简报[J]. 文物，1975（10）.

[31] 同[30]：307.

[32] 李浈．中国传统建筑木作工具及其相关技术研究[D]. 南京：东南大学博士学位论文.1998：143.

[33] 本表系在国家自然科学基金资助课题（编号：51078277，51378357)和十一五国家科技支持计划资助项目（编号：2008BAJ08B04—03）资助下，课题组成员王斌、刘成、孙博文、许文杰、张新星、陈亦灏、丁艳丽、佟士枢、李久君、丁曦明、解思谌、任慧娟、李伟、张甲未、张鸿飞、杨世强等人历次调查所得。

[34] 王斌．匠心绳墨——南方部分地区乡土建筑营造用尺及其地盘、侧样研究[D]. 同济大学硕士学位论文，2011；刘成．矩正方圆——长江流域天井式乡土建筑的营造尺法比较[D]. 同济大学硕士学位论文，2011；孙博文．稗史匠语——江南乡土建筑营造与《鲁班营造正式》中的若干问题[D]. 同济大学硕士学位论文，2011；陈亦颢．若即若离的“官式”与“乡土”——低技术视野下北方官式建筑与江南乡土建筑营造技术的关联性试析[D]. 同济大学硕士学位论文，2012；张新星．闽西北乡土建筑营造技术探析——以和平古镇为例[D]. 同济大学硕士学位论文，2012；丁曦明．百斤汇智——黎川老街乡土建筑营造匠意探源[D]. 同济大学硕士学位论文，2013；解思谌．古祠发微——池州宗祠的乡土营造特色探讨[D]. 同济大学硕士学位论文，2013；李伟．班尺探微——侗寨乡土建筑营造尺法的应用分析（以贵州省黎平县肇兴乡堂安村为例）[D]. 同济大学硕士学位论文，2013；任慧娟．书墨遗香——闽北书院建筑的形制、演化及营造特色探析[D]. 同济大学硕士学位论文，2013；张甲未．老街新生——基于真实性原则的传统老街保护性设计探索（以邵武和平为例）[D]. 同济大学硕士学位论文，2013；王斌．东南民间营造尺考察与初探[J]. 建筑师，2012（160）：85–95.

参考文献：

[1] 李孝聪．中国区域历史地理[M]. 北京：北京大学出版社，2004.

[2] 吴松弟 . 中国移民史·隋唐五代时期 [M]. 福州：福建人民出版社，
    1997.

[3] 吴松弟 . 中国移民史·辽宋金元时期 [M]. 福州：福建人民出版社，
    1997.

[4] 谭其骧 . 中国历史地图集（全八册）[M]. 北京：中国地图出版社，
    1996.

[5] 吴承洛 . 中国度量衡史 [M]. 北京：商务印书馆，1998.

[6] 郭正忠 . 三至十四世纪中国的权衡度量 [M]. 北京：社科出版社，
    1993.

[7] 丘光明 . 中国物理学史大系·计量史 [M]. 长沙：湖南教育出版社，
    2001.

[8] 丘光明，邱隆，杨平 . 中国科学技术史·度量衡卷 [M]. 北京：科
    学出版社，2001.

[9] 傅熹年 . 中国科学技术史 . 建筑卷 [M]. 北京：科学出版社，
    2008.

[10] 李浈 . 中国传统建筑木作工具 [M]. 上海：同济大学出版社，
     2004.

作者简介：

李浈，同济大学建筑与城市规划学院教授。

台湾现代建筑与小区结合的观察：1988—2013

阮庆岳

摘　要：战后的台湾现代建筑发展，伴随着内在政经的更易，与应对外在全球的趋势，显现一种在单向与迂回间，不断替换的演进过程。此处，单向指的是意图与现代性接轨的学习，迂回指的则是对自体何在的思索反省。两股力量交替演绎，引发许多内在的辩证，譬如在地与全球、文化、社会与现实的关连。本文将以1988年迄今的现象演变，尤其对于台湾现代建筑与小区的结合，在整体趋势上的发展做出描述与观察。

关键词：单向　迂回　全球化　地域化

台湾建筑的现代性发展，自日治时期起已经逾百年，确实亟待认真面对。我在此以历史事件的关键点，来切分台湾建筑发展的演化转折，其中以政治/经济的变化与社会意识的转换为观察处，作为一种阅读台湾建筑发展的参考。

原则上，我将台湾现代建筑的发展，依"关键历史事件"划分为5个时期，并分别简单叙述如下。本文的重点则放在第4与第5段时期，也就是在政治解严与921大地震后，台湾中生代建筑师发展的现象，尤其是其对建筑与小区间的结合观察，作为本文时空涵构下的聚焦微观处。

关键事件1：甲午战败/日本统治台湾（1895）

台湾的现代建筑发展，大约可以甲午战争落败，1895年成为日本的殖民地，作为第一个可标记的起始点。在这之前，台湾的统治权数百年间几度易手，多样的文化影响各有余荫可寻；但对台湾的现代性建设，可能始自于1862年起的同治年间，因为开放通商口岸与洋务运动的发生，开启了原本封闭的台湾社会。

到了1895年起的日治时期，城市与建筑发展相对就显得更为积极与蓬勃，1900年发布的《台湾家屋建筑规则》，与1908年台湾西部纵贯铁路全线通车，奠定初期的发展基础。其间，受过西方建筑专业知识训练的日本技师大量来台，公共建筑发展达到高峰，风格则以仿西洋古典样式为主轴。

关键事件2：日本战败/国民党政府接收台湾（1945）

国民党政府在来台后，一直至60年代末期，第一批衔接上建筑大旗的，是随着国民党政府撤守到台湾、主要来自上海的建筑师们，包括王大闳、杨卓成，与毕业自上海圣约翰大学的张肇康、沈祖海，代表作品有王大闳1953年的"建国南路自宅（图1、2），1962年与贝聿铭、张肇康、陈其宽合

图1 台北建国南路王大闳自宅（图片来源：王守正）

图2 1936年左右，王大闳入学英国剑桥大学前，与父亲王笼惠合影

作的东海大学路思义教堂。

主要的建筑思维，在于如何将现代主义与中国传统建筑做连结，这本是极度困难的议题，再加以当时政治权力下的"国族主义"氛围笼罩，且未能积极与本土的文化连接，使得路途崎岖。

关键事件3：钓鱼台事件（1972）/乡土论战全面启始（1978）

70年代起台湾遭受到一连串国际政治局势冲击，例如，与日本冲突的钓鱼台事件、退出联合国（1971）等，遭受到在外交事务上的全面挫败。这样动荡的时代背景，也引发在文化上（包括建筑）的全面冲击，并造成内部能量的激荡与矛盾，酝酿着文化"自体"何在的质疑与期待对之再定义的社会需求，也因之影响台湾后续文化走向深远，主要在于探讨现代性与本土性关系的"乡土论战"，开始全面启动。

80年代，建筑业受到资本主义及商品化的冲击日增，后现代主义风格为体、意图以符号性来寻找与文化连结的尝试，成为当时的发展主流，这可以李祖原的"宏国大楼"（1990）、"大安国宅"（1984），及汉光/汉宝德的"中研院民族学研究所"（1985）为代表。同时，值得注意的是，见到原本多用于政治权力的传统建筑语汇，被大量转用到商业与民间建筑上，可视为对原本归属政治权力的传统文化性建筑符号，在权力间的积极移转与下放。

关键事件4：政治解严/多元文化全面蓬发（1987）

90年代启始前，台湾政经环境有着剧烈的转变，包括1987年解除台湾地区戒严、1988年解除报禁、1989年开放政党的组设、1991年核准新银行设立等，铺陈了一个鼓励建筑美学百花齐放的政经环境。

同时间，各样公民权力的运动四起，对在地价值的重新认知，以及公民意识的因之蔓延兴起，配合于90年代中期逐渐浮现的经济泡沫化现象，让建筑师们（譬如谢英俊、黄声远）得以用一种新的视角，再次审视现代建筑应如何作为的问题。

也就是说，这时期的建筑发展已逐渐摆脱战后被禁锢已久的现代与传统之间的论争，也逐渐厘清80年代以降，建筑与商业间的模糊牵扯关系，更能够直接回答公民权力兴起后，社会的建筑需求问题，也藉此真正开始建立台湾当代建筑的在地新面貌。

政治权力与商业权力机制，曾经建构并支撑台湾当代建筑战后的前两个世代的价值观。这个体系经过时代大环境的流转变动，因上述各样的主客观因素，造成过往所依赖价值观的溃散，以及质疑如何能再度自我建构的挑战。

我们或许可轻易就把这样显得路途彷徨的现象，怪罪到这时期经济的泡沫化，以及现实的各样不顺遂。但是，若以日本当代建筑为例，"后泡沫世代"（Post Bubble Generation）的出色表现，是此刻令人瞩目的现象，许多成长于经济泡沫期（大约发生于90年代初）的年轻建筑师，例如冢本由晴与藤本壮介等，在进入现实社会时，因为失去大型事务所与商业市场的庇护，只能选择独立发展，在现实的细缝中寻求生存，因而有机会为寻常百姓设计案子，避免过早遭逢商业机制的可能扭曲。看似不幸的现实景况，反而给予他们体会与掌握真实现实的契机，因此当大环境好转，他们面对重现的庞大权力结构与机制时，不仅懂得如何自我拿捏位置，对于建筑的信仰何在，也显得从容自信。

尤其重要的，是日本建筑过往以英雄／大师为时代旨意、以虚张声势的纪念性格为标竿，脱离真正大众现实的价值方向，藉此终于得以告别，让常民、平凡的小建筑，也可以有着全新的时代意义。

台湾经历经济泡沫化的时间，约晚日本5～8年，主要的期程大约同样是10年。在这过程中，引发台湾建筑界许多内在的辩证与矛盾，譬如对在地与全球的思考，以及对建筑的文化、社会与现实意涵何在，也都做出各样的反思与检讨。这样对于社会现实直接、贴靠的观察与响应，使得原本方向纷杂的台湾建筑发展，有着可以观察的新貌出现。

一批年龄约50～60岁的建筑师——包括谢英俊、黄声远、廖伟立、邱文杰等人，是这一波现象的主要代表建筑

图3、4 南投921灾后邵族部落自力建屋（图片来源：谢英俊）

师，我就以谢英俊及黄声远来作呈现的说明。谢英俊早期以客家文化为题的系列作品（"新竹县立文化中心"、"美浓客家文物馆"等），呈露他对材料、工法与语言，如何与在地文化特质做结合的尝试；这同样的思考与实践，在谢英俊其后的"921灾后邵族部落自力建屋"（图3、4）作品中，可见到更深刻的思索演进，尤其对在资本主义架构下的全球化现象，使非都市（乡村）小区因而被边缘异化，提出当如何应对的积极思考。

黄声远长期以台湾宜兰为建筑实践基地，以连续推出的各种作品，对以台北为中心的精英美学观，提出挑战与思索。他的作品对应的是宜兰农村（非都会）社会与自然环境，因此在建筑材料、语汇与美学态度上，都提出了一种与真实情境更加贴近的建筑回答，并同时可约略见出作品中，对长期操控台湾建筑生态的商业语汇，所提出一种追寻与在地价值结合的隐性批判（图5、6）。

这二人同时在职业生涯的某时刻迁离出都市，选择一个非都市（南投与宜兰）的战略位置，来各自实践其与现实相连接的建筑。这样的走向，虽然不易取得台北商业中心由资本投注的方案（尤其是建设公司主导的商业建筑方案），但也使得他们因有机会脱离开商业机制下显得狭隘的美学观的掌控，得以更贴近底层的社会现实，发展出更具真实性的建

■ 图11 台南都市小宅（图片来源：吴武易）

■ 图5、6 宜兰津梅栈桥（图片来源：黄声远）　　■ 图7 C-pavilion（图片来源：黄谦智）

■ 图8 台中救恩堂（图片来源：廖伟立）　■ 图9 台南海安路蓝晒图（图片来源：刘国沧）　■ 图10 台北ant house（图片来源：张淑征）　■ 图12 台中彭宅（图片来源：林有寒）

筑作品。

关键事件5：921大地震／生态、环保与微观的萌芽（1999）

发生在台湾南投的921大地震，对台湾社会造成巨大的冲击，除了生命财产的损失外，人们开始意识到由于自身对自然环境的长期摧残，与因之而得的致命反扑后果，也经由面对生命的渺小脆弱，重思存在的价值与生活的意义。而在这同一时期，台湾经历了经济的微型泡沫化，时间约在1995—2005年间，建筑量大幅削减，造成产业发展的停滞。

若以1999年的大地震为划分点，"前921世代"的谢英俊、黄声远、邱文杰（图7）与廖伟立（图8）等人，大体是积极思索如何由过往追求文化符号，或扮演全球化系统下的承接角色位置，转向建立建筑师与社会现实积极对话的轴线，并确立台湾当代建筑的自体发展可能。

同时间，"后921世代"逐渐成形，包括刘国沧（图9）、张淑征（图10）、孙德鸿、吴武易（图11）、黄瑞茂、林有寒（图12）、姜乐静、徐岩奇、张清华／郭英钊（图13）、杨家凯（图14）、黄明威（图15）、叶炽仁、黄谦智（图16）、洪育成、甘铭源／李绿枝，也展现出多元的面向。这整批人在教育／成长的背景上，显露出相对于前世代更为多元的色彩，除了留学国外再返台者，依旧蔚为主流外，也有全然接受国外建筑教育的张淑征、黄谦智，更见到了愈发茁壮的本土建筑力量显现，譬如刘国沧、吴武易、黄

瑞茂、姜乐静、甘铭源／李绿枝等人，值得重视。

整体来看，"后921世代"最令人印象深刻的表现，是对于生态／永续这时代性议题的积极回复，几乎此一世代的建筑师对此皆有着墨，可拿来作代表的：一是从绿色生态出发的建筑，包括张清华／郭英钊的生态建筑、黄谦智废物再循环／利用的设计作品、洪育成的木构造建筑，以及甘铭源／李绿枝的竹构筑工法。基本上，他们强调与自然生态的和谐共存，废弃物有效回收再利用，以在地以及再生材料来做建筑。

另外一支，则强调与既有环境如何结合，以植入／接枝／缝合的融入观念，来替代完全铲除／换新的粗暴，这可以刘国沧在台南的大小作为、黄瑞茂长期在淡水的小区深耕成果，或是甘铭源／李绿枝投入云林农村空间的环境整备作品为例子。

在社会／文化面的结果也有可观，这批人除了延续"前921世代"重视在地现实的特质，并展现对于环境与细节的微观能力，细腻回答使用者的需求，即便是中小型的案子，也认真扮演专业者当有的角色。譬如吴武易对于台湾人的家／住宅的再定义，以及姜乐静在"潭南小学"对布农文化的尊敬与爱，都是亮眼的成果。

与"前921世代"对现代性的批判态度相对照，譬如谢英俊对资本垄断住宅市场的破解，或是黄声远对空间权力属于民间的再夺回，皆有与现代性既联合又斗争的色彩，也有

图13 台北北投图书馆（图片来源：张清华/郭英钊）

图14 桃园元智大学有庠通讯大楼（图片来源：杨家凯）

图16 台北花博远东环生方舟（图片来源：黄谦智）

图15 台北市文德派出所（图片来源：黄明威）

着若干反中产阶级的姿态（尤其是谢英俊），"后921世代"的社会批判性格则相对比较微弱。

"后921世代"出现在台湾似乎最活泼多元的此刻，却也是建筑的表现机会最匮乏时代。因为，这不是战后百废待举的时代，也不是70年代路线辩证的时代，更没有80年代"钱淹脚目"的滚滚案源。但是，在前述看似幸运的各个年代里，建筑师几乎完全受制于大时代的政商环境，也就是说建筑师的理想，与政治权力或资本权力的思维必须近乎同步。幸运时，各得其所、各取其需，不幸时（大半的时候），则只能沦成为权力者的"喉舌"。

这样的角色位置，90年代起开始转变，建筑师显现出挑战政治与资本权力的可能。代表者应是前述黄声远的"宜兰县社福馆"，直接宣示了公民空间优先于政治权力思维，另外则是谢英俊的"921灾后邵族部落自力建屋"，也提出被资本权力完全绑架的现代住宅，如何得以自主脱困的一线生机。台湾的现代建筑发展，在逐步脱离上层权力结构钳制的同时，也开始有着与小区结盟的发展趋势。

"小区"这名词，在90年代台湾的各样文化发展中，是具指标意味的名词，也几乎成了与所谓"城市"相对立的思考体。杨弘任在《以小区为名》里写着："小区的议题浮上台面，成为社会改造的议题，是非常晚近的事情。自60年代中期以来，'小区'一词原本是冷战防线架构下，因应联合国援助后进国家改善生活条件而设立，基本上依照由上而下的资源分配管道与议题设定方式来运作。到了90年代前后，诸多带有社会改造意识的行动者，开始援引'小区'之名，带动由下而上的草根民主与本土认同运动风潮。"[1]

这样的发展与趋势，除了铺陈了台湾建筑此刻的位置点，也真实回应近20年政经现实的剧烈转变，更见证台湾地区逐渐成熟的公民社会的成形，背后蕴含的时代意义，与其对台湾建筑发展的影响，不但不可轻忽，也值得期待。

其实，战后台湾的现代建筑，一直以欧美为追随方向，同时也隐隐受到日本当代建筑发展的影响。譬如，丹下健三的早期作品，就影响了包括吴增荣、刘明国、吴明修等人，甚至，王大闳70年代的代表作"台北中山纪念馆"与"外交部"，以及李祖原80年代的"宏国大楼"，某个程度上还都可见到一些与其相呼应的影子。

一直到了日本"后泡沫世代"的崛起，对社会真实面向价值观的重新重视，也见到台湾当代建筑有着同样价值趋势的走向，譬如谢英俊、黄声远、刘国沧与黄瑞茂等，这几人都同样有对由下而上常民系统，作强调与趋靠的操作方向。某种程度上，他们在学习与模仿的阶段，还是以欧美为主要师法对象，而在做自我定位时，则更以经历类同现代性历程的日本为师。若要相互比较，相对于一直以显性个性出现的欧美影响，日本当代建筑实质上对台湾建筑的影响力，其隐性重要性绝对不可低估。

同样，台湾建筑师近年普遍的社会关怀取向，固然与921大地震造成的震撼与反省，以及90年代后期的经济泡沫化，这样的现实景况直接有关。但是，这条脉络之所以会在

■ 图17 桃园斋明寺（图片来源：孙德鸿）　　■ 图18 花莲石梯坪陈医师家（图片来源：陈冠华）

此刻出现，一方面因为其对现代性的批判与修正立场，在发展上有其时代更替的必然性，同时也在回应台湾90年代起，风起云涌的文化多元、去中心权力的时代大趋势，主客观皆有其形成的因素。

然而，在这种趋势蔓延的同时，也有与积极介入社会现实走向相歧异的作品出现，譬如，孙德鸿有着浓厚现代宗教氛围的桃园斋明寺增建寺院（图17），以及陈冠华具有些许离世气息、以台湾东海岸为本的系列小住宅作品（图18），显现出台湾当代建筑另一种面貌的共存。

台湾当代建筑的发展，我虽然以前述的5个波段来作分野叙述，然而台湾的建筑地域观，除了要与世界对话，也必须要思索与本体文化大架构的关系。这种从主文化再定位次文化的模式，在欧陆共同体的文化定位思辨中，可以找到一些有趣的思索。

《认同的空间》一书中写道："许多人无法断定所谓的欧洲文化'求同存异'（Unity in diversity）到底是什么意思。事实上，无疆界的欧洲观点和媒介跨国界流动的作法，会使人们产生忧虑和文化迷乱感。面对这些激变，一种反应是到较为局部的地域意识和认同意识中寻求慰藉；我们已经注意到文化地区主义和（巴斯克、苏格兰、布列塔尼等）小民族主义越发兴盛。"[2]

台湾现代建筑此刻所在的位置，除了面对现实作省思响应外，也必须以全球／中国／台湾的从属结构关系，思考主体当如何重新定位的挑战。事实上，文化的小与大（全球与地域、主体与客体）将不再以零合的方式出现，二者间反而可能会出现互为唇齿的依存关系，小的未必就是弱的，地域也未必就必然会被全球并吞。

当然，地域主义也有其隐忧，肯尼斯·弗兰姆普敦（Kenneth Frampton）在文章《朝向批判性地区主义》中说到："过去这两个半世纪，地区主义几乎在所有的国家都曾主导过建筑。按概括性的定义，我们可以说地区主义标榜当地独

具的建筑特色，抗衡比较共相也比较抽象的风格。然而，地区主义同时也带有暧昧的标记。从一方面来看，它向来和改革或解放运动分不开；……在另一方面，它已经展现为压制与沙文主义的强有力工具。"[3]

弗兰姆普敦认为摆脱抄袭外来、异国形式的"世纪末折衷主义（eclecticism）"，以重振目前无精打采的社会表达力，是在地域与全球化间调和的必要解构手段，但是他同时引文警告说，地域主义也可能变成义和团似的压制沙文主义："在新英格兰，欧洲现代主义遇上了不知变通又处处设限，始于抗拒而终于投降的地区主义。新英格兰（后来）全盘接受欧洲现代主义，因为当地的地区主义已经沦落为规则的收集。"[3]

台湾现代建筑发展的轨迹，如果让具有"国族主义"色彩的意识过度介入，反而有可能形成如新英格兰般的自我扼杀性，更因此阻吓了优秀设计人对地域性的真实思索，是必须小心应对的。但是，若不时时思索并定位自体位置，在全球化的大浪潮下，能否建立起自身的存在位置与意义性，同样值得担忧。

我之所以在此提出来这样的思考逻辑，除了想藉以更清楚地观察和省思台湾建筑的结构关系外，同时也藉此来思考面对全球化与地域化议题时，当如何在历史进阶的位置上定位自己。同时希望呈现台湾建筑界对此议题的实践与思索。

（原载《世界建筑》2014年03期）

注释：

[1] 杨弘任.以小区为名.秩序缤纷的年代[M].台北：左岸文化，2010.
[2] David Morley & Kevin Robins.认同的空间[M].司艳，译.南京：南京大学，2001.
[3] Hal Foster.反美学[J].吕健忠，译.台北：土绪，1998.

作者简介：

阮庆岳，硕士，台湾元智大学教授、艺术与设计系主任。

论遗址与建筑的场所共生

裴胜兴

摘 要：建立遗址与建筑的场所共生理念，会帮助遗址博物馆建筑处理好建筑与环境、遗址和人的关系，促使建筑实现环境认同和归属的本质。通过锚固于环境，强化遗址主题展示，丰富参观体验过程，引导驻足与停留等策略，有助于创作出体现场所精神和意义的遗址博物馆建筑。

关键词：遗址 遗址博物馆 场所共生

1 遗址场所与遗址场所精神

2008 年，第 16 届 ICOMOS 大会的主题是"场所精神——在古迹的有形与无形遗产之间"，会议形成的《魁北克宣言》对遗产保护中场所精神进行了深刻的论述。该宣言认为场所精神，就是场所的生活、社会与精神本质。场所精神在文化遗产中被界定为有形（建筑物、场址、景观、路径、物件等）和无形成分（记忆、口述、书面文件、仪式、庆典、传统知识、价值、气味等），能赋予场所意义、价值、情感与神秘。场所精神是由政府、建筑师、管理者和使用者等各个社会角色共同建构而成，这些角色都能主动奉献，共同赋予其意义。文化遗产"场所精神"概念的提出，事实上已将现象学引入遗产保护领域，是讨论遗产保护理念的更宽泛的理论。"场所精神"是用存在哲学思想来对建筑及其依存进行分析，目的是探求遗产的本质，认识遗产的意义，不仅要重视遗产的物质属性，而且要重视遗产的文化与精神的作用，重视生活环境的场所精神。[1]

遗址属于文化遗产，具有场所和场所精神特征。

（1）现存的遗址，都是古人活动在历史时空中留下的真实印迹，反映着历史时期政治、宗教、礼制、人伦、生活等内容，是古人与自然抗争获得生存空间的真实存在。这些遗址在今天考古发现后，视觉上是静态的，但其在历史上所形成的人文空间是活跃的、动态的。对古人来讲，遗址原型[2]正是人类生存活动空间的主宰，丰富多彩的政治、祭祀、军事、生产、生活、文化等活动在遗址原型中产生、发展、消亡，遗址原型空间本身就具有场所的特质。

（2）遗址原型空间不仅是物质形态的三维空间，更是文化空间。遗址原型空间见证了历史的真实事件，古人的价值观、文化观、社会观等观念在这些空间中展现，它从存在之始，就被赋予了文化意义和精神追求，具有了场所精神。如古人在选择了风水较佳的阴宅之地后，为体现"事死如事生"的殡葬观念，依照生前生活的"前堂后室"空间布局，并附带生前日用品进行陪葬。这些观念，反映了遗址原型存在不仅仅是简单满足功能使用的需要，更是追求情感寄托的精神需要，场所精神自然蕴含其中。

（3）遗址原型与环境关系紧密，通过与环境融合实现其功能和总体价值。如针对城市选址，《管子》有云："凡立国都，非于大山之下，必于广川之上，高毋近旱而水用足，下毋近水而沟防省，因天材，就地利。"就是说，城市选址要注意自然环境的先天条件，除体现了古人追求理想生存条件的"环境选择"的思想之外，也反映出古人追求生存空间定向和环境认同的观念。在今天的遗址中，我们透过遗址本体和环境，依然可以感受到古人追求场所的那份情感与愿景。

（4）当代人因对历史的追溯而接近遗址，人们通过进入遗址或从空间上多角度、多方位地感受遗址的场景和其传递出的历史信息。这种感受是神奇的，遗址不再像传统文物一样只能隔着玻璃展柜仔细观察，视觉、触觉，甚至听觉、嗅觉都可以调动起来，人融入到立体遗址场所时空之中，成为遗址的一部分，遗址因人的感知进而拥有了丰富多彩的情感和精神意义。

因此，尊重遗址场所精神，既是遗址保护体系中不可分割的组成部分，也是遗址博物馆建筑创作的场所依托。

2 场所共生——遗址博物馆建筑的场所与场所精神

遗址博物馆是一个城市文化底蕴滋生的载体，也是文化传播和教育的阵地，不仅服务于当地大众，还是城市的旅游热点。舒尔茨认为现代旅游业证明体验不同的场所是人类的一项兴趣[3]。遗址由于其独特的文化魅力，让遗址博物馆成为吸引游客参观的特殊场所。拉斐尔·莫内欧（Rafael Moneo）认为："场所是一种有所期待的实体，它总是等待着所期待的建筑物建于其上，通过这个建筑物来表现其隐藏的特性。"[4] 建筑体现人发挥主观能动性去创造空间，并试图在建筑与环境的交互作用下挖掘空间存在的意义，解决人、建筑与环境之间的矛盾，寻找认同感、归属感并强化生活体验等精神。遗址博物馆建筑依托遗址而建，通过建筑来为遗址保护和展示创造条件，让其兼具了遗址场所和建筑场所的共生属性，一方面，让遗址得到更好的保护和活化利用；另一方面，通过建筑表达与遗址的关系，进而揭示场所的内在意义，更好地服务大众。

3 遗址博物馆建筑共生场所的生成策略

3.1 锚固于环境

斯蒂芬·霍尔（Steven Holl）在《锚固》一书中说到："建筑思维是一种在真实现象中进行思考的活动。这种活动在开始是由某种想法引发的，而想法来自场所。"[5] "霍尔认为建筑设计的思想和概念是从感受场所时开始孕育的，在一个将建筑与场所完美结合起来的作品中，人类可以体会到场所的意义、自然环境的意味、人类生活的真实情境和感受，以及人造物、自然与人类生活的和谐。"[6] 霍尔的现象学思想意味着当场所、文化和建筑需求给定后，一种秩序和思想就有可能形成。通过分析人们的知觉现象，整体地把握场所现象，将建筑的空间、材料和形式赋予有秩序的活动中，这样的建筑就会改善和提升场所品质，就会锚固在环境之中，与环境有机融合。遗址博物馆建筑如果脱离了对遗址环境的重视，就会失去场所的价值和意义。遗址博物馆建筑，在环境整体地位上，或属于主要角色，或属于从属角色，需要由遗址环境特征所决定，而保护并尊重遗址环境，保护并创造遗址场所精神，这既是对建筑存在意义的诠释，也是对文化遗产原真性、完整性保护原则的积极响应。

由西班牙 NSA（Nieto Sobejano Arquitectors S.L.P.）事务所设计的西班牙麦地那扎哈拉遗址博物馆（The Madinat AI-Zahra Museum），该馆是用于展出摩尔人宫殿麦地那扎哈拉宫遗址中发掘出的文物，并附带考古研究的功能。为了不影响新娘山上的遗址，建筑位于山脚下，并采用地下建筑的形式。建筑布局呈长方形，长宽比为 2:1，与宫殿遗址长1500 m、宽 750 m 的比例相对应。建筑为凸显考古特征，通过方形空间的重复、虚实、开合，营造出考古发掘现场方格网的意象空间（图1）。建筑入口有两条平行的坡道，一条是包围大半圈的博物馆，另一条通向宫城遗址。人们在空间开阔中行走，会联想到伊斯兰建筑常有的廊道通常也是这样包围着古老的寺院和宫殿。同时，阿拉伯建筑庭园空间（图2）中常有比例和尺度的和谐，风吹过水池的声音，橄榄树的绿色和香味，纵横交错窗户在日光下形成的阴影，安达卢西亚

图1 西班牙麦地那扎哈拉遗址博物馆鸟瞰（2009 年）

图2 西班牙麦地那扎哈拉遗址博物馆方形庭院

（Andalucia，西班牙 7 个自治区之一）传统锈蚀钢板的红、混凝土的白、橄榄树的绿，在现代建筑中随处可以感受传统建筑的印迹，唤起人们对地域场所认同的情感、记忆和联想，新建筑锚固于遗址环境之中。

3.2 强化遗址主题展示

人类所感知环境形成的环境心智地图，对设计决策的选择起着关键性作用。拉普卜特（A.Rapoport）在关于人类环境的构造过程中，考虑了文化和个人的因素，提出心智图示的环境认知概念。他认为，人类活动在环境中有个核心区域，也是心智地图建立的中心。而心智地图与定向有关，共同建构场所认知。定向包括 3 个问题：（1）在什么地方；（2）到某个地方；（3）如何确定已到某个地方。[7]

遗址博物馆建筑运用现代结构、材料、设备技术，遵循遗址价值阐释的秩序，通过建筑独特的空间、艺术形式、展示手段与遗址及其环境建立文化内涵上的关联，与人的行为活动、建筑审美和意识形态相契合，赋予建筑情感认知价值，以增强公众体验、文化认同和形成记忆。这样的方式，既可以营造出建筑与遗址空间环境相吻合的场所，突出遗址特征与主题，又会让建筑的场所特质得以充分展现，建筑与遗址在关联性的过程中建构起情感和精神意义的深层次对话。遗

址主题性展示主要表现在两个方面：首先表现在文化特征上，建筑形式语言应使遗址与遗址文化内涵相和谐，如采用重建、象征、意象、表皮、符号、装饰、地域特征等与遗址主题相呼应的建筑手法（图3～9），既是建筑传承遗址地域文脉和将建筑锚固于环境的潜在诉求，也是建筑让人感受到文化定向的途径；其次表现在强调遗址空间的定位和认同上，如在广州南越王宫博物馆"饮水思源"古井文化遗址展厅中，为突出南汉古砖井遗址，砖井遗址上空采用透明玻璃天窗，利用集中型自然光照范围，强化遗址的空间和视觉中心地位，使人容易辨清方位，得到空间定向和形成心智地图，加深参观记忆，引发更多的思考（图10）。

3.3 丰富参观体验

现代博物馆理念促使建筑空间发生了重大变革，从以往注重展示功能走向关注网络化、多维化的"以体验为中心、以观众为权威"的新时期，并追求"人的发展和愉悦"。"在环境体验中，……用不同的方式和知觉系统去体验，便可以使人们体验到环境、场所、建筑和空间的内在特性和内在的无限性，以及那种超越时间和空间、文化和物质的永恒性。"[8]这意味着体验是可以被安排的，人类通过体验行为也试图去寻找到这种安排背后隐藏的秩序性、逻辑性，通过身体、视觉、触觉、听觉等不同的体验方式给人的回应和感受，从而发现建筑场所的深层意义。如遗址博物馆建筑根据遗址信息阐释秩序考虑遗址参观的行为设定，对城市交通、入口广场、门厅、遗址展厅或室外展区、文物展厅、休息交流空间、纪念品商店等功能空间进行有序组织，虽因人的活动的复杂性，建筑空间的引导不一定完全契合人的活动，但建立了秩序的空间环境，更有利于引导人对参观遗址的认知行为，让其在历史时空的遗址场所中定位，辨明身心所处和方向。

遗址博物馆提供了观众走近遗址、走上遗址，甚至进入遗址的空间和机会，结合现代多元化技术展示方式的有机补充，极大丰富了人的体验经历。如走上或进入遗址，观众可

图3 河南洛阳定鼎门遗址博物馆 (2009 年)

图4 浙江萧山跨湖桥遗址博物馆 (2009 年)

图5 四川广汉三星堆遗址博物馆 (1997 年)

图6 西安大唐西市博物馆 (2010 年)

图7 辽宁朝阳牛河梁遗址第二地点保护展示馆 (2012 年)

图8 广州南越王墓博物馆 (1988 年)

图9 甘肃秦安大地湾史前遗址博物馆 (2007 年)

图10 广州南越王宫博物馆"饮水思源"遗址自然采光 (2011 年)

图 11 洛阳定鼎门遗址博物馆展厅

图 12 南越王宫博物馆文物拼贴展示墙

图 13 成都金沙遗址博物馆遗迹厅
参观栈道平台（2007 年）

图 14 西安秦始皇兵马俑博物馆 1 号展
厅室内（1979 年）

以用身体的尺度真实感受遗址的尺度和空间，引发对历史场景的联想（图 11）；而体现着古人智慧和精湛技术的小型遗址，即使观众不能进入其中，但其真实的尺度、样式、格局同样给人独特的视觉感受，让人印象深刻；真实文物触摸区则将真实历史遗存展现在观众面前，让人通过触觉去感受文物的材料、质地、肌理等真实历史信息（图 12）。在这样的空间里，遗址信息获得阐释、传递和认同，建筑也就变得更加富有趣味性和人情味。

3.4 引导驻足停留

"'停顿'这个词意味着所停留的地点十分动人，它是使人们体会意义和价值的中心。停顿使得地点成为场所，它就具有永恒性。"[9] 在遗址博物馆中，遗址是最具吸引力的看点。观众进入到遗址展示大厅，遗址场景的震撼力、遗址局部的吸引力、考古和修复工作的神秘性，往往吸引观众驻足停留，或仔细观看，或倾听讲解，或静心思考，或照相留念。这就需要在遗址参观方式和流线组织上，根据遗址价值和可观赏性特征，考虑设置容纳观众停留的场所空间节点，达到既可以满足观众停留观看又能实现减少观众通行与停留引发人群相互干扰的目的，从而满足不同观众的多样化需求。在金沙遗址博物馆遗迹馆中，出土象牙的地点是遗址中的关键文化点，建筑师在该处附近把木栈道地面放大形成观览平台，引导并方便观众驻足观看（图 13）。而秦始皇兵马俑博物馆 1 号展厅，在设计之初并未深入考虑观众驻足停留的问题，旅游高峰到来，环形通道上人满为患，缺少可以让人停下来观看的空间。这导致观众产生这样的心理感受：遗址是令人震撼的，而参观空间却是令人不舒适的（图 14）。

4 结论

讨论场所和场所精神，目的是探索建筑存在的方式和意义，进而指导建筑创作，让建筑更加贴近人们的现实生活。遗址本身就具有场所价值，保护遗址场所精神是文化遗产保护体系中的重要组成部分。为保护和展示遗址而建的遗址博物馆，成为遗址与建筑相融合的共生场所。场所精神是环境特征集中和概括化的体现，遗址博物馆建筑更需要尊重遗址环境，将建筑锚固其中，避免建筑与环境的分离。同时，创造与遗址文化内涵相关联、增进遗址阐释和突出遗址主题的形式和空间，通过丰富参观体验，引导驻足停留的建筑手段的实施，更会让建筑实现场所精神的本质，让人获得心理定向和精神认同，建筑也就实现了人和场所精神的互动，建筑也就让人更加具有归属感和认同感，真正完成精神上的定居。因此，建筑师以场所共生理念为建筑创作基点，就会创作出充分发挥遗址社会价值、追寻人性本真、体现场所精神和意义的遗址博物馆建筑。

注释：

[1] 国家文物局. 大遗址保护良渚论坛文集 [M]. 杭州：浙江古籍出版社，2009：215.
[2] 遗址原型，笔者将其定义为遗址在人类历史上的建筑原貌存在。
[3] 沈克宁. 建筑现象学 [M]. 北京：中国建筑工业出版社，2008：48.
[4] Rafael Moneo. On Typology[M]//Positions. Cambridge: MIT Press: 1978:13.
[5] Steven Holl. Anchoring[M]. New York: Princeton Architectural Press. 1991: 9.
[6] 同 [2]：59.
[7] 同 [2]：37.
[8] 同 [2]：93.
[9] 同 [2]：41.

图片来源：

图 1、2：场所和记忆——西班牙麦地那扎哈拉博物馆[J].时代建筑. 2012（3）.
图 3、4、6、8、10—13：作者自摄。
图 5：引自三星堆遗址博物馆网站。
图 7：http:www.jpzx.cnforumthread-4348030-1-1.html.
图 9：引自中国建筑设计研究院。
图 14：新华网。

作者简介：

裴胜兴，华南理工大学建筑学院，亚热带建筑科学国家重点实验室。

博物馆建筑形式创作的主题化表达

陈剑飞　高懿婷

摘要：根据博物馆建筑创作中的主题化趋势，针对博物馆建筑创作中形式创作部分的主题化表达方法进行研究。

关键词：博物馆 创作 主题化 表达

博物馆建筑形式创作具有鲜明主题，在形式表达中呈现主题化是其显著趋势之一。博物馆建筑其形式创作主题可理解为建筑师在形式创作过程中，根据环境、背景、具体限制条件以及技术原理和美学原理，结合具体博物馆的功能、意义以及对角色定位的理解，应用自身专业修养所得出的明确并具有合理逻辑的创作意图、导向和思想，也称为"立意""命意"。博物馆建筑的形式创作主题并非其展示主题，但很大程度受到展示主题的影响。"主题化"是针对如上所述艺术内容进行创造、深化并达到更高品质的过程，其内涵类似于"诗学"，这是一个"'创造'的艺术通过深思熟虑，反复推敲的所谓'好'的途径"。

博物馆建筑形式创作的主题化，即其创作过程有明确的主题依据，表达手法遵从、统一于主题内容。其意义在于针对具体的城市、文化和受众群体定位满足其需求，使建筑形式能够清晰、充分地表达创作主题并具有独特性；其优势在于能够使建筑形式语言具有强烈的感染力，深刻、全面、系统地表达创作者的设计思想。博物馆形式创作的主题有3个信息获取来源和形式表达途径，即地域性要素、艺术题材要素和时代特征要素；3方面要素分别针对客体属性、主体行为和大时代背景。

1 地域性要素的回应

地域性元素从地理、文化和心理诉求3个方面为主题及博物馆创作提供存在的合理性和本源依据。地域元素根据其形成方式和存在形式可分为3方面：自然地域要素、人工地域要素和人文地域要素。3种要素受到两个主动作用的主体影响：自然界和人。自然地域要素受自然界主导，人工地域要素是自然与人矛盾协调的产物而人文地域要素则是地域人群基于自然创造的抽象产物，因此笔者将地域要素主题化的手法根据两个主动主体对其作用的原理划分为3种：塑造五感形态、挖掘应变规律和唤醒人文归属感。

1.1 五感形态

所谓五感形态主题化，即以自然地域要素中可观、可触、可闻、可听、可感知的存在形式为依据进行表达。如对自然地貌的复制、模仿，对地域材料的应用，对地域建筑、构筑物形制借鉴，对民俗、历史、文化符号的艺术处理，甚至通过多媒体等技术设备创造可听可闻的立体观展环境。该手法直观易感，易唤起地域认同感，但究其实质为简单的浪漫主义创作。如金牛山古人类遗址博物馆方案设计主题概括了古人类与自然共存和抗争的关系。设计归纳了古人类穴居生存环境及生存状态，以抽象出的风化岩层形态诠释大自然在漫长时间中的演化规律，结合以劈山穴居的建筑体量展示古人类时期的自然风貌以及古人类与自然界抗争的痕迹。

1.2 发掘应变规律

人工地域要素与自然地域环境在漫长的时间长河中相互作用的应变规律，是博物馆形式创作地域性主题化的根源。应变规律是人的生存需求与地域环境矛盾下产生的同化影响和技术映射。其中，同化影响表现为不同自然环境特征对区域人群的审美喜好、性情气质、价值观等产生的趋同影响。如，江南水乡气候温软，物资富足，区域人群性情多和婉细腻，建筑构件尺度小、多细节，形态轻盈，其环境、人文、建筑艺术形式均一脉相承。技术映射则是人工地域要素、自然与人类群体长期相互作用的另一种机制。如，北方地区低温少水，建筑形制多山墙少出挑，为规整的"回"字院落布局以减少形体系数，达到保温目的；南方高温多水，建筑形制则多飞檐、天井、枕流等，以有效利用土地、改善空气流通、缓解暑热。这些建筑形态、形制、技术手段是地域人群以自然规律为基础对地域环境直接应变的结果。因此自然规律是技术映射的基础，技术映射是各地域差异的根源，也是博物馆形式创作中地域性主题化的创作机制。博物馆建筑形式对自然地域要素做出有形回应的同时，其内部逻辑也应遵从自然界的运作规律、法则，诠释自然品质。在基本的自然法则中，与建筑创作密切相关的有如下法则：万有引力定律、能量最小定律、异性相吸定律、居住定律（区域内共生性和互补性）以及生命循环定律。人工地域要素与环境和地域人群是动态的应变关系，因此具有适应性、唯一性和变异性；并与地域环境、人文和审美价值观异质同构。综上，创作主题需涵盖同化作用和技术映射中隐藏的环境关系、人类历史、社会关系、价值取向、审美思潮及地域情节，以满足地域的客观条件和受众的心理诉求。在鄂伦春民俗博物馆的设计研究中体现了对人工地域元素映射关系的思考。设计以鄂伦春民族长期与自然接触的游牧生活映射形态为主题，建筑形式由鄂伦春的居住构筑物斜仁柱、涉猎活动及原始公社制度、萨满信仰和生存的地域环境抽象而出。以地域环境中常见的斜仁柱建筑材料桦树木及桦树皮包裹住从地面生长而出盘旋的建筑形体，并以这种抽象的、模拟于自然形态的形体表达人与自然的映射关系。

1.3 唤醒人文归属感

在博物馆建筑形式创作中，人文地域要素是其中确实存在却无法描画的部分，它影响区域性人群言行举止、潜意识的思维模式、审美和价值取向以及建筑空间和城市环境；它对受众群体的影响是私人性的，但以一段历史时期中的民族无意识集体行为的形式表现出来，是一个民族或区域性人群对世界的认识。

这些人文地域要素最终都将以具体的形式出现在生活中，在博物馆建筑形式的创作中，我们捕捉这些间接的形式，还原形式背后的意义，结合主题中的人文要素重新组织建筑语汇进行表达。这些元素包括：文脉、历史、精神（神话、宗教因素）、行为（仪式、礼仪和习俗，尤其是与建筑活动相关的部分）、语言及区域偏好。其中文脉，主要包含区域人群的历史、文化、民俗背景，他们以有形或无形的形式存在并深刻地影响着区域性的艺术创作；精神形式主要体现为神话，其中隐藏着祖先对其无法解释的现象的理解，本身是想象力的产物也是主题的源泉；宗教因素，可以从中发掘受众群体特有的审美喜好和情感要求，以及在这些无形之力作用下对历史产生的具有倾向性的推动。行为模式主要体现为仪式礼仪和习俗，这些行为给过往的建筑空间时间提出特殊、明确要求，这些建筑形式及行为是主题可以和受众群体使用同一种语言的媒介。区域偏好涵盖了区域人群的接纳倾向，包括颜色、材质、声音、景象、空间、氛围、情感、态度、具有代表性的群体记忆，等等。结合区域偏好主题化表达从神似的层次营造建筑形态，潜移默化地满足受众群体的地域情结。黑龙江省博物馆新馆（省博）和伊春市书画院创作则是以人文地域要素为主题的创作实践研究。省博创作主题从地域历史、社会文化入手，以具有现代性和时代特质的方式表达创作者对地域环境下"黑山黑水"壮阔沧桑地貌的描绘，对遗留历史片段的整合浓缩、对地域环境下形成"粗犷、尚勇、豪放"民族性格的气质提炼。主题拒绝狭义的符号化，拒绝以形体的复杂化直译主题的复杂化，而是"以拓扑变形的方式塑造一个体现自然之力的场域"[1]。而伊春市书画中心的主题则以北方传统院落建筑下质朴生活方式为原型，渗透北方人对诸多南派书画意境的理解和追求，最终呈现出书画意境中的浑厚、质朴、粗犷和轻盈灵秀。建筑将规整北方四合院单元融于柔美、舞动的墨染线条之中，刚柔并济，亦动亦静。

2 艺术题材的演绎

博物馆所展示的题材及其他相关领域题材是支撑其创作主题的主要来源，其形式表达的本质是处理题材内容和博物馆的关系，以及受众群体对于这种关系的解读；艺术题材的主题化可从具象层面、情感层面和思想层面对主题进行表达。

2.1 形象主题化

具象演绎是艺术题材主题化最直接的方式，可供转译的题材包括对展示内容物理形象的提炼、抽象符号元素的变形、文脉风格的借鉴以及历史事件的表现。展品信息量丰富，建筑形式不能连续、完整地呈现出连贯的题材内容，只能对选取的代表性题材进行表达。抛开复古仿制，任何形式的具象转译实质都是对选取的片段进行不同形式的强调，如选择与展示主题相关的节点，做时间切片，用艺术的手法对捕捉的瞬间影像、节点事件或过程片段进行强调、强化转化成形式语言。无论放大、夸张、扭曲等都在追求一种形式上的改变，以使其异于常规，以更强烈的视觉效果引起受众群体足够的重视和关注。强调的策略根据强调的力度及所引起的视觉兴奋程度可划分为3种：(1)保持原形进行强调，即传统策略，这是一种循序渐进的形式，在可以借鉴的先例的基础上综合内外因及艺术因素进行重点描述；(2)自身变形强调，即变异策略，通过对节点的变形、戏剧性扭曲、讽刺等手法重新叙述事件；(3)通过不相关形式强调，即借鉴策略，从其他艺术领域，如绘画、音乐、戏剧等寻找主题的突破口，试图从新的视角理解实践，转化成主题进行诠释；(4)简化形式、放大节点。简明扼要总结展示题材主要内容，点到为止，为受众群体留下更多联想空间和好奇心。主题的内容越朦胧，建筑的形式越精炼概括，作者的创作性越大，受众群体的联想、想象的空间也越广阔。如波兰Palmiry博物馆，设计主题是要创作一座让人回忆过去的建筑。建筑位于波兰大屠杀受害者墓地旁，形体简单，材料质朴，创作者没有用激烈冲撞的建筑形式来强调惨烈的记忆，而选择了简化事件，将纪念一场屠杀的情感浓缩为锈迹斑斑的钢板上密集的弹孔，完成了一段无声而悲伤的讲述。

2.2 情感主题化

情感要素涵盖范围很广，和人有关的感受都可以列入其中，如一段经历、回忆，一种领悟，一些情绪、氛围，其他艺术学科带给创作者模糊的关于主题的思考，甚至是一段声音和气味。情感的主题化不能一蹴而就，需要空间渲染、背景铺垫和物质引导——其进程可依循3条线索发展：空间线索，即环境；时间线索，即历史；物质线索，即展品。主题化的空间线索包含自然和社会环境，实为对人和自然的关系以及衍生出来的人与社会环境关系的理解、探索和艺术加工。通过建筑形式对二者进行诠释能够唤醒受众群体对自然最原始的感动和场所感建立。主题化的时间线索，即文脉，追溯历史，则是人类一种渴望寻找本源和归宿感的本能，源于人类地域情结中的"种族根源"，在形式创作中体现为对历史情感的表达，如厚重感、沧桑感、沉重感等。主题化的物质线索是对展示内容自身属性的挖掘，追求创作的博物馆建筑形式与展示内容有相同的气质神韵、情感基调，以做到形神合一。线索内容表现为其物理特征、人文渊源和精神情感。如法国芒通让·谷克多博物馆，展馆形式创作主题源于其所展示的艺术作品风格、气质，创作者结合所处的海滨环境，将自己对让·谷克多及其代表作品《美女与野兽》的理解转化为创作主题。建筑形态令人瞬间想起经典巨作形象及大海中随波荡漾的海草。此外对于陈列个人文艺作品的艺术展馆，创作者的艺术思想、倾向和审美喜好是形式语言传递的灵魂。如伊东丰雄在日本爱媛县设计的伊东丰雄博物馆，博物馆以他的建筑艺术作品为主题，自身也成为展品之一，整个建筑形式仿佛建筑师为自己设计的建筑思想画像。作品运用多面体的组合呈现出丰富的雕塑形态，建筑散发着伊东丰雄建筑惯有的"不易接近性"和不与任何一件作品相似的"多变性"，实现了他"用简单的事物表达身体感觉的抽象概念"的艺术风格。

2.3 思想主题化

主题化思想表达的实质是建筑符号的形式实现与艺术题材的通感，使博物馆的建筑形式成为一个与艺术题材思想相类似的逻辑形式或符号投影。主题思想最终利用建筑语言转译的、相类似于原有符号的逻辑形式传递给受众。利用建筑形式对主题思想进行比喻是表达中最常用的手法，这是不同于利用具象形态这些可感知事物进行比喻的手法，即"不

可感知类比喻"，"以一个概念、想法、人为的状态或者某种特质（个性、自然状态、社团、传统、文化）等作为创造进行比喻的着眼点"[2]。不可感知类比喻注重精髓，在最终的主题表达中或无具体形象，或不能被人发觉。如由百子甲壹建筑工作室以唐代司空图所归纳的诗歌鉴赏的24个意境之"悲慨""绮丽""洗练""纤秾""冲淡""疏野""清奇""流动"和"委屈"进行了建筑语汇的创作表达，力求将视觉感受与精神意境叠加。随着对博物馆建筑形式创作主题化的不断探索，对建筑思想的表达不再局限于相对静态的比喻和意境营造，创新手法层出不穷。

3 时代要素的诠释

时代性、民族性和地方性是衡量建筑作品文化价值的重要属性[3]，同样是衡量博物馆建筑形式创作主题的重要属性。博物馆建筑形式创作的时代性主题化有3种表达方式：时间轴向上的历时性表达、建筑层面的共时性表达和空间层面的跨领域借鉴。这些坐标将精准地定位作品在无限历史长河中的位置。

3.1 历史性表达

在形式创作的主题中或多或少的都表现出历史的痕迹、当下时代的影响和对未来前瞻性的探索，这是形式表达中的历时性。任何一种建筑语汇都是历史发展积淀下来的结晶，并且随着时代的发展，随着艺术观点的演变不断地变化着。博物馆建筑具有艺术属性，同时也是一个时代的缩影。其中建筑技术具有鲜明的时代性，当建筑技术发展到一定阶段，其形态成熟、逻辑合理、细节精致，则建筑技术所展示出来的实体形态足够精美优良而成为一件艺术品。"高技"成为博物馆建筑形式创作主题中时代性的表达手法之一。80年代，蓬皮杜文化中心以高技形象高调亮相，将以反映时代发展、崇尚"抛弃机械冷漠"、关注人文感受的高技术工艺为主题的创作手法应用于博物馆建筑。其建筑形式将外部构建真的显露出来，高效、生态的主题及时代的气息不言而喻，建筑机能的运作被展示，散发着建筑最本质最原始的生命气息，我们仿佛能够听见眼前的巨物呼吸的声音。

3.2 共时性表达

共时性特征源自于受众群体的审美意识共时性：受众的审美意识忽略具体的形式内容，而将历史上具有审美价值的物质存在均作为判断及理解建筑的关照对象，超出历史时代和文化变迁的界定和束缚（费尔迪南·德·索绪尔，Ferdinand de Saussure）；由此审美可以构建拼接，博物馆建筑的形式创作可以跨越时间长河的任何领域汲取能够激发审

美和共鸣的要素，前提是无论主题素材最初源自何方都应符合当下时代的语境。时代性元素并非停留在当下时代，而是综合纵向时间轴的历史沉积，对当下思潮的见解、对未知建筑的探寻。

3.3 跨领域借鉴

对其他艺术领域的艺术家、艺术作品、艺术理论及研究方法的借鉴能够解放建筑单一的、先入为主的思想，帮助创作者建立立体、生动完善的主题表达系统。舞蹈、音乐、诗歌、戏剧、电影等是博物馆建筑形式创作经常借鉴的领域，这些领域都以表达人的性情、感受、意志、思想等为目的，其艺术创作理论与建筑创作颇有相似之处，如在舞动中旋转舞步追求的运动空间、时间空间，绘画中追求的图像空间，音乐中的韵律、高潮、节奏，等等。杨尼斯·克塞纳基斯与勒·柯布西耶共同设计的飞利浦展厅(Philips Pavilion)，即音乐家根据集合学基础和他所创作的音乐作品中的一段乐谱而设计的；在拉土雷特修道院的南立面上，即使这位音乐家不强调他的乐谱类比，我们也能从中读到沉默的音乐韵律，虽然该建筑并非博物馆，我们也可以从中借鉴音乐是如何被作为主题成功地把幽雅静谧写入建筑中的。

4 结语

博物馆建筑形式创作的主题化要求其建筑形式从创作主体、客体和时代环境3个方面相互配合，统一完成创作主题的表达。博物馆建筑形式创作的主题化具有系统性，所涉猎的领域涵盖范围之广难以在文章中透彻论述，只能提纲挈领，以期为更深入的研究提供具有参考价值的依据。

(原载《建筑学报》2013年S2期)

参考文献：

[1] 梅洪元.寒地建筑[M].北京：中国建筑工业出版社，2012 (7)：111-113.

[2] 安东尼·C·安东尼亚德斯.建筑诗学与设计理论[M].周玉鹏，张鹏，刘耀辉，译.北京：中国建筑工业出版社，2007 (11)：39.

[3] 张钦楠.建筑设计方法学[M].北京：清华大学出版社，2007 (11)：11-17.

作者简介：

陈剑飞，哈尔滨工业大学建筑设计研究院教授；高懿婷，哈尔滨工业大学建筑设计研究院研究生。

海外掠影

"活着的历史博物馆"——殖民地威廉斯堡的保护

彭长歆

摘要：威廉斯堡(Williamsburg)是美国弗吉尼亚州的一处历史文化名镇，其城市和建筑遗产与美国独立革命及政治制度的建立密切相关，具有非常重要的历史价值和文化价值。维护历史"原真性"和整体保护历史环境是威廉斯堡保护和修复的基本原则。修复后的威廉斯堡被誉为美国第一个，也是最大的"活着的历史博物馆"，在世界历史文化遗产保护中占有重要地位。威廉斯堡的保护主要从历史环境的修复和现代环境的控制两方面得到实现。

关键词：殖民地威廉斯堡 活着的历史博物馆 保护与修复 历史"原真性"

威廉斯堡(Williamsburg)是美国弗吉尼亚州的一处历史文化名镇。作为殖民地时期弗吉尼亚的首府，威廉斯堡是美国独立革命的摇篮和政治制度的源头，具有非常重要的历史价值和文化价值，至20世纪初仍保存大量城市与建筑文化遗产。其保护历程极具传奇性和探索性，修复后的威廉斯堡更被誉为美国第一个"活着的历史博物馆"，在世界历史文化遗产保护运动中占有重要地位。笔者认为，威廉斯堡保护方案的成功主要从历史环境的修复和现代环境的控制两方面得到实现，前者以修复技术作为工具，后者则有赖于城市规划的开展与实践。

1 历史沿革

威廉斯堡的历史始于英国在北美的早期殖民定居点。1632年，殖民者开始在该地区居住生活，并建立了中央种植园(Middle Plantation)。1693年，殖民地获得英王的批准在该地创办威廉玛丽学院(College of William & Mary)。1699年，威廉玛丽学院的一群学生建议将弗吉尼亚殖民地首府从詹姆斯敦(Jamestown)迁往中央种植园，总督尼克尔松(Francis Nicholson)采纳了该建议，并将地名更改为威廉斯堡。总督同时任命布兰德(Theodorick Bland)为规划师，对全镇进行测量和规划。[1]规划方案通过格洛切斯特公爵大街(Duke of Gloucester Street)（图1）将西端的威廉玛丽学院和东端的议会大厦(Capitol)连接起来，并与北侧的总督府(Governor's Palace)形成"T"形城市格局。1782年，一位法国工程师对城市进行了测量并绘制了著名的"法国人地图"(Frenchman's map)（图2）。[2]在18世纪大多数时间里，

威廉斯堡是弗吉尼亚乃至北美殖民地的政治、教育和文化中心。在这里，涌现了一大批美国独立前后杰出的政治家和军事家，包括乔治·华盛顿(George Washington)、托马斯·杰弗逊(Thomas Jefferson)、帕崔克·亨利(Patrick Henry)、詹姆斯·麦迪逊(James Madison)等。他们在这里完成了美国早期宪法和政治制度的构建，并使弗吉尼亚成为美国独立革命的重要发源地。1780年独立战争期间，弗吉尼亚首府因为安全原因从威廉斯堡迁往里士满。

随着政府外迁和19世纪美国内战的影响，威廉斯堡日渐衰落。在整个19世纪，威廉斯堡只得到了有限的发展。至20世纪初期，随着周边现代城区的建设，历史街区人口大部分外迁，许多旧建筑因空置和缺乏维护破损严重。

2 保护历程

鉴于不可替代的历史价值、文化价值，有识之士在20世纪初开始倡议修复威廉斯堡。1903年，古德温(W.A.R. Goodwin)博士出任该镇帕里斯教堂(Bruton Parish Church)牧师。上任不久，古德温出色领导了这一教堂（始建于1711年）的修复工作。1907年教堂修复竣工后，古德温被调往纽约北部，直到1923年才回到威廉玛丽学院工作。从1924年开始，因担心更多的历史建筑被破坏，他发起威廉斯堡历史区保护运动，并向私人及机构募款。在经历锲而不舍的解释和游说后，美国富商小洛克菲勒(John D.Rockefeller Jr.)及其妻子允诺支持威廉斯堡的修复。1926年，殖民地威廉斯堡基金会(The Colonial Williamsburg Foundation)成立。通过秘密收购，基金会获得了历史区的土地及房产，部分房产在购买后仍然由原业主使用以利其安度余生。

修复和振兴工作从1926年11月27日开始。谢克立夫(Arthur. A. Shurcliff)担任首席景观建筑师，波士顿的佩里、肖&赫伯恩(Perry, Shaw & Hepburn)建筑师事务所成员担任建筑师。一批建筑师、景观设计师、考古学家、历史学家、工程师受聘担任"修复顾问建筑师委员会"(The Board of Advisory Architects of the Restoration)委员，他们以科学的方法对每一处修复工程展开研究，以提供有据可查的线索。

■ 图1 格洛切斯特公爵大街旁的历史建筑　　■ 图2 "法国人地图"　　■ 图3 威廉斯堡历史区全貌　　■ 图4 在牛津大学博德利图书馆发现的铜碟图案

20世纪30年代美国经济不振令威廉斯堡的保护和修复工作成为公共事件。为激发人民摆脱经济危机的勇气和决心，1933年上任的美国总统罗斯福将威廉斯堡的修复视为心理重建的象征。1934年，威廉斯堡修复完成，罗斯福前来主持开幕仪式。当殖民时代威廉斯堡议会大厦修复竣工后，弗吉尼亚州议会全体议员从首府里士满赶来，在议会大厅里举行了州议会相隔150年的在此的又一次会议。修复后的威廉斯堡历史区被定名为"殖民地威廉斯堡"（Colonial Williamsburg），以区别于城市的其他区域。

3 保护与修复

威廉斯堡的保护始于修复。古德温、小洛克菲勒、建筑师及顾问团队经过讨论形成了较为统一的技术策略，从而使保护具有高度的系统性和完整性。

3.1 修复目的和原则

从一开始，殖民地威廉斯堡的保护和修复即试图保留一个在美国早期历史中扮演重要角色的、详尽记录下弗吉尼亚殖民地历史和生活的视觉载体。这片区域将为公众了解殖民时期的建筑、花园、家具和装饰提供帮助；同时，它将提供一个圣地，美国建国时期的重大事件及人物将在这里得到正确的视觉化。

为再现殖民地时期的景象，古德温希望整体保护威廉斯堡。实际上从一开始，古德温所关心的并不是单座建筑的修复，而是完整保留并恢复18世纪城镇的全部特色，包括建筑、街道、景观及所有附属构筑物，以形成完整的历史环境。[3]这一观念开启了美国保存整体历史环境的先河。实际上，最后完成修复的历史区几乎涵盖了"法国人地图"中所标注的全部地盘，包括威廉玛丽学院最初的校园与建筑、殖民地议会大厦、总督府、格洛切斯特公爵大街两旁的住宅、教堂、法院、仓库、绿地、广场、花园及毗连的历史街道等（图3）。[4]

威廉斯堡修复计划旨在准确修复和保护美国殖民时期历史城市最具特色的部分。城市将被复原到一个特定的历史时期。建筑师希望提供"一个综合代表、相信存在于1699年至1840年之间、有确实可靠依据的、综合代表威廉斯堡、拥有一定数量的建筑原型和区域"[5]。但实际上，因为威廉斯堡的发展历程以殖民地时期为最高潮，修复的历史区间最后确定为1699—1790年。一些后来建造的建筑即使仍具艺术及使用价值也被拆除，以确保修复后的城市保持殖民时期的面貌。

3.2 技术策略

威廉斯堡的保护采取了保护和修复相结合的方法。各方在经历了早期的意见分歧之后，达成了维护历史"原真性"（authenticity）的共识，并因此进行了大量的前期研究。研究人员从一切可能获得的材料入手，包括土地转让文件、契约、财产目录、报纸广告、火损记录、附有建筑图形的早期保险文件，以及场地上每一幢建筑的简短描述文字、照片、居民的回忆录等。研究人员还尝试从英国（原殖民地宗主国）获取历史信息。其中最具代表性的就是古德温夫人在牛津大学博德利图书馆（Bodleian Library）发现的铜碟。通过上面携刻的图案，确认了威廉斯堡1723—1747年间一些重要建筑的外观，包括威廉玛丽学院的韦恩大楼（Wren Building）、总督府和议会大厦（图4）。为保持历史面貌的"原真性"，建筑师拒绝了威廉玛丽学院追求美观为韦恩大楼增加一座门廊的设想。在佩里看来，恢复该建筑18世纪的本来面貌比增加它的雄伟壮观更为重要（图5）。

在很多情况下，建筑师不得不借助考古发掘获取历史信息。由于殖民地时期许多建筑带有地窖，发掘地窖成为确定建筑平面格局的重要手段。在考古发掘中，研究人员绘制精确的考古测绘图，并与已经发现的文献资料进行比对（图6）。[6]

修复顾问建筑师委员会从一开始就在现场指导修复，并提出了"修复十律"。这些操作性极强的技术策略包括：①所有存留殖民地传统的建筑和构件应该被保存，不论它们的年代；②在拆除遗存的建筑或构件之前，必须十分慎重；③修复区内仍在使用，但不具备殖民地或古典建筑特色的构筑物应被拆除或迁移；④修复区以外的老建筑无论在哪里，都应该尽可能地予以保护并在原来的基址上进行修复，而不是将其迁往修复区内；⑤因（城市）结构性原因，即使要承担额外花费，那些已经消失的旧建筑也应得到重建；⑥保护和修复之间的区别在于，保护应该按照修缮的方法十分谨慎地维持旧建筑的存在，而修复意味着通过新的工作恢复旧的形式，绝大多数的建筑应该是保护而不是修复；⑦与现代建筑施工不同，保护和修复工作需要缓慢进行；⑧在修复中使用

■ 图7 总督府晚餐室

■ 图8 重建后的总督府

■ 图9 重建后的议会大楼

■ 图6 总督府考古研究 a考古发掘现场 b托马斯·杰弗逊的测绘图

具有原建成时代特征正确标记的旧材料和细部是值得推荐的做法；⑨在获取旧物料时，不该拆除和移除那些看上去仍具有存在可能性的建筑，他们应该原封不动地保存在原来的基址上；⑩如果必须使用新材料，它们应尽可能接近旧料的特性，但不要尝试人为"做旧"的方法。[7]

在修复和重建过程中，建筑师们还十分注重建筑材料和装饰工艺的地方性和历史性。为复制具有威廉斯堡特征、耐久性强、尺寸较大的鲑肉色红砖，研究人员成功地使用当地的粘土、木材和窑进行了砖块制作。研究人员还对韦恩大楼的砖窑基础进行了考古发掘，以遵循相同的原理为韦恩大楼的修复提供砖块。

建筑室内受到与外观同样的重视。针对殖民地时期的室内装饰风格，威廉斯堡基金会出资修复和收购了大量殖民地时期的家具、墙纸、器具、陈设及装饰物等。建筑师则以研究为基础开展设计，以期恢复室内的历史格调。18世纪美国上层社会中流行的装饰趣味，如"中国风"（chinoiserie）等，在威廉斯堡修复中均有体现（图7）。

毋庸置疑，威廉斯堡的保护和修复是具有选择性的。在历史区大约500座建筑中，88座为原物。在修复期间，项目共拆除1790年后兴建的建筑720座，其中许多建筑的建造年代为19世纪。自此，殖民地威廉斯堡几乎被完全重建。总督府和议会大厦作为殖民地时期的重要代表性建筑虽早已不复存在，但建筑师仍依据历史档案文献在原址上将其重现（图8，9）。

3.3 环境修复

在整体保护建筑的前提下，殖民地威廉斯堡也展开了历史环境的修复。景观建筑师谢克立夫的工作内容包括街道、花园、绿地的复原，他也承担了城市规划的工作，以确保对城市历史风貌进行整体的控制。

花园的修复比建筑修复更为复杂。因为植物自然生长、主人自主更新等原因，花园的历史信息缺失严重。建筑师和研究者采用"景观考古"（landscapea archeology）的方法，从院墙、园路、门道、井、篱笆、台阶的遗存及残留的植被中获取历史信息。例如，殖民地时期的威廉斯堡居民常用黄杨树界定步道和花床的边界，这些种植经验为景观建筑师确定花园的平面轮廓提供了帮助。另外，家庭档案和当地同时期相关案例构成了历史"原真性"的重要材料。

谢克立夫及其团队借助于景观考古获得的材料，以及从同时期欧洲古典花园和美国南方殖民地时期的花园遗存获得的启发，总共修复了历史区内65个花园和附近的其他历史花园。这些花园大多为殖民地复兴样式（colonial revival style），其中包括总督府花园（图10）和议会大厦花园，以及许多功能性、生活性花圃，如厨房后院等。

与尝试保护古董不同，历史环境修复在于重新创造18世纪美国民众和革命领导者的生活氛围。为达成该效果，威廉斯堡招募了大批讲解人员：他们身着历史服装，摹仿殖民地时期的说话方式，扮演着18世纪居民和重要的历史人物；他们驾着当时式样的马车为游客提供搭乘服务（图11）。一些殖民地时期的手工作坊和商业被恢复，市场、酒馆、铁匠铺、木匠铺、旅馆等按照传统的营业模式进行经营。此外，还建有专门的马厩和各种养殖场，在提供畜力交通工具（如马车）的同时，再现殖民地时期人畜共存的生活状况。每个周末还安排有巡游活动，参加者身着殖民地时期的服装，在军乐的伴奏下，沿格洛切斯特公爵大街从议会大厦巡游至总督府前的广场上（图12）。

4 规划控制

为保护修复后的历史区，促进和改善威廉斯堡的城市总体水平，市政当局曾多次组织规划活动。1953年完成了第一次总体规划，1968年对这一规划进行了修正。1981年，鉴于人口、交通流量的快速增长，重新制订的《威廉斯堡总体规划》被批准。不同于建筑个体与历史环境的修复和保护，城市规划从可持续发展的角度在土地利用、交通系统、公共设施及城市设计等方面统筹和完善规划方案，全面、系统地保护殖民地威廉斯堡。

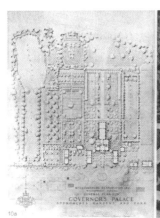

▌图10 总督府花园 a总平面设计 b花园局部实景

▌图11 讲解人员与马车

▌图12 正在巡游的军乐队

▌图13 威廉斯堡总体规则——土地利用规划

▌图14 威廉斯堡交通干线规划（局部）

4.1 土地利用

对土地进行控制性利用是威廉斯堡修复初期即已确立的历史区保护措施。保护活动开展初期，殖民地威廉斯堡基金会因两郡合并获得了新的土地面积，尤其是历史区的北部和东部，并在随后数十年间前瞻性地投入大量资金购买历史区周边的山谷、土地，其中大部分被列入禁止开发区，威廉斯堡因此形成环绕历史区的绿带。市政当局通过城市规划这一控制性工具从市域角度整体统筹土地利用，保护殖民地威廉斯堡（图13）。

威廉斯堡拒绝了美国城市规划中设立中央商务区（Central Business District）的一般做法。市政当局、规划委员会及规划师认为：“在威廉斯堡没有一般城市具有代表性的中央商务区。威廉斯堡的核心即‘历史殖民地区’。”[8]因此，在土地规划上，应不计代价避免任何过于靠近历史区的大体量密集性发展项目，甚至游客通道和停车场也必须迁移修复区并以开放空间分隔。

由于旅游是威廉斯堡的支柱产业，所以土地规划对服务配套设施的布置进行了专门的研究。为应对历史修复区不断增加的游客量，同时保持本地区的美学特性和参观品质，1981年《威廉斯堡总体规划》一方面考虑为常住居民和游客规划方便的购物地点，另一方面也要求避免游客设施过于集中，采用小规模、分散式的商业布局，大型集中商业设施如奥特莱斯购物广场被规划在离历史区4英里（约6.4 km）以外的地区。

威廉斯堡也面临常住人口不断增加的压力。为控制社区规模，避免对历史区造成冲击，《威廉斯堡总体规划》将居住用地分为“低密度住区”和“中密度住区”两种类型。其中，“低密度住区”是以单个家庭使用的独栋式住宅为主体，其密度控制在每英亩1~3栋；“中密度住区”通常适用于公寓，其层数最多三层，建筑密度为每英亩10~17个单元。规划认为在威廉斯堡保持小规模的居住社区非常重要。

规划同时预留公园及公园大道用地，尤其注重与相邻历史名镇的连接。大量土地被用于“历史性国家公园大道”（Historic National Parkway）的建设，以连接约克郡（Yorktown）、威廉斯堡和詹姆斯敦这一历史三角区。

4.2 交通规划

19世纪30年代，随着美国汽车工业的发展，越来越多的游客驾乘汽车来到威廉斯堡，对历史区保护造成极大的冲击。为避免现代交通工具对历史环境造成视觉及环境污染，规划师对进入历史区的道路及区内交通系统进行了精心的设计（图14）。殖民地公园大道在规划时尽量减少现代因素的干扰，它以地下隧道的形式穿越历史区。在接近殖民地威廉斯堡的道路规划中，采取了同样的设计原则，将位于支路和北亨利街（North Henry Street）交叉口附近的60号国道公路进行了改道，使其从外侧绕过格洛切斯特公爵大街，以确保车流远离历史区域。不仅如此，原威廉斯堡火车站也被迁移至远离历史区的地方。

为了保护环境，甚至牺牲了道路两旁用地开发所带来的商业价值。64号州际公路在20世纪60~70年代早期规划和建造时，在威廉斯堡的出口处，沿着梅里马克径（Merrimac Trail）到132号线（Route 132）两侧的土地被预留保护以免于开发。其结果是，在参观者抵达游客中心之前，不会遭遇任何商业地产的干扰，尽管沿线几英里的土地具有非常高的商业开发价值。

1981年《威廉斯堡总体规划》进一步强调了交通规划对历史环境的尊重。规划者认为“限制历史区街道的使用、加强访问者的步行体验非常重要”。1968年，格洛斯特公爵大街被关闭作为步行使用，从而使历史区步行化成为可能。现在，历史区的步行范围北至拉菲叶特街（Lafayette Street），西至拿骚街（Nassau Street），东至华纳街（Waller Street），南侧的法兰西斯街（Francis Street）则限制时段通行机动车。

规划者还试图"在不浪费有限的土地资源和财政资源，以及对城市自然环境和建成环境造成最小冲击的前提下，在日益增长的机动车交通流量和访问者的特殊需要之间取得平衡"。[9]即使访问车辆激增，历史区也仍然拒绝容纳大体量构筑物、繁重的交通和类似于中央商务区那样的高密度停车场，并避免交通发生源过于接近历史区。规划者同时建议，历史区的街道不参与交通环绕系统；当访客人数达到最大值时，还应完全封闭这些街道的车行交通。

4.3 环境保护与规划

市政当局很早就意识到环境规划对于保护殖民地威廉斯堡的重要性。1974年，环境研究正式启动，以该研究为基础，1981年《威廉斯堡总体规划》再次明确了自然环境的保护是殖民地威廉斯堡和城市未来发展的核心目标之一："城市发展应该尊重自然环境，保护和保存林地、湿地、港湾、溪流和山谷。对于保护历史修复区和保持自然特色而言，城市应该有节制、小规模地发展，以服从于保护历史修复区和自然特色的需要。"[6]

实际上，自然环境被视作威廉斯堡历史环境的重要组成部分。在1981年《威廉斯堡总体规划》中，"保护和加强殖民地城市的参观体验"是规划的总体目标之一。为免受现代城市环境的干扰，威廉斯堡历史区被大面积的林地和绿带所环绕，并被描述为"乡野的、森林覆盖的目的地"，以便为进入历史区的参观者提供尽可能多的18世纪晚期的环境体验。在2006年的一次会议上，殖民地威廉斯堡基金会主席卡帕伯(Colin G.Campbell)宣称："这一设计有助于建立一个从现代日常生活进入18世纪的舞台。"

基金会为这些自然缓冲空间的建设提供了大量资金，"威廉斯堡大地保护"(Williamsburg Land Conservancy)组织[10]与之进行了频繁合作。后者致力于詹姆斯河和约克河流域具有代表性的自然、风景、农业和历史上著名场地的保护。2006年，威廉斯堡基金会向"威廉斯堡大地保护"组织捐赠了约克郡132号公路以西230英亩（约93 hm²）受保护土地的地役权。该地役权禁止任何形式的开发，以保护林地、湿地。卡帕伯认为："这也有助于保存皇后溪(Queen's Creek)周边的自然风光和保护意义重大的考古现场。这是基金会的一个有形资产和重要案例，将为下一代保护环绕殖民地威廉斯堡历史区域的绿带提供示范。"[11]

5 结语

从整体来看，威廉斯堡的保护分为两个层面：首先是历史环境的修复，通过对历史"原真性"的坚持，修复18世纪的历史建筑、景观及事件场景；其次是对修复后的历史环境进行隔离，通过城市规划控制现代环境的规模、尺度、与历史区的空间距离及存在形式等，确保修复后的历史环境不受现代生活的干扰。这是一套经过实践检验、行之有效的保护策略，尤其是后者，与我国现行的文物建筑保护规划相比，更能从城市整体的角度保护历史环境。

然而，威廉斯堡在修复策略方面仍有许多需要反思检讨的地方。其中，冻结历史区间、选择性地保护和拆除历史建筑最受诟病。这一做法忽略了历史发生的复杂性和多样性，抹掉了历史区间之外人类社会发展的痕迹，在某种程度上，是另一种形式的破坏。我国文化遗产保护事业尚处发展初期，以扬弃的态度学习威廉斯堡的保护规划经验，当十分必要。

（原载《新建筑》2014年03期）

注释：

[1] Tyler L G. Williamsburg: The Old Colonial Capitol. Richmond: Whittet & Shepperson, 1907.

[2] Colonial Williamsburg, Incorporated. The Williamsburg Restoration. Williamsburg: Williamsburg Holding Corporation, 1931.

[3] Murtagh W J Keeping Time: The History and Theory of Preservation in America. New York: Main Street Press, 1988.

[4] The Architectural Record. The Restoration of Colonial Williamsburg in Virginia. New York: McGraw-Hill, 1935.

[5] 同[2]。

[6] Carson B. The Governor's Palace: The Williamsburg Residence of Virginia's Royal Governor. Williamsburg: The Colonial Williamsburg Foundation, 1987.

[7] 同[4]。

[8] Harland Bartholomew and Associates. The Comprehensive Plan Williamsburg. Williamsurg: The City Planning Commission, 1981.

[9] 同[6]。

[10] 该组织前身为1990年成立的"历史河流及大地保护"(The Historic Rivers Land Conservancy)组织，1996年更名为"威廉斯堡大地保护"组织。

[11] 参见：威廉斯堡基金会网站http://www.history.org/Foundation/press_release/displayPressRelease.cfm? pressReleaseId=621,2014-05-04.

图片来源：

图2： 由作者根据Colonial Williamsburg,Incorporated,*The Williamsburg Restoration*,1931的图片改绘而成。

图3、4、10：引自The Architectural Record,*The Restoration of Colonial Williamsburg in Virginia*,1935.

图6：引自Barbara Carson,*The Governor's Palace:The Williamsburg Residence of Virginia's Royal Governor*,1987.

图7：引自Official Colonial Williamsburg Card,by H.S.Crocker Co.,Inc.,San Francisco.

图13、14：由作者根据Harland Bartholomew and Associates,*The Comprehensive Plan Williamsburg*,1981的图片改绘而成；其余图片由作者拍摄。

作者简介：

彭长歆，广州大学建筑与城市规划学院建筑系副教授。

从露天矿区到生态湖区——德国IBA SEE2010区域复兴的新实践

刘伯英　肖岳

摘要：1989—1999年，德国国际建筑展在鲁尔工业区的衰败地带恢复埃姆歇河的自然环境，实现了工业遗产保护和棕地的再开发，同时促进了文化创意产业的发展，创造了新的就业机会。2010年IBA在劳希茨地区进行了新的实践，将原来的露天矿区转变为生态湖区，将棕地变为绿地。通过工业遗产保护与再利用、景观整理、开展旅游等一系列活动，实现了区域环境、经济和社会的综合复兴。

关键词：棕地 生态化 区域复兴

　　两德统一之前，原东德能源的80%来源于褐煤，褐煤产区1300平方千米，年产量逾5亿吨，从事采掘业的有30万人，造成了严重的环境污染和生态破坏。劳希茨地区属原东德，两德统一和私有化后，该地区许多煤矿和工厂关闭，厂房和设施随后被拆除。原东德38个褐煤生产基地仅5个留存，职工只剩1万人，煤的年产量下降到9000万吨。

　　劳希茨是德国工业的发祥地，这里遍布采矿、型煤、炼焦、砖瓦、发电、玻璃和纺织等工厂。烟囱直冲云霄，推土机深耕土地。经过150多年的工业发展，劳希茨创造了许多"之最"：德国最古老的花园城市、欧洲最古老的褐煤发电厂、世界最大的桥式运输机，等等。褐煤露天开采给劳希茨留下了无数个巨大的矿坑、废弃的尾矿、污染的水体；该地区经济严重衰退，人员失业外迁，环境持续恶化，形象受到重创。劳希茨地区从一个人声鼎沸的工业区变成了满目疮痍的衰败区。

　　1989—1999年，德国国际建筑展（Internationale Bauausstellung, IBA）完成了德国鲁尔地区的埃姆歇公园（Emscher Park）计划，第一次把一个地区作为整体进行重建，探索经济、文化、旅游、社会综合发展的道路。2000—2010年，IBA以"景观"为核心，在劳希茨地区实施IBA SEE计划。在德文中SEE是"海"的意思，点出了这个项目"水"的主题。在项目实施之前许多工业建筑和设施将被拆除，或者正处在被废弃的状态。IBA将众多的采矿遗址作为塑造区域景观的丰富资源，将多处工业建筑和设施纳入IBA SEE的项目中，使它们成为过去的象征，成为未来的景点，并赋予它们新的生命。在联邦政府和州政府的资助下，IBA将不同利益团体组织起来，开展国内和国际交流，其与区域旅游营销协会合作，策划了9个"景观岛屿"、10个工业旅游景点和30个项目，这些项目用一条以能源为主题的"劳希茨工业文化路线"串联起来，作为一个整体成为欧洲工业文化遗产路线（ERIH）的重要组成部分，充分展示出劳希茨能源工业从褐煤转化为新型能源，从矿区转变为湖区的过程。

　　景观岛屿是经过精心选择的，它们都存在具体的现实问题，故须根据解决问题的目标和方式设定主题。例如，劳赫哈默－克莱特维茨（Lauchhammer-Klettwitz）是先前的煤炭和钢铁企业集中的区域，有焦化厂和发电站，以工业遗产作为今后的主题；劳希茨湖区则以环境整治、都市重建、景观艺术和德国、波兰之间的合作作为主题。景观岛屿的边界并不是清晰和不可逾越的，因此许多项目在一定程度上主题是有重叠的，或者在空间维度上是跨区域的，如劳希茨工业文化路线上的"能源之路"（Energy Route）（图1）。

　　IBA SEE的项目达到30个，分为工业遗产、水景、能源景观、新领地、边境景观、都市景观和过渡景观七个主要类别。

1 F60：劳希茨躺着的埃菲尔铁塔

　　F60位于利希特费尔德（Lichterfeld），是被废弃的运送矿石的桥式运输机，长达500 m，是有史以来最大的矿山设施。虽然与其类似的另外几个桥式运输机还在劳希茨露天矿中使用，但F60无疑是矿区的标志，传统与创新的交融成为地区旅游的发动机。

1.1 初始状态

　　芬斯特瓦尔德－劳赫哈默（Finsterwalde-Lauchhammer）地区的工业化和采矿业始于1870年。东德时期开始在克莱特维茨建设露天矿，进行大规模褐煤开采。人们从东德各地迁入该地区，煤矿工人达1万人。两德统一后煤矿被关闭，经济一落千丈，人口大量外迁，城市开始衰败。

　　桥式矿石运输机首先在克莱特维茨使用，后来扩展到克莱特维茨北部地区；在过去的几十年里，设备规模越来越大，直到F60型运输机投入使用。F60是东德塔克拉夫劳赫哈默开发和建造的最后一座桥机，可以开采地下60 m的煤层。

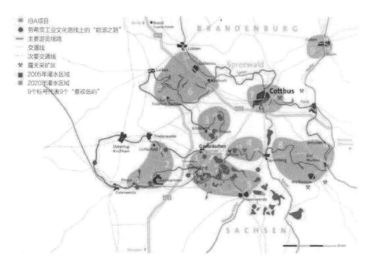

图1 景观岛屿、游览路线和建设项目分布

图2 利希特费尔德F60实景 a远景 b近景

虽然1990年已经结束了露天采矿，但F60在关停13个月后的1991年进行了短暂使用。此后，F60被永远弃置在露天矿区。该矿同这个地区的其他露天矿一样，1994年被联邦劳希茨和德国中部矿业管理公司(Lausitzer und Mitteldeutsche Bergbau-Verwaltungsesell Schaft, LMBV)接管。环境"恢复"就意味着采矿设备的拆除，因此也计划拆除F60。

1.2 项目进展

1995年当地政府开始考虑森夫滕贝格(Senftenberg)的规划师埃尔克·劳(Elke L6we)保留F60的想法。但是，把这个巨大的钢铁结构变成一个景点，谁来进行投资，怎么获得政府的支持呢？1998年，德意志旅游研究所(Deutsches Institut fdr Touristische Forschung Berlin)的专业评估回答了最重要的问题，在IBA的帮助下，政府做出了购买桥式运输机并保留下来的决定。2001年春天F60支持协会成立，LMBV采取安全措施，使桥机的生命掀开了新的一页。2002年5月桥机由利希特尔费尔德-沙克斯多夫(Lichterfeld-Schacksdorf)地方组织接管，从此F60成为IBA市场宣传的广告标志。

IBA的执行董事罗尔夫·库恩(Rolf Kuhn)教授1998年在接受一家报纸采访时，将F60与著名的巴黎地标做了比较，埃菲尔铁塔是1889年世界博览会的标志，成为巴黎的旅游景点。人们希望F60成为劳希茨的标志，像埃菲尔铁塔一样，成为"吸引游客的磁铁"。"躺在劳希茨的埃菲尔铁塔"，这句响亮的口号就这么横空出世。口号卓有成效——第一年就有7万人参观了F60。为了增加吸引力，IBA邀请照明艺术家汉斯·彼得·库恩(Hans Peter Kuhn)，把F60打造成一个独特的昏暗光线的作品。F60出现在各种媒体上，成为IBA和这个地区结构转型的标志。

F60周边的环境正在逐步改造，现在配有一个停车场和

一个入口。科特布斯的勃兰登堡科技大学(BTU)和IBA组织的学生工作坊提供了场所发展的新思路，并将其融入整体规划概念之中。F60脚下的露天舞台，可以举办各种文化活动，从摇滚音乐节到壮观的技术展和令人印象深刻的歌剧表演。截至2010年，参观F60的人已远远超过50万，所有参观者都为F60而骄傲。劳希茨的年轻人在那里接受休闲旅游产业技能的培训，F60创造了大约20个工作岗位。

1.3 未来展望

2001年开始向露天矿灌水，沐浴水岸、码头小船、度假屋、露营地，甚至探险中心都正在规划中。F60孤独地矗立在类似月球表面的辉煌中，但在几年之内，它将成为面积330 hm²、贝格海德(Bergheide)湖旅游中最大的一个景点。这个千疮百孔的矿区景点通过改造更新，将在很大程度上成为促进发展的可再生资源（图2）。

2 电厂的转变

由于劳希茨地势平坦，普莱萨(Plessa)发电厂两根高度超过100 m的烟囱在很远的地方就可以看到。这座具有80年历史的构筑物是欧洲历史最悠久的褐煤发电厂之一。现在，这个"劳动大教堂"以一个艺术事件的方式向游人开放，老电厂采用新的方式提供能量，同时它也是一个餐厅，计划未来还有其他商业用途。

2.1 初始状态

丰富的褐煤被发现之前，普莱萨是一个由农民和渔民组成、约400人的村庄。19世纪中叶普莱萨开始褐煤开采，1924年世界上第一个移动桥式运输机在艾格尼丝(Agnes)矿沟中投入使用。普莱萨发电厂由西门子公司(Siemens-Schuckert-Werke)建成，1926年投产，在露天采矿中引进了

新的桥式运输机。电厂建筑采用红色粘土砖砌筑，主入口采用机器切割的石板装饰，并配有开关柜和配电箱，体现了创新精神。1942年发电厂达到了现在的规模，除了在战时短暂中断以外，发电厂持续运转到1992年。尽管1985年它就被列为保护建筑，但由于没有找到合理的再利用方式，拆迁之声不绝于耳。

2.2 项目进展

1998年IBA把发电厂作为一个项目，2001年支持保护发电厂的组织与发电厂的所有者共同成立了工业博物馆协会。他们给发电厂制定了一个计划，确保至少1/3的历史建筑保留原始状态，作为传统褐煤能源变成新型电能的真实记录。其他建筑将进行整修，转变为新的商业用途，该计划试图创建一个热闹的场所让游客留连忘返，体验发电站厂的生产过程和享受餐厅服务。2007年在欧洲区域发展基金（EFRE）的资助下，烟囱得到修复，完成了"能源之路"的第一个里程碑。现在，游客可以在导游的引导下参观电厂，在润轮大厅举办各种活动——从古典音乐会到电子音乐节。每年的五一国际劳动节发电厂都会举办各种活动。

为了显示褐煤开采与电力生产之间、焦炭与型煤之间、劳希茨重工业的技术与经济之间的联系，IBA推动普莱萨发电厂、F60、生物塔和多姆斯多夫（Domsdorf）的路易丝型煤厂，共同组成劳希茨工业文化路线上的能源遗产。

2.3 未来展望

发电厂这个工业纪念碑通过保留建筑和场地将成为产业转型的标志。未来还将有一部分建筑被转换为新的用途——恢复果酒酿造和地区的工艺表演，旅游服务功能将一步步扩大，包括在发电厂内设置一个餐厅。劳希茨工业文化路线上的能源遗产也将成为欧洲工业文化遗产路线的一部分，发电厂与更大范围的文化遗产旅游将联系在一起（图3）。

3 劳希茨的蒙特城堡

劳赫哈默有一个不寻常的发展结构，东西南北各部分，像岛屿一样散布在一片绿树、草地、煤矸石和工业荒地中。倒闭和废弃的型煤厂、电厂、焦化厂把城市的各个部分连接起来。大型焦化厂在城市景观中已经消失，生物塔是最后的遗物，像一座苏格兰高地的城堡，矗立在工业废弃地之上。

3.1 初始状态

生物塔创始于20世纪50年代，历史并不悠久。劳赫哈默的很多村庄利用当地特产的褐煤生产焦炭，行销世界各国，这里逐渐成为东德重工业的基地。1991年关闭之前，焦化厂约有1.5万名工人，占地约122 hm²。焦炭生产产生了大量富含苯酚的废水，生物塔是一种特殊的污水净化设施。

3.2 项目进展

IBA和文物保护管理局认为：褐煤炼焦厂在德国人的记忆中是极为深刻的，拆除劳赫哈默生物塔对城市来说将是一个巨大的和不可替代的损失。IBA认为：工业遗迹有很大的潜力，可以作为文化资源进行再利用。经过长达一年之久的努力，保留这组独特的工业纪念碑，开展城市和地方协会及团体之间的战略合作，被证明是有意义的。

IBA劳赫哈默工作组为生物塔制定了再利用的计划，以期保留它并为其寻找一个新的用途，宣传项目的文化价值。IBA和森夫滕贝格旅游局为生物塔安装了艺术照明，举办的灯光节持续了一个星期，取得了一定的宣传作用，但还是没人敢接手生物塔。2003年底，生物塔落在了LMBV公司手里，拆除被推迟。IBA一直不知疲倦地为这些废弃的工业设施寻找新的东家，与几个部委进行了广泛和深入的讨论。最终在文化部的推动下，艺术铸造博物馆和劳赫哈默基金会开始协商并最终成功。2005年生物塔的承建公司成立，开始了大规模的翻新工程。改造和修缮花了两年时间，为生物塔配备了两个玻璃瞭望台，使游客可以眺望远景和原来的焦化厂厂址。生物塔周边焦化厂空间和原有路网结构被整理出来，向参观者展示生物塔曾经是规模巨大的工厂的一部分。生物塔的140万欧元（约合1176万元人民币）修复资金主要来自欧洲区域发展基金，以及艺术铸造博物馆和LMBV创立的劳赫哈默基金会从拆迁成本中节省下来的钱。

2008年生物塔作为工业纪念碑向游客开放，成为旅游项目和举办活动的场所。2009年生物塔的修复获得了地区的设计奖，同时也成为"欧洲工业文化遗产之路"锚点项目。

▍图3 普莱萨发电厂 a远景 b泵房 c控制中心

图4 劳赫哈默生物塔 a观景平台 b鸟瞰

3.3 未来展望

生物塔之间的空间可以举办戏剧表演、音乐会等活动，并有永久的艺术照明装置。其同时设有一间餐厅和一个展览空间，展示焦化厂的历史，计划还将建设一个小型游客接待中心（图4）。

4 小结

4.1 自然灾害研究和环境治理规划

国外学术界普遍认为，采矿造成的大面积深部采空区和大型矿坑的长期存在，不仅会影响该地区的地质构造，造成大规模塌方、滑坡、矿震等地表破坏，更严重的是，将破坏地下水文结构，污染地下水资源；在停止采矿之后，必须及时采取措施进行治理；否则治理的难度将成倍增加，甚至无法治理。在矿区启动治理工程前，治理公司首先要组织各方面的科研力量，对矿区进行充分的考察和论证，制定整体治理规划和工程建设方案。得到批准后应严格按照方案执行，一以贯之。LMBV公司在劳希茨开展的废弃土地治理，使矿区变湖区，恢复生态环境正是在这种研究和规划下实施的。

4.2 政府作为投资主体

以劳希茨为代表的原东德老矿区环境治理的做法，与以鲁尔为代表的原西德的做法截然不同。在原西德，长期开采煤炭对生态环境的破坏也是不可避免的，但原西德的法律明确了矿业企业承担治理环境、恢复生态的责任，要求企业在开采的同时必须进行治理维护，否则将面临重罚。德国的煤炭价格中包括了环境治理的成本，大约占产品总成本的10%。在法律的约束下，企业在设立之初就必须考虑如何防范和治理采矿对生态的破坏，企业内部有专业队伍，生产的同时就着手环境治理和生态修复工作。

两德统一后，原东德的矿山企业因经营困难，没有完成私有化，就被联邦政府托管，成为国家资产。德国政府认为，无论从所有者角度，还是从社会管理者角度，联邦和所在州政府都应该承担老矿区治理的全部责任。由于原来的矿山企业大都破产关闭或产权易主，也难以追究他们的责任。

联邦和所在州政府共投入近180亿欧元（约合1512亿元人民币），对原东德的老矿区进行了整治。矿区治理的主要目的是恢复生态，提供适合人居和发展经济的环境。所以政府的投入基本是无偿的，只对个别治理好的区域有偿出让，带动和吸引新的投资项目，出让金收归国有。

4.3 政府组建实施机构

1991年，为了整治原东德老矿区，联邦政府组建了三个非盈利的国有公司，分别承担露天煤矿、地下煤矿和铀矿区的治理。公司监事会由联邦财政部、经济部、环保部等部门及相关州政府代表组成。三家公司负责研究制定矿区整治规划，向政府提出具体项目和建设工程预算，面向社会招标选择施工企业，由中标企业按照规划和预算组织施工。建设期间，三家公司监督检查工程质量和进度。工程完成后，由联邦和州政府组织评估验收。

LMBV公司有720名具有专业知识和实践经验的技术人员，负责1000平方千米范围内的矿区治理，由联邦政府提供75%的资金，州政府提供25%的资金，现已完成劳希茨地区80%采矿废弃地的治理。他们的主导思想是因地制宜，将土地改造成自然景观和适宜耕种的农地。经过清理矿坑底部残留污染物、挖渠连通、引水、环境美化等工作，许多孤立的矿坑被改造成连片的湖泊。昔日的老矿区变成了今日水波荡漾、芳草萋萋、绿树成荫的风景区，周末许多人到此划船、垂钓和野营。采矿废弃土地治理后改变为农业、林业、湖泊、生态及其他用地，实现了工业用地的功能转换。露天矿坑从2005年开始连续灌水，到2015年这里将形成一个拥有140平方千米水面的湖泊景观，治理方案将使废弃土地恢复生态环境，旅游业得以蓬勃发展。

4.4 IBA负责项目策划和组织

2000年IBA开始着手产业结构转型和劳希茨环境整治、景观改造等一系列项目，成立了联合公司(IBA-FGrst PCickler Land)；为每个项目寻找合作组织，建立伙伴关系；筹集来自政府、基金和捐款等多种形式的资金。作为区域发展的组织者，IBA以"矿区景观引导和塑造"为中心任务，从矿区

图5 湖面漂浮

图6 13位代表在IBA国际会议上签署《劳希茨宪章》

生态修复、土地复垦、景观重建、产业转型、经济复兴等方面，开始了环境整治和景观重建工作。IBA组织国际规划设计竞赛，选择最优秀和最有创意的方案，保证项目的质量。其策划了6条主题旅游项目：包括露天矿勘探体验、参观采矿形成的峡谷和桥式运输机这个钢铁巨人、感知导引、不同煤层的开采、设法通过复杂地形、参观露天矿舞台等；兼有攀爬、徒步、自行车、越野、划船等各项活动（图5）。IBA还聘请矿工担任导游，组织文化娱乐等活动，吸引游客的参与。一些像F60的工业宝藏得到保护和再利用，前卫的景观艺术和建筑设计在"月球景观"的采矿废弃地上得以实现。这些措施弥合了过去和未来之间的鸿沟，延续了当地工业文化的传统。在劳希茨，人们既能感受到褐煤和能源工业的根深蒂固，也能看到这个地区从露天矿区到生态湖区的转变，包括环境、景观、经济、社会和文化等方方面面。

2009年9月15～17日，来自25个国家和地区的代表参加了在劳希茨罗斯雷申市(Gro Gmschen)举办的IBA国际会议，13位代表签署了《劳希茨宪章》(Lusatia Charter)，把采矿后的景观治理作为一个承诺。劳希茨已经成为世界各地矿业地区转型的样板（图6）。

(原载《新建筑》2014年04期)

作者简介：

刘伯英，清华大学建筑学院副教授，北京华清安地建筑设计事务所有限公司总经理；肖岳，北京工业大学建筑与城市规划学院学士。

非识别体系的一种高度——杰弗里·巴瓦的建筑世界 [1]

庄慎　华霞虹

摘要：斯里兰卡建筑师杰弗里·巴瓦的建筑成就，通常被视为南亚
　　　地区将现代性和地方性高度融合的典范。论文试图突破以现
　　　代主义为核心的主流建筑学价值体系与可识别标签，从非识
　　　别体系的角度来探讨巴瓦的建筑世界：其独特的图纸世界和
　　　生活世界，相对主义的立场、拿来主义的策略和实用主义的
　　　方法，糅杂的构筑体系以及世俗中的精神空间。同时认为，
　　　巴瓦所达到的建筑高度可以成为当代建筑师在寻找识别体系
　　　之外的建筑学拓展的一个重要参考。

关键词：杰弗里·巴瓦　斯里兰卡　非识别体系　图纸　被现代主义　世
　　　俗生活　精神空间

斯里兰卡建筑师杰弗里·巴瓦 (Geoffrey Bawa，1919–2003，图 1) 出生于富裕家庭，早年从英国剑桥大学毕业，本当子承父业担任律师，在欧美游历数年后，欲定居意大利，后因在家乡购下庄园而发掘出对建筑的兴趣，当他从伦敦建筑联盟学院 (AA) 毕业回国开始建筑实践时已是 38 岁高龄。在其后 40 余年的职业生涯中，巴瓦建成了斯里兰卡新议会大厦 (New Parliament，Kotte，1979–1982，图 2) 等重要作品，其中最有影响的要数住宅和旅馆两方面的成就。

虽然身处边缘，或者正是因为边缘，包括南亚地区特殊的地理气候和历史文化背景 [2]、以及他本人极其混杂的血缘关系 [3]、所受的西方教育和欧美文化的影响、曾经的欧洲合作者和大量西方仰慕者在英文世界的推荐等诸多因素综合，巴瓦的建筑成就获得了不同方面的肯定。他曾荣获 2001 年阿卡汗建筑奖终身成就大奖 (chairman's award，Aga Khan Award for Architecture)，肯尼斯·弗兰姆普敦 (Kenneth Frampton) 将他列为"批判的地域主义" (Critical Regionalism) 建筑师 [4]，马来西亚建筑师杨经文 (Ken Yeang) 则称其为"亚洲建筑同仁心目中最初的英雄和大师" [5–6]。

学术界对巴瓦的认识呈现以下几种倾向：褒扬的声音认为，巴瓦的工作属于地域主义 (regionalism) 或地域现代主义 (regional modernism)，是现代性 (modernity) 和地方性 (locality) 的高度融合，或者说他的工作与自然气候、手工精神、地方文化等主题关联紧密，是"地方的神明" (the genius of the place) [7]。批评的一种看法认为，巴瓦的工作属于西方设计文化与殖民地文化杂交的产物，本质上没有太深刻的内涵；另一种认为，巴瓦的工作主要是为精英阶层与上流社会服务，缺乏更广泛的价值和意义 [8]。

从笔者角度来体会，这些带有西方中心参照倾向的评论或多或少都是一种对巴瓦复杂工作的标签化，在这些标签后面的是一个建筑学的识别体系。然而，笔者认为，从这些我们已经习惯的角度去认识和讨论巴瓦建筑工作的价值，难免形成相对标准化、表面化的理解，同时也忽略了其历史地理位置和个人经历的特殊性，巴瓦建筑世界的独特性与不可复制性，这最终也会削弱学习和发展其经验的开放性和可能性。这是对以往研究的疑虑，也是试图寻找新的视角来解读巴瓦作品及其意义的最大动力。

1 以非识别体系为研究视角

1.1 研究者眼中的巴瓦与巴瓦眼中的自己

对于巴瓦传奇的人生和艺术作品，迄今已有相当丰厚的研究成果。在其基金会的网站上 [9] 综合不同研究者的观点，英国学者大卫·罗布森 (David Robson) [10] 将其不同时期的作品总结为 4 个代表性的特征：开端的热带现代主义 (tropical modernism)、早期的当代乡土 (contemporary vernacular)、

图 1 杰弗里·巴瓦

图 2 斯里兰卡新议会大厦外观

成熟时期的地域现代主义和文脉现代主义（contextual modernism）。总体而言，在这些研究者看来，巴瓦作品的核心价值似乎在于对地方性和现代性矛盾的调和，作为修正的、多元化的现代主义在南亚地区的一个重要代表，巴瓦的设计对同质化的国际式现代主义构成了批判和挑战。

对于被加诸的这些标签，巴瓦自己往往采取顾左右而言他的态度，保持一种怀疑，却也不直接说拒绝。他不愿意被贴标签，不仅是因为时时都希望突破原来的自己，更是因为他并无意于证明什么设计的理论或原则。巴瓦对理论极端不信任，又不愿意谈及他的方法和所受的影响，使人们更加无法透过标签看到本质。他曾写道："当人们感受到乐趣，就如同我在设计和建造房屋时所感受的一样时，我发觉根本无法用分析的、条条框框的方法来描述其确切步骤……我深信建筑是无法用言语来解释的……我一直喜欢看建筑，但难得喜欢阅读建筑说明……和其他人一样，我认为建筑无法完全解释清楚，必须去体验。"

对比两者，研究者的标签无疑建立在我们所熟知的专业话语系统之上，很容易识别。而巴瓦的语焉不详就很难被纳入既有的体系，如何来发现其中的价值和可能呢？这些标签和反标签背后所展示的识别与非识别的建筑世界，是本文要讨论的内容。

1.2 识别体系与非识别体系

我们姑且用"识别体系"（recognizable system）来指代容易被纳入耳熟能详的主干建筑学知识系统的建筑现象，那些能追根溯源，特征明显、容易归类和分析的内容。与之相对，用"非识别体系"（unrecognizable system）来涵盖非主流建筑学或者不容易被认识清楚的知识体系，那些来源和特征不明显，不容易归类、边缘、杂交，或者过于普通，缺乏艺术创造性而被排斥在外的建筑现象。

在我们看来，巴瓦的建筑世界所具有的非识别性植根于其复杂的个人经历、经验，以及斯里兰卡特殊的历史地理、社会文化的综合影响。

选择另一个角度来理解巴瓦的工作，一方面是因为巴瓦的建筑具有特殊的代表性与典型性，另一方面，或者说更大的目的是要发掘大量还未被纳入建筑学研究的日常世界的价值。那些无从被标准化、类型化、识别化，那些非典型的普通日常建筑，基本不会进入主流建筑学的讨论与关注范围。即便被讨论，往往要么被视作高级层面的建筑学的一种通俗演绎版、山寨消解版，要么作为一种原生态的建筑现象，无法从中萃取有规律、有价值的方法。巴瓦的工作建立起了糅杂的、非类型化建筑世界的一种高度，值得研究者与实践者去比较和思考它与其他非识别体系建筑之间的关联。

2 图纸的世界与生活的世界

巴瓦的建筑世界不仅建立在现实的生活与空间、室内与室外的交融当中，也建立在图纸与实物、意象与真实的穿越之中。如果你第一次阅读巴瓦的设计图纸，那些把建筑结构体、各种植物、手工艺品乃至工业产品都不厌其烦地绘制出来的平面图和剖面图会给你留下极端深刻的印象。这些具体与抽象并存，还充满想象的意象图纸，不仅准确再现了被各种物品所包围的生活空间，而且很好地揭示出相应的价值观念、艺术手段和生活姿态。

2.1 跟艺术家及团队的合作

巴瓦无疑是一个有着人格魅力的组织者，这不仅表现在他后来驾驭各种建筑体系的能力上，也体现在他组织合作的能力上。这些颇具艺术性和神秘气质的图纸并非出自巴瓦本人之手。他自己用圆珠笔绘制的图纸虽然相当准确，却远远谈不上美观，更没有超越技术表达的意义。巴瓦事务所的图纸全部是手下绘图员的作品，尤其是其中一位后来成为艺术家的员工拉奇（Laki Senanayake）的功劳。但是创造这种画风的则是一位澳大利亚艺术家唐纳德·弗兰德（Donald Friend）。1957—1962 年，唐纳德曾在巴瓦哥哥比维斯（Bevis Bawa）的庄园（Brief Garden）居住了 5 年，创作了《科伦坡城》（The City of Colombo）、《加勒城》（The City of Galle）等著名作品，为比利弗庄园设计了洛可可风格的大门。在此期间，他也教会了巴瓦的绘图员们这种独特的全景画风格的绘图技巧。[11]

巴瓦的成就是不能跟活跃在他周围的事务所合伙人、员工以及众多艺术家分割开来的。在事务所里，这个据说没有实际技能、不会画图、对园艺知之甚少、对建造没有切身经验的人是团队的中心人物。他指挥、鼓励、哄骗、激发那些擅长做这些事的人，使他们忠心耿耿。他将他们聚集起来，启发他们，鞭策他们，担任他们的精神领袖。通常，他会先想出一个主要概念，并提供一条发展路线，接下来就一直充当严厉的评判者和仲裁者，直到取得理想的结果。当然，也总是他，到现场去驱动项目，对工匠做最严格的要求，不断修改调整直至最终。因此，"他就是那位为设计吹出最后一口仙气的人"。

跟巴瓦紧密合作的艺术家除了前面提的拉奇以外，还有女艺术家芭芭拉·山索尼（Barbara Sansoni）和蜡染艺术家艾娜·德席尔瓦（Ena de Silva），而后者还是他第一个重要作品的业主。德席尔瓦住宅（Osmund and Ena de Silva House,

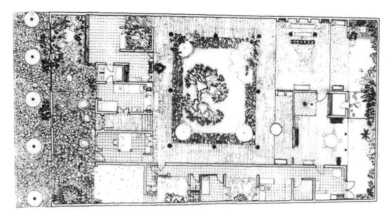

图 3-1 德席尔瓦住宅平面

图 3-2 庭院

1960—1962）的图纸也是这种独特画风的早期代表。[12]

2.2 对自然／人工、想象／理性的编织

巴瓦事务所的图纸绝对不只是技术符号，它们是对整个生活世界的翔实描绘。无论是建筑的结构、构件，还是室内的家具、庭院的陈设，地面不同材质的铺砌，品种不同、大小各异的树木都被同样精心地描绘出来，自然与人工、想象与理性平等地被编织在一起，构成一幅具体而复杂的艺术品。

在德席尔瓦住宅中，女主人收集的石柱、石磨，乃至小乌龟都在平面和剖面图中找到了恰当的位置（图3）。在33 弄自宅 (33rd Lane Residence,Colombo,1960—1997) 中，两辆不同年份生产的劳斯莱斯汽车像雕塑一样守候在入口处，这些机械时代的产品，连同走廊边手工的瓦罐、房间内富有质感的地毯，都是生活空间的重要构成元素。在赤壁之家 (Pradeep Jayewardene House,1997—1998，图4) 的剖面中，垂直陡峭的悬崖、连绵的大海、垂直的松林与椰林被如实地描绘出来，和穿插其间的水平屋顶构成交织和对比。

巴瓦事务所的图纸不光是对生活世界的真实再现，甚至还会加入想象的意象。卢努甘卡庄园 (Lunuganga Garden, Bentota, 1948—1997) 水门边是一头水泥塑的美洲豹，静静地蹲在那里守候湖面。豹子尺度不大，按照实际比例并不能在总平面图上反映出来。但是拉奇用类似古代地图表意的方式，在水岸边大大地画了一头豹子侧身像，把这个内容标识了出来。

因为充满了地理历史的复杂性、热带的植物、具象的充

图 4 赤壁之家剖面

满物质的细节，这些图纸呈现出一种独特的异域风情，同时也将现代的手法、空间和构筑方式融解其中。

2.3 被物所包围的世界

更重要的是，这些画的表现方式也准确地体现了巴瓦作品的独特氛围，那就是一个被物品所包围的品味生活的世界，这种倾向在 33 弄自宅有典型的呈现，而这事实上起源于更早期的案例：德席尔瓦住宅。德席尔瓦夫妇斥巨资在市中心购买了一块不大的转角基地建造自宅。这是一块较难处理的基地，艾娜在这之前咨询过 4 位建筑师，直到她的朋友比维斯·巴瓦将弟弟介绍给她。艾娜起初对巴瓦有点反感，因为曾见过他开着劳斯莱斯呼啸于街巷间。不过见面后尤其是设计不断深入后，两人成为最好的朋友与合作伙伴。巴瓦的设计很好地诠释了艾娜希望开放空间的意图，更重要的是他敏锐地捕捉到了女主人的特殊需求。巴瓦自己回忆道："我记得和艾娜聊天，看她为所有自己喜欢的东西簇拥着——她想要的全部无非就是砖墙和一个屋顶。平面的生成主要是由于她，因此也就是我，想得到一处内部情况不会让邻居一览无遗的私家宅第。"

巴瓦之所以敏感，因为这也是他自己想要的世界。纵观巴瓦的建筑世界、物，尤其是被手工之物包围着使用者，他只是为这些富裕阶级审美品味的物的世界带来了新的图景，还是更具意义？分析巴瓦的作品呈现，我们认为，它并不刻意寻求器物背后深度的思辨含义，却选择了用大量丰富、直接的感官体验来建立一种精神的享受。

3 被现代主义

无论是早期的"热带现代主义""当代乡土"还是后期的"地域现代主义"和"文脉现代主义"，研究者对巴瓦作品的认识主要是以地方性和现代性的对立统一为关键切入点的。其中，"现代主义"大部分被放置在核心位置，而热带、

乡土、地域、文脉则主要作为修饰词加入，以揭示其作品跟标准化、同质化的国际式建筑之间的差异，也强调出巴瓦的设计是对传统现代主义的一种纠正或补充，显示出了更为进步和多元的意识形态和设计理念。

而在笔者看来，这种过度强调现代主义的立场对巴瓦的作品来说有点"被现代主义"的尴尬。从人文主义到文艺复兴，到现代主义，再到后现代主义，西方文化中心主义的线性进步史学观和设计思想意识形态所推崇的是以现代主义为正确方向，其他作为补充和完善的观念束缚了现当代建筑学的视野。回到创作主体本身的状态去讨论其价值观念、设计策略和具体手法，采用认识非识别体系的眼光去分析巴瓦的建筑，可能更接近其工作的意义。

3.1 相对主义的立场

虽然在 AA 学习的是现代主义建筑，虽然因所处时代以现代生活需要和现代技术为基础，巴瓦作品中现代的空间、形式和技术占据了大部分的比重，但有必要指出的是：追求现代主义既不是巴瓦设计的出发点，也不是其目标。甚至在巴瓦的头脑里，现代性并不因为代表了时代精神而具有比传统形式、乡土或古典更先进的意义。巴瓦不是站在现代主义立场上的南亚地区的传播者和延续者，相反，他本质上是个相对主义者，从他自己对"地域主义"的认识可以很好地说明这一点。

巴瓦认为，在某个特殊的场地中满足特殊的需要所产生的结果自然就是地域的，这并非刻意为之。他反对将地域主义与现代化（普世文明）对立起来的说法。因为在他看来，所谓的地域性并不是由表面形式决定的，因此，某些地区的泥棚跟美国采用工业材料建造的住宅具有同样的地域性效果。

在主流的建筑学识别体系中被归类和对比的概念，在相对主义者巴瓦的眼里，其价值和地位是一样的，无论是乡土（地域）或现代、东方或西方、自然或人工、手工或技术……它们都具有同样的价值，需要被同等对待，也可以同样地运用于新的设计中。比如，巴瓦在他大量的设计中，因为气候缘故，都采用了改良后的瓦坡屋顶，这几乎成为其建筑的一个重要形式特征，但在最后的赤壁之家中，为了空间环境体验的需要，他很自然地采用了平屋顶的结构。出于与环境融合的需要，坎达拉玛酒店（Kandalama Hotel，1991—1994）同样在最后取消了坡屋顶。

3.2 拿来主义的策略

斯里兰卡拥有多民族、多信仰交融的传统，本土历史文化丰富，还先后被欧洲三国殖民长达 450 年，独立后，政治经济、社会也起伏不定，因此，地方建筑文化的渊源和建造的条件都复杂多变。巴瓦本人深爱欧洲文化，剑桥毕业后曾有近 4 年时间完全在远东和欧美游历，他尤其偏爱意大利。在最终走上职业建筑师道路后，去欧洲游历也是他每年的保留"曲目"，参观最新建筑是他的爱好之一。成名后，巴瓦在印度、印度尼西亚、新加坡等国都接到过委托。总体而言，巴瓦具有非常复杂丰富的经历和文化影响。更进一步，巴瓦从事建筑业的初衷是有能力为自己修建适用的庄园，以及像他表妹建议的"还可以去烧别人的钱实现自己的想法"。设计对他而言，既非谋生所必须，亦非受某种社会责任的驱使，完全是兴趣所致，所以他没有思想包袱，对不同的原型在使用时也没有高低的成见。

正因为如此，尽管认为"经过四十余年的实践，巴瓦成功地为自己的祖国斯里兰卡创建了一系列革命性的建筑原型"，连大卫·罗布森也不得不承认，"要确定巴瓦所受的影响其实很困难。因为（巴瓦）自己曾谈到过的就有英国的乡村住宅、意大利的花园、格兰纳达的阿尔罕布拉宫以及拉贾斯坦（Rajasthan）的堡垒，还承认欠下了僧伽罗古典和乡土建筑的人情。不过，他也受到现代建筑运动的两位英雄：密斯·凡·德·罗和勒·柯布西耶的影响，他们的作品在巴瓦那些乍看非常传统的建筑中得到了响应。"

巴瓦的很多作品来自不同文化的建筑原型。比如巴瓦最重要的公共建筑，在斯里兰卡民主社会主义共和国建立后，受总统亲自委托设计的新议会大厦，其像帐篷一样的铜屋顶是根据传统的康提式屋顶（Kandyan roof）结构抽象而成的，而整体则是一个彻头彻尾的现代结构平面。

3.3 实用主义的方法

在针对不同的项目选择具体的形式时，大到空间组织，小到材料构造，巴瓦的原则基本上是实用主义：以现实为依据，以结果为导向，来源或形式本身具体如何并不重要，只要适用，都可以自由采用。

在刚刚结束 AA 的学习回斯里兰卡实践的初期，巴瓦并没有太多的职业经验和形式技巧，其作品很大程度上受到老师马克斯韦尔·弗莱（Maxwell Fry，1899—1987）和简·德鲁（Jane Drew，1911—1996）的影响。弗莱夫妇当时正主持热带学院，并在北非和印度进行现代主义实践，这种实践是从国际式现代主义衍生出的热带版本——拒绝传统的风格，除了为热带地区特有的气候所提供的遮阳系统外，完全采用体现功能的抽象形式和现代化的技术与材料，其典范就是柯布西耶的昌迪加尔。巴瓦早期的作品也主要采用平屋顶、混凝土框架结构、厚重的墙体和遮阳等，如主教学院教学楼（Bishop's College，1960—1963）。

图 5 阿尔弗莱德前街 2 号内院 ▌ 图 6 卢哈纳大学

但实践数年后，巴瓦意识到，对以充沛的阳光和雨水著称的南亚气候来说，坡屋顶在排水、隔热、通风、遮荫等各方面的性能均优于平屋顶。因此，1959 年在为加勒的德席尔瓦医生设计住宅 (A.S.H.de Silva,Galle) 时，他用一个完整的长坡屋顶覆盖了这个处于陡峭斜坡上的基地。在以后的职业生涯中，坡顶成为其大量作品的必备要素，这一方面使其作品具有了明显的地域和传统的特征，另一方面也变得不再纯粹，与环境更为融合而不是形成强烈反差。

在 20 世纪 60 年代初期，由于国家政治的原因，进口物资受限，也正是在这样的条件下，巴瓦开始开发、利用、改进传统的材料和工艺。这种对当地资源的探索与其说是向地域主义转型的自觉行为，不如说是被现实条件限制所激发的职业本能。值得一提的是他在阿尔弗莱德前街 2 号住宅 (House for Dr. Bartholomeusz，后来成为巴瓦工作室，1961–1963，图5) 中所做的两项技术革新：一是采用抛光的椰树杆加上花岗石柱础柱头做所有的廊柱，这样的柱子相比传统的木柱显得更纤巧修长，上下收分比较微妙。二是采用葡萄牙筒瓦覆盖在波形水泥板上的双重瓦顶做法，既有利于防水和隔热，又避免屋顶太重。这种屋顶做法在此首获成功后，巴瓦在后期多个作品中都如法炮制。更有意思的是，这种屋顶做法后来成为了斯里兰卡地区坡屋顶的习惯性构造，广为流传。

这种实用主义的方法并不仅限于对地方传统和工艺的发掘和利用，也涉及对现代的标准化手段的灵活运用。一个典型的例子是在南方省马特勒兴建的卢哈纳大学 (Ruhunu University,Matara,1980–1988，图6)。这是一个面积超过 4 万平方米的大项目，30 hm² 用地分布在 3 座陡峭的山丘上。为了简化工作，基地被纳入平面 3 m×3 m，竖向 1.5 m 的网格系统中，所有的建筑基本都放在这一南北向的正交网格中，所有节点也尽量标准化，只有局部会根据地形调整。建筑的构造是最直接的那种：砖墙白色粉刷，波形水泥板上覆半圆形筒瓦。各式连廊和庭院将建筑群连成整体，景观或收或放，灵活多变。在跨越 3 座小山丘的校园里，50 栋单体在形制、材料、标准细部上都只有有限的类型，但总体却形成了非常丰富的空间和景观效果，除了高低错落、尺度各异外，自然也被有机地整合到建筑中，因此每个区域都具有独特性。

4 糅杂的构筑体系

这种对待物的态度、相对主义的立场、拿来主义的策略、实用主义的方法使巴瓦获得了很大的创作自由度和灵活度，也为其作品赋予了极端丰富和复杂的特征，无论在空间、形式、材料、构造上都是不同的内容相互纠缠和融合，形成一种糅杂的构筑体系，而这种含混的样貌也可以体现为很多层次的时间性表达。不同时空的文化遗产在此共同留下痕迹，而自然在时间脉络中对建筑的作用也被组织其间。

4.1 方盒子与庭院、材质及装饰细部

虽然常为筒瓦的坡顶和热带的植物所遮掩，除坎达拉玛酒店这样需要跟山体结合的少数案例以外，巴瓦的建筑其实全部建立在正交的网格系统内，建筑主要是基于功能排布的大大小小的方盒子，加上热带地区连接实体空间或休息的敞廊。其空间类型和组合方式都是有限且简单的。

然而，通过庭院与半室外空间的介入，这些简单的方盒子和正交网格结构体呈现出丰富的空间体验和不同的调性。比如艾娜·德·席尔瓦住宅的庭院处在中央，加上四周围廊面积几乎是建筑占地的 1/4，彻底奠定了其集中内敛的个性。而在巴瓦自宅中，大大小小的庭院跟建筑或开或闭的空间完全是一种没有主次的交融关系，均质，弥散，尺度亲切，色调幽静。新议会大厦则通过不同大小建筑体量和庭院，形成端庄的空间序列，主次有别又相互统一。

而在旅馆的设计中，巴瓦则更为注重整体流线的组织，往往会在到达入口前通过一系列的轴线转折和空间序列，欲扬先抑，在望穿秋水的渴望中将震撼突然带给来访者。如果只选一个项目来说明巴瓦酒店设计的精髓，那无疑就是坎达拉玛酒店。这个作品中，空间序列的组织、形式、空间与环境关系的营造已达到炉火纯青。业主原本选择的基地就在锡吉里耶 (Sigiriya，斯里兰卡古城，狮子岩) 的古老山崖脚下，5 世纪迦叶前波国王 (Kasyapa) 在此建造了城堡，但对巴瓦而言，该基地过于直白，缺乏惊喜，他更倾向于选择富有戏剧性、神秘而不确定的场所。于是一行人驱车在城郊转悠，巴瓦用拐杖在远远的群山中选择了 10 km 以外一片巨石嶙峋的山地，在此可俯瞰古老的坎达拉玛大水库 (4 世纪建造)，也可远眺皇城和 18 世纪的丹布勒 (Dambulla) 佛教壁画石窟。之后业主和设计师又经直升机、吉普车等多次考察，最终选定了一块看似无法抵达的山脊作为新基地。巴瓦很快确定了脑海中的图景：从丹布勒出发向东几千米，需穿过密密的丛林，通过蜿蜒的长长的为树林包裹的引道，几乎 180° 的回转来到在暮色中唯一温暖的接待空间，又逐渐被引至休息区。浩瀚的水库，远处隐约的狮子岩剪影，无论对从那个古城回来，

还是将去那个古城参观的游客来说，这都是一种令人叫绝的空间叙事。酒店入口楼层以上均为公共区域，以下则是客房，顺着山体水平蜿蜒展开，面向水库，视野开阔却又足够隐秘。建筑最初采用坡顶并与山体完全贴合，最终则采用平顶，平面增加了转折以获得更好的景观，形式被弱化到极点。走廊体系被精心设计，其节奏、开合角度与视野时刻配合着行人与景观的关系。当夜晚来临，走在热带雨夜开敞的室外走廊内，人为无限的自然所吞噬，那种紧张而刺激的震撼感很难用语言来描述。这不是一座被看的建筑，而是一处看风景的营地（图 8、9）。

增加巴瓦作品的复杂度的还有他对材料和细部的灵活使用。地方的或是现代的，古典的或是当代的，在巴瓦手下并无太大区别，可以并置在空间中。比如碧水酒店（Blue Water Hotel, 1996—1998，图 10）的柱子，首层是混凝土方柱，浅色的粉刷，楼上则用精巧的木柱支撑起多层瓦铺就的坡屋顶。在阿洪加拉遗产酒店（Triton Hotel, Ahungalla, 1979—1981），入口大厅里十几根柱子形成开敞的入口空间，柱子间距并不均匀，还刷成了不同的绿色，而柱子本身带有精巧的柱头和柱础，这种柱子形式在斯里兰卡的殖民地时期建筑中俯拾皆是，放在这个总体现代的流动空间中，你并不会觉得烦琐，反而有一份亲切和放松感。巴瓦在坎达拉玛酒店走廊设计时将柱子刷成了迷彩色。除了中间接待大厅的柱子是跟环境对比强烈的白色圆柱以外，其他公共空间的方形混凝土柱不是被刷成深灰色，甚至黑色，就是抹了草绿色，十足是迷彩服的隐身效果。只有你在廊中行进时，才会深切体会到这一简单手段是多么的高明和准确：柱子仿佛在空间中消失了，所有的注意力都被引向外面的丛林、碧水、远山乃至天空。

4.2 材料的时间性表达

时间在巴瓦的建筑世界里是一个与众不同的要素。像33

弄自宅和卢努甘卡庄园，这些属于他自己的生活空间，都是花了数十年去兴建，去改变。在巴瓦看来，建筑"就是不断地被使用，再使用，必要时被移动甚至取代的东西"，换言之，建筑就如同生命，生老病死是常态。巴瓦甚至不会费心去记录这些变化的过程，他更把这些看作是自然的一部分。

因此，巴瓦能预见到自然跟建筑融合的可能性毫不奇怪。坎达拉玛酒店在建设前后均饱受争议，一方面，因为这本是一块佛教圣地，不希望被人破坏，另一方面，该建筑体量庞大，又是粗犷的混凝土结构和平屋顶，虽倚靠山崖顺势蜿蜒，但在建成之初光秃秃的非常扎眼。是时间和自然慢慢修复了这个现代主义建筑的"大伤疤"。数年后，当绿色的藤蔓吞噬整个结构体后，建筑完全吸收为山崖和自然的一部分，生活其中如同生活在丛林里，设计师的用心终于实现。相信这绝非偶然的结果，已经75岁的巴瓦肯定具备这样的预见能力。

不仅如此，这样的观念和更为糅杂的体系成为巴瓦自然而然的选择。在其用一生经营的卢努甘卡庄园建筑中，你可以看到各种各样的建筑元素揉杂在一起。由于组织得极其自然，很难分清究竟属于什么风格、哪种体系，却呈现出一种总体的感觉。这种总体的感觉和庄园的气质是匹配的，需要仔细去辨别才会发现丰富的元素。对巴瓦来说，处理不同体系的技巧似乎已经驾轻就熟了，传统的材料、现代的材料，简单的方式、复杂的方式，符号形式、意向形式、抽象形式，他都可以轻易地糅杂在一起使用。

例如，从庄园东侧入口经一个隐秘的堑道横穿庄园的肉桂山（Cinnamon Hill），来到西南角一组客房，建筑靠南端有个东南亚典型的室外棚屋。这个棚屋采用混凝土框架，但柱子抹面有的用水泥砂浆，有的却用涂料。屋架和屏风均为木质，但屏风下面是一块本色抹光面的水泥板台面，茶几也是一块很大的预制水泥板，上面用棕榈叶印出花纹。灯是黑色铁艺的，门是木质的，茶几边坐的地方又是一个水泥墩子，地面则是砖铺的。这个空间的建造形式、选用材料看似很随意，是一个非常混合的体系。然而身临其境，你体验到的是整个空间和氛围，它和外部景观一样混杂，也一样舒适（图 10）。

这些杂糅的体系产生出某种时间的、历史的感觉，仿佛这些建筑生来就拥有自然的历史。

5 世俗中的精神空间

如果说巴瓦那些来源和特征都含糊不清、充满混杂元素与体系的作品，其生成有什么必然的凝聚力的话，那就是他极端个人化的价值观念和生活方式——一种世俗生活与精神空间的高度融合。

建筑在其间扮演了与那些手工器物同样的角色，为相应的人、相应的生活而定制，其中有些还会随着时间、习惯的改变而不断调整。说到底，对于巴瓦来说，劳斯莱斯的古典气质、手工标志与澎湃的发动机组合在一起才是美丽的。为此，他的建筑需要真正居住、使用才能辨明其中简单直接的原则。如果仅仅作为旁观者，有时感觉他的建筑奢侈而甜腻，或者折中而模糊，似乎缺乏鲜明的类型或者宣言式的立意。批评者因此验证，这样的建筑不过是现代主义建筑的地方实践或者边缘化的模仿应用，巴瓦只是这样的实践当中具有艺术高度的一员。唯有我们抛开这些不假思索的主义与风格、类型与血缘的条条框框时，才能从一个普通建筑师的角度去真正接近巴瓦，去理解他那些隐藏于改变、糅杂的建筑世界之下的真实想法与目的。

5.1 以身体愉悦为基础的精神揭示

事实上，巴瓦作品所体现的整体感觉每个都是明确的，细节与局部与整体相互呼应，每个细节的考虑在形式与结果方面都思路清晰。巴瓦找到了古典与现代方式相会的地方：用一种简约甚至极少的叙事方式，将人投入景观的画面，又拉出到精神的享受之中（图11）。

在卢努甘卡主屋的南露台上，孤零零地放了一张桌子与一把椅子，桌面是白色的水泥抹面，上面向心印着几个大片热带植物叶图案装饰。这是巴瓦的早餐桌。巴瓦在这里一个人享受早餐时，视线可以正对向肉桂山与两边丛林形成的如画美景。看到这样的设计，在感觉奢侈震撼之余，自然也会

明白，对巴瓦而言，所有物质的组织都是为了适合身心的愉悦。在自己的住宅和庄园数十年的不断更改尝试中所形成的认识与结果，巴瓦总会运用到其他的项目中（图12）。

在遗产酒店项目中，经过入口弯弯折折的绵长小径，一侧伴着低低的风雨檐廊，绕过入口纵向伸展的椰林水池，终于来到接待大堂。这是一处开敞的大厅，阴影遮蔽下，海面凉风阵阵袭来，热带骄阳下的烦躁一扫而光，通体舒畅。此时，透过大堂内逆光的圆柱阵列，就像透过长焦距的镜头一样，远景被过滤拉近，只看见蓝天下，排列成一条直线的海浪迎面而来，触及沙滩时，浪线无声地腾起一道整齐的白墙，一次接着一次，合着一直的凉风（图13）。

而在巴瓦最后一个公共建筑作品——碧水酒店中，设计师驾驭建筑形式与体验的技法更臻于老道和内敛，这种极具简约色彩的情感激发已有了更不动声色的做法。碧水酒店被构想为一座"城市的广场"，用来供城市的中产阶级进行社交。与之匹配，巴瓦设计了一种庄重克制的调性，因此，只使用了正交的柱网体系。经过精心的安排，普通的重复节奏的柱廊与柱网空间所具有的冷静极简控制了整个酒店的气质。

5.2 以完美艺术为目标的生活享乐

巴瓦并非禁欲主义者，但他更倾向艺术化的生活方式，避免物质与欲望在中产、富裕阶层可能产生的低俗与堕落，使之成为一种世俗生活中的艺术典范。

在其亲自监督建成的最后一个作品——赤壁之家中，巴瓦在各种建筑形式间自如游走的能力得到了最明显的证实。在此，巴瓦采用的不是具有地方传统意味的坡顶结构，而是一个平顶的简约棚屋的钢结构形式（图14）。斯里兰卡本土诗人迈克尔·翁达杰（Michael Ondaatje）曾为之赋诗《赤壁之家》（House on the Red Cliff），没有比这更合适的文字来说明设计的意图：建筑与它所服务的生活艺术是如何重叠，从而建筑成为了艺术。诗文如下："美蕊沙没有镜子。海在树叶间，浪在椰林里，古老的语言在马尾松的臂弯里，传统啊传统，代代相传。祖父种下的凤凰树浴火重生，兀自穿出

▌图11 卢努甘卡的景观

▌图12 巴瓦的早餐桌　　　　▌图13 遗产酒店的大堂

图14 赤壁之家

屋顶，无拘无束。房屋如同一张打开的网。其间，夜晚聚焦于一个呼吸，一个脚步，一个物品或姿势，我们却无法依附其上。只有在夜晚感知中，那些或长，或短，或困难的时刻。在那，即使在黑暗中，也没有一条地平线没有树木，唯有那树叶间船只的微光，只余一步便消弥于无形。"

如果说有什么作品代表巴瓦的精神，体现他对待世界的态度，那么一定是他两处宅邸：位于科伦坡的33弄自宅和位于班托塔（Bentota）的卢努甘卡庄园。

位于科伦坡郊区一条支弄上的自宅是巴瓦的建筑试验田。这条街道尽头原来有一排4幢僧侣居所，巴瓦用10年时间逐一盘下，于1968年启动全面整改。原来的支弄被改造为入口长廊，内部粉刷成白色，旁边点缀着一系列小天井。长廊将大大小小的居住空间串联起来，尽头是后花园一株高大茂盛的素馨树。经过近40年的持续改造，原来平房的状貌几乎不存，任意、如画的品质跟强烈的秩序与构成如影随形，内、外的意义消失殆尽，柔和的光线与家具器物共同营造出一种略略偏暗的质感氛围，从明亮的室外进入，情绪自然会宁静下来。这一闹市中的宅邸，不仅是巴瓦建筑修补术技巧的数十载结晶，也是一处真正的栖居之所（图15）。

没有卢努甘卡就没有作为"亚洲建筑师心目中最初的偶像与大师"的巴瓦，没有体会卢努甘卡的趣味就无法理解巴瓦设计中精妙的空间与体验组织。卢努甘卡是巴瓦建筑世界的起点，是其空间、形式和意境的实验室，更是其灵感源泉和精神家园，也是灵魂归宿（2003年巴瓦去世后骨灰撒在庄园核心区）。巴瓦把空闲的时间全部奉献给了卢努甘卡，他人在斯里兰卡时，几乎每个周末都在此度过。卢努甘卡庄园是巴瓦半个多世纪不断改造的结果，其灵感来自世界范围他曾探访过的众多园林（意大利、英国、西班牙、亚洲其他国家包括中国苏州园林等），但却不尽相同。早在1947年买下这两座庄园后不久，巴瓦就先把20世纪30年代建造的平房改造成居住主屋，两处主要景观也基本成形：向南眺望，可见远处小山上矗立的佛塔；北侧露台则临湖而建，水畔一株高大茂盛的素馨树（实际上是两棵，用人工合为一体）蔚为壮观，遒劲的枝桠间是断臂西方少年的石像，背后碧蓝的湖水波光粼粼。卢努甘卡的重点在园林，室内仅用于睡觉，用

餐往往在不同的外部空间进行。这里也是巴瓦的建筑试验台，每当其设计理念有所突破和转变时，这里似乎总是恰好也在大兴土木。卢努甘卡庄园就是巴瓦本人，它的气质就是巴瓦的气质。卢努甘卡是拥有人格的，巴瓦在世时，这种人格随之生长活跃着，巴瓦去世后，保持着静止的美丽，如同停止了生长而改变的生命。世界上历经数百年不断改变生长的建筑不在少数，卢努甘卡的独特在于，它只属于一个人，是一个人用了几十年设计营造的结果。

6 巴瓦的启示：非识别体系的离度与可能

6.1 非识别体系的一种高度

本质上，巴瓦的建筑世界是一个难以复制的独特案例。出身上流社会，接受良好教育，衣食无忧，为了打理建造自己的庄园，从而走上建筑道路，巴瓦被认为主要是为上流社会的精英服务就不足为怪了。但换一个角度，正是因为这样的个人背景，巴瓦的工作一开始就把建筑设计本身当成一种手段。他听从表妹的建议以高龄学生的身份去欧洲学习建筑时，目的无非是这样不仅可以烧自己的钱玩建筑，还可以顺便烧别人的钱玩建筑。所谓"玩"建筑就是想弄出一个自己生活享受的空间环境。因此，在巴瓦看来，他学习的建筑学更像是一种开启生活实践的手段，而后在运用中产生的各种各样的变化与发展，到后来就成了专属他个人自觉的方法与认识了。这恐怕也是为什么当他被贴上"地域现代主义"这样的标签时，他自己语焉不详地否定了。显然巴瓦是一个极具艺术品味并享受生活的人，这样的特质结合了成熟自如的建筑学技巧与组织，才能将个人化的经验转化为高度个人化

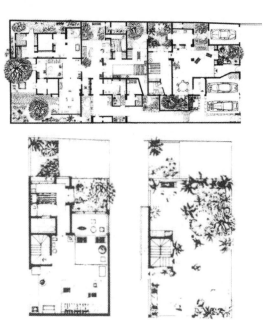

图15 33弄巴瓦自宅平面

的建筑艺术，形成独特的建筑气质。当考察家庭财富、个人品味、才智修养、社会情况等多种因素相遇结合的可能性时，你不得不承认，巴瓦确实是一个独特的例子。那么，去认识这么一个个人化的例子仅仅是为了欣赏其精美的品位吗？

6.2 开放与发展的可能

全球化的文化和生产体系使现当代建筑学的语境主要在可识别、可类型化的系统中展开。交流、传播的模式更使类型化与模式化易被解读的建筑学成为宠儿。因此形成的主体结构的封闭倾向，使建筑学越作出开放的姿态，越暴露出自说自话、陈词滥调的窘境。在笔者看来，建筑世界是广阔而丰富的，标准语言之外还有丰富而有活力的天地。不过，这个世界又是如此模糊，事到临头，习惯总让我们回到原来的语言中。唯有强烈的直觉告诉我们：真实普通的日常世界里面有着未被建筑学识别重视的力量。也许这些力量并不是没有被意识到，而是难以被萃取；也许只是我们还没有信心能预见到结果。巴瓦，这个远在印度洋岛国的建筑师，他的这些基本上是喃喃自语的封闭作品，却似乎可以成为某种启示和参照。巴瓦的建筑世界展示给我们一个关于识别体系之外，杂糅混合的体系可能达到的一种艺术境界。这是一个单纯以建筑师独立指挥所创造的世界，有别于社会合力自发形成的日常现象，它为我们在寻找识别体系之外的建筑学拓展之途中标记了一个高度。

注释：

[1] 有方旅行"变化即永恒：巴瓦的启示"，促使我们有机会更深入研究巴瓦的设计文献并亲历现场体验。

[2] 斯里兰卡（Sri Lanka），旧称锡兰（Ceylon），是一个南亚岛国，南部为热带雨林气候，北部为热带草原气候。在公元前5世纪印度僧伽罗人迁入，公元前2世纪，南印度泰米尔人迁入，从此两个种族冲突不断。1521年为葡萄牙船队占领，1656年为荷兰占领，1796年则是英国，1802年成为英国殖民地，直到1948年宣布独立，1972年，斯里兰卡共和国成立，1978年，斯里兰卡民主社会主义共和国成立，2009年5月18日政府军击毙猛虎组织最高领袖，终于宣布内战结束。

[3] 巴瓦的祖父为摩尔人后裔，祖母为法国人后裔，父亲本杰明（Benjamin Bawa）是当时锡兰著名的大律师，母亲贝莎（Bertha Bawa）则是荷兰裔德国雇佣军的后裔，外祖父和舅舅均为橡树园主。巴瓦的哥哥比维斯（Bevis Bawa）曾军人（侍奉英国军官）和橡树园主，后来通过营建自己的庄园成为著名的园艺师，同时也是画家和作家。

[4] Charles Correa, Kenneth frampton, David Robson. Modernity and Community: Architecture in the Islamic World [M].Thames and Hudson, 2001.

[5] Michael Keniger. Bawa: Recent Projects 1987-95 [M]. Brisbane: Queensland Chapter of the RAIA, 1996.

[6] David Robson. Geoffrey Bawa: the Complete Works [M]. Thames & Hudson, 2002:12.

[7] David Robson. The Genius of the Place: The Building and Landscape of Geoffrey Bawa [M]//Charles Correa, Kenneth frampton, David Robson. Modernity and Community: Architecture in the Islamic World. Thames and Hudson, 2001:17-48. 另参见 [1]：7.

[8] 建筑与都市中文版编辑部. 杰弗里－巴瓦：斯里兰卡之光 (Geoferey Bawa: Essence of Sri Lanka)[M]. 武汉：华中科技大学出版社，2011.

[9] http://www.geoffreybawa.com/work/.

[10] 大卫·罗布森是《巴瓦作品全集》等书的作者，也是巴瓦最主要的研究者和巴瓦基金会的主要负责人。

[11] David Robson, Dominic Sansoni. Bawa: The Sri Lanka Gardens [M]. Thames and Hudson, 2008.

[12] David Robson. Beyond Bawa: Modem Masterworks of Monsoom Asia [M]. Thames and Hudson, 2007.

作者简介：

庄慎，阿科米星建筑设计事务所；华霞虹，同济大学建筑与城市规划学院。

第三生态的文化构建：新加坡公共住宅的启示

王焓　李晓东

摘　要：本文尝试从第三生态理论的视角出发，分析新加坡公共住宅
　　　　在新加坡国家管理和新加坡的社会文化构建中的角色，特别
　　　　是对新加坡社区感和认同感的培养方面所发挥的作用。着重
　　　　介绍新加坡公共住宅如何利用新镇规划和建筑设计培育社区
　　　　感，进一步发展新加坡国家认同感。
关键词：第三生态　新加坡公共住宅　认同感

1 关于"第三生态"

1.1 自然、社会和技术：解释人类社会平衡发展的新模型

"第三生态"思想最早由建筑理论家塞吉·希玛耶夫(Serge Chermayeff)和亚历山大·楚尼斯(Alexander Tzonis)在1971年出版的合著《社区形态》(Shape of Community: the Realization of Human potential)中提出。楚尼斯和希玛耶夫将第一生态、第二生态分别定义如下：

第一生态(The First Ecology)，海洋生态系统；第二生态(The Second Ecology)，陆地生态系统；第三生态(The Third Ecology)，人造生态系统。

根据希玛耶夫和楚尼斯的总结，第三生态所代表的是由人类创造的生态环境，这一生态环境既包括了人类生活的物质环境，比如，城市、村庄，也包括人类的社会结构及文化。第三生态中最为重要的3个元素是自然、社会和技术。自然环境构成了人类生存的物质环境，而社会环境决定了人类生活的精神环境。技术作为被人类所掌控的元素，带动第三生态的进化和发展。在第三生态理论的视角中，自然环境和社会环境是平衡的第三生态环境的基础，而技术是其进化的动因。第三生态理论就是一门研究自然、环境和技术之间相互作用关系的学科。[1]

1.2 进化的视角：对当代环境和社会问题的解读

基于20世纪60年代的时代背景，希玛耶夫和楚尼斯指出，作为第三生态的人造环境不平衡的根源，抑或当代环境问题和社会问题的原因是技术发展和人类认识能力的不匹配。人类若不能合理地使用他们所掌握的技术，就会造成技术的错用和滥用。在建筑学上，这种对技术的错用和滥用表现为对新的城市空间模式和建筑形式的使用而导致的传统社会文化的解体。其中最为著名的案例就是美国圣路易斯的普鲁特·艾格(Pruitt Igoe)社区，这个曾经获得美国建筑师论坛杂志社"年度最佳高层建筑奖"的高层居住区，因其认同缺失以及极差的安全感，在建成仅仅20年后就被炸毁。

1.3 新加坡公共住宅对第三生态文化的构建

新加坡持续的高速经济发展、稳定的社会环境以及幽美的城市环境吸引了来自世界各地建筑和城市研究者的目光。在新加坡城市发展的众多成就中，其对公共住宅的关注和发展尤为突出。新加坡公共住宅不但以高层高密度的模式解决了居住问题，而且为高层住宅的对社区问题和气候问题的处理给出了新的范式。新加坡政府依托公共住宅创造了舒适的生活环境，建立了稳定的社会环境，进一步在被称为"文化沙漠"的新加坡发展出了属于自己的文化认同感。

新加坡公共住宅的发展建立在对一些既有的建筑学理论的发展之上，同时充分体现了第三生态理论中对技术理解性使用的要求：新加坡高层住宅对其所采用的建筑学理论和模型都进行了反思和具有实际意义的改良，最终发展出了适合本国实际情况的一种居住模型。不但将其根植于热带气候环境之中，保证了居住的舒适性和环境的可持续性，而且在其居住环境中创造了全新的社会文化。新加坡高层住宅对于新加坡文化构建的贡献主要体现在两个方面，一是对于社区文化的培育，二是对于民族融合的促进。

在下文中，本文将从建筑学的角度，主要介绍新加坡公共住宅在社区构建和识别性构建两个方面的策略和方法，进而分析新加坡公共住宅在第三生态社会维度发展上的贡献。

2 新加坡公共住宅的社区感构建

2.1 社区感的基础：新加坡新镇的三级规划

新加坡的第一座新镇"皇后镇(Queenstown)"由英国殖民政府的新加坡改良信托局(Singapore Improvement Trust)[2]在1952年开始建设，最后由建屋发展局(Housing Development

Board)[3]在20世纪70年代早期完成。当时的唯一目标是快速解决人口居住问题，因而几乎考虑完全移除传统居住形式(Shophouse and Kampong house)后所带来的认同问题。

大巴窑新镇(Toa Payoh Town)是建屋发展局开发的第二座新镇，开始于1965年，规划人口18万。从大巴窑新镇开始，建屋发展局开始有意识地在新镇中加入镇中心和相应的服务设施，构建功能完整、自我维持的新镇。

始建于1973年的宏茂桥新镇(Ang Mo Kio New Town)标志着新加坡新镇发展的第三个阶段。从这个新镇开始，新加坡开始在新镇的规划中采用等级化的空间模型，设立镇中心和邻里中心两个层级。邻里中心一般包括一所小学、购物中心及社区活动中心，邻里中心的服务半径为400 m。

70年代晚期，新加坡形成了成熟的新镇结构模型，即"棋盘式"模型。这一模型使用邻里单位(组团)作为规划中的最小单位。每个邻里单位约为4 hm²(有时为4 hm²的一半)，包括8~10栋住宅楼，容纳400~800户家庭。每个邻里单位都包括一个儿童游乐场以及花园。组团的上一个层级是邻里，每个邻里包括4000~6000户。自此之后，新加坡的新镇都以"棋盘式"结构为基础进行发展，形成了新加坡城市乃至整个新加坡社会独特的"3个层级"的结构形式。

新加坡新镇3级结构对于建立社区和归属感起着基础性的作用，其主要表现为以下两个方面：

(1)清晰明确的社区体系

清晰的3个层级的社区结构不但为新镇的开发提供了便利，同时也建立起了新镇社区的基本骨架。依托这套骨架可以很方便地发展各种促进社区发展和完善的公共空间系统和管理体系。清晰的社区结构在帮助社区居民形成认同感等方面发挥了潜在的基础作用。

(2)充足完善的服务设施

3级结构的另外一个意义是为整个新镇的服务设施提供了一种高效的布局模式，分层级和领域的服务设施保证了每个邻里都被相应的服务设施所覆盖。因而，这种3级结构对公共设施布局的选址以及数量的计算都提供了巨大的便利，而且促进了对公共设施高效的利用。由此带来的充足的服务设施和方便舒适的生活环境是良好的社区氛围和认同感形成的物质基础。

2.2 社区感的培养皿：新加坡新镇的公共空间

依托于新镇的3级体系，新加坡的公共住宅发展了一套完整的公共空间体系，这套公共空间体系成为了社区感和认同感培养最为重要的场所。

根据笔者总结，新加坡的公共空间体系由8个元素构成，分别是：组屋中的公共走廊空间、组屋的底层架空空间、组团的邻里公园、新镇中的社区中心(小贩中心和市场)、新镇公园、连接组团的步行廊道系统(Linkway System)，以及沟通全城的公共交通系统。

在功能上，可以将这8个公共空间元素划分为两类：一个是以公共活动和生活服务为主要内容的社区服务系统，一个是以绿地和休闲活动为主的绿地景观系统。在新镇的3级结构下，这两套公共空间系统也被划分为了3个层级，在不同的尺度上提供多样的公共活动空间。社区服务系统主要由组屋中的底层架空空间和各级的社区中心构成，为市民提供各种有屋顶的户外活动空间，同时服务居民的生活。绿地系统为组屋居民提供和自然环境结合的户外活动场所。步行廊道系统和公共交通系统在邻里和新镇两个尺度上，将所有的公共空间联系在一起。

2.3 总结

通过分析新加坡新镇公共空间模型，笔者认为新加坡新镇的公共空间系统能在社区感的培养中发挥如此重要的作用，可以归因为以下三点：

首先，成系统的公共空间系统规划。通过对新加坡开放空间系统模型的分析，可以发现，在新镇的公共空间规划覆盖了新加坡居民室外活动的每个层面，几乎居民所有的日常休闲活动都能被包括在这套公共空间系统之中。因此，这种系统性和全面性保证了开放空间系统的服务范围。

其次，结合热带气候的公共设施设计。从这套开发空间的起点(底层架空)，到沟通各个元素的步行廊道系统，以及系统中的重要节点(社区中的小贩中心及市场)，都可以看到在规划设计中对热带气候的考虑。同时，社区公园和新镇公园也因为其大量的绿色植物和良好的娱乐设施设计而广受居民的欢迎。因此，这些适应气候的设计促进了居民对这套开放空间系统的使用，进而保证了这套系统的效率和使用率。

最后，公共空间系统对生活模式的培育。依托这套公共系统，新加坡公共住宅居民发展了他们共同的生活习惯，进而形成了统一文化和社区认同。作为一个预先规划的公共空间系统，从规划模型中可以清晰地看出其对生活模式的引导和培养作用。第一，提供丰富而全面的户外活动空间；第二，通过便利性和舒适性引导对这套系统的使用；第三，结合适合的居民活动选择相应的公共空间类型。因此，这种自上而下的公共空间系统，最终发展成为新加坡社区感的培养皿。

3 新加坡公共住宅的识别性构建

3.1 开放空间对识别的构建

新加坡新镇的公园体系在发展之初就被赋予了两项任

务：一是利用户外开放空间丰富居民的社会活动和创造相应的生活模式，进而培养居民的社区感；二就是作为新镇的识别性系统而存在。下文将介绍新加坡公共住宅中是如何通过开放空间系统建立新镇的识别性。

在新镇层级上，新镇公园被用来区分新镇的边界和土地利用的性质。在很多新镇的交界处，建屋发展局预留了很多土地作为绿地，这些土地被设计为很好的景观公园，除了娱乐和休闲的功能之外，也作为区别新镇的边界，建立视觉识别性之用。[4]其中，以宏茂桥、碧山和大巴窑新镇之间的碧山公园为典型代表，在从一个新镇进入另外一个新镇的时候，给人以明显的领域和边界感。

在组团层级上，组团公园构成了新镇内识别体系的重要节点。每个组团的公园都经过专门的设计，力求识别性，再加上它是居民最为常用和熟悉的公共空间，自然成为了居民识别空间的重要标志。

同时，新加坡新镇中的步行廊道系统也起到了划分空间领域的作用。人们会习惯性地按照熟悉的行走路线和通道行走，而且这些路线周围的景观也会自然地变成人们定位的标志。因此，这套步行体系也自然而然地成为了划分居民活动范围的标志和边界。

根据凯文·林奇在《城市意象》一书中提出的识别性的5个要素：道路、边界、区域、节点、标志物，可以将新加坡的公共开放空间所形成的识别系统归纳如下：首先，在新镇尺度上，使用位于新镇边界处的邻里公园限定新镇边界，界定出新镇和新镇之间的领域范围，通过绿地的方式提示新镇归属的转换；其次，在邻里尺度上，邻里中心的服务设施和设计独特的邻里公园构成了下一层级的识别标志；最后，沟通各个邻里的步道系统划定了住户的日常活动范围，同时限定了每个邻里实际的使用和心理边界。在新镇和邻里尺度上，邻里公园和步行廊道分别起到了限定边界的作用，邻里公园和社区中心起到了节点和标志物的作用，进而在两个层级上划定了空间的领域感。

3.2 建筑外观对识别的构建

由于经济性和建筑类型的特点，高层公共住宅非常容易出现外观和空间上的一致化。然而，西方高层住宅发展的教训告诉我们，识别性缺失的必然结果就是居民对社区认同感的缺失。因此，新加坡建屋发展局充分利用建筑元素去创造多样的公共住宅风格，从而进一步形成组屋的识别性。

新加坡组屋在反映新镇和城市的可识别性方面的方法主要体现在以下两个举措：一是利用建筑的高度和屋顶创造丰富的城市天际线；二是利用不同的建筑立面，以创造多样的街道空间

效果。通过对新加坡不同新镇中的组屋风格进行比较，可以非常清晰地看到这两项策略在组屋外观上的体现，同时能看到这两项举措所带来的新加坡新镇清晰的识别性特征。

（1）屋顶和城市天际线

首先，建屋发展局在进行不同新镇的组屋设计时，对不同新镇的组屋屋顶形式进行了有意识的区别和特殊设计。一方面，因为热带建筑的特殊性，对于生活在热带的居民而言，屋顶是建筑识别性的第一要素；另一方面，经过统一设计的城市天际线，对于新加坡的整体城市景观拥有重要的意义。因此，统一的屋顶和天际线风格也是对新镇级别识别性最好的构建方式。因而，在波东巴西(Potong Paris)新镇中，整体的建筑造型采用了极具特色的斜坡形式；在淡宾尼(Tampines)新镇中，很多组屋在屋顶采用了橙色的双坡屋顶；在武吉巴督(Bukit Batok)新镇中，我们可以观察到建筑屋顶上独特的几何开洞。

其次，在设计新镇整体天际线时，在保证新镇内部的屋顶风格统一且建筑的总体高度一致的前提下，点缀几座较高的建筑。一方面，这几座较高的建筑可以用来强调和识别新镇中的特殊区域，如镇中心等；另一方面，也可以使得新镇的天际线更为错落，更加具有识别性。同时，因为土地紧张的原因，想用绿带隔离所有新镇是不可能的。因而，利用建筑风格强调新镇和新镇之间的建筑区别成为非常必要的举措。

（2）立面和街道设计

在新镇的步行尺度上，主要依靠立面的多样化设计来强调各个组屋的识别性。在设计新镇面向街道的立面时，建屋发展局有意识地将组屋靠近街道布置，形成完整的具有围合感的街道空间，同时在一条街道上采用连续且相同母题的立面符号形成连续的街道效果。在不同新镇或者邻里间，通过强调街道的尺度的不同来构建识别性。如惹兰友诺士大街(Jalan Eunos)就在街道两旁布置小尺度较矮的体量限定空间；而在裕廊西中就在街道两边布置高大的高层住宅。

此外，组屋通过立面设计构建识别性的另一个方式是根据道路的速度确定立面的复杂程度：在城市快速路和主要交通干道周围，保持立面尽量简单；伴随着道路速度的降低，立面的细节逐渐增加。这样，也在一定程度上区别不同组屋区的立面效果，并且帮助居民在组屋区内定位。

4 小结

综上分析，在新加坡公共住宅对社区的构建中，可以看到3个核心举措，一是清晰合理的规划结构；二是成系统的公共空间设计；三是具有识别性的建筑设计。这3个举措结合起来培育了新加坡的社区感，以及进一步的新加坡认同

感。这种自上而下的文化培养和清晰全面的规划设计方式正是新加坡公共住宅成功发展的关键，也是给予第三生态文化构建最为重要的启示。

(原载《世界建筑》2013年06期)

注释：

[1] Serge Chermayeff, Alexander Tzonis. Shape of Community: Realization of Human Potential. Penguin Books Ltd. England, 1971.

[2] 改良信托局（Singapore Improvement Trust),是在1927年由英国殖民政府所成立的负责解决新加坡住宅需求的政府机构。

[3] 建屋发展局（Singapore Housing Development Board),是新加坡政府在1960年成立的全面负责公共住宅开发、设计、修建及出售的政府机构。

[4] Tony K. J. Tan et al.. Physical Planning and Design. in: Aline Wong and Stephen H. K Yeh (eds) Housing a Nation: 25 years of Public Housing in Singapore. Singapore: Maruzen Asia for HDB, 1985: 108.

参考文献：

[1] Belinda Yuen. Creating the Garden City: The Singapore Experience. Urban Studies, 1996.33 (06): 955-970.

[2] Tian Boon Tan. Estate Management. in: Stephen H. K. Yeh (ed.) Public Housing in Singapore - A MultiDisciplinary Study. Singapore: Singapore University Press for Housing and Development Board, 1975: 195-197.

[3] Loh Choon Tong, Kenson Kwok, Lau Who Cheong, Lui Chue Hong, Tan Sioe An. Design for Living; Public Housing Architecture in Singapore. Singapore: Housing and Development Board, 1985.

[4] T. K. Liu, W. C. Lau, C. T. Loh. New Towns in Singapore. in: Y. M. Yeung (ed.) A Place to Live: More Effective Low-Cost Housing in Asia. Ottawa: International Development Research Centre, 1983: 41.

[5] Urban Redevelopment Authority. Tampines Planning Area Planning Report, 1995. Singapore: Urban Redevelopment Authority, 2007.11.

[6] 沙永杰.新加坡公共住宅的发展历程和设计理念[J].时代建筑，2011 (4) ：42-49.

[7] 张天洁.从人工美化走向景观协同——解析新加坡社区公园的发展历程[J].建筑学报，2012 (10) ：26-31.

作者简介：

王焓，清华大学建筑学院研究生；李晓东，清华大学建筑学院教授、博士生导师。

建筑艺术论文摘要

智慧生态城市规划建设基本理论探讨

沈清基

基于一些智慧城市的若干非智慧性、非生态性表现和风险认知的非主动性，论证了建构智慧生态城市的必要性和迫切性；基于智慧内涵的全面认知提出了智慧生态城市的定义；从"性"和"力"两方面阐述了智慧生态城市的特征；从哲学、功能、经济、社会和空间五个方面论证了智慧生态城市的内涵；从提升型和降低型两个方面提出了智慧生态城市的"五转"目标，构建了智慧生态城市理论概念模型，提出了智慧生态城市规划建设的五种指导性理论，分别为：生态智慧理论、德才兼备理论、自律理论、公共利益理论和集体智慧理论。

（原载《城市规划学刊》2013年05期）

扩展领域中的城市设计与理论

童明

针对城市设计日益面临的现实性挑战以及学理性困境，将城市设计置于更为广阔的城市发展历程和社会环境背景中进行思考。通过采用动态的和多维的视角，着重分析历史进程、社会变革、文化背景、经济转型与城市形态之间所存在着的密不可分的互动关系，探讨在全球经济背景下，城市设计在社会实践中的角色转变，同时力图阐释其中所存在的变革机制，以及城市设计理论在其中所应当起到的作用。

（原载《城市规划学刊》2013年01期）

城乡统筹发展：城市整体规划与乡村自治发展

朱介鸣

大规模和高速度的工业化造成大量的人口城乡迁移和所在地的城市化，城市化迅速进入乡村在沿海地区尤其显著。地处长三角的昆山和地处珠三角的南海代表了两种不同的城乡统筹发展模式。南海模式充分体现了自下而上乡村自治式的工业化过程，昆山模式则是自上而下城市主导的工业化发展，两者各具千秋。可是，就工业发展效率和生态环境质量而言，昆山优于南海。甚至就正式收入而言，南海的城乡差别大于昆山的城乡差别，昆山农民的收入高于南海农民的收入，而且差距在逐年扩大。其根本原因在于土地高度稀缺下的土地有效利用，自治单位细小造成土地细碎，进而造成工业发展低效率。城市整体规划和乡村自治发展是中国城市化的重要课题。

（原载《城市规划学刊》2013年01期）

从日、韩低碳型生态城市探讨相关生态城规划实践

来志理；朴锺澈

随着全球对气候变化和生态环境的重视，最近国内外的城市发展政策都将焦点集中到低碳生态城市的规划建设上。于是，实现现有城市发展模式向低碳生态城市空间结构的转变就成为城市领域共同探讨的新课题。目前，我国正在积极与新加坡和欧洲国家共同对生态城规划建设进行实践研究，在此背景下，首先对生态规划建设起步较早的日本和韩国的典型低碳型生态城市进行案例分析，然后利用归纳总结的规划要素构想出适合低碳生态城市建设的紧凑型城市空间结构，最后针对中新天津生态城与日本和韩国的低碳生态城市比较分析中得出的问题提出相应的改善建议。

（原载《城市规划学刊》2013年02期）

中国新型城镇化与大城市发展

石忆邵

基于新型城镇化的主要目标和任务，讨论了房地产业地位和作用的变化、特大城市人口承载极限、新型城镇化需要突破的主要瓶颈等问题。提出了新型城镇化目标的实现离不开大城市和特大城市的有力支撑、近期不应当将新型城镇化的重点放在中小城市和小城镇、新型城镇化主要依托"社会性投资驱动"而非传统的"房地产型投资驱动"等观点及其若干建议。

（原载《城市规划学刊》2013年04期）

空间句法在大尺度城市设计中的运用

伍敏；杨一帆；肖礼军

从20世纪80年代末开始，空间句法在西方城市规划与设计中开始运用，我国规划领域于21世纪初引入这一理论，并开始在不同层面的规划设计中加以运用，目前大多数设计人员对于这一理论的原理及使用方法还不甚了解。现立足于具体案例，对空间句法在大尺度城市设计领域的运用方式及可能存在的问题进行客观的分析，进而引出如何合理地运用定量技术来增强大尺度城市设计的科学性与合理性。

（原载《城市规划学刊》2014年02期）

城市基本生态控制区规划控制方法——以广州市为例

王国恩；汪文婷；周恒

基本生态控制区是保障城市生态安全格局和为市民提供公共休闲的绿色开敞空间，通过对我国部分城市已开展的基本生态控制区划定标准、规划定位的研究，分析基本生态控制区规划实践经验与不足，针对城市总体规划所确定的基本生态控制区布局、用地规模、公共绿地指标难以深化和延续的顽疾，广州市尝试开展"基本生态区控制性规划"，借鉴控制性详细规划控制思路，以基本生态用地为对象进行专项控制性规划。落实总体规划生态用地（包括建设用地区和非建设用地内生态用地）的定性、定位、定量控制要求，简要介绍广州对自然保护与绿地系统、水源与湿地、矿产资源与地质环境及其他四大类36个要素生态限制的评估。划定基本生态控制区的方法，建立行政单元、功能单元和规划管理单元三层次的生态控制区规划体系，提出三层次规划中基本生态用地分布、规模、人均指标等控制要求，阐述在集中城镇建设区指标控制、边界控制、通则控制和非集中建设区边界控制、分类控制的方法。

（原载《城市规划学刊》2014年02期）

当代社会变迁中的城市设计

童明

将城市设计置于经济全球化和社会网络化的时代背景下进行思考，着重分析城市设计在当前时代变迁过程中所面临的学理性挑战及其日益增强的现实重要性。在一种扩展性的视域中，探讨在新的社会生产方式和发展模式的推动下，城市设计在社会与空间等领域所发生的深刻变化，并力图阐释隐藏其中的变革机制。

（原载《新建筑》2013年06期）

论基于生态文明的新型城镇化

沈清基

在对生态文明、新型城镇化相关基础概念进行语义辨析、特征阐释，以及传统城镇化和新型城镇化比较思考的基础上，提出了基于生态文明的新型城镇化发展的若干重要议题，包括：城镇化与生态文明建设协调发展内涵及关系；建构生态文明与新型城镇化协调发展状况评价体系；基于智慧的城镇化；基于生态文明的新型城镇化的创新追求，并探讨了大地共同体、生态现代化和智慧城镇化对基于生态文明的具有中国特色的新型城镇化的若干启示。

（原载《城市规划学刊》2013年01期）

对当前"重建古城"风潮的解读与建言

阮仪三；袁菲；肖建莉

通过对当前我国重建古城、古街、古建的现象分析，解读这种重建与复古风潮背后的动因，并进一步展开讨论，如"历史"古城与"假"古城、"新"古城的区别，"古城"能否重建、再造，"保护性迁移"、名胜古迹历代重修等焦点问题。指出文化之根只有好好珍爱，才能再度发芽、枯木逢春，形成文化大国的气候，滋养和孕育新的文化和城市品质。

（原载《城市规划学刊》2014年01期）

如何转型 中国新型城镇化的核心问题

仇保兴

中国城镇化率目前已经超过50%，在取得显著成果和避免其他国家出现过的弊端的同时，也出现了不容忽视的问题。面对城市发展模式的转型需求，文章详细论述了新型城镇化应侧重的六个方面的突破，并指出这六个方面的转型即"新型城镇化"的核心内容。

（原载《时代建筑》2013年06期）

新型城镇化模式下的城乡统筹发展

彭震伟

文章分析了中国当前城镇化发展的特征及存在的问题，从打破城乡二元结构的角度论述了选择新型城镇化发展模式的需求，聚焦城乡统筹的核心理念，梳理了西方国家城乡统筹发展的成功经验，并特别以城市中的农民工和公共服务均等化这两个新型城镇化发展中的核心议题展开讨论，提出了相应的对策建议。

（原载《时代建筑》2013年06期）

"流空间"视角下的新型城镇化研究

岑迪；周剑云；赵渺希

通过剖析珠三角自改革开放以来的城镇化历程可知，珠三角城镇化是具有"流空间"特征的就地城镇化，而当前珠三角城镇规划无论是规划体系，还是规划编制，都是以"场空间"为导向的，这种规划导向与发展特征之间的不适应性，会带来一系列问题。随着区域城镇化的推进，大都市区域（城镇连绵区）将会成为未来的发展热点；并在这种区域大背景下界定"流空间"体系的内涵。相比传统规划视角，"流空间"理论能更好地解释珠三角城镇化的过去；故此，基于"流空间"的视角来分析、预测新型城镇化的发展趋势，为新时期的城镇规划提供参考。

（原载《规划师》2013年04期）

基于空间句法的城中村更新模式——以深圳市平山村为例

郭湘闽；刘长涛

依托空间句法技术，以深圳市平山村作为研究案例，试图从实证角度探索出一条城中村更新的新途径。指出应当破除当前"逢村必拆"的政策迷思，转而倡导一种基于地段特征的区别化更新模式，其中重点更新对象是可达性和可视性较低的区域；实施措施是通过控制引导村民的自建行为来优化城中村空间网络，促使村民自我更新和优化城中村环境。

（原载《建筑学报》2013年03期）

城市肌理与可步行性——城市步行空间基本特征的形态学解读

邓浩；宋峰；蔡海英

以城市步行者的空间游历与感受为观察对象，尝试将城市肌理及其内蕴的"解析度"概念运用于城市步行空间与可步行性的研究中，对尺度层级性、连续性以及公共性这3个城市步行空间的基本特征展开城市形态学的分析与解读，认为在不同尺度层级的城市空间中主动追求城市步行的空间连续性与历史连续性，是提升城市空间公共性和民主性的重要途径；城市肌理能够以图形化的方式将当前城市步行空间建设所面临的形态学问题层层地呈现出来，从而辅助分析并逐步解决这些问题。

（原载《建筑学报》2013年06期）

城市中心区大体量建筑对城市空间宜人性的影响

王冰冰；康健

以北京为例分析了我国城市中心区大体量建筑的发展现状及成因，结合实例探讨了大体量建筑易对城市空间宜人性形成的负面影响以及判定标准。基于这些评价标准，提出"控制建筑尺度"和"开放和整合外部空间"两个措施，并对其增加城市空间宜人性的有效性进行了分析。

（原载《建筑学报》2013年11期）

历史城市保护方法一探：从古代城市地图发见——以南京明城墙保护总体规划的核心问题为例

陈薇

对于历史城市而言，保护规划的核心工作之一是对保护对象作保护和控制地带划线并进行建设控制。但如此保护下来的本体除了传承和可观览，又是否是先人在城市规划、设计和建造时最重视和最有创意的内容吗？本文以南京明城墙保护总体规划为例，从古代城市地图发见，洞悉先人的创造智慧，独辟蹊径提出：历史城市存有的"智慧""体系"和"思想"是保护的关键。从而在划线方法、保护策略及具体操作层面进行创新，为历史城市保护方法一探。

（原载《建筑师》2013年03期）

思考与探索——旧城改造中的历史空间存续方式

常青

本文对旧城改造中的历史空间存续和再生，在认知和实践的层面上作了深度探讨，特别是从北京城的当代变迁切入，比较了现代性在中西城市更新中的不同呈现方式，指出了二者在文明层级和发展阶段上的差异，反思了西方影响和中国实际背景下的城市更新途径；主张在历史空间之于城市进化的积极意义方面，思考和探索保存与更新的关系。文末以笔者主持的相关课题为例，讨论了历史空间存续和再生的具体方法。

（原载《建筑师》2014年04期）

上海工业遗产保护利用对策研究

陈鹏；胡莉莉

以上海工业遗产保护利用的背景和空间布局梳理为基础，通过梳理工业遗产在上海历史风貌保护体系机制中的角色变化和保护利用方式的演进，重点分析了现状保护利用中保护对象内涵、工业遗产的保护模式、工业遗产利用的功能类型和保护政策等方面存在的问题，并提出相应的对策。

（原载《上海城市规划》2013年01期）

上海城市边缘区的特征研究

吴娟

作为城市—乡村的交界地带，城市边缘区具有经济发展相对滞后、社会构成复杂、生态环境脆弱等特点，在开发活动的动态演变过程中，对城市整体空间结构及城市经济发展都具有十分重要的作用。作为城市化过程最为快速的地区，上海城市边缘区是乡村向城市转换的承载点，推动着城市结构与形态的不断发展变化。选取上海近30年的城市发展空间与数据资料作为研究基础，通过遥感、地理信息系统等技术手段，对上海边缘区空间演变情况进行分析。通过对现状演变发展情况的总结，尝试从空间、用地结构、开发项目类型3个方面对上海城市边缘区开发特征进行总结，并作为国内其他城市边缘区开发的经验借鉴。

（原载《上海城市规划》2013年01期）

新型城镇化背景下珠三角城镇群发展研究

袁媛；古叶恒；蒋珊红；柳叶

改革开放以来珠三角经历了城镇化启动、快速发展和稳定发展三大阶段，目前仍面临土地粗放利用和生态破坏、半城镇化地区发展滞后、分配与民生服务供给失衡等问题；采用定量与定性相结合的方法，从编制背景、规划内容、空间结构演变等分析了珠三角历次区域规划；针对珠三角新型城镇化呈现双核心空间结构、内外圈层和东中西部差异大、中心区和新城区的新型城镇水平较高等特点，提出对珠三角城镇群的发展构想。

（原载《上海城市规划》2014年01期）

南京民国建筑的保护、开发与创意城市建设

郭承波；唐金秋

文章在简要介绍南京民国建筑保护现状及创意城市建设情况的基础上，论述了南京民国建筑的保护、开发与创意城市建设结合的有关问题与解决之道。

（原载《艺术与设计（理论）》2014年03期）

山水共构的人文生态住区设计思考——以蔡尖尾山南麓规划为例

叶眉；沈丽贤

该文以厦门市海沧区蔡尖尾山南麓规划设计为例，以生态分析为切入点，通过排水、通风、坡度、高程、用地、水文地质等方面重点研究了山地应如何在保护和利用现有自然生态环境的基础上进行开发建设，同时结合特有的地域文化和地貌特色提出设计指引，并参考相关经典案例探讨适宜山地开发的指标体系，将该区的指标量化及对应指标下的建设成果呈现出来，借此希望能为类似的山地建设提供指导与借鉴。

（原载《华中建筑》2013年11期）

基于城市景观的建筑表皮更新策略——上海旧厂房改造实践的思考

戴代新；万谦；汤里平

建筑表皮的独立不仅让其进一步参与到城市景观的构建之中，同时也成为城市消费文化的表征符号之一。从语言学的角度探讨了建筑表皮在旧工业建筑改造中的作用和意义。并结合三个上海旧工业建筑改造实践，介绍了具体的设计策略和方法。

（原载《新建筑》2013年01期）

地域性城市设计研究

卢峰

在全球化背景下，地域性成为城市文化竞争力的主要表现。当前对地域性的研究多偏重于建筑单体或空间的地方性营造，忽略了对城市整体形态的研究，因而不能从根本上揭示城市地域文化的多样性、动态性及社会性特征；为此，需要从城市文化与日常生活的角

度，探讨城市设计作为地域性表达途径的必要性及其内涵特征。

（原载《新建筑》2013年03期）

现象学视角下的当代城市景观体验

李畅；杜春兰

当代城市景观在以空间生产为主导的快速城市化下，由地域和文化的融合转为全球化的时空分异。现象学的出现反映了城市环境中主体的失落和缺失，是对城市象征资本生产和消费的批判。在全球化宏观叙事下城市景观符号的生产和消费中，非线性的叙事方式、"超空间"的城市场景，以及视觉化的知觉系统导致城市体验中"场所精神"产生消解。因此，以现象学方法重构新的都市生活体验成为一条颇有意义的道路。

（原载《新建筑》2014年06期）

国内基于情景规划法的城市规划研究综述

陈铭；郭健；伍超

情景规划法不但是当今商业领域最为流行的用于战略制定、规划指导和项目管理的一套实用性方法论，而且该方法论还逐渐渗透到城市规划领域的实践之中。近年来，越来越多的城市规划界人士开始关注跨学科领域的方法论在本学科中的实践应用情况，而情景规划法成为了城市规划学者们最关注的焦点之一。该文通过对情景规划理论与城市规划实践相结合的理论研究，简述国内基于情景规划法的城市规划研究状况，对典型研究案例做出简单评价和综合分析。文中分析指出了情景规划方法应重在实施情景的过程，旨在提高城市规划的自我效能；难在对情景的评估问题，宜加强在概念规划上的运用，忌在方法论的滥用和误用。通过对这些"重点、难点、宜处、利处、忌处"的分析论证，对其研究现状进行梳理。

（原载《华中建筑》2013年06期）

塑造"山水城市"特色——南通总体城市空间结构、形态与特色风貌研究

唐晔楠；王畅

文章在综合分析了南通的历史发展、城市景观特色的基础上，从城市空间结构、形态与城市特色风貌两个方面，综合剖析了南通城市的空间发展模式，并研究和探讨了保护和延续南通作为"中国近代第一城"的特色风貌的价值和历史意义。

（原载《江苏建筑》2014年05期）

街道界面"贴线"形态之中西比较研究

周钰；贺龙

在人工规划型城市肌理中，欧美城市的街道界面多为整齐平直，而中国则多为凹凸错落。规划法规的不同是直接原因，而更为根本的则是中西不同的建筑文化传统。西方的小街廓及重视城市公共空间、注重建筑"立面"的传统，使街道界面具有"贴线"特点。中国的大街廓和"门堂之制"主导的群体布局模式，以及木构建筑曲

折多变的外观特点、界面错落的单体组合模式，使传统街道界面具有层次丰富的特点。

（原载《世界建筑》2013年06期）

基因重组：基于文化资源整合的城市设计方法——以云南元江县滨江片区为例

徐煜辉；魏宁

为协调城市经济发展与文化传承的关系，从文化生态学视角重新审视城市设计，提出运用"基因重组"的方法对城市空间文化资源进行有机性整合，实现地域文化特质的延续传承。在解读基因重组机理、论证适用性的基础上，梳理地域空间文化要素构成。该文结合云南元江县滨江片区城市设计案例，运用"提取—修复—整合"的操作程序，对其文化基因进行优选和重构，建立地域文化生态动态演化机制，促进城市文化生态与整体空间环境有机融合。

（原载《华中建筑》2013年05期）

基于类设计理论的历史街区建筑的综合性整治方法——以福州"三坊七巷"为例

关瑞明；王炜；关牧野

城市化进程的加快给福州著名的历史街区"三坊七巷"的保护与发展带来了新的机遇。以三坊七巷为例，通过对不同建筑类型的案例分析，提出了综合性整治的新概念。具体方法就是先把历史街区建筑分为文保建筑、历史建筑和新建建筑三种类型，然后对它们分别采用真实性修复、保护性改造和延续性设计三种不同的整治方法，并在延续性设计中引入类设计理论。综合性整治首先关注历史街区建筑的差异性，继而强调对不同建筑类型应使用不同整治方法的针对性，使历史街区在修复、改造和设计中得到整体性保护与持续性发展。

（原载《新建筑》2014年03期）

重庆江北城历史遗产保护开发模式探索

温泉；杨奇

在城市片区整体更新的背景下，基于重庆市江北城历史遗产保护与开发，对文物建筑原真性修复、历史文物异地重建、历史建筑集景式保护开发等多元模式进行了探索。多元的保护开发模式是城市历史文化遗产多样性和丰富性的要求，应根据历史遗产的文化价值，从环境整合、功能调整、文脉延续等角度采取灵活而谨慎的策略，使城市历史遗产在城市化进程中得到有效的保护和开发。

（原载《新建筑》2014年02期）

乌镇文化旅游开发中的历史保护与再利用

刘刚；王兰

伴随着成功的文化旅游资源开发，乌镇在历史遗产保护方面成绩斐然，但两者的互动发展水平仍具有提升潜力。文章基于实地考察和对乌镇小型精品酒店的发展分析，分别以保护和再开发为出发点，

对历史遗产的适应性改造提出对策建议。

(原载《时代建筑》2014年02期)

我国城郊大型居住区功能复合探析——以万科良渚文化村为例

金俊；沈毅晗；雍玉洁；沈骁茜

通过对杭州万科良渚文化村的考察，从用地混合、多样居住、公共设施、商业业态、建筑空间、社区文化等层面分析城郊大型居住区通过功能复合实现精细化开发的经验，并针对当代社区运营管理模式创新进行探讨。

(原载《建筑学报》2014年02期)

村落公共空间研究综述

郑赟；魏开

近些年，随着国家大力推动新农村、历史文化名村等建设工作，村落建设吸引了越来越多的关注。而在建设过程中，村落公共空间则扮演着重要的角色。该文通过分析国内关于村落公共空间的研究文献，对村落公共空间的概念，村落公共空间的研究概况、类型和特征，演变趋势和其背后的原因这几个方面进行了总结和归纳。在此基础上提出了我国目前在这些方面的研究现状，存在的优势以及不足。同时希望可以以此作为日后研究村落公共空间的一个基础，能够对村落公共空间的建设起到推动作用。

(原载《华中建筑》2013年03期)

建筑方针表述框架的涵义与价值

布正伟

在建筑方针酝酿并确立60年之际，试图从当今视界解读建筑方针表述框架及其关切点的涵义与价值，进而就十四字建筑方针在中国特色建筑创作实践中的重要作用，与大家共同切磋探讨。

(原载《建筑学报》2013年01期)

从现代建筑"画意"话语的发展看王澍建筑

赖德霖

文章将在西方现代建筑中的一个重要理论话语——画意美学之中考察王澍建筑与世界现代建筑的关联。正如其先驱者乌维达尔·普莱斯所认为，画意概念不同于崇高，也不同于美丽，以王澍为代表的一批文人建筑师所追求的画意也有别于象征权威与尊严的崇高和表现金钱与财富的美丽。而对于中国建筑，画意话语不仅可以帮助重新认识中国现代建筑师们对这一问题的长期探寻，也有助于重新思考如何在现代建筑的条件下发展中国建筑的画意传统。王澍的建筑在新粗野主义建筑所强调的"意象"概念之中加入地域和文化的象征性，促使人们反思近年代以来被建构思想视为对立的种种建筑属性——如物品性与符号性等——共容并存的可能，从而恢复对于后现代主义建筑所主张的表意性的信心。

(原载《建筑学报》2013年04期)

造与思——西岸2013建筑与当代艺术双年展综述

李翔宁

通过对西岸2013建筑与当代艺术双年展的历程、主题演绎和主要展览架构的回顾，针对室外营造展和室内当代建筑回顾展的内容，分析建造在当下对于中国城市的意义，以及围绕这个主题所呈现的理论和实践作品，并进一步探讨双年展对于激活城市公共空间历史记忆所体现的价值。

(原载《建筑学报》2014年03期)

60后的断想

童明

文章从介绍建筑界60后的时代背景入手，通过分析60后的机遇特征、意识形态、主流实践之间的关系，着重探讨60后建筑师在实验建筑发展方面所起的作用，梳理了60后在中国当代建筑发展历史中的角色。

(原载《时代建筑》2013年01期)

设计／批评

葛明

本文讨论了关于设计与批评的三个观点，如何从设计开始，如何结合词与物，如何获得批评的自治性。

(原载《世界建筑》2014年08期)

何谓本土

童明

针对当前城市发展中所普遍存在的城市环境与文化危机等问题，本文试图通过有关本土性的解读与文化机制的相关研究，分析城市文化与场所、意识、经验之间的辩证关系，探讨本土性的真实含义及其在城市环境中的价值与意义，强调建筑本土性这一重要的文化建构过程。

(原载《城市建筑》2014年25期)

60后建筑共同体与中国当代建筑范式重建

周榕

正在显影的"六〇后"建筑共同体对中国当代建筑范式重建起到重要作用，他们独具的中庸包容的文化器局、有中国特色的现代化愿景，在中华文明重建现代认同的背景下，表现为中国式新现代主义风格和小清新建筑范式。

(原载《时代建筑》2013年01期)

开放策略：内向与多向 秦皇岛歌华营地体验中心的开放式解读

史建

文章在中国超速城市化与快速营造语境中，通过对李虎及其开放建筑事务所设计历程的梳理，详细解读、深入分析了这个近年来中国空间营造现象中具有代表性的个案。

（原载《时代建筑》2013年01期）

乌托邦后退，重建社会生活？或机遇？70后中国建筑师的社会建筑观

车飞

文章以戏剧性的宏大叙事乌托邦退出公共生活为背景，阐述"七○后"中国建筑师作为与生俱来的改革派，如何在平均主义与集体生活的时代终结之后重建社会生活。特别针对"七○后"中国建筑师的几个颇具代表性的概念性原型设计，分析其中隐含的属于建筑师个人的社会建筑观、设计策略与意图。

（原载《时代建筑》2013年04期）

形、力与结构 一段简史

雷莫·佩德雷斯基；甘昊

在整个20世纪，无论从概念还是方法论的层面来看，结构工程师和兼任建筑师的结构工程师们针对形、力、体量彼此关系的工作方法都有了重大改变。这个改变得益于设计、工程学和建造技术的协同努力。作者雷莫·佩德雷斯基教授讨论了罗伯特·马亚尔、皮埃尔·奈尔维、爱德华多·托罗哈、菲利克斯·坎德拉、海因茨·伊斯勒和埃拉迪蒂·迪埃斯特的作品，展现了这些重要的改变和贡献，以及它们如何影响我们今天从工程学角度来理解性能的方式。

（原载《时代建筑》2013年05期）

中国20世纪80年代建筑观念演变 基于建筑专业期刊文献话语的文本分析

曾巧巧；李翔宁

在20世纪80年代中国学术思想图景里，观念的话语被不断地"叙述"和"重构"。反思80年代中国建筑学的学术环境、思想状况和观念演变，对今天观察和评价当代实践和历史理论研究等问题具有重要的参照意义。文章以建筑专业期刊文献的话语生产为线索，围绕80年代建筑学科内部讨论较多、论争活跃、话语生产密集的事件主题，聚焦建筑媒体对重要学术会议的主题、决议与论争和建筑理论与创作思想的热点议题两个方面的报道。归纳和分析建筑专业期刊的文本话语，以此呈现当时的热点议题及其论争下学科内外的学术景观和中国80年代建筑观念演变的趋向。

（原载《时代建筑》2014年06期）

中央音乐学院华东分院琴房研究 黄毓麟现代建筑探索的另一条路径

彭怒；谭奔

同济大学文远楼是公认的建国初期中国现代建筑的代表作品，文章对其设计者黄毓麟另一个不为人知的现代建筑杰作——中央音乐学院华东分院二层琴房进行了深入细致的历史研究。相对于文远楼以功能原则和抽象体块为特征的现代主义风格，文章分析了黄毓麟在琴房设计里探索现代建筑的另一条路径：以场地关系为导向的形体、功能思考；以材料为起点的结构体系、结构逻辑、构造形式与建造性的表达，以及空间原型和形式对传统民居的借鉴和转译。文章总结了黄毓麟"建筑整体完美性"的设计原则对布扎知识体系和现代建筑观念的融合，指出不能以技术进步和西方现代主义为唯一参照来构筑中国现代建筑历史。

（原载《时代建筑》2014年06期）

"开放建筑"历史回顾及其对中国当代住宅设计的启示

贾倍思；江盈盈

由我国传统建筑的灵活性入手，解释开放建筑的开放性和灵活性概念。根据时代特点和经济技术背景，将开放建筑的发展过程大致分为3个时期，即：小面积住宅灵活性的尝试；工业化装配的多样性；以及住宅的多适性研究；通过对各个时期典型实例的分析，阐述每个发展阶段的特色，并由此结合我国当今住宅建设的特点，提出当下住宅产业问题的解决方法，并不是建筑技术上的革新，而是对住宅的观念和设计的改变，即"开放"的建筑。

（原载《建筑学报》2013年01期）

木建筑系统的当代分类与原则

朱竞翔

介绍了木建造系统的当代分类，并由此探讨了建造系统所蕴含的议题、当代分类准则。这一分类的清晰性与合理性对教学、研究以及创新活动十分重要。

（原载《建筑学报》2014年04期）

可变之"观"与可授之"法"——《如画观法——传统中国山水画视野构造之于建筑设计》研讨会

金秋野

研讨会由两场讲座引出，一是董豫赣的"山居式样"，一是王欣"如画观法"，两位学者与大家分享了各自的研究成果。随后，嘉宾们就以下论题发表了个人观点：一、中国传统绘画与当代建筑设计的关系，尤其是"观法"所揭示出的独特视角；二、师徒制与当代建筑教育。王欣在北京大学研究中心曾师从张永和、董豫赣老师，他对传统的关注与这一求学过程有极大关系，而"观法"的观念也正是从王澍那里承接而来。这次展览展示了一种观念在师徒授受过程中的流变演化，这对当前日益方法论化的建筑教育模式提出质疑。近些年，北京大学建筑研究中心和中国美术学院建筑分别在原有的建筑教育基础上进行反思，展开了持续的探索，提出很多富有时代意义的问题。

（原载《建筑学报》2014年06期）

中国空间设计考察——基于两个展览的机缘与挑战

史建

介绍参与"中国设计大展"及"西岸2013建筑与艺术双年展"两个

展览时所进行的空间设计考察及研究，展示2008—2012年4年来中国空间设计样貌；归纳并诠释了中国空间设计中的8种现象，以及135件参展作品所表现出的"空间社会谱系"。

（原载《建筑学报》2014年06期）

当他们谈论"现代建筑"时，他们在谈论什么？——1980—1992年的《建筑学报》与香山饭店

胡恒

介绍当代中国建筑史上的重大事件——1982年完工的香山饭店，指出从1980—1992年，《建筑学报》的相关文章有15篇之多，这一系列文章，是对该建筑事件的记录，还折射出这12年间中国建筑语境的微妙变化——这是一个"现代主义"观念向中国本土移植的艰难过程。

（原载《建筑学报》2014年Z1期）

断裂或延续：历史、设计、理论——1980年前后《建筑学报》中"民族形式"讨论的回顾与反思

诸葛净

追溯1980年前后《建筑学报》等期刊中围绕"民族形式"讨论的话语与实践，揭示历史知识、建筑实践与理论话语如何相互影响，塑造出以"院落/庭园""空间序列"等为核心的、符合现代主义建筑观念的"中国建筑传统"，并指出它所体现出的80年代前后，历史、设计与理论3个领域间的交织关系，以及由建筑师所主导的这场讨论对80年代以后这3个领域的状态所带来的影响。

（原载《建筑学报》2014年Z1期）

论王澍——兼论当代文人建筑师现象、传统建筑语言的现代转化及其他问题

金秋野

本文讨论王澍的思想和作品，指出王澍是从环境伦理、职业人格和设计语言三方面应对中国现代化过程中的现实危机，重新梳理传统与现代、人与自然的关系，为建筑学注入新的内容。本文进而指出：王澍的建筑主要是在诗的层面起到醒世作用；他所秉持的"传统"主要与心学有关，借以扩充当代营造者的文人情际；王澍努力实践传统建筑语言的现代转化，但其作品仍具较浓西方色彩，建造过程与他所批判的潦草城市化也有相似的地方。作为先行者，王澍创造性地开辟出一条建筑学革新之路，他的实践和理论，是激烈城市化过程中最有价值的探索和反思。

（原载《建筑师》2013年01期）

绵延：时间、运动、空间中的知觉体验

沈克宁

本文讨论了柏格森时间绵延概念在正确理解建筑感知和体验中所起的重要作用。正确理解了时间之本质，也就是时间的绵延性质为形而上学地理解建筑提供了有效的切入点。也为获得建筑之"综合体验"建立了基础。文中指出吉迪恩的现代主义建筑理论有关时间概念，也就是将时间作为空间的第四维观念之缺陷，为在建筑中正确

理解时间、运动和空间观念提出了不同的视界。

（原载《建筑师》2013年03期）

视觉文化透镜下的建筑视觉因素分析

冯琳；宋昆；胡子楠

视觉文化作为一门新的研究领域，试图用全新视角来思考以图像为中心的文化危机。文章在视觉文化研究基础上，分析视觉因素的三种取向，即视觉规律、视觉行为和视觉机制。进而将其与建筑相关联，分别从"视知觉"的对象、"看与被看"的场所以及"视觉性"的载体三方面，探讨建筑视觉因素的作用、表达方式及深层内涵，借此回应建筑学中关于视觉因素的迷惘状态，并为当代建筑设计提供新的视野。

（原载《建筑师》2013年05期）

建筑设计分析的三种范式

韩晓峰

本文提出存在于当代建筑学中的，现象世界的分析、设计作品的分析和设计过程中的分析三种分析范式，并逐一论述各分析范式的内涵。接着重点论述了三种分析范式基于图示性分析技术的内在关联性。文章在结论中指出，三种分析范式的内在关联性使得原理理解和设计创作这两者建立有效的联系。

（原载《建筑师》2014年01期）

结构装饰问题探析

张弦

哥特式建筑曾激起众多建筑师关注的原因就在于结构与装饰的完美结合，结构与装饰的融合包含了两层释义，即经过装饰的结构和结构为装饰物。两者的区别在于前者是将结构进行修饰性处理，装饰是依附于结构的；后者是有意识地将结构作为建筑的构成要素，使结构有效的转化为装饰，装饰与结构的关系是平行的。视觉结构不同于结构装饰，它是模仿结构的承重状态，在视觉上起到了建筑物某些部分连接和过渡的美学作用，它暗示结构性的非结构内容，失去了结构构件的客观性。

（原载《建筑师》2014年02期）

《园冶》看到的文脉与建筑营造

范文昀

如何用合法而合用的视域，更新对《园冶》的认知，是如何有效传承传统营造文化的一个关键问题。相比挖掘《园冶》的现实价值，《园冶》本身所能够带来的原初营造意识客体更为重要；那么，某种现实价值就只不过是该意识的衍生品。

（原载《建筑师》2014年02期）

从图式的理论到图式的实践

胡友培

本文是有关当代图式理论的系列研究第三篇。前两篇先后刊登于

《建筑师》杂志的146、147期，分别通过对埃森曼图式理论的解读，建构了建筑学图式的基本内涵；通过对维德勒有关图式理论分析，剖析了当代城市语境中，建筑学图式讨论的意义。在此基础上，本文对罗伯特·索莫"图式的工程"进行理论解读，揭示出图式实践作为社会工程的重要属性，进而通过对库哈斯(Rem Koolhaas)建筑学实践进行解析，从中提取出图式的视角与图式的工作方法，在实践层面上赋予"图式的工程"以具体内容。索莫的理论建构与库哈斯的建筑学实践相互印证，从抽象的理论高度、具体的操作环节为图式的讨论提供了重要的资源与素材。使得关于图式的讨论从理论开始，最后回到实践。

（原载《建筑师》2014年06期）

空间情景美学及其图绘探索

伍端

建筑学的空间审美和图绘相互影响及作用，审美确立空间的定义及其评价标准，图绘把空间的知识转化为建筑学的语言使其可读。没有前者，图绘仅仅是对空间结果的描述，而不能成为认知与创作空间的有效手段；没有后者则会使对空间的探讨被局限在理论层面，无法在实践层面具体操作。在情景论范式下，空间的审美从二元对立的框架里解放出来。超验空间和物质空间审美被情景空间美学所整合。动觉的、感知的和心理的空间维度重新参与到建筑意义的建构过程中。同时，现代科技在各个领域的发展提供了图绘复杂空间经验的可能性。如同平面、立面、剖面表现的欧基里德空间，新的技术如移动影像、空间句法和虚拟现实允许我们绘制更丰富多态的情景空间。

（原载《世界建筑》2013年06期）

具足的批判性建筑学——主导知识再组织的当代建筑批评图式

周榕

作为现代建筑学的核心内容，现代建筑知识体系依据乌托邦原则而建构，分为陈述、解释与功能三大系统；而这三大知识系统分别导致了活力、意义、及创新性在现代建筑学体系框架内的丧失，令当代建筑知识体系陷入了"内卷化"困境。批判性建筑学试图通过在世型、交互型、前置型建筑批评对现代建筑知识进行再组织，从而发现活力、意义与创新性的知识生产机制，并籍此将被乌托邦灭活的现代建筑知识体系，重新放回一个包容了批判性差异对立要素的具足世界。在这个具足世界中，批判性建筑学也在知识演进的整体背景下获得了一个更新的具足定义。

（原载《世界建筑》2014年08期）

寻找诚实面对现实的建筑批评语言

金秋野

文章认为专业化壁垒日益森严的建筑学与中国现实之间存在相当严重的隔阂。这一隔阂反映在知识体系、美学标准、价值观等方面。文章继而讨论了建筑与社会制度、历史传统和社会大众的关系，并

指出批评的作用就是发现好作品并指出其何以为好。最后，作者对建筑批评的写作提出了自己的看法。

（原载《世界建筑》2014年08期）

谈大众消费文化场景下建筑的价值取向

王又佳

随着我国市场经济发展的日趋成熟，建筑的价值判断成为一个令建筑师迷惑的话题。无论是历史积淀而成的传统建筑美学还是建国初的"经济、实用、美观"，都不足以涵盖市场经济中多元的价值判断，需要我们做出新的阐释与调整。该文尝试探讨大众消费文化背景下的建筑价值问题，剖析消费场景中建筑价值的本质，指出现代建筑价值取向以及艺术价值的新特征，分析价值判断的话语权力问题，并说明雅与俗历史转换的可能性。在此基础上探讨消费文化背景下实现建筑艺术价值的多种可能性，以期为建筑师进行建筑价值判断、寻求切合的价值取向提供有益的参考。

（原载《世界建筑》2014年11期）

"传统"遭遇"他者"——价值系统转型与20世纪80年代中国现代建筑新"传统"的形成

张磊；黄欣

以20世纪80年代前后"中国现代建筑"观念的形成为研究对象，运用后殖民立场的"空间"理论分析、直线进化时间观、杰弗逊"第三世界批评"三种理论为研究框架，考察近代以来中国现代建筑发展的独特逻辑。认为"传统"遭遇了西方"他者"文化的碰撞，价值系统发生转型是中国现代建筑对待"传统"问题发生价值转移的重要原因。中国与西方，传统与现代之间的对峙及赶超关系是近代以来逐步形成的中国现代建筑的新"传统"。

（原载《华中建筑》2014年11期）

当代建筑研究中复杂性思维的涌现

高伟；龙彬

重点分析当代建筑研究中复杂性思维的状况。通过文献查阅、对比分析等方法，在复杂性科学的引导下，总结当代建筑理论、建筑创作研究中复杂性思维涌现的路径和不足，并讨论了可进一步拓展、深入研究的方向。

（原载《新建筑》2013年02期）

浅析日照规范演变与住区形态的关系——以中国、日本、韩国为例

崔光勋；范悦；赵杰

制定日照规范旨在保证每个住户的日照权益。但许多经历了快速城市化发展的国家却逐步放宽甚至取消了住宅设计中对于日照的要求和限制，城市中心区开始出现为缓解高容积率与日照冲突的高密度围合式住区形态。通过调研中国、日本、韩国日照规范和住区形态的发展历程，分析比较了日照规范的阶段性发展规律以及每个阶段中住区形态的表现特征，对中国未来城市住宅向多样化和集约化发

展提出了建议和展望。

(原载《新建筑》2013年02期)

走向人工自然的新范式——从生态设计到设计生态

翟俊

面对原始自然已经消解的城市，传统防御性的生态设计手法，应转向更全面、更积极主动的生态解析与规划方法。分析了以景观这种"人工化的自然"作为城市结构性载体，建立城市生态新秩序的可能性。提出了"设计生态"的新范式，并希望以此重新组构大尺度的人为环境，缝合日益碎片化的城市肌理。

(原载《新建筑》2013年04期)

中国古代建筑与文学的相关性研究综述

常延聚；戴秋思；程艳

建筑与文学的关系是建筑学家和文学家共同关注的问题，对其研究成果做出总结是重要且必要的。通过阐述两次全国"建筑与文学"研讨会的主要观点，并重点综述中国古代建筑与文学在审美境界上相通相融、历史脉络上相辅相成、创作思想及手法上互借互鉴三个方面所取得的研究成果，总结和归纳出中国古代建筑与文学在美学层面相关性研究的成果相对丰硕，历史层面进行的对比研究尚缺乏系统性，跨学科的理论引入为研究拓展了思路。综述结论希冀为今后的研究提供借鉴。

(原载《新建筑》2013年06期)

在地建造如何成为问题

韩冬青

在地性本当是建筑的固有属性之一，环境关联也是建筑设计中的基本问题。既然如此，为什么我们如今还要提出这个问题？从建筑学学科发展和文化认知两方面剖析了在地性缺失的缘由。在此基础上，提出在地建造三个值得关注的思考方向：其一，开阔视野下的敏锐识别；其二，在地建造所依托的时空架构；其三，建筑师必须重回建造现场。

(原载《新建筑》2014年01期)

建筑评论与建筑设计之间

顾孟潮

回顾30年来中国现代建筑评论理论发展历程及其标志性事件，认为总结和分析过去的经验，方能实现中国建筑评论理论与世界先进国家接轨。通过审视百多年来中国建筑的四个发展阶段，梳理出建筑评论理论与设计实践互为表里、互动互赢、共进共退的关系，并指出，只有真正实行"双百方针"，才能促进中国建筑业走向更大、更强。

(原载《新建筑》2014年01期)

泡沫之后

李虎

作者引用阿道夫·路斯和柯布西耶的话，批判了当下建筑界盛行的新装饰主义和图像崇拜，并提出经由自己反思总结出的"新建筑五点"：怀着对自然的敬畏去建造；建筑去营造当代的社会生活；诗意的精神和人文的关怀；真诚的建筑；原型和大众的关系。结合OPEN建筑事务所的实践，呼吁重回建筑的本质。

(原载《新建筑》2014年02期)

文脉与艺术呈现

茹雷

从艺术历史的角度追溯文脉的概念，描绘出我们平时思考不曾触及到的文脉与建筑之间的联系。

(原载《建筑与文化》2014年11期)

20世纪后期英国的设计理论及其历史地位

陈红玉

在20世纪后期，英国设计遭遇了继波普运动之后最激荡的后现代思潮。设计职业化为关于设计的热点争论与理论建树提供了丰饶的实践土壤，以设计史协会成立为标志的设计学科的建立，使设计史作为一门学科分离出来，标志着设计研究作为设计理论研究体系的初步成熟。这奠定了英国设计理论在世界设计史上的历史地位，不仅塑造了英国设计研究的理论体系，还在一定意义上确定了世界设计研究的框架与走向，在世界设计史上具有举足轻重的地位和重要意义。

(原载《装饰》2014年11期)

从出版看建筑史：近代建筑图书研究

刘源；姜省

建筑图书是传播建筑知识的媒介，近代建筑图书的出版改变了我国历史上建筑专书甚少的状况，影响了近代建筑学的发展。在回顾相关研究的基础上，文章指出研究近代建筑图书的必要性，梳理了近代出版的建筑图书的书目、编著者、出版时间和出版者等信息，将之整理成表，并进一步讨论了近代建筑图书出版的整体特征。论文最后通过考察图书的印次来探讨近代建筑图书的影响，分析了再版次数最多的三种图书《房屋》《建筑构造学》和《房屋建筑学·住宅编》的作者、内容、编辑意图和读者对象等情况。

(原载《南方建筑》2014年06期)

形式——结构美学与现代建筑

汪江华

形式—结构美学流派是20世纪初西方现代美学中非常重要的一支，它对于西方现代艺术革命，特别是艺术形式的革命产生了巨大的影响。该流派强调艺术的形式因素具有独立的审美意义，将文本的形式结构作为艺术的核心，追求空白的、普适的、中性的、无所谓美丑的形式结构体系。这一美学趋向不仅极大地影响了抽象的非再现性的现代艺术运动，进而推动了结构主义和符号美学的产生和发展，同时也对现代建筑的产生与发展过程产生了深远的影响。

（原载《西部人居环境学刊》2014年02期）

"留白"思想在当代建筑创作中的隐现

刘启明；董雅

本文以"留白"思想在绘画和建筑中的体现为切入点，通过对"留白"的审美建构、空间意境生成逻辑和具体在建筑创作中的应用进行梳理和探讨，试图构建传统与现代的之间的纽带，探索"留白"在当代建筑创作中的现实意义。

（原载《建筑与文化》2014年05期）

在展览中发现建筑

唐克扬

建筑展览是展示建筑项目还是建筑思想？特定时期的建筑展览往往对于建筑学有着承前启后的巨大贡献。本文认为建筑议题和建筑空间的展示与社会生活、技术领域所事实界定的"结构"与"系统"有关。建筑展览的社会影响正来自于建筑理论的现实土壤，讨论这样的展览无法离开特定的文化情境。

（原载《城市建筑》2013年21期）

建筑实践中的材料选择

李兴钢；易灵洁

文章的重点是讨论在具体的建筑实践中材料与建筑的本质性关联，亦即与设计的意图和特征、与建筑的发生密切相关的内容。在多数实践中，设计围绕核心意图展开，在意图的指引下选择对应的材料，形成特定的特征而达到预设的目标；而另外一些实践，则是因既定材料而引发设计，甚至发展出具有持续性的工作和研究方向，如"砌筑"和"组配"；材料与空间、结构、形式的同一性也成为近年来特定类型建筑实践中的某种既定追求。

（原载《时代建筑》2014年03期）

非常建筑的泛设计实践

张永和

某专业的设计者涉足多个设计领域可以称为"泛设计"。历史上，泛设计常常和完整地设计一种生活方式有关。在理想主义式微、社会分工绝对的今天，这种实践变成特殊现象。

（原载《时代建筑》2014年01期）

数字建筑设计的并行化整合研究

高峰；韩东

数字技术与计算机的应用拓展了当下的建筑形式，面对复杂的形式与系统，数字建筑所体现出的个性与传统工业大批量生产的矛盾如

何解决？本文通过对先锋建筑师的作品进行解读，将数字建筑设计的并行化过程进行梳理，进而得出结构形态优化、多样性建造方式和制造业新技术应用是实现并行化设计不可缺少的三个方面。三者之间的相互关联使得结构、材料、建造方式在建筑实施中相对独立而又互相依存，共同构成并行化设计的主题。

（原载《建筑师》2013年06期）

本土材料的当代表述 中国住宅地域性实验的三个案例

李振宇；李垣

文章通过分析都市实践、张雷、张永和设计的三个住宅设计实例，探讨本土材料运用的方法，针对塑造表面肌理、形成空间氛围、组织结构建造三个方面，认识到本土材料可以成为现代技术与传统建构的结合媒介。通过与国外案例对比，认为中国本土材料的运用和表述在现阶段更加需要彰显。

（原载《时代建筑》2014年03期）

以结构为先导的设计理念生成

张弦

基于反对强制多样化以及没有约束的纯粹形式，倡导除了功能、空间、历史等形式生成逻辑之外，结构也可作为形式探索的一个基本生发点，此"形式"非片面形式主义中的形式操作，而是作为载体的"形式"。

（原载《建筑学报》2014年03期）

垂直玻璃宅

张永和

文章介绍了垂直玻璃宅的研究与理念、材料与建造，以及它的设计过程，同时还讨论了玻璃宅的演变、透明性与空间、居住及建筑中的人等建筑问题。

（原载《时代建筑》2014年04期）

意象与场景 北京红砖美术馆设计

董豫赣

文章介绍了北京红砖美术馆以白居易的"随形制器"为教诲，尝试着将文人造园因借自然的方式，带入建筑的匠造过程。白居易对匠作提出的两项要求"因物不改""事半功倍"，始终贯穿着红砖美术馆建筑设计。有时是"因借"先在的大棚——它是美术馆改造的前提，有时是制造先机——它是美术馆内部空间上扩下挖的动机，倘若都不能，也希望能以多重场景意象叠加成"事半功倍"的效果。

（原载《时代建筑》2013年02期）

基于BIM平台的数字模块化建造理论方法

袁烽；孟媛

文章指出数字模块化建造是数字设计、生产技术与建筑产业化结合的有效途径。随着数字生产方式与生产工具的不断更新与升级，基

于BIM设计平台的数字模块化建造已经成为建筑设计以及产业的重要发展方向。文章通过对于"族群"模块化设计方法以及模块建造的优化方法的论述，阐述了BIM平台下的数字模块化建造理论的基本思维方式与工作方法。

（原载《时代建筑》2013年02期）

数字技术语境下的高精度设计控制——凤凰中心数字化设计实践

陈颖；周泽渥

凤凰中心独特的设计理念所带来的复杂建筑形态，超越了设计师以往的设计经验和传统的设计控制工具所能掌控的范围。本文通过对凤凰中心数字化设计实践的回顾，希望通过自主研发，按照行业最高标准打造一个高完成度的、具有代表性的复杂形体建筑，以争取我国在复杂形体建筑设计研究领域的话语权。

（原载《建筑学报》2014年05期）

建筑数字化设计与语法规则

熊璐；张红霞

通过系统梳理30多年来建筑语法规则在建筑形态数字生成中的表现和演进，揭示出在数字设计这种全新的建筑设计（书写）方式中，语法规则的发现和创新起到了前所未有的重要作用。然而，目前国内建筑语法理论研究尚存在诸多不足，须不断完善，建筑语言理论的研究也应与时俱进，以指导和推动建筑数字设计的深化和创新。

（原载《新建筑》2014年01期）

有厚度的结构表皮

徐卫国

概括性阐述了褶子构成物质的基本原理，指出用这一原理进行建筑设计可产生与周遭环境具有连续性的褶子建筑。以阳光凯迪厂区门房建筑实践为例，说明FRP复合材料作为结构表皮是实现褶子建筑的理想材料，它具有集结构、保温、饰面、防水4项功能于一体的特点。

（原载《建筑学报》2014年08期）

被"弱化"的螺旋——从螺旋形空间看藤本壮介的设计策略

邹颖；刘骞

在当代的建筑理论与实践探索中，藤本壮介无疑是一位引人瞩目的先锋人物。他对于空间与人体行为之间的关系有着敏锐而独到的创见。本文选取了他在2007年以后设计的4座螺旋形建筑，着重探讨了藤本在面对螺旋形这样的强势空间形态时，所采取的"弱化"设计策略。对于以功能为先导的传统空间设计方法，藤本一直持批判态度，而这种批判正是他"弱建筑"理论的基础。

（原载《世界建筑》2013年03期）

是什么构成了材料问题之于建筑的基本性

史永高

材料不仅是建筑实践中不可缺少的物质载体，也是一系列建筑学根本问题的核心所在。侧重从后者的角度论述了材料问题之于建筑的基本性。从建构作为建筑学中对材料认识的核心概念，到通常材料论述中结构-表皮的二分认知，以及它们作为材料主要两种表现形式的各自空间指向，直至材料问题中的土地和时间因素，层层深入地展开论述并在最后阐述了建筑自主性、基本问题及其与外围知识的关系，以及在当代中国坚持关注和研究建筑基本问题的必要性。

（原载《新建筑》2013年05期）

Poché：内外之间的"厚性"陈述

李静波；戴志中

较之现代建筑"外部反映内部"的形式原则，Poché作为一种设计方法更为关注内外之间残余空间的围合特性，即"厚性"。内外之间的厚性与内部、外部共同构成一个复杂性三元整体，而厚性在整体中起着调和内外矛盾性的作用。因此，三种内外矛盾性分别对应着三种厚性构造，即表现内外差异性的"实厚"、表现内外透明性的"腔厚"、表现内外连续性的"虚厚"。研究厚性的意义在于建构一种形式发生的新机制，以使当代建筑创作思维更加活跃、多元。

（原载《新建筑》2014年06期）

浅谈具象隐喻主义在现代建筑设计中的应用

丁华

通过对具象隐喻主义的阐述，结合近几年的建筑实例，论述了象征与隐喻在建筑作品中的应用及意义，并针对当前使用隐喻手法存在的误区进行了批判，从而说明了具象隐喻主义在现代建筑设计中的运用。

（原载《中外建筑》2013年03期）

文化创意产业发展的建筑学途径——以寒江雪文化创意园为例

韩洋

本文通过对漳州寒江雪文化创意园的建筑方案设计的分析，以博物馆为主体的文化创意园的功能和定位出发，从建筑环境的角度，探讨了文化创意园及文化产业新发展趋势的问题。研究了该方案以时间到空间的转换为基轴，将创意和文化紧密的联系在一起，使文化产业园在传统空间处理手法里与新型文化特质相互融合，探索建筑形态与创意产业发展关系的内在联系。

原载《中外建筑》2014年08期）

浅谈国内低碳建筑的技术堆砌问题

荆子洋；刘茂灼

本文首先提出了国内低碳建筑普遍存在的问题——技术堆砌，然后分析了技术堆砌问题以及其对低碳建筑在国内健康发展的不良影响，最后提出了技术评价、技术选择、整合设计三个措施来解决这个问题。

（原载《中外建筑》2014年03期）

历史事件纪念馆空间场景化设计研究

赵星宇

近年来，国内外出现了一系列为历史事件而建的纪念性博物馆，其除了一般展示功能外，同时更加注重突出精神功能特征的场所精神建筑空间的营造。而该类型建筑场所精神的表达，落实在建筑空间处理层面上，具体表现为一种场景空间的营造。文章以部分国内外典型案例为研究对象，从空间场景化的角度对该类型建筑创作进行了一定的研究并提出了相应的观点。

(原载《四川建筑》2013年05期)

建造模式：作为建筑设计的先决条件

李海清

基于对近代以来中国建筑三个不同历史时期典型个案的分析，阐明建造模式作为建筑设计先决条件的意义；进而以近百年中国工程建造模式的发展变化为线索，检讨当前建筑活动在建造模式方面存在的具体问题及未来的可能走向。

(原载《新建筑》2014年01期)

走向"合"——2004—2014年中国建筑历史研究动向

陈薇

以2004—2014年中国建筑历史研究的相关成果、重要国家课题开展情况为分析对象，提出：中国建筑史学自营造学社以来，经历"起""承""转"而进入"合"的阶段。论文概括的整合、拟合、契合和集合的研究动向，既是对近年中国建筑史学发展的洞察，也是对其未来走向的探讨。

(原载《建筑学报》2014年Z1期)

"全人"视野下的中国建筑营造意匠

王树声；

文章通过对中国传统建筑营造者关切点的梳理，进而认识到文人对中国营造的贡献。"全人"是清人论述建筑环境时提出的概念，是随着中国文化的发展和长期营造经验的积累而逐渐建立起来的。其营造模式以文人和匠人的共同创造为特点，以创造整体环境为目标，以满足人的生活需求、追求人生境界为核心。此种营造体系重环境、弱建筑、近人情、贵境界。建筑从属于整体环境，只是塑造环境的一种要素和手段。

(原载《时代建筑》2014年01期)

水平和垂直 木构在中国传统建筑中的空间表现性

周仪

文章指出面对传统结构与现代材料结合，首先需要厘清传统木构建筑本身运用木材表现了什么，如何表现以及在哪些方面具备表现潜力等问题。与西方传统建筑强调立面垂直性和体量塑造的特征不同，中国传统建筑中的抬梁式和穿斗式这两种主流的木结构均由水平、垂直两种向度的木构件交接而成，它们在水平和垂直空间的塑造上各具潜力。得益于木材出色的出挑性能，中国传统建筑成功塑造了屋顶的水平表现性；得益于木材的轻质、易悬挂与开阔的材料特性，中国传统建筑以柱间垂直向度上的层层装折，装点出了檐下空间的生活品质。

(原载《时代建筑》2014年03期)

唐长安靖善坊大兴善寺大殿及寺院布局初探

王贵祥

本文是在对唐代以来相关史料进行较为全面梳理基础上，对隋唐长安城皇城之南朱雀大街之东靖善坊内占一坊之地的著名隋唐皇家寺院大兴善寺寺院布局与大殿形制所做的推测性研究。根据《续高僧传》中记录的大兴善寺大殿"铺基十亩"的描述，参考同时代同样为10亩之基的唐高宗所建洛阳乾元殿，可以初步还原出这座大兴善寺大殿的基本平、立、剖面图。并以其平面尺度为基础，参考唐代文献中描述的与大兴善寺对应的皇家道观玄都观中有"百亩中庭"，推测大兴善寺大殿中心庭院，亦有接近百亩的规模，从而推测出其中庭的大略尺度。然后在这一寺院中庭的周围，依据相关文献记载，初步梳理出其大致的院落分布及沿中轴线顺序布置的建筑物的可能空间位置。从而为了解这一隋唐时代最高等级的佛教寺院可能的寺院布局与建筑形制，提供一个可参考的建筑平面与空间关系。

(原载《中国建筑史论汇刊》2014年02期)

保国寺大殿的材栔形式及其与《营造法式》的比较

张十庆；

保国寺大殿与《营造法式》的比较研究是学界关注已久的课题，其内容涉及诸多方面。然在材栔形式方面，尚未有较深入的探讨，其原因，一是精确实测资料的缺乏，二是思路和线索的局限。本文的分析希望在这两个方面有所推进，以此认识保国寺大殿材栔形式的性质与特点及其与《营造法式》材分制度的关联性。

(原载《中国建筑史论汇刊》2013年01期)

隋大兴禅定寺高层木塔形式探

王贵祥

本文基于唐宋时代历史文献中记录的隋大兴城西南隅东、西禅定寺（即唐长安大庄严寺、大总持寺）双木塔的相关资料，特别是史料中所记有关其层数、高度、塔基周围尺寸等基本数据，参考北朝石窟寺中所显示的楼阁式佛塔形式，及唐代木构建筑遗存与宋《营造法式》中大木结构的一些基本规则，对禅定寺塔进行了复原研究。并对本复原研究的依据、方法及此类复原的范畴定义进行了分析。本文借鉴了"关于基于计算机文化遗产可视化"的《伦敦宪章》中提出的两种不同复原概念，将本复原定义在"假设复原"的范畴之内。

(原载《建筑史》2013年00期)

"栱斗/斗栱"——福建乡土工匠言语表达习惯与《营造法式》建构逻辑

孙博文

"栱斗"是建筑史学科中最基本的概念之一，而且其称谓与形象俨然已成为中国建筑史乃至民族建筑形式的象征符号。梁思成先生在对《营造法式》的研究及实物考察的基础上对其进行研究定名。而笔者近期在江南各省对一些乡土工匠进行了田野方式的口述史调研工作，基于笔者观察到的事实，对"斗栱"的称谓及《营造法式》

中的相关表达进行了重新思考。

(原载《建筑师》2014年03期)

清代惠陵工程建筑设计程序探微

汪江华

惠陵是清穆宗同治的陵寝，是清代晚期皇家陵寝建筑的典范之一，至今建筑实物保存基本完好，更重要的是有大量与之相对应的"样式雷"工程图档传世。本文在对惠陵建筑实物调研测绘的基础上，结合与之对应的"样式雷"惠陵工程档案的整理，力图翔实展现惠陵工程完整的规划设计过程，以及在此过程中所体现出来的设计方法。这对于中国古代建筑设计程序与方法的研究，推进清代"样式雷"建筑图档的整理工作，都具有重要的理论意义和学术价值。

(原载《建筑师》2014年01期)

双心圆：清代拱券券形的基本形式

王其亨

明清以降，砖石结构在中国有了长足的发展。其中，砖石拱券在各类拱门、无梁殿或窑洞、桥涵、陵墓地宫等建筑物中应用十分广泛，尤其以筒拱最为普遍，即在两道平行的承重墙即所谓"平水墙"上，按照一定的券形曲线，支搭券胎，以楔形的券砖或券石砌成。在近年的研究中，笔者通过大量实物测绘并结合相关文献的梳理，已经清楚知道，清代北方官式建筑的筒拱结构，普遍采用双心圆为券形曲线，成为最通用的基本形式。

(原载《古建园林技术》2013年01期)

徽派建筑"马头墙"施工工法

章传范；姚光钰

由于历史和文化原因，徽派建筑"马头墙"的工艺技术、施工方法现有文献记录不多，导致现在所建"马头墙"走形走样。本文对"马头墙"施工工法进行分析，深入研究徽派建筑的特点。

(原载《古建园林技术》2013年01期)

略论界画岳阳楼的建筑形制

马晓

界画是我国古代绘画十三科之一。晋代有记载，隋唐已成专艺，宋元时达到高峰，至明清，余韵犹存。建筑是界画最主要的题材，界画起源、发展与我国古代传统建筑的发展演变有着天然的联系。本文主要对界画岳阳楼的建筑形制进行了研究。

(原载《古建园林技术》2013年01期)

"样式雷"《已做现做活计图》研究

王其亨；王方捷

对中国清代"样式雷"建筑图档的《已做现做活计图》进行深入研究。

(原载《古建园林技术》2013年02期)

基于古典建筑文献中"亭"的分类体系研究

蒋帅；蔡军

中国古典建筑文献是我们研究古建筑的重要依据。基于古典建筑文献，以"亭"为主题的研究已有一些，但对于亭的分类体系研究尚不多见。该文作为明清时期江南地区亭系列研究之第一步，选取对江南地区古典建筑影响至深的《营造法式》《鲁班经》《园冶》《营造法原》为研究对象，首先对文献中亭的记述进行归纳，然后对其分类体系进行研究，这一探索对于我们全面深入地研究亭具有重要的理论意义。

(原载《华中建筑》2014年05期)

略论陕北民间建筑彩画的类型与特征

黄文华

目前，建筑学术界没有充分认识到陕北民间建筑彩画的重要性。该文运用类型学的方法和建筑学的基本理论，以陕北民间建筑彩画为研究对象，明确了陕北民间彩画有七色遍装彩画、青绿彩画和素色刷饰彩画三种基本类型，并分析出每种彩画的基本特征。对陕北民间建筑彩画进行了较为系统的整理、分析和研究，对于如何全面地保护与传承地方性建筑彩画有较高的参考价值和理论意义。

(原载《华中建筑》2014年05期)

浅析岭南砖墓砖作技术

李敏锋；程建军

该文通过分析岭南地区出土的从东汉到明代的大量砖筑墓室，从砖质、砖饰、砖形及砖的规格论述其砖料的发展，并阐述其墓壁和墓顶的砌筑方式、墓铺地及墓装饰的演变过程，总结出岭南墓室的构筑技术在东汉时期基本成型，至两晋、南北朝时期达到高峰，并在后世历代延续发展。其砖构的营造技术有着自身特点及发展规律，并反映了这一时期岭南砖作技术的历史概况及地域特色。

(原载《华中建筑》2013年05期)

基于保护原则的福建土楼夯土营建技术研究

钱程；尹培如

文章简要论述了生土建筑的发展历史和夯土建筑的营造技艺，以福建土楼为例指出夯土营造技艺具有取材方便、热功性好、隔声性好的优势，以及耐久抗震性差、结构选型局限、施工成本高、建设周期长、卫生条件欠缺几方面弊端。同时文章阐述了国内外建筑师对夯土建筑的一系列非连贯性的建造实验和探索，以及进行这种夯土建筑营造对传统和当代建筑的意义。最后，提出夯土技术在新时代发展过程中创新的思维和方向。根据保护的不同等级的要求，在原始复原、改良维护、保护探索三个层面进行研究。

(原载《华中建筑》2014年04期)

闽南石砌民居旧石材的就地再利用研究

尹培如；赖世贤；李集佳

大量性石砌民居构成福建省闽南地区特有的石砌建筑景观。针对当下旧石材被降级或异地使用，指出应认识到原有石砌建构文化的历史、美学与经济价值，理清混杂、片面等学术观点的干扰并提出相应策略，使闽南石砌民居旧石材的就地再利用研究能够切实参与到现实问题中。

（原载《建筑师》2013年05期）

山地建筑的艺术形态研究

胡彬

本文从我国发展山地建筑的必要性、影响山地建筑形态的原因、山地建筑艺术形态的变化与发展及其表现形式和山地建筑带给我们的启示五个方面进行研究，旨在总结山地建筑艺术形态特点，从而加深对山地建筑的认识，并将其应用于现代平地城市建筑中。

（原载《中华民居（下旬刊）》2014年10期）

闽南传统建筑营造术语研究史述略

韩沛蓉；成丽

营造术语指在从事与传统建筑相关的营造活动时涉及到的专有名词和做法的名称，是表示概念的专门用语。现代以来，诸多学者都做过相关的系统研究，其中关于北方官式建筑营造术语的研究已经较为成熟。而在福建闽南地区，目前对传统建筑的研究主要侧重于空间、结构、装饰以及地域文化等方面，有关营造术语的研究成果则较为零散，也没有对相关研究方法和学术思想的回溯和总结。本文通过梳理闽南地方史志所记录的传统建筑营造术语和现代学者的术语研究成果，以时间为序进行分析和总结，以期为闽南地区营造术语的研究提供参考。

（原载《中外建筑》2014年01期）

传统民居可持续改造中的环境设计——以开封市双龙巷民居改造为例

蒙慧玲；蒙正堂

针对传统民居建筑在人居环境、道路交通和公共设施等方面存在的诸多问题，以开封市双龙巷传统民居为研究对象，在大量调研、资料收集和数据整理的基础上，结合开封市旧城区改造及对传统民居保护的总体规划要求，通过建筑布置设计、围护结构改造、自然通风组织等设计方案，使双龙巷传统民居的人居环境在可持续改造后更具舒适性、安全性和节能性。

（原载《中外建筑》2014年04期）

漳州"竹竿厝"民居空间设计初探

凌世德；林恬韵；田亮

"竹竿厝"是一种主要分布在我国东南地区工商业较发达城镇，与商业店铺相结合的民居形式。本文首先对"竹竿厝"的平面布局、结构形式及发展变迁三个方面依次进行介绍，进而从建筑学和城市学的角度分析"竹竿厝"的空间组织特征及其对城市发展的贡献。最终在漳州固有的红砖文化氛围中探寻独特的"竹竿厝"街巷空间。

（原载《中外建筑》2013年08期）

面对挑战的中国文化遗产保护

吕舟

中国已成为令天世界上文化遗产保护发展最为迅速和活跃的地区，同时也由于中国文化遗产保护自身存在的不平衡性，以及建设和发展带来的巨大压力，为中国文化遗产保护体系自身的理论建设和实践探索带来巨大的挑战。作为对上述遗产保护新情况和新挑战的回应之一，历时5年的《中国文物古迹保护准则》修订工作在2014年完成，通过对于"文化遗产的价值、保护原则、合理利用和社会参与"等方面的修订，反映了2000年《准则》通过以来中国文化遗产保护的经验总结。然而，今天中国文化遗产保护已经远远超出了其自身的范畴，需要专业人员和多元利益相关者的共同参与，并在解决中国遗产保护面对的问题的同时，为国际文化遗产保护提供经验。

（原载《世界建筑》2014年12期）

中国历史建筑保护实践的回顾与分析

张松

文章通过回顾中国国家和地方的历史建筑保护立法过程，围绕历史建筑的基本概念、评估标准、保护管理和保护修缮的原真性原则，从整体进程、基本特征、建设性破坏与保护性破坏等方面展开分析与探讨，并结合北京、上海等城市的实践案例，比较与欧美历史建筑保护理念与修缮技术之间的差异所在。

（原载《时代建筑》2013年03期）

基于文化空间视角的传统手工艺"非遗"保护初探——以西安沣峪口百年老油坊为例

许逸敏；张定青；范岩

传统手工艺作为非物质文化遗产中一种重要的形式，与人民群众的生产、生活密切相关。以往采取的"非遗"保护措施多关注具体表现形式，而忽视其所依托的文化空间，使其失去发展的平台。该文结合西安沣峪口百年老油坊"非遗"现状问题，基于文化空间视角，从建筑本体保护、空间功能提升、村落环境整治三个方面，探讨传统手工艺的保护与利用对策。

（原载《华中建筑》2013年11期）

论中国木拱廊桥建筑的营造技艺及其保护策略

黄续

中国木拱廊桥建筑营造技艺是匠师在千百年的营造过程中形成的独特与系统的营造思想和技艺手法，还包括相关的禁忌和操作仪式，具有丰富的文化内涵、科学价值和艺术价值。本文主要从非物质文化研究的角度，对中国木拱廊桥营造技艺的内涵进行研究，探讨在木拱廊桥营造技艺保护中存在的问题及其保护策略。

（原载《艺术百家》2013年S2期）

小型历史园林的修复钩沉——以无锡薛福成故居后花园修复设计为例

马晓；周学鹰；戚德耀

薛福成是我国著名思想家、外交家、民族工商业者，在晚清史上具有重要影响。无锡薛福成故居是全国重点文物保护单位，历史上的薛福成故居本是宅园一体、规模巨大的建筑群落。可惜的是，因历史、人为因素，20世纪末的薛福成故居仅住宅、部分东花园等相对保存较好，其原有的后花园、西花园均毁坏较甚，几无踪迹可寻。本文在深入探究后花园考古发掘材料、口碑资料的基础上，结合现状地形条件等修复设计后花园，规划设计了西花园方案。

（原载《古建园林技术》2014年01期）

风景园林与自然

王向荣；林箐

在风景园林的视野中，自然有4个不同的层面，每层面的自然都有独自的特征和价值。4个层面的自然共同构筑了个国家的国土景观。只有了解并尊重不同层面的自然的属性，才能真正做到与自然的协调，也才能更好地维护和发展本土的自然景观。

（原载《世界建筑》2014年02期）

基于空间句法的多尺度城市公园可达性之探讨

王静文；雷芸；梁钊

空间可达性是影响城市各层级公园布局合理性以及服务效能的重要因素，对它的研究受到广大学者的关注。文中以城市尺度与居住区尺度公园作为研究对象，基于空间句法视角探讨其空间可达性及服务的社会公平性。其中，空间句法作为理解城市空间的社会逻辑语言，深刻揭示了人类社会活动与空间形态的互动关联，并可定量而精确地描述空间结构形态，其参量集成度可作为公园空间可达性的直观量化判断标准，分析结果直观、科学且理性。空间句法为城市公园空间可达性的研究提供了一种新的方法与视角。

（原载《华中建筑》2013年12期）

竹景观空间及其意境营造研究——以杭州西湖风景区为例

陈祎翀；金鑫；倪琪

竹在中国文化中具有独特的意象特征。作为一种常用的园林植物，竹因其特殊气质和优美姿形，具有良好的景观价值。但目前尚缺乏将竹作为一种营造空间的植物展开专门的研究，故该文对竹类景观进行研究具有重要的现实意义。杭州西湖风景区竹景观造景效果突出，成景特色明显。笔者以之为例，对其竹景观现状进行分析，根据竹类植物的围合、夹道、点缀、背景衬托等作用将竹类景观空间分为竹林空间、竹径空间、配景空间、背景空间等多种类型，总结西湖风景区中以竹造景所成空间可营造的磅礴气势、清静幽趣、怡人雅趣与盎然野趣等意境形式，以期

为竹景观物质表象与精神内涵的全面表达提供借鉴，为西湖风景区的历史文脉传承与文化景观建设做出贡献。

（原载《华中建筑》2014年02期）

南浔现存近代园林研究

刘珊珊；黄晓

南浔园林作为近代江南园林的一支重要地域流派，曾受到强烈的西洋影响，体现在吸取西方的造园手法、使用进口材料与新建筑材料，以及引入近代西方的建筑技术几个方面。这些都使南浔近代园林带上了强烈的近代特征，呈现出中西合璧的艺术风格。该文通过对述园、颖园、小莲庄和嘉业藏书楼四座现存园林中的近代建筑的分析，探讨其对于西方建筑文化和建筑技术的吸收以及其中体现的中西合璧的近代特征。

（原载《华中建筑》2014年02期）

中国传统园林的肢解与再现

凌世德；郑爽；林恬韵

中国传统园林空间层次丰富且富有禅意，但当代对其借鉴多局限于造园手法的模仿和具象元素的复制，而忽略了中国传统园林的精髓是对抽象和意境的追求。本文旨在将古典造园方法纳入现代体系，将传统园林的空间特色应用到现代公共休闲空间中，并尝试用现代语言和现代设计方式重新演绎传统园林的"移步易景""以有限面积造无限空间"等，并构建物理空间之外的禅思意境。

（原载《中外建筑》2013年07期）

城市综合体外部景观设计研究初探

王燕；季翔

文章针对城市发展趋势下的城市综合体外部环境景观设计进行分析研究，指出城市综合体中外部景观设计的重要性，探讨城市综合体外部景观的特点、设计要素及设计原则，通过具体分析研究，总结城市综合体外部景观设计的方法。

（原载《江苏建筑》2013年06期）

基于风景园林中"生态设计"与常规设计的关系问题初论

高江菡；张凯莉；周曦

近年来，生态文明视角下风景园林的"生态设计"持续受到关注，但在概念不明与判断标准缺失的前提下对"生态设计"的理解长期存在褒义假象，甚至存在与常规设计的对立关系。为了避免误读误用、判断失准与理解偏颇，从"生态设计"与常规设计的概念内涵入手，对其关系进行讨论与反思，可见二者并无优劣褒贬之分且有所关联。因此，我们需要正确看待"生态设计"概念存在的问题，实事求是地认识生态学层面与风景园林的交叉，理解真正的生态系统，探索如何在常规设计中寻求符合生态学基本原理的设计衍生并谨慎地进行设计应用。

（原载《风景园林》2014年05期）

中国古典园林生态思想刍议

王鹏；赵鸣

当下中国处于快速城市化发展阶段，人口众多、资源相对匮乏，引发严重的资源环境问题和生态问题，威胁着人类的健康和生存。中国古典园林蕴含有丰富复杂的生态文明理念和生态化发展思想，通过查阅古籍资料和对现存古典园林的实地调研，依据生态学原理对中国古典园林在规划选址、设计营建、运营审美中的生态思想进行辨识和研究，一方面可以扩充园林学的研究内容，有利于古典园林的保护和利用，另一方面对当下人居环境和生态文明建设具有理论意义和现实意义。

（原载《风景园林》2014年03期）

遗产保护视角下的中国近代公共园林谱系研究：方法与应用

周向频；刘曦婷

本文在急速城镇化建设及紧迫的近代公共园林遗产保护背景下，回顾了近30年来中国近代园林研究历程。在分析了实践研究滞后于理论研究的现状问题基础上，从遗产保护的视角出发，引入谱系学的研究方法疏理近代公共园林演变历程，提出了围绕近代公共园林对外源的多渠道吸纳及本土风格的融汇线索，构建中国近代公共园林的风格和思想的时空演变源流谱系，综合形成中国近代公共园林"时段-地域-类型-风格-思想"的五维谱系框架的方法，并探讨了谱系研究的应用前景，指出近代公共园林谱系构建是从搭建园林理论研究到实践遗产保护的桥梁。

（原载《风景园林》2014年04期）

中国山水画论中有关园林布局理论的探讨

孙筱祥

我国古代园林多由画家设计，有关园林创作论著亦多为画家所著，因而绘画布局理论与园林布局理论常互相渗透。作者将历代山水花鸟画论中有关园林布局的理论，加以系统整理，并结合园林实例，加以分析阐述。作者认为把这些理论加以批判接受，对于创造今天社会主义内容、民族形式的园林新风格，具有积极的意义。

（原载《风景园林》2013年06期）

非线性参数化风景园林设计的低技策略探索 以"心灵的花园"为例

刘通；王向荣

随着计算机和信息技术的发展，非线性参数化建筑设计思潮发展迅速，对风景园林设计的影响也已初见端倪。但由于学科的差异和国内现状，非线性参数化风景园林设计的发展非常缓慢。在此背景下，探索一条"高技术"的非线性参数化设计方法与"低技术"施工工艺相结合的低技策略，就格外具有现实意义。本文结合多义景观非线性参数化的探索性实践——"心灵的花园"项目，归纳了低技策略的基本途径，希望能为非线性参数化风景园林设计的发展做一些积极有益的探索。

（原载《风景园林》2013年01期）

时代与地域：风景园林学科视角下的乡村景观反思

陆琦；李自若

当下农村建设如火如荼，乡村景观的发展遇到了瓶颈与一些问题：设计语汇的匮乏、乡村景观的规划设计难于落地、改造趋于形式化。从乡村问题出发，适时地反思乡村景观是有必要的。而风景园林学科视野下，乡村景观的反思更突出的反映在"时代"与"地域"两个方面。前者决定了乡村景观应结合"营造"重新联系乡村"人地"的角色定位，后者则要求从具体村庄入手深化已有的地域景观研究层次与差异分析。

（原载《风景园林》2013年04期）

寻常景观体验及其建造本源

李利；沈洁

从寻常景观的生成、感知与体验重新审视了当代景观的认知与介入方式，阐释了寻常景观的在场性、差异性等基本特征，并结合杭州西湖文化景观分析探索建造的真实性、持久性，以及如何成为现代又回归建造的本源。

（原载《建筑学报》2014年03期）

城市—区域尺度的生物多样性保护规划途径研究

岳邦瑞；康世磊；江畅

本文研究探讨了空间尺度与生物多样性保护层次的对应关系，认为在城市—区域这一特定尺度上，景观多样性是生物多样性宏观保护的关键层次，基于城市—区域整体环境的系统性和差异性以及生物流与过程，建立城市—区域框架内的生物多样性保护格局。寻找"最优景观格局"就是生物多样性保护规划的核心任务之一，并藉此总结出城市—区域尺度的两种空间类型及其生物多样性保护规划的两种途径：第一种是针对城市基质的区域空间类型提出了"城乡景观格局优化途径"，该途径包括有"集聚间有离析""景观安全格局""绿色基础设施"3大模式及5大格局优化策略；第二种是针对自然基质的区域空间类型提出的"自然保护区途径"，该途径包含有"保护区圈层"与"保护区网"2大模式以及6大保护区设计原则。

（原载《风景园林》2014年01期）

从城市化的景观到景观化的城市——景观城市的"城市=公园"之路

翟俊

从景观与城市关系的转变出发，探讨当今景观的内涵和外延在文化概念及在参与城市发展的策略和方法两个方面发生的深刻变化。结合实践案例阐述了从功能生成形式的"城市化的景观"到以生态流来催生形式的"景观化的城市"，即景观城市的发展历程。提出了景观城市的"城市=公园"的规划策略和操作方法，为当今乃至未来中国城镇化可持续发展理论与实践提供新思路。

（原载《建筑学报》2014年01期）

岭南建筑师庭园设计研究补遗

庄少庞

庭园研究是岭南建筑学派早期较为关注的领域，对庭园空间持续深入的研究构成岭南建筑学派设计创新的重要源泉之一。庭园研究与设计实践的相互促动以及岭南建筑师群体汇聚的接力式工作，助推了岭南建筑学派的发展。现有研究对岭南庭园与现代建筑相结合的设计作品有比较全面的介绍，而对岭南建筑师的庭园设计研究则缺乏相对系统的梳理，通过对岭南建筑师20世纪50—80年代的庭园设计研究文献的发掘，补全历史残片，明晰历史脉络，以助系统认识岭南庭园设计研究的发展，从另一个侧面察看岭南建筑学派敢于吸收、务实创新的精神，以及自觉协作、自由发展的模式。

(原载《南方建筑》2014年02期)

边界处的景观艺术

刘庭风

园林发展到景观，主要是设计范围的拓展，亦有设计内容的变化。从手法上看，其艺术性依然不减。随着城乡美化运动和旅游休闲产业的交互推动，公园、街头绿地、附属绿地、风景区等传统园林之外的古城、古村、旧街区、棚户区、老厂房等被作为民生工程成为设计的主角。用艺术的手段对它们进行加工改造使之成为集生态修复、文化振兴、历史回忆、经济复苏、环境优美为一体的艺术区、旅游区、主题区，成为方兴未艾的设计新动向。这种超越园林的景观艺术，显出它无比的多义性，既可提高生活水平，又可增加商业收入，更可成为旅游、度假、办公之所。严格地说，它们不是园林，却用园林艺术的手法，创造具有多义的公共空间，被当成园区来使用，从而体现多重价值的倾向。

(原载《园林》2013年10期)

现代雕塑变革中的趣味形态

陈实；赵昕

随着社会经济的不断发展，艺术市场也日趋完善，现代雕塑逐渐受到各方面观念的影响。现代雕塑是一种重要的艺术形式，因而理所当然地肩负起变革审美趣味的使命。本文以现代雕塑的变革为基点，从现代雕塑的内在形式、色彩运用、材料选择、空间环境的开放化等4个方面，对理解趣味形态进行了尝试与探索。

(原载《雕塑》2013年01期)

建筑艺术书目

中国古建筑艺术的人文体现

傅志超 著

兵器工业出版社，2014年

【内容简介】

本书共6章，讲述了中国古建筑和谐理念形成的文化轨迹、社会礼制下的传统建筑、建筑与风水的和谐关系、人们的信仰与建筑的和谐关系、传统图案及装饰在建筑中的表现、传统木雕艺术在建筑装饰中的运用等。

普通高等教育土建学科专业"十二五"规划教材
中外建筑艺术

刘先觉 编著

中国建筑工业出版社，2014年

【内容简介】

本书作者在阐明建筑学的意义的基础上，着重介绍了西方、东方和中国建筑艺术的精粹，并对当代建筑的特点进行了客观的评介，同时也对建筑艺术的发展趋向作了科学的分析。

中华遗产·人居典范书系
徽州朝奉：村落士商互动

刘森林 著

清华大学出版社，2014年

【内容简介】

本书作者运用建筑学、艺术学和社会史等学科方法，对徽派建筑、村镇特征和类型、自然条件和地理环境等多个方面，包括宗族社会、经济和耕读，建筑与村镇的择址、类别、结构、街巷、景观，以及民居、园林、装饰、陈设和风水堪舆等都作了全面而翔实的分析。对徽商群体进行了一定篇幅的介绍和解析。此外还涉及到徽州与周边城镇建筑、人居环境的互动，与周边城镇诗文、书画、鉴藏的交流等。

宗教、哲学与社会研究丛书
龙虎山天师府建筑思想研究

吴保春 著

巴蜀书社，2014年

【内容简介】

本书结合道教建筑研究现状，就何谓道教建筑、道教建筑的思想与道教的建筑思想有何区别等，首次提出新论。在此基础上，首次就龙虎山天师府建筑思想进行深入研究，并以点带面，力图探索道教建筑思想研究新范式，并指导相关实践活动。

陕西关中民居门楼形态及居住环境研究

吴昊、周靓 主编

三秦出版社，2014年

【内容简介】

本书研究了关中地区的概况、传统民居及门楼的历史、传统民居及门楼的成因、门楼形态及居住环境的概况，内容包括：关中传统居民住形态解析、关中民居门楼构成的要素、关中民居案例、关中民居门楼及居住环境的研究价值与传承保护。

新中式建筑艺术形态研究

周靓 著

中国建筑工业出版社，2014年

【内容简介】

本书共五章，内容包括绪论、传统中式建筑艺术的概念及脉络、当代新中式建筑案例探析、当代新中式建筑发展过程中的瓶颈问题、泛世界语境下的新中式建筑艺术。

浙江省非物质文化遗产代表作丛书
诸葛村古村落营造技艺

孙发成 编著

浙江摄影出版社，2014年

【内容简介】

本书重点探讨了诸葛村民居建筑的形制及营造技艺和设计理念，并涉及诸葛村的地理历史及宗族谱系、艺术装饰、建筑的传承与保护等方面。

浙江省非物质文化遗产代表作丛书
木拱桥传统营造技艺

季海波、陈伟红 主编；薛一泉、叶树生 著

浙江摄影出版社，2014年

【内容简介】

本书介绍木拱桥传统营造技艺的基本要素，内容包括：地域背景、建筑概述、营造实录、代表性传承人、现状与保护五个部分。

非物质文化遗产代表作丛书
石桥营造技艺

杨志强 主编；罗关洲、陈晓、陈国桢 编著

浙江摄影出版社，2014年

【内容简介】

本书介绍了石桥营造技艺的发展脉络、石桥营造技艺的门类、石桥营造技艺的方法和工艺流程、石桥营造技艺的成就、石桥的艺术创造、石桥营造技艺的价值和保护传承。

浙江省非物质文化遗产代表作丛书
俞源村古建筑群营造技艺

衣晓龙、阴卫 编著

浙江摄影出版社，2014年

【内容简介】

本书重点探讨俞源古村落民居建筑的形制以及营造技艺和设计理念，还涉及俞源的地理历史、宗族历史状况、建筑装饰及其文化内涵、建筑的传承与保护等内容。

中国当代回族文化研究丛书
当代回族建筑文化

孙嫱 著

宁夏人民出版社，2014年

【内容简介】

本书以当代回族建筑为研究对象，共分五章。作者在绪论部分概括介绍了中国当代回族建筑文化特征；上篇宗教建筑，论述了清真寺、道堂及拱北；下篇世俗建筑，分为民居、公墓和公共建筑。

中国建筑与园林文化

居阅时 著

上海人民出版社，2014年

【内容简介】

本书从人文出发，深入建筑园林架构中人的思想文化活动，详解中国建筑与园林典型案例，为读者做出建筑园林意义的全新解释。

现实乌托邦："玩物"建筑

张为平 著

东南大学出版社，2014年

【内容简介】

本书是对于建筑文本写作的一次试验，它涵盖了建筑、社会、消费、文学、电影等多方面的内容，特别关注了网络与媒体等因素对于城市的意义。

广西国家级非物质文化遗产系列丛书
侗族木构建筑营造技艺

宪文 编著

北京科学技术出版社，2014年

【内容简介】

本书以广西侗族木构建筑的村寨、风雨桥、鼓楼、戏台、寨门、庙宇、干栏木楼等典型实例，介绍了广西侗族村寨的选址和布局形式、建筑单体的布局和建筑形式、侗族木构建筑使用的性质和分类、建筑的彩饰和彩画、建筑的文化内涵、建筑材料、建筑工具、建筑营造技艺、建筑营造技艺的传承方式等方面的内容。

神工意匠：徽州古建筑雕刻艺术

北京艺术博物馆、安徽博物馆 编

北京美术摄影出版社，2014年

【内容简介】

本书从全新的视角对徽州古代建筑雕刻的保护传承与创新、艺术特色、承载的文化内涵以及南方、北方古代建筑艺术的差异等方面进行了论述。

建筑遗产保护丛书
苏北传统建筑技艺

李新建 著

东南大学出版社，2014年

【内容简介】

本书共分为六章。第一章介绍了传统建筑的营造程序和风俗礼仪；第二至第五章分别对大木作、屋面、墙体砖石土作以及基础、地面和柱础等四部分传统建筑技艺进行了论述和比较研究，总结了各类技艺的地方特色和一般规律；第六章在结语部分结合苏北的地理、气候、方言和文化分区，提出了对苏北传统建筑技艺区系的研究结论。

斗栱的起源与发展

汉宝德 著

三联书店，2014年

【内容简介】

本书从中国早期建筑与西方的不同处着眼，探究斗栱产生、发展的理路。研究在整个中国建筑史，涉及史观、史法上的一些重要问题。

徽州古民居艺术形态与保护发展

江保锋、闻婧 著

合肥工业大学出版社，2014年

【内容简介】

本书共八章，包括徽州的历史建制脉络、徽州文化及其影响、徽州古民居聚落及其形成、徽州古民居聚落规划的艺术形态特征、徽州古民居的局部部件装饰特征、现代视角下的徽州民居艺术形态及装饰的媒介性、徽州古民居及装饰艺术的保护与发展、徽州古民居局部装饰在继承发展中的艺术属性及现代应用探索。

中国民居营建技术丛书
婺州民居营建技术

王仲奋 著

中国建筑工业出版社，2014年

【内容简介】

本书以图文并茂的形式，全面记录以"东阳帮"工匠为主力军缔造的"婺州民居建筑体系"的建筑历史、建筑文化、建筑风格、建筑设计、建筑建造技术。

中国民居营建技术丛书
苏州民居营建技术

钱达、雍振华 编著

中国建筑工业出版社，2014年

【内容简介】

本书分为八章，第一章对苏州地区的各类传统建筑予以简要介绍；第二章扼要叙述了苏州地区在建筑营建过程中的各类仪典及其演变；第三章"苏州民居空间构成"讨论的是建筑的基本概念及宏观尺度；第四章"木作"中全面探讨大木构造；第五章"泥水作"主要介绍墙垣与屋面以及所涉及的与砖瓦作相关的构造技术；第六章"石作"介绍了苏州地区的用石品种、石料选择以及加工安装方法；第七章"油漆作"介绍了苏州地区各种传统的油漆用料、髹饰工艺等；第八章所介绍的"小工"主要指承担辅助性工作的工种。

地区建筑学系列研究丛书

合院原型的地区性

王新征 著

清华大学出版社，2014年

【内容简介】

本书尝试从原型理论的视角出发，以一种新的理论框架对合院建筑进行研究，关注合院作为一种建筑原型所具有的功能、形态、心理和文化意义，并通过对建筑原型进行跨文化比较的方式来理解合院建筑的地区性问题。

晋中文化生态研究丛书

中国传统建筑装饰艺术：木雕

王静 著

上海交通大学出版社，2014年

【内容简介】

本书介绍了传统建筑木雕的发展历史、建筑木雕的布局结构与题材选择、建筑木雕的地域特点、木雕的材料与雕刻艺术、传统建筑木雕在现代装饰中的应用等内容。

晋中文化生态研究丛书

中国传统建筑装饰艺术：砖雕

邹安刚 著

上海交通大学出版社，2014年

【内容简介】

本书介绍了砖雕的发展与演变、砖雕在传统建筑中的应用、砖雕艺术的地方特色、砖雕的制作工艺、砖雕艺术在当代社会中的作用等内容。

晋中文化生态研究丛书

中国传统建筑装饰艺术：石雕

刘小旦 著

上海交通大学出版社，2014年

【内容简介】

本书介绍了石雕艺术的发展和演变、石雕艺术在传统建筑中的应用、传统石雕艺术的装饰题材和装饰动机、石雕艺术的分布与流派、石雕艺术的创作技法与程序等内容。

道教建筑的艺术形式与美学思想

续昕 著

四川大学出版社，2014年

【内容简介】

本书以客观、全面的角度来研究道教建筑，在前人研究成果的基础上，尤其重视从已有研究成果未被触及以及较少触及的新领域、新角度中找寻相关素材，以推进道教建筑理论及其艺术特征的研究。

建筑的意境

萧默 著

中华书局，2014年

【内容简介】

本书作者把中西建筑置于思想文化的背景下解读，清晰地展现出了各种风格的建筑所呈现出的独特气质，让读者深入了解中西建筑大到宫殿小到民居的形态和制式所含藏着的文化内涵。书中通过文化解读建筑，为中西建筑的每一种造型每一个细节都找到了文化的脚注。同时还比较了中式建筑和西方建筑大相径庭的审美意趣，揭示出了中西方在思想文化上的差异。

湖北省非物质文化遗产丛书

土家族吊脚楼：以咸丰土家族吊脚楼为例

谢一琼 著

湖北人民出版社，2014年

【内容简介】

本书内容包括：咸丰县政区地理、自然山水与人文环境、土家族吊脚楼的营造技艺、土家族吊脚楼的传承谱系、土家族吊脚楼遗珍、吊脚楼里土家人的生活印痕等。

传统会馆雕刻艺术研究：以山陕会馆为例

赵世学 著

吉林人民出版社，2014年

【内容简介】

本书从现存会馆中的木、石、砖、彩装饰的人文内涵角度，考析了其装饰作品的内容及所体现的中华传统文化内涵，其中有儒家精髓、敬道观念、佛教意味、历史题材、浪漫情怀等内容。

上海石库门

阮仪三、张晨杰、张杰 编著，郑宪章 摄影

上海人民美术出版社，2014年

【内容简介】

本书以学术的观点，阐述对上海石库门的保护性规划及文化传承的意义。具体内容包括：石库门的起源、中西合璧的石库门、石库门里弄的演变及种类、石库门的价值和建筑特色、石库门的装饰艺术、石库门文化等。

苏式建筑营造技术

雍振华 著

中国林业出版社，2014年

【内容简介】

本书以研究和介绍明、清苏式建筑木、瓦、石作技术为主要内容，并对苏式彩画予以扼要介绍。书中内容包括尺度与比例、阶台、大木构架、举折等。

山水城市

马岩松 著

广西师范大学出版社，2014年

【内容简介】

"山水城市"这个概念是马岩松提出的。本书正是对此的全面阐释。书中有对现代城市文明的批判，并提出一个新的方向。图片是马岩松所有建成项目的模型图。

类型·转译：湘南乡土建筑营造智慧研究

许建和 著
中国建材工业出版社，2014年

【内容简介】

乡土建筑学是研究地域传统聚落与单体建筑的营建及其环境的科学。本书结合湘南地域资源环境对人们生产及生活的约束来研究乡土建筑的营造智慧及当代发展状况，提出了基于地域资源的乡土建筑营造系统分析框架。其主要的创新点有：挖掘了湘南地域资源条件与乡土建筑营造的协同关系；建构了湘南乡土建筑当代营造模式及发展途径。

江南明清门窗

何晓道 著
江苏美术出版社，2013年

【内容简介】

本书主要内容包括：江南明清门窗概论、门窗的基本概念、门窗在建筑中的位置、门窗的制作过程、明式门窗的装饰风格、清式门窗的装饰风格、门窗的地域特征、门窗的思想理念、门窗格子的审美情趣、门窗的年代考证等。

宁波宗教建筑研究

傅亦民 著
宁波出版社，2013年

【内容简介】

本书展示了宁波宗教建筑遗产，又以宗教建筑实例对宁波不同属性的宗教及其建筑的历史渊源和发展脉络进行了梳理与考证，对宗教建筑的类型与形制、布局与构筑特色、装饰艺术以及文化内涵等方面展开研究，同时穿插介绍相关宗教知识。

中国传统建筑营造技艺丛书
徽派民居传统营造技艺

刘托[等] 著
安徽科学技术出版社，2013年

【内容简介】

本书内容包括：徽派传统民居的源流、徽派建筑的地域分布与环境影响、徽派传统民居的选址布局及建筑设计构思、徽派传统建筑材料与工具、徽派传统民居的营造技艺等。

中国传统建筑营造技艺丛书
苏州香山帮建筑营造技艺

刘托、马全宝、冯晓东 著
安徽科学技术出版社，2013年

【内容简介】

本书内容包括：香山帮技艺的环境与源流、香山帮建筑的布局与设计、香山帮传统建筑的营造技术、香山帮传统建筑营造的装饰艺术与文化、香山帮匠师与技艺传承等。

中国传统建筑营造技艺丛书
苗族吊脚楼传统营造技艺

张欣 编著
安徽科学技术出版社，2013年

【内容简介】

本书介绍了苗族的吊脚楼传统营造技艺，内容包括：苗族吊脚楼的历史和分布、苗族吊脚楼所处的自然环境及其影响、苗族吊脚楼所处的社会环境及其影响、苗寨的聚落空间、苗族吊脚楼的营造等。

中国传统建筑营造技艺丛书
闽南民居传统营造技艺

杨莽华、马全宝、姚洪峰 著
安徽科学技术出版社，2013年

【内容简介】

本书从田野调查和史料分析入手，记述了闽南民居营造技艺的产生和传播环境、历史沿革、匠师谱系，对闽南民居的空间布局、设计选址、营造过程、技艺特点及风俗禁忌等进行了整体介绍。

中国传统建筑营造技艺丛书
窑洞地坑院营造技艺

王徽[等] 著
安徽科学技术出版社，2013年

【内容简介】

本书详细记述了地坑院的建筑特色与历史沿革，讨论了影响其形成的各种因素，并着重记录了已被国家列为非物质文化遗产保护项目的地坑院营造技艺。

中国传统建筑营造技艺丛书
清代官式建筑营造技艺

王时伟[等] 编著
安徽科学技术出版社，2013年

【内容简介】

本书内容包括：官式建筑的源流、官式建筑的地域分布与环境影响、官式建筑的设计施工、官式建筑传统营造技艺、官式建筑著作及匠师等。

中国传统建筑营造技艺丛书
闽浙地区贯木拱廊桥营造技艺

程霏 编著
安徽科学技术出版社，2013年

【内容简介】

本书对贯木拱廊桥的历史、地域、构成类型、营造技艺、工匠、建桥组织与桥约、贯木拱廊桥的社会管理进行了梳理，探讨了当今贯木拱廊桥传统营造技艺的保护与传承。

中国传统建筑营造技艺丛书
北京四合院传统营造技艺

赵玉春 著
安徽科学技术出版社，2013年

【内容简介】

本书内容包括：北京四合院民居建筑的历史沿革、北京四合院民居传统营造技艺的物化内容、北京四合院民居传统营造技艺、北京四合院民居传统营造技艺补遗、北京四合院民居传统营造技艺代表作等。

中国传统建筑营造技艺丛书
蒙古包营造技艺

赵迪 编著
安徽科学技术出版社，2013年

【内容简介】

本书根据蒙古包营造技艺的特点，介绍其历史、形制、结构、做法、工序、工艺、相关文化习俗等内容。

中国传统建筑营造技艺丛书
婺州民居传统营造技艺

黄续、黄斌 编著
安徽科学技术出版社，2013年

【内容简介】

本书从婺州传统民居营造技艺的源流成因、设计思想、工具原料、构造做法、技艺流程、仪式民俗、传承人与传承方式7个方面来研究婺州传统民居营造技艺。

当代建筑思想评论丛书
扎根

刘涤宇 著
江苏人民出版社，2013年

【内容简介】

本书分为三篇："取下标签的建筑"聚焦于当前对于建筑和建筑理论的一些似是而非的认识。"扎根"则关注当代中国建筑师，尤其是前沿建筑师，如何在当代中国社会条件的土壤中生存并推动建筑作为学科的发展，以及这种土壤给建筑师探索的推动力和局限性与近年来这种社会条件土壤的变化，导致新一代前沿建筑师的实践运作呈现出不同的特点。"回过头来的阅读"关注的是古今中外建筑历史上的特定案例，选择标准仍然在于有助于理解当代时空下的相关问题。

当代建筑思想评论丛书
在空间的密林中

唐克扬 著
江苏人民出版社，2013年

【内容简介】

本书收录了作者在过去的若干年内对于当代建筑问题特别是"中国建筑"的思考。内容包括空间细语、社会戏剧、生长的城市三大部分。

回到原点：空间环境的文化创意

周时奋 著
上海社会科学院出版社，2013年

【内容简介】

本书收录了作者多年来在空间环境方面的创意策划方案，涉及教育、公安、法院、博物馆、旅游园区及宾馆酒店等，共分为24个创意方案。

传统建筑园林营造技艺

姜振鹏 著
中国建筑工业出版社，2013年

【内容简介】

本书共十章，内容包括：传统建筑园林的地形改造、掇山、理水与道路铺装工程，传统建筑的结构特点、构成要素与布局，传统建筑的台基、墙体、屋顶等营造做法，传统园林建筑中的一些常用建筑营造方法，传统园林建筑的木装修，传统建筑园林的植物配置等。

新疆艺术研究 第一辑 建筑艺术卷
伊斯兰建筑装饰艺术

左力光 著
新疆美术摄影出版社，2013年

【内容简介】

本书分为南疆伊斯兰建筑装饰艺术、北疆伊斯兰建筑装饰艺术和东疆伊斯兰建筑装饰艺术三章。具体内容包括：库本清真大寺、叶城大清真寺、乌鲁木齐固原清真寺、吐鲁番苏公塔等。

新疆艺术研究 第一辑 建筑艺术卷
民间建筑艺术

左力光、李安宁 编著
新疆美术摄影出版社，2013年

【内容简介】

本书分为民居建筑、宗教建筑和建筑装饰三章。具体内容包括：汉族民居、回族民居、南疆清真寺建筑、阿帕·霍加麻扎、木雕、平绘、琉璃釉面花砖装饰等。

新疆艺术研究 第一辑 建筑艺术卷
维吾尔民间建筑图案集

张亨德、韩莲芬 编绘
新疆美术摄影出版社，2013年

【内容简介】

本书包括：室外墙壁龛形饰纹、墙壁饰纹、大门饰纹、门首饰纹、木梁饰纹、藻井饰纹、麻扎平面造型等内容。

神庙戏台装饰艺术研究

巩天峰 著
山东画报出版社，2013年

【内容简介】

本书从神庙戏台的建筑装饰入手，结合其共生环境中的神殿和民居两类建筑的装饰状况，进而关注其宗教、民俗等社会因素的影响。同时以文化人类学的田野考察方法为手段，通过对实物的观察、碑刻资料的分析和宗教、民俗活动的体验以及与其他民间艺术形式的比较，对其装饰的起源和发展过程进行梳理，探寻其形成的原因和主要影响因素，由此归纳出山西神庙戏台的审美特征和装饰艺术的本质属性。

中国乡土建筑丛书
石浦古镇

张力智 著
清华大学出版社，2013年

【内容简介】

本书着重关注石浦镇的城镇发展、空间形态和乡土建筑，汇集了大量古建筑测绘图，并通过广泛的田野调查和深入的（方志、家谱、档案）文献整理，从社会、经济和文化角度梳理地方历史发展，再现了民国时期的石浦镇。

江南建筑雕饰艺术（镇江卷）

长北 主编；练正平 著，徐振欧 摄
东南大学出版社，2013年

【内容简介】

本书以图片和文字相结合的方式，对镇江地区的传统古建筑和近代西式、仿西式建筑作了详细而全面的记录，并按照古民居、宗教建筑、祠堂、西式建筑、公所、戏台、其它进行分类。全书分为总论和个访两大部分，从理论阐述到个案鉴赏，均以图文并茂的形式展示了镇江传统建筑及其雕饰的审美特征和艺术价值。

广陵家筑：扬州传统建筑艺术

张理晖 著
中国轻工业出版社，2013年

【内容简介】

本书从扬州传统历史文化及本质精神内涵为视角切入，深入研究扬州明清时期遗留至今的传统住宅及私家园林，以建筑布局、建筑形象、山石水体、家具、楹联等为主要内容，极力探析扬州传统居住空间的艺术形象特色及其所承载的精神内涵。

人类学视野中的剑川白族民居

杨晓 著
民族出版社，2013年

【内容简介】

本书呈现了剑川白族民居的基本面貌，对各个时代的代表性民居的特点和价值进行了总结和分析，从文化人类学的专业视角谋篇布局，揭示以民居为载体的白族文化精髓，梳理了剑川白族民居的产生、发展、形成的历史演变过程，对剑川白族民居和其他合院式民居进行了比较研究。

闽北传统民居

柯培雄 著
福建美术出版社，2013年

【内容简介】

本书对传统民居进行深入研究考察，系统分析闽北传统建筑的整体发展脉络，多层次地阐述闽北传统建筑的历史性影响和作用，立体地勾勒出闽北传统民居建筑整体面貌。

岭南建筑经典丛书·岭南民居系列
雷州民居

梁林 编著
华南理工大学出版社，2013年

【内容简介】

本书阐述了雷州半岛的自然地理、历史沿革、人文奇观等，探讨了雷州半岛特有文化产生的种种原因及在各方面的影响。针对雷州半岛民居聚落及建筑进行了描述与分析，从不同的切入点将调研考察过的村落进行特征归类叙述。

岭南建筑经典丛书·岭南民居系列
客家民居

潘安[等] 著
华南理工大学出版社，2013年

【内容简介】

本书将目光投向赣、闽、粤边陲千姿百态的客家民居，从汉民族的民系分布入手，透过讨论客家民系的演变、发展，梳理客家人不断迁徙、聚族而居的形态演绎轨迹；透过研究客家民居的规模布局、建造模式、防卫功能等，探寻客家人艰难的生存方式与高超的建筑智慧；透过探究客家民居的空间环境艺术、形制风格、设计理念等，追寻客家人对特殊的历史背景及自然环境的适应与利用，展现客家人勤劳、团结、智慧、生生不息的拓新精神。

岭南建筑经典丛书·岭南民居系列
潮汕民居

潘莹 编著
华南理工大学出版社，2013年

【内容简介】

本书介绍了潮汕民居建筑历史、传统艺术及构造特征等，内容包括：人杰地灵的潮汕、变化有致的民居、人神共居的聚落、巨富高官的府第、书宦世家的学堂、家族避乱的堡垒、庄正优雅的形态、繁密艳丽的装饰、民间乡土的技术。

岭南建筑经典丛书·岭南民居系列
广府民居

陆琦 著

华南理工大学出版社，2013年

【内容简介】

本书内容包括：岭峤毓秀、榕塘古村、岭南水乡、西关人家、老屋栖居、侨乡碉楼、宅居庭园、绚丽装饰8个篇章，展示了广府的建筑艺术与历史面貌。

中国文化遗产研究院 吴哥古迹保护研究系列第一种
茶胶寺庙山建筑研究

温玉清 著

文物出版社，2013年

【内容简介】

本书内容包括：古代高棉史略、吴哥古迹研究保护史概略、茶胶寺庙山源流考、茶胶寺庙山的建筑形制、茶胶寺庙山建筑复原初探、茶胶寺庙山的营造尺度与设计方法探微。

王家大院柱础艺术

洪霞 著

三晋出版社，2013年

【内容简介】

本书分为五章，论证了王家大院所有的柱础之建制、形态及艺术，还与其他地域现存的柱础做了比对，指出其局部造型、分布状况及艺术价值。

建福宫：在紫禁城重建一座花园

潘夐（May Holdsworth）著

上海人民出版社，2013年

【内容简介】

本书是介绍故宫建福宫的一部著作，内容包括建福宫的建筑风格、内部装饰，以及重建的缘起，内容详实，图文并茂，并附有建福宫花园年表。

广西传统乡土建筑文化研究

熊伟 著

中国建筑工业出版社，2013年

【内容简介】

本书对广西传统乡土建筑文化进行系统梳理，对广西这一建筑文化过渡区域的建筑现象进行研究和探索，概括描述了当前广西地域建筑的创作和传统建筑文化的延续情况，提出新时期广西地域建筑的创新和发展策略。

图解民居

王其钧 著

中国建筑工业出版社，2013年

【内容简介】

本书运用大量的说明图画来解释和说明一些典型的传统民居和村落。其内容包括：中国民居的典型特点、因地制宜的宅居、民族聚落的典型、不越雷池的堡垒等。

建筑意匠与历史中国书系
族群、社群与乡村聚落营造：以云南少数民族村落为例

王冬 著

中国建筑工业出版社，2013年

【内容简介】

本书共分两篇七章，内容包括：云南民族地区族群演变与村落传统建造模式塑造、族群与云南民族地区相关村落建造模式解析、云南乡村社会经济发展与"社群"组织建构等。

建构丽江：秩序·形态·方法

王鲁民、吕诗佳 著

生活·读书·新知三联书店，2013年

【内容简介】

本书作者以丽江为研究对象，强调聚落物质环境的"建构"是另一种文化行为，因而聚落的环境形态、环境要素的布局不可避免地是与建构者认同的文化理想社会秩序密切相关。作者利用各种文献、调查资料并结合现场体验展开对该系统建构及相应的社会秩序建构的叙述。

新视野文丛
艺术×建筑

（美）哈尔·福斯特（Hal Foster）著，高卫华 译

山东画报出版社，2013年

【内容简介】

本书共有三个部分，每一部分又分几个章节，用于探讨艺术与建筑结合的主要方面。第一部分探讨了三个"全球化风格"。第二部分转向了建筑师，这是因为艺术是他们的主要出发点。第三部分探讨极简主义之后的媒介。

湘西苗侗族乡土建筑与装饰艺术研究

罗明金 著

世界图书出版广东有限公司，2013年

【内容简介】

本书以湘西整体区域乡土建筑文化生态为立足点，从非物质文化遗产的保护与利用角度来研究湘西地区苗侗族传统乡土建筑的生存与发展思路，内容包括：苗侗族民族民俗文化、湘西苗侗族乡土建筑的文化特征、湘西地区苗族乡土建筑、湘西地区侗族乡土建筑、湘西苗侗族乡土建筑的传承与保护等。

覆土建筑

荆其敏、张丽安 著

华中科技大学出版社，2013年

【内容简介】

本书从覆土建筑的生态环境、布局、材料、技术、发展与革新等方面介绍了覆土建筑艺术的知识。

广西北部湾地区建筑文脉

陶雄军 著

广西人民出版社，2013年

【内容简介】

本书共六章，从文脉的角度对广西北部湾地区的建筑进行了系统的梳理与研究。先从广西北部湾地区的地理区位与人文环境、聚落与村镇规划、公共建筑调查与个案研究，再到建筑的建筑构建装饰等方面做了研究，最后讨论了建筑的创新开发传承与保护，由面到点进行了深度的纵向研究。

2013—2014年中国建筑艺术大事记

2013年

1月10日	匈牙利著名建筑师邬达克诞辰120周年。邬达克纪念室在上海长宁区隆重揭幕。
1月15~20日	应亚洲建协主席陈佩瑛和马来西亚建筑师协会理事长赛弗鼎·爱哈默德邀请，以徐宗威为团长的中国建筑学会代表团一行6人，赴马来西亚吉隆坡出席亚洲建协主席换届仪式暨第一次执行局会议。
1月29日	第九届中国建筑学会青年建筑师奖揭晓。
1月29日	第五届中国建筑学会建筑教育奖获奖揭晓。
1月31日	中国建筑学会常务副理事长徐宗威会见香港建筑师学会理事会访京团。
3月7日	上海迪士尼度假区管理公司发布整体概念图。
3月23日	在柬埔寨首都金边召开的第37届世界遗产大会完成持续三天的新增世界遗产项目审议，通过包括中国新疆天山和云南红河哈尼梯田在内的19处新增世界遗产。
4月9日	2012年全国十大考古新发现评选在京揭晓，河南栾川孙家洞旧石器遗址、江苏泗洪顺山集新石器时代遗址、四川金川刘家寨新石器时代遗址、陕西神木石峁遗址、新疆温泉阿敦乔鲁遗址与墓地、山东定陶灵圣湖汉墓、河北内丘邢窑遗址、内蒙古辽上京皇城西山坡佛寺遗址、重庆渝中区老鼓楼衙署遗址、贵州遵义海龙囤遗址入选2012年度全国十大考古新发现。
4月18日	王澍入选美国《时代》杂志2013年度全球百大最有影响力人物。
6月16日	亚洲建协第三次执行局会议在山东威海东山宾馆召开。
6月16日	亚洲建筑师协会C区会议在威海召开。
6月16日	第七届中国威海国际人居节在威海市国际会议中心开幕。
6月18~21日	应美国建筑师学会主席迈克·杰可布的邀请，以车书剑为团长的中国建筑学会代表团，赴美国丹佛参加了美国建筑师学会年会。
6月26日	中国建筑学会组织的由中国当代名师和名院代表组团的欧洲巡讲巡展国际交流活动启动。代表团将赴匈牙利、捷克、英国等国巡讲巡展。
6月26~28日	2013年木制建筑峰会在瑞典南部城市Virseum举行，中国建筑师李晓东及其作品"篱苑图书馆"获得建筑实用奖。
6月30日	由中国建筑学会科普工作委员会主办的"寻找中国好建筑——发展和繁荣中国建筑文化"科普主题活动在京清华大学建筑馆举行。
7月11日	由中国建筑学会主办的中国当代百名建筑师西部巡讲报告会在兰州举行。刘克良、黄锡璆、庄惟敏、韩玉斌、申作伟，分别以"地段·地域·文脉""新时期的医院设施建设""创作的理性与场所精神的具现""建筑的和谐性""新中式建筑的创新设计探索"为题作报告。
7月17日	中国建筑学会主办的首届建筑设计奖（建筑创作）揭晓，钱学森图书馆等36个项目荣获金奖，中国民主党派历史陈列馆等62个项目荣获银奖。中国建筑设计奖是经国务院国评办核定后，中国建建筑设计最高荣誉奖。
7月25日	盖里(Frank Gehry)发布了其为中国国家美术馆竞标入围的方案图。
8月2日	蓝星杯·2013全国大学生建筑设计方案竞赛揭晓，本届评出金奖2项、银奖5项、铜奖15项、优秀奖129项，最佳指导老师奖22项。天津大学张天翔、杨丹凝的"起·承·转·合——喀什高台小区活动中心"、东南大学代静、史凌微、宋萌的"'曲·梦'社区活动中心"获金奖。
8月7日	蓝星杯·第七届中国威海国际建筑设计大奖赛揭晓。共评出金奖2项、银奖5项、铜奖10项、优秀奖81项。中国杭帮菜博物馆（作者：崔愷、周旭梁、吴朝晖、王薇、杨易栋）、园韵：新旧共生——松花江路历史建筑更新改造（作者：何镜堂、郭卫宏、郑少鹏、黄沛宁、郑炎、晏忠、李绮霞、叶青青）获金奖。

8月7日	由嘉里建设有限公司与《地产》杂志联合举办的"建筑改变生活——中国建筑艺术与价值投资"论坛在京举行。
8月20日	第五届中国国际建筑艺术双年展在北京开幕。
9月4日	赫尔佐格－德梅隆建筑事务所(Herzog & de Meuron)和泰福毕建筑事务所(TPF Farrells),被指定设计香港西九龙文化区名为M+的视觉艺术博物馆。
9月7~12日	由中国建筑学会和中华全球建筑学人交流协会共同主办,清华大学建筑学院承办的"第二届海峡两岸建筑院校学术交流工作坊"成功举办。
9月10日	陕西省规划建设陕西大剧院等十大文化设施项目。
9月11日	陕西省靖边县"匈奴故都"统万城遗址内发现巨大夯土楼阁式建筑的基址。
9月11日	国务院决定,取消梁思成建筑奖等76项奖项。
9月17日	中国文化遗产保护团体写信给英国皇家建筑师协会(RIBA),批评该协会作出向扎哈－哈迪德(Zaha Hadid)设计的Galaxy Soho办公楼和零售项目授奖的决定。信中说,Galaxy Soho项目违反了多个遗产保护法规。对古老的北京街景、最初的城市规划、传统的胡同和四合院造成了巨大的损害。
9月22日	中美建筑设计研讨会在洛杉矶举行。
10月4~8日	应亚洲建协主席陈佩瑛和尼泊尔建筑师协会理事长斯特瓦普·肯尼邀请,以徐宗威为团长的中国建筑学会代表团,参加了在尼泊尔加德满都召开的第34届亚洲建协理事会和第17次建筑论坛。
10月21~23日	中国建筑学会2013年会暨学会成立60周年纪念大会在京召开,国际建筑师协会主席阿尔伯特·杜伯乐与会致辞。
10月22日	2013年度中国建筑学会资深会员授牌仪式在北京故宫隆重举行。
10月26日	由中法建筑交流学会(SFACS)与同济大学共同主办的"中法城市与建筑可持续发展学术研讨会"在同济大学召开。
11月13日	世界高层都市建筑学会"2013年度高层建筑奖"评选在美国芝加哥揭晓,中央电视台新址大楼获得最高奖——2013年度全球最佳高层建筑奖。世界高层都市建筑学会评委指出,央视大楼不同于传统的高楼只能在高空中两维飙升比拼高度,央视大楼的"环线"在空中伸出一个75米长的悬臂,形成一个真正三维空间的体验。
11月14日	中国当代百名建筑师西部巡讲报告会银川站报告会,在宁夏银川市成功举办。
12月6日	2013深港城市/建筑双城双年展在深圳蛇口开幕,本次展览主题为"城市边缘"。
12月19日	中国建筑学会车书剑理事长会见了蒙古建筑师联盟理事长库勒巴塔·额尔德尼赛罕、理事巴尔丹、建筑师职业道德委员会主任巴达木坎德等,就双方学会交流合作的计划进行了会谈。
12月27日	广州南沙明珠湾区起步区滨水区域竞赛结果公示。
12月31日	Form4建筑事务所为台中市设计的新城市中心方案"发光的月亮门",获2013年WAN市政建筑设计比赛第一名。

2014年

1月23日	美国有线电视新闻网(CNN)选出人类史22座最伟大建筑，中国万里长城、上海环球金融中心入选。
2月22日	由约翰波特曼设计的广西金融投资中心项目举行启动仪式。高409米的该大楼建成后将成为南宁城市新地标。
2月26日	中国在南极的第四个科考站泰山站主楼正式竣工并投入运用。
2月27日	中国参展2015年意大利米兰世博会新闻发布会在京召开，中国馆方案公布。本次世博会的主题是"滋养地球，生命的能源"，聚焦农业、粮食和食品。中国国家馆方案以"希望的田野，生命的源泉"为主题，外观如同希望田野上的"麦浪"。
3月14日	深圳海上世界文化艺术中心设计方案评审揭晓，日本槇総合计画事务所+深圳市华阳国际工程设计有限公司（联合体）方案中标。
4月9日	2013年度全国十大考古新发现在京揭晓。陕西宝鸡石鼓山商周墓地、湖北随州文峰塔东周曾国墓地、山东沂水纪王崮春秋墓葬、湖南益阳兔子山遗址、四川成都老官山西汉木椁墓、河南洛阳新安汉函谷关遗址、陕西西安西汉长安城渭桥遗址、江苏扬州曹庄隋唐墓（隋炀帝墓）、四川石渠吐蕃时代石刻、江西景德镇南窑唐代窑址入选2013年度全国十大考古新发现。
4月17日	3013AIM国际建筑竞赛揭晓，由天津大学本科生设计的重建四川雅安雪山村的"雨伞"方案，获得单体民居改造设计一等奖。
4月19日	第8届"远东建筑奖"揭晓。台湾黄声远暨田中央联合建筑师事务所的"罗东文化工场"、上海如恩设计研究室的"南外滩水舍精品酒店"分获杰出奖。台湾姚仁喜暨大元建筑工场的"法鼓山农禅寺"、上海祝晓峰暨山水秀建筑事务所的"华鑫中心"分获佳作奖。
4月29日	广州大剧院入选美国《今日美国》报"世界十大歌剧院"。
5月6日	西班牙Latitude Studio建筑事务所设计的"北京未来商城(Future Mall)"亮相。
5月13日	都江堰滨江新区全球招标规划方案揭晓。
5月24日	成都体育中心南侧发掘出隋唐景区"摩诃池"遗址。
6月10日	成都市正科甲巷3号发现唐宋遗址。遗址年代于唐末五代至宋元之交，文化面貌与其东南方向的江南馆街遗址相近，对于研究唐宋时期成都的城市格局和社会生活具有重要的参考价值。
6月23～29日	应马来西亚建筑师协会的邀请，以朱文一为团长的中国建筑学会代表团一行6人，赴马来西亚吉隆坡市出席亚洲建筑师协会第16届亚洲建筑师大会。
6月25日	在卡塔尔首都多哈召开的第38届世界遗产大会，共批准30个申报项目加入世界遗产名录。中国提交的"大运河"、中国南方喀斯特二期以及与哈萨克斯坦、吉尔吉斯斯坦联合提交的"丝绸之路：起始段和天山廊道的路网"申请报告在本届会议上获得批准。
6月30日	深圳前海石景观岛概念设计国际竞赛评审结果揭晓。
7月9日	中国建筑学会第十二届六次常务理事会暨第八届中国威海国际建筑设计大奖赛研讨会在威海召开。
7月18日	《建筑学名词》新书发布会于北京西苑宾馆召开，《建筑学名词》由国家自然科学基金资助，全国科学技术名词审定委员会公布。
7月28日	由中国建筑学会、中国城市出版社主办的"毛梓尧诞辰100周年纪念暨《新中国著名建筑师毛梓尧》新书首发式"在北京展览馆举办。
7月30日	上海自然博物馆新馆工程竣工。
8月4日	主题为"全球化进程中的当代中国建筑"的第25届UIA世界建筑师大会中国馆开幕。
8月4～7日	中国建筑学会代表团出席在南非德班国际会议中心举行的国际建筑师协会第25次大会。

8月13日	故宫研究院古建筑研究所揭牌仪式举行。
8月17日	第25届UIA（国际建筑师协会）世界大学生建筑设计竞赛结果在南非德班大会现场揭晓。来自中国、英国、法国、德国、美国等30多个国家和地区的建筑院校学生报送了478份参赛作品。评委在最终入围名单中遴选出本届竞赛的前四名，前三名均为中国学生，西安建筑科技大学本科四年级学生吴明奇小组的设计方案获得第一名，西安建筑科技大学本科五年级学生周正小组的设计方案获得第二名，清华大学研究生小组的设计方案获得第三名。
8月17日	2014两岸建筑新人奖在台北揭晓。
8月28日	由OMA设计的台湾台北表演艺术中心落成。
9月6日	中国科协、教育部、中国科学院、中国社会科学院、中国工程院、北京市人民政府在人民大会堂共同主办的2014年首都高校科学道德和学风建设宣讲教育报告会上，吴良镛院士作了《志存高远 身体力行》的报告。
9月12日	2014年度中国APEC建筑师颁证仪式暨学术研讨会在北京市建筑设计研究院有限公司举行。
9月21日	历时两年的中国国家美术馆建筑设计方案结果揭晓，让·努维尔事务所和北京市建筑设计研究院联合体中标。
9月22日	台湾台南艺术博物馆方案确定，日本建筑师坂茂方案入选。
10月1~3日	2014世界建筑节颁奖在新加坡的滨海湾金沙酒店举行。在颁发的35项奖中，包括中国深圳市福田人民医院、上海市的拆分楼重建以及云南省的滑梯项目。
10月18日	由playze与schmidhuber建筑事务所合作设计的宁波展览中心方案公布。
10月21日	第六届中国建筑学会建筑教育奖评审结果公布。
10月21日	第十届中国建筑学会青年建筑师奖评审结果公布。
10月23日	国务院取消住建部对一级注册建筑师执业资格认定。
10月31日	2014年中国新型城镇化发展论坛暨《建筑学报》创刊六十周年纪念活动在上海美兰湖国际会议中心圆满落幕。
11月1日	扎哈·哈迪德(Zaha Hadid)设计的上海凌空SOHO亮相。
11月12日	北京大兴机场设计遴选，法国ADP Ingenierie建筑事务所获胜。
11月12日	美籍华裔建筑师林璎(Maya Lin)获本年度的多萝西和莉莲吉什奖(The Dorothy and Lillian Gish Prize)。
11月18日	成都第二机场的航站楼基本认定采用英国福斯特建筑事务所的方案。从天空中看"半月牙形"的该方案，灵感来自成都城市形象标识的"太阳鸟图腾"。
11月20日	台湾著名建筑师、建筑教育家汉宝德去世，享年80岁。
11月25~27日	2014年中国建筑学会年会在深圳五洲宾馆举行。
11月26日	第七届梁思成建筑奖揭晓。颁奖仪式在深圳五洲宾馆举行。孟建民获得本届梁思成建筑奖，郭明卓、梅洪元获提名奖。原建设部于2000年设立的梁思成建筑奖，本届起由中国建筑学会承办。
12月2日	由英国保罗-戴维斯建筑事务所(Paul Davis & Partners)设计的宁波"智能城总体规划"(Smart City Masterplan)公布。
12月2日	英国RMJM建筑事务所设计中国珠海市滨河景观带摩天楼，93 m高大楼取"鱼跃"形态。
12月4日	台湾第二届ADA新锐建筑奖正式公布。由宽和建筑的刘崇圣、吴龙杰、辜达齐以"径·盐埕埔"获得本届首奖，自然洋行建筑事务所的曾志伟以作品"少少——原始感觉研究室"获得特别奖。

12月17日	珠海横琴国际金融中心方案公布。来自Aedas的建筑师纪达夫(Keith Griffiths)和温子先(Andy Wen)方案设计，将设计概念融汇成"蛟龙出海"，灵感来自中国古典绘画经典南宋陈容《九龙图》。
12月25日	中国之声《新闻纵横》报道，树叶形的郑州市环保局办公大楼，引发市民热议。
12月28日	广州市规划局首次公布478处市历史建筑名录。历史建筑作为对文物保护的补充，时间涵盖清晚期、民国时期、新中国成立初期、改革开放初期，进一步完善了广州文化遗产的保护体系。

朱永春执笔

中国艺术研究院建筑艺术研究所

　　中国艺术研究院是全国唯一一所集艺术科研、艺术教育和艺术创作为一体的国家级综合性学术机构。中国艺术研究院建筑艺术研究所是从事建筑艺术与建筑文化理论研究的专门科研机构，建筑艺术研究所原称建筑艺术研究室，组建于1988年7月，2001年8月机构调整改革改为现名。

　　建筑艺术研究所近年来侧重于以史论为主的基础理论建设工作，并关注创作现状，尤其侧重于从文化与艺术角度，研究中外建筑艺术创作的成就与规律；实行开门办所，从学术层面和设计实践两方面积极参与社会上建筑艺术、建筑规划等工作，23年来，建筑艺术研究所已完成20多个建筑规划、设计项目，出版了多部重要著作。

　　目前，建筑艺术研究所除正在进行多项个人研究课题外，进行的集体项目有：承担国家科研项目"西部人文资源调查及数据库""中国传统建筑营造技艺三维数据库"；编辑出版《中国建筑艺术年鉴》《中国世界文化遗产丛书》《中国传统营造技艺丛书》；由建筑艺术研究所申报的"中国传统木结构建筑营造技艺"被成功列入联合国教科文组织人类非物质文化遗产代表作名录，由建筑艺术研究所申报的"北京传统四合院营造技艺"被成功列入国家级非物质文化遗产代表作名录。

编　后

《中国建筑艺术年鉴》是全面记载中国建筑艺术发展状况的综合性年刊，由中国艺术研究院建筑艺术研究所主编，组织建筑界、城市规划界、艺术界、文化界等多方面专家共同编辑完成。

《2013—2014中国建筑艺术年鉴》客观记录了年度中国建筑艺术创作与研究的主要成果，系统反映了我国城市和建筑发展中的新成就、新问题、新趋势。主要栏目有：特载、优秀建筑作品、设计档案、建筑焦点、建筑艺术论文、海外掠影、建筑艺术论文摘要、建筑艺术书目和建筑艺术大事记等，为全面了解建筑界年度情况提供全方位的信息。

《2013—2014中国建筑艺术年鉴》是我们编辑的第九部《中国建筑艺术年鉴》。有了前几部的经验，这本年鉴在组稿、确定入选作品或稿件等项工作上，都在之前经验积累的基础上有了较大改进与提高。在编辑过程中，我们得到各位顾问和建筑学界的众多朋友给予的帮助和支持，这些都会推动我们努力将这本年鉴编成记录我国当代建筑艺术发展面貌的权威性年鉴。

《2013—2014中国建筑艺术年鉴》各有关栏目的编辑工作，由中国艺术研究院建筑艺术研究所全体同仁与北京及国内外建筑界专家、学者共同完成。其中：优秀建筑作品、设计档案栏目由杨莽华、孙江宁和赵迪负责编辑；特载、建筑焦点、建筑艺术论文、海外掠影、建筑艺术论文摘要、建筑艺术书目、中国建筑艺术大事记栏目由黄续、张欣和程霏负责编辑。

我们希望《2013—2014中国建筑艺术年鉴》能反映出中国当代建筑艺术的发展历程，集学术性、史料性于一体，成为我国建筑艺术及建筑文化领域的权威性年度总结。由于时间、水平有限，又由于技术方面的原因，可能会出现一些有价值的图片未能全部刊登的情况，敬请作者谅解。

本书的出版得到多方单位的帮助与协作，不一一列举，在此一并致谢。

《中国建筑艺术年鉴》编辑部
2015年10月